国家级一流本科课程教材

北京市高等教育精品教材

高等学校土木工程专业融媒体新业态系列教材

土 木 工 程 施 工

（第四版）

穆静波　　侯敬峰　　主编

王士川　　　　　　　主审

中国建筑工业出版社

图书在版编目（CIP）数据

土木工程施工/穆静波，侯敬峰主编. —4 版. —
北京：中国建筑工业出版社，2024.8（2025.2 重印）
国家级一流本科课程教材　北京市高等教育精品教材
高等学校土木工程专业融媒体新业态系列教材
ISBN 978-7-112-29819-8

Ⅰ. ①土…　Ⅱ. ①穆…②侯…　Ⅲ. ①土木工程-工
程施工-高等学校-教材　Ⅳ. ①TU7

中国国家版本馆 CIP 数据核字（2024）第 087629 号

　　本书依据高校土木工程学科专业指导委员会制定的《土木工程施工》指导
性教学内容与要求，以及最新的施工及验收规范、标准，在第三版的基础上修
编而成。

　　全书共分十五章，包括土方工程；深基础工程；砌筑工程；钢筋混凝土工
程；预应力工程；装配式结构安装工程；道路、桥梁及地下工程；防水工程；
装饰装修工程；脚手架工程；施工组织概论；流水施工法；网络计划技术；单
位工程施工组织设计；施工组织总设计。每章附有学习重点与要求、常用规
范、工程案例和习题。并配有 120 余段扫描二维码可见的录像、动画演示等助
学视频。在所配动画教学课件中，可即时播放 200 余段高清视频及千余张工程
图片，以便教师组织教学、提高教学效率和效果。

　　本书在内容上吸收了较为成熟的多种新技术和新方法，密切结合现行规范
和特色工程实例，突出反映了土木工程施工的基本理论、基本原理和发展与应
用现状，可作为高等院校土木工程专业及其他相关专业的教材或教学参考书，
也可供土木工程技术人员学习参考。

　　为更好地支持本课程的教学，我们向使用本书的教师免费提供教学课件，
有需要者请与出版社联系，索要方式为：1. 邮箱 jckj@cabp.com.cn；2. 电话
（010）58337285；3. 建工书院 http://edu.cabplink.com（PC 端）。

责任编辑：刘平平　吉万旺
责任校对：赵　力

国家级一流本科课程教材
北京市高等教育精品教材
高等学校土木工程专业融媒体新业态系列教材
土木工程施工（第四版）
穆静波　侯敬峰　主编
王士川　主审
＊
中国建筑工业出版社出版、发行（北京海淀三里河路 9 号）
各地新华书店、建筑书店经销
霸州市顺浩图文科技发展有限公司制版
北京同文印刷有限责任公司印刷
＊
开本：787 毫米×1092 毫米　1/16　印张：30　字数：760 千字
2024 年 8 月第四版　　2025 年 2 月第二次印刷
定价：**78.00** 元（赠教师课件）
ISBN 978-7-112-29819-8
（42765）

第四版前言

本书第三版自 2020 年 9 月出版以来，得到多所院校和企业的关注和广泛使用。对"土木工程施工"课程的教学及相关专业人员培训起到了良好的作用。

随着土木建筑事业的发展，工程建设的类型、规模、结构形式、材料与设备、建造及组织方法等不断发展和变化；加之互联网、信息化、智能化的应用，使得施工技术及施工组织方法不断进步；全部为强制性条文的国家通用规范及大量新的标准和规范、规程也相继推出或修订，国家新技术政策（如限用、禁用、推广）的颁布，都促使土木工程施工的教学内容不断更新，以适应新形势对人才及知识的需求。此外，信息化及互联网技术在教学中快速渗透与应用，都促使教材及时修订。

为适应应用型人才的培养需求，本次修订仍本着"体现时代特征，突出实用性、创新性"的指导思想，将基本理论与工程实践、基本原理与新技术新方法的发展紧密结合。在内容上，删除了陈旧落后的、被禁止或限制使用的施工方法、机械设备、工程材料，增加了一些新材料、新设备、新工艺、新方法。并将各个章节均按照相应的现行标准、规范、规程进行了修改和调整。

本版修订，不仅是在文字内容上，更多在于体现新方法、新技术的录像片段和动画演示等音视频资源上。通过扫描二维码即可观看到更清晰、完整的施工工艺、施工方法等的演示，以利于读者理解和掌握课程内容、储备工程知识、提高工程研究和应用能力。

在供教师使用的教学课件中，按教材内容做了较大的变动。增加了更多的高清动画演示、录像片段、现场照片和图片，融入特色工程的先进做法。教学课件不但浓缩了课程的知识点，还利于弥补学生感性认识及工程经验不足的短板，以提高教学的效率和效果。

本书由北京建筑大学教师（仍为前几版的团队）编写，穆静波教授、侯敬峰副教授任主编。第一章由廖维张教授编写；第二章、第五章由侯敬峰副教授编写；第三章由杨静副教授编写；第七章由张新天教授编写；第八章及第七章部分内容由王亮副教授编写；第十章和第五章部分内容由王作虎副教授编写；绪论及第四章、第六章、第九章、第十一章至第十五章由穆静波教授编写。视频编辑整理及教学课件编制由穆静波教授完成。

全书由穆静波统稿。西安建筑科技大学王士川教授对全书进行了审阅，提出了很多宝贵意见和建议，在此深表谢意。在编写过程中参考和使用了许多文献资料和网络图片、视频资料，得到了刘军教授、曲秀姝副教授、李天华讲师等的协助与支持，也得到业界多位专业人士的热情帮助，吸收了各校教师、编辑、读者对前版的意见和建议。谨此对相关人士表示诚挚的感谢！

限于编者的水平，书中难免不妥之处，敬请读者批评指正。

第三版前言

本书第二版自2014年4月出版以来，得到多所院校与企业的关注和广泛使用，在四年多的时间内，经过9次印刷，发行约4万册。对"土木工程施工"课程的教学及企业人员培训起到了良好的作用。

近年来，随着土木建筑事业的发展，工程建设的类型、规模、结构形式、材料与设备、建造方法等发生了很大变化；加之互联网、信息化、智能化的应用，使得施工技术及施工组织方法快速进步；大量新的标准和规范、规程也相继推出或修订，都促使土木工程施工的教学内容不断更新，以适应新形势对人才及知识的需求。此外，信息化及互联网技术在教学中快速渗透与应用，也使得教材修订刻不容缓。

考虑到应用型人才的培养，本次修订仍本着"体现时代特征，突出实用性、创新性"的指导思想，将基本理论与工程实践、基本原理与新技术新方法的发展紧密结合。在内容上，删除了陈旧落后的、被禁止或限制使用的施工方法、机械设备、工程材料，增加了较多的新材料、新设备、新工艺、新方法，并将各个章节均按照相应的现行标准、规范、规程进行了修改和调整。

本版文本教材不再附教学光盘，而代之以扫二维码可链接的动画演示或录像片段等视频和工程案例。不但使用方便，也利于读者理解和掌握课程内容、储备工程见识、提高工程研究和应用能力。

在供教师使用的教学课件中，按教材做了较大的变动。增加了更多的高清动画演示、录像片段、现场照片和图片，融入特色工程的先进做法。教学课件不但浓缩了课程的知识点，还利于弥补学生感性认识及工程经验不足的短板。

本书由北京建筑大学教师编写，穆静波教授、侯敬峰副教授任主编。第一章由廖维张教授编写；第二、五章由侯敬峰副教授编写；第三章由杨静副教授编写；第七章由张新天教授编写；第八章及第七章的部分内容由王亮副教授编写；第十章和第五章的部分内容由王作虎副教授编写；绪论及第四、六、九、十一至十五章由穆静波教授编写。视频编辑整理及教学课件编制由穆静波教授完成。

全书由穆静波教授统稿。西安建筑科技大学王士川教授对全书进行了审阅，提出了很多宝贵意见和建议，在此深表谢意。在编写过程中参考和使用了许多文献资料和网络图片、视频资料，得到了刘军教授、曲秀姝副教授、李天华讲师等的协助与支持，也得到业界多位专业人士的热情帮助，吸收了高校教师、施工技术与管理人员及编辑、读者对前版的意见和建议。谨此对相关人士表示诚挚的感谢！

限于编者的水平，书中难免不足之处，敬请读者批评指正。

第二版前言

本书第一版自 2009 年 11 月出版以来，得到多所院校和企业的关注和广泛使用，在三年多的时间内，经过 7 次印刷，发行约 2 万册。对《土木工程施工》课程的教学及企业人员培训起到了良好的作用。2010 年，以本书作为主教材支撑的北京建筑大学《土木工程施工》课程被评为北京市精品课程，2011 年本教材获评北京市精品教材，所附教学课件在 2010 年全国高校施工学科研究会上获得二等奖。

近几年来，工程建设的规模及技术水平飞速进步，施工技术及组织管理发展迅速，国家标准、规范也进行了新一轮的大面积修改和调整，教学改革和教学技术不断推进，教材的修订再版刻不容缓。

本次修订仍然本着"体现时代特征，突出实用性、创新性"的指导思想，综合土木工程施工的特点，将基本理论与工程实践、基本原理与新技术、新方法的发展紧密结合。在内容上，删除了一些陈旧落后的、被禁止或限制使用的施工方法、机械设备和工程材料，增加了较多新工艺、新方法、新材料、新设备等方面的内容。并将各个章节按照相应的新标准、新规范、新规程进行了修改和调整。在预应力及结构安装章节中，补充了钢结构相应内容。增加了"脚手架工程"一章。

本次修订对所附教学课件光盘做了较大的变动。增加了更多高清晰的现场施工照片和图片、动画演示、录像片段，也增加了部分工程案例。课件的容量从第一版的 600MB 增加至 3GB。教学课件不但浓缩了课程的知识点，还利于弥补学生感性认识及工程经验不足的短板，融入特色工程的先进做法，也使教材更有活力，利于实施立体化教学。力求使读者更易于理解、掌握本课程知识，增加工程见识，提高工程研究和应用能力。

本书由北京建筑大学教师编写，穆静波、孙震任主编。绪论及第九、十一至十五章由穆静波编写；第一章由廖维张编写；第二、五章由侯敬峰编写；第三章由杨静编写；第四、六章由孙震、穆静波编写；第七章由张新天编写；第八章及第七章的部分内容由王亮编写；第十章和第五章的部分内容由王作虎编写。教学课件由穆静波编制。

全书由穆静波审改和定稿，西安建筑科技大学王士川教授在百忙之中对全书进行了审阅，提出了很多宝贵意见和建议，在此深表谢意。在编写过程中参考和使用了许多文献资料和百度等网络上的一些图片，得到了业界专业人士的热情帮助和大力支持，也吸收了各校教师、读者的意见和建议。谨此对相关人士表示诚挚的感谢！

限于编著者的水平，书中难免不足之处，敬请读者批评指正。

第一版前言

《土木工程施工》是土木工程专业的主要专业课程之一，它主要研究土木工程施工中施工技术和施工组织的基本规律，是一门实践性强、涉及面广、发展迅速的学科。其目的是培养学生能够综合运用土木工程的基本理论与知识，具有分析和解决施工中有关技术和组织问题的初步能力，为今后胜任工作岗位和进一步学习有关知识、进行科学研究等打下基础。

本教材依据21世纪土木工程人才培养目标、专业指导委员会对课程设置的意见以及课程教学大纲的要求组织编写。编写时，力求按照"体现时代特征，突出实用性、创新性"的指导思想，综合土木工程施工的特点，将基本理论与工程实践、基本原理与新技术新方法的发展紧密结合。

本教材涵盖了建筑工程、道路工程、桥梁工程、地下工程等专业领域，以适应大土木专业的教学要求。在内容上，以工种工程施工技术和施工组织的一般方法为基础，吸收较为成熟的新技术和新方法；列举了部分工程案例，以利于提高学生解决工程实际问题的兴趣和技能；并配以获得中国建设教育协会普通高等教育委员会一等奖的多媒体教学课件，便于学生增加对课程内容的理解，掌握课程的主要内容。

在编写过程中，力求做到图文并茂，层次分明，条理清楚，结构合理，文字规范，图表清晰，符号、计量单位符合国家标准，密切结合现行施工及验收规范。每章前提示学习重点、学习要求和涉的主要规范，每章后附有工程应用案例和习题；在光盘中附有多个工程案例和包含大量工程图片、工程录像、动画演示等的教学课件，便于教师更好地组织教学和方便学生自学。

本教材由北京建筑工程学院组织编写，穆静波、孙震任主编。绪论及第九、十、十二、十三、十四章由穆静波编写；第一章由廖维张编写；第二、五章由侯敬峰编写；第三章由杨静编写；第四、六章由孙震编写；第七章由张新天编写；第八、十一章由王亮编写。

全书由穆静波统稿，西安建筑科技大学王士川教授在百忙之中对全书进行了全面、认真地审阅，提出了很多宝贵意见和建议，在此表示深切的谢意。在编写过程中参考了许多文献资料和有关的施工技术和管理经验，得到了土木工程界专业人士的热情帮助和大力支持。谨此对文献资料的作者和有关经验的创造者表示诚挚的感谢。

由于时间和水平所限，书中难免不足之处，敬请读者批评指正。

目　　录

绪论 …………………………………………………………………………………… 1

第一章　土方工程 …………………………………………………………………… 4

第一节　概述 ……………………………………………………………………… 4

第二节　土方计算与调配 ………………………………………………………… 7

第三节　排水与降水 ……………………………………………………………… 15

第四节　土方边坡与土壁支护 …………………………………………………… 27

第五节　开挖机械与施工 ………………………………………………………… 38

第六节　土方填筑 ………………………………………………………………… 45

习题 ………………………………………………………………………………… 48

第二章　深基础工程 ………………………………………………………………… 50

第一节　预制桩施工 ……………………………………………………………… 50

第二节　灌注桩施工 ……………………………………………………………… 58

第三节　其他深基础施工 ………………………………………………………… 66

工程案例 …………………………………………………………………………… 70

习题 ………………………………………………………………………………… 70

第三章　砌筑工程 …………………………………………………………………… 71

第一节　砌筑准备 ………………………………………………………………… 71

第二节　砖砌体施工 ……………………………………………………………… 77

第三节　砌块砌体施工 …………………………………………………………… 81

第四节　石砌体施工 ……………………………………………………………… 85

工程案例 …………………………………………………………………………… 86

习题 ………………………………………………………………………………… 86

第四章　钢筋混凝土工程 …………………………………………………………… 88

第一节　钢筋工程 ………………………………………………………………… 88

第二节　模板工程 ………………………………………………………………… 100

第三节　混凝土工程 ……………………………………………………………… 115

工程案例 …………………………………………………………………………… 132

习题 ………………………………………………………………………………… 133

第五章　预应力工程 ………………………………………………………………… 136

第一节　材料与设备 ……………………………………………………………… 136

第二节　先张法施工 ……………………………………………………………… 147

第三节　后张法施工 ……………………………………………………………… 151

第四节　预应力钢结构施工 ……………………………………………………… 158

    工程案例 ·· 162

    习题 ·· 162

第六章　装配式结构安装工程 ································· 163

    第一节　起重机械与设备 ························· 163

    第二节　单层工业厂房结构安装 ············· 173

    第三节　多高层装配式结构安装 ············· 188

    第四节　大跨度空间结构安装 ·················· 200

    工程案例 ··· 208

    习题 ·· 208

第七章　道路、桥梁及地下工程 ·················· 211

    第一节　道路路基工程 ·························· 211

    第二节　道路路面工程 ·························· 216

    第三节　桥梁工程 ································· 232

    第四节　地下工程 ································· 244

    工程案例 ··· 251

    习题 ·· 251

第八章　防水工程 ··································· 253

    第一节　防水等级与质量要求 ················· 253

    第二节　地下防水工程 ·························· 254

    第三节　屋面防水工程 ·························· 270

    工程案例 ··· 276

    习题 ·· 276

第九章　装饰装修工程 ······························ 277

    第一节　抹灰工程 ································· 277

    第二节　饰面与幕墙工程 ······················· 283

    第三节　门窗与吊顶工程 ······················· 290

    第四节　涂饰与裱糊工程 ······················· 297

    工程案例 ··· 302

    习题 ·· 302

第十章　脚手架工程 ································· 304

    第一节　概述 ····································· 304

    第二节　落地式脚手架 ·························· 306

    第三节　挑、吊式脚手架 ······················· 317

    第四节　升降式脚手架 ·························· 320

    工程案例 ··· 322

    习题 ·· 323

第十一章　施工组织概论 ····························· 324

    第一节　概述 ····································· 324

    第二节　施工准备工作 ·························· 329

　　第三节　施工组织设计 …………………………………………………………… 335

　　习题 ……………………………………………………………………………………… 339

第十二章　流水施工法 ……………………………………………………………… 340

　　第一节　流水施工的基本概念 …………………………………………………… 340

　　第二节　流水施工的参数 ………………………………………………………… 343

　　第三节　流水施工的组织方法 …………………………………………………… 349

　　工程案例 ……………………………………………………………………………… 360

　　习题 ……………………………………………………………………………………… 362

第十三章　网络计划技术 …………………………………………………………… 364

　　第一节　网络计划的一般概念 …………………………………………………… 364

　　第二节　双代号网络计划 ………………………………………………………… 366

　　第三节　单代号网络计划 ………………………………………………………… 378

　　第四节　双代号时标网络计划 …………………………………………………… 383

　　第五节　网络计划的优化 ………………………………………………………… 386

　　工程案例 ……………………………………………………………………………… 401

　　习题 ……………………………………………………………………………………… 403

第十四章　单位工程施工组织设计 ……………………………………………… 405

　　第一节　概述 ………………………………………………………………………… 405

　　第二节　施工部署与施工方案 …………………………………………………… 407

　　第三节　施工进度、资源与准备计划 …………………………………………… 418

　　第四节　施工现场平面布置 ……………………………………………………… 426

　　第五节　施工管理计划与技术经济指标 ………………………………………… 431

　　工程案例 ……………………………………………………………………………… 433

　　习题 ……………………………………………………………………………………… 433

第十五章　施工组织总设计 ………………………………………………………… 435

　　第一节　概述 ………………………………………………………………………… 435

　　第二节　总体施工部署和主要施工方法 ………………………………………… 438

　　第三节　施工总进度计划 ………………………………………………………… 440

　　第四节　资源配置计划与总体施工准备 ………………………………………… 443

　　第五节　全场性暂设工程 ………………………………………………………… 445

　　第六节　施工总平面图布置 ……………………………………………………… 454

　　第七节　施工管理计划及技术经济指标 ………………………………………… 457

　　工程案例 ……………………………………………………………………………… 459

　　习题 ……………………………………………………………………………………… 460

综合练习题 …………………………………………………………………………………… 461

参考答案 ………………………………………………………………………………………… 464

参考文献 ………………………………………………………………………………………… 467

绪　　论

一、土木工程施工课程的研究对象

土木工程施工是生产建设工程产品的活动，是将设计图纸转化为土木工程实体的过程。而作为一门学科，本课程主要研究土木工程施工中的工艺原理与过程、施工方法与技术要求，以及施工组织计划、方法与一般规律。

现代土木工程施工是一项涉及多工种、多专业的复杂的系统工程。一栋房屋、一条道路、一座桥梁的施工，是由许多工种工程组成的。如何根据施工对象的特点、规模、环境条件，选择合理的施工方法、制定有效的技术措施、进行科学合理的安排和部署，在确保建设方要求及设计者意图和构思得以实现的前提下，达到使工程的实施安全可靠且绿色环保，产品的质量好、施工工期短、消耗费用低的目标。这些涉及施工技术、施工组织方面的理论与方法，就是土木工程施工课程的研究对象。

二、土木工程施工课程的任务

土木工程施工是土木工程专业及相关专业的一门主要专业课。其任务就是根据培养目标要求，使学生了解土木工程施工领域国内外的新技术和发展动态，掌握主要工种工程的施工方法、单体建筑物或构筑物施工方案的选择和施工组织设计的编制，具有独立分析和解决工程施工中的技术问题、编制施工方案和施工计划的初步能力，为今后胜任工作和进一步学习有关知识、进行科学研究和技术创新等打下基础。

对于土木类专业的学生，无论将来直接从事施工技术、施工组织、施工管理工作，还是从事工程设计、造价预算、科学研究、工程咨询、房地产开发等工作，都需要掌握施工的基本理论和基本知识。

三、土木工程施工课程的学习方法

本课程是一门应用性学科，因而涉及的理论面广，具有综合性强、实践性强，技术发展迅速的特点。因此，在学习过程中，除了要对课堂讲授的基本理论、基本知识加以理解和掌握外，还需注意以下几点：

（1）最好能结合施工现场，观察实际工程的施工方法、使用材料与设备、工程进展等情况，或通过实际工程录像、网络资源等加强与工程的联系，以便增加感性认识，加深对课程内容的理解；

（2）注意本课程与构造、结构、测量、材料、土力学等课程的联系，以加深理解，融会贯通；

（3）随时了解国内外土木工程重大工程项目、施工技术和组织管理方法的最新进展，注意国家相关政策、法规、标准、规范的发展变化，紧跟时代潮流；

（4）对习题和课程作业、教学参观、生产实习等应给予足够的重视，并通过课程设计进行综合训练，以提高应用能力。

四、土木工程施工的发展

我国是一个历史悠久和文化发达的国家，在世界科学文化的发展史上，我国人民有过极为卓越的贡献，在建筑及施工技术方面也有巨大的成就。秦砖汉瓦、万里长城、古桥古塔、宫殿王陵……无不体现我国古代劳动人民的智慧和卓越的技术水平。

中华人民共和国成立后，我国的建筑事业发生了根本性变化。到 1979 年底，30 年内共竣工房屋面积 16 亿 m²。1989 年，全国城乡房屋年建造量达 9 亿 m²，到 2008 年，全国年竣工房屋面积约 20 亿 m²，接近全球年建筑总量的一半，中国已成为建筑业大国。

随着我国的经济发展和大规模建设，近年来，北京奥运工程、上海世博工程以及逾千栋超高层、巨型房屋等一大批颇具影响的建筑相继落成，促使我国的施工技术和施工组织水平不断提高。如基础埋深达 32.5m、独具特色的国家大剧院，8000t 钢屋盖整体提升一次到位的首都机场 A380 机库，体型独特、用钢量达 12.9 万 t 的中央电视台办公楼，每平方米用钢量达 0.7t 的国家体育场（"鸟巢"），632m 高的上海中心大厦，以及进入世界前十、高度 500m 以上的深圳平安大厦、广州周大福中心、天津周大福中心等一大批摩天大楼相继建成。截至 2023 年初，中国内地已建成或封顶的 200m 以上超高层建筑逾 1350 栋（含 300m 以上者 130 余栋），占全球的一半以上。这些不但体现了我国的综合实力，也反映了施工技术和组织管理达到了较高的水平。

在交通设施建设方面，截至 2022 年底，中国公路总里程达到 535 万 km。自 1988 年我国首条高速路——京津唐高速路开建至 2022 年末，已建成高速公路 17.7 万 km，居世界第一。近十几年来，我国桥梁建设几乎每年都在刷新世界纪录，世界十大拱桥、梁桥、斜拉桥、悬索桥、跨海大桥中，中国分别占据了半壁江山或一半以上。钢拱桥中广西平南三桥（跨径 575m），梁桥中石板坡长江复线大桥（跨径 330m），斜拉桥中沪通长江大桥（跨径 1092m），悬索桥中杨泗港长江大桥（跨径 1700m），均在同类桥梁中跨度超群。全长约 55km、桥隧结合的港珠澳跨海大桥主体工程，2018 年 10 月通车，成为世界上最长且技术极为复杂的跨海大桥，其隧道是世界上埋深最大、综合技术难度最大的沉管隧道。至 2022 年底，我国公路桥梁总数超过 103.3 万座，铁路桥梁总数已超过 9.2 万座，已成为世界第一桥梁大国。近些年来，以地铁为主的城市轨道交通建设也迅猛发展，截至 2023 年 12 月，中国内地共有 55 个城市开通运营轨道交通，运营线路 306 条、总里程 10165.7km，地铁通车里程居世界第一。

0-1

0-2

在施工技术方面，不但掌握了大型工业设施和高层民用建筑的成套施工技术，而且在地基处理和深基础工程方面推广了如大直径灌注桩、超长灌注桩及打入桩、旋喷或深层搅拌法、深基坑支护、地下连续墙和逆作法等新技术，在钢筋混凝土工程中新型模板、粗钢筋连接、大体积混凝土浇筑等技术得到迅速发展，在预应力技术、装配式建造、大跨度结构、高耸结构施工和墙体保温、新型防水材料、装饰材料的应用，以及建筑信息模型（BIM）、虚拟仿真技术、计算机控制技术、绿色施工与智能建造等方面都有了长足的发展和应用。但我们也看到，在精细化管理、建筑工业化、工程质量、环境保护智慧建造的道路上，还需付出艰辛的努力。

五、施工规范与施工规程（规定）简介

土木工程施工课程内容涉及数十本规范、规程等技术标准，且随着技术发展还在不断增加和变化。"规范"是由国家建设主管部门颁发的、施工中必须执行的一种重要法规，主要包括施工规范和施工质量验收规范（或标准）两大类。其目的是为了加强工程的技术管理和统一施工验收标准，以达到提高施工技术水平、保证工程质量和降低工程成本的目的。

"规程（规定）"一般由各部委、地方行政部门、行业协（学）会或重要的科研单位编制，呈报规范的管理单位批准或备案后发布执行。它主要是为了及时推广一些新结构、新材料、新工艺而制订的标准。其内容不能与施工规范相抵触，如有不同，应以规范为准。

"规范"按条文的重要性分为"一般性条文"和必须严格执行的"强制性条文"，质量验收规范按检查项目的重要程度分为"一般项目"和"主控项目"。在工程设计、施工和竣工验收时均应遵守相应的工程技术规范、施工规范和质量验收规范（或标准）。随着施工和设计水平的提高，每隔一定时间，规范会有相应的修订。

土木工程不同专业方向的规范有一定差异，使用时应注意其适用范围。由于我国幅员辽阔，地质及环境有较大差异，在使用国家规范时，还应结合当地的地方规程、规定使用。

2016 年以来，为了适应国际技术法规与技术标准通行规则，住房和城乡建设部提出"政府制定强制性标准、社会团体制定自愿采用性标准"的工程建设标准化工作改革，将逐步形成覆盖工程建设领域各类建设工程项目的强制性工程建设规范体系。现已取得较大进展。

强制性工程建设规范包括工程项目类规范（简称项目规范）和通用技术类规范（简称通用规范）。项目规范是以工程建设项目整体为对象，以项目的规模、布局、功能、性能和关键技术措施等五大要素为主要内容。通用规范是以实现工程建设项目功能、性能要求的各专业通用技术为对象，以勘察、设计、施工、维修、养护等通用技术要求为主要内容。如已制定出的《民用建筑通用规范》GB 55031—2022、《建筑与市政地基基础通用规范》GB 55003—2021、《砌体结构通用规范》GB 55007—2021、《混凝土结构通用规范》GB 55008—2021、《施工脚手架通用规范》GB 55023—2022 等。

强制性工程建设规范实施后，现行相关工程建设国家标准、行业标准中的强制性条文同时废止。现行工程建设地方标准中的强制性条文应及时修订，且不得低于强制性工程建设规范的规定。现行工程建设标准（包括强制性标准和推荐性标准）中有关规定与强制性工程建设规范的规定不一致的，以强制性工程建设规范的规定为准。

第一章　土方工程

学习重点：土的工程性质；土方量计算与调配；井点降水原理及方法；常用基坑支护体系的构造；常用土方施工机械作业特点及适用范围；土方填筑和压实方法。

学习要求：了解土方工程主要内容与施工特点，掌握土的工程性质；了解施工降排水的主要原理及意义，掌握主要方法及适用范围；了解边坡稳定的条件、影响因素，掌握边坡稳定及支护的方法与适用条件；了解常用土方施工机械作业特点及适用范围，掌握基坑开挖、土方填筑的方法与要求。

土方工程是建筑、道路、桥梁、水利、地下工程等各种土木工程施工的首项工程，主要包括平整、开挖、填筑等主要分项工程和施工降排水、稳定土壁等辅助工作。土方工程具有量大面广、劳动繁重和施工条件复杂等特点，又受气候、水文、地质、地下障碍等因素影响较大，不确定因素多，存在较大的危险性，因此在施工前必须做好调查研究，选择合理的施工时期，制定合理的施工方案和采用可靠的措施，并选用先进的施工方法和机械化施工，以保证工程的质量与安全，获得较好的效益。

常用规范：《建筑与市政地基基础通用规范》GB 55003—2021；《建筑基坑工程监测技术标准》GB 50497—2019；《建筑地基基础工程施工质量验收标准》GB 50202—2018；《建筑地基基础工程施工规范》GB 51004—2015；《岩土锚杆与喷射混凝土支护工程技术规范》GB 50086—2015；《建筑基坑支护技术规程》JGJ 120—2012；《土方与爆破工程施工及验收规范》GB 50201—2012；《复合土钉墙基坑支护技术规范》GB 50739—2011。

第一节　概　　述

一、土方工程的特点与施工要求
(一) 土方工程施工的特点
(1) 面广量大。某些大型工矿企业或机场的场地平整可达数十平方公里，大型基坑开挖土方量可达数百万立方米；路基、堤坝施工中土方量更大。

(2) 施工条件复杂。施工多为露天作业，土的成分较为复杂，且地下情况难以确切掌握，因此，施工中直接受到地区、气候、水文和地质等条件及周围环境的影响。

(二) 土方工程施工的要求
(1) 尽可能采用机械化施工，以降低劳动强度、缩短工期。

(2) 要合理安排施工计划，尽量避开冬、雨期施工，否则应做好相应的准备工作。

(3) 统筹安排，合理调配土方，降低施工费用，减少运输量和占用农田。

(4) 在施工前要做好调查研究，了解土的种类、施工地区的地形、地质、水文、气象资料及工程性质、工期和质量要求，拟定合理的施工方案和技术措施，以保证工程质量和安全，加快施工进度。

(5) 基坑工程施工前，应编制基坑工程监测方案。

二、土的工程分类及性质

(一) 土的工程分类

土的分类方法较多，按施工开挖的难易程度将土分为八类，见表1-1。

土、石的工程分类　　　　　　　　　　　　　　　　　表 1-1

类　别	土、石的名称	开 挖 方 法	密度 (t/m³)	可松性系数	
				K_s	K'_s
一类土 (松软土)	砂，粉土，冲积砂土层，种植土，泥炭 (淤泥)	用锹、锄头挖掘	0.6～1.5	1.08～1.17	1.01～1.04
二类土 (普通土)	粉质黏土，潮湿的黄土，夹有碎石、卵石的砂，种植土，填筑土和粉土	用锹、锄头挖掘，少许用镐翻松	1.1～1.6	1.14～1.28	1.02～1.05
三类土 (坚土)	软及中等密实黏土，重粉质黏土，粗砾石，干黄土及含碎石、卵石的黄土、粉质黏土，压实的填土	主要用镐，少许用锹、锄，部分用撬棍	1.75～1.9	1.24～1.30	1.04～1.07
四类土 (砾砂坚土)	重黏土及含碎石、卵石的黏土，粗卵石，密实的黄土，天然级配砂石，软泥灰岩及蛋白石	主要用镐、撬棍，部分用楔子及大锤	1.9	1.26～1.37	1.06～1.09
五类土 (软石)	硬石炭纪黏土，中等密实的页岩、泥灰岩、白垩土，胶结不紧的砾岩，软的石灰岩	用镐或撬棍、大锤，部分用爆破方法	1.1～2.7	1.30～1.45	1.10～1.20
六类土 (次坚石)	泥岩，砂岩，砾岩，坚实的页岩、泥灰岩，密实的石灰岩，风化花岗岩、片麻岩	用爆破方法，部分用风镐	2.2～2.9	1.30～1.45	1.10～1.20
七类土 (坚石)	大理岩，辉绿岩，玢岩，粗、中粒花岗岩，坚实的白云岩，砾岩，砂岩，片麻岩，石灰岩，风化痕迹的安山岩、玄武岩	用爆破方法	2.5～3.1	1.30～1.45	1.10～1.20
八类土 (特坚石)	安山岩，玄武岩，花岗片麻岩，坚实的细粒花岗岩，闪长岩，石英岩，辉长岩，辉绿岩，玢岩	用爆破方法	2.7～3.3	1.45～1.50	1.20～1.30

(二) 土的工程性质

土有各种工程性质，其中对施工影响较大的是土的质量密度、含水率、渗透性和可松性等。

1. 土的质量密度

土的质量密度分天然密度和干密度。土的天然密度，是指土在天然状态下单位体积的质量，用 ρ 表示；土的干密度，是指单位体积土中固体颗粒的质量，用 ρ_d 表示，它是检验填土压实质量的控制指标。

2. 土的含水率

土的含水率 w 是土中所含的水与土的固体颗粒间的质量比，以百分数表示。

$$w = \frac{G_湿 - G_干}{G_干} \times 100\%$$

式中　$G_湿$、$G_干$——含水状态和烘干后土的质量。

土的含水率影响土方的施工方法选择、边坡的稳定和土的回填质量。当土的含水率超过 25%～30% 时，机械化施工就难以进行。而在填土中则需保持"最佳含水率"，方能在夯压时获得最大干密度。如砂土的最佳含水率为 8%～12%，而黏土则为 19%～23%。

3. 土的渗透性

土的渗透性是指土体中水可以渗流的性能，一般以渗透系数 K 表示。从达西地下水流动速度公式 $v = KI$，可以看出渗透系数 K 的物理意义，即：当水力坡度 I（如图 1-1 中水头差

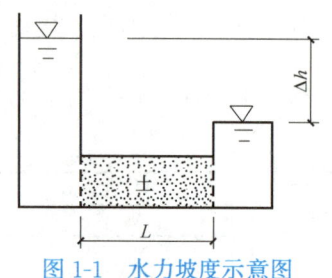

图 1-1　水力坡度示意图

Δh 与渗流距离 L 之比）为 1 时地下水的渗透速度。K 值大小反映了土渗透性的强弱。不同土质，其渗透系数有较大的差异，如黏土的渗透系数小于 0.005m/d，细砂为 1～10m/d，而砾石则为 100～200m/d。

在排水降低地下水位时，需根据土层的渗透系数确定降水方案和计算涌水量；在土方填筑时，也需根据不同土料的渗透系数确定铺填顺序。

4. 土的可松性

土具有可松性，即自然状态下的土经过开挖后，其体积因松散而增加，以后虽经回填压实，仍不能恢复至原来的体积。土的可松性程度用可松性系数表示，即：

最初可松性系数：
$$K_s = \frac{V_2}{V_1} \tag{1-1}$$

最后可松性系数：
$$K_s' = \frac{V_3}{V_1} \tag{1-2}$$

式中　V_1——土在天然状态下的体积；

　　　V_2——土经开挖后的松散体积；

　　　V_3——土经填筑压实后的体积。

土的可松性对土方量的平衡、调配，确定运土机具的数量和堆场面积，以及计算填方所需的挖方体积、确定预留回填用土的体积等均有很大的影响。

土的可松性与土质及其密实程度有关，其相应的可松性系数可参考表 1-1。

【例 1-1】　某建筑物外墙为条形毛石基础，基础平均截面面积为 2.5m²。基槽深 1.5m，底宽为 2.0m，边坡坡度为 1∶0.5。土质为粉土，$K_s = 1.25$；$K_s' = 1.05$。计算 100m 长的基槽挖方量、需留填方用松土量和弃土量。

【解】　挖方量 $V_1 = \dfrac{2+(2+2\times1.5\times0.5)}{2} \times 1.5 \times 100 \text{m}^3 = 412.5 \text{m}^3$

填方量 $V_3 = 412.5\text{m}^3 - 2.5 \times 100\text{m}^3 = 162.5\text{m}^3$

填方需留松土体积 $V_{2留} = \dfrac{V_3}{K_s'} \cdot K_s = \dfrac{162.5\times1.25}{1.05}\text{m}^3 = 193.5\text{m}^3$

弃土量（松散）$V_{2弃} = V_1 K_s - V_{2留} = 412.5\times1.25\text{m}^3 - 193.5\text{m}^3 = 322.1\text{m}^3$

三、土方边坡坡度

多数情况下，土方开挖或填筑的边缘都要保留一定的斜面，称土方边坡。边坡的形式如图 1-2 所示，边坡坡度常用 1∶m 表示，即：

$$\text{土方边坡坡度} = \frac{H}{B} = \frac{1}{B/H} = 1 : m \tag{1-3}$$

式中　$m = B/H$，称坡度系数。

土方边坡坡度的确定一定要满足安全和经济方面的要求。土方开挖时，若边坡太陡，易造成土体失稳而发生塌方事故；边坡太缓将会使土方量增加。

四、土方施工的准备工作

土方工程施工前应做好如下准备工作：

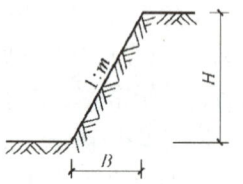

图 1-2　边坡坡度示意图

T

（1）编制施工方案

根据勘察文件、工程特点及现场条件等，确定场地平整、降水排水、土壁稳定与支护、开挖顺序与方法、土方调配与存放的方案。并绘制施工平面布置图，编制施工进度计划。

（2）场地清理

包括清理地面及地下各种障碍。如拆除旧房，拆除或改建通信、电力设备、地下管线及构筑物，迁移树木，做好古墓及文物的保护或处理，清除耕植土及河塘淤泥等。

（3）排除地面水

场地内低洼地区的积水必须排除，同时应注意雨水的疏排，使场地保持干燥，以利于土方施工。一般采用排水沟排水，必要时还需设置截水沟、挡水土坝等防洪设施。

（4）修筑好临时道路及供水、供电等临时设施。

（5）做好材料、机具、物资及人员的准备工作。

（6）设置测量控制网，打设方格网控制桩，进行建筑物、构筑物的定位放线等。

（7）根据土方施工设计做好边坡稳定、基坑（槽）支护、降低地下水位等辅助工作。

第二节 土方计算与调配

土方工程施工前，需进行土方工程量计算。由于土体几何形状复杂，常采用近似计算法。

一、基坑、基槽和路堤的土方量计算

当基坑上口与下底两个面平行时（图1-3），其土方量可按拟柱体法计算。即：

$$V = \frac{H}{6}(F_1 + 4F_0 + F_2) \tag{1-4}$$

式中　H——基坑深度（m）；

F_1，F_2——基坑上下两底面积（m^2）；

F_0——F_1 与 F_2 之间的中截面面积（m^2）。

当基槽和路堤沿长度方向断面呈连续性变化时（图1-4），其土方量可用拟柱体法分段计算，即：

$$V_1 = \frac{L_1}{6}(F_1 + 4F_0 + F_2) \tag{1-5}$$

式中　V_1——第一段的土方量（m^3）；

L_1——第一段的长度（m）。

将各段土方量相加，即得总土方量。

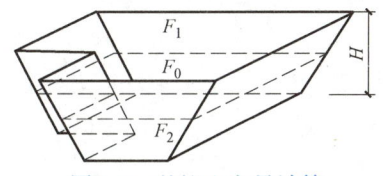

图1-3　基坑土方量计算

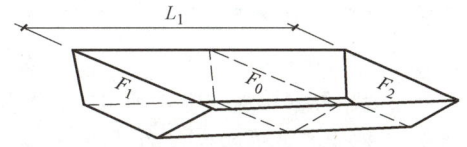

图1-4　基槽土方量计算

二、场地平整标高与土方量

场地平整前，要确定场地的设计标高，计算挖方和填方的工程量，然后确定挖方和填方的平衡调配方案，再选择土方机械、拟定施工方案。

对较大面积的场地平整，选择设计标高具有重要意义。选择设计标高时应遵循以下原则：要满足生产工艺和运输的要求；尽量利用地形，以减少挖填方数量；争取场地内挖填方平衡，使土方运输费用最少；要有一定泄水坡度，满足排水要求。

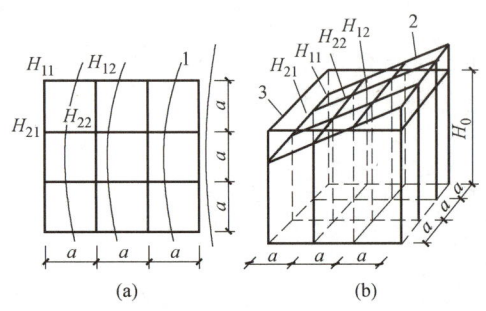

图 1-5　场地设计标高 H_0 计算示意图

（a）方格网划分；（b）场地设计标高示意图

1—等高线；2—自然地面；3—场地设计标高平面

场地设计标高一般应在设计文件上规定。若未规定时，对中小型场地可采用"挖填平衡法"确定；对大型场地宜作竖向规划设计，采用"最佳设计平面法"确定。下面主要介绍"挖填平衡法"的原理和步骤。

（一）确定场地设计标高

1. 初步设计标高

本着场地内总挖方量等于总填方量的原则确定。

首先将场地划分成有若干个方格的方格网，其每格的大小依据场地平坦程度确定，一般边长为 10～40m，如图 1-5（a）所示。然后找出各方格角点的地面标高。当地形平坦时，可根据地形图上相邻两等高线的标高，用插入法求得。当地形起伏或无地形图时，可用仪器测出。

按照挖填方平衡的原则，如图 1-5（b）所示，场地设计标高即为各个方格平均标高的平均值。可按下式计算：

$$H_0 = \frac{\sum(H_{11} + H_{12} + H_{21} + H_{22})}{4N} \tag{1-6}$$

式中　　H_0——所计算的场地设计标高（m）；

　　　　N——方格数量；

$H_{11}, \cdots, H_{22}$——任一方格的四个角点的标高（m）。

从图 1-5（a）可以看出，H_{11} 系一个方格的角点标高，H_{12} 及 H_{21} 系相邻两个方格的公共角点标高，H_{22} 系相邻四个方格的公共角点标高。如果将所有方格的四个角点全部相加，则它们在上式中分别要加一次、两次、四次。

如令 H_1 表示 1 个方格仅有的角点标高，H_2 表示 2 个方格共有的角点标高，H_3 表示 3 个方格共有的角点标高，H_4 表示 4 个方格共有的角点标高，则场地设计标高 H_0 可改写成：

$$H_0 = \frac{\sum H_1 + 2\sum H_2 + 3\sum H_3 + 4\sum H_4}{4N} \tag{1-7}$$

2. 场地设计标高的调整

按上述计算的标高进行场地平整时，场地将是一个水平面。但实际上场均需有一定的泄水坡度。因此需根据排水要求，确定出各方格角点实际的设计标高。

1）单向泄水时各方格角点的设计标高

当场地只向一个方向泄水时（图 1-6a），应以计算出的设计标高 H_0（或调整后的设计标高 H_0'）作为场地中心线的标高，而场地内任一点的设计标高为：

$$H_n = H_0 \pm li \tag{1-8}$$

式中　H_n——场地内任意一方格角点的设计标高（m）；

l——该方格角点至场地中心线的距离（m）；

i——场地泄水坡度（一般不小于0.2‰）；

$\pm$——该点若比H_0高则用"+"，反之用"-"。

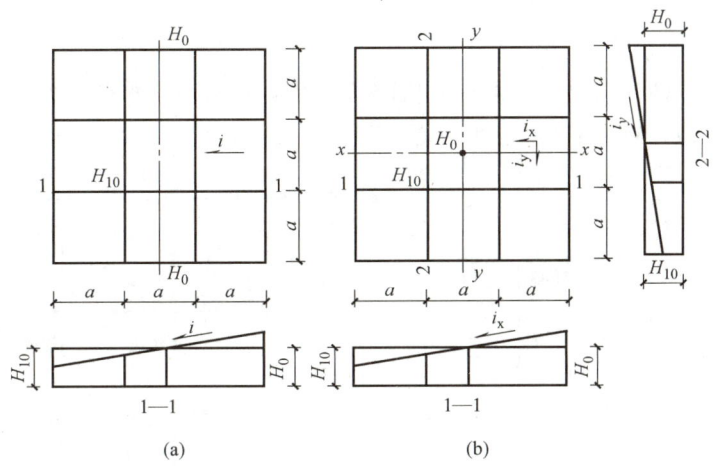

图 1-6　场地泄水坡度示意图

（a）单向泄水；（b）双向泄水

例如图 1-6（a）中，角点 10 的设计标高为：

$$H_{10} = H_0 - 0.5ai$$

2）双向泄水时各方格角点的设计标高

当场地向两个方向泄水时（图 1-6b），应以计算出的设计标高 H_0（或调整后的标高 H_0'）作为场地中心点的标高，而场地内任意一点的设计标高为：

$$H_n = H_0 \pm l_x i_x \pm l_y i_y \tag{1-9}$$

式中　l_x，l_y——该点于 $x—x$，$y—y$ 方向上距场地中心点的距离；

i_x，i_y——场地在 $x—x$，$y—y$ 方向上的泄水坡度。

例如图 1-6（b）中，角点 10 的设计标高为：

$$H_{10} = H_0 - 0.5ai_x - 0.5ai_y$$

【例 1-2】　某建筑场地方格网、自然地面标高如图 1-7，方格边长 $a = 20$m。泄水坡度 $i_x = 2‰$，$i_y = 3‰$，不考虑土的可松性及其他影响，试确定方格各角点的设计标高。

【解】

（1）初算设计标高

$H_0 = (\sum H_1 + 2\sum H_2 + 3\sum H_3 + 4\sum H_4)/4N$

$= [70.09 + 71.43 + 69.10 + 70.70 + 2 \times (70.40 + 70.95 + 69.71 + 71.22 + 69.37 + 70.95 + 69.62 + 70.20) + 4 \times (70.17 + 70.70 + 69.81 + 70.38)]/(4 \times 9) = 70.29$m

（2）调整设计标高

$$H_n = H_0 \pm l_x i_x \pm l_y i_y$$

$$H_1 = 70.29 - 30 \times 2‰ + 30 \times 3‰ = 70.32\text{m}$$

$$H_2 = 70.29 - 10 \times 2‰ + 30 \times 3‰ = 70.36\text{m}$$

$$H_3 = 70.29 + 10 \times 2‰ + 30 \times 3‰ = 70.40\text{m}$$

其他如图 1-8 所示。

除考虑排水坡度外，由于土具有可松性，填土会有剩余，也需相应地提高设计标高。场内挖方和填土，以及就近借、弃土，均会引起场地挖或填方量的变化，必要时也需调整设计标高。

（二）场地土方量计算

场地平整土方量的计算方法通常有方格网法和断面法两种。方格网法适用于地形较为平坦、面积较大的场地，断面法多用于地形起伏变化较大的地区。

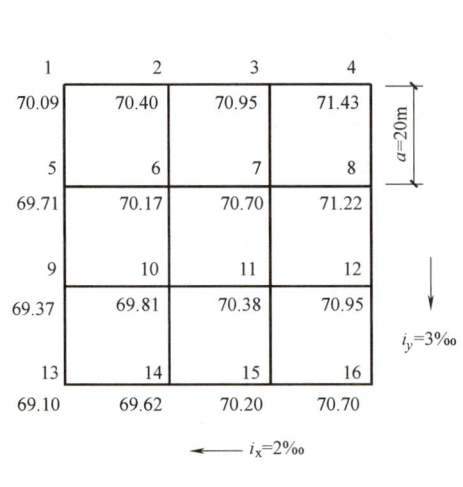

图 1-7 某场地方格网

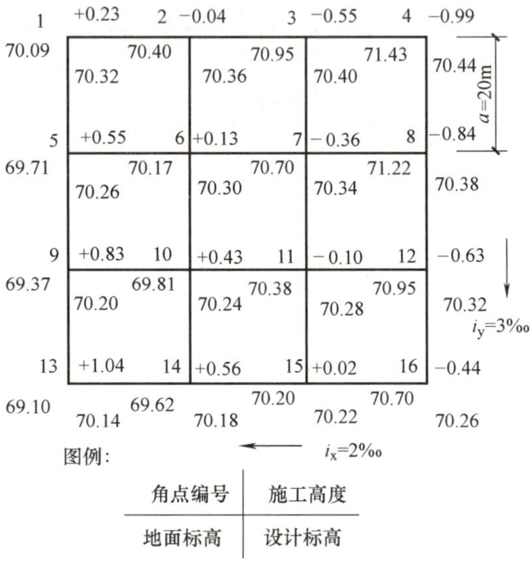

图 1-8 方格网角点设计标高及施工高度

用方格网法计算时，先根据每个方格角点的自然地面标高和实际采用的设计标高，算出相应的角点填挖高度，然后计算每一个方格的土方量，并算出场地边坡的土方量，这样即可得到整个场地的挖方量、填方量。其具体步骤如下：

1. 计算场地各方格角点的施工高度

各方格角点的施工高度（即挖、填方高度）h_n

$$h_n = H_n - H'_n \tag{1-10}$$

式中　h_n——该角点的挖、填高度，以"＋"为填方高度，以"－"为挖方高度（m）；

H_n——该角点的设计标高（m）；

H'_n——该角点的自然地面标高（m）。

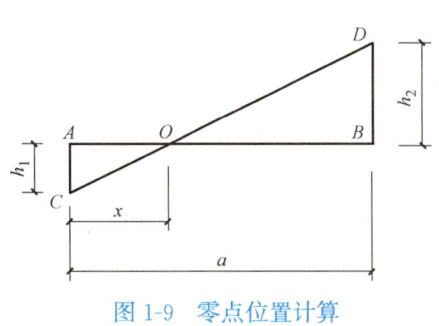

图 1-9 零点位置计算

2. 绘出"零线"

零线是场地平整时，施工高度为"0"的线，是挖、填的分界线。确定零线时，要先找到方格线上的零点。零点是在相邻两角点施工高度分别为"＋"、"－"的格线上，是两角点之间挖填方的分界点。方格线上的零点位置如图 1-9 所示，可按下式计算：

$$x = \frac{a h_1}{h_1 + h_2} \tag{1-11}$$

式中　　h_1，h_2——相邻两角点挖、填施工高度（以绝对值代入）；

　　　　　a——方格边长；

　　　　　x——零点距角点 A 的距离。

参考实际地形，将方格网中各相邻零点连接起来，即成为零线。零线绘出后，也就划分出了场地的挖方区和填方区。

3. 场地土方量计算

计算场地土方量时，先求出各方格的挖、填土方量和场地周围边坡的挖、填土方量，把挖、填土方量分别加起来，就得到场地挖方及填方的总土方量。

各方格土方量计算，常用"四方棱柱体法"和"三角棱柱体法"两种方法。下面仅介绍四方棱柱体法。

1）全挖（全填）格

方格四个角点全部为挖方（或填方），如图 1-10 所示，其挖或填的土方量为：

$$V=\frac{a^2}{4}(h_1+h_2+h_3+h_4) \tag{1-12}$$

式中　　　　　V——挖方或填方的土方量（m^3）；

h_1，h_2，h_3，h_4——方格四个角点的挖填高度，以绝对值代入（m）。

2）部分挖部分填格

方格的四个角点中，有的为挖方、有的为填方（图 1-11、图 1-12）时，该格的挖方量或填方量为：

$$V_{挖}=\frac{a^2}{4}\frac{(\sum h_{挖})^2}{\sum h} \tag{1-13}$$

$$V_{填}=\frac{a^2}{4}\frac{(\sum h_{填})^2}{\sum h} \tag{1-14}$$

式中　　$V_{挖}$、$V_{填}$——分别为挖方或填方的土方量（m^3）；

$\sum h_{挖}$、$\sum h_{填}$——分别为挖方或填方各角点的施工高度之和（m）；

　　　$\sum h$——方格四个角点的施工高度绝对值之和（m）。

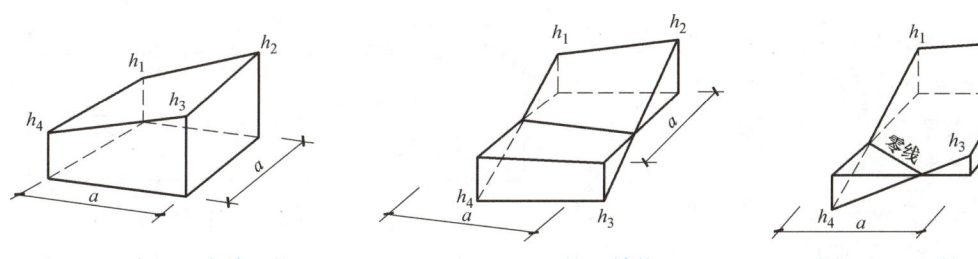

图 1-10　全挖（全填）格　　　　　图 1-11　两挖两填格　　　　　图 1-12　三挖一填格

三、土方调配与优化

土方调配是大型土方工程施工设计的一个重要内容。其目的是在使土方总运输量（$m^3 \cdot m$）最小或土方运输成本最低的条件下，确定填挖方区土方的调配方向和数量，从而达到缩短工期和降低成本的目的。其步骤如下：

（一）划分土方调配区，计算平均运距或土方施工单价

1. 调配区的划分

进行土方调配时，首先要划分调配区。划分调配区应注意下列几点：

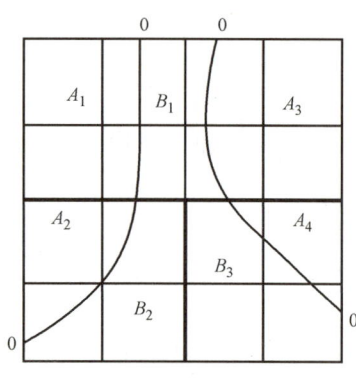

图 1-13　调配区划分示例

（1）调配区的划分应该与工程建（构）筑物的平面位置相协调，并考虑它们的开工顺序、分期施工的要求，使近期施工与后期利用相协调；

（2）调配区的大小应该满足土方施工主导机械（如铲运机、推土机等）的技术要求；

（3）调配区的范围应该和方格网协调，通常可由若干个方格组成一个调配区；

（4）有就近取土或弃土时，则每个取土区或弃土区均作为一个独立的调配区；

（5）调配区划分还应尽量与大型地下建筑物的施工相结合，避免土方重复开挖。

例如，某场地调配区划分如图 1-13 所示。

2. 平均运距的确定

平均运距一般是指挖方区土方重心至填方区土方重心的距离。当填、挖方调配区之间距离较远，采用汽车等运土工具沿工地道路或规定线路运土时，其运距应按实际情况进行计算。

3. 土方施工单价的确定

如果采用汽车或其他专用运土工具运土时，调配区之间的运土单价，可根据预算定额确定。当采用多种机械施工时，需考虑运、填配套机械的施工单价，确定一个综合单价。

（二）最优调配方案的确定

确定最优调配方案，是以线性规划为理论基础，常用"表上作业法"求解。现结合示例介绍。

已知某场地有四个挖方区和三个填方区，各区的挖填土方量和各调配区之间的运距如图 1-14 所示。利用"表上作业法"进行调配的步骤如下：

1. 编制初始调配方案

采用"最小元素法"进行就近调配，即先在运距表中找一个最小数值，如 $C_{22}=C_{43}=40$（任取其中一个，现取 C_{22}），先确定 X_{22} 的值，使其尽可能的大，即将 W_2 挖方区的土方全部调到 T_2 填方区，所以 X_{21}

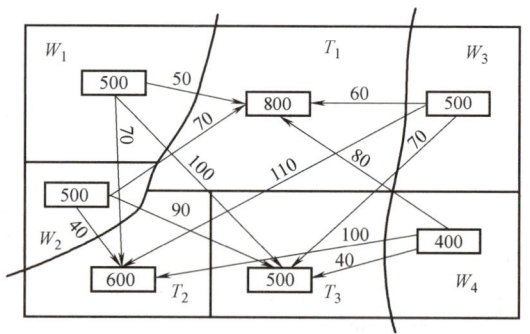

图 1-14　各调配区土方量和平均运距

和 X_{23} 都等于零。此时，将 500 填入 X_{22} 格内，同时将 X_{21}、X_{23} 格内画上一个"×"号。然后在没有填上数字和"×"号的方格内再选一个运距最小的方格，即 $C_{43}=40$，便可确定 $X_{43}=400$，同时使 $X_{41}=X_{42}=0$。此时，又将 400 填入 X_{43} 格内，并在 X_{41}、X_{42} 格内画上"×"号。重复上述步骤，依次确定其余 X_{ij} 的数值，最后得出表 1-2 的初始调配方案。

土方的总运输量为：

$$Z_0=500\times50+500\times40+300\times60+100\times110+100\times70+400\times40=97000\mathrm{m}^3\cdot\mathrm{m}$$

2. 最优方案判别

利用"最小元素法"编制初始调配方案，其总运输量是较小的。但不一定是总运输量最小，因此还需判别它是否为最优方案。判别的方法有"闭回路法"和"位势法"，其实质相同，都是用检验数 λ_{ij} 来判别。只要所有的检验数 $\lambda_{ij} \geqslant 0$，则该方案即为最优方案；否则，不是最优方案，尚需进行调整。

土方初始调配方案   表 1-2

挖	填			挖方量
	T_1	T_2	T_3	
W_1	500 [50]	× [70]	× [100]	500
W_2	× [70]	500 [40]	× [90]	500
W_3	300 [60]	100 [110]	100 [70]	500
W_4	× [80]	× [100]	400 [40]	400
填方量	800	600	500	1900

为了使线性方程有解，要求初始方案中调动的土方量要填够 $m+n-1$ 个格（m 为行数，n 为列数），不足时可在任意格中补 "0"。

如：表 1-2 中已填 6 个格，而 $m+n-1=3+4-1=6$，满足要求。

下面介绍用"位势法"求检验数：

（1）求位势 U_i 和 V_j

位势就是在运距表的行或列中用运距（或单价）C_{ij} 同时减去的数，目的是使有调配数字格的检验数 λ_{ij} 为零，而对调配方案的选取没有影响。

计算方法：将初始方案中有调配数方格的 C_{ij} 列出，然后按下式求出两组位势数 U_i（$i=1, 2, \cdots, m$）和 V_j（$j=1, 2, \cdots, n$）。

$$C_{ij} = U_i + V_j \tag{1-15}$$

式中 C_{ij}——平均运距（或单位土方运价或施工费用）；

 U_i，V_j——位势数。

例如，本例两组位势数计算：

设 $U_1=0$，

则 $V_1 = C_{11} - U_1 = 50 - 0 = 50$；

$U_3 = C_{31} - V_1 = 60 - 50 = 10$；

$V_2 = 110 - 10 = 100$；

……，见表 1-3。

位势计算表   表 1-3

挖	位势数	填		
		T_1	T_2	T_3
位势数	U_i	V_j		
		$V_1=50$	$V_2=100$	$V_3=60$
W_1	$U_1=0$	、500 [50]	[70]	[100]
W_2	$U_2=-60$	[70]	500 [40]	[90]
W_3	$U_3=10$	300 [60]	100 [110]	100 [70]
W_4	$U_4=-20$	[80]	[100]	400 [40]

（2）求检验数 λ_{ij}

位势数求出后，便可根据下式计算各空格的检验数：

$$\lambda_{ij}=C_{ij}-U_i-V_j \tag{1-16}$$

$\lambda_{11}=50-0-50=0$（有土方格的检验数必为零，其他不再计算）；

空格的检验数：

$\lambda_{12}=70-0-100=-30$，$\lambda_{13}=100-0-60=40$，$\lambda_{21}=70-(-60)-50=80$

……

各格的检验数见表 1-4。

求检验数表   表 1-4

挖	位势数	填		
		T_1	T_2	T_3
位势数	U_i	V_j		
		$V_1=50$	$V_2=100$	$V_3=60$
W_1	$U_1=0$	0	−30　70	+40　100
W_2	$U_2=-60$	+80　70	0	+90　90
W_3	$U_3=10$	0	0	0
W_4	$U_4=-20$	+50　80	+20　100	0

表中，λ_{12} 为"−"值，故初始方案不是最优方案，应对其进行调整。

3. 方案的调整

（1）在所有负检验数中选取最小的一个（本例中为 C_{12}），把它所对应的变量 X_{12} 作为调整的对象。

（2）找出 X_{12} 的闭回路：从 X_{12} 出发，沿水平或竖直方向前进，遇到调配土方数字的格则可以做 90°转弯，然后依次继续前进，直至回到出发点，形成一条闭回路（表 1-5）。

找 X_{12} 的闭回路   表 1-5

挖	填		
	T_1	T_2	T_3
W_1	500　←	X_{12}	
W_2	↓	500　↑	
W_3	300　→	100	100
W_4			400

（3）从空格 X_{12} 出发，沿着闭回路方向，在各奇数次转角点的数字中，挑出一个最小的土方量（本表即为 500、100 中选 100），将它调到空格中（即由 X_{32} 调到 X_{12} 中）。

（4）同时将闭回路上其他奇数次转角上的数字都减去该调动值（100m³），偶次转角上数字都增加该调动值，使得填、挖区的土方量仍然保持平衡，这样调整后，便得到了新的调配方案。见表 1-6 中括号内数字。

对新调配方案，再用"位势法"进行检验，看其是否为最优方案。若检验数中仍有负数出现，则仍按上述步骤调整，直到求得最优方案为止。

方案调整表			表 1-6

挖	填		
	T_1	T_2	T_3
W_1	（400） 500 ←	（100） X_{12}	
W_2	↓	↑500	
W_3	300 （400） →	100 （0）	100
W_4			400

位势及检验数计算表				表 1-7
挖	位势数	填		
		T_1	T_2	T_3
位势数	U_i	V_j		
		$V_1=50$	$V_2=100$	$V_3=60$
W_1	$U_1=0$	0 〔50〕	0 〔70〕	+40 〔100〕
W_2	$U_2=-30$	+50 〔70〕	0 〔40〕	+60 〔90〕
W_3	$U_3=10$	0 〔60〕	+30 〔110〕	0 〔70〕
W_4	$U_4=-20$	+50 〔80〕	+50 〔100〕	0 〔40〕

表 1-7 中所有检验数均不小于零，故该方案即为最优方案。其土方的总运输量为：

$Z=400\times50+100\times70+500\times40+400\times60+100\times70+400\times40=94000m^3\cdot m$。较初始方案 $Z_0=97000m^3\cdot m$ 减少了 $3000m^3\cdot m$。

值得注意的是，土方调配最优方案不一定是唯一的，它们在调配区或调配土方量等方面可能不同，但其目标函数 Z 都是相等的。最优方案越多，提供的选择余地就越大。当土方调配区数量较多时，使用"表上作业法"工作量较大，应采用计算机程序进行优化。

4. 绘制土方调配图

根据调配方案，将土方调配方向、数量以及每对挖填调配区之间的平均运距，在土方调配图上标明，如图 1-15 所示。

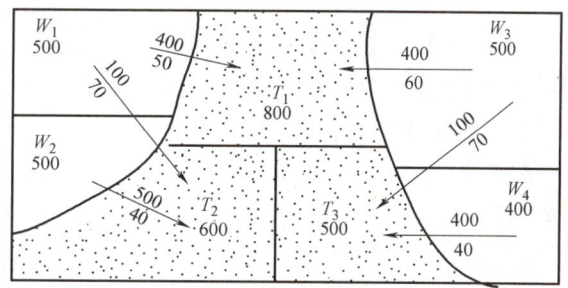

图 1-15　土方调配图

箭线上方为土方量（m^3），箭线下方为运距（m）

第三节　排水与降水

在土方开挖过程中，当基坑（或沟槽）底面标高低于地下水位时，地下水会不断渗入坑内；降雨或地面水也可能流入基坑，如不采取措施，不但会使施工条件恶化，更可能会造成边坡塌方和地基承载力下降。因此，在基坑（槽）开挖和基础施工过程中，必须采取排水、降水、截水、回灌等措施排除地面水及控制地下水。

一、地面排水

排除地面水（包括雨水、施工用水、生活污水等）常采用在基坑周围设置排水沟、截水沟或筑土堤等办法，并尽量利用原有的排水系统，或将临时

1-1

性与永久性排水设施结合使用。

二、集水明排法

基坑排水常用明沟和暗沟（盲沟）排水法，其原理均是通过沟槽将水引入集水井，再用水泵排出。下面主要介绍集水明排法。

集水明排法是在基坑开挖过程中，沿坑底的周围或中央开挖排水沟，并在基坑边角处设置集水井。将水汇入集水井内，用水泵抽走（图1-16）。这种方法可用于基坑排水，也可用于降低水位。

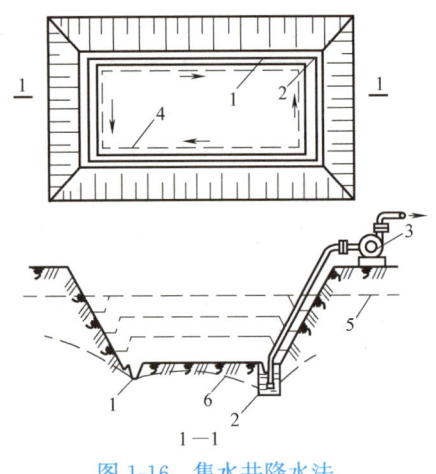

图1-16 集水井降水法

1—排水沟；2—集水井；3—离心式水泵；
4—基础边线；5—原地下水位线；
6—降低后地下水位线

1. 排水沟的设置

排水沟底宽应不小于0.3m，沟底设有不小于0.3‰的纵坡，使水流不致阻塞。在开挖阶段，排水沟深度应始终保持比挖土面低0.3~0.6m；在基础施工阶段，排水沟宜距拟建基础及基坑边坡坡脚均不小于0.4m。

2. 集水井的设置

集水井应设置在基础范围以外的边角处。间距应根据水量大小、基坑平面形状及水泵能力确定，一般为30~40m。集水井的直径一般为0.6~0.8m。其深度要随着挖土的加深而加深，保持井底低于挖土面0.8~1.0m。井壁可用竹、木或钢筋笼等简易加固。当基坑挖至设计标高后，井底应低于基坑底1m，并铺设碎石滤水层，以减少泥砂损失和扰动井底土。

集水明排法设备简单、排水方便，费用较低，宜用于粗粒土层和渗水量小的黏性土。当土层为细砂和粉砂时，地下水渗流会带走细粒，易导致边坡坍塌或流砂现象。当地下水位较高且基底为黏土层时，易引起坑底隆起。

三、流砂及其防治

当基坑开挖到地下水位以下时，有时坑底土会呈流动状态，随地下水涌入基坑，这种现象称为流砂现象。此时，基底土完全丧失承载能力，土边挖边冒，施工条件恶化，严重时会造成边坡塌方，甚至危及邻近建筑物。

1. 流砂发生原因

动水压力是流砂发生的重要条件。地下水流动受到土颗粒的阻力，而水对土颗粒具有冲动力，这个力即称为动水压力，动水压力 $G_D = \gamma_w I = \gamma_w \cdot \Delta H/L$。它与水力坡度 I 成正比，水位差 ΔH 越大，动水压力越大；而渗透路程 L 越长，则动水压力越小。动水压力的方向与水流方向一致。

处于基坑底部的土颗粒，土不仅受到水的浮力，而且受动水压力的作用，有向上举的趋势，如图1-17所示。当动水压力等于或大于土的浸水密度时，土颗粒处于悬浮状态，并随地下水一起流入基坑，即发生流砂现象。

流砂现象一般发生在细砂、粉砂及砂质粉土中。在粗大砂砾中，因孔隙大，水在其间流过时阻力小，动水压力也小，不易出现流砂现象。而在黏性土中，由于土粒间内聚力较大，不会发生流砂现象，但有时在承压水作用下会出现整体隆起现象。

2. 流砂防治

防治流砂的主要途径是减小或平衡动水压力或改变其方向。具体措施为：

（1）加深挡墙法：通过在基坑周围设置一定深度的截水挡墙，增加地下水流入坑内的渗流路程，从而减小动水压力。

（2）水下挖土法：采用不排水施工，使坑内水压与坑外地下水压相平衡，抵消动水压力。

（3）井点降水法：通过降低地下水位改变动水压力的方向，这是防止流砂发生的有效措施。

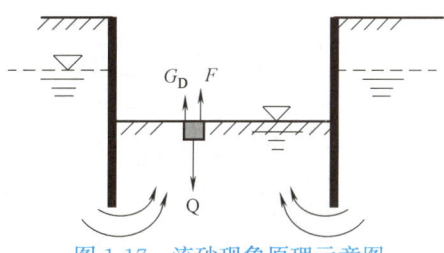

图 1-17　流砂现象原理示意图

（4）截水封闭法：将基坑周围挡水墙体做至坑底以下具有足够厚度的不透水层或注浆封底层内，避免地下水向开挖后的基坑内渗流，从而消除动水压力，杜绝流砂现象。

四、井点降水法

井点降水法就是在坑槽开挖前，预先在其四周埋设一定数量的滤水管（井），利用抽水设备从中抽水，使地下水位降落到坑槽底 0.5m 以下，并保持至回填完成或地下结构有足够的抗浮能力为止。其优点是，可使开挖的土始终保持干燥状态，从根本上防止流砂发生，可避免地基隆起、改善工作条件、提高边坡的稳定性或降低支护结构的侧压力；并可加大边坡坡度而减少

1-2

挖土量。此外，还可以加速地基土的固结，提高地基土的承载力，以利于保证工程质量。其缺点是可能造成周围地面沉降和影响环境。

井点降水法有：轻型井点、喷射井点、管井井点及电渗井点等，可根据土的渗透系数、降低水位的深度、工程特点及设备条件等，参照表 1-8 选择。其中轻型井点、管井井点应用较广。

井点类型、适用范围及主要原理　　　　　　　　　　　　　　表 1-8

井点类型	土层渗透系数（m/d）	降低水位深度（m）	最大井距（m）	主要原理
轻型井点	0.1~20	3~6	1.6~2	地上真空泵或喷射嘴真空吸水
二级轻型井点		6~10		
喷射井点	0.1~20	8~20	2~3	水下喷射嘴真空吸水
电渗井点	<0.1	同所配合的井点	1（极距）	钢筋阳极加速渗流
管井井点	0.1~200	不限	20~50	离心泵或潜水泵排水
水平辐射井点	大面积降水		平管引水至大口井排出	
引渗井点	不透水层下有渗存水层		打通不透水层，引水至基底以下存水层	

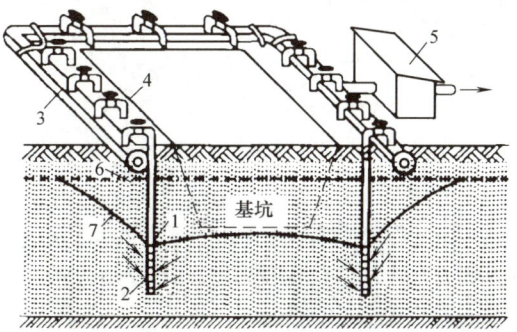

图 1-18　轻型井点法降低地下水位全貌图

1—井管；2—滤管；3—总管；4—弯联管；5—水泵房；

6—原有地下水位线；7—降低后地下水位线

（一）轻型井点

轻型井点是沿基坑的四周将许多直径较小的井点管埋入地下蓄水层内，井点管的上端通过弯联管与总管相

1-3

连接，利用抽水设备将地下水从井点管内不断抽出，以达到降水目的。如图 1-18 所示。

1. 轻型井点设备

轻型井点设备是由管路系统和抽水设备组成。管路系统包括：井点管（由井管和滤管连接而成）、弯联管及总管等。

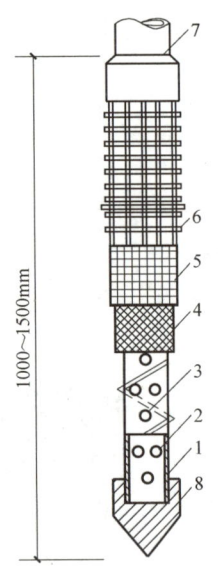

图 1-19　滤管构造

1—钢管；2—管壁上的小孔；
3—缠绕的塑料管；4—细滤网；
5—粗滤网；6—粗钢丝保护网；
7—井管；8—铸铁堵头

滤管是井点设备的一个重要部分，其构造是否合理，对抽水效果影响较大。滤管的直径可采用 38～110mm 的金属管，长度为 1.0～1.5m。管壁上渗水孔直径为 12～18mm，呈梅花状排列，孔隙率应大于 15%。滤管外包两层金属或尼龙滤网（图 1-19）。内层采用 30～80 目，外层采用 3～10 目。为使水流畅通，在管壁与滤网间缠绕塑料管或金属丝隔开，滤网外应再绕一层粗金属丝。滤管的下端为一铸铁堵头，上端用管箍与井管连接。

井点管宜采用直径为 38mm 或 51mm 的钢管，其长度为 5～7m，上端用弯联管与总管相连。弯联管常用带钢丝衬的橡胶管；用钢管时可装有阀门，便于检修井点；也可用塑料管。

总管宜采用直径为 100mm 或 127mm 的钢管，每节长度为 4～6m，其上每隔 0.8m、1m 或 1.2m 设有一个与井点管连接的短接头。

抽水设备常用的有真空泵、射流泵和喷射泵井点设备，现仅就真空泵和射流泵井点设备的工作原理简介于下：

（1）真空泵式抽水设备。它由真空泵、离心泵和水气分离箱等组成（图 1-20）。其工作原理是：开动真空泵 19，将水气分离器 10 内部抽成一定程度的真空，在真空度吸力作用下，地下水经滤管 1、井管 2 吸上，进入集水总管 5，再经过滤室 8 过滤泥砂进入水气分离器 10。水气分离器内有一浮筒 11，沿中间导杆升降，当箱内的水使浮筒上升，即可开动离心水泵 24 将水排出，浮筒则可关闭阀门 12，避免水被吸入真空泵。副水气分离器 16 也是为了避免将空气中的水分吸入真空泵。为对真空泵进行冷却，特设一冷却循环水泵 23。

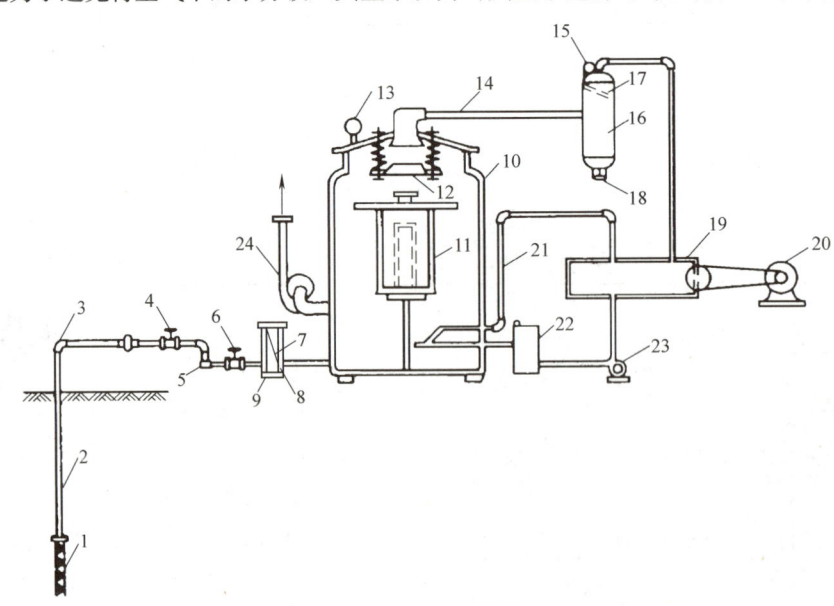

图 1-20　真空泵轻型井点设备工作原理简图

1—滤管；2—井管；3—弯管；4—阀门；5—集水总管；6—闸门；7—滤网；8—过滤室；9—淘砂孔；10—水气分离器；11—浮筒；12—阀门；13—真空计；14—进水管；15—真空计；16—副水气分离器；17—挡水板；18—放水口；19—真空泵；20—电动机；21—冷却水管；22—冷却水箱；23—冷却循环水泵；24—离心水泵

该种设备真空度较高，降水深度较大。一套抽水设备能负荷的总管长度为100～120m。但设备较复杂，耗电较多。

（2）射流泵式抽水设备。它由射流器、离心泵和循环水箱组成，如图1-21所示。

射流泵抽水设备的工作原理是：利用离心泵将循环水箱中的水变成压力水送至射流器内由喷嘴喷出，由于喷嘴断面收缩而使水流速度骤增，压力骤降，使射流器空腔内产生部分真空，从而把井点管内的气、水吸上来进入水箱。水箱内的水滤清后一部分经由离心泵参与循环，多余部分由水箱上部的泄水口排出。

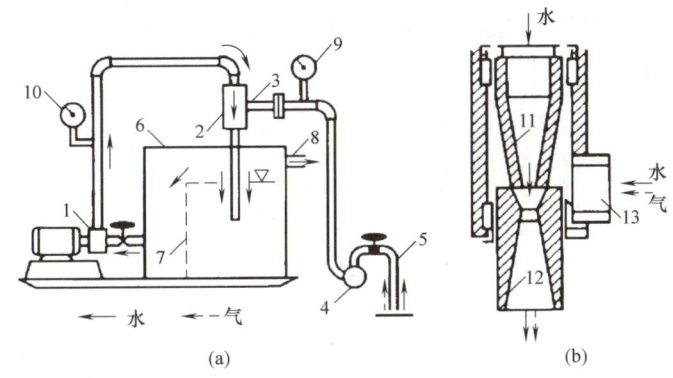

图 1-21　射流泵式抽水设备工作简图

（a）工作简图；（b）射流器构造

1—离心水泵；2—射流器；3—进水管；4—总管；5—井点管；6—循环水箱；7—隔板；
8—泄水口；9—真空泵；10—压力表；11—喷嘴；12—喷管；13—接进水管

射流泵井点设备的降水深度可达6m，但一套设备所带井点管仅25～40根，总管长度30～50m。若采用两台离心泵和两个射流器联合工作，能带动井点管70根，总管长度100m。这种设备具有结构简单、制造容易、成本低、耗电少、使用及检修方便等优点，应用较广。适于在粉砂、粉土等渗透系数较小的土层中降水。常用设备的技术性能见表1-9。

φ50型射流泵轻型井点设备组成与技术性能　　　　　表1-9

名称	型号与技术性能	数量	备 注
离心泵	3BL-9型，流量45m³/h，扬程32.5m	1台	供给工作水
电动机	JQ₂-42-2 功率7.5kW	1台	水泵的配套动力
射流泵	喷嘴φ50mm，空载真空度100kPa，工作水压力0.15～0.3MPa，工作水流45m³/h，生产率10～35m³/h	1个	形成真空
水箱	长×宽×高=1100mm×600mm×1000mm	1个	循环用水

2. 轻型井点布置

轻型井点系统的布置，应根据基坑平面形状及尺寸、基坑的深度、土质、地下水位及流向、降水深度要求等确定。

（1）平面布置

当基坑或沟槽宽度小于6m，且降水深度不超过5m时，可采用单排井点，布置在地下水流的上游一侧，其两端的延伸长度不应小于基坑（槽）宽度（图1-22）。当基坑宽度大于6m或土质不良，则宜采用双排井点。当基坑面积较大时，宜采用环形井点（图1-23）。当有预留运土坡道等要求时，环形井点可不封闭，但要将开口留在地下水流的下游方向处。井点管距离坑壁一般不宜小于0.7m，以防局部发生漏气。井点管间距应根据土质、降水深度、工程性质等按计算或经验确定。在靠近河流及总基坑转角部位，井点应适当加密。

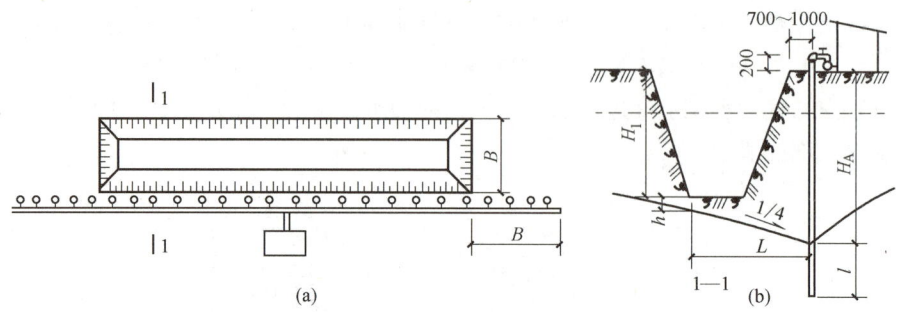

图1-22　单排井点布置简图

（a）平面布置；（b）高程布置

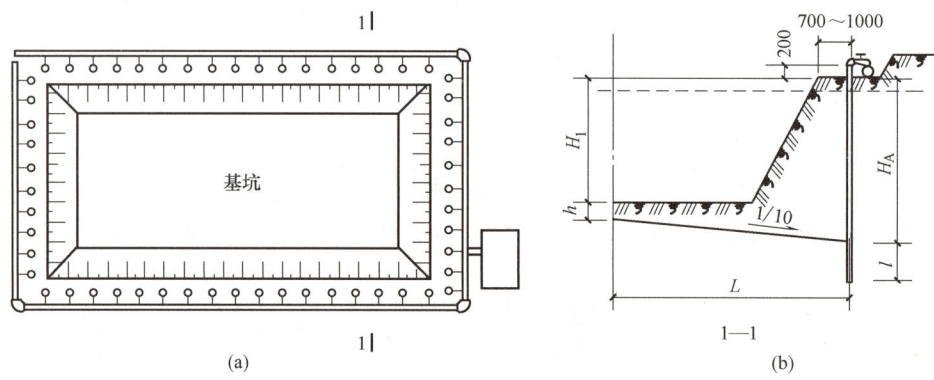

图1-23　环形井点布置简图

（a）平面布置；（b）高程布置

采用多套抽水设备时，井点系统要分段设置，各段长度应大致相等。其分段地点宜选择在基坑角部，以减少总管弯头数量和水流阻力。抽水设备宜设置在各段总管的中部，使两边水流平衡。采用封闭环形总管时，宜装设阀门将总管断开，以防止水流紊乱。对多套井点设备，应在各套之间的总管上装设阀门，既可独立运行，也可在某套抽水设备发生故障时，开启阀门，借助邻近的泵组来维持抽水。

（2）高程布置

轻型井点多是利用真空原理抽吸地下水，理论上的抽水深度可达10.3m。但由于土层透气及抽水设备的水头损失等因素，井点管处的降水深度往往不超过6m。

井管的埋置深度 H_A，可按下式计算（图1-23b）：

$$H_A \geqslant H_1 + h + iL \quad (\text{m}) \tag{1-17}$$

式中　H_1——总管平台面至基坑底面的距离（m）；

　　　h——基坑中心线底面至降低后的地下水位线的距离，一般取0.5～1.0m；

　　　i——水力坡度，根据实测：环形井点为1/10，单排线状井点为1/4；

　　　L——井点管至基坑中心线的水平距离（m）。

当计算出的 H_A 值大于降水深度 6m 时，则应降低总管安装平台面标高，以满足降水深度要求。此外在确定井管埋置深度时，还要考虑井管的长度（一般为 6m），且井管通常需露出地面 0.2～0.3m。在任何情况下，滤管必须埋在含水层内。

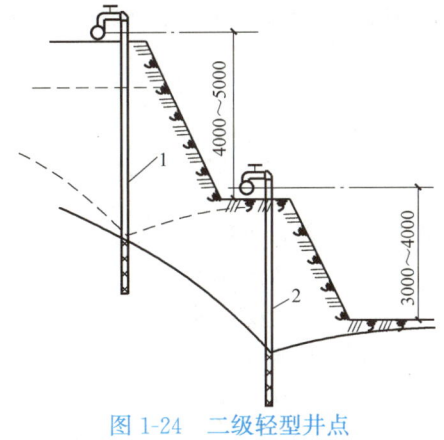

图 1-24 二级轻型井点
1—第一层井点管；2—第二层井点管

为了充分利用设备抽吸能力，总管平台标高宜接近原有地下水水位线（要事先挖槽），水泵轴心标高宜与总管齐平或略低于总管。总管应具有 0.25%～0.5% 的坡度坡向泵房。

当一级轻型井点达不到降水深度要求时，可先用集水井法降水，然后将总管安装在原有地下水位线以下；或采用二级（二层）轻型井点，如图 1-24 所示。

3. 轻型井点计算

轻型井点的计算内容包括：涌水量计算、井点数量与井距的确定，以及抽水设备选用等。由于受水文地质和井点设备等多种因素影响，计算出的涌水量只能是近似值。

（1）井型判定

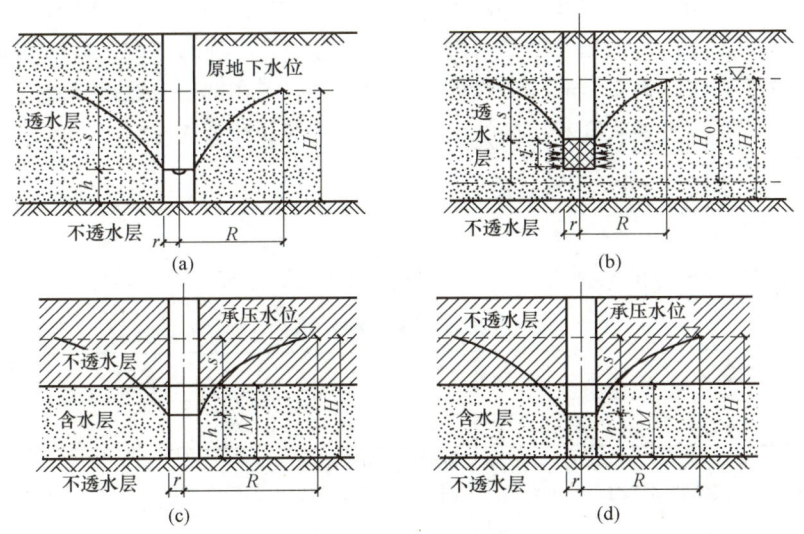

图 1-25 水井的分类
（a）无压完整井；（b）无压非完整井；（c）承压完整井；（d）承压非完整井

井点系统涌水量计算是按水井理论进行的。根据井底是否达到不透水层，水井分为完整与非完整井；凡井底到达含水层下面的不透水层的井称为完整井，否则称为非完整井。根据所抽取的地下水层有无压力，又分为无压井与承压井，如图 1-25 所示。各类井的涌水量计算方法都不同，其中以无压完整井的理论较为完善。

（2）涌水量计算

1）无压完整井涌水量

无压完整井抽水时，水位的变化如图 1-26（a）所示。当抽水一定时间后，井周围的水面最后将会降落成渐趋稳定的漏斗状曲面，称之为降落漏斗。水井轴至漏斗外缘的水平距离称为

21

抽水影响半径 R。

根据达西定律以及群井的相互干扰作用，可推导出无压完整井（图 1-26a）群井的涌水量如下：

$$Q = 1.366K \frac{(2H-S)S}{\lg\left(1+\dfrac{R}{r_0}\right)} \quad (\text{m}^3/\text{d}) \tag{1-18}$$

式中 K——渗透系数（m/d）；

       H——含水层厚度（m）；

       S——水位降低值（m）；

       R——抽水影响半径（m），取：

$$R = 2S\sqrt{HK} \tag{1-19}$$

       r_0——环形井点的假想半径（m）：

当基坑为圆形或不规则形状时，$r_0 = \sqrt{A/\pi}$；

当基坑为矩形时，$r_0 = 0.29(a+b)$，a，b 为井点所围矩形的边长；

       A——基坑周围井点管所包围的面积（m²）。

渗透系数 K 值准确与否，对计算结果影响较大。其测定方法有现场抽水试验和实验室试验两种。对重大的工程，宜采用现场抽水试验，以获得较为准确的渗透系数值。方法是在现场设置抽水孔，并距抽水孔以 x_1 与 x_2 处设两个观测井（三者在同一直线上），根据抽水稳定后，观测井的水深 y_1 与 y_2 及抽水孔相应的抽水量 Q，可按下式计算 K 值：

$$K = \frac{Q \cdot \lg(x_2/x_1)}{1.366(y_2^2 - y_1^2)} \quad (\text{m}/\text{d}) \tag{1-20}$$

表 1-10 列出几种土层的渗透系数 K 值，仅供参考。

土层的渗透系数 K 值   表 1-10

土的种类	黏土及粉质黏土	粉土	粉砂	细砂	中砂	粗砂	粗砂夹石	砾石
K（m/d）	<0.1	0.1~1	1~5	5~10	10~25	25~50	50~100	100~200

注：1. 含水层含泥量多，或颗粒不均匀系数大于 2 时取小值。

      2. 表中数值为试验室中理想条件下获得，有时与实际出入较大，采用时宜根据具体情况调控。

抽水影响半径 R，与土的渗透系数、含水层厚度、水位降低值及抽水时间等因素有关。一般在抽水 2~5d 后，水位降落漏斗基本稳定。

2）无压非完整井涌水量

在实际工程中，常会遇到无压非完整井井点系统（图 1-26b），其涌水量计算较为复杂。为了简化计算，仍可采用式（1-18），但需将式中含水层厚度 H 换成有效深度 H_0，即：

$$Q = 1.366K \frac{(2H_0-S)S}{\lg\left(1+\dfrac{R}{r_0}\right)} \quad (\text{m}^3/\text{d}) \tag{1-21}$$

其中有效深度 H_0 系经验数值，可查表 1-11 得到。须注意：（1）在计算抽水影响半径 R 时，也需以 H_0 代入；（2）当 $H_0 \geqslant H$ 时，取 $H_0 = H$。

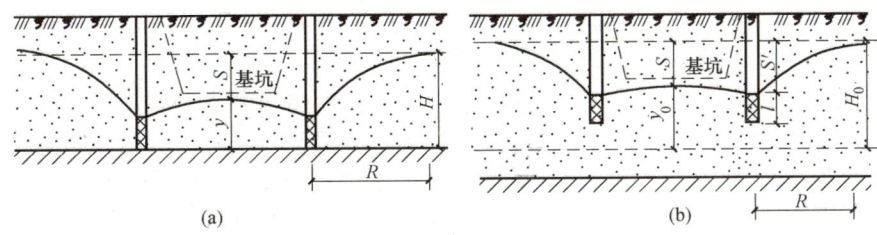

图 1-26 环形井点涌水量计算简图

(a) 无压完整井；(b) 无压非完整井

有效深度 H_0 值 表 1-11

$S'/(S'+l)$	0.2	0.3	0.5	0.8
H_0	$1.3(S'+l)$	$1.5(S'+l)$	$1.7(S'+l)$	$1.85(S'+l)$

注：表中 S' 为井管内水位降低深度；l 为滤管长度。

3）承压完整井涌水量

承压完整井环形井点涌水量计算公式为：

$$Q=2.73K\frac{MS}{\lg\left(1+\dfrac{R}{r_0}\right)}\quad (\text{m}^3/\text{d}) \tag{1-22}$$

式中　　M——承压含水层厚度（m）；

　　　　R——抽水影响半径（m），对承压水层取 $R=10S\sqrt{K}$；

K、r_0、S——与式（1-18）相同。

（3）确定井点管数量与井距

1）单井最大出水量

单井的最大出水量 q，主要取决于土的渗透系数、滤管的构造与尺寸，按下式确定：

$$q=65\pi d\cdot l\cdot\sqrt[3]{K}\quad (\text{m}^3/\text{d}) \tag{1-23}$$

式中　d——滤管直径（m）；

　　　l——滤管长度（m）；

　　　K——渗透系数（m/d）。

2）最少井数计算：
$$n_{\min}=1.1\frac{Q}{q}\quad (\text{根}) \tag{1-24}$$

式中　1.1——备用系数，考虑井点管堵塞等因素。其他符号同前。

3）最大井距计算：
$$D_{\max}=\frac{L}{n_{\min}}\quad (\text{m}) \tag{1-25}$$

式中　L——总管长度（m）。

确定井点管间距时，还应注意：①井距必须大于 15 倍管径，以免彼此干扰大，影响出水量。②在渗透系数小的土中井距宜小些，否则水位降落时间过长。③靠近河流处，井点宜适当加密。④井距应能与总管上的接头间距相配合。根据实际采用的井点管间距，最后确定所需的井点管根数。

4. 轻型井点的施工

轻型井点的施工，主要包括施工准备和井点系统的埋设与安装、使用、拆除。

准备工作包括井点设备、动力、水源及必要材料的准备，排水沟的开挖，附近建筑物的标

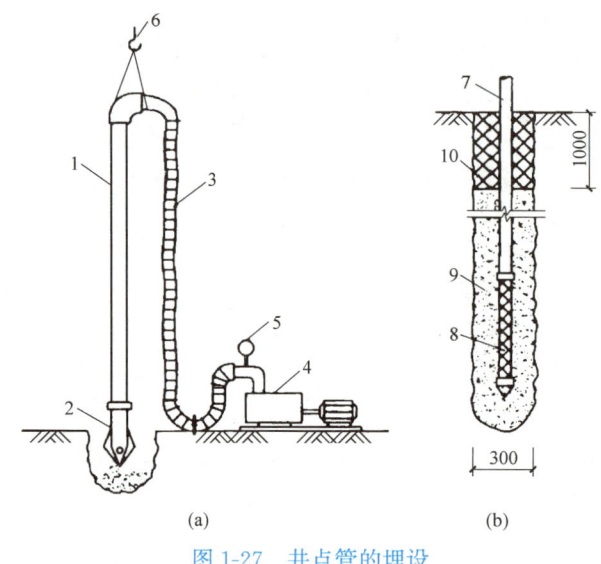

图 1-27　井点管的埋设
(a) 冲孔；(b) 埋管

1—冲管；2—冲嘴；3—胶管；4—高压水泵；5—压力表；
6—起重吊钩；7—井点管；8—滤管；9—填砂；10—黏土

高观测以及防止附近建筑物沉降措施的实施。

埋设井点的程序是：放线定位→打井孔→埋设井点管→安装总管→用弯联管将井点管与总管接通→安装抽水设备。

轻型井点的井孔常采用回转钻成孔法、水冲法或套管水冲法成孔。孔径一般为 200～300mm，孔深宜超过滤管底 0.5m 左右，以保证井管周围有足够厚度的砂滤层。

井孔成孔后，应立即居中插入井点管，并在井点管与孔壁之间迅速填灌砂滤层，以防孔壁塌土。砂滤层宜选用干净粗砂，填灌均匀，并至少填至滤管顶部 1～1.5m 以上，以保证水流畅通。上部须用黏土封口，深度不小于 1m 以防漏气。冲孔与埋管方法如图 1-27 所示。

对于土质较差的地区，可以采用套管水冲法。它是用直径 150～200mm 钢管随冲水随下沉，沉至要求深度后插入井点管，并随填砂滤层逐步拔出套管。

井点系统全部安装完毕后，需进行试抽，以检查有无漏气现象。正式抽水后不应停抽，以防堵塞滤网或抽出土粒。抽水过程中应按时检查观测井中水位下降情况，随时调节离心泵的出水阀，控制出水量，保持水位面稳定在要求位置。经常观测真空表的真空度，发现管路系统漏气应及时采取措施。

井点降水时，尚应对周围地面及附近的建筑物进行沉降观测，如发现沉陷过大，应及时采取防护措施。

(二) 喷射井点

当基坑开挖对降水深度要求较大时，可采用喷射井点降水。其降水深度可达 8～20m，可用于渗透系数为 0.1～20m/d 的砂土、淤泥质土层。

喷射井点设备主要是由喷射井管、高压水泵和管路系统组成（图 1-28a）。喷射井管 1 由内管 8 和外管 9 组成，在内管下端装有喷射扬水器与滤管 2 相连（图 1-28b）。在高压水泵 5 作用下，高压水（0.7～0.8MPa）经外管与内管之间的环形空间，并经扬水器的侧孔流向喷嘴 10。由于喷嘴截面的突然缩小，流速急剧增大，压力水由喷嘴以很高流速喷入混合室 11（该室与滤管相通），将喷嘴口周围空气吸入，被急速水流带走，因而该室压力下降而造成一定真空度。此时地下水被吸入喷嘴上面的混合室，与高压水汇合，流经扩散管 12 时，由于截面扩大，流速减低而转化为高压，沿内管上升经排水总管排于集水池 6 内。此池内的水一部分用水泵 7 排走，另一部分供高压水泵压入井管继续循环，将地下水逐步降低。

喷射井点施工顺序是：安装水泵设备及泵的进出水管路；敷设进水总管和回水总管；沉设井点管（包括成孔及灌填砂滤料等），接通进水总管后及时进行单根试抽、检验；全部井点管沉设完毕后，接通回水总管，全面试抽，检查整个降水系统的运转状况及降水效果。

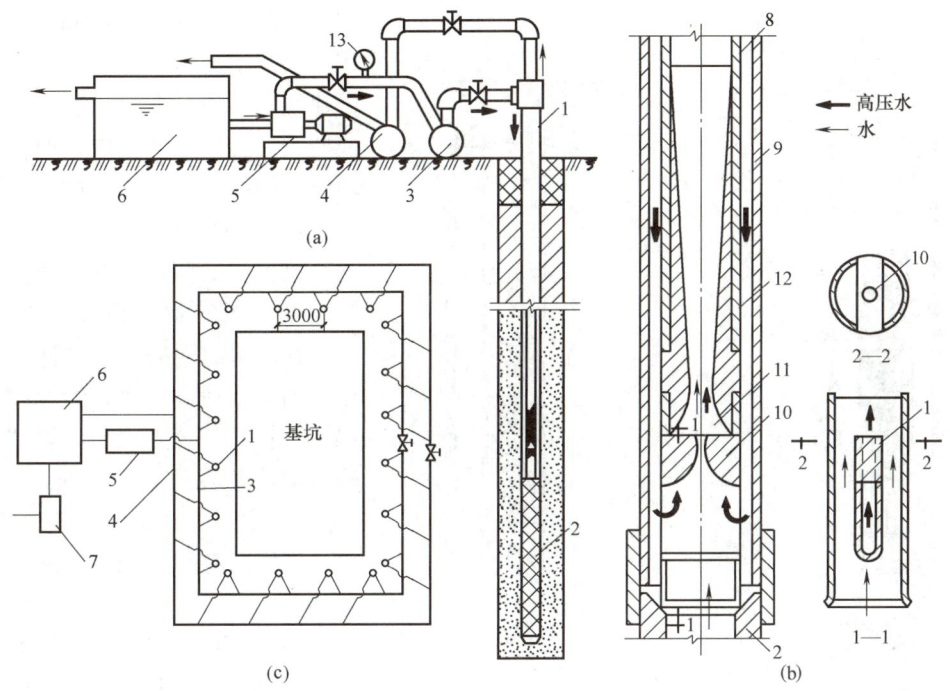

图 1-28　喷射井点设备及平面布置简图

（a）喷射井点设备简图；（b）喷射扬水器原理图；（c）喷射井点平面布置

1—喷射井管；2—滤管；3—进水总管；4—排水总管；5—高压水泵；6—集水池；7—水泵；
8—内管；9—外管；10—喷嘴；11—混合室；12—扩散管；13—压力表

进水、回水总管同每根井点管的连接管均需安装阀门，以便调节使用和防止不抽水时发生回水倒灌。井点管路接头应安装严密。

喷射井点的型号以井点外管直径表示，一般有 2.5 型、4 型和 6 型三种，其外管直径分别为 2.5、4、6 英寸。应根据不同的土层渗透系数和排水量要求选择。

（三）管井井点

管井井点就是沿基坑每隔一定距离设置一个管井，每个管井单独用一台水泵不断抽水来降低地下水位。在土的渗透系数大（0.1～200m/d）的土层中，宜采用管井井点。

1-4

管井井点的设备主要是由管井、吸水管及水泵组成。管井可用钢管或混凝土管做井管。井管直径应根据含水层的富水性及水泵性能确定，且外径不宜小于 200mm，内径宜比水泵外径大 50mm；井管外侧的滤水层厚度不得少于 100mm。井点构造如图 1-29 所示。水泵可采用 2～4 英寸潜水泵或单级离心泵。

管井的间距一般为 6～15m，管井的深度为 8～15m。井内水位降低可达 6～10m，两井中间水位则可降低 3～5m。

当要求井内降水深度很大时，可在管井加深并使用深井泵抽水，其降低水位达 30m 以上，常用间距为 10～30m。常采用深井潜水泵抽水。

五、降水对周围地面的影响及预防措施

降低地下水位时，由于土颗粒流失或土体压缩固结，易引起周围地面沉降。由于土层的不

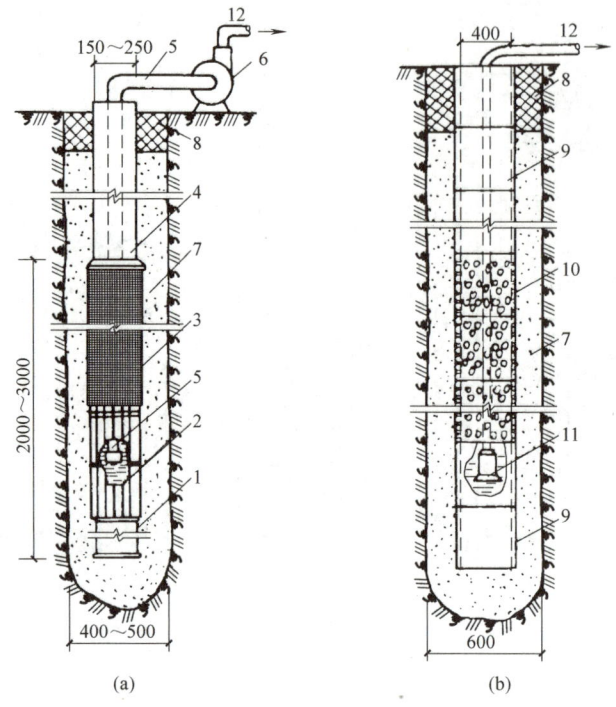

图 1-29　管井井点

（a）钢管管井；（b）混凝土管管井

1—沉砂管；2—钢筋焊接骨架；3—滤网；4—管身；5—吸水管；
6—离心泵；7—小砾石过滤层；8—黏土封口；9—混凝土实管；
10—无砂混凝土管；11—潜水泵；12—出水管

均匀性和形成的水位呈漏斗状，地面沉降多为不均匀沉降，可能导致周围的建筑物倾斜、下沉、道路开裂或管线断裂。因此，井点降水时，必须采取防沉措施，以防造成危害。

（一）回灌井点法

该方法是在降水井点与需保护的建筑物、构筑物间设置一排回灌井点。在降水的同时，通过回灌井点向土层内灌入适量的水，使原建筑物下仍保持较高的地下水位，以减小其沉降程度，如图 1-30（a）所示。

为确保基坑施工安全和回灌效果，同层回灌井点与降水井点之间应保持不小于 6m 的距离，且降水与回灌应同步进行。同时，在回灌井点两侧要设置水位观测井，监测水位变化，调节控制降水井点和回灌井点的运行以及回灌水量。

地下水回灌应采用同层回灌，当采用非同层地下水回灌时，回灌水源的水质不应低于回灌目标含水层的水质。

（二）设置截水帷幕法

在降水井点区域与原建筑之间设置一道截水帷幕，使基坑外地下水的渗流路线延长，从而使原建筑物的地下水位基本保持不变。截水帷幕可结合挡土支护结构设置，也可单独设置。如图 1-30（b）所示。常用的截水帷幕的做法有深层搅拌法、压密注浆法、冻结法等。

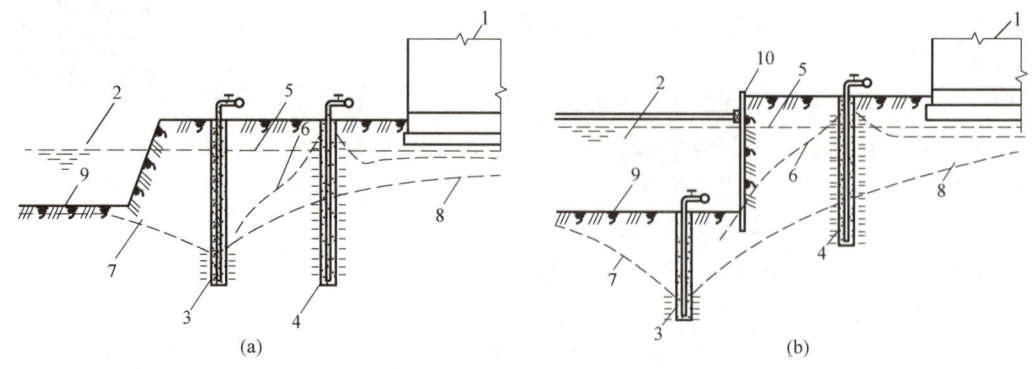

图 1-30　回灌井点布置示意图

（a）降水与回灌井点；（b）加阻水支护结构的回灌井点

1—原有建筑物；2—开挖基坑；3—降水井点；4—回灌井点；5—原有地下水位线；6—降灌井点
间水位线；7—降水后的水位线；8—不回灌时的水位线；9—基坑底；10—截水挡墙

（三）减少土颗粒损失法

降水应严格控制出水含砂量。稳定抽水 8h 后的含砂量，土层为粗砂时不得超过 1/50000，中砂为 1/20000，粉细砂为 1/10000。可采用加长井点，调小水泵阀门，减缓降水速度；选择适当的滤网，加大砂滤层厚度等方法，均可减少土颗粒随水流带出。

第四节　土方边坡与土壁支护

土方工程施工过程中，主要是依靠土体的内摩擦力和粘结力来平衡土体的下滑力，保持土壁稳定。一旦土体在外力作用下失去平衡，就会出现土壁坍塌或滑坡，不仅妨碍土方工程施工，造成人员伤亡事故，还会危及附近建筑物、道路及地下管线的安全，后果严重。

为了防止土壁坍塌或滑坡，对挖方或填方的边缘，一般需做成一定坡度的边坡。由于条件限制不能放坡时，常需设置土壁支护结构，以确保施工安全。

一、土方边坡

合理地选择基坑、沟槽、路基、堤坝的断面和留设土方边坡，是在保证安全的前提下减少土方量的有效措施。

（一）边坡稳定条件及其影响因素

边坡稳定条件是在土体的重力 G 及外部荷载 P、q 作用下所产生的剪应力小于土体的抗剪强度。如图 1-31 所示，该边坡稳定的条件是 $T < C$，即作用在土体上的下滑力 T 小于该块土体的抗剪力 C。

土体的下滑力 T，主要由下滑土体重力的分力构成，它受坡上荷载、含水率、静水及动水压力的影响。而土体的抗剪力 C，主要由土质决定，且受气候、含水率及动水压力的影响。因此，在确定土方边坡坡度时应考虑土质、挖方深度或填方高度、边坡留置时间、排水情况、边坡上的荷载情况以及土方施工方法等因素。

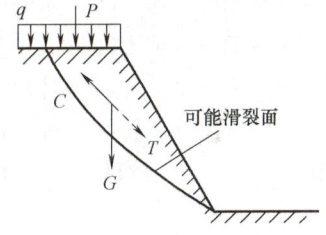

图 1-31　边坡稳定条件示意图

在土质均匀、含水率正常、开挖范围内无地下水、施工期较短的情况下，当开挖较密实的砂土或碎石土不超过 1m、粉土或粉质黏土不超过 1.25m、黏土或碎石土不超过 1.5m、坚硬黏土不超过 2.0m 时，一般可垂直下挖，且不加设支撑。

（二）边坡坡度的确定

坑（槽）开挖不满足留设直壁的条件或对填方的坡脚，应按要求放坡。边坡形式见图 1-32。边坡坡度应根据不同的挖填高度、土的性质及工程的特点而定，几种不同情况的边坡坡度要求如下：

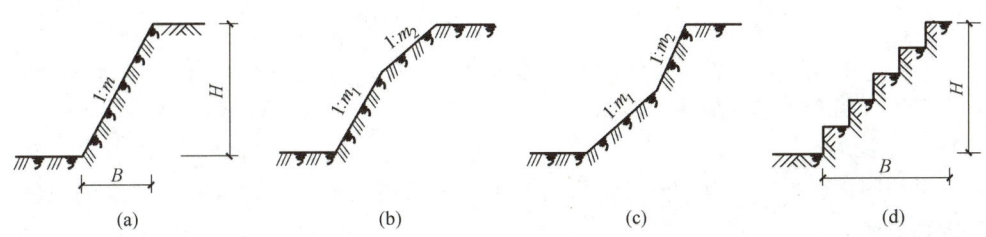

图 1-32　土方边坡

（a）直线边坡；（b）不同土层折线边坡；（c）不同深度折线边坡；（d）阶梯边坡

（1）浅基坑、基槽和管沟开挖

当坡体整体稳定、地质条件良好，土质均匀且无地下水，挖方深度在 3m 以内时，不加支撑的边坡坡度应符合表 1-12 的规定。

临时性挖方边坡的坡度　　　　　　　　　表 1-12

土 的 类 别		边坡坡度
砂土	不包括细砂、粉砂	1∶1.25～1∶1.50
一般黏性土	坚硬	1∶0.75～1∶1.10
	硬塑	1∶1.00～1∶1.25
碎石类土	密实、中密	1∶0.50～1∶1.00
	稍密	1∶1.100～1∶1.50

1-5

（2）对于深度较大或留置时间长的挖、填方边坡，则均应进行设计计算，按设计要求施工。

（三）边坡的保护

当边坡的使用时间较长时，应在开挖后及时做好坡面的保护。常用方法包括覆盖法；挂网法；挂网抹面法；土袋、砌砖压坡法及喷射混凝土法等。

二、基坑支护

开挖基坑（槽）时，如地质条件及周围环境许可，采用放坡开挖是较经济的。但在建筑稠密地区施工、放坡不能保证安全或现场无放坡条件时，就需要进行基坑（槽）支护，以保证施工的顺利和安全，并减少对相邻建筑、道路、管线等的不利影响。

基坑（槽）支护结构有多种形式，根据受力状态可分为非重力式和重力式支护结构。支护结构一般由挡土结构和支撑结构组成。其中挡土结构按有无隔水功能，可分为透水挡土结构和止水挡土结构。

（一）基槽支护结构

开挖较窄的沟槽，多用横撑式土壁支撑。根据挡土板的设置方向不同，横撑式土壁支撑分为水平挡土板式（图 1-33a）以及垂直挡土板式（图 1-33b）两类。前者挡土板的布置又分为间断式和连续式两种。对含水率小的黏性土，当开挖深度小于 3m 时，可用间断式水平挡土板支撑；对松散的土宜用连续式水平挡土板支撑，挖土深度可达 5m。对松散和含水率很大的土，可用垂直挡土板支撑随挖随撑，其挖土深度不限。

横撑式土壁支撑适用于沟槽宽度较小且内部施工操作较简单的工程。

（二）基坑支护结构

基坑支护结构一般根据地质条件、基坑开挖深度、对周边环境保护要求及降排水情况等选用。在支护结构设计中首先要考虑周围环境的安全可靠性，其次要满足本工程地下结构施工的要求，并应尽可能降低造价和便于施工。

1. 水泥土挡墙

水泥土挡墙是通过沉入地下设备将喷入的水泥与土进行掺合，形成柱状的水泥加固土桩，并相互搭接而成（图 1-34）。具有挡土、截水双重功能。一般靠自重和刚度进行挡土，属重力式挡墙，适用于深度为 4～6m 的基坑，最深不宜超过 7m。

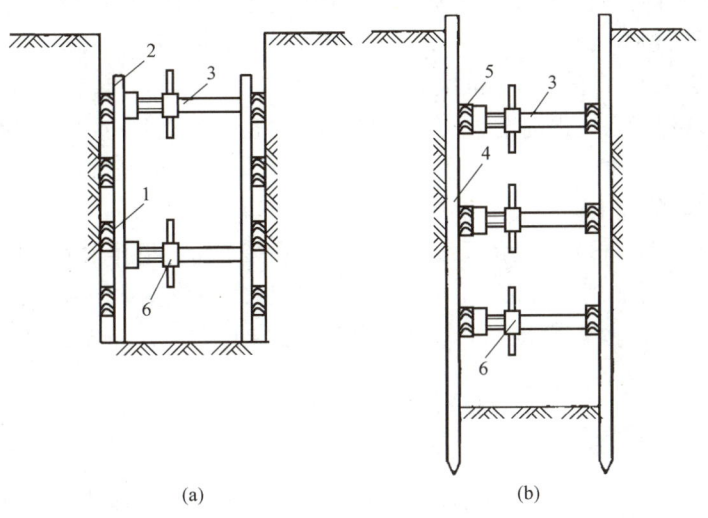

图 1-33　横撑式支撑

（a）间断式水平挡土板支撑；（b）垂直挡土板支撑

1—水平挡土板；2—立柱；3—工具式横撑；4—垂直挡土板；5—横楞木；6—调节螺栓

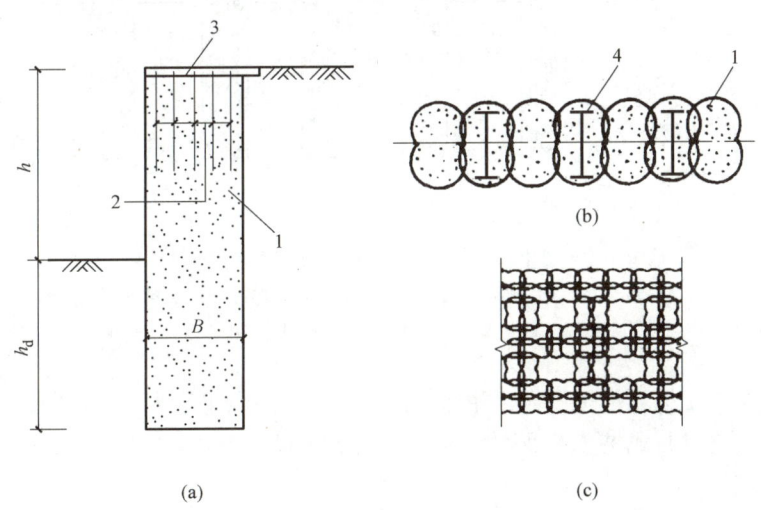

图 1-34　水泥土挡墙的一般构造

（a）水泥土挡墙剖面；（b）连续式劲性水泥土挡墙平面；（c）格栅式平面布置

1—搅拌桩；2—插筋；3—面板；4—H 型钢

（1）构造要求

水泥土挡墙支护的截面多采用连续式和格栅形。在软土地区，当基坑开挖深度 $h \leqslant 5\text{m}$ 时，可按经验取墙体宽度 $B = (0.6 \sim 0.8)h$，嵌入基底下的深度 $h_d = (0.8 \sim 1.3)h$。水泥土桩之间的搭接宽度不宜小于 150mm。

水泥土加固体强度随水泥掺入比而异，一般掺入比取 12%～14%，采用 42.5 级的普通硅酸盐水泥。可掺加木钙、三乙醇胺等外加剂，改善水泥土的性能和提高早期强度。水泥土28d抗压强度不应低于0.8MPa。

为了提高水泥土挡墙的刚度和抗弯能力，可在顶部插入钢筋，也可插入H型钢（图1-34b），并将水泥掺入比提高至20%，构成劲性水泥土搅拌桩（或称SMW工法），该法可用于8~10m深的基坑支护。

（2）水泥土挡墙的施工

按施工机具和方法不同，分为深层搅拌法、旋喷法等。深层搅拌水泥土挡墙的施工流程如图1-35所示。旋喷法是利用专用钻机，把带有特殊喷嘴的注浆管钻至预定位置后，将高压水泥浆液向四周高速喷入土体，并随钻头旋转和提升切削土层，使其混合掺匀。水泥土挡墙的施工要点如下：

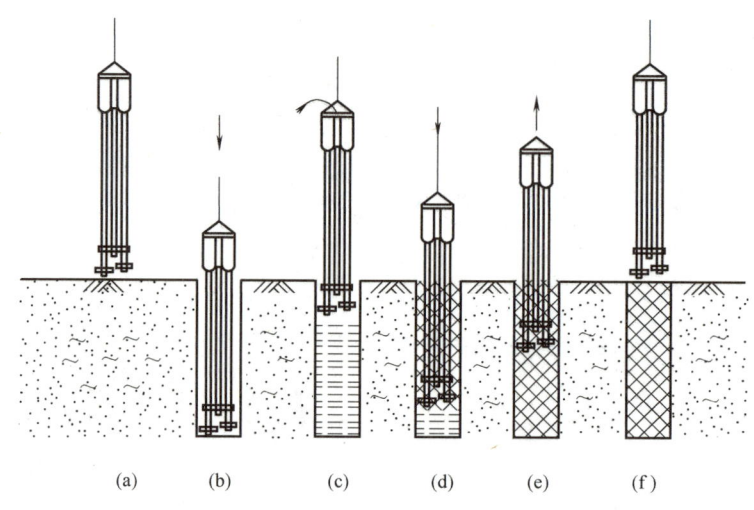

（a）　　（b）　　（c）　　（d）　　（e）　　（f）

图1-35　搅拌水泥土挡墙施工流程

（a）钻机定位；（b）预搅下沉；（c）提钻喷浆搅拌；（d）重复下沉搅拌；
（e）重复提升搅拌；（f）成桩结束

1）为保证水泥土挡墙搭接可靠，相邻桩的施工时间间隔不宜大于12h。

2）施工前，应进行成桩工艺及水泥渗入量或水泥浆的配合比试验，以确定相应的水泥掺入比和水泥浆水胶比。

3）当设置插筋或H型钢时，应在桩顶搅拌或旋喷完成后及时进行，插入长度和露出长度等，均应按计算和构造要求确定，H型钢靠自重下插至设计标高。

4）挡墙水泥土应达到设计强度要求后，方能进行基坑开挖。

（3）特点与适用范围

水泥土挡墙支护具有挡土、挡水双重功能，坑内无支撑，便于机械化挖土作业，施工机具较简单，成桩速度快，使用材料单一，造价较低；但相对位移较大；当基坑长度大时，要采取中间加墩、起拱等措施，以减少位移。

适用于淤泥、淤泥质土、黏土、粉质黏土、粉土、具有薄夹砂层的土、素填土等土层，作为基坑截水及较浅基坑的支护。

2. 土钉墙与喷锚支护

土钉墙与喷锚支护均属于边坡稳定型支护。是利用土钉或预应力锚杆加固基坑侧壁土体，与喷射的钢筋混凝土保护面板组成的支护结构。由于其施工简单、造价较低，近些年得到广泛应用。

（1）土钉墙支护

土钉墙支护，指在开挖后的边坡表面每隔一定距离埋设土钉，并铺钢筋网喷射细石混凝土面板，使其与边坡土体形成共同工作的复合体。从而有效提高边坡的稳定性，增强土体破坏的延性，对边坡起到加固作用。

1-6

1）构造要求

土钉墙支护的构造如图1-36、图1-37所示，墙面的坡度不宜大于1∶0.2。当基坑较深、土的抗剪强度较低时，宜取较小坡度。土钉是在土壁钻孔后插入钢筋、注入水泥浆或水泥砂浆而成，也可打入带有压浆孔的钢管后，再压浆而形成"管锚"。土钉长度宜为基坑深度的0.5～1.2倍，水平间距和竖向间距宜为1～2m，且呈梅花形布置，土钉倾角宜为5°～20°。土钉钻孔直径宜为70～120mm，插筋宜采用直径16～32mm的带肋钢筋。墙面由喷射厚度为80～100mm、强度不低于C20的混凝土形成，混凝土面板内应配置直径6～10mm、间距150～250mm的钢筋网，钢筋网间的搭接长度应大于300mm。为使面层混凝土与土钉有效连接，应设置承压板或加强钢筋与土钉钢筋焊接或螺栓连接，加强钢筋的直径宜取14～20mm。在土钉墙的顶部，墙体应向平面延伸不少于1m，并在坡顶和坡脚设挡排水设施，坡面上可根据具体情况设置泄水管，以防混凝土面板后积水。

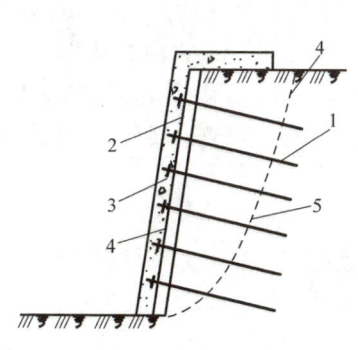

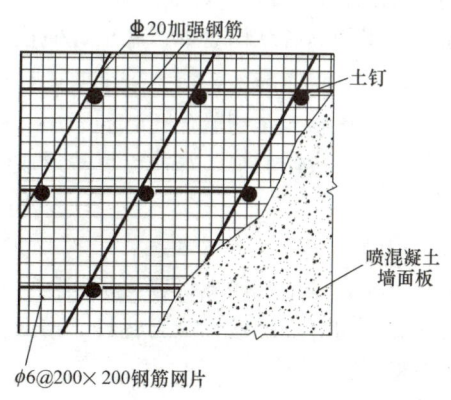

图 1-36　土钉墙支护剖面

1—土钉；2—混凝土面板；3—承压板或加强钢筋；
4—钢筋网；5—可能滑坡面

图 1-37　土钉墙立面构造

2）土钉墙支护的施工

土钉墙的施工顺序为：按设计要求自上而下分段、分层开挖工作面，修整坡面→埋设喷射混凝土厚度控制标志，喷射第一层混凝土→钻孔，安设土钉钢筋→注浆，安设连接件→绑扎钢筋网，喷射第二层混凝土→设置坡顶、坡面和坡脚的排水系统。若土质较好亦可采取如下顺序：开挖工作面、修坡→绑扎钢筋网→成孔→安设土钉→注浆、安设连接件→喷射混凝土面层→开挖下一个工作面……

A. 基坑开挖应按设计要求分层分段进行，每层开挖高度由土钉的竖向距离确定，每层挖至土钉以下不大于 0.5m；分段长度一般为 10～20m。

B. 钻孔可用螺旋钻、地质钻机等，当土质较好、深度不大时亦可用洛阳铲成孔。

C. 土钉钢筋应设置定位支架再插入孔内，支架间距 1.5～2.5m，以保证土钉位于孔的中央。注浆时，注浆管端部至孔底的距离不宜大于 200mm，孔口部位宜设置止浆塞及排气管。

D. 土钉注浆采用水泥浆时，其水灰比宜取 0.5～0.55；采用水泥砂浆时，水灰比宜取 0.40～0.45，灰砂比宜取 0.5～1.0，浆体应拌合均匀，随拌随用。

E. 喷射混凝土面层。优先选用不低于 32.5MPa 的普通硅酸盐水泥，细骨料宜选用中粗砂，含泥量应小于 3%；粗骨料宜选用粒径不大于 20mm 的级配砾石。水泥与砂石的重量比宜为 1：4～1：4.5，砂率宜为 45%～55%，水灰比 0.40～0.45。喷射作业应分段进行，同一分段内喷射顺序应自下而上，一次喷射厚度宜为 30～80mm。喷射混凝土时，喷头与受喷面应保持垂直，距离宜为 0.6～1.0m。喷射混凝土的回弹率不应大于 15%；喷射表面应平整，呈湿润光泽，无干斑、流淌现象。喷射混凝土终凝 2h 后，应及时喷水养护 3～7d。待混凝土达到 70%设计抗压强度后，方可进行下一层作业面的开挖。

F. 面层中的钢筋网应在喷射第一层混凝土后铺设，钢筋网与土层坡面的间隙应大于 20mm。上下钢筋网之间搭接长度应不小于 300mm。钢筋网用插入土中的钢筋固定，与土钉应连接牢固。

3）适用范围

土钉墙支护具有结构简单、施工方便快速、节省材料、费用较低等优点，适用于淤泥、淤泥质土、黏土、粉质黏土、粉土等土质，且地下水位较低、深度在 12m 以内的基坑。

当基坑深度较大、侧壁存在软弱夹层或侧压力较大时，可在局部采用预应力锚杆代替土钉拉结土体，或加设微型桩、水泥土墙等形成复合土钉墙支护（图 1-38b），其允许基坑深度不大于 15m。

（2）喷锚支护

喷锚支护，其形式与土钉墙支护相似。它是在边坡的表面铺钢筋网、喷射混凝土面层后成孔，不埋设土钉，而埋设预应力锚杆，借助锚杆与滑坡面以外土体的拉力，使边坡稳定。

1）构造要求

喷锚支护构造如图 1-38（a）所示。由预应力锚杆、钢筋网、喷射混凝土面层和被加固土体等组成。墙面可做成直立壁或 1：0.1 的坡度，锚杆应与面层连接，须设置锚板、加强钢筋或型钢梁。喷射混凝土面层厚度：对一般土层为 100～200mm，对风化岩不小于 60mm；混凝土等级不低于 C20，钢筋网一般不宜小于 Φ6@200mm×200mm。面板顶部应向水平面延伸1.0～1.5m，以保护坡顶。向下伸至基坑底以下不小于 0.2m，以形成护脚。在坡顶和坡脚应做好防水。锚杆宜用钢绞线束，锚杆长度应根据边坡土体稳定情况由计算确定，间距一般为2.0～2.5m，钻孔直径宜为 80～150mm。注浆材料同土钉墙支护时浆料。

2）施工要点

喷锚支护施工顺序及施工方法与土钉墙支护基本相同。区别在于，每个开挖层的土壁面层喷射混凝土后经养护、张拉锚杆、锚定后再开挖下层土。

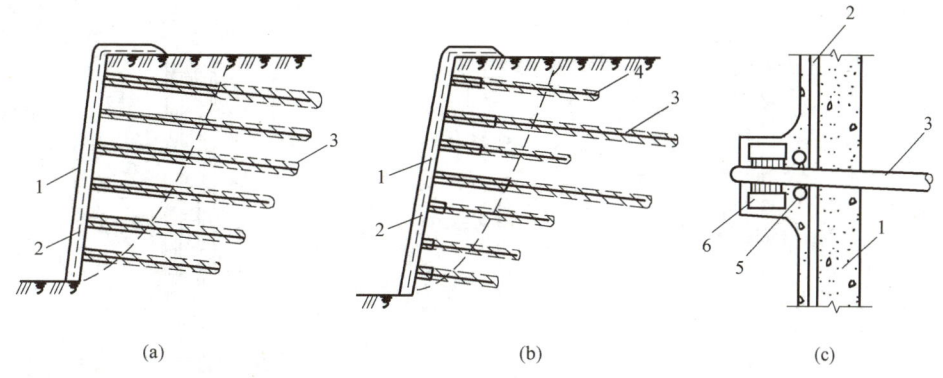

图 1-38　喷锚支护

（a）喷锚支护结构；（b）土钉墙与喷锚网复合支护；（c）锚杆头与钢筋网和加强筋的连接

1—喷射混凝土面层；2—钢筋网层；3—锚杆头；4—锚杆（土钉）；5—加强筋；

6—锁定筋两根与锚杆双面焊接

用作锚杆的钢筋或钢绞线束的制作应符合设计要求，保证其直径和长度。一般自由端长度以伸入土体破裂面 1m 为宜。拉杆的自由段应套塑料管，以防止注浆材料对其产生约束。

3）特点与适用范围

喷锚支护具有结构简单，承载力高，安全可靠；可用于多种土层，适应性强；施工机具简单，施工灵活；污染小，噪声低，对邻近建筑物影响小；可与土方开挖同步进行，不占绝对工期；不需要打桩，支护费用低等优点。

适用于土质不均匀、稳定土层、地下水位较低、埋置较深，开挖深度在 18m 以内的基坑；对硬塑土层，可适当放宽，对风化泥岩、页岩开挖深度可不受限制。但不宜用于有流砂土层或淤泥质土层的工程。

3. 排桩式挡墙

排桩式支护结构常用钻孔灌注桩、挖孔灌注桩、预制钢筋混凝土桩及钢管桩等作为挡土结构，其支撑方式有悬臂式、拉锚式、锚杆式和水平横撑式。排桩式支护结构挡土能力强、适用范围广，但一般无截水功能。下面主要介绍钢筋混凝土桩排挡土结构。

1-7

钢筋混凝土排桩挡土结构常采用灌注桩形式。它是在待开挖基坑的周围，用钻机钻孔或人工挖孔，下钢筋笼，现场灌注混凝土成桩，形成桩排作挡土支护。桩的排列形式有间隔式、连续式和双排式等（图 1-39）。间隔式系每隔一定距离设置一桩，通过冠梁连成整体共同工作，桩间土起土拱作用将土压传到桩上。双排桩系将桩前后或成梅花形按两排布置，通过冠梁形成门式刚架，以提高桩墙的抗弯刚度，增强抵抗土压力的能力，减小位移。为防止桩间土塌落流失，可在桩排表面固定钢丝网并喷射水泥砂浆或混凝土加以保护。

灌注桩间距、桩径、桩长、埋置深度根据基坑开挖深度、土质、地下水位高低以及所承受的土压力经计算确定。常用桩径为 800～1500mm；排桩的中心距不宜大于桩直径的 2.0 倍。桩身混凝土强度等级不宜低于 C25，桩配筋根据侧向荷载由计算而定，纵向受力钢筋不宜少于 8 根，箍筋做成螺旋状，间距为 100～200mm。纵向受力钢筋的保护层厚度不应小于 35mm，

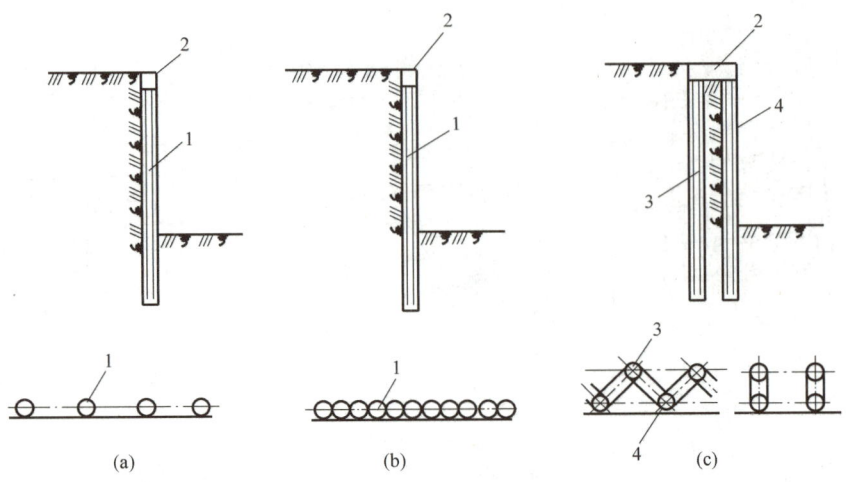

图 1-39　挡土灌注桩支护形式

（a）间隔式；（b）连续式；（c）双排式

1—挡土灌注桩；2—冠梁；3—后排桩；4—前排桩

水下灌注混凝土时，不宜小于 50mm。桩的施工方法见第二章。

挡土灌注桩支护，具有桩体刚度较大，抗弯强度高，变形较小，安全度好，设备简单，施工方便，噪声低，振动小等优点。但一次性投资较大，桩不能回收利用，止水性能差。当地下水较旺时，需在桩间或桩后加水泥土桩形成帷幕封闭。

适于黏性土、砂土、开挖面积较大、深度大于 6m 的基坑，以及邻近有建筑物，不允许附近地基有较大下沉、位移时采用。土质较好时，外露悬臂高度可达到 7～8m；若顶部设拉杆、中部设锚杆时，可用于 10～30m 甚至更深基坑的支护。

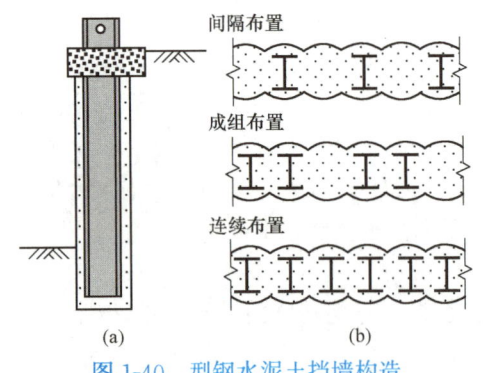

图 1-40　型钢水泥土挡墙构造

（a）型钢水泥土挡墙剖面；（b）型钢平面布置形式

4. 型钢水泥土挡墙

它是在水泥土墙内插入型钢而成的复合挡土隔水结构（图 1-40）。型钢承受土的侧压力，而水泥土具有良好的抗渗性能，因此具有挡土与止水的双重作用。其特点是构造简单，止水性能好，工期短，造价低（型钢可回收），环境污染小。

水泥土墙厚度一般为 650～1000mm，水泥土的抗压强度不低于 0.5MPa，内部插入 500mm×200mm～850mm×300mm 的 H 型钢。水泥土墙底部应深于型钢 0.5～1m。顶部浇筑钢筋混凝土冠梁，其截面高度不小于 600mm，宽度较墙厚大 350mm 以上。

水泥土墙常采用三轴搅拌设备，采取套接一孔的方法施工，以提高搭接防渗效果。施工中，搅拌下沉和提升过程中均应注入水泥浆液，控制下沉速度不大于 1m/min，提升速度不大于 2m/min。且在桩底部需重复搅拌注浆予以加强。型钢应在搅拌桩施工结束后 30min 内靠自重或辅以振动下插至设计标高。型钢顶部需露出冠梁不少于 500mm。型钢插入前应在表面涂刷减摩材料，与冠梁接触部分还需设置泡沫塑料片等硬质隔离材料，以利于拔除回收。

型钢水泥土墙适用于填土、淤泥质土、黏性土、粉土、砂土、饱和黄土等地层，深度为8～10m，甚至更深的基坑支护。

5. 钢板桩挡墙

钢板桩的截面形状有一字形、"U"形和"Z"形，由带锁口或钳口的热轧型钢制成，打设方便，承载力较大，可重复使用。钢板桩互相联结地打入地下，形成连续钢板桩墙，既能挡土又能起到截水的作用，如图1-41所示。

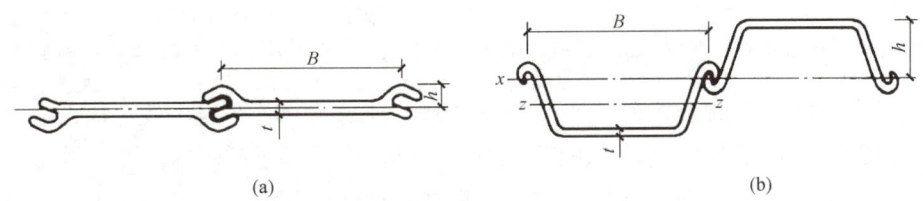

图 1-41　常用钢板桩截面形式

(a) 一字形钢板桩；(b) U形板桩

钢板桩可作为坑壁支护、防水围堰等，有较好的经济效益。但其需用大量特制钢材，一次性投资较高；且刚度较小，沉桩时易产生噪声。

钢板桩按固定方法分为无锚板桩和有锚板桩。无锚板桩即悬臂式（自立式）板桩，依靠入土部分的土压力维持其稳定，悬臂长度不得大于5m。有锚板桩是在板桩中上部用锚杆或拉锚加以固定，以提高板桩的支护能力，可用于5～10m深的基坑。

6. 地下连续墙

地下连续墙可分为现浇或预制的地下连续墙。它是在坑、槽开挖前，先在地下修筑一道连续的钢筋混凝土墙体，以满足开挖及地下施工过程中的挡土、截水防渗要求，并可作为地下结构的一部分。适用于深度大、土质差、地下水位高或降水效果不好的工程。详见深基础工程一章的有关内容。

7. 逆作拱墙支护

逆作拱墙支护，是在开挖过程中，随开挖深度分段，浇筑平面为闭合的圆形、椭圆形钢筋混凝土墙体，其壁厚不小于600mm，混凝土强度等级不低于C25，总配筋率不小于0.7%。竖向分段高度不得超过2.5m。适用于基坑面积、深度不大，平面为圆形、方形或接近方形的基坑支护。

8. 挡墙的支撑结构

挡墙的支撑结构按构造特点可分为悬臂式、抛撑式、锚拉式、锚杆式、坑内支撑式等几种，其中坑内支撑又可分为水平支撑、桁架支撑及环梁支撑等，如图1-42所示。

（1）悬臂支撑形式的挡墙，嵌固能力较差，要求埋深大；且挡墙承受的弯矩和剪力均较大且集中，受力形式差，易变形，不适于深基坑。

（2）抛撑式支撑构造简单，挡墙受力较合理；但挡墙根部的土需滞后开挖，对基础施工有一定影响；并需注意做好后期的换撑工作。

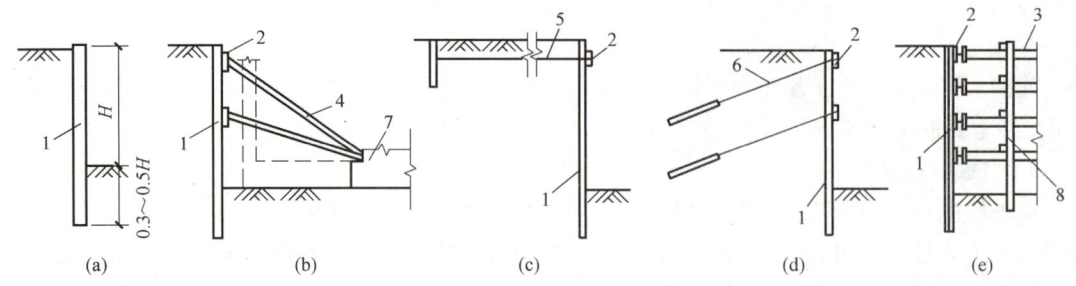

图 1-42　挡墙的支撑形式

(a) 悬臂式；(b) 抛撑式；(c) 锚拉式；(d) 锚杆式；(e) 坑内支撑式

1—挡墙；2—围檩（连梁）；3—水平支撑；4—斜撑；5—拉锚；6—锚杆；7—先施工的基础；8—支承柱

（3）锚拉式支撑由拉杆和锚桩组成，抗拉能力强，挡墙位移小、受力较合理；锚桩长度一般不少于基坑深度的 0.3～0.5 倍，其打设位置应距基坑有足够远的距离，因此需有足够的场地；且由于拉锚只能设置在地面附近，基坑深度一般不超过 12m。

（4）土层锚杆

土层锚杆是埋设在地面以下较深部位的受拉杆体，由设置在钻孔内的钢绞线或钢筋与注浆体组成。钢绞线或钢筋一端与支护挡墙相连，另一端伸入稳定土层中承受由土压力和水压力产生的拉力，维护支护结构稳定。

土层锚杆按使用要求分为临时性锚杆和永久性锚杆，按承载方式分为摩擦承载锚杆和支压承载锚杆，按施工方式分为钻孔灌浆锚杆（一般灌浆、高压灌浆锚杆）和直接插入式锚杆以及预应力锚杆。

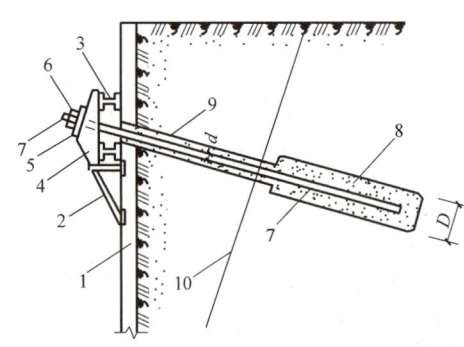

图 1-43　土层锚杆构造图

1—挡墙；2—承插支架；3—横梁；4—台座；
5—承压垫板；6—锚具；7—钢拉杆；8—水泥
浆或水泥砂浆锚固体；9—非锚固段；10—滑动面；
D—锚固体直径；d—拉杆直径

1）土层锚杆的构造

土层锚杆由锚头、拉杆和锚固体组成。锚头由锚具、承压板、横梁和台座组成；拉杆采用钢筋或钢绞线制成；锚固体是由水泥浆或水泥砂浆将拉杆与土体连接成一体的抗拔构件，如图 1-43 所示。

锚杆以土的土体滑动面为界，分为非锚固段（自由段）和锚固段。非锚固段处在可能滑动的不稳定土层中，可以自由伸缩，其作用是将锚头所承受的荷载传递到主动滑动面外的锚固段。锚固段处在稳定土层中，与周围土层牢固结合，将荷载分散到稳定土体中去。锚杆长度除需满足计算要求外，还应满足下列构造要求：锚杆自由段长度不应小于 5m，且穿过潜在滑动面进入稳定土层的长度不应小于 1.5m；钢绞线、钢筋杆体在自由段应设置隔离套。土层中的锚杆锚固段长度不宜小于 6m。

锚杆的埋置深度要使最上层锚杆上面的覆土厚度不小于 4m，以避免地面出现隆起现象。锚杆的层数根据基坑深度和土压力大小设置一层或多层。上下层垂直间距不宜小于 2m，水平间距不宜小于 1.5m，避免产生群锚效应而降低单根锚杆的承载力。锚杆的倾角宜为 15°～25°，不应大于 45°，也不应小于 10°，在允许的倾角范围内根据地层结构，应使锚杆的锚固体置于较好的土层中。锚杆钻孔直径一般为 100～150mm。

2）土层锚杆的施工

土层锚杆施工需在挡墙施工完成、土方开挖过程中进行。当每层土挖至土层锚杆标高后，施工该层锚杆，待预应力张拉后再挖下层土，逐层向下设置，直至完成。

1-8　　1-9

土层锚杆的施工程序为：土方开挖→放线定位→钻孔→清孔→插钢筋（或钢绞线）及灌浆管→压力灌浆→养护→上横梁→张拉→锚固。

土层锚杆的成孔机具设备，使用较多的有螺旋式钻孔机、气动冲击式钻孔机和旋转冲击式钻孔机、履带全行走全液压万能钻孔机，亦可采用改装的普通地质钻机成孔。

注浆是土层锚杆施工的重要工序，分一次注浆法和二次注浆法。一次注浆法宜选用灰砂比 0.5～1.0、水胶比 0.40～0.45 的水泥砂浆或水胶比 0.50～0.55 的水泥浆。采用高压注浆，压力宜控制在 1.5～5.0MPa。一次注浆法用一根注浆管；二次注浆法用两根注浆管，第一次注浆的浆体达到 5MPa 后进行第二次劈裂注浆，使浆液冲破第一次的浆体向锚固体与土的接触面间扩散，提高了锚杆的承载力。

预应力锚杆张拉锚固应在锚固段浆体强度大于 15MPa，并达到设计强度等级的 75% 后方可进行。张拉顺序应考虑对邻近锚杆的影响，采取分级加载，取设计拉力值的 10%～20% 预张拉 1～2 次，使各部位接触紧密，锚筋平直，再张拉至锁定值的 1.1～1.15 倍，按设计要求锁定。锚杆的张拉控制应力不应超过锚杆杆体强度标准值的 0.75 倍。

锚固段钢拉杆周围的浆体保护层厚度不得小于 10mm，自由段涂润滑油或防腐漆，外套塑料管，锚头采用沥青防腐。

采用土层锚杆挡墙的支撑，其优点是承受拉力大，土壁稳定，通过施加预应力，可有效控制邻近建筑物的变形量；支护结构简单，适应性强，施工机械小，所需场地少，经济效益显著；有利于机械化挖土作业，不影响基础施工。

适用于大面积、深基坑、各种土层的坑壁支护。但不适于在地下水较大或含有化学腐蚀物的土层或在松散、软弱的土层内使用。

（5）坑内水平支撑

对深度较大，面积不太大，地基土质较差的基坑，可在基坑内设置支撑结构，以减少挡墙的悬臂长度或支座间距，使挡墙受力合理和减小变形，保证土壁稳定。

1-10

内支撑结构可采用型钢、钢管或钢筋混凝土制作。其优点是：安全可靠，易于控制挡墙的变形。但内支撑的设置给坑内挖土和地下结构的施工带来不便，需要通过不断换撑来加以克服。适用于各种不易设置锚杆的松软土层及软土地基支护。

三、支护结构施工要点

（1）支护结构施工前应进行工艺性试验确定施工技术参数。

（2）支护结构的施工与拆除应符合设计工况的要求，并应遵循先撑后挖的原则。

（3）支护结构施工与拆除应采取对周边环境的保护措施，不得影响周边建（构）筑物及邻近市政管线与地下设施等的正常使用；支撑结构爆破拆除前，应对永久性结构及周边环境采取隔离防护措施。

（4）基坑开挖与支护结构施工、基坑工程监测应严格按设计要求进行，并应实施动态设计和信息化施工。

（5）安全等级为一级、二级的支护结构，在基坑开挖过程与支护结构使用期内，必须进行支护结构的水平位移监测和基坑开挖影响范围内建（构）筑物、地面的沉降监测。

第五节　开挖机械与施工

土方工程机械主要包括挖掘机械（如单斗或多斗挖土机等）、挖运机械（如推土机、铲运机、装载机等）、运输机械（如自卸汽车、皮带运输机等）和密实机械（如压路机、蛙式夯、振动夯等）四大类。应依据工程特点、工程量现有机械情况、配套要求、并考虑经济效益合理选用施工机械。

一、场地平整施工

场地平整是综合性施工过程，它由土方的开挖、运输、填筑、压实等多项内容组成。大面积的场地平整，宜采用推土机、铲运机或挖土机等大型土方机械配合自卸汽车施工。

（一）推土机施工

推土机由拖拉机和推土铲刀组成，按行走的方式分履带式和轮胎式，按铲刀的操作方式分为索式和液压式，按铲刀的安装方式又分为固定式和回转式。

推土机是一种自行式的挖土、运土工具。适于运距在100m以内的平土或移挖作填，以30～60m为最佳。一般可挖运一～三类土。推土机的特点是操作灵活，运输方便，所需工作面较小，行驶速度较快，易于转移，且具有多种用途。

为了提高推土机的工作效率，常用以下几种作业方法：

（1）下坡推土法

推土机顺地面坡势进行下坡推土，可以借机械本身的重力作用，增加铲刀的切土力量和运土能力（图1-44），因而可提高生产效率，在推土丘、回填管沟时，均可采用。

（2）分批集中，一次推送法

当挖方区的土较硬时，推土机的切土深度较小，一次铲土不多。可分批集中，再整批地推送到卸土区。应用此法，可提高运土效率，缩短运输时间，提高生产效率12%～18%。

（3）沟槽推土法

就是沿第一次推过的原槽推土，前次推土所形成的土埂能有效阻止土的散失，从而增加推运量，缩短运土时间，如图1-45所示。

（4）并列推土法

在较大面积的平整场地施工中，采用两台或三台推土机并列推土，能减少土的散失面。一般可使每台推土机的推土量增加20%，提高运土效率。但相邻两台推土机的铲刀应保持150～300mm间距，避免相互影响；且并列台数不宜超过四台，如图1-46所示。

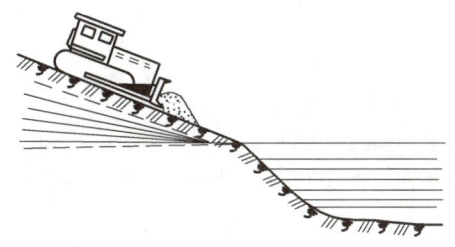

图 1-44　下坡推土法

图 1-45　沟槽推土法

（5）斜角推土法

将回转式铲刀斜装在支架上，与推土机前进方向形成一定倾斜角度进行推土。可减少机械来回行驶，提高效率。适于在基槽、管沟回填时采用，如图 1-47 所示。

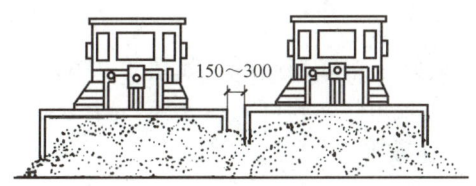

图 1-46　并列推土法

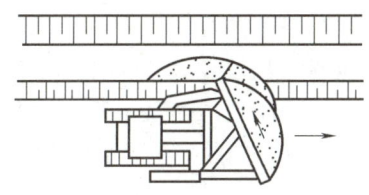

图 1-47　斜角推土法

一般情况下，推土机工作环境较差，而且存在着一定的危险性。如果操作不合理，非常容易发生事故。所以，为更好地保证推土机作业效率和安全，可以通过智能控制技术来有效地解决这些问题。传统推土机一般都是机械设备和测量人员合作作业，自身的智能化水平并不高。当前，智能控制技术中的激光智能控制技术最为常见。这种技术是通过激光发射器建立水平面，并结合推土机的智能终端，从而实现精准定位。此外，激光接收器还能够充分了解外界环境情况，有效掌握推土机的位置，进而来实现智能化控制。在推土机中应用智能控制技术，能够改变传统人工操作方法，无需施工人员到达现场，可以通过智能系统进行有效控制，如图 1-48 所示。

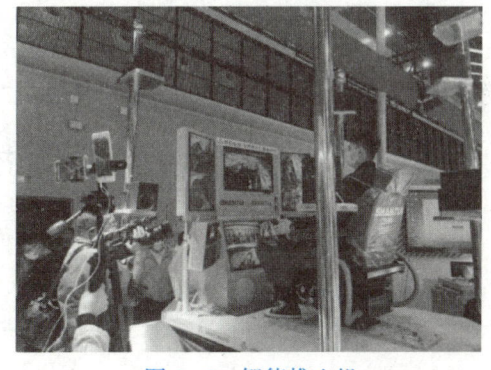

图 1-48　智能推土机

（二）铲运机施工

铲运机是一种能独立完成挖土、运土、卸土、填筑等工作的土方机械。按有无动力设备分为拖式和自行式两种。拖式铲运机需由拖拉机牵引及操纵；自行式铲运机的行驶和工作，都靠本身的动力设备完成，如图 1-49 所示。

铲运机的工作装置是铲斗，铲斗前方有一个能开启的斗门，铲斗下设有切土刀片。切土时斗门打开，铲斗下降，刀片切入土中。铲运机前进时，被切下的土挤入铲斗。装满后提起铲斗，放下斗门，开始运土。至卸土地点后，提起斗门，边走边卸土并刮平。适宜在松土、普通土且地形起伏不大（坡度在 20° 以内）、运距为 60～800m 的大面积场地平整、沟槽开挖或路基填筑施工。

图 1-49　铲运机

（a）自行式铲运机；（b）拖式铲运机

1. 铲运机的开行路线

根据挖填区分布等具体条件，合理选择铲运开行路线，对生产率影响很大。铲运机的开行路线有以下几种：

（1）环形路线

对施工地段较短、地形起伏不大的挖、填工程，适宜采用环形路线，如图 1-50（a）、图 1-50（b）所示。当挖土和填土交替，而挖填之间距离又较短时，则可采用大环形路线（图 1-50c）。大环形路线减少了铲运机的转弯次数，可提高工作效率。

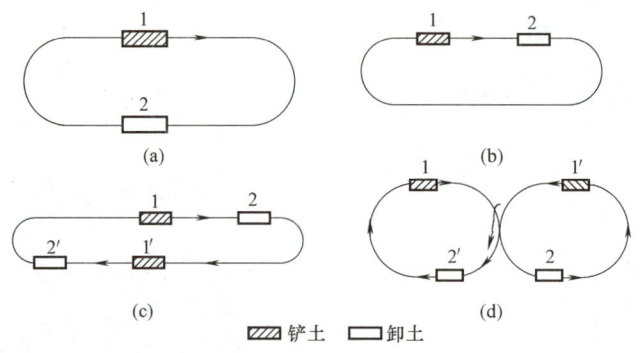

▨铲土　▭卸土

图 1-50　铲运机开行路线

（a）、（b）环形路线；（c）大环形路线；（d）"8"字路线

（2）"8"字形路线

当挖、填相邻，地形起伏较大，且工作地段较长时，可采用"8"字路线（图 1-50d）。其特点是行驶一个循环能完成两次作业，而每次铲土只需转弯一次，比环形路线可缩短运行时间，提高生产效率。同时，一个循环中两次转弯方向不同，机械磨损较均匀。

2. 铲运机的施工方法

为了提高铲运机的装土效率，可采用下列方法。

（1）下坡铲土。利用铲运机的重力来增大牵引力，使铲斗切土加深，缩短装土时间，从而提高生产率。一般地面坡度以 5°～7° 为宜。如果自然条件不允许，可在施工中逐步创造一个下坡铲土的地形。

（2）助铲法。在地势平坦、土质较坚硬时，可采用推土机助铲（图 1-51），以缩短铲土时间。一般每 3～4 台铲运机配 1 台推土机助铲。推土机在助铲的空隙时间，可作松土或其他零星的平整工作，为铲运机施工创造条件。

图 1-51　助铲法示意图

1—铲运机；2—推土机

当铲运机铲土接近设计标高时，为了正确控制标高，宜沿平整场地区域每隔 10m 左右，配合水平仪抄平，先铲出一条标准槽，以此为准，使整个区域平整达到设计要求。

随着绿色化、智能化时代的到来，铲运机的智能控制是建设绿色智能机械的重要支撑之一。铲运机智能控制系统以物联网＋5G 网络为基础，采用远程驾驶与无人驾驶两种控制模式，从而实现铲运作业的少人化乃至无人化，如图 1-52 所示。

图 1-52　智能铲运机

3. 挖土机施工

当场地起伏高差较大、土方运输距离超过 1km，且工程量大而集中时，可采用挖土机挖土，配合自卸汽车运土，并在卸土区配备推土机整平土堆。

二、基坑开挖

（一）单斗挖土机施工

单斗挖土机是土方开挖的常用机械。按行走装置的不同，分为履带式和轮胎式两类。按传动方式分为索具式和液压式两种。根据工作装置分为正铲、反铲、拉铲和抓铲四种，如图 1-53 所示。土方开挖作业时，需自卸汽车配合运土。

1-11

1. 正铲挖土机

正铲挖土机的挖土特点是："前进向上，强制切土"。其挖掘力大，生产效率高，易与汽车配合。能开挖停机面以上的一～四类土，宜用于开挖掌子面高度大于 2m，土的含水率小于 27％的较干燥基坑，但需设置坡度不大于 1∶6 的坡道。

（1）开挖方式

开挖方式分为正向挖土侧向卸土和正向挖土后方卸土两种。

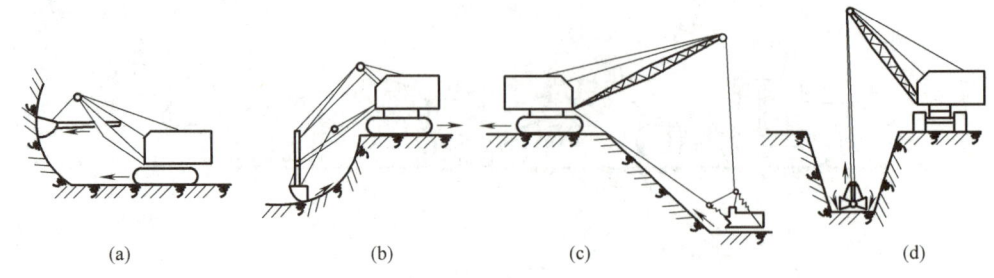

图 1-53　单斗挖土机工作简图

(a) 正铲挖土机；(b) 反铲挖土机；(c) 拉铲挖土机；(d) 抓铲挖土机

前者是挖土机沿前进方向挖土，运输工具停在侧面装土。此法挖土机卸土时，动臂回转角度小，运输工具行驶方便，生产率高，应用较广（图 1-54a）。

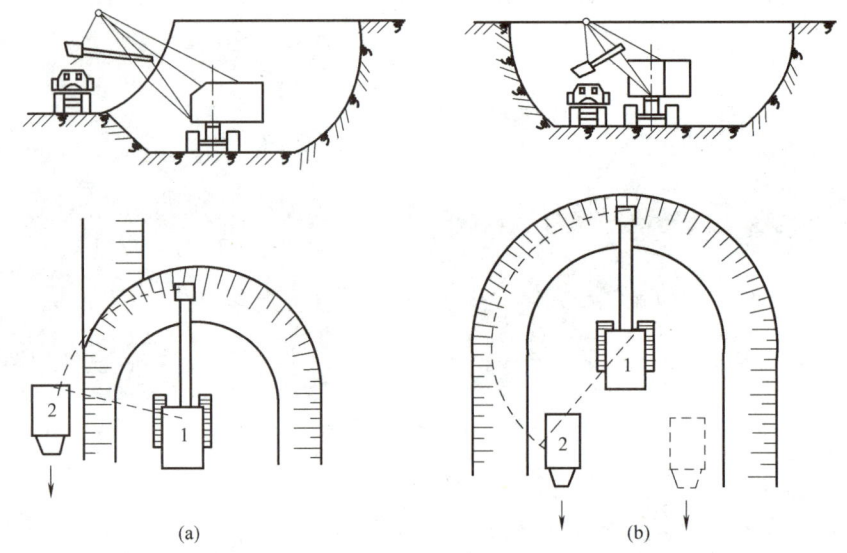

图 1-54　正铲挖土机开挖方式

(a) 正向挖土侧向卸土；(b) 正向挖土后方卸土

1—正铲挖土机；2—自卸汽车

后者是挖土机沿前进方向挖土，运输工具停在挖土机后面装土。此法所挖的工作面较大，但回转角度大，生产率低，运输工具需倒车开入，一般只用来开挖施工区域的进口处，以及工作面狭小且较深的基坑（图 1-54b）。

（2）开挖顺序

根据挖土机的工作参数与基坑的横断面尺寸，就可划分挖土机的开行通道。

图 1-55 是某基坑挖土机开行通道划分情况，共分三条开挖。第Ⅰ次开行，采用正向挖土后方卸土方式，一次开挖到底；第Ⅱ、Ⅲ次开行都用正向挖土侧向卸土方式，一次开挖到底。进出口坡道的坡度为 1：8。开挖较深的基坑时，应分层划分开行通道，逐层下挖。

2. 反铲挖土机

反铲挖土机的挖土特点是："后退向下，强制切土"。其挖掘力比正铲小，适于开挖停机面

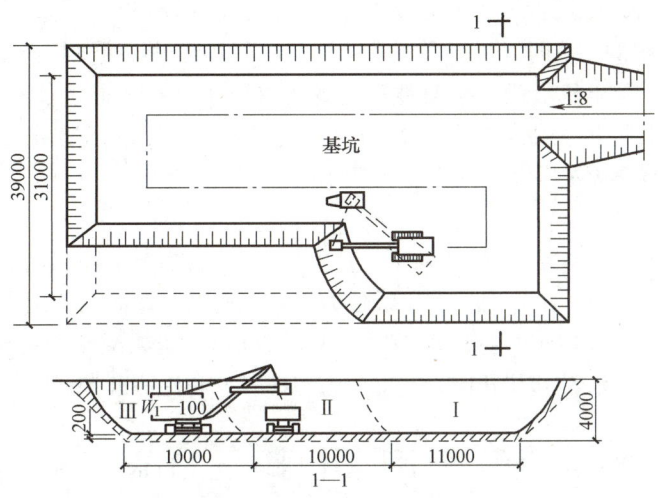

图 1-55　某基坑挖土机开行通道划分情况

以下的一～三类土的基坑、基槽或管沟，每层的开挖深度宜为 1.5～3.0m。几种反铲挖土机的技术性能见表 1-13。

反铲挖土机技术性能 表 1-13

项次	工作项目	符号	W₁-50		WY-40	WYL-60	WY-100	WY-160
1	动臂倾角	α	45°	60°	—	—	—	—
2	最终卸土高度(m)	H_2	5.2	6.1	3.76	6.36	5.4	5.83
3	装卸车半径(m)	R_3	5.6	4.4	—	—	—	—
4	最大挖土深度(m)	H	5.56		4.0	6.36	5.4	5.83
5	最大挖土半径(m)	R	9.2		7.19	8.2	9.0	10.6

反铲挖土机的开挖方式，可分为沟端开挖与沟侧开挖。

（1）沟端开挖。挖土机停在沟端，向后倒退挖土，汽车停在两旁装土（图 1-56a）。该方法

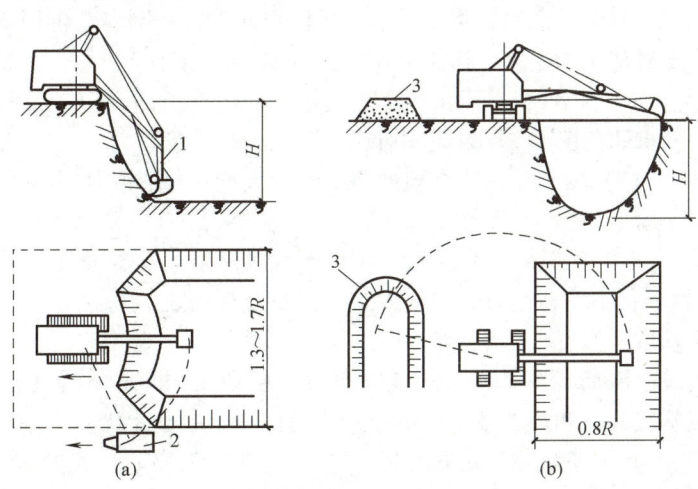

图 1-56　反铲挖土机开挖方式

（a）沟端开挖；（b）沟侧开挖

1—反铲挖土机；2—自卸汽车；3—弃土堆

因挖土方便、效率高、稳定性好、开挖深度和宽度较大而较多采用。每次挖宽宜为 $0.7R\sim$ $1.7R$。当开挖大面积的基坑时，可分段开挖；当开挖深基坑时，可分层开挖。

（2）沟侧开挖。挖土机沿沟一侧直线移动挖土（图1-56b）。此法能将土弃于距沟边较远处，但挖土宽度受限制（一般为 $0.5R\sim0.8R$），且不能很好地控制边坡，机身停在沟边而稳定性较差；因此只有在无法采用沟端开挖或所挖的土不需运走时采用。

3. 拉铲挖土机

拉铲挖土机的挖土特点是："后退向下，自重切土"。其挖土半径和挖土深度较大，能开挖停机面以下的一～二类土。工作时，利用惯性力将铲斗甩出去，涉及范围大。但灵活准确性较差，与汽车配合较难。宜用于开挖较深较大的基坑（槽）、沟渠或水中挖土，以及填筑路基、修筑堤坝，更适于河道清淤。其开挖方式也分为沟端开挖和沟侧开挖。

4. 抓铲挖土机

抓铲挖土机分为索具式和液压式。其中索具式抓铲挖土机的挖土特点是："直上直下，自重切土"。其挖掘力较小，能开挖一～二类土，适于施工面狭窄且深的基坑、深槽、沉井等开挖，清理河泥等工程，最适于水下挖土。目前，液压式抓铲挖土机得到了较多应用，可强制切土，性能大大优于索具式。

对于小型基坑，抓铲挖土机可立于一侧进行抓土作业；对较宽的基坑（槽），需在两侧或四周抓土。施工时应离开基坑足够的距离，并增加配重。

（二）开挖施工要点

（1）应根据地下水位、机械条件、进度要求等合理选用施工机械，以充分发挥机械效率，节省机械费用，加快工程进度。

（2）土方开挖前应制定开挖方案，绘制开挖图，包括确定开挖路线、顺序、范围、基底标高、边坡坡度、排水沟、集水井位置以及挖出的土方堆放地点等。

（3）基底标高不一时，可采取先整片挖至一平均标高，然后再挖较深部位。当一次开挖深度超过挖土机最大挖掘高度时，宜分层开挖，并修筑坡道，以便挖土及运输车辆进出。

（4）应有人工配合修坡和清底，将松土清至机械作业半径范围内，再用机械掏取运走。大基坑宜另配一台推土机清土、送土、运土。

1-12

（5）挖掘机、运土汽车进出基坑的运输道路，应尽量利用基础一侧或地下车库坡道部位作为运输通道，以减少挖土量。

（6）软土地基或在雨期施工时，大型机械在坑下作业，需铺垫钢板或铺路基箱垫道。

（7）对某些面积不大、深度较大的基坑，应尽量不开或少开坡道，采用机械接力挖运土方，并使人工与机械合理地配合挖土，最后用搭枕木垛的方法，使挖土机开出基坑。

（8）机械开挖应由深而浅，基底及边坡应预留一层 200～300mm 厚土层用人工清底、修坡、找平，以保证基底标高和边坡坡度正确，避免超挖和土层遭受扰动。

1-13

（9）基坑挖好后，应紧接着进行下一工序，尽量减少暴露时间。否则，基坑底部应保留 100～200mm 厚的土暂时不挖，作为保护，待下一工序开始前再挖至设计标高。

（10）经钎探、验槽（必要时还需进行地基处理）满足要求后，方可进行基础施工。

(11) 下列基坑应实施基坑工程监测：

1) 基坑设计安全等级为一、二级的基坑。

2) 开挖深度大于或等于 5m 的下列基坑。

①土质基坑；②极软岩基坑、破碎的软岩基坑、极破碎的岩体基坑。

3) 上部为土体，下部为极软岩、破碎的软岩、极破碎的岩体构成的土岩组合基坑。

4) 开挖深度小于 5m 但现场地质情况和周围环境较复杂的基坑。

(12) 监测数据达到监测预警值或遇其他特殊情况，应立即预警，通知有关各方及时分析原因并采取相应措施。

第六节　土方填筑

一、土料选择与填筑方法

为了保证填土工程的质量，必须正确选择土料和填筑方法。

碎石类土、砂土、爆破石碴及含水率符合压实要求的黏性土均可作为填方土料。冻土、淤泥、膨胀性土及有机物含量大于 5% 的土、可溶性硫酸盐含量大于 5% 的土均不能做填土。填方土料为黏性土时，应检验其含水率是否在控制范围内，含水率大的黏土不宜做填土用。

填方应尽量采用同类土填筑。当采用透水性不同的土料时，不得掺杂乱倒，应分层填筑，并将透水性较小的土料填在上层，以免填方内形成水囊或浸泡基础。

填方施工宜采用水平分层填土、分层压实，每层铺填的厚度应根据土的种类及使用的压实机械而定。当填方位于倾斜的地面时，应先将斜坡挖成阶梯状（台阶高×宽＝0.2～0.3m×1m），然后分层填筑，以防填土横向移动。

二、填土压实方法

填土压实方法有：碾压法、夯实法及振动压实法，如图 1-57 所示。

平整场地等大面积填土多采用碾压法，小面积的填土工程多用夯实法，而振动压实法主要用于非黏性土的密实。

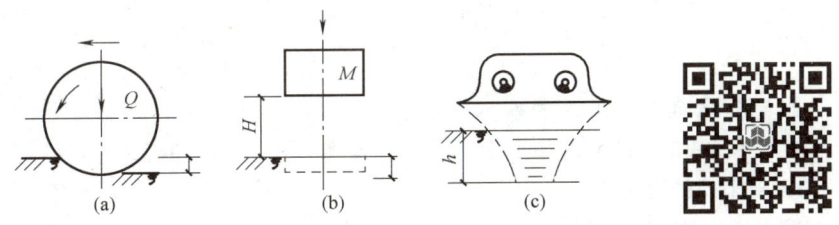

图 1-57　填土压实方法
(a) 碾压；(b) 夯实；(c) 振动

1-14

（一）碾压法

碾压法是利用机械滚轮的压力压实土壤，适用于大面积工程。碾压机械有平碾、羊足碾及各种压路机等（图 1-58）。压路机是一种以内燃机为动力的自行式碾压机械，重量 6～15t，有钢轮式和胶轮式。平碾、羊足碾一般都没有动力，靠拖拉机牵引。羊足碾虽与填土接触面积小，但压强大，对黏性土压实效果好；不适于砂性土碾压。

碾压时，应先用轻碾压实，再用重碾压实会取得较好效果。碾压机械行驶速度不宜过快。一般平碾不应超过 2km/h，羊足碾不应超过 3km/h。

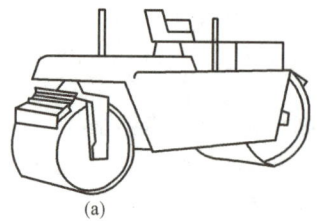
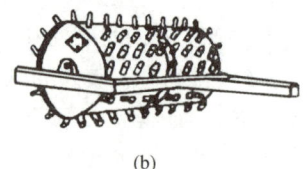

(a)   (b)

图 1-58　碾压机械

（a）钢轮压路机；（b）拖式羊足碾

（二）夯实法

夯实法是利用夯锤自由下落的冲击力来夯实土壤，主要用于小面积回填土。夯实法分机械夯实和人工夯实两种。人工夯实所用的工具有木夯、石夯等；常用的夯实机械有夯锤、内燃夯土机、电动冲击夯和蛙式打夯机（图 1-59）等。

（三）振动压实法

振动压实法是将振动压实机放在土层表面，借助振动机构使压实机振动，土颗粒发生相对位移而达到紧密状态。振动压路机是一种振动和碾压同时作用的高效能压实机械，比一般压路机提高功效 1～2 倍，可节省动力 30%。这种方法适于填料为爆破石碴、碎石类土、杂填土和粉土等非黏性土的密实。平板振动机如图 1-60 所示。

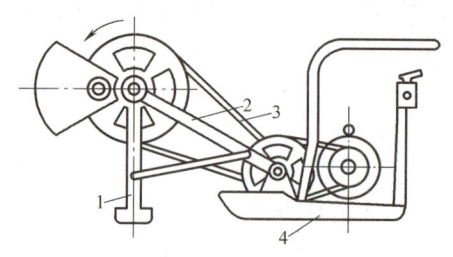

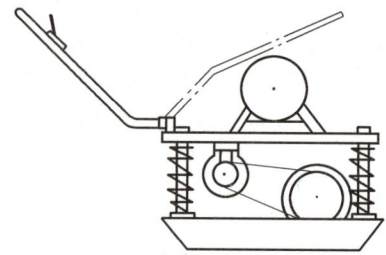

图 1-59　蛙式打夯机   图 1-60　平板振动机

1—夯头；2—夯架；3—三角皮带；4—托盘

三、影响填土压实的因素

填土压实质量与许多因素有关，其中主要影响因素为：压实功、土的含水率以及每层铺土厚度。

1. 压实功的影响

填土压实质量与压实机械所做的功成正比，压实功包括机械的吨位（或冲击力、振动力）及压实遍数（或时间）。土的干密度与所耗功的关系如图 1-61 所示。在开始压实时，土的干密度急剧增加，待到接近土的最大干密度时，压实功虽然增加许多，而土的干密度几乎没有变化。因此，在实际施工中，不要盲目过多地增加压实遍数。

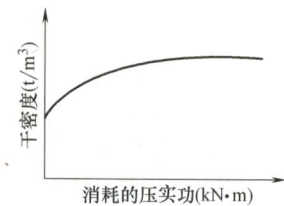

图 1-61　土的干密度与压实功的关系示意

2. 含水率的影响

在同一压实功条件下，填土的含水率对压实质量有直接影响。较为干燥的土，由于颗粒间的摩阻力较大而不易压实；含水率过高的土，又易压成"橡皮土"。当含水率适当时，水起了润滑和粘结作用，从而易于压实。各种土质都有其最佳含水率，在这种含水率条件下，同样的压实功可得到最大干密度。各种土的最佳含水率和所能获得的最大干密度，可由击实试验确定，也可参考表1-14。

土的最佳含水率和最大干密度参考值　　　　　　表 1-14

土的种类	最佳含水率 （质量比）（%）	最大干密度 （t/m³）	土的种类	最佳含水率 （质量比）（%）	最大干密度 （t/m³）
砂土	8~12	1.80~1.88	粉质黏土	12~15	1.85~1.95
粉土	16~22	1.61~1.80	黏土	19~23	1.58~1.70

3. 铺土厚度的影响

土在压实功的作用下，压应力随深度增加而急剧减小（图 1-62），其影响深度与压实机械、土的性质及含水率等有关。铺土厚度应小于压实机械的有效作用深度，但其中还有最优土层厚度问题。铺得过厚，要压很多遍才能达到规定的密实度。铺得过薄，则也要增加机械的总压实遍数。恰当的铺土厚度（参考表1-15）能使土方压实而机械的功耗最少。

填方每层的铺土厚度和压实遍数　　　　　　表 1-15

压实机械	每层铺土厚度（mm）	每层压实遍数
平碾	250~300	6~8
羊足碾	200~350	8~16
振动压实机	250~350	3~4
蛙式打夯机	200~250	3~4
人工打夯	<200	3~4

四、填土压实的质量检验

填土压实后必须达到要求的密实度，密实度应按设计规定的压实系数 λ_C 作为控制标准。压实系数 λ_C 为土的控制干密度与最大干密度之比（即 $\lambda_C = \rho_d / \rho_{max}$）。压实系数一般由设计根据工程结构性质、使用要求以及土的性质确定，例如作为承重结构的地基，在持力层范围内，其压实系数 λ_C 应大于 0.96；在持力层范围以下，应在 0.93~0.96 之间；一般场地平整压实系数应为 0.9 左右。

填土压实后的干密度，应有 90% 以上符合设计要求，其余 10% 的最低值与设计值的差不得大于 0.08g/mm³，且不得集中。

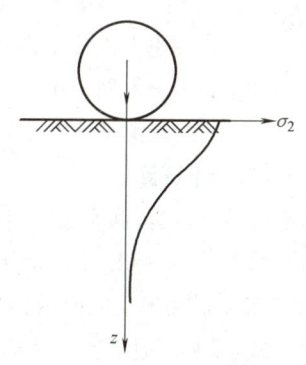

图 1-62　压实作用沿深度的变化

检查土的实际干密度，可采用环刀法取样，其取样组数为：

基坑回填及室内填土，每层按 100~500m² 取样一组（每个基坑不少于一组）；

基槽或管沟回填，每层按长度 20~50m 取样一组；

场地平整填土，每层按 400~900m² 取样一组。

取样部位在每层压实后的下半部。试样取出后，测定其实际干密度 ρ_d'，应满足：

$$\rho_d' \geqslant \lambda_C \times \rho_{max} \quad (\text{g/cm}^3)$$

(1-26)

式中　ρ_{max}——土的最大干密度（g/cm³）；

　　　λ_c——要求的压实系数。

基坑开挖及回填实例均见二维码 1-15～1-18。

1-15　　　　　　　1-16　　　　　　　1-17　　　　　　　1-18

<h1 style="text-align:center">习　　题</h1>

一、问答题

1. 土方工程施工的特点及组织施工的要求有哪些？

2. 什么是土的可松性？可松性系数的意义如何？用途如何？

3. 基坑排水、降水的方法各有哪几种？各自的适用范围如何？

4. 影响土方边坡稳定的因素主要有哪些？

5. 常用支护结构的挡墙形式有哪几种，各适用于何种情况？

6. 试述流砂现象发生的原因及主要防治方法。

7. 试述降低地下水位对周围环境的影响及预防措施。

8. 轻型井点及管井井点的组成与布置要求有哪些？

9. 试述土钉墙与喷锚支护在稳定边坡的原理上有何区别。

10. 试述土钉墙的施工顺序。

11. 单斗挖土机按工作装置分为哪几种类型？其各自特点及适用范围如何？

12. 试述土方回填中对土的要求及施工工艺。

13. 试述影响填土压实质量的主要因素及保证质量的主要方法。

二、计算题

1. 某基坑坑底平面尺寸如图 1-63 所示，坑深 4.0m，四边均按 1∶0.5 的坡度放坡，土的可松性系数 $K_s = 1.25$，$K'_s = 1.08$，基坑内箱形基础的体积为 1200m³。试求：基坑开挖的土方量和需预留回填土的松散体积。

2. 某工程地下室，基坑底平面尺寸为 50m×20m，底面标高 -6.0m。已知地下水位面为 -4.0m，土层渗透系数 $K = 12m/d$，-12.0m 以下为不透水层，基坑边坡需为 1∶0.5。拟用射流泵轻型井点降水，其井管长度为 6m，滤管长度自定，管径有 38mm 和 51mm 两种可选；总管直径 100mm，每节长 4m，接口间距为 1m。试进行降水设计。

　　要求：（1）确定轻型井点平面和高程布置；

　　　　　（2）计算涌水量、确定井点管数和间距；

　　　　　（3）绘出井点系统布置施工图。

3. 已知下列土方调配分区（图 1-64）及土方平衡运距表（表 1-16），试用表上作业法求解最优调配方案。

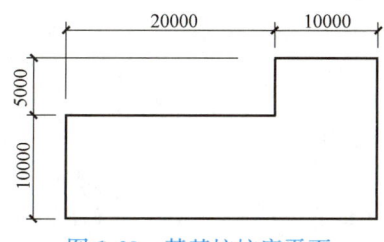

图 1-63 某基坑坑底平面

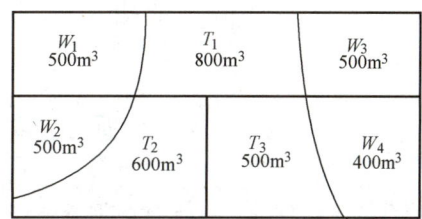

图 1-64 土方调配分区图

土方运距表 表 1-16

挖方区	填方区			挖方量（m³）
	T_1	T_2	T_3	
W_1	50	70	140	500
W_2	70	40	80	500
W_3	60	140	70	500
W_4	100	100	40	400
填方量（m³）	800	600	500	1900

第二章 深基础工程

学习重点：钢筋混凝土预制桩锤击法和静力压桩法施工工艺，干作业成孔灌注桩、泥浆护壁成孔灌注桩和沉管灌注桩的施工工艺，灌注桩后注浆技术。

学习要求：了解桩基础的组成和分类，熟悉钢筋混凝土预制桩和混凝土灌注桩的常用施工方法，掌握锤击法和静力压桩法施工工艺，掌握干作业成孔灌注桩、泥浆护壁成孔灌注桩和沉管灌注桩的施工工艺，理解灌注桩后注浆技术的工作原理。熟悉地下连续墙的施工过程，了解墩式基础和沉井基础的工艺过程。

基础是建筑物的重要构成部分，通常根据其埋深将其分为浅基础和深基础。浅基础通常包括独立基础、条形基础、筏形基础、箱形基础、壳体基础等；深基础包括桩基础、地下连续墙、墩式基础、沉井基础、沉箱基础等。在深基础类型中，桩基础因具有承载能力大，适用范围广，抗震性能好，沉降量小，技术成熟度高，施工相对方便，施工中土方开挖、支护和降排水工作量小，技术经济效果优等特点，在我国得到广泛应用。

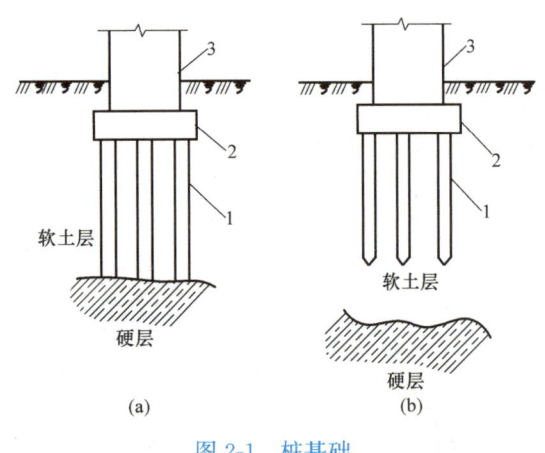

图 2-1 桩基础

(a) 端承桩；(b) 摩擦桩

1—桩；2—承台；3—上部结构

常用规范：《建筑地基基础工程施工规范》GB 51004—2015、《建筑地基基础工程施工质量验收标准》GB 50202—2018、《建筑桩基技术规范》JGJ 94—2008、《静压桩施工技术规程》JGJ/T 394—2017、《大直径扩底灌注桩技术规程》JGJ/T 225—2010、《长螺旋钻孔压灌桩技术标准》JGJ/T 419—2018、《随钻跟管桩技术规程》JGJ/T 344—2014、《混凝土预制桩啮合式机械连接技术规程》T/CECS 516—2018、《地下连续墙技术规程》T/CECS 1287—2023 等。

桩基础是由若干个沉入土体中的桩和连接于桩顶端的承台组成（图 2-1）。按桩与土体作用性质的不同，桩可分为端承型桩（端承桩、摩擦端承桩）和摩擦型桩（摩擦桩、端承摩擦桩）；按成桩方法与工艺的不同，桩可分为非挤土桩、部分挤土桩和挤土桩；按施工方法可分为预制桩和灌注桩。

第一节 预制桩施工

预制桩按使用材料可分为钢筋混凝土桩、钢桩、预应力混凝土桩等。其中，钢筋混凝土预制桩因具有承载能力较大且桩的制作和沉桩工艺简单、施工速度快、不受地下水位影响等特点而得到广泛的应用。预制桩常用的沉桩方法有锤击沉桩、静力压桩和振动沉桩等。

下面以具有代表性的钢筋混凝土方桩为例介绍预制桩的施工工艺，其他形式的预制桩与之类似，不再赘述。

一、桩的制作、起吊、运输和堆放

（一）桩的制作

一般情况下，较短的桩（长度 12m 以下）在预制厂制作；较长的桩（长度 30m 以下，12m 以上）在施工现场预制；超过 30m 的桩需分节预制，在沉桩过程中逐节接桩予以加长，但接头不宜超过 3 个。

混凝土预制桩的截面边长不应小于 200mm；预应力混凝土预制实心桩的截面边长不宜小于 350mm。预制桩所用混凝土强度等级不宜低于 C30；预应力混凝土桩的混凝土强度等级不宜低于 C40。桩身钢筋的保护层厚度不宜小于 30mm。

浇筑桩身混凝土时，应由桩顶向桩尖连续进行，严禁中断，振捣密实，并应防止另一端砂浆积聚过多。浇筑完毕，应及时覆盖洒水养护。桩顶和桩尖处不得有蜂窝、麻面、露筋、裂缝和掉角。

钢筋混凝土预制桩主筋连接宜采用对焊或电弧焊，当钢筋直径不小于 20mm 时，宜采用机械接头连接。钢筋接头应错开，同一截面内的接头数量不得超过 50%，相邻主筋接头截面的距离应大于 $35d$，且不应小于 500mm。桩顶和桩尖处的箍筋应加密，若采用锤击法沉桩还应在桩顶设置钢筋网片，其典型配筋图如图 2-2 所示。

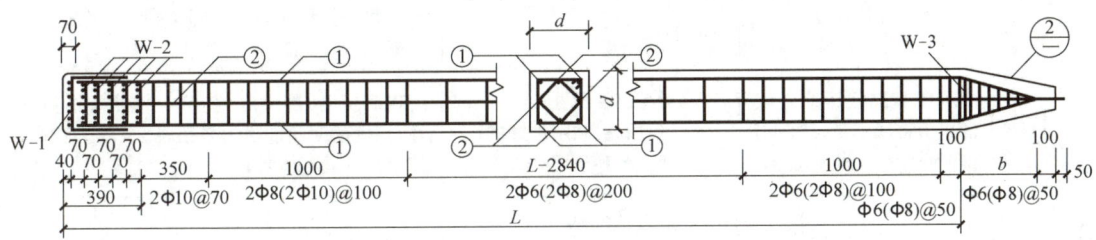

图 2-2 钢筋混凝土预制桩标准配筋图

采用重叠法制作预制桩时，上层桩或邻桩浇筑，必须在下层或邻桩的混凝土达到设计强度的 30% 以上时，方可进行。桩的重叠层数不宜超过 4 层。

（二）桩的起吊、运输和堆放

钢筋混凝土预制桩应在混凝土达到设计强度的 70% 后方可起吊，达到设计强度的 100% 后才能运输。在起吊时，吊点应符合设计计算规定。当吊点少于或等于 3 个时，其位置应按正、负弯矩相等的原则计算确定；当吊点多于 3 个时，则应按反力相等的原则计算确定。常见的几种合理吊点位置，如图 2-3 所示。桩起吊时应保持平稳，保护桩身。

预制桩运输时，其支点应与吊点位置一致，并使桩身平稳放置，避免较大振动。对现场较短的桩，可直接用汽车式起重机或履带式起重机运输。严禁在场地上直接拖拉桩体。

桩的堆放场地必须平整、坚实。应按不同规格、长度

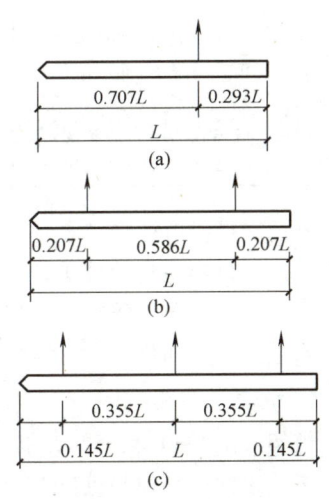

图 2-3 桩的吊点位置
（a）一点吊；（b）两点吊；（c）三点吊

及施工顺序分别堆放。堆放时应设垫木，其位置与吊点位置相同，各层垫木应在同一垂直线上。当场地条件许可时，宜单层堆放；当叠层堆放时，一般不宜超过4层。

二、锤击沉桩法施工

锤击沉桩法也称为打入法，它是利用桩锤下落产生的冲击机械能，克服土体对桩的阻力，将桩沉入土中。该方法具有施工速度快、机械化程度高、适用范围广等优点，缺点是噪声及振动大、对桩身质量要求较高（强度达到设计要求且满足龄期要求）。

（一）打桩机

2-1

打桩机主要由桩锤、桩架和动力装置三个部分构成。在选择打桩机具时，应根据场地土质、工程量大小、桩的种类、动力供应条件和现场情况确定。

1. 桩锤

根据动力源和动力作用方式划分，常见的桩锤有落锤、单动气锤、双动气锤、柴油锤、振动锤和液压锤等。常用桩锤的特点见表2-1。

常用桩锤的类型及特点　　　　　　　　　　　　　　　　　　表2-1

桩锤种类		工作原理	适用范围	优缺点
柴油锤		利用燃油爆炸，推动活塞上下往复运动	1. 最宜于打木桩、钢板桩； 2. 不适合在过硬或过软的土中打桩	附有桩架、动力等设备，机架轻、移动便利、打桩快、燃料消耗小、重量轻、不需要外部能源。软弱土层中起锤困难，噪声大、有油烟污染
气锤	单动	利用蒸汽或压缩空气的压力将锤上举，然后由锤的自重向下冲击沉桩	1. 适宜打各种桩； 2. 可打斜桩和水中打桩； 3. 适应各种土层	构造简单、落距短，对设备和桩头不易损坏，打桩速度及冲击力较落锤大，效率较高，但落距一般不能调节
	双动	利用蒸汽或压缩空气的压力将锤上举及下冲，增加夯击能量	1. 适宜打各种桩； 2. 可打斜桩，使用压缩空气时可在水下打桩； 3. 可用于拔桩	冲击速度快、冲击力大、工作效率高，可不用桩架打桩，但需锅炉或空压机，设备笨重，移动较困难
液压锤		冲击缸体通过液压油顶升与降落，冲击缸体下部充满氮气，用以延长对桩体施加压力的时间，从而获得更大的贯入度	1. 适宜于打各种桩； 2. 可用于拔桩和水下打桩	不需要外部能源，工作可靠、操作方便，可随时调节锤击力大小，效率高，不易损坏桩头，噪声低，振动小，无废气排出。但构造复杂，造价高

桩锤选择时应遵循"重锤低击"的原则。否则，锤击能量很大部分会被桩身吸收，桩不仅不易打入，且容易打碎桩头。应根据地质条件、桩的类型、桩的长度、桩身结构强度、桩群密集程度以及施工条件等因素来确定桩锤类型及重量，其中尤以地质条件影响最大。当锤总重为桩重的1.5～2倍时，沉桩效果较好。

2. 桩架

桩架（图2-4）具有悬吊桩锤、吊桩就位和为打桩导向的功能。桩架的形式多种多样，往往与桩锤配套使用。它主要由支架、导向架、起吊设备、动力设备和移动设备等构成。常见的桩架有多功能桩架和履带式桩架两类。桩架的选择应考虑桩锤类型、桩的长度和施工现场条件等。

2-2

3. 动力装置

动力装置及辅助设备的选择取决于桩锤的类型。若选用蒸汽锤，需配置蒸汽锅炉、蒸汽绞盘等；若是选用气锤，则需配置空气压缩机、内燃机等。

(二) 沉桩前的准备工作

（1）在沉桩作业前，应做好施工现场自然条件、地质状况、附近建筑物及地下管线等相关资料的调查；

（2）清除妨碍打桩施工的地上、地下障碍物，对场地进行平整并做好排水工作；

（3）做好放线、定桩位、设标尺工作；

（4）准备好材料、机具，并接通水源、电源；

（5）进行打桩试验，以便检验设备和工艺是否符合要求；

（6）确定合理的打桩顺序。

在进行打桩施工时，由于桩对土体的挤密作用，后续打入的桩不但较先打入的桩下沉困难，并可能导致其偏移和变位，也有可能对周围建筑物产生一定的影响。因此，打桩顺序合理与否，会影响打桩速度、打桩质量及周围建筑物安全。

打桩顺序一般分为：逐排打、自边缘向中央打、自中央向边缘打和分段对称打等（图 2-5）。

逐排打。桩架单向移动，桩的就位与起吊均很方便，故打桩效率较高。但它会使土体向一个方向挤压，导致土体挤密不均，后面桩的打入深度逐渐减小，最终会引起建筑物的不均匀沉降。

自边缘向中央打。中间部分土体挤压较密实，不仅使桩难以打入，而且在打中间桩时，还有可能使外侧各桩被挤压而浮起。

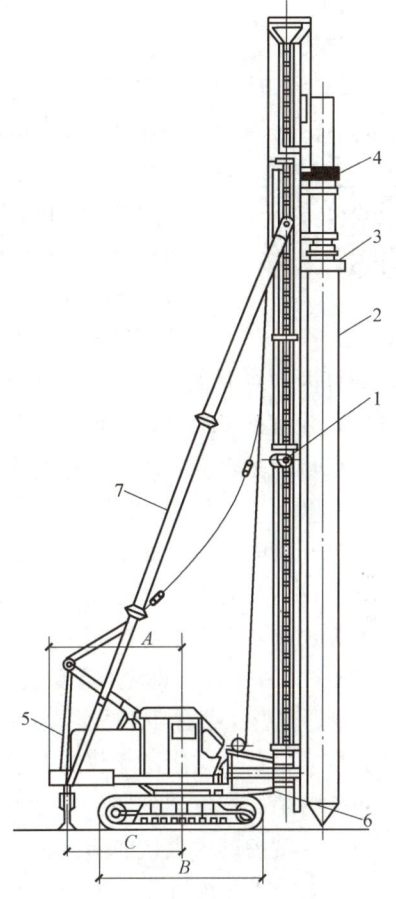

图 2-4　打桩机桩架

1—立柱；2—桩；3—桩帽；4—桩锤；
5—机体；6—支撑；7—斜撑

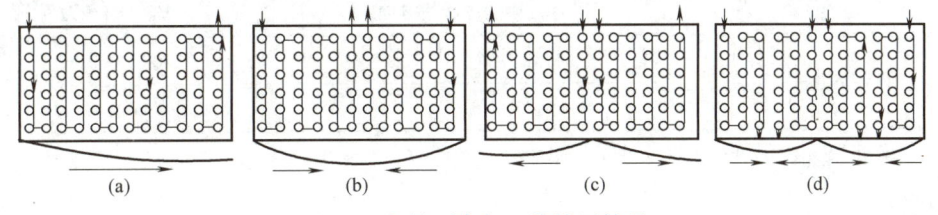

图 2-5　打桩顺序与土壤挤压情况

（a）逐排打；（b）自边缘向中央打；（c）自中央向边缘打；（d）分段对称打

自中央向边缘打。可减少打桩对土体挤压不均匀的影响。

分段对称打。可分散打桩对土体的挤压力。但打桩机要经常移位，影响打桩效率。

前两种打法可用于桩距较大，即桩的中心距大于或等于4倍桩径（或断面边长）时的施工。后两种打法均适用于桩距较小时的施工。

若同一工程的桩，其埋深、规格有较大差异时，宜遵循"先深后浅、先大后小、先长后短"的原则施打。

（三）锤击沉桩法施工工艺

2-3

打桩的工艺过程包括：桩机移动就位→吊桩和定桩→打桩→接桩→送桩→截桩。

1. 桩机移动就位

桩机就位时桩架应垂直，导杆中心线与打桩方向一致，校核无误后将其固定。

2. 吊桩和定桩

桩机就位后，将桩锤和桩帽吊升起来，其高度超过桩顶，再吊起桩身，送至导杆内，对准桩位调整垂直偏差，垂直度偏差不得超过 0.5％。然后，将桩帽或桩箍在桩顶固定，并将桩锤缓落到桩顶上，在桩锤的重量作用下，桩沉入土中一定深度达到稳定位置，再校正桩位及垂直度，此过程称之为定桩。

3. 打桩

打桩开始时，用短落距轻击数锤至桩入土一定深度后，观察桩身与桩架、桩锤是否在同一垂直线上，然后再以全落距施打。桩的施打原则是"重锤低击"，这样可使桩锤对桩头的冲击小，回弹也小，桩头不易损坏，大部分能量都能用于沉桩。

打桩过程中，应注意贯入度变化，做好打桩记录。如遇贯入度剧变，桩身突然倾斜、位移、回弹，桩身严重裂缝或桩顶破碎等异常情况，应暂停施打，与有关单位研究处理后再继续作业。

打桩质量首先应满足承载能力要求。桩端位于一般土层时，以控制桩端设计标高为主，贯入度可作参考；桩端达到坚硬、硬塑的黏性土、中密以上的粉土、砂土、碎石类土、风化岩时，以贯入度控制为主，桩端标高可作参考。贯入度已达到设计要求而桩端标高未达到时，应继续锤击 3 阵，并按每阵（10 击）的贯入度不应大于设计规定的数值确认。群桩的桩位偏差不得超过表 2-2 的规定。桩顶、桩身无损坏，桩顶以下 1/3 桩长内应无水平裂缝。

预制桩打入后的桩位允许偏差　　　　　　　　　　　　　　　　　　表 2-2

项　　　目		允许偏差（mm）
基础梁下的桩	垂直基础梁的中心线方向	$100+0.01H$
	沿基础梁的中心线方向	$150+0.01H$
承台下的桩	桩数为 1～3 根时	$100+0.01H$
	桩数为 4 根以上时	1/2 桩径或边长$+0.01H$

注：H 为施工现场地面标高与桩顶设计标高的距离。

4. 接桩

当设计桩较长时，需分段施打，并在现场进行接桩。应避免桩尖接近或处于硬持力层中时接桩。桩的连接方式常见的有焊接、法兰连接和机械快速连接（常见的有啮合式和螺纹式），如图 2-6 所示。

5. 送桩

当桩顶设计标高在地面以下，或由于桩架导杆结构及桩机平台高程等原因而无法将桩直接打至设计标高时，通过使用送桩器辅助将桩沉至设计标高的过程称之为送桩。

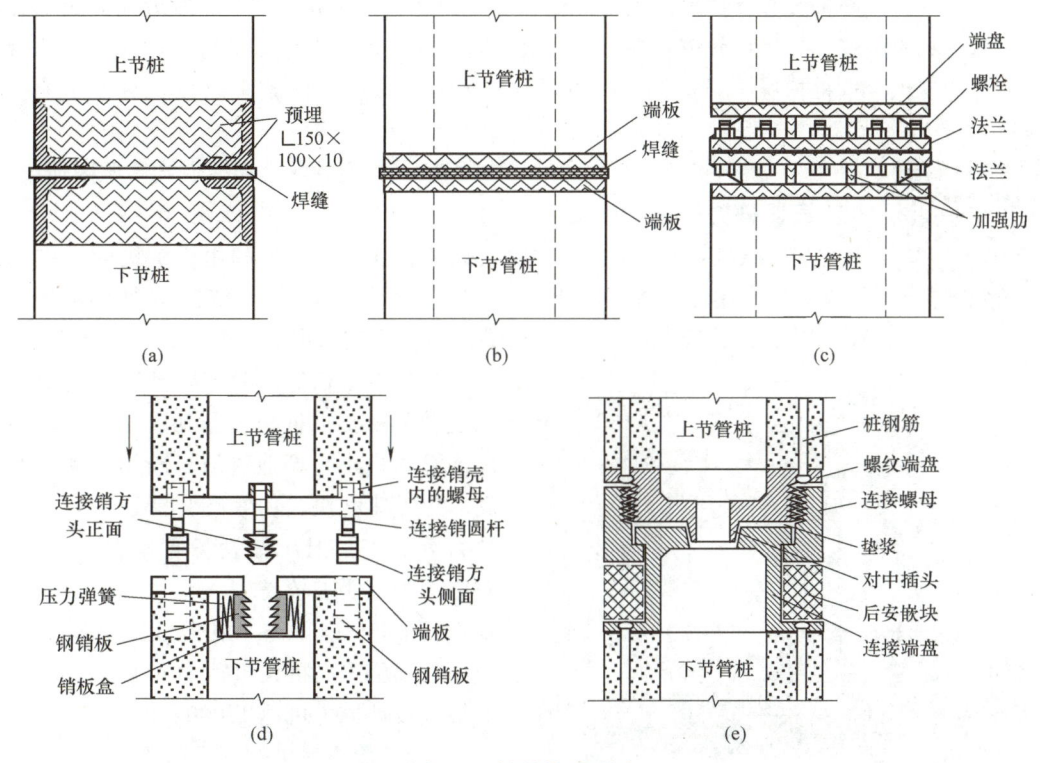

图 2-6　桩的接头形式

（a）方桩焊接连接；（b）管桩焊接连接；（c）管桩法兰连接；
（d）管桩机械啮合待连接剖面；（e）管桩螺纹连接剖面

送桩器为一种工具式短桩，一般为圆筒形，应有足够的强度、刚度和耐打性，长度应满足送桩深度的要求，弯曲度不得大于 1/1000。

6. 截桩

截桩是沉桩完成后，需按设计要求的桩顶标高，将桩头多余部分的混凝土凿除的过程。截桩过程中应注意不要破坏桩身混凝土，并保留好桩顶纵向主筋，以便将其锚入承台以内，使桩和承台成为一个整体。桩筋锚入承台长度一般为 $35d$。

（四）打桩过程中常见的问题及对应措施

（1）桩顶、桩身被打坏。这可能与桩头钢筋设置不合理、桩顶与桩轴线不垂直、混凝土强度不足、桩尖通过过硬土层、锤的落距过大、桩锤过轻、接桩质量差等因素有关。此时，应立即暂停施打，查明原因并采取有效措施后，方可继续进行。

（2）桩位偏斜。可能的原因是：沉桩机械不平、定桩不正、桩身弯曲度超过规定值、桩尖偏离中轴线、地下有坚硬障碍物、接桩不正、桩距太近等。因此，施工时应严格检查桩的质量并按施工规范的要求采取适当措施。

（3）桩打不下。可能的原因是：土层中夹有较厚砂层、硬土层以及障碍物，桩距过小，桩锤重量选择不合适，打桩未连续进行（间歇时间过长导致土产生固结）等。此时，应暂停锤击，仔细查明对应原因，通过调整打桩顺序、调换桩锤等措施予以处理。必要时，经会商可采取截桩、补桩等措施。

（4）一桩打下邻桩升起。桩贯入土中，使土体受到急剧挤压和扰动，其靠近地面的部分将在地表隆起和水平移动，当桩较密、打桩顺序又欠合理时，就会发生一桩打下，周围土体带动邻桩上升的现象。这种情况下，应调整打桩顺序，或者采取植桩法施工以减少对土体的挤压效应。

2-4

（5）贯入度剧变。可能由于桩折断、遇到软弱土层或空穴等原因造成。

三、静力压桩法施工

静力压桩（图2-7）是通过压桩架的液压装置，利用压桩机的自重和配重作为反作用力，将桩逐节压入土中。该法主要用于较软弱土层的场地，当存在厚度大于2m的中密以上砂夹层时，不宜采用。

与锤击法相比，静力压桩法具有对桩身强度和配筋要求低、无振动、无噪声、对周围环境影响小、场地整洁、操作自动化程度高、施工速度快、功效高、易于估计单桩承载力等优点。但压桩设备质量大、占地多，对施工场地要求较高。

目前，该方法在我国软土地区得到广泛应用。其施工的桩长可达70m以上，压桩机的最大设计压力可达12000kN。

（一）静力压桩的施工工艺

静力压桩的施工，一般都采取分段压入，逐段接长的方法，其工艺流程为：

图 2-7　静力压桩机作业

测量定位→压桩机就位→吊桩、插桩→桩身对中调直→静压沉桩→接桩→再静压沉桩→送桩→终止压桩→截桩或用送桩器压到指定标高。

工艺流程图如图2-8所示。

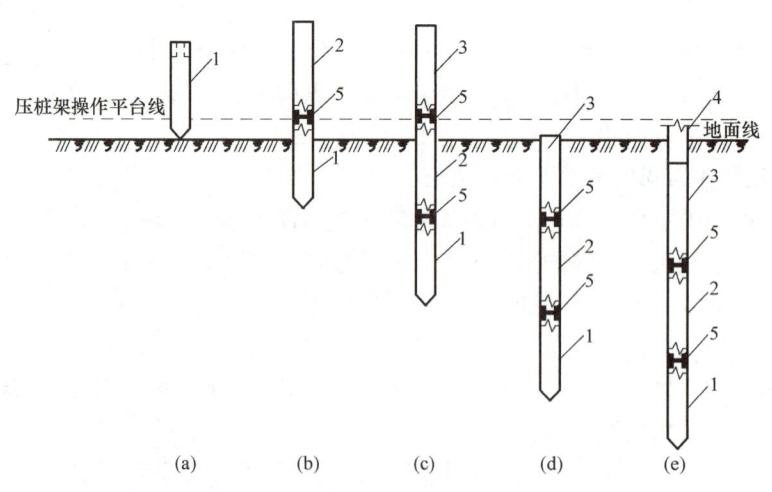

图 2-8　静力压桩工艺流程

（a）准备压第一段；（b）接第二段桩；（c）接第三段桩；（d）整根桩压平至地面；（e）采用送桩压桩完毕

1—第一段桩；2—第二段桩；3—第三段桩；4—送桩；5—接桩处

（二）施工注意事项

（1）压桩施工时应随时注意使桩保持轴心受压，接桩时也应保证上下桩的轴线一致，并尽可能缩短接桩时间，以避免土体固结导致压桩困难。

（2）当桩接近设计标高时，不可过早停压，否则，在补压时也会发生压不下去或压入过少的现象。

（3）当桩尖碰到夹砂层时，压桩阻力可能突然增大，可采取停车再开、忽停忽开的办法，使桩有可能缓慢下沉穿过砂层。如果工程中有少量桩确实不能压至设计标高而相差不多时，可以采取截桩的办法。

（4）终压力值较估算值偏小超过30％时，宜在24h后复压；仍然偏小时，宜进行施工补充勘察，复核地质条件。

（5）截桩宜采用锯桩机截割，空心桩应采用机械截割，严禁用压桩机将桩强行扳断。

（6）送桩深度不宜大于12m。当送桩深度大于8m时，送桩器应专门设计。

四、振动沉桩法施工

振动沉桩是利用固定在桩顶部的振动器（振动桩锤）所产生的激振力，使桩周围土体受迫振动，减小桩侧与土体间的摩阻力，并在重力及振动力的共同作用下，将桩沉入土中。本方法适用于在黏土、松散砂土及黄土和软土中沉桩，也适合于打钢板桩；若借助起重设备，还可用于拔桩。

2-5

振动桩锤按驱动方式分为电动式和液压式。电动振动桩锤的原理及构造如图2-9所示。

振动桩锤按照振动频率可分为三种：

（1）超高频振动桩锤。其振动频率为100～150Hz，与桩体自振频率一致而产生共振，对土体产生急速冲击，可大大减少摩擦力，以最小功率、最快的速度沉桩，对周围环境振动影响小，适合在城市中施工。

（2）中高频振动锤。振动频率为20～60Hz，适用于松散冲击层、松散及中密的砂石层施工，但不适宜于黏土地区。

图2-9　振动桩锤构造示意图

（a）刚性式；（b）柔性式
1—激振器；2—电动机；3—传动带；
4—弹簧；5—加荷板

（3）低频振动锤。它适用于大管径桩，多用于桥梁和码头工程，缺点是振幅大、产生噪声大。

振动沉桩施工除应控制沉桩沉度外，还应控制最后三次振动，每次5min或10min，以每分钟平均贯入度满足设计要求为准。

五、射水法辅助沉桩施工

为了加快沉桩速度或减小挤土效应，条件允许的情况下可以采用辅助沉桩方法。

1. 射水法

射水法辅助沉桩又称水冲法沉桩，是将射水管附在桩身上，用高压水流束将桩尖附近的土体冲松液化，减少了土与桩身的摩擦力，使桩借助自重及桩锤作用而沉入土中。该方法主要适合于砂土和碎石土，但在沉桩附近有建筑物时，由于水冲可能会引起地基湿陷，在未采取有效防护措施之前不可使用该方法。水冲法沉桩装置如图2-10所示。

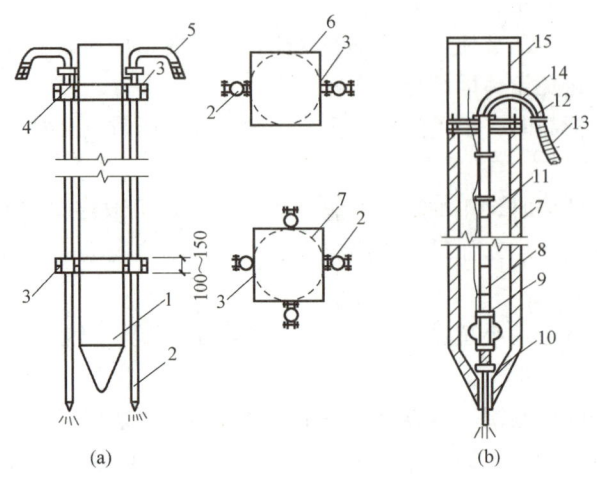

图 2-10　射水沉桩装置

（a）外射水管式；（b）内射水管式

1—预制实心桩；2—外射水管；3—夹箍；4—木楔打紧；5—胶管；

6—两侧外射水管夹箍；7—管桩；8—射水管；9—导向环；10—挡砂板；

11—保险钢丝绳；12—弯管；13—胶管；14—电焊加强圆钢；15—钢送桩

　　射水法沉桩可提高工效，在砂质或松软的砾石土中可以和锤击沉桩或振动沉桩联合使用。在坚实的砂土中，使用射水法可防止将桩打断或桩头打坏，并可提高工效 2～4 倍。需注意的是：由于水冲法沉桩对土体几乎没有挤密作用，摩阻力将降低。因而，当水冲至距设计标高 1～2m 时，应停止射水，用振动或锤击打至规定标高。

2. 植入法

　　植入法辅助沉桩施工又称为植桩法沉桩，是在桩位预钻土孔，然后将预制桩插入土孔再通过锤击或振动沉桩，并达到设计要求的方法。一般钻孔深度为设计桩长的 1/3～1/2，钻孔直径应小于桩径 50～100mm。此方法减少了土体的排挤量，可有效防止土体隆起和偏移，减少沉桩阻力和对周围环境的影响。此方法的缺点是：单桩承载力有所降低；除沉桩设备外还需要钻孔设备配合，增加了对设备的需求；在工序上增加了钻孔过程，使施工过程复杂性有所增加。

第二节　灌注桩施工

　　灌注桩是在施工现场的桩位上就地成孔，然后在孔内浇筑混凝土或钢筋混凝土成桩的一种方法。灌注桩大多为非挤土桩，根据其成孔方式不同可分为干作业成孔灌注桩、泥浆护壁成孔灌注桩和钢套管护壁成孔灌注桩。也有部分类型的灌注桩为挤土桩，如沉管灌注桩、螺纹挤压灌注桩、三岔双向挤扩桩、爆扩桩等。

　　与预制桩相比，灌注桩桩身混凝土强度和配筋要求相对较低，并可制作大直径、大承载力桩。另外，灌注桩还具有能适应各种地层的变化，无需接桩等优点。但也存在着不能立即承受荷载，操作要求严，在软土地基中易出现缩颈、断桩等质量隐患，冬期施工困难等缺点。

一、干作业成孔灌注桩

干作业成孔灌注桩是先用螺旋钻机等成孔设备或人工在桩位处成孔，然后在孔内放入钢筋笼，再浇筑混凝土而成桩。该方法适合在地下水位以上的黏性土、粉土、填土、中等密实以上的砂土、风化岩层中成孔。其常见的成孔机械主要有螺旋钻机、旋挖钻机、钻扩机和机动洛阳铲等。其中，螺旋钻机（图2-11）较为常见，它由主机、滑轮组、螺旋钻杆、钻头、滑动支架、出土装置等组成。成孔时由螺旋钻头切削土体，切下的土随钻头旋转并沿螺旋叶片上升而排出孔外。其成孔直径一般为300～800mm，最大深度可达30余米。

按照工艺顺序，干作业成孔灌注桩可分为传统成桩法和压灌混凝土后插筋法。

（一）传统成桩工艺

传统方法成桩工艺过程主要包括：定桩位→钻机移动就位→钻孔→清孔→吊放钢筋笼→浇筑桩身混凝土。

钻孔时应保证钻杆位置准确且垂直稳定，防止钻杆晃动引起扩大孔径。钻进过程中，应随时清理孔口积土，遇到地下水、塌孔、缩孔等异常情况时，应及时处理。若为设计有扩大头的扩底灌注桩，则需要在钻进至设计标高后采用扩头钻或钻扩机进行扩底。钻孔完成后，应立刻清孔，保证孔底虚土厚度不超过50mm（端承桩）或100mm（摩擦桩）。灌注混凝土前，应在孔口安放护孔漏斗，然后吊放钢筋笼，并应再次测量孔内虚土厚度。满足要求后，采用漏斗、串筒或胶管灌注桩身混凝土，灌注过程应连续。灌注至桩顶以下5m范围内混凝土时，应随灌注随振动，每次灌注高度不得大于1.5m。浇筑扩底桩灌注混凝土时，第一次应灌到扩底部位的顶面，并随即振捣密实。

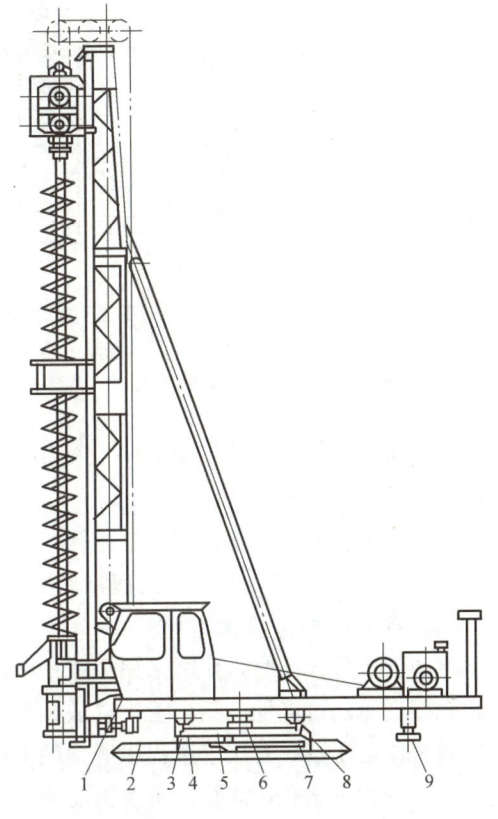

图2-11 步履式螺旋钻机

1—上盘；2—下盘；3—回转滚轮；4—行车滚轮；
5—行车滚轮；6—回转中心轴；7—行车油缸；
8—中盘；9—支撑盘

（二）压灌混凝土后插筋成桩工艺

该技术也称之为长螺旋钻孔压灌桩技术，是在长螺旋钻机钻孔至设计深度后，利用混凝土泵通过钻杆中心通道，以一定压力将混凝土压至桩孔中，钻杆随混凝土上升。混凝土灌注到设定标高后，移开钻杆，钻机吊钢筋笼就位，借助钢筋笼自重和专用振动设备，将钢筋笼插入混凝土中至设计标高而成桩（图2-12）。与传统成桩工艺相比，该方法成桩速度快，单桩承载力高，并可减少塌孔，避免缩径、露筋、桩底沉渣多等质量缺陷，在有少量地下水的情况下仍可成桩。近年来得到较为广泛的应用。

2-6　　　　2-7

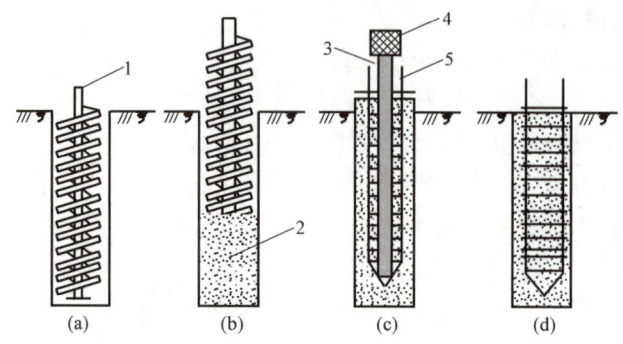

图 2-12　压灌混凝土后插筋灌注桩施工工艺

(a) 钻孔；(b) 压灌混凝土并提钻；(c) 插入钢筋笼；(d) 拔出钢管，成桩

1—螺旋钻杆；2—混凝土；3—钢管；4—振动设备；5—钢筋笼

该型桩施工桩位偏差不应大于 100mm，孔深偏差不应超过 300mm，垂直度偏差不应大于 1%。承载能力必须满足设计要求。

此外，干作业成孔还包括人工挖孔，该技术适用于孔径（不含护壁）不小于 0.8m，孔深不超过 30m 的灌注桩，其工艺流程参见墩式基础施工，此处不再赘述。

二、泥浆护壁成孔灌注桩

当地下水位较高时，往往采用泥浆护壁湿作业成孔或钢套管护壁成孔，以减少地下水渗流导致孔壁坍塌的可能性。钢套管护壁成孔灌注桩是近年来发展起来的新工法，是将钢管用压管机回转按压进土层，若压管过程中遇到硬土层或障碍物可用重锤辅助通过。至设计标高后，在钢套筒的围护下钻孔、清孔、吊放钢筋笼，最后浇筑混凝土并拔出钢套管。该工法应用较少，此处不再赘述。

泥浆护壁成孔为常见工法，该工法通常采用的成孔机械有旋挖钻机、回转钻机、潜水钻机、冲击钻机和冲抓锥等。

泥浆护壁成孔灌注桩施工程序如图 2-13 所示，设备布置如图 2-14 所示。

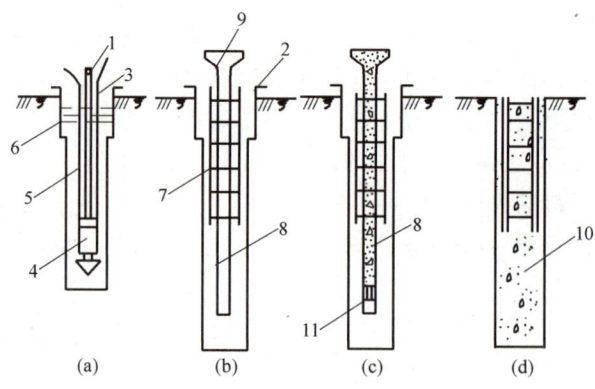

图 2-13　泥浆护壁成孔灌注桩施工程序

(a) 埋护筒、注泥浆、水下钻孔；(b) 下钢筋笼及导管；(c) 水下浇筑混凝土；(d) 成桩

1—钻杆；2—护筒；3—电缆；4—潜水电钻；5—输水胶管；6—泥浆；7—钢筋骨架；

8—导管；9—料斗；10—混凝土；11—隔水栓

（一）埋设护筒

护筒具有固定桩孔位置、防止地面水流入、保护孔口、增高桩孔内水压力、为成孔导向等作用。护筒埋设应准确、稳定，护筒中心与桩位中心的偏差不得大于50mm。护筒一般采用4～8mm厚钢板制作，其内径应大于钻头直径100mm，上部宜开设1～2个溢浆孔。在黏性土中，护筒的埋设深度不宜小于1.0m，砂土中不宜小于1.5m。护筒下端外侧应采用黏土填实，其高度尚应满足孔内泥浆面高度的要求。受水位涨落影响或水下施工的钻孔灌注桩，护筒应加高加深，必要时应打入不透水层。

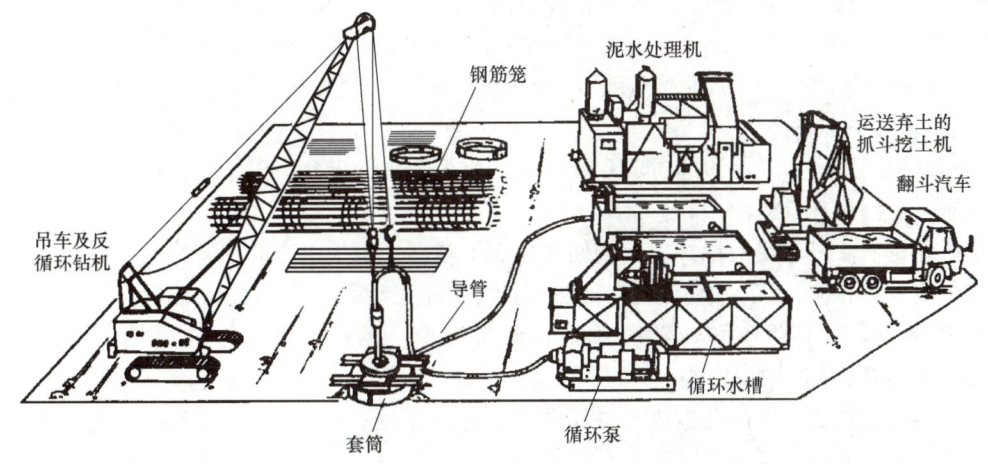

图2-14　泥浆护壁成孔灌注桩施工设备布置示意

（二）泥浆制备

泥浆通常在挖孔前利用专用设备制备，钻孔时输入孔内。在砂土或其他土中钻孔时，应采用高塑性黏土或膨润土加水配制护壁泥浆（相对密度1.05～1.15）。若在黏性土和粉质黏土中成孔时，可向孔内输入清水，随着钻进而自成泥浆。泥浆的性能指标要符合规定的要求。施工期间护筒内的泥浆面应高出地下水位1.0m以上；在受水位涨落影响时，泥浆面应高出最高水位1.5m以上。为保证成孔质量，应在钻孔过程中，随时补充泥浆并调整泥浆的比重。

泥浆的作用主要有：①护壁。泥浆在桩孔内吸附在孔壁上，形成一层透水性较差的泥皮，将孔壁上空隙填塞密实，防止漏水，由于孔内的水位高于地下水位，同时泥浆比重大于水的比重，因此孔内的水压大于孔外的水压，护壁泥浆起到液体支撑的作用，以稳固土壁、防止塌孔。②采用回转钻或冲击钻成孔时，通过泥浆的循环可将切削下的泥渣排到地面。③冷却钻头。④对土体有润滑的作用，可减少钻头的切削阻力。

（三）成孔

泥浆护壁成孔灌注桩成孔的常见方法主要有挖孔、钻孔、冲孔和抓孔四种。

1. 挖孔

挖孔是利用旋挖钻机成孔，通过其土斗下压和旋转切削孔底土体，并同时装入土斗，提出后卸土。该种钻机有多种土斗，可根据土质情况选择和更换。挖孔直径为600～3000mm，成孔深度可达110m以上。该设备施工速度快、噪声小、适用范围广、孔底沉渣少。

2. 钻孔

钻孔常用潜水钻机，它是一种将动力、变速机构与钻头连在一起加以密封、潜入水中工作的一种钻机。钻机的钻头带有合金刀齿，由电动机带动刀齿切削土体。它具有体积小、重量轻、桩架轻便、移动灵活、钻进速度快、噪声小等优点。钻孔直径600～800mm，钻孔深度可达50m。适于在地下水位高的淤泥质土、黏性土、砂土等土层中成孔。

3. 冲孔

冲孔是利用冲击钻成孔，是把带钻刃的重钻头提高，靠自由下落的冲击力来削切土层或岩层，排出碎渣成孔。它适用于各类土层及风化岩、软质岩。

4. 抓孔

抓孔是将冲抓锥头提升到一定高度，锥斗内有压重铁块和活动抓片，下落时抓片张开，钻头自由下落冲入土中，然后开动卷扬机拉升钻头，此时抓片闭合抓土，将冲抓锥整体提升至地面卸土，依次循环成孔。冲抓锥成孔适用于碎石土、砂土、砂卵石、黏性土、粉土、强风化岩。

(四) 泥浆循环排渣

成孔过程中所产生的泥渣通过成孔设备或泥浆循环排除出孔，根据泥浆循环方向可分为正循环排渣法和反循环排渣法。

正循环排渣法是泥浆由钻杆内部沿钻杆从底部喷出，携带土渣的泥浆沿孔壁向上流动，由孔口将土渣带出，流入沉淀池，经沉淀的泥浆流入泥浆池，再由泵注入钻杆，如此循环，如图2-15所示。采用正循环回转钻机成孔，设备简单，操作方便，工艺成熟，当孔径小于1000mm且孔深不大时效率较高。

反循环排渣法是泥浆由孔口流入桩孔内，同时通过泥浆泵在钻杆底部吸渣，使钻下的土渣由钻杆内腔吸出并排入沉淀池，沉淀后流入泥浆池，如图2-16所示。由于钻杆内腔断面比钻杆与孔壁间隙断面面积小得多，因此，泥浆的上返速度大，一般可达到2～3m/s，可以提高排渣能力，保持孔内清洁，减少渣土在孔底重复破碎的概率，提高成孔效率。反循环排渣法是目前大直径成孔施工中一种高效、先进的工艺，应用较广泛。

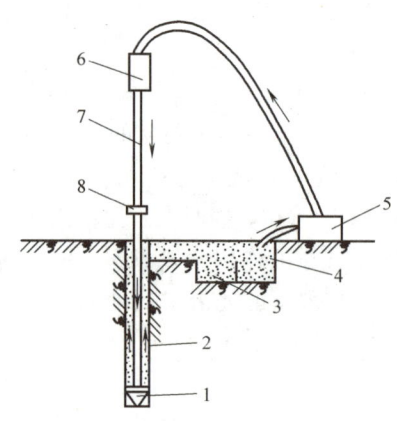

图2-15　正循环排渣法

1—钻头；2—泥浆循环方向；3—沉淀池；
4—泥浆地；5—泥浆泵；6—水龙头；
7—钻杆；8—钻机回转装置

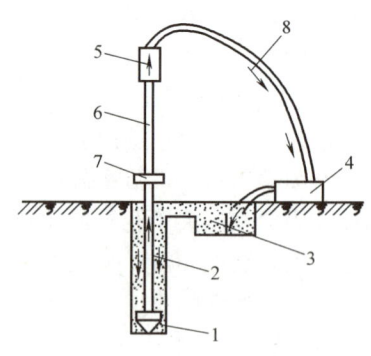

图2-16　反循环排渣法

1—钻头；2—新泥浆流向；3—沉淀池；
4—砂石泵；5—水龙头；6—钻杆；
7—钻机回转装置；8—混合液流向

(五) 清孔

钻孔达到要求的深度后要清除孔底沉渣，以防止灌注桩沉降过大、承载力降低。清孔应分两次进行，第一次清孔应在成孔完毕后进行，第二次应在安放钢筋笼和导管安装完毕后进行。第一次清孔可利用成孔钻具直接进行。清孔时应先将钻头提离孔底 0.2～0.3m，输入泥浆循环清孔，钻杆上下缓慢移动。孔深小于 60m 的桩，清孔时间宜在 15～30min，孔深大于 60m 的桩，清孔时间宜在 30～45min。第二次清孔一般采用反循环法，有泵吸和气举两种方式。在清孔过程中，应不断置换泥浆。浇筑混凝土前，孔底 500mm 范围内的泥浆比重应小于 1.25，含砂率不得大于 8%，黏度不得大于 28s。清孔满足要求后，宜在 30min 内浇筑混凝土。

（六）水下浇筑混凝土

水下混凝土浇筑常用导管法。它是将密封连接的钢管作为水下混凝土的灌注通道，以避免泥浆与混凝土接触（图 2-17）。

灌注混凝土前，先将导管吊入桩孔内，导管顶部连接储料漏斗，底部距桩孔底 0.3～0.5m。在导管内放入隔水栓，用细钢丝悬吊。隔水栓可用加橡皮封圈的预制混凝土块、橡胶球胆或软木球。

灌注混凝土时，先在漏斗内灌入足够量的混凝土，保证混凝土下落后能将导管下端埋入不小于 0.8m，然后剪断钢丝，隔水栓下落，混凝土随隔水栓冲出导管下口，并把导管底部埋入混凝土内。然后连续灌注混凝土，提升并逐节拆除导管，提升速度不宜过快，应保持导管始终埋在混凝土内 2～6m。这样连续灌注，直至桩顶。应控制最后一次灌注量，超灌高度宜为 0.8～1.0m。凿除泛浆高度后，必须保证暴露的桩顶混凝土强度达到设计等级。

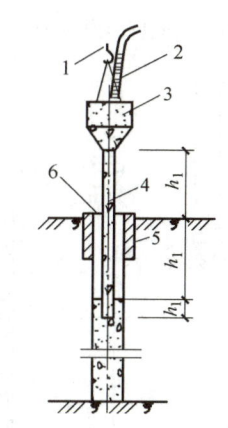

图 2-17　水下浇筑示意图

1—吊钩；2—泵管；3—漏斗；
4—导管；5—护筒；6—泥浆面

水下浇筑时，混凝土的强度等级不应低于 C25；粗骨料可选用卵石或碎石，其粒径不得大于钢筋最小净距的 1/3，且应小于 40mm；必须具备良好的和易性，配合比应通过试验确定，坍落度宜为 180～220mm；含砂率宜为 40%～50%，并宜选用中粗砂；混凝土保护层厚度不应小于 50mm。导管最大外径应比钢筋笼内径小 100mm 以上，以便顺利提出。

（七）常见质量问题及处理方法

1. 塌孔。在成孔过程中或成孔后，在泥浆中不断出现气泡或护筒内的水位突然下降，均是塌孔的迹象。其形成原因主要是土质松散、泥浆护壁不得力。如发生塌孔，应探明塌孔位置，将砂和黏土混合物回填到塌孔位置以上 1～2m，如塌孔严重，应全部回填，等回填物沉积密实后再重新钻孔。

2. 缩孔。是指钻孔后孔径小于设计孔径的现象。是由于塑性土膨胀或软弱土层挤压造成的，处理时可用钻头反复扫孔，以扩大孔径。

3. 斜孔。成孔后若发现垂直度偏差过大，常见原因有护筒倾斜和位移、钻杆不垂直、钻头导向性差、土质软硬不一或遇上孤石等。斜孔会影响桩基质量，并会给后面的施工造成困难。处理时可在偏斜处吊住钻头，上下反复扫孔，直至把孔位校直。

4. 孔底沉渣过厚。端承桩的孔底沉渣厚度不得超过 50mm，摩擦桩不超过 150mm。成孔时应尽量清理，若无法保证沉渣厚度满足要求，可在钢筋骨架上固定注浆管，待灌注混凝土后，向孔底高压注入水泥浆压实沉渣。

三、沉管灌注桩

沉管灌注桩是利用锤击或振动方法将带有桩尖（桩靴）的桩管（钢管）沉入土中成孔。当桩管打到要求深度后，放入钢筋骨架，边浇筑混凝土，边拔出桩管而成桩，其施工工艺过程，如图 2-18 所示。沉管灌注桩施工速度快、操作简单、比较经济，但是由于设备性能使桩径、桩长都受到限制，施工有振动、噪声大，隐蔽性强，施工工艺不当易造成质量问题。一般适用于黏性土、粉土、淤泥质土、松散至中密砂土、填土等地基。

沉管灌注桩使用的机具设备与预制桩施工设备基本相同。按其沉管方式的不同，可分为：锤击沉管灌注桩、静压沉管灌注桩和振动、冲击沉管灌注桩等。下面以锤击沉管灌注桩为例介绍沉管灌注桩的施工。

锤击沉管灌注桩的施工工艺主要包括：桩机就位→锤击沉钢管→放钢筋笼→浇筑混凝土→拔钢管。

（一）桩尖

常见的沉管灌注桩桩尖有两种构造（图 2-19）。一种是钢筋混凝土预制桩尖，沉管时用钢管套住预制桩尖，沉到预定标高后，桩尖留在桩底土层中；另一种是钢管端部自带的钢制活瓣桩尖，沉管时，桩尖活瓣合拢，灌注混凝土并拔管时，活瓣在混凝土压

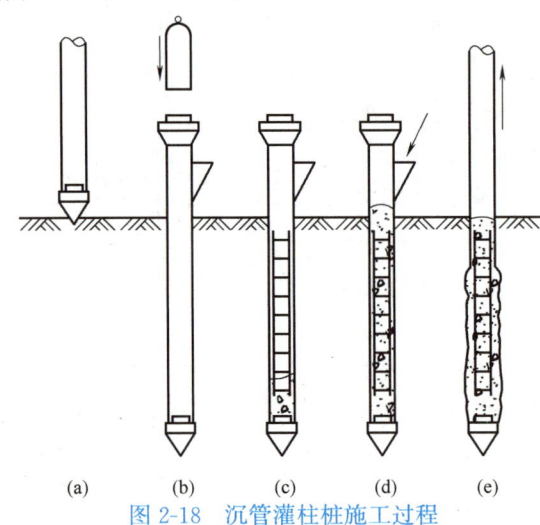

图 2-18　沉管灌柱桩施工过程

（a）桩尖及桩管就位；（b）沉管；（c）吊入钢筋笼；
（d）灌注混凝土；（e）拔管成桩

力下打开，这种桩尖必须具有足够的强度和刚度，活瓣开启灵活，合拢后缝隙严密。

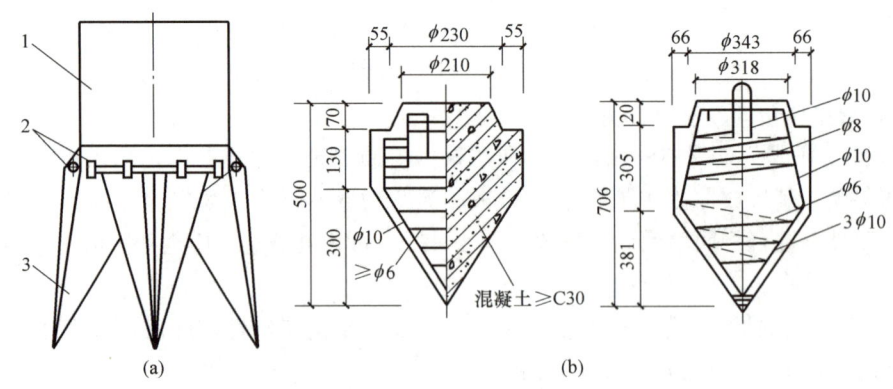

图 2-19　桩尖示意图

（a）活瓣桩尖示意图；（b）预制混凝土桩尖示意图
1—桩管；2—铰轴；3—活瓣

（二）锤击沉管

准备工作做好后，用桩架吊起钢沉管，合拢活瓣桩尖或对准预先设在桩位处的预制钢筋混

64

凝土桩尖。若采用预制桩尖，套管与桩尖连接处应垫以麻、草绳，以防止地下水渗入管内。然后慢慢放下套管套进桩尖，沉入土中。套管上端扣上桩帽，检查套管与桩锤是否在同一垂直线上，套管偏斜不大于0.5%时，即可锤击沉管。先低锤轻击，观察若无变异后，才正常施打。

（三）拔管与混凝土浇筑

当桩管沉到设计标高或符合设计要求的贯入度后，停止锤击，检查管内无泥浆或水进入后，即放入钢筋骨架，边灌注混凝土边进行拔管，拔管时必须保持密锤低击，边打边拔，以确保混凝土灌注密实。拔管速度必须严格控制：对一般土层以1m/min为宜，在软弱土层和软硬土层交界处宜控制在0.3～0.8m/min。应确保混凝土下落顺畅，避免出现断桩、吊脚或缩颈现象。

锤击沉管灌注桩的充盈系数（实际灌注的混凝土量与按桩径计算的桩身体积之比）一般为1.05～1.2，不得小于1.0，对于混凝土充盈系数小于1.0的桩，宜全长复打。

为确保灌注桩的桩身质量和承载力，可分别采用单打法、复打法和反插法工艺。

1. 单打法

即一次拔管法。放入钢筋骨架，灌注混凝土后，开始拔管，拔管时必须边打边拔，一次将管拔出，即整个灌注桩混凝土浇筑完毕。

2. 复打法

复打法是在同一桩孔位进行两次单打，或根据需要进行局部复打，如图2-20所示。复打桩施工程序为：在第一次沉管、浇筑混凝土、拔管完毕后，清除桩管外壁上的污泥，立即在原桩位上再次安设桩尖，进行第二次复打沉管，使第一次浇筑未凝固的混凝土向四周挤压以扩大桩径，放入钢筋骨架，第二次向管内浇筑混凝土，拔管方法与单打桩相同。但应注意两次沉管轴线应重合，且在第一次浇筑的混凝土初凝以前，完成第二次拔管工作。

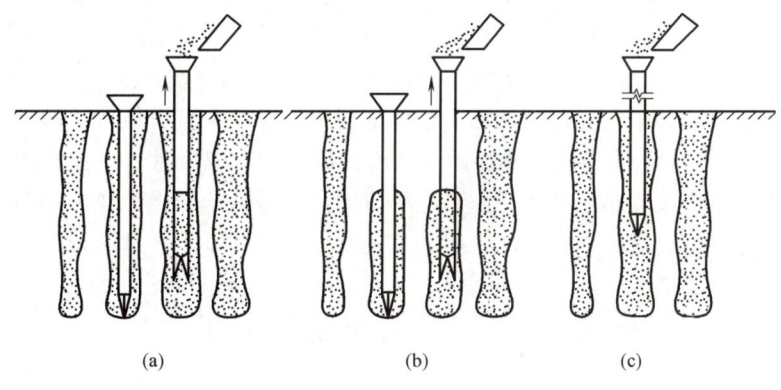

图2-20　复打法示意图

（a）全部复打桩；（b）、（c）局部复打桩

3. 反插法

该法是将桩管每提升0.5～1.0m，再下沉0.3～0.5m，如此反复，直至拔管完毕，在拔管过程中应分段添加混凝土，保持管内混凝土始终不低于地表面或高于地下水位1.0～1.5m以上，拔管速度不应超过0.5m/min。此种方法适用于饱和土层，在淤泥层中可消除缩颈现象，但在坚硬土层中易损坏桩尖，不宜采用。

此外，近年来在普通锤击沉管灌注桩的基础上改进发展出了内夯沉管灌注桩。其桩管由外管和内管组成，内管比外管短100mm，底端采用平底或锥底封闭。其工艺流程为放线定位→

桩机就位→内、外管同步夯入土中→提升内套管、除去防淤套管，灌注第一批混凝土→插入内夯管，提升外管→夯扩→拔出内夯管在外管中灌注第二批混凝土，一次性浇筑桩身所需的高度→再插入内夯管紧压管内混凝土，边压边徐徐拔外管，直至拔出地面。

四、灌注桩后注浆

2-9

灌注桩后注浆指在灌注桩成桩后的一定时间，通过预设于桩身内的注浆导管及与之相连的桩端、桩侧注浆阀，以一定的压力注入水泥浆或其他化学浆液，使桩端、桩侧土体（包括沉渣和泥皮）得到加固，从而提高单桩承载力，减小桩身沉降。该工法可用于各类钻、挖、冲孔灌注桩及地下连续墙等深基础周边一定范围内土体的加固。

后注浆导管应采用钢管，其直径一般为30~50mm，并应与钢筋笼加劲筋绑扎或焊接固定。桩端后注浆导管及注浆阀数量宜根据桩径大小设置。对于直径不大于1200mm的桩，宜沿钢筋笼圆周对称设置2根；对于直径大于1200mm而不大于2500mm的桩，宜对称设置3根。对于非通长配筋桩，下部应有不少于2根与注浆管等长的主筋组成的钢筋笼通底，以保证注浆管与主筋的固定。对于桩长超过15m且承载力增幅要求较高者，宜采用桩端、桩侧复式注浆。桩侧后注浆管阀设置数量应综合地层情况、桩长和承载力增幅要求等因素确定，可在离桩底5~15m以上、桩顶8m以下，每隔6~12m设置一道桩侧注浆阀。

单桩注浆量的设计应根据桩径、桩长、桩端桩侧土层性质、单桩承载力增幅及是否复式注浆等因素确定。后注浆作业开始前，宜进行注浆试验，优化并最终确定注浆参数。注浆作业宜于成桩2d后开始。注浆作业与成孔作业点的距离不宜小于8~10m。对于饱和土中的复式注浆顺序宜先桩侧后桩端；对于非饱和土宜先桩端后桩侧；多断面桩侧注浆应先上后下；桩侧桩端注浆间隔时间不宜少于2h。桩端注浆应对同一根桩的各注浆导管依次实施等量注浆。对于桩群注浆宜先外围、后内部。终止注浆需要满足2个条件中的1条：①注浆总量和注浆压力均达到设计要求；②注浆总量已达到设计值的75%，且注浆压力超过设计值。

当注浆压力长时间低于正常值或地面出现冒浆或周围桩孔串浆，应改为间歇注浆，间歇时间宜为30~60min，或调低浆液水灰比。后注浆施工过程中，应经常对后注浆的各项工艺参数进行检查，发现异常应采取相应处理措施。在桩身混凝土强度达到设计要求的条件下，桩承载力检验应在后注浆20d后进行，若浆液中掺入早强剂时可于注浆15d后进行。

第三节　其他深基础施工

一、地下连续墙施工

地下连续墙是在基础埋置深度大、周围环境和施工场地限制的情况下深基础施工的有效手段，在深基础工程中应用较为广泛。地下连续墙可作为防渗墙、挡土墙、地下结构的边墙和建筑物的基础。具有刚度大、整体性好、施工时无振动、噪声低等优点。可用于任何土质，还可用于逆作法施工，也可利用上层锚杆与地下连续墙组成地下挡土结构，形成锚杆地下连续墙，为深基础施工创造更有利的条件。

2-10

地下连续墙的施工过程是在泥浆护壁条件下开挖一定长度的槽段，挖至设计深度并清除沉渣后，插入接头管，再将钢筋笼用起重机吊入充满泥浆的沟槽内，最后用导管在水下浇筑混凝土，待混凝土初凝后拔出接头管，一个单元长度的钢筋混凝土墙即施工完毕（图 2-21），若干段这样的钢筋混凝土墙段连接起来，即构成了一个连续的地下钢筋混凝土墙。

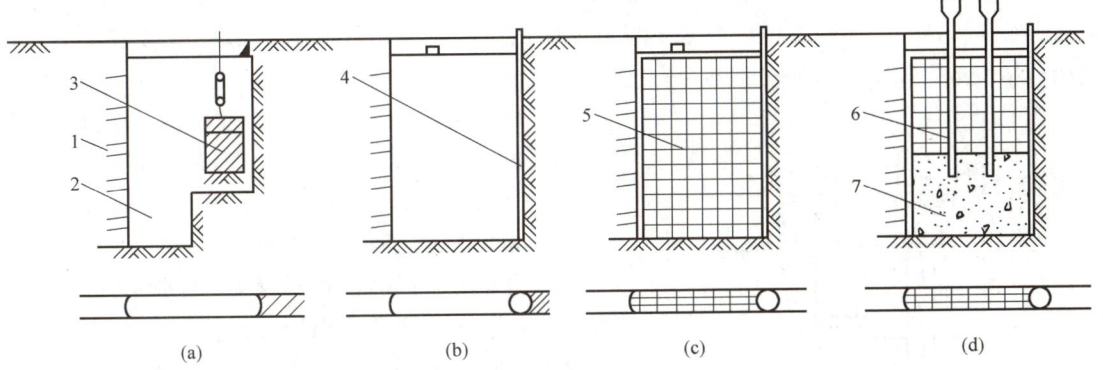

图 2-21　地下连续墙施工过程示意图

(a) 挖槽；(b) 插入接头管；(c) 放入钢筋笼；(d) 水下浇筑混凝土

1—已完成的槽段；2—泥浆；3—成槽机；4—接头管；5—钢筋笼；6—导管；7—浇筑的混凝土

地下连续墙在成槽之前首先要按设计位置设置导墙。导墙的作用是为挖槽导向、防止槽段上口塌方、存蓄泥浆和作为测量的基准。深度一般 1~2m，顶面高出施工地面，防止地面水流入槽段。导墙内侧墙面间距为地下连续墙设计厚度加施工余量（40~60mm）。导墙多为现浇钢筋混凝土结构，形状有"L"形或倒"L"形，墙背侧用黏性土回填并夯实，防止漏浆。

一般情况下，地下连续墙单元槽段长度为 4~6m。目前我国常用的挖槽设备为导杆液压抓斗（图 2-22）和多头钻成槽机（图 2-23）。挖槽按单元槽段进行。挖槽是在泥浆护壁下进行。

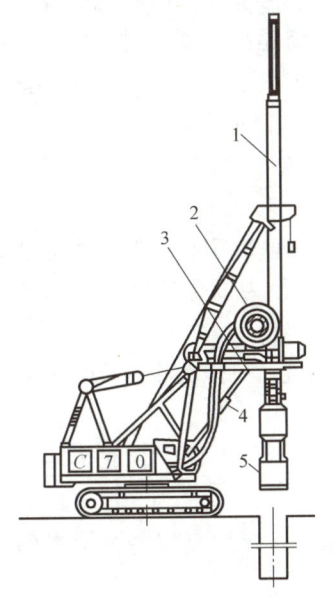

图 2-22　导杆液压抓斗

1—导杆；2—液压管线回收轮；3—平台；
4—倾斜度调整千斤顶；5—抓斗

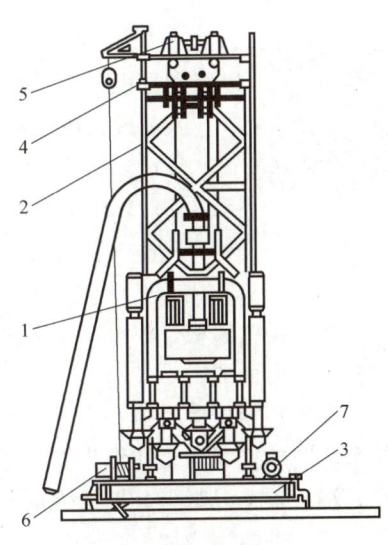

图 2-23　多头钻成槽机

1—多头钻；2—机架；3—底盘；4—顶部圈梁；
5—顶梁；6—电缆收线盘；7—空气压缩机

泥浆最好使用膨润土，也可就地取用黏土造浆、为增强泥浆的效能，可加入加重剂、增黏剂、防漏剂、分散剂等掺合物。

挖至设计标高后要进行清槽，这是保证地下连续墙施工质量的主要措施之一。验槽合格后放入导管压入清水，不断将槽底泥浆稀释自流吸出，至泥浆相对密度在 1.1～1.2 以下为止。清槽后尽快地下放接头管和钢筋笼。

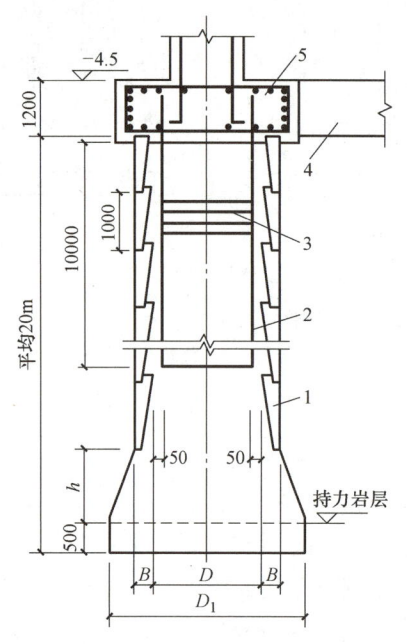

图 2-24　人工挖孔墩式基础构造图

1—护壁；2—主筋；3—箍筋；4—地梁；5—墩帽

2-11

下放钢筋笼后应立即浇筑混凝土，以防槽段塌方。混凝土应比设计强度等级提高 5MPa，坍落度宜为 18～20cm，并应富有黏性和良好的流动性。混凝土用导管法进行水下浇筑。根据单元槽段的长度可设几根导管同时浇筑混凝土，导管的间距一般为 3～4m。如一个槽段内用几根导管同时浇筑，应使各导管处的混凝土面大致处在同一水平面上。宜尽量加快混凝土浇筑，一般上升速度不宜小于 2m/h。混凝土需超浇 30～50cm，以便将设计标高以上的浮浆层凿去。

二、墩式基础施工

墩式基础是在人工或机械成孔的大直径孔中浇筑混凝土或钢筋混凝土而成，在此仅以人工成孔为例进行介绍，其构造如图 2-24 所示。

人工成孔的优点是：设备简单；噪声小，振动小，对施工现场周围的原有建筑物影响小；施工速度快，工期紧张时，可多孔同时开挖；特别是在施工现场狭窄的市区修建高层建筑时，更显示其特殊的优越性。但由于工人在井下作业，施工安全应予以特别重视，要严格按操作规程施工，制订可靠的安全措施。

人工成孔墩式基础施工工艺过程如下：

（1）按设计图纸放线，定墩位。

（2）开挖土方。采取分段开挖，每段高度取决于土壁保持直立状态的能力，一般 0.5～1.0m 为一施工段，开挖墩直径为设计墩直径加二倍护壁的厚度。

（3）支设护壁模板。模板高度取决于开挖土方施工段的高度，一般为 1m，由 4～8 块活动弧形钢模板组合而成。

（4）在模板顶放置操作平台。平台可用角钢和钢板制成半圆形，两个合起来即为一个整圆，用来临时放置混凝土和作为浇筑时的操作平台。

（5）浇筑护壁混凝土。护壁混凝土要注意捣实，因它起着防止土壁塌陷与防水的双重作用。第一节护壁厚宜增加 100～150mm，上下节护壁用钢筋拉结。

（6）拆除模板继续下一段的施工。当护壁混凝土强度达到 1.2MPa，方可拆除模板。如此循环，直至挖到设计要求的深度。

（7）排除孔底积水，浇筑墩身混凝土。当挖到设计的墩底深度后，应按设计的直径进行扩底。扩底后应尽早浇筑混凝土，当混凝土浇筑至钢筋笼的底面设计标高时，再安放钢筋笼，继续浇筑墩身混凝土。混凝土必须通过导管下料，导管下口距浇筑面应小于 2m，混凝土宜采用插入式振动器捣实。

三、沉井基础施工

2-12

沉井是在施工时先在地面或基坑内制作一个井筒状的钢筋混凝土结构物，待其达到规定强度后，在井身内部分层挖土运出，随着挖土和土面的降低，沉井井身在其自重及上部荷载或其他措施协助下克服与土壁间的摩阻力和刃脚反力，不断下沉，直至设计标高，然后进行封底的一种施工技术。沉井基础多用于建筑物和构筑物的深基础、地下室、蓄水池、设备深基础、桥墩等工程。

1. 沉井的构造

沉井主要由刃脚、井壁、隔墙或竖向框架、底板组成。

（1）刃脚

刃脚位于井壁最下端（图 2-25），其作用在于沉井下沉时，减少土的阻力，以便切入土中，因此要求刃脚有一定的强度，防止挠曲与破坏。

（2）井壁

井壁即沉井的外壁，是沉井的主要部分，要有足够的强度和重量，使沉井在自重作用下能顺利下沉。

（3）隔墙或竖向框架

根据使用和结构上的需要，在沉井井筒内可设置隔墙或竖向框架，以加强沉井的刚度。

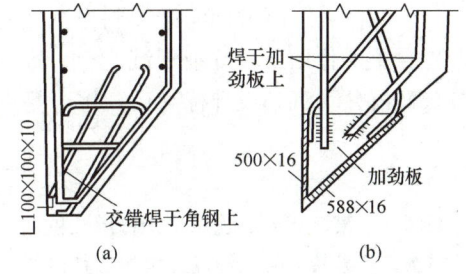

图 2-25 沉井的刃脚

（a）混凝土刃脚；（b）钢制刃脚

（4）底板

待沉井下沉到设计标高后，应将井内上面整平，如采用干封底时，可先铺垫层，然后浇筑钢筋混凝土底板。如采用水下封底时，待水下混凝土达到强度时，抽干水后再浇筑钢筋混凝土底板。

2. 沉井施工工艺

沉井施工过程，如图 2-26 所示。

（1）在沉井位置开挖基坑，坑的四周打桩，设置工作平台。

（2）铺砂垫层，搁置垫木。

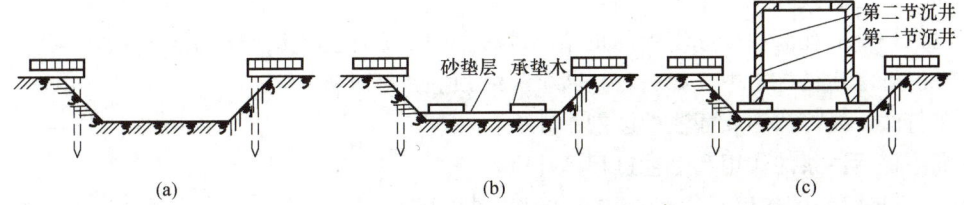

图 2-26 沉井施工主要工艺流程示意图（一）

（a）打桩、开挖、搭台；（b）铺砂垫层、承垫木；（c）沉井制作

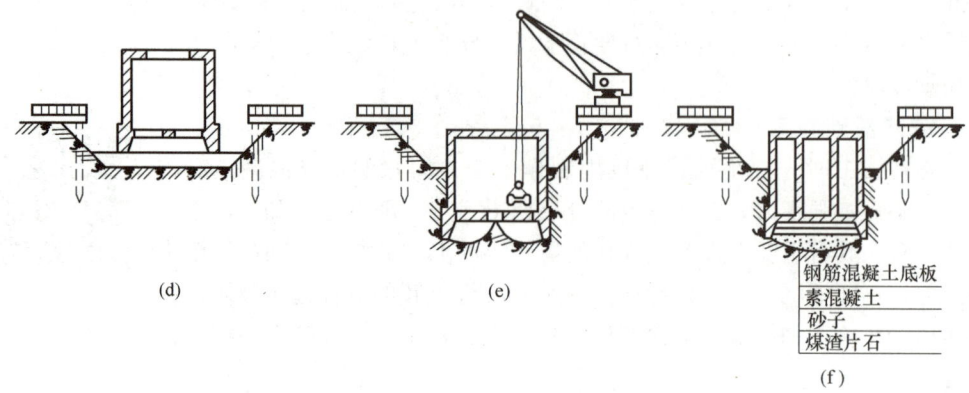

(d)   (e)

钢筋混凝土底板
素混凝土
砂子
煤渣片石
(f)

图 2-26 沉井施工主要工艺流程示意图（二）

（d）抽出承垫木；（e）挖土下沉；（f）封底、回填、浇筑其他部分结构

（3）制作钢刃脚，并浇筑第一节钢筋混凝土井筒。

（4）待第一节井筒的混凝土达到一定强度后，抽出垫木，并在井筒内挖土，或用水力吸泥，使沉井下沉。要注意均衡挖土、平稳下沉，如有倾斜则应及时纠偏。

（5）在沉井下沉的同时继续制作沉井的上部结构，分节支模、绑钢筋、浇筑混凝土，沉井在井壁自重的作用下，逐渐下沉。

（6）沉井下沉到设计标高后，用混凝土封底，浇筑钢筋混凝土底板，形成地下结构。

工程案例

案例一：某超高层建筑泥浆护壁灌注桩施工。
案例二：某特大桥钻孔灌注桩施工技术要求。

2-13

2-14

习　题

1. 如何确定预制桩的打桩顺序？

2. 静力压桩法的工艺流程是怎样的？

3. 与预制桩相比，灌注桩有哪些优缺点？

4. 长螺旋钻孔压灌混凝土后插钢筋笼灌注桩在工艺上跟传统钻孔灌注桩有何差别？有什么优点？

5. 泥浆护壁法成孔施工中护筒的作用是什么？

6. 泥浆护壁成孔灌注桩施工中的正循环排渣法和反循环排渣法的区别和优缺点各是什么？

7. 在沉管灌注桩施工中，如何防止断桩、缩颈桩和吊脚桩？

8. 单打法、复打法和反插法的区别是什么？

9. 灌注桩后注浆的作用和工艺过程是什么？

10. 地下连续墙的作用、优缺点和工艺过程是怎样的？

11. 地下连续墙施工中导墙的作用是什么？

第三章 砌筑工程

学习重点：砖砌体施工，砌块砌体施工。

学习要求：熟悉砌体工程砌筑所使用的材料和垂直运输机械，掌握砖砌体和砌块砌体的施工方法与施工要求，了解石砌体施工。

砌筑是指用砂浆等胶结材料将砖、石、砌块等块材垒砌成坚固砌体的施工。在土木工程中，砖、石砌筑历史悠久，由于具有取材方便，造价低廉，施工工艺简单等特点，有的地区仍然较多使用。随着国家可持续发展战略的实施，为了保护环境、节省资源、节约能源、提高居住舒适度，近十几年来，以天然材料或工业废料为主制作的各种砌块被广泛使用。以砌块代替黏土砖是建筑物墙体改革的一个重要途径。本章在介绍烧结普通砖施工的同时，结合新规范，重点介绍目前常用的蒸压灰砂砖、蒸压粉煤灰砖、烧结多孔砖、空心砖、混凝土小型空心砌块和蒸压加气混凝土砌块的施工。

主要规范：《砌体结构通用规范》GB 55007—2021、《砌体结构工程施工规范》GB 50924—2014、《砌体结构工程施工质量验收规范》GB 50203—2011、《混凝土小型空心砌块建筑技术规程》JGJ/T 14—2011 等。

第一节 砌 筑 准 备

一、砌筑材料

砌筑工程所使用的材料包括块体和砂浆。块体为骨架材料，砂浆为粘结材料。

（一）块体

块体分为砖、砌块与石块三大类。

1. 砖

根据使用材料和制作方法的不同，砌筑用砖分为以下几种类型：

（1）烧结普通砖

烧结普通砖是以黏土、页岩、煤矸石和粉煤灰为主要原料，经过焙烧而成的实心或孔洞率不大于15%的砖。其规格为240mm×115mm×53mm，即4块砖长加上4个灰缝、8块砖宽加上8个灰缝、16块砖厚加上16个灰缝（简称4顺、8丁、16线）均为1m。强度等级可以分为MU30、MU25、MU20、MU15、MU10。

（2）蒸压灰砂砖和粉煤灰砖

蒸压灰砂砖是以石灰和砂为主要原料，蒸压粉煤灰砖是以粉煤灰、石灰为主要原料，经坯料制备、压制成型、蒸压养护而成的实心砖。其规格尺寸均为240mm×115mm×53mm，强度等级分为MU25、MU20、MU15、MU10。

（3）烧结多孔砖

烧结多孔砖是以黏土、页岩、煤矸石、粉煤灰、淤泥及其他固体废弃物等为主要原料，经过焙烧而成，孔洞率≥28%。孔为圆形、矩形孔或矩形条孔，孔尺寸小而数量多，主要用于建筑物承重部位，简称多孔砖。

多孔砖规格按长度分为：290、240、190、180、140、115、90（mm）。根据抗压强度分为 MU30、MU25、MU20、MU15、MU10 五个等级。按密度等级分为 1300、1200、1100、1000 四个等级。其外形如图 3-1 所示。

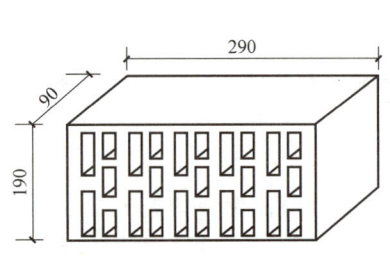 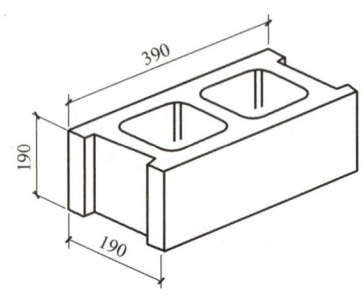

图 3-1　多孔砖和多孔砌块示意图　　　　图 3-2　混凝土小型空心砌块示意图

另外，还有以黏土、页岩、煤矸石、粉煤灰为主要原料，经焙烧而成，孔洞率≥40％，主要用于建筑物非承重部位的空心砖。

2. 砌块

砌块代替黏土砖作为建筑物墙体材料，是墙体改革的一个重要途径。砌块是以天然材料或工业废料为原材料制成，主要特点是施工简便，工人的劳动强度较低，生产效率较高。

砌块按使用目的可以分为承重砌块与非承重砌块（包括隔墙砌块和保温砌块）；按是否有孔洞可以分为实心砌块与空心砌块；按块体大小可以分为小型砌块（块体高度小于 380mm）和中型砌块（块体高度 380～980mm）；按使用的原材料可以分为普通混凝土砌块、轻骨料混凝土砌块、蒸压加气混凝土砌块等。

建筑工程常用的砌块是小型砌块，包括普通混凝土小型空心砌块、轻骨料混凝土小型空心砌块、蒸压加气混凝土砌块、烧结多孔砌块等。

（1）普通混凝土小型空心砌块

它是用水泥、砂、碎石或卵碎石、水为原料制作而成，简称普通小砌块。普通混凝土小型空心砌块按其强度分为 MU20、MU15、MU10、MU7.5 和 MU5 五个强度等级。

（2）轻骨料混凝土小型空心砌块

它是以水泥、轻骨料、砂、水等预制而成的，其中轻骨料品种包括浮石、煤渣、火山渣、自燃煤矸石、陶粒等，简称轻骨料小砌块。轻骨料混凝土小型空心砌块按其强度分为 MU15、MU10、MU7.5、MU5 和 MU3.5 五个强度等级。

普通混凝土小型空心砌块和轻骨料混凝土小型空心砌块总称混凝土小型空心砌块，有的简称小砌块。主规格尺寸为 390mm×190mm×190mm。其外形如图 3-2 所示。

（3）蒸压加气混凝土砌块

它是以水泥、矿渣、砂、石灰等为主要原料，加入发气剂，经搅拌成型、蒸压养护而成的实心砌块，简称加气砌块。一般长度为 600mm，高度为 200、250、300mm；其宽度，一种系列从 50mm 起、以 25mm 递增，另一种系列从 60mm 起、以 60mm 递增。按其抗压强度分为 A0.8、A1.5、A2.5、A3.5、A5.0 五个强度等级，按其体积密度分为 B03、B04、B05、B06、B07 五个体积密度级别。

3. 石块

砌筑用石有毛石和料石两类。毛石又分为乱毛石和平毛石。乱毛石是指形状不规则的石块；平毛石是指形状不规则、但有两个大致平行平面的石块。毛石的厚度不宜小于 150mm。

料石按其加工面的平整度分为细料石、粗料石和毛料石三种。其宽度、厚度均不宜小于 200mm，长度不宜大于厚度的 4 倍。

石块的强度等级划分为 MU100、MU80、MU60、MU50、MU40、MU30、MU20。

(二) 砂浆

1. 原材料要求

（1）水泥。砌筑砂浆所用水泥宜采用通用硅酸盐水泥或砌筑水泥，强度等级应根据砂浆品种及强度等级进行选择。水泥进场时，应对其品种、等级、包装或散装仓号、出厂日期等进行检查，并应对其强度、安定性进行复验。出厂超过三个月、快硬硅酸盐水泥超过一个月时，应复查试验，并按其复验结果使用。不同品种、不同强度等级的水泥，不得混合使用。

（2）砂。砂浆用砂宜采用中砂，其中毛石砌体宜选用粗砂。砂应过筛，且不应混有草根、树叶等杂物。水泥砂浆和强度等级不小于 M5 的水泥混合砂浆，砂中含泥量不超过 5％，强度等级小于 M5 的水泥混合砂浆，砂中含泥量不超过 10％。人工砂、山砂及特细砂，应经试配能满足砌筑砂浆技术条件要求。

（3）水。不得含有害物质，应符合现行《混凝土用水标准》JGJ 63 的有关规定。

（4）外掺料。砂浆中的外掺料包括粉煤灰、建筑生石灰、建筑生石灰粉及石灰膏等。粉煤灰、建筑生石灰、建筑生石灰粉的品质指标应符合现行行业标准的有关规定。粉煤灰宜采用干排灰。建筑生石灰、建筑生石灰粉应熟化成石灰膏，其熟化时间分别不得少于 7d 和 2d。沉淀池中贮存的石灰膏应防止干燥、冻结和污染，严禁使用脱水硬化的石灰膏。消石灰粉不得直接用于砂浆中。

石灰膏的用量，应按稠度 120mm±5mm 计量，现场施工中石灰膏不同稠度的换算系数，可按表 3-1 确定。

石灰膏不同稠度的换算系数　　　　　　　　　　　　　　　　　　表 3-1

稠度(mm)	120	110	100	90	80	70	60	50	40	30
换算系数	1.00	0.99	0.97	0.95	0.93	0.92	0.90	0.88	0.87	0.86

（5）外加剂。砂浆中掺入的增塑剂、早强剂、缓凝剂、防冻剂、防水剂等，其品种和用量应经有资质的检测单位检验和试配确定。外加剂的技术性能应符合国家现行有关标准的规定。

（6）冬期施工所用的石灰膏、电石膏、砂、砂浆、块材等应防止冻结。

2. 砂浆的性能

砌筑砂浆可分为水泥砂浆、混合砂浆和非水泥砂浆三类。其性能与用途如下：

（1）水泥砂浆：强度高，但流动性和保水性较差，其砌体强度低于相同条件下用混合砂浆砌筑的砌体强度，常用于要求高强度砂浆、地下及处于潮湿环境下的砌体。

（2）混合砂浆：由于掺入塑性外掺料（如石灰膏、粉煤灰等），既可节约水泥，又可提高砂浆的可塑性，是一般砌体中最常使用的砂浆类型。

（3）非水泥砂浆：包括石灰砂浆、黏土砂浆等，由于强度较低，通常仅用于临时设施或简易建筑等。

砌筑砂浆按强度分为 M30、M25、M20、M15、M10、M7.5 和 M5 七个等级。砂浆强度以标准养护 28d 的试块抗压强度为准。同一验收批砂浆试块强度平均值应大于或等于设计强度等级值的 1.10 倍，且最小一组的平均值应大于或等于设计强度等级值的 85％。砂浆试块应在砂浆搅拌机出料口或在湿拌砂浆卸料过程的中段随机取样制作（现场搅拌的砂浆、同盘砂浆应只制作1组试块）。

砌筑砂浆的验收批，同一类型、强度等级的砂浆试块不应少于3组。每一检验批且不超过250m³砌体的各种类型及强度等级的普通砌筑砂浆，每台搅拌机应至少抽检一次。验收批的预拌砂浆、蒸压加气混凝土砌块专用砂浆，抽检可为3组。

砂浆应具有良好的流动性和保水性。流动性好的砂浆便于操作，易使灰缝平整、密实，从而可以提高砌筑效率、保证砌体质量。砂浆的流动性是以稠度表示的。稠度的测定值是用标准锥体沉入砂浆的深度表示的，沉入度越大，稠度值越大，流动性越好。一般来说，对于干燥及吸水性强的块体，砂浆稠度应采用较大值；对于潮湿、密实、吸水性差的块体宜采用较小值。砌筑砂浆的稠度宜按表3-2的规定采用。

砌筑砂浆的稠度 表3-2

砌 体 种 类	砂浆稠度（mm）
烧结普通砖砌体	70～90
烧结多孔砖、空心砖砌体 轻骨料混凝土小型空心砌块砌体 蒸压加气混凝土砌块砌体	60～80
混凝土实心砖、混凝土多孔砖砌体、 普通混凝土小型空心砌块砌体、蒸压灰砂砖砌体	50～70
石砌体	30～50

保水性是指砂浆中的水分与胶凝材料及骨料分离快慢的程度。保水性差的砂浆，在运输过程中，易产生泌水和离析现象从而降低其流动性，影响砌筑；在砌筑过程中，水分很快会被块体吸收，失水过多造成砂浆不能正常硬化，与块体的粘结力低，从而会降低砌体强度。砌筑砂浆的保水率不得低于：水泥砂浆80％，水泥混合砂浆84％，预拌砂浆88％。

对设计有抗冻要求的砌筑砂浆，应进行冻融循环试验。

3. 砂浆的拌制

现场拌制砂浆应进行配合比设计和试配。当砌筑砂浆的组成材料有变更时，其配合比应重新确定。拌制时，各组分材料应采用质量计量。砌筑砂浆拌制后在使用中不得随意掺入其他粘结剂、骨料、混合物。水泥及各种外加剂配料的允许偏差为±2％；砂、粉煤灰、石灰膏等配料的允许偏差为±5％。砂子计量时，应扣除其含水量对配料的影响。砌筑砂浆应采用机械搅拌，搅拌机械包括活门卸料式、倾翻卸料式或立式搅拌机，其出料容量一般为200L。搅拌时间自投料完起算：水泥砂浆和水泥混合砂浆不得少于120s；水泥粉煤灰砂浆或掺用外加剂的砂浆不得少于180s；掺增塑剂的砂浆，其搅拌方式，搅拌时间应符合现行行业标准《砌筑砂浆增塑剂》JG/T 164的有关规定。预拌砂浆及加气混凝土砌块专用砂浆的搅拌时间应符合产品说明书的要求。

拌制砂浆时，应先将砂与水泥、粉煤灰干拌均匀，再加外掺料（如石灰膏、黏土膏）和水拌合均匀。外加剂不得直接投入拌制的砂浆中，应先将其按规定浓度溶于水中，在拌合水投入时投入外加剂溶液。

砂浆拌成后，除直接使用外应储存在不吸水的专用容器内，并根据气候条件采取遮阳、保温、防雨雪等措施，使用中严禁随意加水。

4. 砂浆的使用

根据块材类别和性能，选用与其匹配的砌筑砂浆。现场搅拌的砂浆应随拌随用，拌制的砂浆应在 3h 内使用完毕；当施工期间最高气温超过 30℃时，应在 2h 内使用完毕。对掺用缓凝剂的砌浆，其使用时间可根据其缓凝时间的试验结果确定。砌筑砂浆宜选用预拌砂浆，对非烧结类块材，宜采用配套的专用砂浆。湿拌砂浆采用专用搅拌车运输至施工现场，当存放中出现少量泌水时，应拌合均匀后使用。干混砂浆及其他专用砂浆储存期不应超过三个月，否则应重新检验，合格后使用。湿拌砂浆、干混砂浆及其他专用砂浆的使用时间应按照产品说明书确定。

二、垂直运输

在砌筑工程中，垂直运输的工作量很大，一般采用机械运输。垂直运输机械是指担负各种材料（砖、砌块、石块、砂浆等）、各种工具（脚手架、脚手板、灰槽等）以及工作人员上下的设备与设施。

常用的垂直运输机械主要有塔式起重机、井架、门架、施工电梯等。塔式起重机将在下面的章节中作详细的介绍，这里仅介绍井架、门架和施工电梯三种砌筑工程施工中常用的垂直运输机械。

（一）井架

井架是砌筑工程中常使用的垂直运输机械（图 3-3），它一般是采用型钢（角钢）或钢管加工而成的四边形中空格构架，也可以采用脚手架部件（如钢管扣件式脚手架、碗扣式脚手架等）搭设。

井架由架体、天轮梁、缆风绳、吊盘、卷扬机及索具构成。按立柱数量分为四柱、六柱和八柱式。其起重量一般为 0.5～1t，搭设高度可达 60m。

井架可用缆风绳与地面拉结锚固。当井架高度在 15m 以下时设缆风绳一道；高度在 15m 以上时，每增高 10m 增设一道。每道缆风绳至少四根，每角一根，采用直径不小于 9mm 的钢丝绳，与地面呈 30°～45°夹角拉牢。附着于建筑物的井架不设缆风绳时，也可设置连墙件与建筑主体结构拉结锚固。

井架的优点是价格低廉、稳定性好、运输量大；缺点是缆风绳多、影响施工和交通。

（二）门架

门架也称龙门架，是由两组格构式立杆、横梁（天轮梁）和卷扬机、滑轮组、钢丝绳等组合而成的门形起重设备，如图 3-4 所示。卷扬机通过上下导向滑轮（天轮、地轮）使吊盘在两立杆间沿导轨升降。

门架通常单独设置，采用缆风绳与地面拉结固定，保证稳定。当门架高度在 15m 以下时设一道缆风绳，四角拉住；超过 15m 时，每增高 5～6m 增设一道。对装修用门架，可设置连墙件与建筑物拉结。

门架的起重高度一般为 15～30m，起重量为 0.6～1.2t。

门架为工具式垂直运输设备，其优点是构造简单、装拆方便；具有停位装置，能保证停位准确，非常适合于中小型工程。

（三）施工电梯

施工电梯是将吊笼安装在专用导轨架外侧，使其沿齿条轨道升降的人货两用垂直运输机械。常用于多高层建筑施工，是高耸建筑物、构筑物施工必不可少的垂直运输设备，如图 3-5 所示。

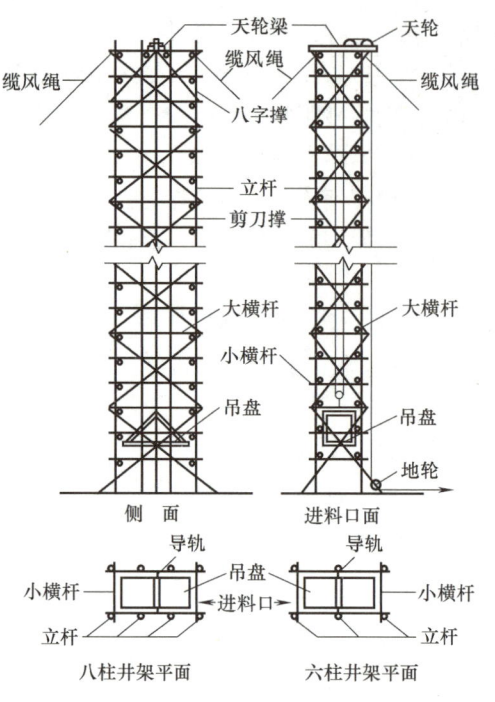

图 3-3 井架构造形式

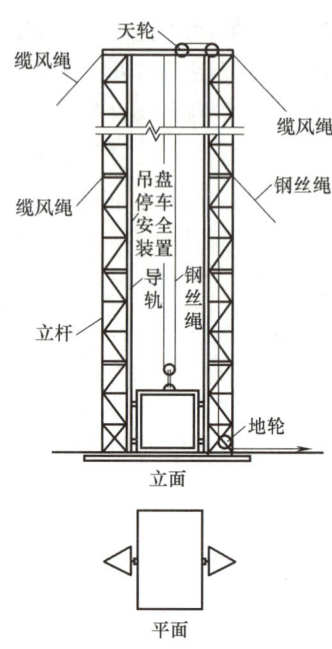

图 3-4 龙门架构造形式

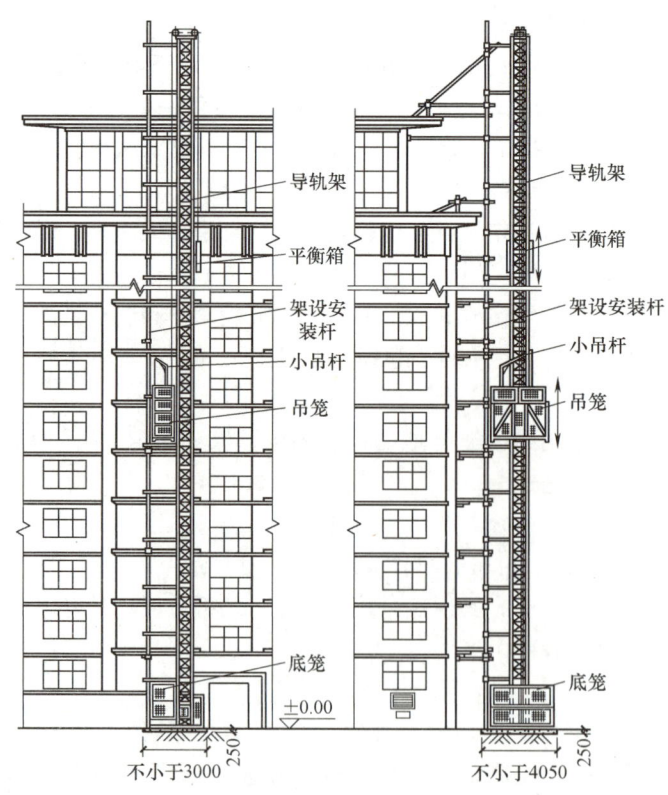

图 3-5 施工电梯

76

施工电梯可附着在建筑墙体或其他结构上，随着建筑物、构筑物施工而接高。其高度可达100～200m以上，可载运货物1～2t，或载人13～25人。

第二节　砖砌体施工

一、施工准备

砖和砂浆的强度等级必须符合设计要求。用于清水墙、柱表面的砖，应边角整齐、色泽均匀。有冻胀环境和条件的地区，地面以下或防潮层以下的砌体，不应采用多孔砖。蒸压灰砂砖、蒸压粉煤灰砖的产品龄期不应小于28d。

砖在运输装卸过程中，严禁倾倒和抛掷。现场应分类堆放整齐，堆置高度不宜超过2m。

砌筑砖砌体时，砖应提前1～2d适当浇（喷）水，不得采用干砖或吸水饱和状态的砖砌筑，以免砖过多吸收砂浆中的水分而影响其粘结力，同时也可除去砖面上的粉末。但浇水不宜太多，否则会发生"跑浆"现象。对烧结普通砖、烧结多孔砖的相对含水率（含水率与吸水率的比值）宜为60%～70%；蒸压灰砂砖、蒸压粉煤灰砖的相对含水率宜为40%～50%。现场检验相对含水率常采用断砖法，当砖截面四周融水深度为15～20mm时，视为符合要求。混凝土多孔砖及混凝土实心砖不宜浇水湿润，当气候干燥炎热时，宜在砌筑前对其浇水湿润。

砌筑前，按施工方案要求，组织垂直运输机械、水平运输机械、砂浆搅拌机械安装与调试，砌入墙内的各种建筑构配件进场与检验等工作；同时还要准备好脚手架和砌筑工具（如瓦刀或大铲、托线板等）。

二、砖砌体施工工艺

（一）砖基础

砖基础包括下部的大放脚和上部的基础墙。大放脚有等高式与间隔式。等高式大放脚是每砌两皮砖，两边各收进1/4砖长（60mm）；间隔式大放脚是每砌两皮砖及一皮砖，轮流两边各收进1/4砖长（60mm），最下面应为两皮砖。其外形如图3-6所示。

（1）砖基础大放脚一般采用一顺一丁的砌筑形式。大放脚最下一皮及墙基的最上一皮砖（防潮层下面一皮砖）应以丁砖为主。

（2）基础墙的防潮层。当设计无具体要求时，宜采用掺有适量防水剂的1:2.5水泥砂浆铺设，其厚度宜为20mm；防潮层的位置宜在室内地面标高以下一皮砖处。

（3）砌完基础且有一定强度后，两侧应同时回填土，以防止基础侧移发生事故。

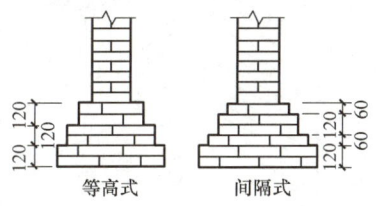

图3-6　砖基础大放脚

（二）砖墙

1. 组砌方式与构造要求

（1）对于普通砖砖墙，根据其厚度不同，可采用全顺、两平一侧、全丁、一顺一丁、梅花丁等组砌形式，如图3-7所示。

全顺是指各皮砖均顺砌、上下皮垂直灰缝相互错开半砖长（120mm），适合于砌半砖厚墙；两平一侧适合于砌3/4砖厚（180mm）墙；全丁适合于砌一砖厚（240mm）以上的墙体，特别

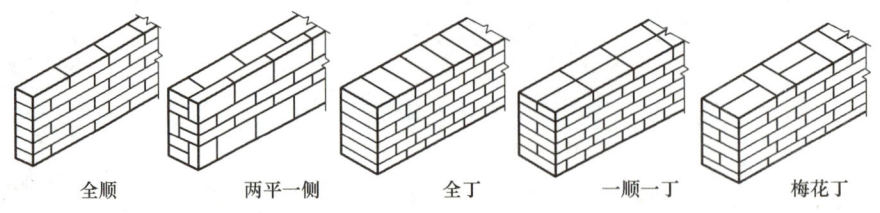

图 3-7　普通砖砖墙组砌形式

是烟囱、水塔等圆弧墙；一顺一丁适合于砌一砖及一砖以上厚墙；梅花丁是指同皮中顺砖与丁砖相间，上下皮垂直灰缝相互错开 1/4 砖长，适合于砌一砖厚墙。一顺一丁和梅花丁形式整体性好，是抗震结构常采用的形式。

（2）多孔砖墙。方形多孔砖采用全顺砌法，其手抓孔应平行于墙面，上下皮垂直灰缝相互错开半砖长；矩形多孔砖宜采用一顺一丁或梅花丁的组砌形式。砖柱不得采用包心砌法。上下皮垂直灰缝相互错开 1/4 砖长（图 3-8）。多孔砖的孔洞应垂直于受压面砌筑。

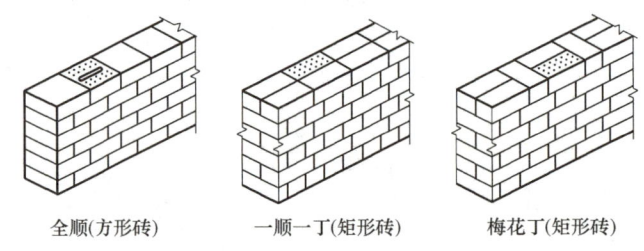

图 3-8　多孔砖墙组砌形式

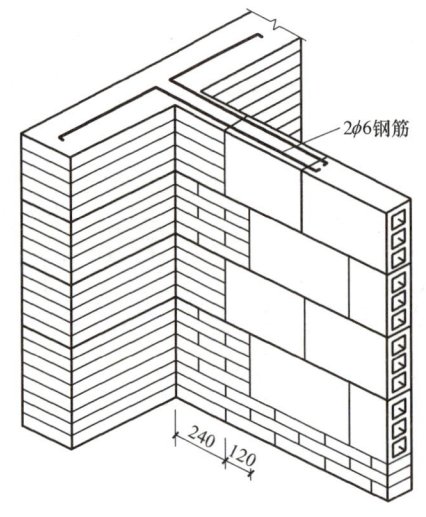

图 3-9　空心砖墙与普通砖墙组砌

（3）空心砖墙应采用孔洞呈水平方向侧砌的方法，上下皮垂直灰缝相互错开 1/2 砖长。在与普通砖墙交接处，应每隔 2 皮空心砖设置 2ϕ6 钢筋作为拉结筋，其长度不小于空心砖长＋240mm（图 3-9）。在交接处、转角处不得留槎，空心砖与普通砖应同时砌筑。不得对空心砖墙进行砍凿。

2. 砌筑施工工艺

砖墙的砌筑施工工艺包括抄平、弹线、摆砖样、立皮数杆、盘角、挂线、砌砖、勾缝、清理等。

（1）抄平

砌墙前，应在基础顶面或楼面上定出各层标高，并用水泥砂浆或细石混凝土找平，使砖墙底部标高符合设计要求。抄平时，要做到外墙上、下层之间不出现明显的接缝痕迹。

（2）弹线

根据龙门板上给出的轴线及图纸上标注的墙体尺寸，在基础顶面上用墨线弹出墙的轴线和墙的宽度线，并标出门窗洞口位置。二层以上墙的轴线可以用经纬仪或垂球上引。

（3）摆砖样

摆砖样是在弹线的基面上按照选定的组砌方式用"干砖"试摆，以尽可能减少砍砖，且使砌体灰缝均匀、组砌合理有序。

（4）立皮数杆

皮数杆是指在其上划有每皮砖的厚度以及门窗洞口、过梁、楼板、预埋件等的标高位置的一种木制标杆（图3-10）。它是砌筑时控制砌体水平灰缝和竖向尺寸位置的标志。

皮数杆一般立于房屋的四大角、内外墙交接处、楼梯间以及洞口比较多的地方，其间距一般为10～15m。皮数杆应抄平竖立，用锚钉或斜撑固定牢固，并保证与水平面垂直。

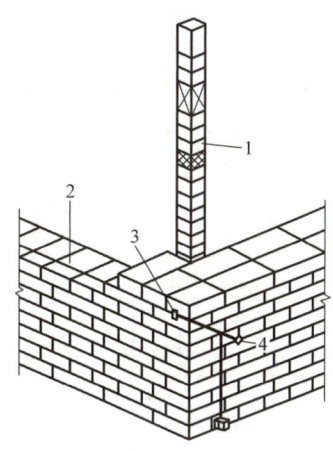

图3-10　皮数杆及挂线示意图
1—皮数杆；2—准线；3—竹片；4—圆钉

（5）盘角、挂线

按照干砖试摆位置挂好通线砌好第一皮砖，接着就进行盘角。盘角是先由技术水平较高的工人砌筑大角部位，挂线后，一般工人按线砌筑中间墙体。盘角砌筑应随时用线坠和托线板检查墙角是否垂直平整，砖层灰缝厚度是否符合皮数杆要求，做到"三皮一吊，五皮一靠"。盘角超前墙体的高度不得多于5皮砖，且与墙体斜槎连接。

在盘角后，应在墙侧挂上准线，作为墙身砌筑的依据。对240mm及其以下厚度的墙体可单面挂线；370mm及以上厚度的墙体应双面挂线。夹心复合墙应双面挂线砌筑。

（6）砌砖

砌砖的常用方法有"三一"砌筑法和铺浆法两种。"三一"砌筑法是指一铲灰、一块砖、一揉压的砌筑方法。用这种方法砌砖质量高于铺浆法。铺浆法是指把砂浆摊铺一定长度后，放上砖并挤出砂浆的砌筑方法。铺浆长度不得超过750mm，当施工期间气温超过30℃时，不得超过500mm。

正常施工条件下，砖砌体每日砌筑高度不宜超过1.5m或一步脚手架高度。冬季和雨天施工时，砂浆的稠度应适当减小，每日砌筑高度不宜超过1.2m，且应在砌筑后覆盖砌体。

（7）勾缝清理

砖砌体应随砌随清理干净凸出墙面的余灰。清水墙砌体应随砌随压缝，后期勾缝者压缝深度宜为8～10mm且深浅一致，并将墙面清扫干净。

（三）砖砌体砌筑要求

1. 楼层标高的控制

楼层或楼面标高应在楼梯间吊钢尺，用水准仪直接读取传递。每层楼的墙体砌到一定高度后，用水准仪在各内墙面分别进行抄平，并在墙面上弹出离室内地面高500mm的水平线，俗称"50线"，以控制后续施工各部位的高度。

2. 施工洞口的留设

砖砌体施工时，为了方便后续装修阶段的材料运输与人员通行，常需要在墙上留置临时施工洞口。其侧边离交接处墙面不应小于500mm，洞口净宽度不应超过1m；洞口顶部宜设置过梁，亦可在洞口上部逐层挑砖封口，并应预埋水平拉结筋；在抗震烈度为9度及以上的地区，施工洞口位置应会同设计单位确定。

墙体中的设备管道、沟槽、脚手眼、预埋件等，应于砌筑时正确留出或预埋，未经设计同意，不得随意在墙体上开凿水平沟槽。宽度超过300mm的洞口上部，应设置过梁。洞口补砌时，块材和砂浆强度不低于砌体材料强度。

3. 减少不均匀的沉降

沉降不均匀将导致墙体开裂，施工时要严加注意。若相邻房屋高差较大时，应先建高层部分；分段施工时，砌体相邻施工段的高度差，不得超过一个楼层，也不宜大于4m；施工段的分段位置，宜设在结构缝、构造柱或门窗洞口处；柱和墙上严禁施加大的集中荷载（如架设起重机），以免减少灰缝变形而导致砌体沉降。

4. 构造柱施工

构造柱与墙体的连接处应砌成马牙槎。马牙槎应先退后进，预留的拉结钢筋位置正确，施工中不得任意弯折。每一马牙槎高度不宜超过300mm，凹凸尺寸宜为60mm。沿墙高每500mm设置水平拉结钢筋，钢筋数量及伸入墙内长度应满足设计要求，如图3-11所示。

构造柱的施工程序是先砌墙后浇筑混凝土。构造柱两侧模板必须紧贴墙面，支撑牢固。构造柱混凝土保护层宜为20mm，且不应小于15mm。浇筑构造柱混凝土前，应清除落地灰、砖渣等杂物，并将砌体留槎部位和模板浇水湿润。在结合

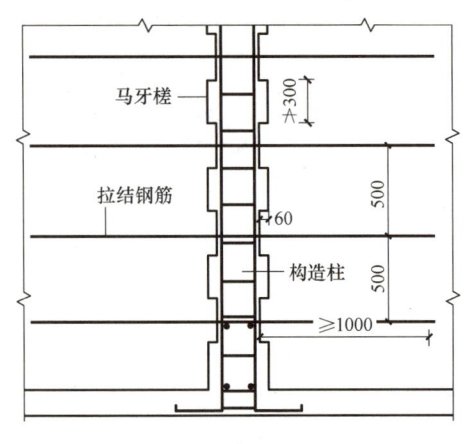

图3-11　砖墙马牙槎

面处先注入20～30mm厚与混凝土浆液成分相同的水泥砂浆，再分层浇筑。采用插入式振捣器振捣混凝土，振捣时，应避免触碰砖墙。

三、砖砌体质量要求

（1）横平竖直。砖砌体的灰缝应横平竖直，厚薄均匀。水平灰缝厚度及竖向灰缝宽度不应小于8mm，也不应大于12mm，宜为10mm。

（2）砂浆饱满。砖墙水平灰缝的砂浆饱满度用百格网检查，不得低于80%；竖向灰缝不应出现瞎缝、透明缝和假缝。不得用水冲浆灌缝。砖柱的水平灰缝和竖向灰缝砂浆饱满度不应低于90%。影响砂浆饱满度的主要因素包括：砖的含水量、砂浆的和易性、砌筑方法等。

洞口、脚手眼补砌时，应清除其内掉落的砂浆、灰尘。补砌块材及填塞用块材应用水湿润，并填实砂浆。

（3）上下错缝。砖砌体的砖块之间要内外搭砌、上下错缝砌筑，错缝或搭砌长度一般不小于60mm。清水墙、窗间墙无通缝；混水墙中不得有长度大于300mm的通缝，长度200～300mm的通缝每间不超过3处，且不得位于同一面墙上。240mm厚承重墙的每层墙的最上一皮砖，楼板、梁及屋架的支承处，砖砌台阶表面及挑出层的外皮砖，均应整砖丁砌。

（4）接槎可靠。砖砌体的转角处和纵横交接处应同时咬槎砌筑。砖柱不得采用包心砌法。在抗震设防烈度为8度及以上地区，对不能同时砌筑的临时间断处应砌成斜槎。其中，普通砖砌体的斜槎水平投影长度不应小于高度的2/3；多孔砖砌体的斜槎长度不应小于高度的1/2。

斜槎高度不得超过一步脚手架高度（图3-12a）。

抗震设防烈度不超过7度的地区，当临时间断处不能留斜槎时，除转角处外可留凸直槎，且应加设拉结钢筋。其数量为每增加120mm墙厚放置1ϕ6，但120mm、240mm墙均应放置2ϕ6拉结钢筋；间距沿墙高不应超过500mm，且竖向间距偏差不应超过100mm；埋入长度从留槎处算起每边均不应小于500mm，对抗震设防烈度为6度、7度的地区，不应小于1000mm；末端应设90°弯钩（图3-12b）。

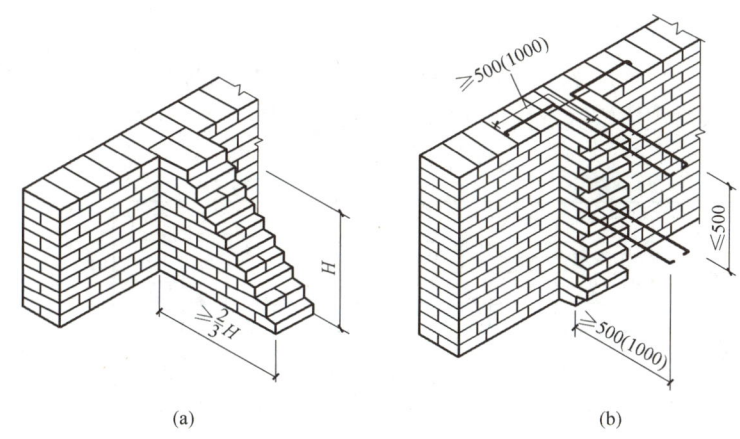

图3-12 砖墙留槎要求

（a）斜槎；（b）直槎

接槎处补砌时，必须将表面清理干净，洒水湿润，并填实砂浆，保持灰缝平直。

（5）砖砌体尺寸、位置的允许偏差及检验方法应符合现行《砌体结构工程施工质量验收规范》GB 50203的有关规定。

第三节　砌块砌体施工

3-2　　　　3-3

一、施工准备

砌体工程施工前，应编制砌体工程施工方案。冬期施工应有完整的冬期施工方案。

（一）材料准备

（1）砌块和砂浆的强度应符合设计要求；施工时，砌块的产品龄期不应小于28d。砌筑砂浆用水泥、预拌砂浆及其他专用砂浆，应考虑其储存期限对材料强度的影响。

（2）砂浆宜选用专用的砌筑砂浆。由于加入了外加剂，增加了和易性和流动性，易保证竖缝饱满、粘结力强和墙体不开裂。

（3）砌块砌体不应与其他块体混砌，不同强度等级的同类块体也不得混砌。承重墙体使用的小砌块应完整、无破损、无裂缝。

（4）砌块进场后应按品种、规格型号、强度等级分别码放整齐。堆置高度不宜超过2m。堆放场地应有防潮措施。蒸压加气混凝土砌块应防止雨淋。

（5）普通混凝土小型空心砌块、吸水率较小的轻骨料混凝土小型空心砌块及采用专用砂浆砌筑的蒸压加气混凝土砌块，砌筑前可不浇水湿润，如遇天气炎热干燥时可稍喷水湿润。对吸水率较大的轻骨料混凝土小型空心砌块应提前1～2d浇水湿润。对采用普通砂浆砌筑的蒸压加气混凝土砌块，在砌筑当天向砌筑面喷水湿润。

砌块的相对含水率宜为40％～50％。雨天及小砌块表面有浮水时，不得施工。

（6）轻骨料混凝土小型空心砌块和蒸压加气混凝土砌块不使用在：建（构）筑物防潮层以下墙体；长期浸水或化学侵蚀的环境；砌体表面温度高于80℃的部位；长期处于有振动源环境的墙体。

（二）编绘砌块排块图

砌块砌体施工前，应依据施工图纸编绘砌块平、立面排块图（图3-13），以便指导砌块准备和砌筑施工。砌块排列应错缝搭接，并以主规格砌块为主。

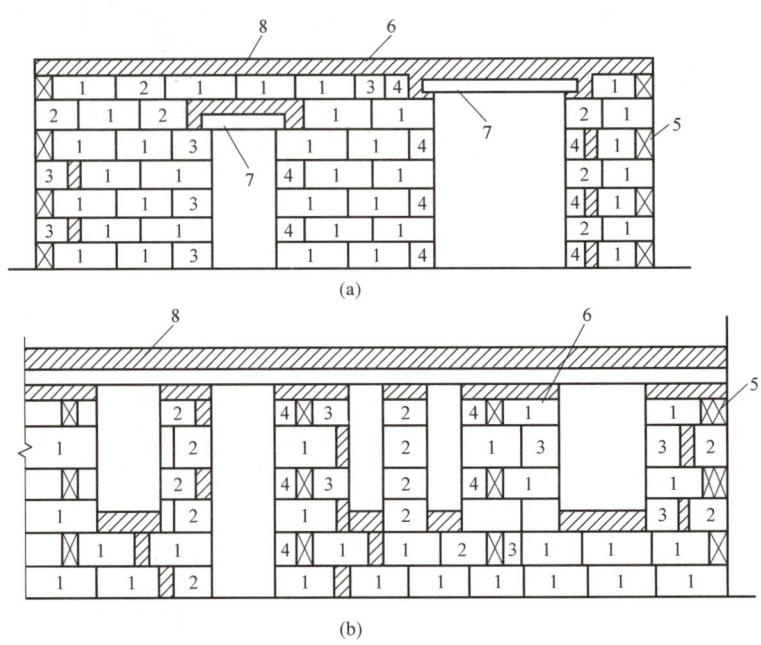

图3-13 砌块排块图

（a）内隔墙；（b）纵墙

1—主规格砌块；2、3、4—副规格砌块；5—丁砌砌块；6—顺砌砌块；7—过梁；8—镶砖

二、砌块砌筑施工工艺

砌块砌筑的施工工艺包括：抄平弹线、基层处理、立皮数杆、挂线、砌块砌筑、勾缝、清理等。

1. 抄平弹线

砌筑前先将基础顶面或楼层结构面清理干净，抄平放线。依据图纸放出第一批砌块的轴线、墙体边线及门窗洞口位置线。

当填充墙与主体结构墙、柱、梁、板之间的拉结钢筋采用后植筋时，在墙体位置线放好线后，按相关技术规范要求，进行拉结筋植筋施工。

2. 基层处理

按标高线用砂浆找平砌筑基层。当最下一皮砌块的水平灰缝厚度大于20mm时，应用细石混凝土找平。砌筑小砌块时，应清除芯柱用小砌块孔洞底部的毛边。用普通混凝土小型空心砌块砌筑墙体时，底层室内地面以下或防潮层以下应采用强度等级不低于 Cb20 或 C20 的混凝土灌实小砌块的孔洞。用轻骨料混凝土小型空心砌块或蒸压加气混凝土砌块砌筑厨房、卫生间、浴室等处墙体时，墙底部宜现浇混凝土坎台，其高度宜为 150mm。

3. 立皮数杆和挂线

皮数杆竖立在墙的转角处和交界处，间距宜小于 15m。砌筑皮数、灰缝厚度、标高应与皮数杆相应标志一致。砌块上沿挂线，墙体厚度为一块砌块宽时，单面挂线。

4. 砌块砌筑

每层砌筑应从转角处或定位砌块处开始，按照图纸和砌块排块图进行砌筑。砌块墙的组砌形式只有全顺式一种（图 3-14）。

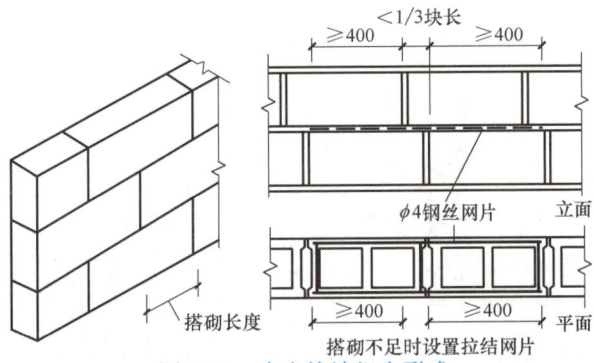

图 3-14　小砌块墙组砌形式

砌块砌筑一般采用铺浆法。即先用大铲或瓦刀在墙上摊铺砂浆，铺浆长度宜比一块砌块的长度稍长，再将砌块端面朝上满铺砂浆，然后双手端起砌块，将砌块上墙放在砂浆上进行挤压，同时校正好位置尺寸。缺浆处应补浆插捣密实，最后随手刮去挤出的砂浆。

砂浆随用随铺，砌块逐块铺砌。砌筑上跟线，下跟棱。内外墙同时砌筑，纵横墙交错搭接。小砌块应上下皮对孔，错缝搭砌，将小砌块生产时的底面朝上反砌于墙上。

砌体中的拉结钢筋或网片应置于灰缝正中，埋置长度符合设计要求；门窗框与砌块墙体连接处，应砌入埋有防腐木砖的砌块或混凝土砌块；水电管线、孔洞、预埋件等应按砌块排块图与砌筑及时配合进行，不得在已砌筑的墙体上凿槽打洞；切锯蒸压加气混凝土砌块应采用无齿锯，不得用斧子或瓦刀任意砍劈。

正常施工条件下，砌块墙体每日砌筑高度宜控制在 1.4m 或一步脚手架高度内。相邻施工段的砌筑高差不得超过一个楼层高度，也不应大于 4m。

填充墙顶部与承重主体结构之间的空隙部位，应在填充墙砌筑 14d 后进行砌筑。填充墙砌体与主体结构间的连接构造施工应符合设计要求。

3-4

5. 勾缝

每步架墙砌筑完，在砂浆初凝前，应及时用原浆做勾缝处理。灰缝宜凹进墙面 2mm。

3-5

三、构造柱、圈梁、混凝土带、芯柱等施工

（1）构造柱的纵向钢筋均应贯通墙身，与墙体的连接处应砌成马牙槎。圈梁、现浇混凝土带及墙体拉结筋，应与主体结构可靠连接。当连接钢筋采用化学植筋的连接方式时，应按相关技术要求进行操作，并通过拉拔试验进行实体检测。

（2）墙体中的拉结筋或网片应置于灰缝砂浆中间，埋置长度应符合设计要求。竖向位置偏差不应超过一皮高度。水平灰缝厚度应大于钢筋直径6mm以上或钢筋网片厚度4mm以上。当采用薄层砂浆砌筑蒸压加气混凝土砌块时，应预先在相应位置的砌块上表面开设凹槽，砌筑时拉结筋放在凹槽砂浆里。拉结筋两端应设弯钩，砌体外露面砂浆保护层的厚度不应小于15mm。

（3）对于混凝土小型空心砌块砌体，应在外墙转角处、楼梯间四角的纵横墙交接处等部位的三个孔洞，设置素混凝土芯柱；五层以上的房屋，则应为钢筋混凝土芯柱（图3-15）；芯柱在楼盖处应贯通；芯柱混凝土分段浇筑并振捣密实，并应对芯柱混凝土浇灌的密实程度进行检测，检测结果应满足设计要求。

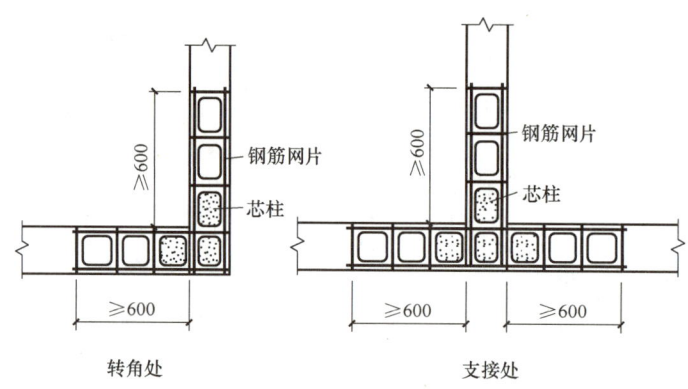

图 3-15　钢筋混凝土芯柱

当砌筑砂浆强度大于1MPa后，方可进行芯柱混凝土浇筑。浇筑前，应先从柱脚留设的清扫口清除砌块孔洞内的砂浆等杂物，并用水冲洗，湿润孔壁，排出积水后，再封闭清扫口；先浇50mm厚与芯柱混凝土配比相同的去石子水泥砂浆，再浇筑混凝土。

芯柱混凝土宜连续浇筑、分层捣实。每浇筑500mm左右高度，用小直径插入式振捣棒振实一次，或边浇筑边捣实，以保证芯柱混凝土灌实；芯柱与圈梁交接处的施工缝，可留设在圈梁下50mm处。

四、砌块砌体质量要求

（1）灰缝砂浆饱满度。混凝土小型空心砌块砌体水平灰缝和竖向灰缝均不得小于砌块净面积的90%；填充墙中蒸压加气混凝土砌块、轻骨料混凝土小型空心砌块砌体的水平灰缝和竖向灰缝均不得小于80%。

（2）灰缝厚度和宽度。砌体灰缝应横平竖直、均匀、密实，厚度和宽度正确。混凝土小型空心砌块砌体的水平灰缝厚度和竖向灰缝宽度一般均为8～12mm，宜为10mm。蒸压加气混凝土砌块砌体，一般水平灰缝厚度和竖向灰缝宽度不应超过15mm，当采用专用粘结砂浆砌筑时水平灰缝厚度和竖向灰缝宽度宜为2～4mm。

（3）墙体转角处和纵横交接处应同时咬槎砌筑。临时间断处应砌成斜槎，斜槎水平投影长度不应小于斜槎高度。施工洞口可预留直槎，但在洞口砌筑和补砌时，应对直槎上下搭砌的小砌块孔洞采用强度等级不低于Cb20或C20的混凝土灌实。

（4）错缝搭砌。混凝土小型空心砌块墙体应孔对孔、肋对肋错缝搭砌。搭砌长度，对于单排孔小砌块为砌块长度的 1/2，多排孔小砌块不宜小于砌块长度的 1/3。个别部位不能满足要求时，应在水平灰缝中设置钢筋网片（如图 3-14，或采用配块）；蒸压加气混凝土砌块搭砌长度不宜小于砌块长度的 1/3，且不应小于 150mm，当不能满足时，应在水平灰缝中放置 2φ6 钢筋或 φ4 钢筋网片，每侧搭接长度不小于 700mm。竖向通缝不得超过 2 皮。

（5）砌块砌体的尺寸、位置的允许偏差及检验方法应符合现行《砌体结构工程施工质量验收规范》GB 50203 的规定。

<h2 align="center">第四节 石砌体施工</h2>

一、施工准备

石砌体采用的石材应质地坚实，无裂纹和明显风化剥落。用于清水墙、柱表面的石材，应色泽均匀。石材表面的泥垢、水锈等杂质，砌筑前应清除干净。石材及砂浆强度等级必须符合设计要求。

二、石砌体施工工艺

（一）毛石砌体施工

（1）毛石砌体采用铺浆法砌筑。表面灰缝厚度宜为 20～30mm，不宜大于 40mm；石块间也不得出现无砂浆相互接触现象。毛石砌体灰缝的砂浆饱满度不小于 80%。

（2）毛石基础的第一皮石块应坐浆，并将大面向下。第一皮及转角处、交接处和洞口处，应用较大的平毛石砌筑。

（3）毛石砌体宜分皮卧砌，错缝搭砌，搭接长度不小于 80mm。内外搭砌时，不得采用外面侧立、中间填心的砌筑方法；同时也不允许出现过桥石、铲口石（尖石倾斜向外的石块）和斧刃石（尖石向下的石块），如图 3-16 所示。

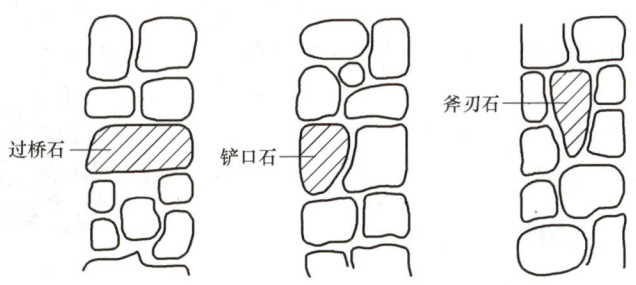

图 3-16　过桥石、铲口石、斧刃石示意

（4）对石块间存在的较大空隙，应先向缝内填塞砂浆，然后再用小石块嵌实，不得先填小石块后塞砂浆或干填碎石块。先后砌筑的石块，通过敲打修整，使其基本吻合。

（5）为保证砌体的整体性，毛石砌体应设置拉结石。拉结石均匀分布相互错开，其设置间距、长度、数量等应符合施工规范的规定。

（6）石砌体每天的砌筑高度不得超过 1.2m，以保证石砌体的稳定性。

（二）料石砌体施工

（1）料石砌体采用铺浆法砌筑。毛料石和粗料石的灰缝厚度不宜大于 20mm；细料石的灰缝厚度不宜大于 5mm。砌筑时，砂浆铺设厚度应略高于规定的灰缝厚度，其高出厚度：毛料石和粗料石宜为6~8mm；细料石宜为3~5mm。料石砌体灰缝的砂浆饱满度不小于80%。

（2）砌筑前，根据墙体厚度确定砌筑形式，绘制组砌图。料石墙的第一皮应用丁砌。料石墙体厚度等于一块料石宽度时，采用全顺砌筑形式；墙厚等于料石长度及两块料石宽度时，可采用丁顺叠砌、两顺一丁或丁顺组砌的砌筑形式（图3-17）。

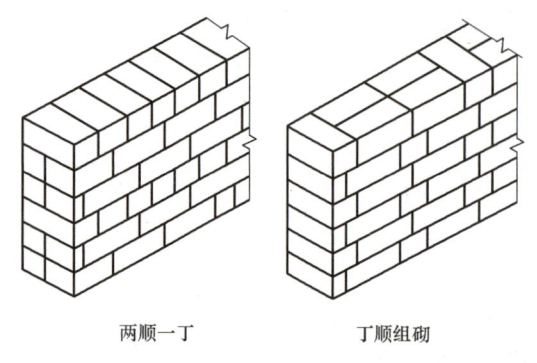

两顺一丁　　　　丁顺组砌

图3-17　料石墙组砌形式

（3）在毛石、料石和实心砖的组合墙中，砌筑应同时进行，并用丁砖与石砌体拉结砌合，咬合尺寸大于120mm，空隙间填实砂浆。

（4）毛石、料石砌体的转角处和交接处应同时砌筑。当不能同时砌筑，需临时间断时，应砌成斜槎。

（三）石挡土墙施工

石挡土墙可采用毛石或料石砌筑。毛石挡土墙砌筑时，每3~4皮为一个分层高度，每个分层高度应将顶层石块砌平；两个分层高度间的错缝不得小于80mm。料石挡土墙宜采用同皮内丁顺相间的砌筑形式。料石挡土墙的中间部分用毛石砌筑时，丁砌料石伸入毛石部分的长度不小于200mm。

挡土墙泄水孔应满足泄排水要求。一般在每米高度范围内间距不大于2m设置一个直径不小于50mm，泄水孔与土体间铺设长宽不小于300mm、厚不小于200mm的卵石或碎石作疏水层。

挡土墙内侧回填土应分层夯实。墙顶土面应有适当坡度使水流向挡土墙外侧面。

（四）石砌体勾缝

石砌体勾缝可采用平缝、凹缝或凸缝。平缝缝面与石面相平，凹缝缝面比石面深10mm，缝嵌塞密实、压光。凸缝是待平缝初凝后再抹第二层砂浆，压实后捋成40mm宽的凸缝。

工 程 案 例

某办公楼工程框架填充墙砌体的施工。

3-6

习　题

1. 砌筑常用的砖和砌块有哪些？
2. 砌筑砂浆对原材料有哪些要求？
3. 轻骨料混凝土小型空心砌块和蒸压加气混凝土砌块砌筑时，砌筑砂浆的稠度值是多少？
4. 砌筑砂浆的搅拌和使用时间是如何规定和要求的？
5. 常用的砌筑垂直运输机械有哪些？
6. 试述砖墙的组砌形式及其适用条件。
7. 砖砌体的施工工艺流程有哪些？立皮数杆的作用是什么，一般立在什么位置？
8. 试述砖砌筑施工的"三一"砌筑法和砌块砌筑施工的铺浆法。
9. 什么是"马牙槎"？
10. 砖砌体的质量要求有哪些？

11. 砌块砌体施工时对块体的相对含水率有何要求？

12. 砌块排块图的作用和绘制依据是什么？

13. 用轻骨料混凝土小型空心砌块砌筑厨房、卫生间墙体时，其底部应如何处理？

14. 用砌块砌筑填充墙时，墙体灰缝砂浆饱满度要求是多少？如何检验？

15. 用蒸压加气混凝土砌块砌筑填充墙时，其搭砌长度有什么要求？

16. 混凝土小型空心砌块砌体的水平灰缝厚度和竖向灰缝宽度各是多少？

17. 试述芯柱混凝土浇筑的施工要点。

第四章　钢筋混凝土工程

学习重点： 模板、钢筋和混凝土的施工方法和一般要求。钢筋配料计算、焊接及机械连接原理，模板的构造及设计方法。混凝土施工配料、搅拌、运输、浇筑捣实方法及泵送原理。

学习要求： 了解钢筋的质量检验方法，熟悉钢筋的配料计算、加工方法与设备，掌握钢筋连接的方法、适用范围及质量要求，掌握钢筋的安装要求；熟悉模板的类型、组成、构造，掌握安装及拆模要求；掌握混凝土配料、搅拌、运输、浇筑捣实和养护的方法与要求。了解混凝土冬期施工原理及方法。

钢筋混凝土在土木工程中占有最重要的地位，它不但应用广泛、使用量大，且往往作为结构的主体，决定着结构的安全和寿命。钢筋混凝土的施工，对整个工程的工期、成本、质量具有极大的影响。钢筋混凝土工程由钢筋工程、模板工程和混凝土工程三部分组成，其工艺流程如图 4-1 所示。在施工中三者要密切配合，才能确保工程质量和工期。

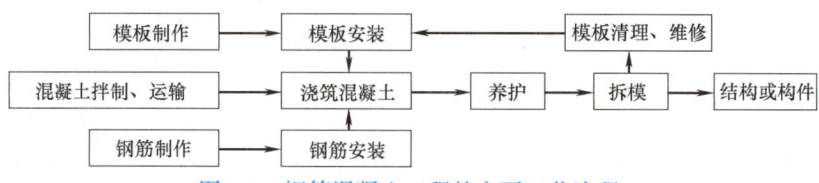

图 4-1　钢筋混凝土工程的主要工艺流程

钢筋混凝土结构按施工方法可分为现浇和预制装配两种，前者整体性好，抗震能力强，节约钢材，可不需大型的起重机械，但工期较长，受气候条件影响大。后者构件常在工厂批量生产，具有施工工期短、机械化程度高、劳动强度低、绿色环保程度高等优点，但其耗钢量较大，需大型起重运输设备。为了发挥长处，这两种方法在施工中往往兼而有之。

近年来，随着材料及施工方法、机具、工艺的改进和创新，钢筋混凝土工程朝着提高寿命、保证质量、加快进度和降低造价的方向发展；高强钢筋、高强高性能混凝土、装配式结构逐步得到广泛应用。

常用规范：《混凝土结构通用规范》GB 55008—2021、《混凝土结构工程施工规范》GB 50666—2011、《钢筋机械连接技术规程》JGJ 107—2016、《钢筋焊接及验收规程》JGJ 18—2012、《液压爬升模板工程技术标准》JGJ/T 195—2018、《建筑施工模板安全技术规范》JGJ 162—2008、《建筑工程大模板技术标准》JGJ/T 74—2017、《滑动模板工程技术标准》GB/T 50113—2019、《超长混凝土结构无缝施工标准》JGJ/T 492—2023、《大体积混凝土施工标准》GB 50496—2018、《建筑工程冬期施工规程》JGJ/T 104—2011、《混凝土结构工程施工质量验收规范》GB 50204—2015 等。

第一节　钢　筋　工　程

钢筋混凝土结构用的普通钢筋，可分为热轧钢筋、热处理钢筋和冷加工钢筋。热轧钢筋包括低碳钢（HPB　光圆）、低或微合金钢（HRB　带肋）钢筋；热处理钢筋包括用余热处理

（RRB）或晶粒细化（HRBF）等工艺加工的钢筋，该类钢筋强度较高，但强屈比低且焊接性能不佳；冷加工钢筋包括冷拉、冷轧和冷轧扭钢筋，其强度高但脆性大，除制作网片的冷轧带肋钢筋（CRB）外，已很少使用。

热轧或热处理钢筋按屈服强度分为 300、400、500、600MPa 级四个等级，按表面形状分为光圆钢筋和带肋钢筋；直径 12mm 以下的钢筋来料为盘圆，16mm 以上为直条钢筋。

一、钢筋的性能与进场检验

（一）钢筋的性能

施工中，需特别注意的钢筋性能主要包括：冷作硬化、松弛和可焊性。

1. 钢筋的冷作硬化

在常温下，通过强力使钢材发生塑性变形，则钢材的强度、硬度可大大提高。根据这一性能，对钢筋进行冷拉、冷拔、冷轧等冷加工，可节约钢材。但由于钢筋脆性加大，影响结构的延性，目前冷加工仅用于工厂制作高强钢丝和点焊网片，而施工现场则将其原理用于直螺纹连接。

2. 钢筋的松弛

它是指在高应力状态下，钢筋的长度不变而其应力随时间推移逐渐降低的性能。但钢材的松弛是有限的，一旦完成将不再松弛。在预应力施工中应采取措施，以防止或减少该性能造成的预应力损失。

3. 钢筋的可焊性

钢筋均具有可焊性，但其焊接性能差异较大。影响焊接性能的主要因素包括钢材的强度或硬度、化学成分、焊接方法及环境等。一般强度或硬度越高的钢材越难以焊接；含碳、锰、硅、硫等越多的钢材越难以焊接，而含钛、铌多的钢材易于焊接。

（二）钢筋的进场检验

钢筋进场时，应检查产品合格证及出厂检验报告等质量证明文件、钢筋外观，并抽样检验力学性能及重量偏差。

外观检查应全数进行，要求钢筋平直，无损伤、折叠，表面无裂纹、结疤、油污、颗粒状或片状老锈。抽样检验应按国家标准分批进行，对同一厂家、同一牌号、同一规格的原料钢筋，按品种以 5～60t 为一批，每批抽取 2 根钢筋制作试件；对成型钢筋，应以不超过 30t 为一批，每批抽取 1 个试件（但总数不少于 3 个），进行拉伸和冷弯试验，以检验其屈服强度、抗拉强度、伸长率、弯曲性能，并检验重量及尺寸偏差，检验结果均应符合相关标准规定。

抗震结构所用抗震钢筋的实测强屈比不得小于 1.25；屈服强度实测值与标准值比（超屈比）不大于 1.3；最大力下总伸长率不小于 9%。

当施工中发现钢筋脆断、焊接性能不良或力学性能显著不正常等现象时，应停止使用，并对该批钢筋进行化学成分检验或其他专项检验。

二、钢筋的连接

钢筋的连接方法包括焊接、机械连接和搭接。连接的一般规定如下：

（1）钢筋的接头宜设置在受力较小处；抗震设防结构的梁端、柱端箍筋加密区内不宜设置接头，且不得进行搭接连接。

（2）同一纵向受力钢筋不宜设置两个或两个以上接头。

（3）接头末端至钢筋弯起点的距离不应小于钢筋直径的 10 倍。

（4）钢筋接头位置宜相互错开。当采用焊接或机械连接时，在同一连接区段（35 倍钢筋直径且不小于 500mm）内，受拉接头的面积百分率不应大于 50%（图 4-2），受压接头或避开框架结构梁端、柱端箍筋加密区的Ⅰ级接头不限。

（5）直接承受动力荷载的结构构件中，不宜采用焊接接头；机械连接时，同区段内的接头

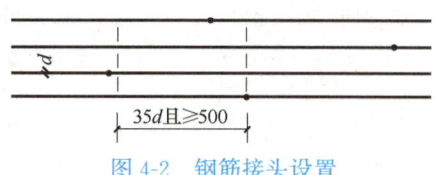

center
图 4-2　钢筋接头设置

注：所标区段内有接头的钢筋面积按两根计

量不应大于50%。

（6）钢筋机械连接或焊接连接接头试件应从完成的实体中截取，并应按规定进行性能检验。

（一）焊接连接

钢筋焊接常用方法及适用范围见表4-1。

常用钢筋焊接方法及适用范围

表 4-1

焊接方法		接头形式	适用范围	
			钢筋级别	钢筋直径（mm）
电阻点焊			HPB300 HRB400～HRB500， HRBF400～HRBF500 CRB550	6～16 6～16 4～12
闪光对焊			HPB300 HRB400～HRB500， HRBF400～HRBF500 RRB400W	8～22 8～40 8～32
电弧焊	帮条 双面焊		HPB300 HRB400，HRBF400 HRB500，HRBF500 RRB400W	10～22 10～40 10～32 10～25
	帮条 单面焊			
	搭接 双面焊			
	搭接 单面焊			
	剖口平焊		HPB300 HRB400，HRBF400 HRB500，HRBF500 RRB400W	18～22 18～40 18～32 18～25
	钢筋与钢板 搭接焊		HPB300 HRB400，HRBF400 HRB500，HRBF500 RRB400W	8～22 8～40 8～32 8～25
	预埋件埋弧压力 焊、埋弧螺柱焊		HPB300 HRB400，HRBF400	6～22 6～28
	预埋件 穿孔塞焊		HPB300 HRB400，HRBF400 HRB500 RRB400W	20～22 20～32 20～28 20～28

焊接方法	接头形式	适用范围	
		钢筋级别	钢筋直径(mm)
电渣压力焊		HPB300 HRB400 HRB500	12～22 12～32 12～32

注：接头形式栏中，括号内的数据用于400MPa级以上钢筋，括号外数据用于300MPa级钢筋。

焊工必须持相应焊接方法的考试合格证上岗操作，并经现场焊接工艺试验合格，方可正式焊接。对直径大于28mm的热轧钢筋、晶粒细化钢筋，其焊接参数应经试验确定；余热处理钢筋不宜焊接。

1. 闪光对焊

闪光对焊是将两钢筋以对接形式安放在对焊机上，通以低电压的强电流，使其端部轻微接触，产生强烈闪光和飞溅，待接触点金属熔化，迅速施加顶锻力，使两根钢筋焊接到一起的压焊方法（图4-3）。闪光对焊广泛用于直条粗钢筋下料前的接长或制作直径为6～16mm的闭口箍筋。焊接质量好，价格低廉适用范围广，可减少料头、节约钢筋。但直径大于20mm者不宜在施工现场焊接。

4-1

（1）闪光对焊工艺

1）连续闪光焊。该工艺是在闭合电源后，通过杠杆摇臂调整活动电极，使两钢筋总保持轻微接触，接触点很快熔化并产生火花，形成连续闪光现象。待接头烧平、闪去杂质和氧化膜、端头处于白热熔化状态时，施加轴向压力迅速顶锻，使两钢筋融合焊牢。该种工艺适于焊接直径小于等于20mm的HPB300、HRB400钢筋。直径较大或强度高的钢筋可用以下工艺。

2）预热闪光焊。对于较粗且端面较平整的钢筋，在闪光焊之前，先反复将接头处作闭合和断开的动作，使钢筋通过本身的电阻预热，然后再连续闪光，烧化后加压顶锻。通过预热可增加热影响区，提高焊接质量。

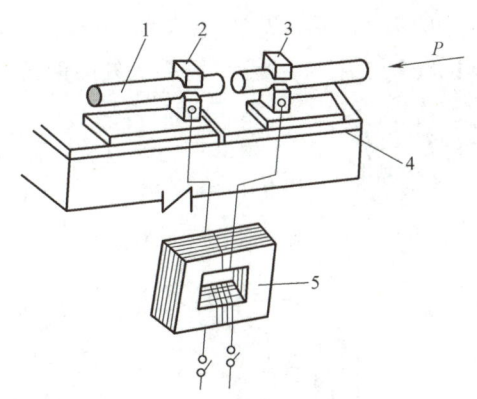

图4-3 钢筋对焊示意图

1—钢筋；2—固定电极；3—活动电极；
4—机座；5—焊接变压器

3）闪光—预热闪光焊。对于较粗且端面不平整的钢筋，应通过连续闪光，将钢筋端部烧平后，再进行预热闪光焊。

需注意的是：含碳、锰、硅较高的500MPa级及以上的钢筋，其可焊性较差，对氧化、淬火、过热比较敏感，易产生氧化缺陷和脆性组织，因此，应掌握焊接温度，并使热量扩散区加长，以防接头局部过热造成脆断。焊接时宜用强电流焊接，焊后应对接头进行退火或高温回火的热处理，以消除热影响区产生的脆性，改善接头的塑性。热处理的方法是：当对焊接头冷却到暗黑色（焊后20～30s）后松开夹具，放大钳口距离，重新夹住钢筋，进行低频脉冲式通电加热（频率约2次/s，通电5～7s)，待钢筋表面呈橘红色停止即可。

（2）闪光对焊参数

主要包括调伸长度（焊接前两钢筋端部从电极钳口伸出的长度，见图4-4）、闪光留量、闪光速度、预热留量、顶锻留量、顶锻速度、顶锻压力及变压器级次等。这些参数可从相关手册或钢筋焊接及验收规程中查阅。

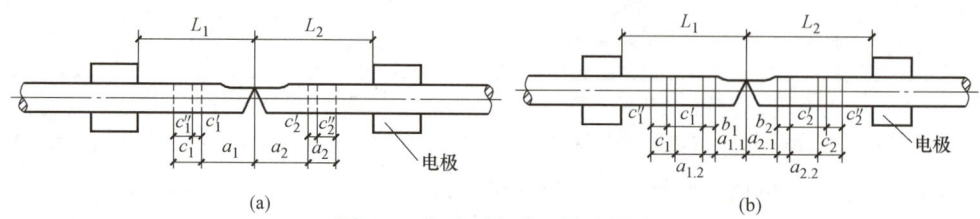

图 4-4　闪光对焊各项留量图解

（a）连续闪光焊；（b）闪光-预热闪光焊

L_1、L_2—调伸长度；a_1+a_2—闪光留量；$a_{1.1}+a_{2.1}$—一次闪光留量；$a_{1.2}+a_{2.2}$—二次闪光留量；b_1+b_2—预热留量；c_1+c_2—顶锻留量；$c_1'+c_2'$—有电顶锻留量；$c_1''+c_2''$—无电顶锻留量

（3）质量检验

在同一台班内，由同一焊工、按同一焊接参数完成的300个同类型接头作为一批。从每批成品中切取6个试件，3个做拉伸试验，3个做弯曲试验。如有一个不合格，则加倍取样，重作试验，如仍有一个不合格则该批接头为不合格品，需切除接头重焊。

闪光对焊接头的外观检查，每批抽查10%的接头，且不得少于10个。接头表面应呈圆滑带毛刺的镦粗，不得有裂纹；与电极接触处的钢筋表面，不得有明显的烧伤；接头处的弯折不得大于2°；接头处的钢筋轴线偏移，不得大于钢筋直径的0.1倍和1mm。

4-2

2. 电渣压力焊

电渣压力焊是利用强电流将埋在焊药中的两钢筋端头熔化，然后施加压力使其熔合（图4-5）。常用于柱、墙中竖向钢筋接长。它比电弧焊工效高、成本低、质量好。

焊接前，应先将上下部钢筋对正并用夹具夹牢，在上下钢筋间放引弧用的钢丝团，再装上焊剂盒，装满焊药将接头处埋住，接通电路，用手柄调整上下钢筋的间距将电弧引燃。钢筋端部及其周围焊剂熔化后形成渣池。稳弧数秒后，用手柄下压上部钢筋，使其沉入渣池，电弧熄灭，利用电阻加热。经20~40s，渣池有足够的液体后，迅速下压上部钢筋进行顶锻，以挤出溶化金属和熔渣，形成牢固的接头。冷却后拆除夹头卡具和焊剂盒，回收未熔化的焊药并清除接头渣壳。

电渣压力焊要根据钢筋级别和直径选择适宜的电压、电流及通电时间。开路电压不得低于380V，电极电压一般为40V，电流密度为$1~2A/mm^2$。焊药常采用 HJ 431 焊剂。具体焊接参数见焊接规程。

电渣压力焊接头应有均匀焊包，其凸出钢筋表面的高度不得小于4mm；若钢筋直径为28mm及以上时

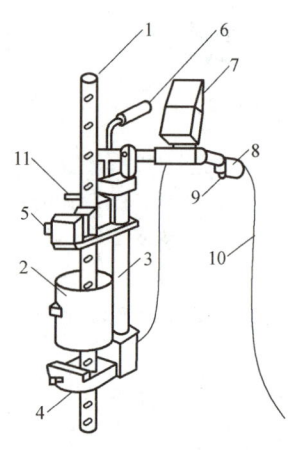

图 4-5　电渣压力焊单柱式机头

1—待接钢筋；2—焊剂盒；3—单导柱；
4—固定夹头；5—活动夹头；6—加压手柄；
7—监控仪表；8—操作把；
9—开关；10—控制线；11—电极插座

不得小于 6mm。其他质量的检查与要求基本同闪光对焊，区别仅是不需进行弯曲试验。

3. 电弧焊

电弧焊是利用弧焊机使焊条（或焊丝）与焊件之间产生高温电弧，熔化焊条（焊丝）和焊件金属，待其凝固后便形成焊缝或接头。电弧焊广泛用于各种钢筋接头、钢筋骨架焊接、钢筋与钢板的焊接及结构安装的焊接。焊接钢筋常用接头形式有搭接焊、帮条焊、剖口焊等（表 4-1）。

4-3

钢筋电弧焊包括焊条电弧焊和 CO_2 气体保护电弧焊两种工艺方法。电弧焊的设备包括焊接电源（弧焊机）、焊枪、焊把线和焊条。二氧化碳气体保护电弧焊设备由焊接电源、送丝系统、焊枪、供气系统、控制电路等 5 部分组成。弧焊机有交流和直流两种，工地上常用交流弧焊机。焊条型号规格较多，如 E4303、E4315、E5016 等。其中，"E" 表示焊条；前两位数字（如 43、50）表示熔敷金属抗拉强度的最小值（430、500N/mm²）；第三和四位数字（如 03、15、16）表示适用的焊接方位、电流种类及药皮类型。选择焊

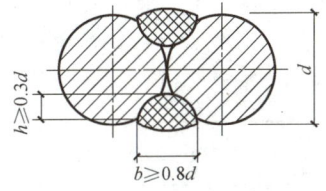
图 4-6 焊缝的高度与宽度

条时，强度型号取决于钢筋级别及接头形式（表 4-2），药皮的类型取决于焊接环境，焊条直径（如 2.8、3.2、4、5mm 等）应取决于焊件尺寸及焊机电流大小。

电弧焊常用的焊条或焊丝   表 4-2

钢筋级别	搭接焊、帮条焊	坡口焊、预埋件穿孔塞焊	窄间隙焊	钢筋与钢板搭接焊 预埋件 T 形角焊
HPB300	E4303	E4303	E4316	E4303
HRB400	E5003	E5503	E5516	E5003
HRB500	E5503	E6003	E6016	E5503

焊接电流应根据钢筋级别、焊条直径、接头形式和焊接方位进行调整。搭接焊、帮条焊宜采用双面焊，当不能进行双面焊时，方可采用单面焊。焊接时，引弧应在垫板、帮条或形成焊缝的部位进行，不得烧伤主筋。

焊接后，焊缝表面的药皮结晶应清理干净，焊缝应均匀、无裂纹，钢筋表面无弧坑。当采用帮条焊或搭接焊时，焊缝长度 L 不应小于帮条或搭接长度；且单面焊时，HPB300 钢筋 $L \geq 8d$（d 为钢筋直径），HRB400、500 钢筋 $L \geq 10d$，双面焊时

4-4

减半（见表 4-1）。焊缝高度 $h \geq 0.3d$，焊缝宽度 $b \geq 0.8d$（图 4-6）。

4. 电阻点焊

电阻点焊用于钢丝或较细钢筋的交叉连接，常用来制作钢筋骨架或网片。其原理是利用钢筋交叉点电阻较大、在通电瞬间受热而熔化，并在电极的压力下使交叉点焊合（图 4-7）。

预制厂多使用台式点焊机，按一次焊接点数可分为单

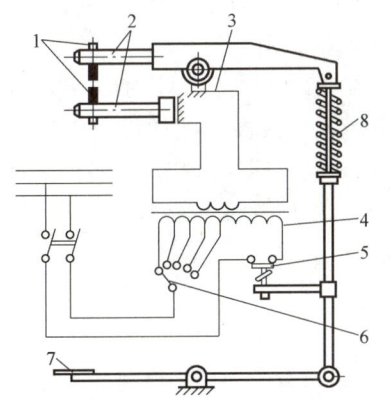

图 4-7 点焊机工作原理

1—电极；2—电极臂；3—变压器次级线圈；
4—变压器初级线圈；5—断路器；
6—变压器调节开关；7—踏板；
8—压紧机构

点和多点点焊机两种。多点点焊机常用于宽大钢筋网片的联动焊接。施工现场多使用手提式点焊机。

点焊的主要工艺参数为：电流强度、通电时间和电极压力。参数选择主要取决于钢筋的直径和级别。焊点应有足够的相互压入深度，其值应为较小钢筋直径的18%～25%。

（二）机械连接

钢筋的机械连接是指通过连接件的机械咬合作用，将一根钢筋中的力传递至另一根钢筋的连接方法。它具有以下优点：接头质量稳定可靠，操作简便，施工速度快，且不受气候、环境条件影响；无污染，无火灾隐患，施工安全等。广泛用于各种粗钢筋连接中。

1. 连接方法与接头等级（表4-3）

常用钢筋机械连接方法分类及适用范围　　　　　表4-3

机械连接方法		适用范围	
		钢筋级别	钢筋直径（mm）
冷挤压连接		HRB400、HRB500，RRB400，HRBF400、HRBF500	16～50
直螺纹连接	镦粗直螺纹	HRB400	
	滚轧直螺纹	HPB300、HRB400、HRB500，RRB400，HRBF400、HRBF500	

钢筋接头根据抗拉强度、残余变形、延性及承受反复拉压性能的差异分为三级。其应满足的抗拉强度见表4-4。工程中常采用Ⅱ级接头。

钢筋接头等级及其抗拉强度　　　　　表4-4

接头等级	Ⅰ级		Ⅱ级	Ⅲ级
接头极限抗拉强度	$\geqslant f_{stk}$ 或$\geqslant 1.1 f_{stk}$	钢筋拉断 连接件破坏	$\geqslant f_{stk}$	$\geqslant 1.25 f_{yk}$

注：f_{stk}——钢筋抗拉强度标准值；f_{yk}——钢筋屈服强度标准值。

4-5

2. 直螺纹连接

直螺纹连接是将钢筋端部做出等直径的丝扣螺纹，再拧入高强套筒（内壁有丝扣）进行连接的方法。该法施工速度快，对环境要求低，接头强度高（可达到Ⅰ级接头标准）、价格适中，得到了广泛应用。

连接套筒均由工厂生产，钢筋螺纹则在施工现场加工。按加工方法分为镦粗直螺纹和滚轧直螺纹。前者是将钢筋端部连接段用液压设备挤压镦粗后，再用套丝机切削出丝扣，后者是将钢筋端部利用机床的滚轮轧出螺纹丝扣。二者均是利用了钢材"冷作硬化"的特性，使接头的承力能力可与母材等同，但后者设备及加工简单，应用广泛。滚轧螺纹又可分为直接滚轧和剥肋滚轧两种加工方法。

（1）螺纹加工与检验

1）直接滚轧螺纹

采用滚丝机直接在钢筋端部滚轧出螺纹。此法螺纹加工快、设备简单，但螺纹精度差，由于钢筋粗细不均易导致螺纹直径差异。

2）剥肋滚轧螺纹

采用剥肋滚丝机先将钢筋的纵横肋剥切去除，然后再滚轧螺纹。此法使钢筋截面略有减少，但螺纹精度高，接头质量稳定。

加工中应随时检查滚丝段长度、丝扣高度和质量，并立即拧上套筒或保护帽。

（2）现场连接施工

根据待接钢筋所在部位及转动难易情况，选用不同的套筒类型，采取不同的安装方法，见图4-8与图4-9。钢筋安装时可用管钳扳手拧紧，使钢筋丝头在套筒中央位置相互顶紧，其最小拧紧扭矩值要求见表4-5。安装后应有露出套筒的螺纹，但不宜超过两圈。

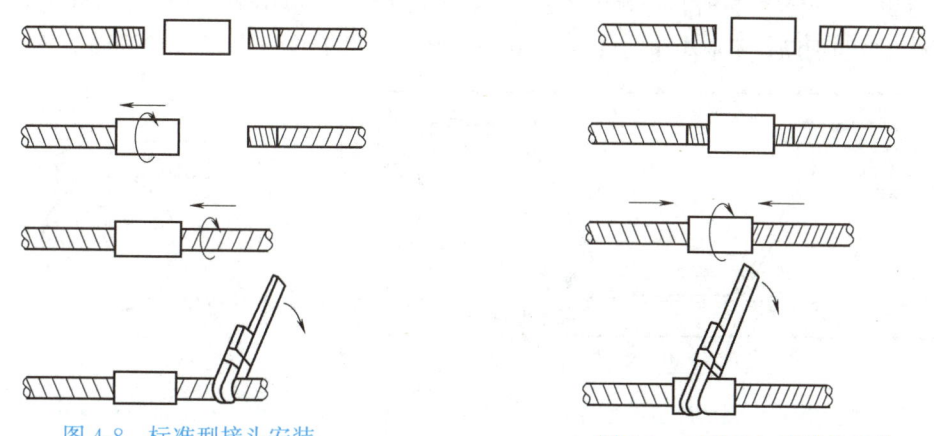

图4-8　标准型接头安装　　　　　　　　　图4-9　正反丝扣型接头安装

直螺纹安装时的最小拧紧扭矩值　　　　　　　　　　　　　　表4-5

钢筋直径(mm)	≤16	18～20	22～25	28～32	36～40
拧紧扭矩(N·m)	100	200	260	320	360

丝头加工的质量及安装的拧紧扭矩应抽检不少于10%。接头的质量检验以500个同批号、同种钢套筒及其接头为一批，不足500个仍为一批，随机截取三个试件作抗拉试验，若其中一个不合格，应加倍抽取试件进行复检。

3. 冷挤压连接

该法是将两根待接钢筋均匀插入钢套筒后，用液压设备沿径向挤压套筒，使之产生塑性变形，通过套筒与钢筋肋纹的咬合力将两根钢筋连接成整体（图4-10）。这种接头质量稳定可靠，受力能力不低于母材；但只能连接带肋钢筋，施工速度较慢，操作强度大，套筒体型大且对其强度及塑性要求较高，故综合成本高。

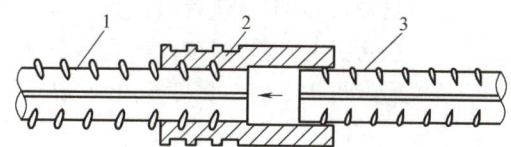

4-6

连接时，钢筋表面应洁净，端头齐平，肋纹完整；钢筋插入套筒前应做标记，钢筋端头距套筒中点不宜超过10mm，以确保连接长度，防止压空；钢筋与套筒同轴对正。挤压应从套筒中央逐道向端部进行，每端压痕数量，随钢筋直径和等级增大而增多，一般每侧为3～8道。压痕深度为套管外径的10%～15%。压后套筒无裂纹，接头无弯曲。接头的质量检验批及要求同直螺纹连接。

图4-10　钢筋冷挤压连接
1—已挤压的钢筋；2—钢套筒；3—待挤压的钢筋

三、钢筋配料与下料长度

钢筋配料是根据施工图纸计算构件中各钢筋的下料长度、根数及重量，然后编制钢筋配料单，以此作为备料、加工、验收及结算的依据。

在施工图纸上，通过构件尺寸扣掉保护层厚度可以得到钢筋外包尺寸。而钢筋弯折处的外包尺寸大于轴线尺寸，其差值称为量度差值。此外，在钢筋末端因锚固要求所做的弯钩，其增加值未包含在外包尺寸之内。因此钢筋的下料长度 L 应为：

$L=$ 各段外包尺寸之和—各弯折处的量度差值＋末端弯钩的增加值。如图 4-11 所示。

1. 钢筋中间弯折处的量度差值

规范规定，钢筋弯折时其弯弧内径 D_1，对于光圆钢筋不应小于 $2.5d$（d 为钢筋直径）；对 400MPa 级带肋钢筋，不应小于 $4d$；对 500MPa 级不应小于 $6d$。如图 4-12 所示。

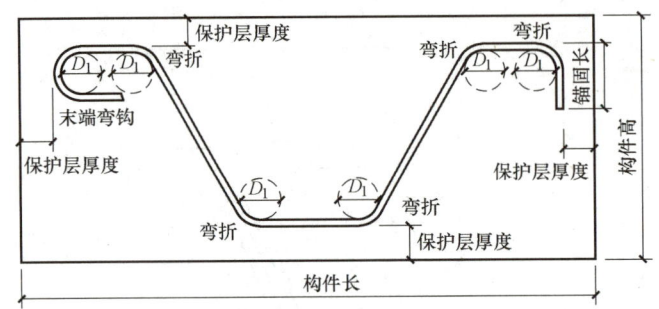

图 4-11　构件中钢筋外包尺寸与弯折、弯钩示意图

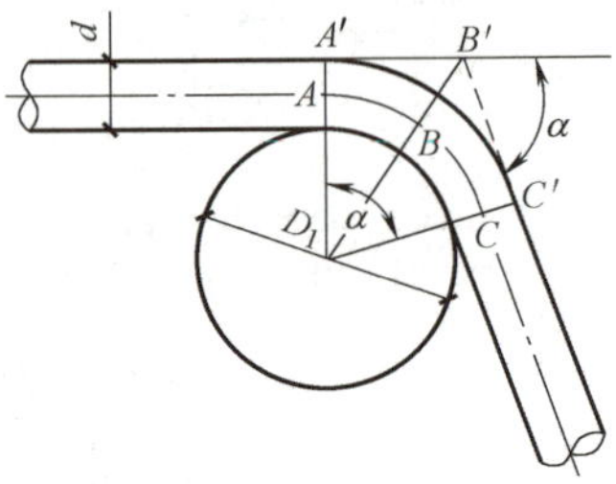

图 4-12　钢筋弯折处外包尺寸与轴线长度示意图

若取 $D_1=5d$ 时，弯折角度为 α，钢筋弯折处的外包尺寸为折线 $A'B$ 与 $B'C'$ 之和：

$$A'B'+B'C'=2A'B'=2(D_1/2+d)\tan(\alpha/2)=2\left(\frac{5d}{2}+d\right)\tan\frac{\alpha}{2}=7d\tan\frac{\alpha}{2}$$

钢筋弯折处的轴线长度（ABC 弧）为：

$$\widehat{ABC}=\left(\frac{D_1}{2}+\frac{d}{2}\right)\cdot\frac{\alpha\pi}{180}=(D_1+d)\cdot\frac{\alpha\pi}{360}=6d\cdot\frac{\alpha\pi}{360}$$

则钢筋弯折处的量度差值为：

$$7d\tan\frac{\alpha}{2}-6d\frac{\alpha\pi}{360}=7d\tan\frac{\alpha}{2}-\frac{\alpha\pi d}{60}=\left(7\tan\frac{\alpha}{2}-\frac{\alpha\pi}{60}\right)d$$

例如，当弯折 45°时，即将 $\alpha=45°$代入上式，其量度差值为：

$$\left(7\tan\frac{45°}{2}-\frac{45}{60}\pi\right)d=\left(7\times0.414-\frac{3}{4}\times3.14\right)d=0.543d，常取 0.5d。$$

同理，当弯折 30°时，量度差值为 $0.306d$，常取 $0.3d$；

当弯折 60°时，量度差值为 $0.9d$，常取 $1d$；

当弯折 90°时，量度差值为 $2.29d$，常取 $2d$；

当弯折 135°时，量度差值为 $3d$。

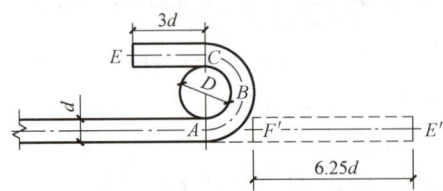

图 4-13　钢筋末端 180°弯钩长度计算示意

2. 钢筋末端弯钩增加值计算

规范规定，光圆受拉钢筋末端须做 180°弯钩，HPB300 钢筋的弯弧内直径 D 不应小于 $2.5d$（d 为钢筋直径），弯钩末端平直部分长度不宜小于 $3d$。从图 4-13 可知，弯成一个 180°标准弯钩所需的钢筋长度 AE' 为：

$$AE'=ABC（弧）+CE=\frac{\pi}{2}(D+d)+3d$$

取 $D=2.5d$，则 $AE'=\frac{\pi}{2}(2.5d+d)+3d=8.5d$

因一般钢筋外包尺寸是由 A 量到 F'，则 $AF'=\dfrac{D}{2}+d=\dfrac{2.5d}{2}+d=2.25d$

故每个弯钩增加长度为：$AE'-AF'=8.5d-2.25d=6.25d$。

3. 箍筋弯钩增加值

箍筋末端的弯钩形式如图 4-14 所示。对有抗震要求或受扭的结构，应按图 4-14（a）加工。弯心直径 D 应满足前述要求且大于所箍纵向钢筋的直径；弯钩平直段的长度，一般结构不小于 $5d$，对抗震和受扭的结构，不应小于 $10d$ 和 75mm。

箍筋每个弯钩增加值（图 4-15）为：

90°者：$\pi(D/2+d/2)/2-(D/2+d)$＋平直段长；

135°者：$3\pi(D/2+d/2)/4-(D/2+d)$＋平直段长；

180°者：$\pi(D/2+d/2)-(D/2+d)$＋平直段长。

对于 135°/135°弯钩的矩形箍筋，其下料长度可按下式近似计算：

$L=$箍筋外包尺寸＋$2×$平直段长度。

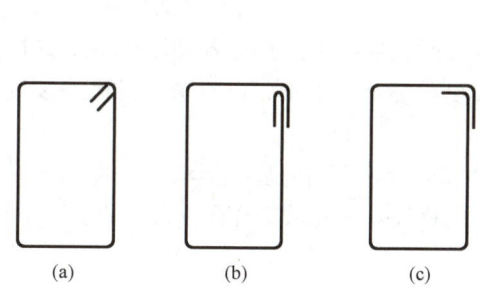

图 4-14　绑扎箍筋的形式

（a）135°/135°；（b）90°/180°；（c）90°/90°

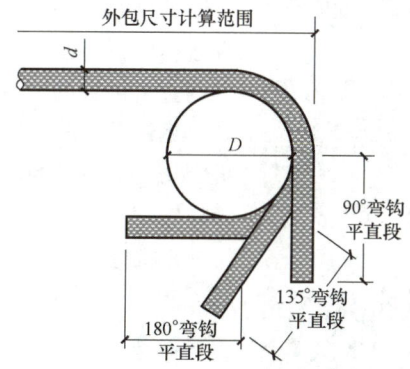

图 4-15　箍筋弯钩增加值计算简图

四、钢筋的代换

钢筋的牌号和直径应按设计要求采用，如因供应缺乏或安装困难等确需代换，应办理设计变更文件。

1. 代换的原则

代换的原则应符合设计规定的构件承载能力、正常使用、配筋构造及耐久性能要求。

2. 代换的方法

（1）按计算配筋的钢筋，代换时应满足下式要求：

$$A_{s2}f_{y2}\geq A_{s1}f_{y1}\tag{4-1}$$

式中　A_{s1}、f_{y1}——原设计钢筋总面积、设计强度；

　　　A_{s2}、f_{y2}——代换后钢筋总面积、设计强度。

（2）按最小配筋率或构造配筋的钢筋同级别钢筋代换时，应满足下式：

$$A_{s2}\geq A_{s1}\tag{4-2}$$

3. 钢筋代换注意事项

（1）对某些重要构件，如吊车梁、薄腹梁、桁架下弦等，不宜用 HPB300 级光圆钢筋代换

HRB400～HRB500 级带肋钢筋。

（2）钢筋代换后，应满足构造规定，如钢筋的最小直径、间距、根数、锚固长度等。

（3）每根钢筋的拉力差不应过大（直径差不大于 5mm），以免构件受力不匀。

（4）受力不同的钢筋应分别代换。

（5）当构件受抗裂或挠度控制时，钢筋代换后应进行抗裂度或挠度验算。

（6）预制构件的吊环，必须采用 HPB300 级热轧钢筋制作，严禁以其他钢筋代换。

五、钢筋的加工与安装

1. 钢筋的加工

钢筋加工包括调直、除锈、剪切、弯曲等。经加工后，钢筋的形状、尺寸必须符合设计要求；表面应洁净、无损伤，油污和铁锈等应在使用前清除干净。带有颗粒状或片状老锈的钢筋不得使用。

4-7

钢筋的调直宜采用机械方法。直径较小的钢筋（盘圆）可采用调直机进行调直（如 TQY4—4/14 型钢筋调直机，可调直 4～14mm 直径的钢筋，同时还具有除锈和自动切断功能）。粗钢筋可采用锤直和扳直的方法调直。调直过程中不得损伤带肋钢筋的横肋。钢筋除锈常用电动除锈机或喷砂除锈。经调直机调直的钢筋，一般不必再除锈；但若产生鳞片状锈斑时必须除锈。

4-8

钢筋下料时须按下料长度进行切断。切断可采用钢筋切断机剪切或切割机锯切。前者切断速度快，但端面呈马蹄状、不平整；对采用机械连接接头者应锯切。

钢筋弯曲常采用弯曲机或弯箍机进行。弯曲时应先画线，以保证成品的尺寸和角度。对弯曲形状较为复杂的钢筋，应先放实样再进行弯曲。

4-9

2. 钢筋的安装

（1）搭接长度

钢筋绑扎搭接连接是利用混凝土的粘结锚固作用及自身抗力来传递钢筋的应力。因此，必须满足搭接长度的要求。受拉钢筋的最小搭接长度应符合表 4-6 的规定且不应小于 300mm。对直径大于 25mm 的带肋钢筋，其最小搭接长度应按相应数值乘以系数 1.1；对一、二级抗震设防的结构构件，应乘以 1.15，三级应乘以 1.05。

受压钢筋搭接长度取受拉钢筋搭接长度的 70%，且不应小于 200mm。

4-10　（2）搭接位置

钢筋的绑扎搭接接头位置应相互错开（图 4-16）。在 1.3 倍搭接长度范围内，纵向钢筋搭接接头面积百分率为：梁、板类构件，不宜大于 25%；柱类不宜大于 50%；若不能满足时，其搭接长度应乘以 1.15～1.35 的系数。

纵向受拉钢筋最小搭接长度 表 4-6

钢筋类型		混凝土强度等级							
		C25	C30	C35	C40	C45	C50	C55	≥C60
光面	300MPa 级	$41d$	$37d$	$34d$	$31d$	$29d$	$28d$	—	—
带肋	400MPa 级	$48d$	$43d$	$39d$	$36d$	$34d$	$33d$	$31d$	$30d$
	500MPa 级	$58d$	$52d$	$47d$	$43d$	$41d$	$39d$	$38d$	$36d$

注：d 为搭接钢筋直径。两根直径不同钢筋的搭接长度，以较细钢筋的直径计算。

（3）钢筋净距

绑扎搭接接头处钢筋的净距 s 不应小于钢筋直径 d，且不应小于 25mm。

（4）箍筋的安装

箍筋的弯钩或焊点应均匀错开设置，起步筋距构件边缘宜为 50mm。受拉搭接区段的箍筋间距不应大于搭接钢筋较小直径的 5 倍和 100mm；受压搭接区段不应大于搭接钢筋的 10 倍和 200mm。

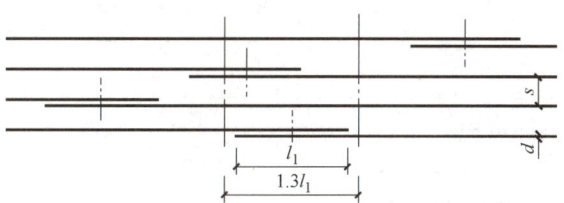

图 4-16　钢筋搭接位置错开及净距示意图

注：图中所示 $1.3l_1$ 区段内有接头的钢筋面积按两根计

（5）保护层厚度控制

钢筋的混凝土保护层厚度是保证结构构件寿命的关键。当设计无具体要求时，构件最外层钢筋（包括箍筋、构造筋、分布筋）的混凝土保护层厚度应符合表 4-7 的规定。当混凝土强度等级为 C25 时，需增加 5mm。有混凝土垫层的基础，保护层最小厚度为 40mm。钢筋接头套筒的保护层不得少于钢筋保护层厚度的 3/4 和 15mm。

钢筋的混凝土保护层最小厚度　　　　　　　　　　表 4-7

环境等级	主要特征	板、墙、壳	梁、柱、杆
一	室内干燥环境；无侵蚀静水	15	20
二 a	室内潮湿；非寒冷地区露天	20	25
二 b	干湿交替；寒冷地区露天	25	35
三 a	寒冷地区水位变动；海风	30	40
三 b	盐渍土；除冰盐作用；海岸	40	50

为保证保护层厚度，常用预制混凝土垫块、水泥砂浆垫块或塑料垫块、卡环（图 4-17）等定位件垫在钢筋与模板之间，其设置间距一般不大于 1m 且交错布置。为防止垫块窜动，需用细钢丝与钢筋扎牢，上下钢筋网片之间的间隔尺寸可用钢筋马凳或钢支架来控制。

 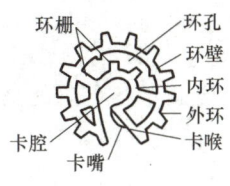

（a）　　　　　　　（b）

图 4-17　控制保护层厚度的定位件

（a）塑料垫块；（b）塑料卡环

六、钢筋的验收

钢筋工程属于隐蔽工程。在浇筑混凝土之前，施工单位应会同监理或建设单位、设计单位对钢筋及预埋件进行检查验收并做隐蔽工程验收记录。

验收时，应对照图纸检查钢筋的牌号、规格、数量、位置和连接是否正确，对负弯矩筋固定状况应特别注意，防止施工时踩倒。并注意检查钢筋的连接方法、接头位置及搭接长度、端头锚固长度是否满足要求，是否有变形、松脱和开焊的现象，保护层是否符合要求，钢筋表面有无油污，模板隔离剂、预埋件位置及数量是否正确，钢筋安装位置的允许偏差是否在允许范围内（表 4-8）。验收合格后，有关各方应在验收书上签字，以备查考。

项　目			允许偏差（mm）	检验方法
绑扎钢筋网	长、宽		±10	尺量
	网眼尺寸		±20	尺量连续三档，取最大值
绑扎钢筋骨架	长		±10	尺量
	宽、高		±5	尺量
受力钢筋	间距		±10	尺量两端、中间，各一点，取最大值
	排距		±5	
	保护层厚度	基础	±10	尺量
		柱、梁	±5	尺量
		板、墙、壳	±3	尺量
绑扎箍筋、横向钢筋间距			±20	尺量连续三档，取最大值
钢筋弯起点位置			20	尺量
预埋件	中心线位置		5	尺量
	水平高差		+3,0	塞尺量测

注：检查预埋件中心线位置时，应沿纵、横两个方向量测，并取其中的较大值。

第二节　模　板　工　程

模板工程主要包括模板和支架两个部分。模板是使新浇的混凝土成型的模型，由面板、支撑及连接件组成。目前我国的模板已形成拼装式、组合式、工具式、移动式和永久式五大体系，木（竹）胶合板模板及钢模板被广泛应用，铝合金模板、塑料模板得到快速发展。模板及支架应根据施工过程中的各种控制工况进行设计，并满足如下基本要求：

（1）要保证结构和构件的形状、尺寸和位置准确；

（2）具有足够的承载力、刚度和整体稳固性；

（3）构造简单、装拆方便，且便于钢筋安装和混凝土浇筑、养护；

（4）表面平整、拼缝严密，能满足混凝土内部及表面质量要求；

（5）材料轻质、高强、耐用、环保，利于周转使用。

一、一般现浇构件的模板构造

1. 基础模板

基础模板主要由侧模及支撑构成（图 4-18）。安装时，要满足各台阶的高度要求，保证整体浇筑且上下模板不发生相对位移。如有杯口，应吊放杯芯模板（图 4-19）。条形基础的上一台阶需采用吊模或设置底部支撑（图 4-20）。

4-11

2. 柱子模板

一般矩形柱模板由四块拼板围成（图 4-21）。外侧设置柱箍，以抵抗浇筑混凝土产生的侧压力，其间距主要取决于柱子高度和混凝土的坍落度，一般为 0.5～1.0m。对于截面较大的柱子，还应在截面中间设置对拉螺栓。为了保证柱子的位置和垂直度，模板周围应设置足够的支撑或拉杆。工具式柱模带有可调支腿和操作平台，如图 4-22 所示。

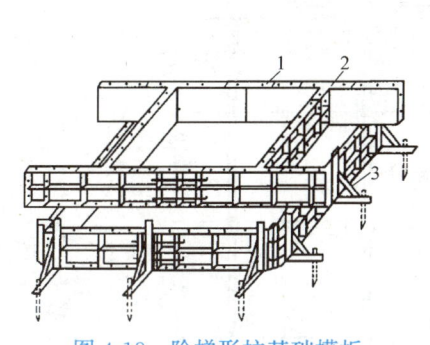

图 4-18 阶梯形柱基础模板
1—钢（铝）模板；2—T形连接件；3—钢三角撑

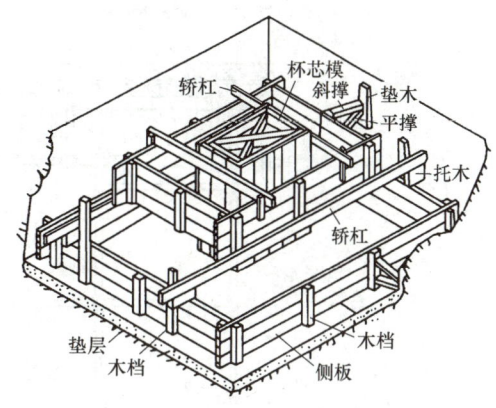

图 4-19 杯形基础模板

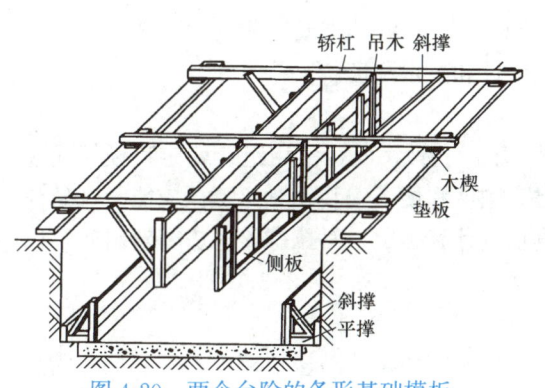

图 4-20 两个台阶的条形基础模板

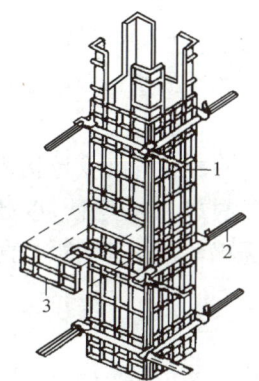

图 4-21 柱模板
1—钢模板；2—柱箍；
3—浇筑孔盖板

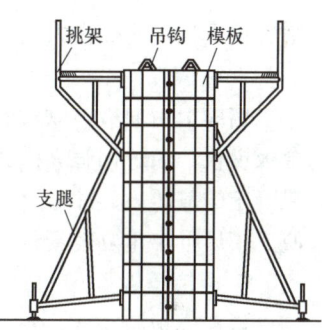

图 4-22 工具式圆柱模板

3. 梁、板模板

4-12

梁模板由底模及夹住底模的两片侧模组成。底模下应设有足够的支架，以承受压力并保证稳定；侧模外侧应设置斜撑（图 4-23），当梁高大于 600mm 时，其腰部还应增设对拉杆件，以抵抗新浇混凝土的侧压力。楼板模板由支架、主次龙骨和面板组成，面板宜用大块模板（如厚度不小于 12mm 的覆膜胶合板）以减少接缝和提高平整度。

为了避免在钢筋和新浇混凝土重力等的作用下，由于模板及支架的压缩变形而使梁、板产生挠度，支模时应起拱。当梁、板的跨度大于等于 4m 时，跨中起拱高度应为跨度的 1‰～3‰。

一般梁、板模板的支架常采用钢管支架搭设。立杆纵距、横距均不应大于 1.5m，底部应设置不小于 50mm 厚的垫板，顶部使用可调高度的 U 形托（螺杆插入钢管内的长度不少于 150mm，外露不大于 300mm）。立杆间应有足够的水平杆件纵横拉结，其底杆距地不宜大于 200mm，顶杆距梁、板底不宜大于 600mm，中间拉杆的间距不大于 1.8m。支架周边应连续设置竖向剪刀撑，中间剪刀撑的间距不宜大于 8m；当支架高度大于 3 倍水平拉杆间距时，还宜在顶部和底部设置水平剪力撑并延伸至周边，以防整体失稳。

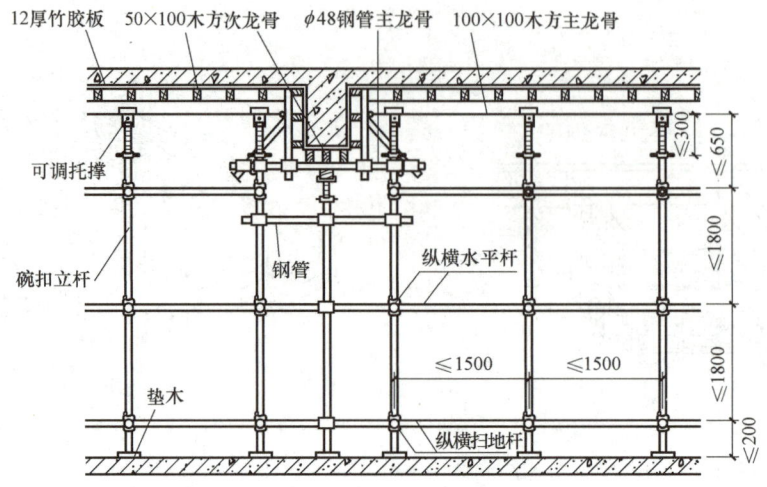

图 4-23　现浇梁及楼板模板

对支架高度超过 8m，跨度超过 18m，施工总荷载大于 15kN/m² 或线荷载大于 20kN/m 的梁、板模板，应按高大模板支撑系统进行专项方案设计和技术论证。

4. 墙模板

墙模板由面板、纵横肋、对拉螺栓及支撑构成（图 4-24）。面板常用组合式定型模板或胶合板模板，通过钢管纵横肋组拼成大块模板，以提高刚度和便于安装。对拉螺栓应能承受新浇混凝土的侧压力、冲击力或振捣荷载，其间距、直径应计算确定。对拉螺栓上应套塑料管，以便拆模后抽出重复使用。

5. 楼梯模板

楼梯模板由支架、底模板和踏步模板构成。底模板及支架构造与楼板模板基本相同；踏步模板宜采用定型楼梯钢模板，其刚度好，支拆方便，易于保证工程质量。见图 4-25。

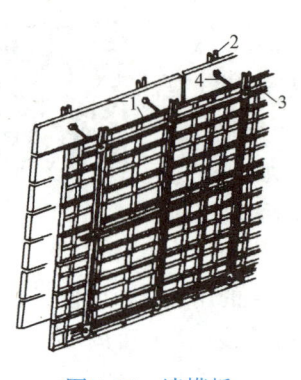

图 4-24　墙模板

1—钢模板；2—竖肋；
3—横肋；4—对拉螺栓

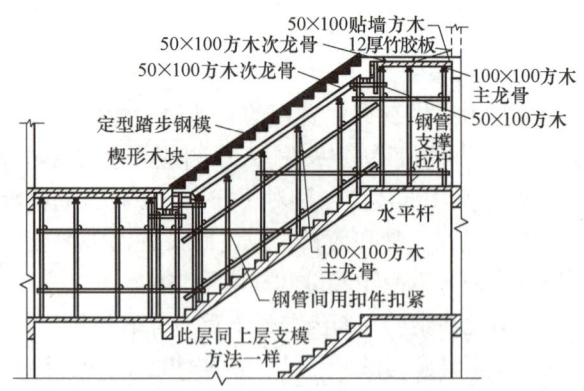

图 4-25　楼梯支模（为简洁，下部楼层支架未画）

二、组合式模板

组合式模板是由工厂制造、具有多种标准规格面板和相应配件的模板体系。具有通用性强、装拆方便、周转次数多的特点。施工时，可按设计要求事先组拼成梁、柱、墙的大块模板，整体吊装就位，也可采用散装散拆方法。组合式模板按其材料可分为钢、铝、塑料和钢框胶合板等种类。

1. 组合式钢模板

组合式钢模板是目前使用较广泛的一种通用性组合模板。按肋高分为 55、70 等多个系列。组合钢模板的部件，主要由钢模板、连接件和支承件三部分组成。

1）模板

钢模板采用 Q235 或低合金钢材制成，钢板厚度 2.5mm，对于≥400mm 宽面钢模板的钢板厚度应采用 2.75mm 或 3.0mm 钢板。主要包括平面模板、阴角模板、阳角模板、连接角模（图 4-26）。

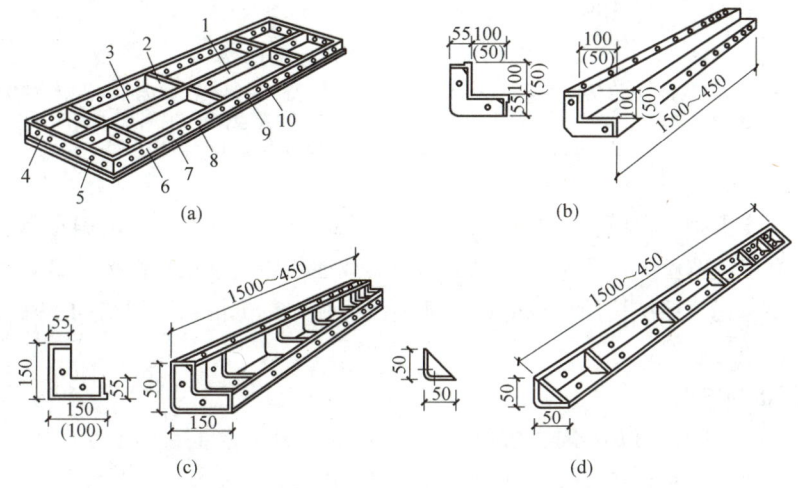

图 4-26　55 系列组合式定型钢模板构造形式

（a）平板模板；（b）阳角模板；（c）阴角模板；（d）连接角模

1—中纵肋；2—中模肋；3—面板；4—横肋；5—插销孔；

6—纵肋；7—凸棱；8—凸鼓；9—U 形卡孔；10—钉子孔

结合我国建筑模数制，55 系列钢模板的常用规格见表 4-9，宽度以 50mm 进级，长度以 150mm 或 300mm 进级，可横竖拼装。当配板设计出现空缺，可用木枋补足。

组合钢模板规格 表 4-9

规格(mm)	平面模板	阴角模板	阳角模板	连接角模
宽度	300,250,200,150,100	150×150 100×150	100×100 50×50	50×50
长度	1500,1200,900,750,600,450			
肋高	55			

平模与角模边框留有连接孔，孔距均为 150mm，以便连接。平模的代号为 P，如宽 300mm、长 1500mm 的平模，其代号为 P3015。

阴角模的代号为 E，阳角模的代号为 Y，连接角模的代号为 J。

2）连接件

主要有钩头螺栓、L 形插销、U 形卡、紧固螺栓等（图 4-27）。

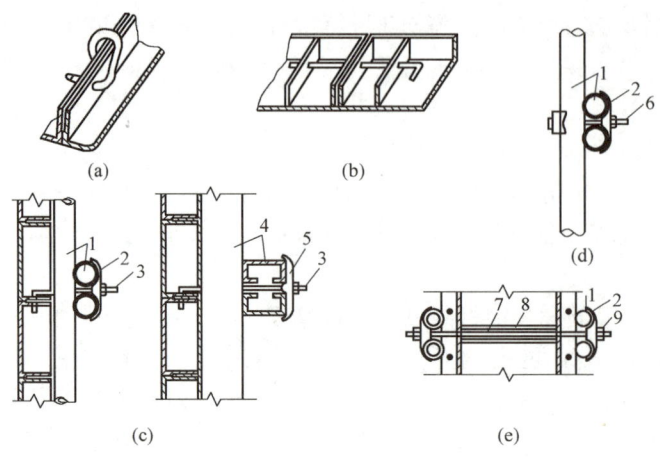

图 4-27　定型钢模板的连接件

（a）U 形卡连接；（b）L 形插销连接；（c）钩头螺栓连接；（d）紧固螺栓连接；（e）对拉螺栓连接
1—圆钢管钢楞；2—"3"字形扣件；3—钩头螺栓；4—内卷边槽钢钢楞；5—蝶形扣件；
6—紧固螺栓；7—对拉螺栓；8—塑料套管；9—螺母

3）支承件

支承件包括支承梁、板模板的托架、支撑桁架和顶撑及支撑墙模板的斜撑等。这些支撑多为工具式，在高度或宽度上均可调整。由于施工荷载往往会大于正常使用荷载，因此模板顶撑的位置和数量要考虑下层结构的承载能力，并铺设垫板，以免损伤下层结构。对多层房屋分层支模时，上下层顶撑宜对正。

4）钢模配板与安装

由于同一面积的模板可以有不同的配板方案，而方案的优劣直接影响到工程速度、质量和成本。所以配板设计时要找出最佳方案。配板时应尽量采用大规格模板，减少木模嵌补量；模板的长边宜与结构的长边平行布置，最好采用错缝拼接，以提高整体性和刚度；每块钢模板应至少有两道钢楞支承，以免在接缝处出现弯折。配板方案选定之后，应绘制模板配板图（图 4-28）。

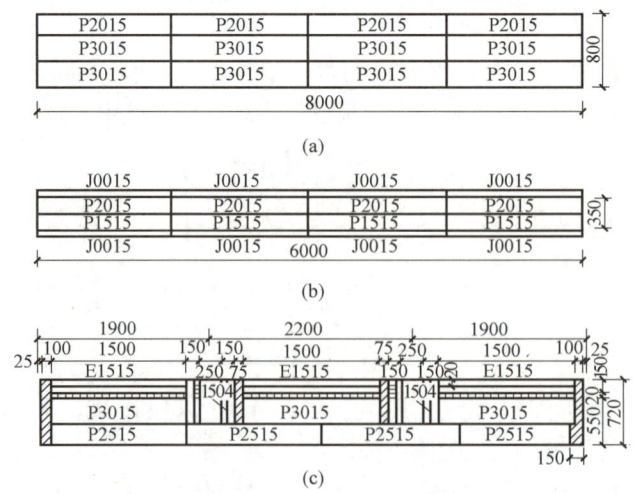

图 4-28　某边梁配板图

（a）外侧模板；（b）底模板；（c）内侧模板

模板的支设方法主要有两种，即单块就位组装（散装）和预组拼安装。其中预组拼又可分为分片组拼和整体组拼两种。采用预组拼方法，可以提高工效和模板的安装质量。

2. 组合式铝合金模板

铝合金模板是新一代的绿色模板技术。它主要由模板系统、支撑系统、紧固系统、附件系统等构成。具有重量轻、刚度大、稳定性好、板面大、精度高、拆装方便、周转次数多、回收价值高、利于环保等特点。

铝合金模板能将墙、顶模或梁、板模拼装为一体，实现一次浇筑，如图 4-29 所示。系统拼装完成后，形成一个整体框架，稳定性好，承载力高。顶模和支撑系统实现了一体化设计，支撑杆件少，且可采用早拆技术，提高模板的周转率。

模板常采用 3.2mm 厚平板与 65mm 高加强背肋制成。54 型铝合金模板共有 135 种规格，最大板面为 2700mm×900mm。以销连接为主，施工方便快捷。由于模板重量轻，可全人工拼装，也可以拼成中型或大型模板后，用机械吊装。可作为柱、梁、墙、楼板的模板以及爬模、桥梁模板使用。

3. 钢框胶合板模板

钢框胶合板模板是由钢框和防水木胶合板或竹胶合板组成（图 4-30）。胶合板平铺在钢框上，用沉头螺栓与钢框连牢。通过钢边框上的连接孔，可用连接件纵横连接，组装各种尺寸的模板，它具有定型组合钢模板的优点，且重量较轻、易脱模、保温好、拼装方便、可打钉，能周转 50 次以上，其面板可更换或翻转使用。

图 4-29　铝合金模板支设的墙体、楼板模板

图 4-30　钢框胶合板模板组装的墙模

按肋高有 55、70、75 系列，模板的宽度有 300mm、600mm 两种，长度有 900mm、1200mm、1500mm、1800mm、2400mm 等。可作为混凝土结构柱、梁、墙、楼板的模板。

三、工具式模板

（一）大模板

大模板是用于墙体施工的大型工具式模板，目前在高层住宅建筑施工中应用最为广泛。采用大模板施工具有速度快、机械化程度高、混凝土表观质量好等优点，但其通用性较差。

4-13

1. 大模板的构造

大模板是由面板、主次肋、操作平台、支撑系统和对拉螺栓等组成（图 4-31）。

（1）面板

面板常用 5～6mm 厚的钢板或 15～21mm 厚的胶合板制成，表面平整光滑，拆模后墙表面

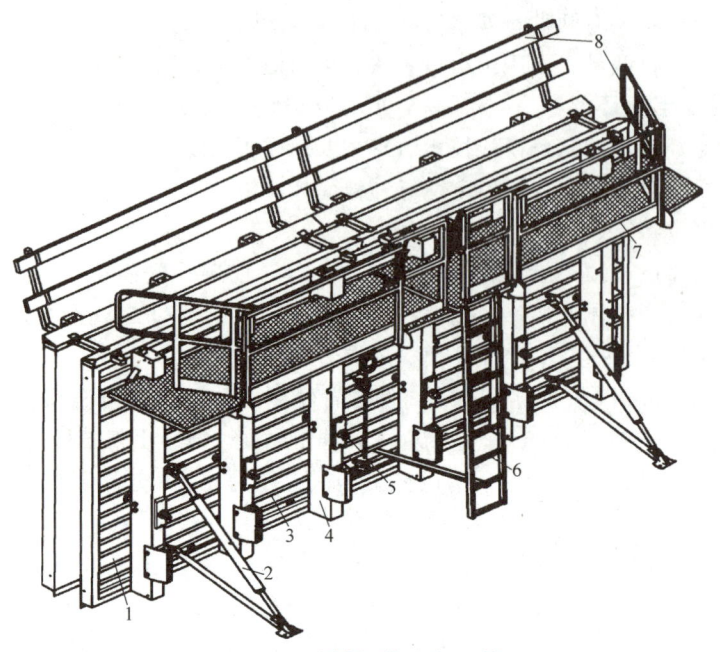

图 4-31　大模板构造与组装

1—面板；2—支撑系统；3—次肋；4—主肋；5—对拉螺栓；6—爬梯；7—操作平台；8—栏杆

可不再抹灰。胶合板易于制作装饰图案，以便浇筑装饰混凝土。

（2）次肋

次肋的作用是固定模板，保证模板的刚度并将力传递到主肋上去。次肋可单向设置或双向设置，常用 8 号槽钢或钢管制作，间距一般为 300～500mm。

（3）主肋

主肋的作用是保证模板刚度，并作为穿墙对拉螺栓的固定点，承受模板传来的水平力和垂直力。一般用背靠背的两根 8 号槽钢或铝管、钢管制作，间距为 0.9～1.2m。

（4）对拉螺栓

对拉螺栓的主要作用是承受主肋传来的混凝土侧压力并控制墙体厚度。为保证抽拆方便，对拉螺栓常做成锥形（如 $\phi 28/32$）或外套塑料管（图 4-32）。

（5）支撑系统

支撑系统的作用是调整模板的垂直度，并保证模板的稳定性。一般通过旋转花篮螺栓套管，即可达到调整模板垂直度的目的。

4-14

2. 大模板的安装与拆除

大模板停放时，应按照其自稳角度面对面放置，对没有稳定机构的模板应放在插放架内，避免倾覆伤人。在安装之前，应做好表面清理，并涂刷隔离剂。

外墙的外侧模板一般安装在附墙外挂脚手架上（图 4-33）或设置其他支撑。其他模板均支设在楼板上。

大模板安装时，应按照布置图对号入座。按安装控制线调整位置，连接对拉螺栓后，调整垂直度并做好缝隙处理。转角处用特制小角模连接（图 4-34、图 4-35）。阳角模板及相邻平模之间，宜采用型钢直芯带和钢楔子连接，以保证连接点刚度和接缝严密。

混凝土浇筑后，达到1～1.2MPa以上强度方可拆除大模板。拆模时，应先解除对拉螺栓，再旋转支撑的花篮螺栓套管使模板后仰脱模。塔式起重机起吊时要缓慢，防止碰撞墙体。

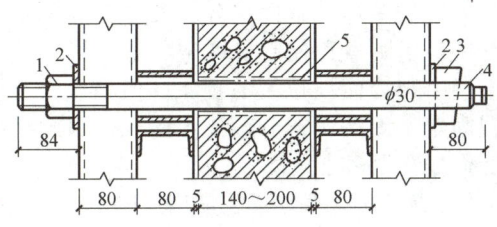

图 4-32　穿墙对拉螺栓的连接构造
1—螺母；2—垫板；3—板销；4—螺杆；5—套管

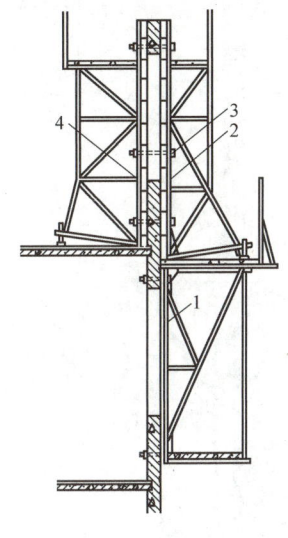

图 4-33　外墙大模板安装构造
1—外挂支撑或脚手架；2—外模板；
3—对拉螺栓；4—内模板

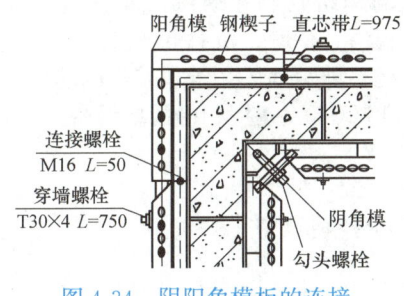

图 4-34　阴阳角模板的连接

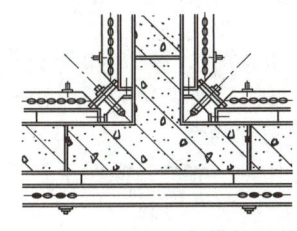

图 4-35　丁字墙角模的连接

（二）爬升模板

爬升模板（即爬模），是将大块模板与爬升或提升系统结合而形成的模板体系。适用于现浇混凝土竖直或倾斜结构（如墙体、桥墩、塔柱等）施工。按上升方式分为爬架式、导轨式和顶升式等种类，目前已逐步形成"单块爬升""整体爬升"等工艺。前者适用于较大面积房屋的墙体施工，后者多用于面积较小的筒、柱、墩的施工及超高层建筑核心筒等。下面侧重介绍前者。

4-15　　　　4-16

1. 组成与构造

爬升模板是由大模板、爬架和爬升（提升）设备三部分组成（图4-36）。模板可通过爬升（提升）设备，随结构浇筑混凝土的升高而交替升高。爬架可利用提升葫芦与模板互爬，或利用导轨通过液压千斤顶爬升。

2. 特点与适用

爬升模板是综合大模板与滑升模板工艺和特点，具有大模板和滑升模板共同的优点，尤其

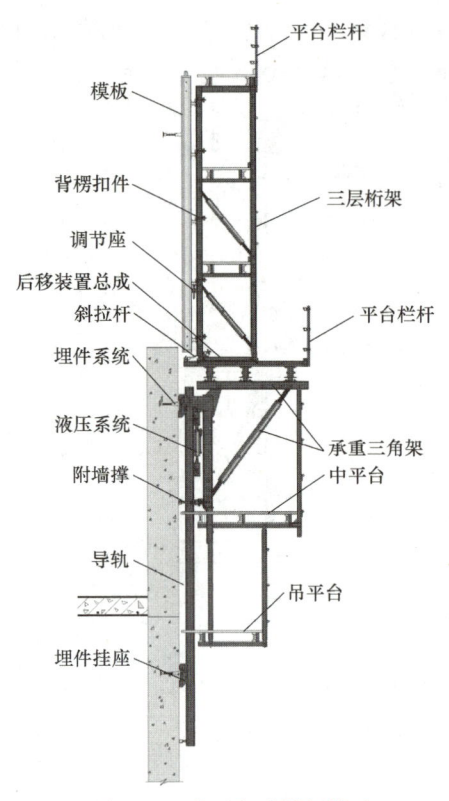

图 4-36 液压爬升模板构造

左侧图标注（自上而下）：
平台栏杆、模板、背楞扣件、调节座、后移装置总成、斜拉杆、埋件系统、液压系统、附墙撑、导轨、埋件挂座

右侧图标注：三层桁架、平台栏杆、承重三角架、中平台、吊平台

适用于超高层建筑的墙体或核心筒施工。

爬模与滑模一样，在结构施工阶段依附在建筑竖向结构上，随着结构施工而逐层上升，这样模板可以不占用施工场地，也不占用其他垂直运输设备。爬架的支撑点可设在施工层下 1～2 层，使混凝土的强度易于满足承受模板系统荷载的要求，故可加快施工速度（如 2d 一层）。另外，它装有操作脚手架，施工时有可靠的安全围护，故不需搭设外脚手架，特别适用于在较狭小的场地上建造高层或超高层建筑。它与大模板一样，是逐层分块安装，故其垂直度和平整度易于调整和控制，可避免施工误差的累积。也不会出现墙面被拉裂的现象。但是，爬升模板的位置固定，无法实行分段流水施工，因此模板周转率低，配置量多于大模板。

使用爬模施工时，底层墙仍需用一般支模方法施工。爬升时，支撑点混凝土的强度不得低于 10MPa。

（三）滑升模板

滑升模板简称滑模，它是通过液压设备，能随混凝土的浇筑自行向上移动的模板装置。用于现场浇筑高耸的构筑物和建筑物，尤其适于浇筑烟囱、筒仓、电视塔、桥墩、沉井等竖向构筑物，也可用于筒体结构、剪力墙体系等建筑物的墙体。

滑模可节省大量模板和脚手架，加快施工进度，降低工程费用，但滑模设备一次性投资较大，对建筑物截面变化频繁或楼板处施工较麻烦、效率低。

1. 滑模的构造

滑模由模板系统、操作平台系统和提升系统三部分组成（图 4-37）。

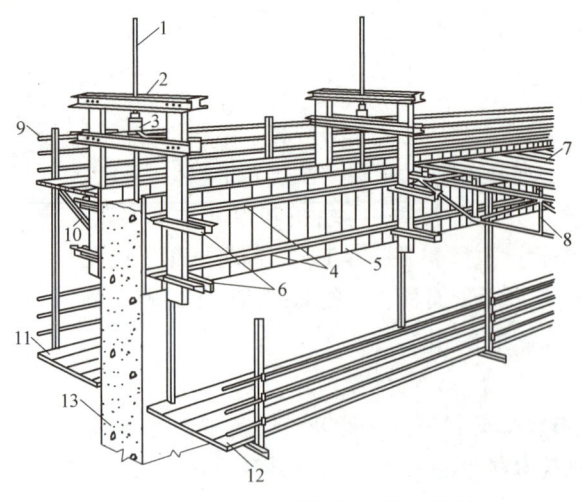

图 4-37 液压滑升模板组成示意图

1—支承杆；2—提升架；3—液压千斤顶；4—围圈；5—模板；6—围圈支托；7—操作平台；8—平台桁架；
9—栏杆；10—外挑三脚架；11—外吊脚手；12—内吊脚手；13—混凝土墙体

（1）模板系统

模板系统由模板、围圈和提升架组成。为保证结构准确成型，模板应具备一定的强度和刚度，以承受新浇混凝土的侧压力、冲击力和滑升时与混凝土产生的摩阻力。模板的高度取决于滑升速度和混凝土达到出模强度（0.2～0.4MPa）所需要的时间，一般取 1.0～1.2m。模板拼板宽度一般不超过 500mm，多为钢模或钢木混合模板。为保证刚度，模板背面设有加劲肋。相邻模板用螺栓或 U 形卡连接到一起，模板挂在或搭在围圈上。

为减小滑升摩阻力，便于混凝土脱模，内外模板应形成上口小、下口大的形式。一般单面倾斜度为 0.2%～0.5%。

围圈多用槽钢制作，其作用是固定模板和保证模板刚度，并将模板与提升架联结起来。当提升架上升时，通过围圈带动模板上升。

提升架的作用是固定围圈的位置，防止模板侧向变形，承受模板系统和操作平台系统传来的全部荷载，并将其传给千斤顶。多用槽钢或工字钢制作。

（2）操作平台系统

操作平台系统包括操作平台、内外吊脚手和外挑三脚架，承受施工时的荷载。应具有足够的强度和刚度。多用型钢制作骨架，上铺木板制成。当采用滑一层墙体浇一层楼板工艺时，平台的中间部分应做成便于拆卸的活动式结构，以便现浇楼板的施工。

（3）提升系统

提升系统包括支承杆、液压千斤顶和操作台等，是滑升模板的动力装置。支承杆即是千斤顶的导轨，又是整个滑升模板的承重支柱。其接头可采用丝扣连接、榫接或焊接，接头部位应处理光滑，以保证千斤顶顺利通过。

液压穿心式千斤顶有楔块卡头式和钢珠卡头式两种。它可以通过给油回油，沿支承杆上升，从而带动模板系统向上滑升。

2. 滑升工艺

滑升模板应根据混凝土凝结速度、出模强度、气温情况等，采用适宜的滑升速度。速度过快，会引起混凝土出模后流淌、坍落；过慢，因与混凝土粘结力过大，使滑升困难。滑升速度一般为 100～350mm/h。一般每滑升 300mm 高度浇筑一层混凝土。滑升时，要保证全部千斤顶同步上升，防止结构倾斜。

滑模只适宜用来浇筑竖向结构，如柱、墙等，而现浇楼板常采用逐层空滑法。此法是当墙体滑到上一层楼板板底标高后，将模板空滑至其内模下口脱离墙体一定高度后，吊走操作平台的活动平台板，进行楼板的支模、扎筋和浇筑混凝土工作，然后再继续滑升墙体，如此逐层进行。也可采用楼板后跟或最后降模施工楼板。

（四）台模

台模（或称飞模、桌模）主要用来浇筑平板或带边梁楼板，一般以一个房间为一块台模。台模由台面和台架组成（图 4-38）。台面可由一整块模板组成，也可由组合式模板拼装而成。为便于拆模，台架支腿可做成伸缩式或折叠式，其底部带有轮子，待混凝土达到一定强度，落下台面，向外推出，吊至下一个工作面。台模也可直接支撑在墙面或柱面上，称无脚式台模。

（五）隧道模

隧道模是经过一次拼装后，可沿隧道水平移动，逐段完成浇筑混凝土的移动式工具模板。当一段混凝土浇筑并有一定强度后，调节支撑下降并内缩模板，通过滚轮向前移动至下一个浇筑面，复位后再行浇筑。图 4-39 所示隧道模板，其左侧为复位状态，右侧表示脱模移动状态。

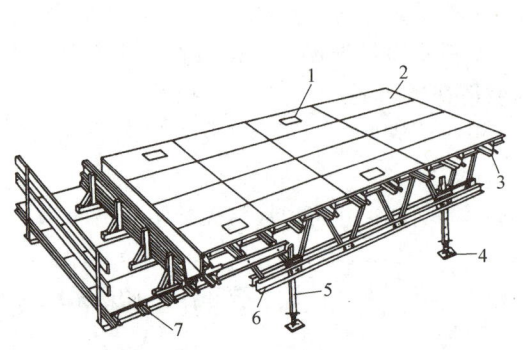

图4-38　竹铝桁架式台模

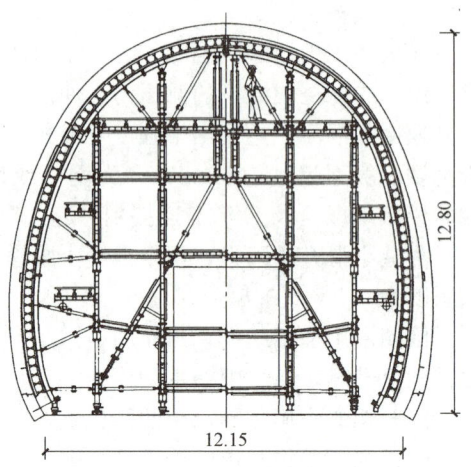

图4-39　隧道模（图中尺寸单位：m）

1—吊点；2—胶合板面板；3—铝龙骨；4—底座；

5—可调钢支腿；6—铝合金桁架；7—操作平台

4-17

（六）模壳

　　模壳是用于现浇钢筋混凝土密肋楼盖的一种工具式模板。由于密肋楼盖是由薄板和间距较小的单向或双向密肋组成（图4-40），因而，使用木模或组合式模板组拼难度较大，且不经济。采用塑料或玻璃钢按密肋楼盖的规格尺寸加工成需要的模壳，具有一次成型多次周转使用的特点。目前我国的模壳，主要采用玻璃纤维增强塑料和聚丙烯塑料制成，配置以钢支柱（或门架）、钢（或木）龙骨、钢拉杆及斜撑等支撑系统（图4-41）。

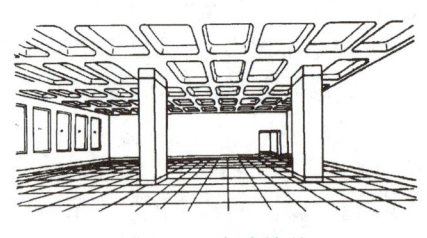

图4-40　密肋楼盖

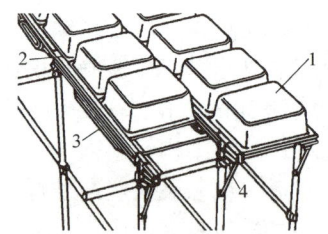

图4-41　模壳及早拆体系支撑系统

1—模壳；2—柱头；3—梁；4—悬挑斜撑

（七）模板早拆体系

　　早拆原理是根据短跨支撑、早期拆模的思想，利用早拆柱头、立柱和丝杠组成的竖向支撑，使原设计的楼板跨度处于短跨（立柱间距＜2m）受力状态，按规定，当楼板混凝土强度达到设计强度的50%后即可拆除模板，而竖向支撑原位保留。该体系可加快模板的周转速度，大大减少楼板模板的用量；同时，能够满足现浇结构保留支撑2～3层以上以分散、传递施工荷载的需求。

　　图4-42为模板早拆体系，它是在一般模板的基础上，增添早拆支撑调整器（早拆柱头），即可达到早拆模板的目的。一般夏季3～4d即可旋转早拆头上的手柄，将模板及龙骨降落拆除，而支柱不动。此种早拆体系可节省模板和钢楞2/3，具有良好的经济效益。

四、永久式模板

永久式模板是在浇筑混凝土时起模板作用，而施工后不需拆除，并可成为结构的一部分。其种类有压制成波形、密肋形的金属薄板、预应力钢筋混凝土薄板、玻璃纤维水泥波形板等。其特点是施工简便、速度快，可减少大量支撑，不但节约材料，也可减少施工层之间的干扰和等待，从而缩短工期。

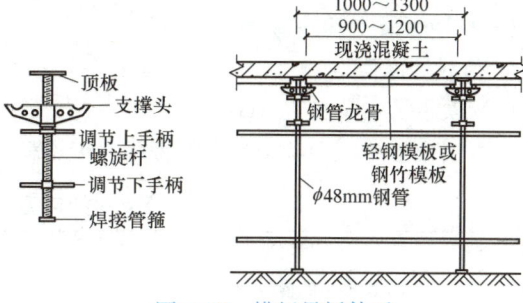

图 4-42 模板早拆体系

1. 压型钢板模板

压型钢板模板在钢框架结构的楼板施工中应用最为广泛，它是采用镀锌等防腐处理的薄钢板，经冷轧成具有开口或闭口梯形、燕尾形截面的槽状钢板（图 4-43）。安装时，板块相互搭接，并通过栓钉与钢梁焊接，不但固定了模板，也使混凝土楼板与钢框架连成一体，提高了结构的刚度。近几年，焊接了钢筋桁架而使刚度大大提高的压型钢板（楼承板）得到了进一步应用。

4-18

2. 混凝土薄板模板

混凝土薄板模板一般在构件厂预制，分为普通板和预应力板（图 4-44）。它可以作为现浇楼板的永久性模板，又可与现浇混凝土结合而形成叠合板，构成受力结构。即在预制薄板中配足楼板所需钢筋，安装后只绑扎构造筋和连接钢筋、浇筑楼板混凝土叠合层即可。在装配整体式的混凝土剪力墙结构、混凝土框架结构中广泛应用。

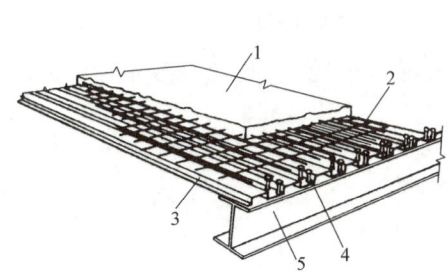

图 4-43 压型钢板组合楼板示意图
1—现浇混凝土楼板；2—钢筋；3—压型钢板；
4—用栓钉与钢梁焊接；5—钢梁

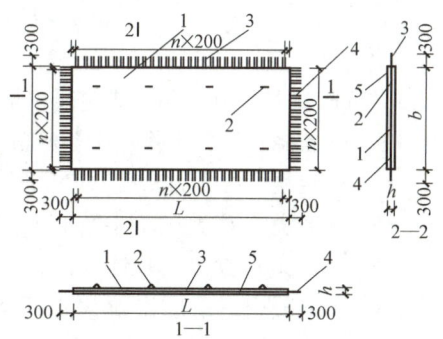

图 4-44 双钢筋混凝土薄板模板
1—混凝土薄板；2—吊环；3—双钢筋横筋；
4—双钢筋纵筋；5—板上部配置的双钢筋构造网片

混凝土薄板模板底面光滑，可以免除顶棚的抹灰作业。为了加强薄板与叠浇混凝土接合面处的抗剪能力，在薄板生产时，可设置板肋或表面划毛、压出沟槽或凹坑（图 4-45）、增设抗剪钢筋等。

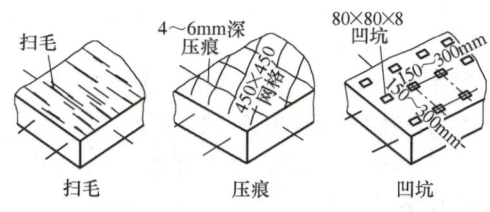

图 4-45 混凝土薄板的表面处理

五、模板的设计

模板设计包括模板及支架的选型及构造设

111

计、荷载及效应计算、承载力及刚度验算、抗倾覆验算、绘制模板及支架施工图等。

（一）模板及支架的荷载

1. 荷载标准值

（1）模板及支架自重（G_1）

应根据模板施工图确定，有梁楼板、无梁楼板及支架的自重标准值可按表 4-10 采用。

楼板及支架的自重标准值（kN/m²）　　　　　　　表 4-10

项目名称	木模板	定型组合钢模板
无梁楼板的模板及小楞	0.3	0.5
有梁楼板模板（包含梁的模板）	0.5	0.75
楼板模板及支架（楼层高度为 4m 以下）	0.75	1.10

（2）新浇混凝土的重量（G_2）

根据混凝土实际重力密度确定。普通混凝土可取 24kN/m³。

（3）钢筋自重（G_3）

应根据施工图确定。对一般梁板结构，每立方米混凝土的钢筋含量可取：楼板 1.1kN；梁 1.5kN。

（4）新浇筑混凝土的侧压力（G_4）

新浇筑混凝土对模板的侧压力与混凝土的骨料种类、坍落度、外加剂及浇筑速度等有关。当采用插入式振动器且在高度方向浇筑速度不大于 10m/h、混凝土坍落度不大于 180mm 时，新浇筑的混凝土对模板的侧压力可按下列两式分别计算，并取其中的较小值。

$$F = 0.28\gamma_c t_0 \beta V^{\frac{1}{2}} \tag{4-3}$$

$$F = \gamma_c H \tag{4-4}$$

当浇筑速度大于 10m/h，或混凝土坍落度大于 180mm 时，侧压力可按式（4-4）计算。

式中　F——新浇筑混凝土作用于模板的最大侧压力标准值（kN/m²）；

γ_c——混凝土的重力密度（kN/m³）；

t_0——新浇筑混凝土的初凝时间（h），可按实测确定，当缺乏试验资料时，可采用：$t_0 = 200/(T+15)$ 计算，T 为混凝土的温度（℃）；

β——混凝土坍落度影响修正系数，当坍落度（S）为 50mm＜S≤90mm 时取 0.85；90mm＜S≤130mm 时取 0.9；130mm＜S≤180mm 时取 1.0；

V——混凝土在高度方向的浇筑速度（m/h）；

H——混凝土侧压力计算位置处至新浇筑混凝土顶面的总高度（m）；

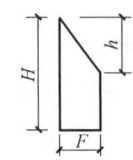

图 4-46　混凝土侧压力的分布图形

h—有效压头高度；

H—模板内混凝土总高度；

F—最大侧压力

混凝土侧压力的计算分布图形如图 4-46 所示，其中 h 为有效压头高度，$h = F/\gamma_c$（m）。

（5）施工人员及设备荷载（Q_1）

可按实际情况计算，且不小于 2.5kN/m²。

（6）混凝土下料产生的水平冲击荷载（Q_2）

施工中采用泵管、导管或溜槽、串筒下料，取 2kN/m²；用吊斗下料或小车直接倾倒时，取 4kN/m²。该荷载的作用范围可取为有效压头高度之内。

（7）附加水平荷载（Q_3）

采用泵送混凝土或不均匀堆载等因素将对模板支架产生附加水平荷载。该荷载可取计算工况下竖向永久荷载标准值的 2%，并应作用在模板支架上端的水平方向。

（8）风荷载标准（Q_4）

可按《建筑结构荷载规范》GB 50009—2012 的有关规定确定，此时基本风压可按 10 年一遇取值，但不小于 0.2 kN/m²。

2. 荷载效应组合

（1）荷载组合

模板及支架承载力计算的各项荷载可按表 4-11 确定，并应采用最不利的荷载基本组合进行设计。而进行模板及支架刚度或变形验算时，则仅组合永久荷载（G_i）。

参与模板及支架承载力计算的各项荷载　　　　　　　　　　　　　　表 4-11

计 算 内 容		参 与 荷 载 项
模板	底面模板的承载力	$G_1+G_2+G_3+Q_1$
	侧面模板的承载力	G_4+Q_2
支架	支架水平杆及节点的承载力	$G_1+G_2+G_3+Q_1$
	立杆的承载力	$G_1+G_2+G_3+Q_1+Q_4$
	支架结构的整体稳定	$G_1+G_2+G_3+Q_1+Q_3$ $G_1+G_2+G_3+Q_1+Q_4$

（2）设计荷载效应值（S）

模板及支架的荷载基本组合的效应设计值按下式计算：

$$S = 1.35\alpha \sum_{i \geqslant 1} S_{G_{ik}} + 1.4\psi_{cj} \sum_{j \geqslant 1} S_{Q_{jk}} \tag{4-5}$$

式中　$S_{G_{ik}}$——第 i 个永久荷载标准值产生的效应值；

$S_{Q_{jk}}$——第 j 个可变荷载标准值产生的效应值；

α——模板及支架的类型系数。侧模取 0.9，底模及支架取 1.0；

ψ_{cj}——第 j 个可变荷载的组合系数，宜取 $\psi_{cj} \geqslant 0.9$。

（二）模板及支架承载力计算要求

由于模板属临时结构，模板及支架应按短暂设计状况进行承载力计算。计算其承受的荷载时，可根据结构的重要性，将荷载基本组合的效应设计值乘以 0.9～1 的折减系数。而对于模板及支架的承载能力，也需根据重复使用情况作适当折减。

（三）设计时应注意的问题

（1）模板及支架的刚度验算规定

按永久荷载标准值计算的构件变形值，不得超过如下限值：

1）对结构表面外露的模板，为模板构件计算跨度的 1/400；

2）对结构表面隐蔽的模板，为模板构件计算跨度的 1/250；

3）支架的轴向压缩变形或侧向挠度，为计算高度或计算跨度的 1/1000；

4）清水混凝土的模板，应满足设计要求。

（2）模板及支架的稳定性

首先要从构造上保证是稳定结构。立柱必须有相互垂直的两个方向的撑拉杆件，长细比应符合要求。桁架的平面刚度不应过小，当支架高宽比大于 3 时，必须加强整体稳固措施，如应设置水平和垂直支撑、剪刀撑等。

模板支架的钢构件容许最大长细比为：立柱及桁架 180；斜撑、剪刀撑 200；受拉杆件 350。

（3）组合模板、大模板、爬升及滑升模板的设计尚应符合其相应规范的有关规定。

六、模板安装的要求

安装现浇结构的上层模板及其支架时，下层楼板应具有承受上层施工荷载的承载能力，或加设支架；涂刷模板隔离剂时，不得沾污钢筋及混凝土接槎处；模板的起拱高度满足要求，接缝不应漏浆；固定在模板上的预埋件和预留孔、洞不得遗漏，且应安装牢固。在浇筑混凝土之前，应对模板工程进行验收。现浇结构模板安装的允许偏差应符合表 4-12 的规定。

现浇结构模板安装的允许偏差及检验方法　　　　　表 4-12

项　目		允许偏差（mm）	检验方法
轴线位置		5	尺量
底模上表面标高		±5	水准仪或拉线、尺量
模板内部尺寸	基础	±10	尺量
	柱、墙、梁	±5	尺量
柱、墙垂直度	层高≤6m	5	经纬仪或吊线、尺量
	层高＞6m	8	经纬仪或吊线、尺量
相邻两板表面高低差		2	尺量
表面平整度		5	2m 靠尺和塞尺量测

注：检查轴线位置时，应沿纵、横两个方向量测，并取其中的较大值。

七、模板的拆除

现浇钢筋混凝土模板拆除时，可采取先支的后拆、后支的先拆，先拆非承重模板、后拆承重模板的顺序，并应从上向下进行拆除。拆模时应符合下列规定：

（1）侧模应在混凝土强度能保证其表面及棱角不受损伤后，方可拆除。一般应达到 1～2.5MPa 以上。

（2）底模及其支架应在混凝土的强度达到设计要求后再拆除；当设计无具体要求时，与结构构件同条件养护的混凝土试件抗压强度应符合表 4-13 规定后，方可拆除。

底模拆除时的混凝土强度的要求　　　　　表 4-13

构件类型	构件跨度（m）	达到设计混凝土强度等级值的百分率（%）
板	≤2	≥50
	＞2，≤8	≥75
	＞8	≥100
梁、拱、壳	≤8	≥75
	＞8	≥100
悬臂构件		≥100

（3）多个楼层的梁板支架拆除，宜保持在施工层下有 2～3 个楼层的连续支撑，以分散和传递较大的施工荷载。

（4）对后张法施工的预应力混凝土构件，侧模宜在预应力筋张拉前拆除，底模及支架应在建立预应力后拆除。

（5）模板拆除时，不得强砸硬撬、损坏构件，不应对楼层形成冲击。拆除的模板和支架宜分散堆放并及时清运和修复。

第三节 混凝土工程

混凝土工程包括配料、搅拌、运输、浇灌、振捣和养护等工序。在整个混凝土工程施工中，各工序具有紧密联系和影响，任一工序出现问题，都会影响混凝土工程的最终质量。因此必须保证每一工序的施工质量，以确保混凝土的强度、刚度、密实性和整体性。

一、混凝土的制备

1. 混凝土配制强度的确定

为使混凝土的强度保证率达到 95% 以上，对低于 C60 的混凝土应按下式确定配制强度。

$$f_{cu,0} = f_{cu,k} + 1.645\sigma \tag{4-6}$$

式中　$f_{cu,0}$——混凝土的配制强度（MPa）；

　　　$f_{cu,k}$——设计的混凝土抗压强度标准值（MPa）；

　　　　σ——混凝土强度标准差（MPa）。

若不具备 30 组以上近期同品种混凝土强度资料时，其强度标准差 σ 可按表 4-14 取用。

混凝土强度标准差 σ 值（MPa）　　　　　　表 4-14

混凝土强度等级	≤C20	C25～C45	C50～C55
σ	4.0	5.0	6.0

当配制 C60 及以上强度的混凝土时，配制强度按下式确定：

$$f_{cu,0} \geq 1.15 f_{cu,k} \tag{4-7}$$

2. 混凝土施工配合比

混凝土的施工配合比是指在施工现场的实际投料比例。是根据实验室提供的实验配合比（骨料中不含水）及考虑现场砂石的含水率而确定的。

假设实验室配合比为：水泥：砂：石子 $=1:x:y$，水胶比为 W/C

现场测得砂含水率为 W_x，石子含水率为 W_y，则施工配合比为：

水泥：砂：石子：水 $=1:x(1+W_x):y(1+W_y):(W-xW_x-yW_y)$

【例 4-1】 某工程混凝土实验室配合比为 $1:2.18:3.62$，水胶比 $W/C=0.55$，每 $1m^3$ 混凝土水泥用量 $C=315kg$，现场实测砂石含水率分别为 3% 和 1%，求施工配合比。如采用出料容量为 350L 的搅拌机，求搅拌每盘混凝土的各种材料投料量。

【解】 混凝土施工配合比为

水泥：砂：石子：水 $=1:x(1+W_x):y(1+W_y):(W-xW_x-yW_y)$

$\qquad\qquad =1:2.18\times(1+3\%):3.62\times(1+1\%):(0.55-2.18\times3\%-3.62\times1\%)$

$\qquad\qquad =1:2.25:3.66:0.448$

350L 搅拌机每盘投料量为：

水泥 $315\times0.35=110$，取 100kg（即 2 袋），则：

砂　 $100\times2.25=225kg$

石子 $100\times3.66=366kg$

水　 $100\times0.448=44.8kg$

混凝土原材料应称量准确，其偏差不得超过以下数值：水泥、矿物掺合料 ±2%；粗细骨料 ±3%；水、外加剂 ±1%。

3. 混凝土搅拌机的选择

混凝土搅拌机按搅拌原理可分为自落式和强制式两大类，其各自构造简图如图 4-47 所示。

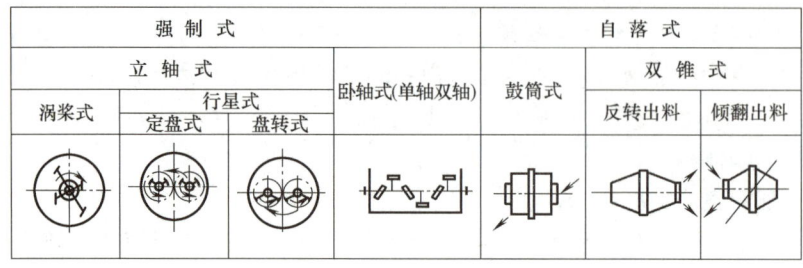

强 制 式				自 落 式		
立 轴 式			卧轴式(单轴双轴)	鼓筒式	双 锥 式	
涡浆式	行星式				反转出料	倾翻出料
	定盘式	盘转式				

图 4-47　混凝土搅拌机类型

自落式搅拌机是依靠旋转的搅拌筒内壁上的弧形叶片将物料带到一定高度后自由落下而互相混合，拌合能力较差，只适宜搅拌流动性较大的普通混凝土。

强制式搅拌机是通过搅拌叶片的强行转动，推动物料旋转、剪切、交流而达到拌合的目的。其机型分为立轴式与卧轴式，卧轴式分为单轴和双轴两种，立轴式分为涡浆式和行星式两种。强制式搅拌机的搅拌作用强烈，拌合质量好，生产效率高，操作简便、安全，但能耗大，叶片衬板磨损快。适于拌制各种混凝土。对于干硬性混凝土、轻骨料混凝土及高性能混凝土，必须用该类机械搅拌。

搅拌机的选择应根据混凝土工程量大小、坍落度、骨料种类及大小等来选定，在满足技术要求的同时也要考虑经济效益、节约能源和环境保护等问题。

4. 混凝土的拌制

为了获得均匀优质的混凝土拌合物，除需合理选择搅拌机外，还应严格控制原材料质量、正确确定搅拌制度（包括装料量、投料顺序和搅拌时间等）。

（1）原材料质量检查

1）水泥进场时，应对水泥的强度、安定性及凝结时间进行检验。同种水泥袋装者不超过 200t、散装者不超过 500t 作为一个检验批。水泥出厂超过三个月时应进行复验，并按复验结果使用。

2）骨料以 400m³ 或 600t 为一检验批。检验颗粒级配、含泥量、泥块含量以及粗骨料中针片状含量等指标，必要时还应对骨料进行碱活性检验。其中，砂的坚固性指标不应大于 10%，氯离子含量不大于 0.03%，海砂必须经过净化处理后使用。粗骨料的坚固性指标不应大于 12%；石子粒径，对一般构件不应超过其最小截面尺寸的 1/4 和钢筋净距的 3/4，对楼板则不超过板厚的 1/3 和 40mm。

3）饮用水可直接使用，其他水源应检验其成分及放射性；严禁使用海水。

（2）装料量

搅拌机一次能装各种材料的松散体积之和称为装料容量。经搅拌后，各种材料由于互相填补空隙而使总体积减小，即出料量小于装料量。一般出料系数为 0.5～0.75。搅拌机不宜超量装料，如超过 10% 将会因搅拌空间不足而影响拌合物的均匀性。反之，装料过少又降低了生产率。因此必须根据搅拌机的出料容量和混凝土配合比计算各种材料的投料量。

（3）投料顺序

它是指各种材料投入搅拌机的先后顺序。投料顺序将影响到混凝土的搅拌质量、搅拌机的磨损程度、拌合物与机械内壁的粘结程度，以及能否改善操作环境等问题。有以下三种投料顺序。

1）一次投料法。是在上料斗中先装石子，再装水泥和砂，然后一次投入搅拌筒内，水泥夹在石子和砂子之间，减少飞扬，且水泥和砂先进入搅拌筒内形成水泥砂浆，可缩短包裹石子的时间，对于出料口在下部的立轴强制式搅拌机，为防止漏水，应在投入原料的同时，缓慢均匀地加水。

2）二次投料法，即砂浆裹石法。是先投入水、砂、水泥，待搅拌1min左右后再投入石子、再搅拌1min左右。此方法可避免一次投料造成水向石子表面集聚的不良影响，水泥包裹砂子，水泥颗粒分散性好，泌水性小，可提高混凝土的强度。

3）两次加水法，即造壳法。是先将全部石子、砂和70%的拌合水倒入搅拌机，拌合15s，使骨料湿润后再倒入全部水泥进行造壳搅拌30s左右，然后加入30%的拌合水再搅拌60s左右即可。与前两者相比具有提高混凝土强度或节约水泥的优点。

粉煤灰、矿粉等掺合料宜与水泥同步投料。液体外加剂宜滞后于水和水泥投料，粉状外加剂宜溶解后再投料。

（4）搅拌时间

它是指全部材料装入搅拌筒中起至开始卸料止的时间，过长或过短都会影响到混凝土的质量。搅拌的最短时间应满足表4-15的规定。当使用自落式搅拌机时，应各增加30s；当掺有外加剂或矿物掺合料时，搅拌时间应适当延长。

混凝土搅拌的最短时间（s）　　　　　　　　　　　表4-15

混凝土坍落度（mm）	搅拌机机型	搅拌机出料量（L）		
		<250	250~500	>500
≤40	强制式	60	90	120
>40且<100	强制式	60	60	90
≥100	强制式	60		

（5）开盘鉴定

对首次使用的混凝土配合比应进行开盘鉴定，以检验原材料、强度、凝结时间、稠度等是否满足设计配合比的要求。并保存开盘鉴定资料和强度试验报告。

4-19

二、混凝土的运输

1. 对混凝土运输的基本要求

（1）在运输中应避免产生分层离析现象，否则应在浇筑前进行二次搅拌。

（2）运输容器及管道、溜槽应严密、不漏浆、不吸水，保证通畅，并满足环境要求。

（3）尽量缩短运输时间，以减少混凝土性能的变化。

（4）连续浇筑时，运输能力应能保证浇筑强度（单位时间浇筑量）的要求。

2. 运输工具的选择

混凝土的运输可分为地面水平运输、垂直运输和楼面水平运输。

（1）地面水平运输。当采用预拌混凝土或运距较远时，最好采用混凝土搅拌运输车。该车在运输过程中搅拌筒可缓慢转动进行拌合搅动，能防止混凝土的离析。当距离过远时，可装入干料，在到达浇筑现场前10~15min放入搅拌水，边行走边进行搅拌。如现场搅拌混凝土时，可采用载重 1t 左右容量为 400L 的小型机动翻斗车或手推车运输。

（2）垂直运输。可采用塔式起重机配合混凝土吊斗运输并完成浇灌。当混凝土量较大时，宜采用泵送运输。

（3）楼面水平运输。多采用混凝土泵通过布料杆运输布料，塔式起重机亦可兼顾楼面水平运输，少量时可用双轮手推车。

3. 混凝土泵送运输

泵送运输是以混凝土泵为动力，通过管道、布料杆，将混凝土直接运至浇筑地点，能兼顾垂直运输与水平运输，与混凝土运输车相配合，可迅速地完成混凝土运输、浇灌任务。混凝土泵按其移动方式，可分为拖式、车载式和泵车。将混凝土泵装在汽车上即为车载泵，再装布料杆便成为混凝土泵车（图 4-48）。

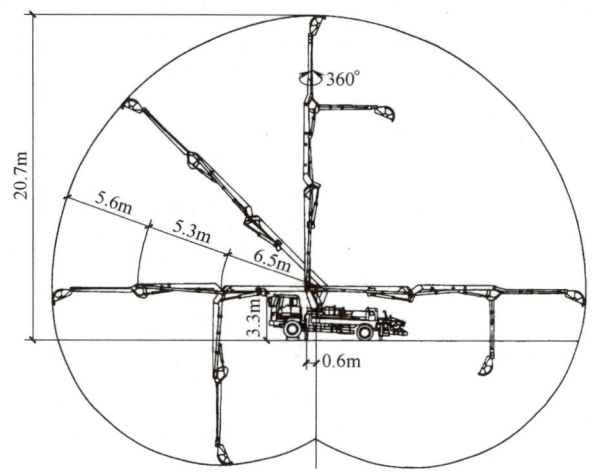

图 4-48　三折叠式泵车的浇筑范围示意

目前混凝土泵常用液压泵，它是利用液压控制两个往复运动的柱塞，交替地将混凝土吸入和压出而连续输送混凝土。其工作原理见图 4-49。

混凝土输送管一般为钢管。内径为 75～200mm，常用 125mm。当混凝土粗骨料最大粒径为 25～40mm 时，宜使用 150mm 直径的泵管。每段直管的标准长度有 4、3、2、1、0.5m 等数种，用快速接头连接。并配有 90°、45° 等不同角度的弯管，以便管道转弯。弯管、锥形管和软管的流动阻力大，计算输送距离时应换算成水平距离。垂直运输高度超过 100m 时，泵端管根处应设止逆阀，以防止停泵时混凝土倒流。

为充分发挥混凝土泵的效率、降低劳动强度，对拖式和车载式泵，应在浇筑地点设置布料机，将输送来的混凝土灌注或摊铺入模。立柱式布料机有移置式、管柱式和爬升式。其臂架和末端输送管都能做 360° 回转。手动移置式布料机（图 4-50）可由人工拉动回转，完成回转半径控制范围内各部位混凝土的浇筑，在解开连接泵管、取下平衡重后，可利用塔式起重机移动位置，安装后再行浇筑。

泵送混凝土配制时应符合下列规定：骨料最大粒径与输送管内径之比不宜大于 1：4；通过 0.315 筛孔的砂不应少于 15%；砂率宜控制在 35%～45%；最小胶凝材料用量为 300kg/m³；混凝土的坍落度宜为 80～180mm；混凝土内宜掺加适量的外加剂以改善混凝土的流动性。

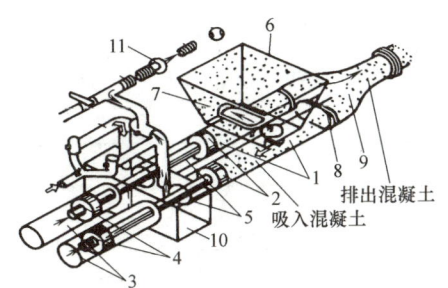

图 4-49　液压活塞式混凝土泵工作原理图

1—混凝土缸；2—活塞；3—液压缸；4—液压活塞；
5—活塞杆；6—料斗；7—进料阀门；8—出料阀；
9—Y 形管；10—水箱；11—水洗系统

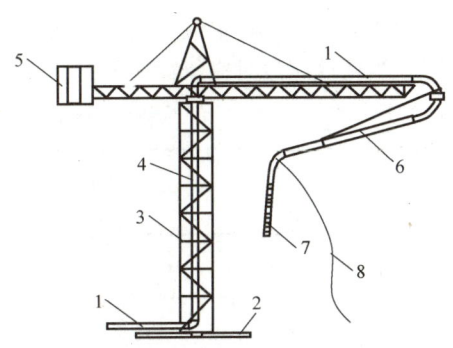

图 4-50　手动移置式布料机

1—水平泵管；2—底座；3—塔架；
4—竖向泵管；5—平衡重；6—可转动泵管；
7—软管；8—拉绳

泵送施工时，应先打部分水泥浆或水泥砂浆润滑管路。混凝土输送完毕后应及时清洗管路。如管道向下倾斜应防止混入空气产生阻塞。输送管线宜直，转弯宜缓，接头严密。混凝土供应应尽量保证泵送连续，以避免管道粘附堵塞。如预计泵送中断超过 45min，应立即用压力水或其他方法将混凝土清出管道。冲洗管道时管口处不得站人，防止混凝土喷出伤人。

泵送混凝土浇筑速度快，对模板侧压力较大，模板系统要有足够的强度和稳定性。由于水泥用量较大，要注意浇筑后的养护，以防止龟裂。

三、混凝土的浇筑

1. 准备工作

混凝土浇筑前应做好必要的准备工作，对模板及其支架、钢筋、预埋件和预埋管线必须进行检查，并做好隐蔽工程的验收，符合设计要求后方能浇筑混凝土。

在地基或基土上浇筑混凝土时，应清除淤泥和杂物，并应有排水和防水措施。对干燥的非黏性土，应用水湿润；对未风化的岩石，应用水清洗，但其表面不得有积水。

在浇筑混凝土之前，将模板内的杂物和钢筋上的油污等应清理干净；对模板的缝隙及孔洞应予堵严；对无覆膜的木模板应浇水湿润，但不得有积水。

2. 浇筑的一般规定

（1）混凝土运输、输送、浇筑过程中严禁加水；运输、输送、浇筑过程中散落的混凝土严禁用于结构浇筑。

（2）混凝土入模温度不应低于 5℃，也不应高于 35℃。不宜在降雨雪时露天浇筑。必须浇筑时，应采取确保混凝土质量的有效措施。

（3）混凝土浇筑倾落高度：当骨料粒径在 25mm 以下时，不得超过 6m，骨料粒径大于 25mm 时不得超过 3m，否则应使用串筒、溜管、溜槽等，以防下落动能大的粗骨料积聚在结构底部，造成混凝土分层离析。

（4）对非自密实混凝土必须分层浇灌、分层捣实。每层浇筑的厚度依振捣方法而定：采用插入式振捣时，不超过振动棒长度的 1.25 倍；表面振捣时不超过 200mm。

（5）同一结构或构件混凝土宜连续浇筑，即各层、块之间不得出现初凝现象，以保证混凝土形成整体。按规范要求，混凝土运输到输送入模的延续

4-20

4-21

时间限值见表 4-16；混凝土运输、输送入模及其间歇的总的时间以表 4-16 的规定时间加 90min 为限。当预计超过时应留置施工缝。

混凝土运输到输送入模的延续时间限值（min）　　　　　　表 4-16

条　　件	气　　温	
	≤25℃	>25℃
不掺外加剂	90	60
掺外加剂	150	120

（6）浇筑后的混凝土，其强度至少达到 1.2N/mm² 以上方可上人施工。

3. 施工缝与后浇带的留设及处理

（1）施工缝

施工缝是指由于设计要求或施工需要分段、分块浇筑而在先、后浇筑的混凝土之间所形成的接缝。施工缝处由于连接较差，特别是粗骨料不能相互嵌固，抗剪强度受到很大影响。

1）施工缝的位置

施工缝位置应在混凝土浇筑之前确定，并宜留置在结构受剪力较小且便于施工的部位。具体规定如下：

① 柱的水平施工缝，柱底可留置在基础或楼层结构的顶面及以上 100mm 范围内，柱顶可留置在梁或柱帽下面 50mm 内（图 4-51）。

② 梁与板应同时浇筑，但当梁断面过大时可先浇筑梁，将水平施工缝留置在板底面以下 20mm 内。

③ 单向板的垂直施工缝可留置在平行于短边的任何位置。

④ 有主次梁的楼盖宜顺着次梁方向浇筑，垂直施工缝应留置在次梁中间的 1/3 跨度范围内（图 4-52）。

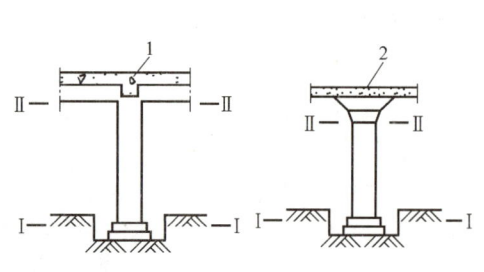

图 4-51　浇筑柱的施工缝位置图

Ⅰ—Ⅰ、Ⅱ—Ⅱ表示施工缝位置

1—肋形楼板；2—无梁楼盖

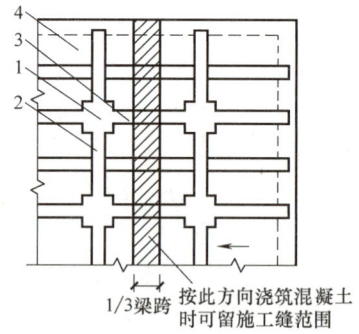

图 4-52　浇筑有主次梁楼盖的施工缝位置

1—柱；2—主梁；3—次梁；4—楼板

⑤ 墙的水平施工缝，墙底可留在基础或楼层结构顶面至以上 300mm 范围内，墙顶可留在距水平构件 50mm 范围内；竖向施工缝宜设置在门洞口过梁的中间 1/3 跨度范围内，也可留设在纵横墙交接处。

⑥ 受力复杂或有防水抗渗要求的结构构件、特殊结构部位留设施工缝，应经设计单位确认。

2）留设方法

水平施工缝应在浇筑混凝土前，在钢筋或模板上弹出控制线。垂直施工缝应在浇筑混凝土前，采取支模板或固定快易收口网、钢板网、钢丝网等封挡，以保证缝口垂直。

3）接缝处理

在施工缝处继续浇筑混凝土时，应符合下列规定：

① 已浇筑的混凝土强度不应小于1.2MPa。

② 结合面应提前进行粗糙处理，清除浮浆、松动石子以及软弱混凝土层。并经冲洗湿润，但不得有积水。

③ 接缝时，宜先铺10～30mm厚与混凝土浆液同成分的水泥砂浆接浆层，随即浇筑混凝土。

④ 浇筑混凝土时应细致捣实，使新旧混凝土紧密结合，但不得碰触原混凝土。

（2）后浇带

后浇带是既满足混凝土结构变形需要又能保证刚性连接的接缝，用于不允许设置变形缝且后期变形趋于稳定的结构。包括收缩后浇带和沉降后浇带，前者是为了避免面积或体型原因造成混凝土收缩开裂；后者是为了避免高度或重量差异过大而造成沉降开裂。

后浇带应留设在受力及变形较小处，宽度一般为0.7～1.2m，钢筋不断。梁、板的后浇带常留在其1/3跨度处，可采用支设模板留出。后浇带处梁板的底模及支架应单独支设，以便既不妨碍其他部位拆模，又能使后浇带部位保持支撑，以防止其两侧结构受到损伤。

后浇带的封闭时间应待混凝土收缩或结构沉降基本完成，且不得少于14d，并应经设计单位认可后进行。按施工缝处理后，宜浇筑抗压强度高一个等级的减缩混凝土，并加强养护。

4. 框架、剪力墙结构的浇筑

同一施工段内每排柱子应由外向内对称地顺序浇筑，不应自一端向另一端顺序推进，以防止柱子模板向一侧推移倾斜，造成误差积累过大而难以纠正。

为防止混凝土墙、柱"烂根"（根部出现蜂窝、麻面、露筋、露石、孔洞等现象），在浇筑混凝土前，除了对模板根部缝隙进

4-22　　4-23

行封堵外，还应在底部先浇筑20～30mm厚与所浇筑混凝土浆液同成分的水泥砂浆，然后再浇筑混凝土，并加强根部振捣。

应控制住每次投入模板内的混凝土数量，以保证不超过规定的每层浇筑厚度。

柱子、墙体等竖向构件与梁、板等水平构件宜分两次浇筑，并做好施工缝留设与处理。若欲将柱墙和梁板一次浇筑完毕、不留施工缝时，则应在柱墙浇筑完毕后停歇1～1.5h，待其混凝土初步沉实后，再浇筑上面的梁板结构，以防止柱墙与梁板之间由于沉降、泌水不同而产生缝隙。

对有窗口的剪力墙，在窗口下部应薄层慢浇、加强振捣、排净空气，以防出现孔洞。窗口两侧应对称下料，以防压斜窗口模板。

当柱、墙混凝土强度比梁、板混凝土高两个等级及以上时，应在交界区域用快易收口网或钢丝网等进行分隔，分隔位置在距高强度等级构件边缘不少于500mm的低强度构件中。浇筑时先浇高强度等级的混凝土，在节点混凝土初凝前，及时浇筑梁板混凝土。

梁混凝土宜自两端节点向跨中用赶浆法浇筑。楼板混凝土浇筑应拉线控制厚度和标高。在混凝土初凝前和终凝前，应分别对混凝土裸露表面进行抹面处理。

5. 大体积混凝土浇筑

大体积混凝土是指结构或构件的最小边长尺寸在 1m 以上，或可能由于温度变形而开裂的混凝土。如桥墩、设备基础、桩基承台或基础底板等。

由于基础的整体性要求高，大体积混凝土需连续浇筑，一气呵成，不留施工缝。施工工艺上既要做到分层浇筑、分层捣实，又必须保证上下层混凝土在初凝之前结合好，不致形成"冷缝"。在特殊的情况下可以留设施工缝或后浇带。

4-24

（1）浇筑方案的确定

大体积混凝土的浇筑方案可分为全面分层、分块分层和斜面分层三种（图 4-53），应根据结构形状、钢筋疏密、混凝土供应等具体情况进行选用，一般宜采用斜面分层法。

1）全面分层：在整个基础内全面水平分层浇筑混凝土，要做到第一层全面浇筑完毕回来浇筑第二层时，所到之处的第一层浇筑的混凝土均未初凝，如此逐层进行，直至浇筑完毕。这种方案适用于结构的平面尺寸不太大的工程。

2）分块分层：适宜于厚度不太大而面积较大的结构，混凝土从底层开始浇筑，进行一定距离（一个段长）后回来浇筑第二层；如此依次向前浇筑各层段。

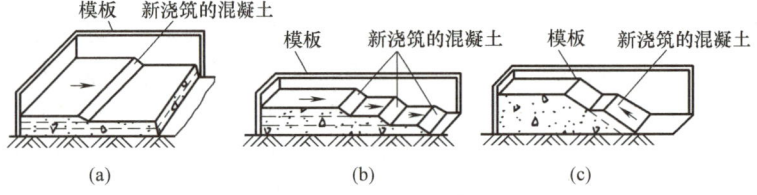

图 4-53　大体积混凝土浇筑方案

（a）全面分层；（b）分块分层；（c）斜面分层

3）斜面分层：适用于结构的长度较大的工程，是目前大型建筑基础底板或承台最常用的方法。当结构宽度较大时，常采用多台机械分条同时浇筑。分条宽度不宜大于 10m，每条的振捣应从浇筑层斜面的下端开始，逐渐上移，或在不同高度处分区捣实，以保证混凝土施工质量。

大体积混凝土浇筑的分层厚度取决于振动器的棒长和振动力的大小，也需考虑混凝土的供应能力和可能浇筑量的多少，一般不宜超过 500mm。

为保证结构的整体性，在初定浇筑方案后要计算混凝土的浇筑强度 Q，以检验在现有供应能力下方案的可行性，或采用初定方案时确定资源配置。

$$Q = \frac{F \cdot H}{T} \tag{4-8}$$

式中　Q——混凝土最小浇筑强度（m^3/h）；

　　　F——所定方案中每层（或分段分层时每层段）的面积（m^2）；

　　　H——浇筑层厚度（m）；

　　　T——混凝土从开始浇筑到初凝的延续时间（混凝土的初凝时间－运输及等待时间）（h）。

【例 4-2】 某混凝土基础长 30m，宽 25m，深 1.5m，为 C30 混凝土，要求整体连续浇筑。拟采取全面分层浇筑方案，每层厚 0.3m。已知混凝土初凝时间为 3.5h，每台混凝土泵车的浇灌输送能力为 45m^3/h，由多辆混凝土搅拌运输车供料，总运输时间为 30min，试求：

(1) 该基础混凝土的最小浇筑强度（m³/h）；

(2) 确定混凝土泵车的数量；

(3) 该基础浇筑的可能最短时间与允许的最长时间。

【解】

(1) 最小浇筑强度：

$$Q=\frac{F\cdot H}{T}=\frac{30\times25\times0.3}{3.5-0.5}=\frac{225}{3}=75\mathrm{m^3/h}$$

(2) 确定混凝土泵车的最少数量：

$$75\div45=1.67\text{台，取 2 台。}$$

(3) 浇筑的时间：

可能的最短时间：$T_1=30\times25\times1.5/(45\times2)=12.5\mathrm{h}$

允许的最长时间：$T_2=30\times25\times1.5/75=15\mathrm{h}$

(2) 防止开裂的措施

大体积混凝土浇筑的另一关键问题是，由于水化热作用易产生两种开裂：一是在升温阶段，由于水泥的水化反应会放出大量热能，使内部热量不断积聚而升温；而结构表面散热快、温度低。当内外温差超过 25℃时，混凝土结构将产生表面开裂。二是在混凝土水化反应接近完成的降温阶段，由于体积收缩受到地基土、垫层、钢筋或桩等的约束，使结构受到很大的拉应力，当其超过当时混凝土的抗拉能力时，混凝土会被拉裂，甚至裂缝会贯穿整个混凝土截面，造成断裂。

为防止大体积混凝土浇筑后产生裂缝，需尽量减少水化热，避免水化热的积聚，避免过早过快降温。为此，首先应选用低水化热的水泥（如矿渣、火山灰、粉煤灰水泥）；掺入适量的粉煤灰以减少水泥用量；扩大浇筑面和散热面，降低浇筑速度或减小浇筑层厚度，在低温时浇筑。必要时采取人工降温措施，如：采用风冷却；用冰水拌制混凝土；在混凝土内部埋设冷却水管，用循环水来降低混凝土温度等。控制混凝土入模温度不大于 30℃，最大温升不大于50℃；在混凝土浇筑后，采取保温措施，延缓降温时间，提高混凝土的抗拉能力，减少收缩阻力等。

此外，现代施工中，对超长体型（长度超过伸缩缝最大间距限值）的混凝土结构或构件，为避免温度裂缝，常采用留设后浇带、设置膨胀加强带、采用跳仓法施工（图 4-54）等措施。膨胀加强带是结构浇筑时，在需设置后浇带处浇筑宽度约 2m 的膨胀型混凝土带，以补偿两侧混凝土的收缩而避免裂缝。可用于长度不大于 60m 的超长底板、墙体，或长度不大于 120m 的超长楼板。采用跳仓法施工时，分仓缝位

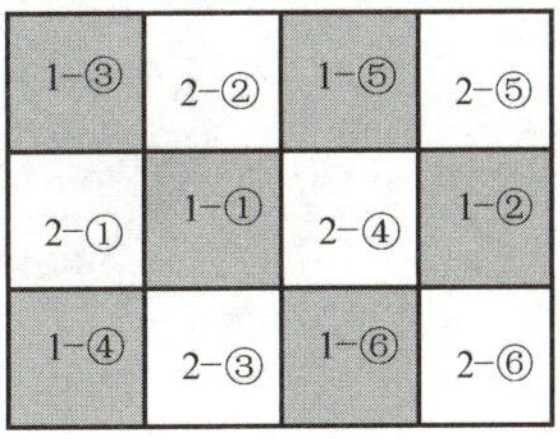

图 4-54　跳仓法施工顺序示意

置宜设置在柱网尺寸中部 1/3 范围内，仓最大尺寸不宜大于 40m，相邻仓混凝土浇筑时间间隔不应少于 7d。

6. 混凝土的密实成型

混凝土应具有足够的密实度，才能达到设计要求的强度、抗冻性、抗渗性和耐久性。

目前混凝土密实成型的方法主要有机械法、自流法和脱水法三种；机械法是通过振动力、

挤压力、离心力等克服拌合物的粘着力和内摩擦力而使之密实并成型；自流法是通过在拌合物中掺减水剂、增大坍落度等措施，使其靠自身流动而成型；脱水法是在拌合物中增加用水量以提高流动性、便于成型，然后利用真空吸水法或透水模板，将多余的水分和空气排出而密实成型。

（1）机械振捣密实成型

该法是常用的方法。其原理是通过机械振动，使混凝土粘结力和骨料间的摩擦力减小，流动性增加，骨料在自重作用下下沉，气泡逸出，孔隙减少，使混凝土密实地充满模板内的全部空间，达到密实、成型的目的。

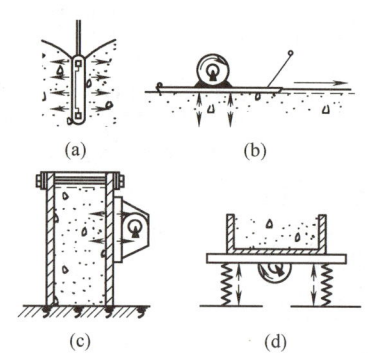

图 4-55　振捣机械类型与原理

（a）内部振动器；（b）表面振动器；

（c）外部振动器；（d）振动台

振动捣实机械的类型可分为：内部（插入式）振动器、外部（附着式）振动器、表面（平板式）振动器和振动台（图 4-55）。在施工现场，主要是应用插入式振动器和平板式振动器。

1）插入式振动器。它又称内部振动器，由电动机、软轴和振动棒三部分组成。振动棒是工作部分，它是一个棒状管体，内部安装着偏心振子，在电机驱动下，由于偏心振子的振动，使整个棒体产生高频的机械振动。工作时，将它插入混凝土中，通过棒体将振动能量直接传给混凝土，因此，振动密实的效率高。适用于基础、柱、梁、墙等深度或厚度较大的结构构件的混凝土捣实。

按振动棒激振原理的不同，插入式振动器可分为偏心轴式和行星滚锥式（简称行星式）两种（图 4-56）。偏心轴式的激振原理是利用安装在振动棒中心具有偏心质量的转轴，在作高速旋转时所产生的离心力通过轴承传递给振动棒壳体，从而使振动棒产生圆振动。由于其振动频率低、软轴磨损较大，已逐渐被行星滚锥式所取代。

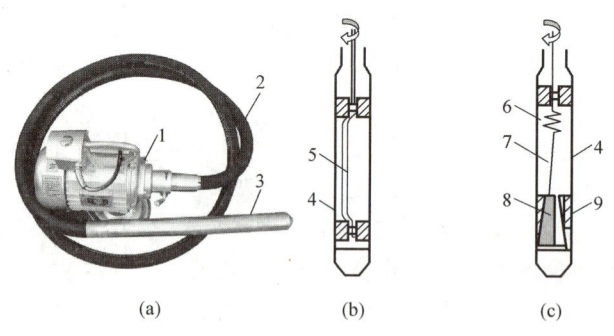

图 4-56　插入式振动器构成及原理图

（a）外形；（b）偏心轴式振动棒原理；（c）行星式振动棒原理

1—电动机；2—软轴；3—振动棒；4—振动棒外壳；5—偏心转轴；

6—挠性联轴节；7—滚动轴；8—滚锥；9—滚道

行星滚锥式是利用振动棒中一端空悬的转轴，在它旋转时，除自转外，还使其下垂（前）端的圆锥部分（即滚锥）沿棒壳内的圆锥面（即滚道）作公转滚动，从而形成滚锥体的行星运动，以驱动棒体产生圆振动。由于转轴滚锥沿滚道每公转一周，振动棒壳体即可产生一次振动，故软轴只要以较低的电动机转速带动滚锥转动，就能使振动棒产生较高的振动频率。行星式振动器具有振捣效果好、效率高、机械磨损少等优点，因而得到普遍的应用。

使用插入式振动器时，要使振动棒自然地垂直沉入混凝土中。为使上下层混凝土结合成整体，振动棒应插入下一层混凝土中不少于50mm。振捣时，应将棒上下移动，以保证上下部分的混凝土振捣均匀。应避免振动棒碰撞钢筋、模板及埋设物。

振动棒各插点的间距应均匀。插点间距一般不得超过振动棒有效作用半径 R（一般取棒半径的8～10倍）的1.4倍，振动棒与模板的距离不应大于其有效作用半径 R 的1/2。各插点的布置方式有行列式与交错式两种（图4-57），其中交错式重叠、搭接较多，振捣效果较好。振动棒在

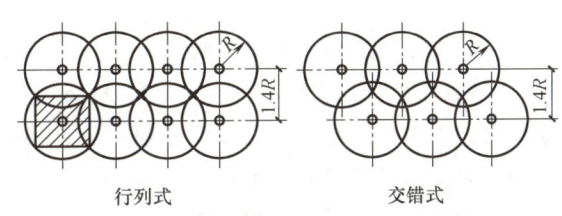

行列式　　　　交错式

图4-57　插点的布置

各插点的振动时间，以见到混凝土表面基本平坦、不再明显塌陷、泛出水泥浆、不再冒气泡为止。

2）平板式振动器。它是将带有偏心块的电动机固定在平板上而形成振动器。适用于捣实楼板、地坪、路面等平面面积大而厚度较小的混凝土构件。振捣时，每次移动的间距应保证底板能与上次振捣区域重叠50mm左右，以防止漏振。

（2）自密实混凝土

自密实混凝土又称免振混凝土，是通过外加剂（包括高性能减水剂、超塑化剂、稳定剂等）、超细矿物粉等胶结材料和粗细骨料的搭配以及配合比的精心设计，使混凝土拌合物屈服剪应力减小到适宜范围，同时又具有足够的塑性黏度，使骨料悬浮于水泥浆中，不出现离析和泌水等问题，在不用外力振捣的条件下通过自重作用实现自由流淌，充分填充模板内的空间而形成密实且均匀的结构。

对于自密实混凝土，拌合物的工作性（主要包括流动性、黏聚性和保水性）是控制重点，应着重解决好混凝土的高工作性与混凝土硬化强度及耐久性的矛盾。一般情况下，自密实混凝土的工作性能应达到：坍落度250～270mm，坍落扩展度550～755mm，流过高差≤15mm。骨料最大粒径不宜大于20mm。浇筑前确定好布料点和下料间距，水平流动距离不宜大于7m，浇筑时，柱、墙模板内的下落高度不宜大于5m，钢管内的倾落高度不宜大于9m，否则应使用串筒、溜槽；且应控制浇筑速度和单次下料量，并应分层浇筑至设计标高，防止模板受损。

四、混凝土的养护

混凝土的养护是指混凝土浇筑后，在硬化过程中进行温度和湿度的控制，使其达到设计强度。主要方法有自然养护和人工环境养护。施工现场多采用自然养护法，构件厂常用蒸汽养护法。

1. 自然养护

自然养护是通过洒水、覆盖、喷涂养护剂等方式，使混凝土在规定的时间内保持足够的温湿状态，使其强度得以增长。养护方式应考虑现场条件、环境温湿度、构件特点、技术要求、施工操作等因素合理选择，可单独使用或复合使用。

覆盖养护是在混凝土裸露表面覆盖塑料薄膜，或塑料薄膜加岩棉被、草帘等保温材料。对

封闭结构可采用蓄水法，如水池可在拆除其内侧模板、混凝土达到一定强度后注水养护。

养护剂法常用于大面积结构或不易覆盖者，它是将养护剂喷涂在已凝结的混凝土表面上，溶剂挥发后形成于消失的薄膜而保湿。这种方法多用于不易覆盖的大面积混凝土工程，如路面、地坪、机场跑道、楼板、墙体等。

混凝土的自然养护应符合下列规定：

（1）混凝土终凝后，应根据其性能及所处环境及时进行养护。对高性能混凝土宜在浇筑时即开始喷雾保湿。

（2）混凝土的养护时间：硅酸盐水泥、普通硅酸盐水泥或矿渣硅酸盐水泥拌制的混凝土，不得少于7d；采用缓凝型外加剂、大掺量矿物掺合料配制的混凝土、大体积混凝土、后浇带、抗渗混凝土以及C60以上混凝土均不得少于14d；地下室底层和结构首层柱、墙混凝土宜适当增加养护时间，且带模养护不宜少于3d。

（3）洒水养护的洒水次数应能保持混凝土处于湿润状态。养护用水标准与拌制用水相同；当日最低温度低于5℃时，不应采用洒水养护。

（4）采用塑料薄膜覆盖养护时，应覆盖严密，并应保持塑料薄膜内有凝结水。

（5）喷涂养护剂养护时，其保湿效果应通过试验检验。喷涂应均匀，不得漏喷。

（6）混凝土强度达到1.2MPa前，不得上人施工。

2. 蒸汽养护

蒸汽养护是将构件放在充满饱和蒸汽的养护室内或就地覆盖围挡后通入蒸汽，在较高的温湿度环境中加速水泥水化反应，使混凝土强度快速增长的养护方法。蒸汽养护室是构件厂制作构件的重要设施，有间歇式和连续式两种。

间歇式养护室有地下式和半地下式（图4-58），坑盖与坑壁之间用水封来密封，一批构件养护完毕，构件吊出，蒸汽全部跑掉。此种养护室设备简单，但生产率低，浪费能源。

连续式养护室有立窑和隧道窑。隧道窑一般采用水平折线式（图4-59）。由于饱和蒸汽轻，聚积在上部形成恒温，左侧斜坡为升温区，右侧斜坡为降温区，构件用传送带以一定的速度从左至右经过窑内便完成养护工作。

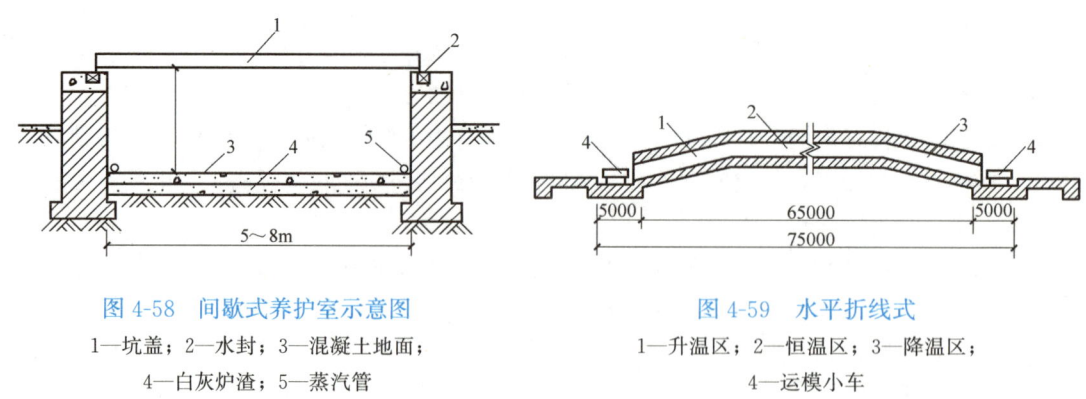

图 4-58　间歇式养护室示意图　　　　　　图 4-59　水平折线式
1—坑盖；2—水封；3—混凝土地面；　　　　1—升温区；2—恒温区；3—降温区；
4—白灰炉渣；5—蒸汽管　　　　　　　　　4—运模小车

蒸汽养护制度包括：养护阶段的划分，静停时间，升、降温速度，恒温养护温度与时间，养护室相对湿度等。

常压蒸汽养护过程分为四个阶段：静停阶段、升温阶段、恒温阶段及降温阶段。

（1）静停阶段：构件在浇筑成型后先在常温下放一段时间，称为静停。静停时间一般为2～6h以防止构件表面产生裂缝和疏松现象。

（2）升温阶段：构件由常温升到养护温度的过程。升温温度不宜过快，以免由于构件表面和内部产生过大温差而出现裂缝。升温速度为：薄型构件不超过 25℃/h，其他构件不超过20℃/h，用干硬性混凝土制作的构件，不得超过 40℃/h。

（3）恒温阶段：温度保持不变的持续养护时间。恒温养护阶段应保持 90%～100% 的相对湿度，恒温养护温度不得大于 95℃。恒温养护时间一般为 3～8h。

（4）降温阶段：是恒温养护结束后，构件由养护最高温度降至常温的散热降温过程。降温速度不得超过 10℃/h，构件出池后，其表面温度与外界温差不得大于 20℃。以防止构件出现裂纹。

五、混凝土冬期施工

1. 冬期施工原理

根据当地多年气象资料，当室外日平均气温连续 5d 稳定低于 5℃ 时，混凝土工程应采取冬期施工措施；并应及时采取气温突然下降的防冻措施。

冻结对早期混凝土将造成严重危害。其主要原因是混凝土内部的水结冰后体积膨胀，冰晶应力使强度还很低的混凝土内部产生无法弥补的微裂纹；其次，导热性强的钢筋、粗骨料表面易形成冰膜，削弱了砂浆与石子、混凝土与钢筋间的握裹力，导致混凝土最终强度损失。试验证明，混凝土遭冻时间越早、水胶比越大，则强度损失越多，反之则少。

混凝土受冻后，当温度恢复至正温时其强度还能继续增长。当混凝土达到某一初期强度值后遭到冻结，解冻后再经 28d 标养，其强度如能达到设计强度等级值的 95% 以上时，则受冻前的初期强度值即称之为混凝土的允许受冻临界强度。规范规定见表 4-17。

混凝土允许受冻临界强度规定　　　　　　　　　　　表 4-17

混凝土种类	受冻临界强度
用硅酸盐、普通硅酸盐水泥配制的混凝土	30%设计强度等级值
用矿渣硅酸盐等水泥配制的混凝土	40%设计强度等级值
抗渗混凝土	50%设计强度等级值
有抗冻耐久性要求的混凝土	70%设计强度等级值

注：当施工需要提高混凝土强度等级时，应按提高后的强度等级值确定受冻临界强度。

2. 冬期施工要求与方法

（1）原材料的选择及要求

1）水泥。应优先选用水化热及早期强度高的水泥（如硅酸盐水泥或普通硅酸盐水泥），采用蒸汽养护时宜采用矿渣硅酸盐水泥。最小水泥用量不宜少于 280kg/m³，水胶比不应大于 0.55。

2）骨料。必须清洁，不得含有冰、雪和冻块；在掺用含有钾、钠离子防冻剂的混凝土中，不得混有活性骨料。

3）外加剂。不宜使用氯盐类防冻剂；对抗冻性要求高的混凝土，宜使用引气剂或减水剂。

（2）原材料的加热

冬期施工常采用热拌混凝土。在拌制前应优先考虑对水进行加热，当其不能满足要求时，再加热骨料。水泥不得加热，宜在使用前运入暖棚内存放。水及骨料的加热温度，应根据热工计算确定，但不得超过表4-18的规定。在任何情况下，水泥都不得与80℃以上的水直接接触，以防出现"假凝"现象。

拌合水及骨料加热最高温度（℃） 表 4-18

普通硅酸盐水泥、矿渣硅酸盐水泥的强度等级	拌合水	骨料
42.5 以下	80	60
42.5 及以上	60	40

（3）混凝土的搅拌

在混凝土搅拌前，先用热水或蒸汽冲洗、预热搅拌筒，以保证混凝土的出机温度。投料顺序是：当水温不高于表4-18的规定时，可将水泥和骨料先投入，干拌均匀后再加入水，直至搅拌均匀为止；否则应先投入骨料和热水，拌至温度下降后再投入水泥。

混凝土的搅拌时间应较常温延长50%；混凝土拌合物的出机温度不宜低于10℃。

（4）混凝土运输和浇筑

运输混凝土所用的容器应有保温措施，运输时间应尽量缩短，保证混凝土的入模温度不低于5℃。混凝土在浇筑前，应清除模板和钢筋上的冰雪和污垢；不得在强冻胀性地基上浇筑；当在弱冻胀性地基上浇筑时，基土不得遭冻。当分层浇筑大体积混凝土时，已浇筑层在被上一层覆盖前，不得低于按热工计算要求的温度，且不得低于2℃。

（5）混凝土养护方法

冬期施工混凝土的养护方法，一般要经过技术经济比较确定。在免遭冻害的前提下，选择质量优、费用低、污染小且简单易行的方法。

1）蓄热养护法

蓄热法是利用加热原材料的热量及水泥水化热的热量，再加以保温材料覆盖，延缓混凝土的冷却速度，使混凝土冻结前达到受冻临界强度。该法具有施工简单、节省能源、费用低等特点，适用于最低温度不低于−15℃时，地面以下的工程或表面系数（表面积/体积）不大于5m^{-1}的结构。当表面系数较大（5～15m^{-1}）时，可在混凝土中掺加具有减水、引气功能的早强剂而构成综合蓄热法。

蓄热法养护的关键要素是：混凝土的入模温度、围护层的总传热系数和水泥水化热值。采用蓄热法时，宜选用水化热大的硅酸盐水泥或普通硅酸盐水泥，适量掺用早强剂，适当提高入模温度，同时选用导热系数小、价廉耐用且有一定防火性能的保温材料（岩棉被等），且应加强棱角处覆盖。必要时可采取外部早期短时加热的措施。

2）外加剂法

外加剂法是通过掺入具有抗冻、早强、催化、减水等作用的外加剂，降低混凝土的冰点，使之在负温下继续硬化，尽早到要求的强度。使用该法应做好试验检验工作，避免不同类型外加剂间的相互影响，防止产生不利影响和环境污染；且保证混凝土入模温度和初始温度符合要求。

3）加热养护法

A. 蒸汽养护法

蒸汽养护法是利用蒸汽对混凝土进行加热，以达到受冻临界强度。该法效果好，但费用较高。具体方法包括蒸汽室法、蒸汽套法、毛细管法和构件内部通汽法等。

使用该法，应得到设计同意，并严格控制温度和升降温速度。当采用加热养护时，混凝土养护前的温度不得低于 2℃；当加热温度需在 40℃ 以上时，应采取防止产生较大温度应力的措施。

B. 电热养护法

电热养护法分电极法和电热器法两种。电极法即在新浇筑的混凝土中，按一定间距插入电极，利用混凝土本身的电阻将电能转变为热能进行加热养护。电热器法是利用各种电加热器，如电热毯、电磁感应加热器、远红外加热器等对混凝土加热养护，此法要注意防止混凝土早期脱水，最好在表面覆盖一层塑料薄膜。

4）暖棚法

暖棚法是在建筑物或构件周围搭起暖棚，棚内设置热源，以维持棚内不低于 5℃ 的环境，使混凝土养护硬化。此法施工操作与常温无异，但搭设暖棚耗资大、耗能多，且仅适用于建筑面积不大而混凝土工程又很集中的工程，在地下及基坑中施工使用较多。

（6）质量控制

冬期施工应加强对混凝土温度的监测，以便及时采取措施，保证混凝土安全达到受冻临界强度。因此，要按规范要求布设和留置测温孔或安装测温设备、安排专人监测。每次留置强度试件时，应增加不少于 2 组同条件养护试件，以检查混凝土受冻时的强度和最终强度。

六、混凝土的质量检查

混凝土的质量检查内容包括：拌制和浇筑过程中的质量检查、成品质量检查和结构实体检验。

1. 过程中的质量检查

在拌制和浇筑过程中，对拌制混凝土所用原材料的品种、规格和用量的检查，每一工作班至少两次；当混凝土配合比由于外界影响有变动时，应及时检查并调整；混凝土的搅拌时间，应随时检查。对首次使用的混凝土配合比应进行开盘鉴定。混凝土拌合物的稠度，对同一配比混凝土按每楼层、每工作班、每拌制 100 盘、每 100m³ 抽样检查至少一次。

2. 混凝土试块的留置

为了检查混凝土强度等级是否达到设计或施工阶段的要求，应制作试块，进行抗压强度试验。试块的尺寸及强度换算系数见表 4-19。

混凝土试件尺寸及强度的尺寸换算系数　　　　　　　　　　　　　表 4-19

骨料最大粒径(mm)	试件尺寸(mm)	强度的尺寸换算系数
≤31.5	100×100×100	0.95
≤40	150×150×150	1.00
≤63	200×200×200	1.05

注：对强度等级为 C60 及以上的混凝土试件，其强度的尺寸换算系数可通过试验确定。

（1）检查混凝土是否达到设计强度等级

检查方法是，制作标准养护试块，经 28d 养护后做抗压强度试验。其结果作为确定结构或构件的混凝土强度是否达到设计要求的依据。

标准养护试块，应在浇筑地点随机取样制作。其组数，应按下列规定留置：

1）每个工作班、每一楼层、每拌制 100 盘、每 100m³ 的同配合比的混凝土，取样均不得少于一次。

2) 每次取样应至少留置一组（3个）标准试块。每组试块应在同盘混凝土中取样制作。

（2）检查混凝土的实体强度

为了检查结构或构件的拆模、运输、吊装、施加预应力或临时负荷的需要，以及结构实体检验要求，尚应留置与结构或构件同条件养护的试块。其组数可按实际需要确定。

3. 混凝土强度的评定

（1）每组试块强度代表值的确定

混凝土强度应分批进行验收。同一验收批的混凝土应由强度等级相同、龄期相同以及生产工艺和配合比基本相同的混凝土组成。每一验收批的混凝土强度，应以同批内各组标准试件的强度代表值来评定。每组试块的强度代表值按下述规定确定：

1) 取三个试块试验结果的平均值，作为该组试块的强度代表值；

2) 当三个试块中的最大或最小的强度值，与中间值相比超过15％时，取中间代表该组的混凝土试块的强度；

3) 当三个试块中的最大和最小的强度值，与中间值相比均超过15％时，该组试件作废。

（2）混凝土强度评定方法

根据混凝土生产情况，在混凝土强度检验评定时，有以下三种评定方法：

1) 标准差已知统计法

当混凝土的生产条件在较长时间内能保持一致，且同一品种混凝土的强度变异性能保持稳定时，由连续的三组试块代表一个验收批进行评定。

2) 标准差未知统计法

当混凝土的生产条件不能满足上述规定，或在前一个检验期内的同一品种混凝土没有足够的数据用以确定验收批混凝土立方体抗压强度标准差时，应由不少于10组的试块代表一个验收批，进行强度评定。

3) 非统计法

对零星生产的预制构件的混凝土或现场搅拌的批量不大的混凝土，可采用非统计法评定，此时，验收批混凝土的强度必须同时满足下列两式的要求：

$$m_{f_{cu}} \geqslant 1.15 f_{cu,k}（C60 及以上时为 1.10 f_{cu,k}） \tag{4-9}$$

$$f_{cu,min} \geqslant 0.95 f_{cu,k} \tag{4-10}$$

式中　$m_{f_{cu}}$——同一验收批混凝土立方体抗压强度平均值（MPa）；

　　　$f_{cu,k}$——混凝土立方体抗压强度标准值（MPa）；

　　　$f_{cu,min}$——同一验收批混凝土立方体抗压强度最小值（MPa）。

4. 现浇结构的外观质量检查与处理

混凝土结构的外观质量不应有严重缺陷及影响结构性能和使用功能的尺寸偏差。

（1）检查内容与偏差要求

现浇钢筋混凝土结构拆模后，应检查构件的轴线位置、标高、截面尺寸、表面平整度、垂直度、外观缺陷、连接及构造做法；预埋件数量、位置；结构的轴线位置、标高、全高垂直度等。其尺寸偏差应符合表4-20。

项　目			允许偏差(mm)	检验方法
轴线位置	整体基础		15	经纬仪及尺量
	独立基础		10	
	柱、墙、梁		8	尺量
垂直度	层高	≤6m	10	经纬仪或吊线、尺量
		>6m	12	
	全高	≤300m	$H/30000+20$	经纬仪、尺量
		>300m	$H/10000$ 且≤80	
标高	层高		±10	水准仪或拉线、尺量
	全高		±30	
截面尺寸	基础		+15,-10	尺量
	柱、梁、板、墙		+10,-5	
	楼梯相邻踏步高差		6	
电梯井	中心位置		10	尺量
	长、宽尺寸		+25,0	
表面平整度			8	2m靠尺和塞尺量测
预埋件中心位置	预埋板		10	尺量
	预埋螺栓		5	
	预埋管		5	
预留洞、孔中心线位置			15	尺量

注：1. 检查柱轴线、中心线位置时，沿纵、横两个方向量测，并取其中偏差的较大值。

　　2. H 为全高，单位为 mm。

（2）外观缺陷与处理

纵向受力筋有露筋，构件主要受力部位有蜂窝、孔洞、夹渣、疏松、裂缝，连接部位有影响传力性能的缺陷，清水混凝土有影响使用功能或装饰效果的外形、外表缺陷均属于严重缺陷。在此之外的、不影响受力和使用功能的外观和尺寸偏差等属一般缺陷。

对严重缺陷，应由施工单位提出技术处理方案，经监理单位认可后进行处理；对裂缝或连接部位的严重缺陷及其他影响结构安全的严重缺陷，技术处理方案尚应经设计单位认可。对一般缺陷，施工单位可按技术处理方案进行处理。

5. 结构实体检验

规范规定，混凝土结构工程验收时，应对涉及结构安全的有代表性部位进行结构实体质量检验。检验内容主要包括混凝土强度、钢筋保护层厚度、结构位置与尺寸偏差等。

结构实体检验应由施工单位制定专项方案，并经监理单位审批并组织实施和过程见证。结构实体检验项目除结构位置与尺寸偏差外，均应由具有相应资质的检测机构完成。其中混凝土强度应检验同条件养护的试件，其龄期按正温下日平均温度逐日累计应达到600℃·d，且不应小于14d。当缺乏同条件养护试件或其强度不符合要求时，可采用回弹-取芯法进行检验。

工 程 案 例

案例 1：某构件的钢筋配料

某房屋为抗震结构，有现浇钢筋混凝土主梁 L_1 5 根，配筋图如图 4-60 所示，③、④号钢筋为 45°弯起，试计算各种钢筋切断下料长度及 5 根梁钢筋总重量。

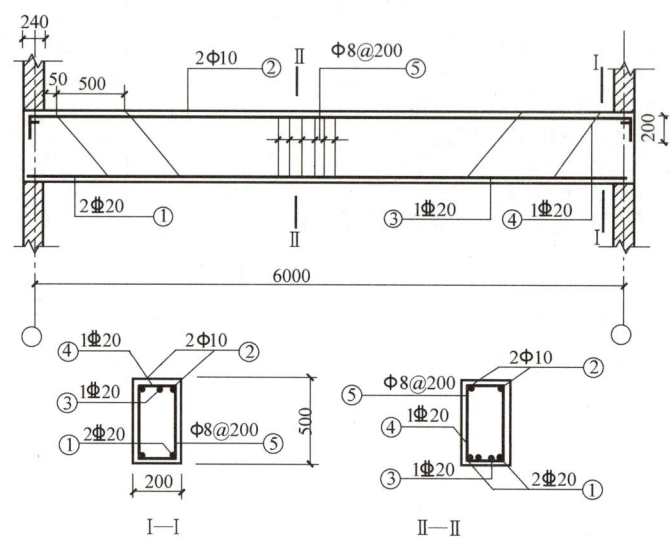

图 4-60　梁 L_1 配筋图

【解】

1. 钢筋下料长度及重量计算

构件处于室内环境，箍筋保护层厚度取 20mm，梁主筋保护层厚度则为 20+8=28mm。

① 号钢筋（受拉主筋）

下料长度：$L_① =6000+2\times120-2\times28=6184$（mm）

每根钢筋重量=$2.47\times6.184=15.27$（kg）

② 号钢筋（架立筋）

外包尺寸：$6000+2\times120-2\times28=6184$（mm）

下料长度：$L_② =6184+2\times6.25\times10=6309$（mm）

每根重量：$0.617\times6.309=3.89$（kg）

③ 号钢筋（弯起筋）

外包尺寸分段计算：

端部平直段长：$240+50+500-28=762$（mm）

斜段长：$(500-2\times28)\times1.414=628$（mm）

中间直段长：$6240-2\times(240+50+500+444)=3772$（mm）

端部竖直外包长：200（mm）

下料长度：$L_③ =2\times(762+628+200)+3772-2\times2d-4\times0.5d$

$=6952-2\times2\times20-4\times0.5\times20=6832$（mm）

每根重量：$2.47\times6.832=16.88$（kg）

④ 号钢筋（弯起筋）：下料长度及重量与③号筋相同，亦为 6832mm、16.88kg

132

⑤ 号钢筋（箍筋）

外包宽度：$200-2\times20=160$（mm）

外包高度：$500-2\times20=460$（mm）

箍筋有三处 90°弯折，每个量度差值为：$2d=2\times8=16$（mm）

抗震结构，箍筋取 135°/135°形式，D 取 25mm；平直段长 $10d=80$mm，且不小于 75mm。则每个弯钩增加值为：

$$\frac{3}{8}\pi(D+d)-\left(\frac{D}{2}+d\right)+80=\frac{3}{8}\pi(25+8)-\left(\frac{25}{2}+8\right)+80=98\ (\text{mm})$$

下料长度：$L_⑤=2\times(160+460)-3\times16+2\times98=1388$（mm）

每根重量：$0.395\times1.388=0.55$（kg）

箍筋根数：$(6.24-2\times0.05)/0.2+1=32$（根）

2. 编制下料单

该种梁下料单见图 4-61。供计划、备料、加工及验收使用。

构件名称	钢筋编号	钢筋简图	钢号与直径	下料长度 (mm)	单梁根数	合计根数	重量 (kg)
L_1梁，共 5 根	①	6184	Φ20	6184	2	10	152.7
	②	6184	Φ10	6309	2	10	38.9
	③	200 762 628 3772	Φ20	6832	1	5	84.4
	④	200 262 628 4772	Φ20	6832	1	5	84.4
	⑤	160 460	Φ8	1388	32	160	88
钢筋重量合计							448.4

图 4-61 某工程主梁 L_1 钢筋下料单

案例 2：某工程墙体模板设计。

案例 3：中央电视台新楼基础底板浇筑。

习　　题

4-25　　4-26

一、问答题

1. 柱、梁、板、墙，钢筋绑扎与模板安装的先后顺序各如何？

2. 钢筋有哪些连接方法、搭接和绑扎的要求有哪些？

3. 试述闪光对焊工艺种类与适用范围，质量检查的内容与方法。

4. 用搭接电弧焊连接钢筋时，对焊缝的长度、宽度、厚度各有哪些要求？

5. 钢筋代换时应注意哪些问题？

6. 钢筋的机械连接方法有哪些？各自特点及适用范围如何？

7. 钢筋直螺纹连接的位置及质量要求有哪些？

8. 梁、板、柱钢筋的保护层的厚度如何保证？

9. 对模板的基本要求有哪些？

10. 梁、板模板为什么要起拱？怎样起拱？起多少？

11. 内外全现浇结构用大模板施工时，其外墙外侧模板如何安装？

12. 现浇楼板何时拆除底模和支撑，为什么要保持支撑二～三层以上？

13. 现场混凝土的搅拌、运输、浇筑常使用哪些机具？

14. 对混凝土运输的基本要求有哪些？

15. 混凝土泵送运输时，泵管如何选择和布置，对混凝土有何要求？

16. 防止混凝土柱"烂根"的措施有哪些？

17. 混凝土每层浇筑厚度如何确定？振捣的方法及要求有哪些？

18. 试述确定混凝土施工缝留设位置的原则，接缝的时间与施工要求。

19. 浇筑框架结构混凝土的施工要点有哪些？

20. 框架结构浇筑顺序如何？当梁、柱采用不同强度等级的混凝土时，应如何施工？

21. 混凝土浇筑后，何时需开始养护？养护多少时间？何时允许上人继续作业？

22. 混凝土受冻临界强度有何规定，冬施方法有哪些？

二、计算题

1. 计算图 4-62 所示梁的钢筋下料长度（抗震结构），并绘制出配料单。该梁共 16 根。

注：各种钢筋单位长度的重量为：Φ8（0.395kg/m），Φ12（0.888kg/m），Φ22（2.98kg/m），Φ25（3.85kg/m）。

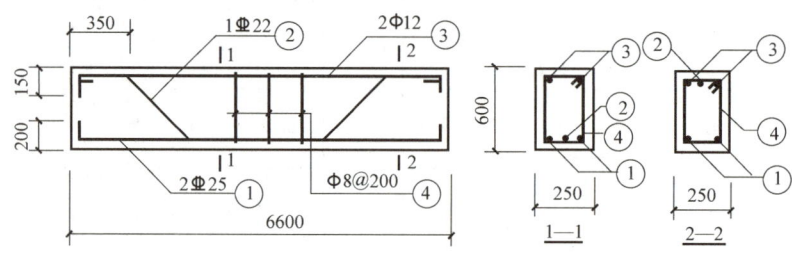

图 4-62　计算题 1 图

2. 某钢筋混凝土梁主筋原设计采用 HRB335 级 4 根直径 18mm 的钢筋，现无此种钢筋，拟用 HRB400 级钢筋代换，试计算需代换钢筋面积、直径和根数。

3. 某钢筋混凝土墙网片筋为Φ10@150，现拟用Φ12 钢筋代换，试计算钢筋间距。

4. 某混凝土墙高 4m，采用坍落度为 150mm 的普通混凝土，浇筑速度为 2m/h，浇筑入模温度为 22℃。试计算模板的设计荷载组合效应值及侧压力的有效压头高度。

5. 某 C20 混凝土的试验配比为 1：2.23：4.04，水灰比为 0.56，水泥用量为 290kg/m³，现场砂石含水率分别为 4％和 2％。若用装料容量为 560L 的搅拌机拌制混凝土（出料系数为 0.625），求施工配合比及每盘配料量（用袋装水泥）。

6. 某钢筋混凝土现浇梁板结构，采用 C30 普通混凝土，设计配合比为：1：2.12：3.37，水灰比 W/C＝0.58，水泥用量为 320kg/m³，测得施工现场砂子含水率为 3％，石子含水率为 1％，采用 J_4-375 型强制式搅拌机。试计算搅拌机在额定生产量条件下，一次搅拌的各种材料投入量（注：J_4-375 型搅拌机的出料容量为 250L，水泥投入量按每 5kg 进级取整数）。

7. 某混凝土设备基础：长×宽×厚＝15m×4m×3.2m，要求整体连续浇筑，拟采取全面水平分层浇筑方案。现有三台搅拌机，每台生产率为 6m³/h，若混凝土的初凝时间为 3h，运输时间为 0.5h，每层浇筑厚度为 400mm，试确定：

（1）此方案是否可行；

（2）确定搅拌机最少应设几台；

（3）该设备基础浇筑的可能最短时间与允许的最长时间。

8. 今有三组混凝土试块，其强度分别为：18.5MPa、20.3MPa、21.8MPa；16.2MPa、20.1MPa、24.6MPa；17.5MPa、20.4MPa、25.2MPa。试求各组试块的强度代表值。

第五章 预应力工程

学习重点：先张法、后张法施工工艺，预应力工程施工常用工器具，预应力筋张拉控制力及伸长量计算。

学习要求：了解常用的预应力筋，理解预应力混凝土的概念，掌握先张法、后张法施工工艺与要求，熟悉常用的夹具、锚具和张拉设备，了解预应力筋下料长度计算，掌握张拉控制力的计算。了解预应力在钢结构工程领域的前沿应用。

　　预应力工程是在结构或构件承受使用荷载之前，利用材料的弹性，预先对构件的受拉区施加压应力，以提高结构或构件的刚度和抗裂度，减轻结构自重，增加结构稳定性；或者利用预应力将预制散件拼装成整体，以降低大型构件的预制和运输难度。预应力混凝土工程为预应力工程最普遍的一种形式，可更加有效地发挥高强钢材、纤维材料和高强混凝土的性能。在同样条件下，较之普通钢筋混凝土结构，其构件截面小、自重轻、材料省、变形小、抗裂度高、耐久性好，有较高的综合经济效益。近年来，随着钢结构应用的日益增多，预应力钢结构也有了较快的发展。

　　常用规范：《混凝土结构工程施工规范》GB 50666—2011；《预应力筋用锚具、夹具和连接器》GB/T 14370—2015；《无粘结预应力混凝土结构技术规程》JGJ 92—2016；《缓粘结预应力混凝土结构技术规程》JGJ 387—2017；《预应力钢结构技术标准》JGJ/T 497—2023 等。

5-1

　　预应力混凝土按其施工顺序可分为先张法和后张法；按预应力筋与混凝土的粘结状态，分为有粘结预应力混凝土、无粘结预应力混凝土及缓粘结预应力混凝土等。

第一节 材料与设备

一、预应力筋

　　预应力混凝土结构对预应力筋的要求是：强度高、塑性较好、焊接性能较好、与混凝土有良好的粘结性能以及低松弛等。预应力筋目前以钢材为主，近年来，也发展出了非钢材预应力筋，比如 FRP 筋（纤维增强复合塑料）等。

　　在预应力混凝土工程中常用的预应力筋有钢丝、钢绞线、精轧螺纹钢筋、无粘结预应力钢绞线、缓粘结预应力钢绞线等。

（一）预应力混凝土用钢丝

　　预应力混凝土用钢丝是将优质高碳钢盘条经酸洗、镀铜或磷化后冷拉（拔）、消除应力而成的钢丝总称，常用的有光圆钢丝、螺旋肋钢丝和刻痕钢丝，大多用于先张法施工。

　　其中光圆钢丝一般只用于预应力压力管道。螺旋肋钢丝是用拉拔方法使钢丝表面形成 3～4 条螺旋状凸肋的钢丝，这种钢丝锚固强度高、锚固刚度大（滑移小）且锚固延性好。刻痕钢丝是用冷轧或冷拔方法使钢丝表面产生均匀变化的凹痕或凸纹以增加与混凝土握裹力的钢丝。

（二）预应力混凝土用钢绞线

预应力混凝土用钢绞线（图 5-1）是将冷拉钢丝在绞线机上成螺旋形绞合，并经消除应力回火处理而成。钢绞线的强度高（可达 2.1GPa）、柔性好、施工方便，得到广泛应用。

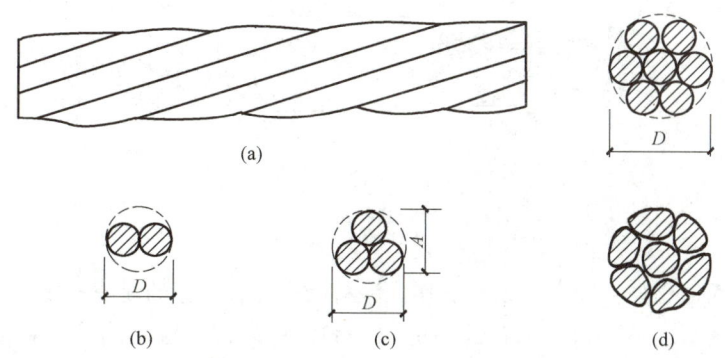

图 5-1　预应力混凝土用钢绞线

（a）1×7 钢绞线；（b）1×2 钢绞线；（c）1×3 钢绞线；（d）模拔钢绞线

D—钢绞线公称直径；A—1×3 钢绞线测量尺寸

钢绞线按深加工要求不同又可分为：标准型钢绞线、刻痕钢绞线和模拔型钢绞线。

1. 标准型钢绞线

标准型钢绞线由冷拉光圆钢丝绞合，并做消除应力处理的钢绞线。常用低松弛钢绞线。其力学性能优异、质量稳定、价格适中，是我国土木建筑工程中用途最广、用量最大的一种预应力筋。

2. 刻痕钢绞线

刻痕钢绞线是由刻痕钢丝绞合成的钢绞线，可增加钢绞线与混凝土的握裹力。其力学性能与低松弛钢绞线相同。

3. 模拔型钢绞线

模拔型钢绞线是在绞合成型后，再经模拔处理制成。这种钢绞线内的钢丝在模拔时被挤压，各根钢丝成为面接触，使钢绞线的密度提高约 18％。在相同截面面积时，该钢绞线的外径较小，可减少孔道直径；在相同直径的孔道内，可使钢绞线的数量增加。而且它与锚具的接触面较大，易于锚固。

（三）精轧螺纹钢筋

精轧螺纹钢筋（图 5-2）是一种热轧成带有不连续的外螺纹的直条钢筋，该钢筋在任意截面处，均可用带有匹配形状的内螺纹的连接器或锚具进行连接或锚固。

预应力混凝土用螺纹钢筋以屈服强度划分级别，其代号为"PSB"加上规定屈服强度最小值表示。PSB 为 Prestressing Screw Bars（预应力螺纹钢筋）的英文首位字母。常见的等级有 PSB785、PSB830、PSB930、PSB1080 和 PSB1200 等五个等级。这种高强度钢筋具有锚固简单、施工方便、无须

图 5-2　精轧螺纹钢筋

焊接等优点。

（四）无粘结预应力钢绞线

无粘结预应力钢绞线由预应力钢绞线、涂料层和护套组成，如图 5-3 所示。

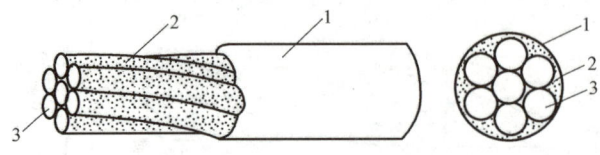

图 5-3　无粘结预应力钢绞线

1—护套；2—涂料层；3—预应力筋

其钢绞线一般选用强度较高的钢材制作。涂料层应具有良好的化学稳定性，且对周围材料无侵蚀作用；不透水，不吸湿，抗腐蚀性能强；润滑效果好，摩阻力小；在规定温度范围内（至少在－20～70℃）不流淌，低温不脆化，并具有一定的延展性和韧性。常用的材料有油脂、环氧树脂或塑料等。

无粘结筋的护套材料应具有足够的韧性，抗磨及抗冲击性；材料的防水性及抗腐蚀性强；对周围材料应无侵蚀作用；低温不脆化，高温化学稳定性好。目前常用较好的材料为高密度的聚乙烯或聚丙烯。

二、夹具、锚具和连接器

（一）夹具

夹具是在先张法施工时，用于保持预应力筋的拉力并将其固定在生产台座（或设备）上的工具性锚固装置；或在后张法施工过程中，在张拉千斤顶或设备上夹持预应力筋的工具性锚固装置。

1. 张拉夹具

张拉夹具是将预应力筋与张拉机械连起来，进行预应力张拉的工具。常用的有钳式夹具、偏心式夹具和楔形夹具，如图 5-4 所示。

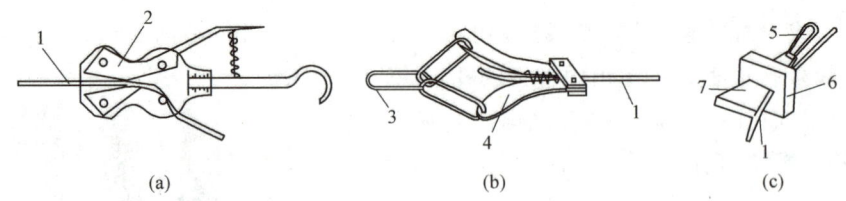

（a）　　　　　　　　　（b）　　　　　　　　　（c）

图 5-4　张拉夹具

（a）钳式夹具；（b）偏心式夹具；（c）楔形夹具

1—预应力筋；2—钳齿；3—拉钩；4—偏心齿条；5—拉环；6—锚板；7—楔块

2. 锚固夹具

锚固夹具是将预应力筋临时固定在台座横梁上的工具，常用的锚固夹具有圆套筒夹片式夹具和镦头夹具。

（1）圆套筒夹片式夹具

圆套筒夹片式夹具由中间开圆锥形孔的套筒和两或三个夹片组成，利用楔形原理夹持住预应力筋，适用于锚固单根预应力筋。如图5-5所示。

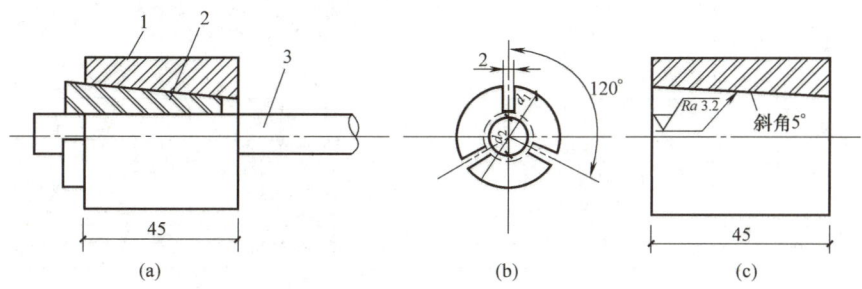

图 5-5　圆套筒三片式夹具

（a）装配图；（b）夹片；（c）套筒

1—套筒；2—夹片；3—预应力筋

（2）镦头夹具

镦头夹具适用于精轧螺纹钢筋和钢丝，分为单根镦头夹具（图5-6）和镦头梳筋板夹具（图5-7）。

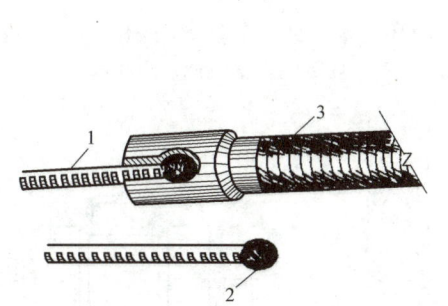

图 5-6　单根镦头夹具

1—预应力筋；2—镦粗头；3—张拉螺杆

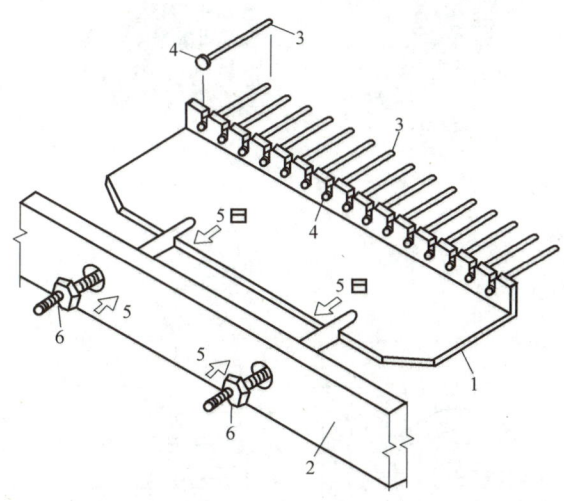

图 5-7　钢模上张拉用的梳筋板夹具

1—梳筋板；2—钢模横梁；3—钢丝；4—镦头；5—千斤顶张拉时爪钩孔及支撑位置示意；6—固定用螺母

（二）锚具

锚具是在后张法结构或构件中，为保持预应力筋拉力并将其传递到混凝土上用的永久性锚固装置。锚具的类型有很多，根据预应力筋的种类，可按表5-1选用不同类型的锚具。

常用的锚具有支承式、夹片式和握裹式等三种形式。

1. 支承式锚具

常见的支承式锚具主要有螺母锚具和镦头锚具。

预应力筋品种	张拉端	固定端	
		安装在结构外部	安装在结构内部
钢绞线	夹片锚具 压接锚具	夹片锚具 挤压锚具 压接锚具	压花锚具 挤压锚具
单根钢丝	夹片锚具 镦头锚具	夹片锚具 镦头锚具	镦头锚具
钢丝束	镦头锚具 冷（热）铸锚	冷（热）铸锚	镦头锚具
精轧螺纹钢筋	螺母锚具	螺母锚具	螺母锚具

（1）螺母锚具

每个孔道只放一根钢筋时，常采用高强精轧螺纹钢筋作为预应力筋，其张拉端和非张拉端均可采用螺母锚具（图 5-8）。螺母锚具由螺母和垫板构成，一般采用 45 号钢制作，适用于直径 18～32mm 的螺纹钢筋。张拉时一般配用 YC60A 型千斤顶和专用连接头进行。预应力筋需接长时，可使用螺纹接长套筒。

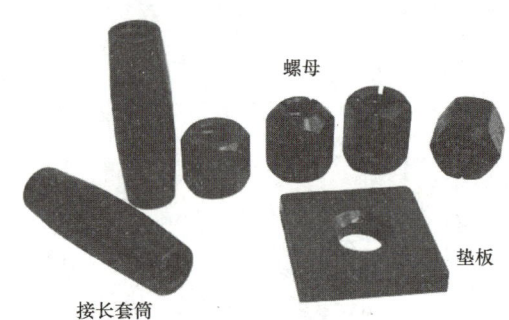

图 5-8　螺母锚具与接长套筒

（2）镦头锚具

镦头锚具常用于单根钢丝或钢丝束作为预应力筋的情况。高强钢丝镦头宜采用液压冷镦，冷镦头的强度应不低于钢丝母材强度的 97%。钢丝束镦头锚具分 A 型与 B 型。A 型由锚杯与螺母组成，可用于张拉端；B 型为锚板，用于固定端，其构造见图 5-9。

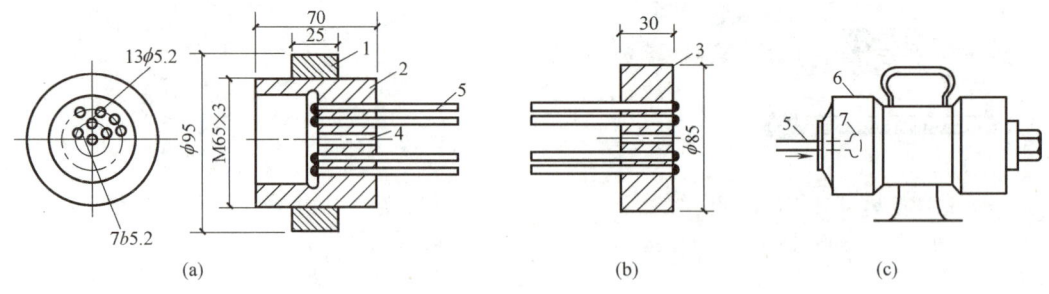

图 5-9　镦头锚具构造与镦头机

（a）张拉端锚杯与螺母；（b）固定端锚板；（c）液压冷镦器

1—螺母；2—锚杯；3—锚板；4—排气孔；5—钢丝；6—冷镦器；7—镦粗头

2. 夹片式锚具

夹片式锚具主要由锚环夹片组成，按其夹持预应力筋的形式分为块状夹片和包裹式夹片两类，按其锚固预应力筋的数量又分为单锚式和群锚式。

（1）块状夹片锚具（JM 型）

该类锚具由锚环与多个块状夹片组成（图 5-10），其夹片组合起来形成一个整体截锥形楔块，通过相邻两块间的半圆槽夹住一根预应力筋。为增加夹片与预应力筋之间的摩擦力，在半圆槽内刻有截面为梯形的齿痕。锚环和夹片均采用 45 号钢，经机械加工而成，具有施工方便、内缩小等优点，但成本较高。

JM 型锚具主要用于锚固 3～6 根直径 12mm 的钢筋束或 4～6 根直径 12～15mm 的钢绞线束，近年来又发展了锚固 6～7 根直径 5mm 碳素钢丝的 JM5-6 和 JM5-7 型锚具。

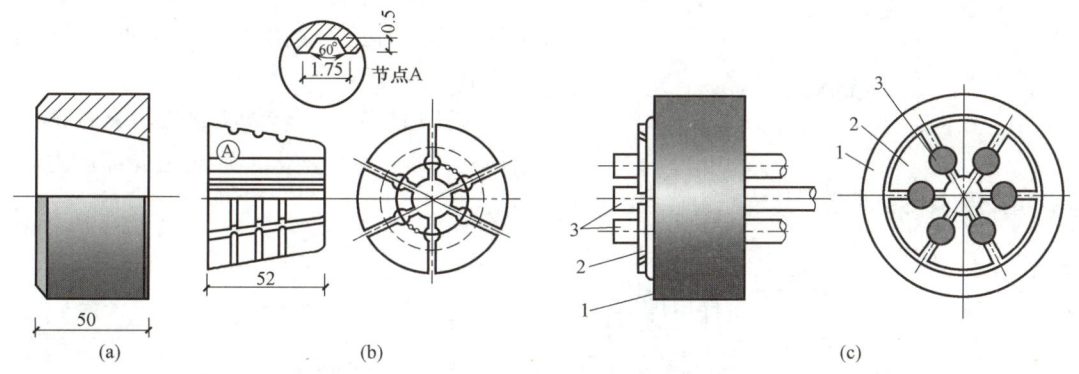

图 5-10　JM12-6 型锚具

（a）锚环；（b）夹片；（c）装配图

1—锚环；2—夹片；3—预应力筋

（2）包裹式夹片锚具

该类锚具也是由锚环与楔形夹片组成，与 JM 型锚具不同的是夹片完全处于预应力筋与锚环之间，通过夹片包裹并夹持住预应力筋。常用于钢绞线的锚固。

按照夹片的数量分为二夹片式或三夹片式，夹片的开缝形式有斜开缝和直开缝（图 5-11）。按照一个锚环（或称锚板）可锚固钢绞线的数量又分为单孔式和多孔式。

1）单孔锚具

它是由一个圆锥形孔的锚环（套筒）和二或三个夹片组成，利用楔形原理夹持住预应力筋，且通过夹片内壁的细小螺牙增加咬合力，适用于单根钢绞线的锚固。如图 5-12 所示。

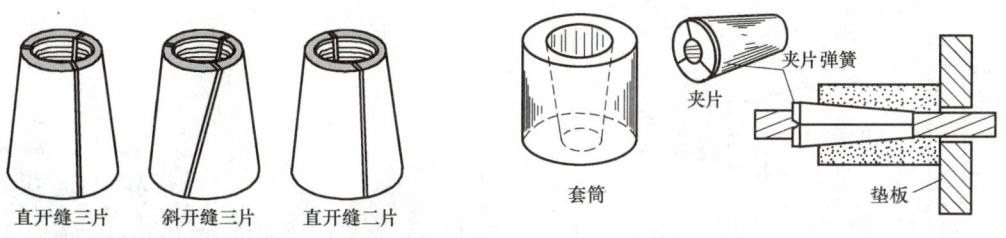

图 5-11　锚具夹片的形式　　　　图 5-12　单孔夹片锚具构成与装配图

2）多孔圆形锚具

多孔夹片锚具，是由开有多个锥形孔的锚板和多组夹片构成，利用每孔内的夹片来夹持一根预应力筋的楔紧式锚具（图 5-13）。其特点是每根预应力筋都是分开锚固的，任何一根钢绞

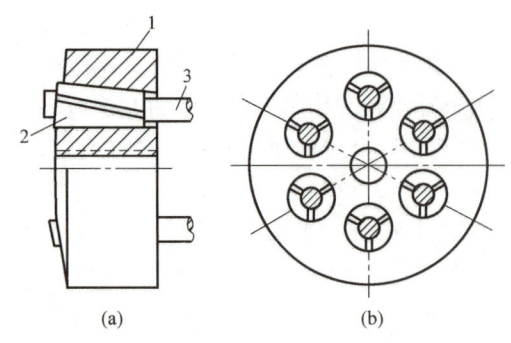

图 5-13　XM 型锚具

（a）装配图；（b）锚板

1—锚板；2—夹片；3—钢绞线

线的锚固失效，不会引起整个锚固体系失效。

锚板尺寸由锚孔数确定，锚孔在锚板上均匀排列。该类锚具适用于锚固 3～51 根钢绞线，也可以用于锚固钢丝束。

该类锚具分为 QM 型、XM 型和 OVM 型。QM 型锚具的每个锚孔方向与锚板法向轴线平行，而 XM 型则呈放射型倾斜，以减少钢绞线折角；OVM 型锚具是在 QM 型的基础上，将夹片改为二片式，并在夹片背部开一弹性槽，以提高锚固性能。

多孔锚具常采用将端头垫板与喇叭管铸成整体的锚座，以分散端部混凝土局部压力，保证孔道严密和便于灌浆。其装配构造如图 5-14 所示。

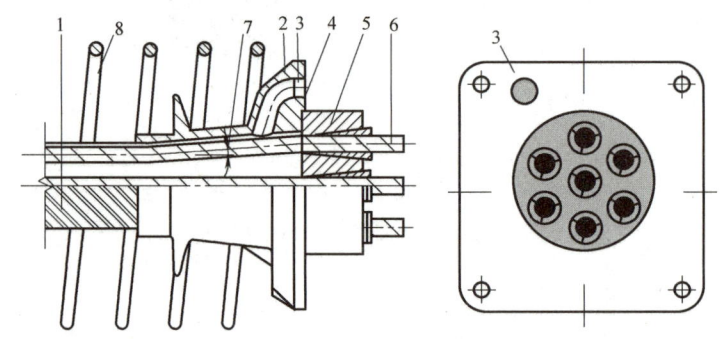

图 5-14　锚垫板及锚具装配图

1—波纹管；2—喇叭管锚垫板；3—灌浆孔；4—对中止口；5—锚板；6—钢绞线；

7—钢绞线折角；8—螺旋箍筋

（3）多孔扁形锚具（BM 型）

BM 型锚具是一种新型的多孔夹片式扁形群锚，简称扁锚。它是由扁锚头、扁形垫板、扁形喇叭管及扁形管道等组成，构造如图 5-15 所示。

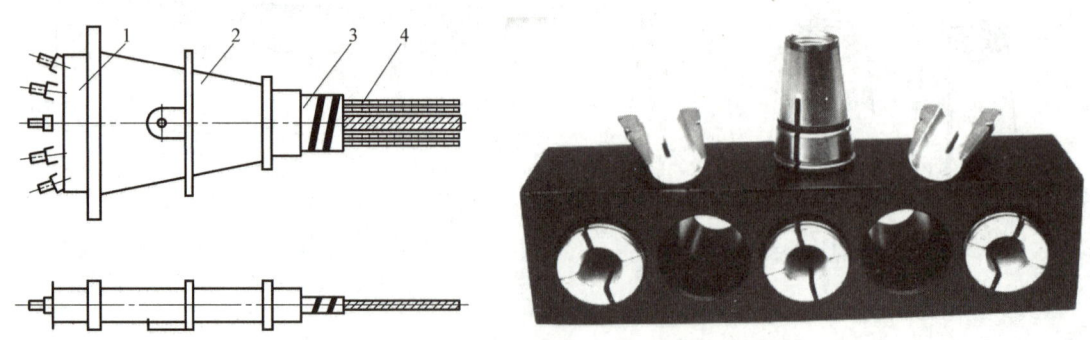

图 5-15　BM 型锚具

1—扁锚板；2—扁形垫板与喇叭管；3—扁形波纹管；4—预应力筋

扁锚的优点是：张拉槽口扁小，可减小混凝土板厚，便于梁的预应力筋按实际需要切断后锚固，有利于减少钢材使用量；钢绞线单根张拉，施工方便。这种锚具特别适用于空心板、低高度箱梁以及桥面横向预应力构件。张拉时有配套的液压千斤顶。

3. 握裹式锚具

握裹式锚具常用于钢绞线束的固定端，常见的有挤压锚具和压花锚具。

（1）挤压锚具

挤压锚具是利用液压压头机将套筒挤紧在钢绞线端头上的一种锚具。套筒内衬有硬钢丝螺旋圈，在挤压后硬钢丝全部脆断，一半嵌入外钢套，一半压入钢绞线，从而增加钢套筒与钢绞线之间的摩阻力。锚具下设有钢垫板与螺旋筋。这种锚具适用于构件端部的设计力大或端部尺寸受到限制的情况。其构造如图 5-16 所示。

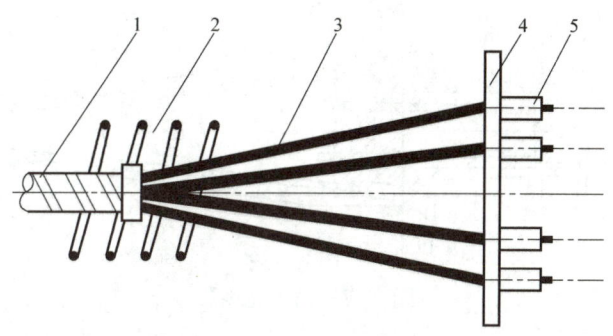

图 5-16　挤压锚具

1—波纹管；2—螺旋筋；3—钢绞线；4—钢垫板；5—挤压套筒

（2）压花锚具

压花锚具是利用液压压花机将钢绞线端头压成梨形散花状的一种锚具（图 5-17）。梨形头的尺寸对于 $\phi^s 15.2$ 钢绞线不小于 $\phi 95mm \times 150mm$。多根钢绞线梨形头应分排埋置在混凝土内。为提高压花锚四周混凝土及散花头根部混凝土抗裂强度，在散花头的头部应配置构造筋，在散花头的根部应配置螺旋筋，压花锚距构件截面边缘不小于 30cm。第一排压花锚的锚固长度，对 $\phi^s 15.2$ 钢绞线不小于 95cm，每排相隔至少 30cm。

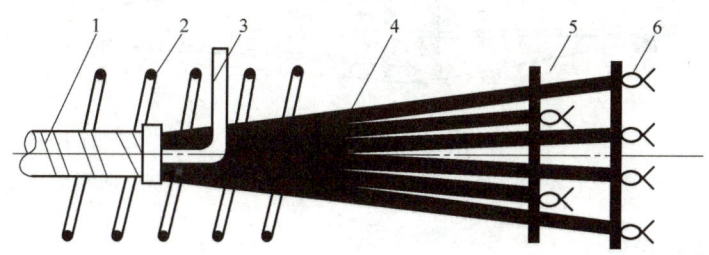

图 5-17　压花锚具

1—波纹管；2—螺旋筋；3—灌浆管；4—钢绞线；5—构造筋；6—压花锚具

除上述几种形式的锚具之外，利用高强钢丝束作为预应力筋时，还可以采用铸锚。其工作原理与镦头锚具类似，镦头锚具利用镦粗头固定，而铸锚是将钢丝束的一端铸在锚杯里。铸锚分为冷铸锚和热铸锚，前者一般通过有机结合剂锚固，后者一般通过向锚杯里浇注低熔点合金锚固。

（三）连接器

为了接长预应力筋或便于预应力筋的分段张拉，常采用连接器。按使用部位不同，可分为锚头连接器与接长连接器。

1. 锚头连接器

锚头连接器设置在构件端部，用于锚固前段预应力筋束，并连接后段预应力筋束。锚头连接器的构造如图 5-18 所示，其连接体是一块增大的锚板。锚板中部的锥形孔用于锚固前段束，锚板外周边的槽口用于挂住后段束的挤压头。连接器外包喇叭形白铁护套，并沿连接体外圆绕上打包钢条一圈，用打包机打紧钢条固定挤压头。

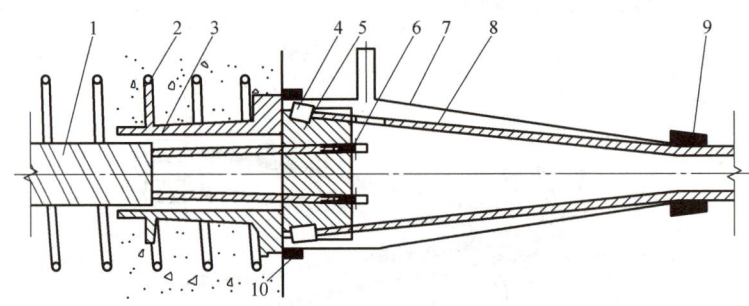

图 5-18　锚头连接器

1—波纹管；2—螺旋筋；3—铸铁喇叭管；4—挤压锚具；5—连接体；
6—夹片；7—白铁护套；8—钢绞线；9—钢环；10—打包钢条

2. 接长连接器

接长连接器设置在孔道的直线区段，用于接长预应力筋。接长连接器与锚头连接器的不同处是将锚板上的锥形孔改为孔眼，两段钢绞线的端部均用挤压锚具固定。张拉时连接器应有足够的活动空间。其构造如图 5-19 所示。

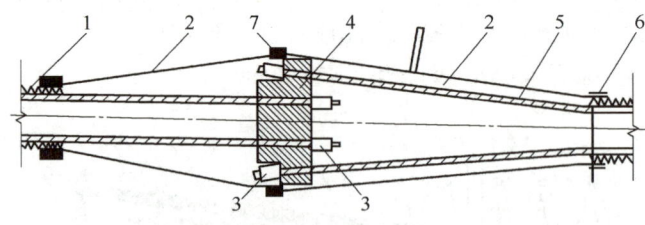

图 5-19　接长连接器

1—波纹管；2—白铁护套；3—挤压锚具；4—锚板；5—预应力筋；6—钢环；7—打包钢条

三、预应力张拉设备

（一）先张法张拉设备

先张法张拉设备分为电动张拉设备和液压张拉设备两类，前者主要包括电动螺杆张拉机和电动卷扬张拉机，现已不多采用，这里不再赘述。常用的液压张拉设备为油压千斤顶。

油压千斤顶可张拉单根预应力筋或多根成组预应力筋。多根成组张拉时，可采用四横梁装置进行，如图 5-20 所示。

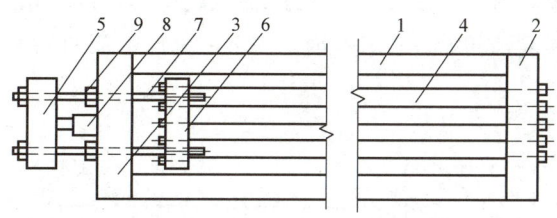

图 5-20 千斤顶四横梁张拉装置示意图

1—台座传力柱；2—前横梁；3—后横梁；4—预应力筋；5—拉力架外横梁；

6—拉力架内横梁；7—大螺杆；8—台座式千斤顶；9—螺母

（二）后张法常用张拉设备

后张法张拉设备由液压千斤顶、高压油泵和外接油管三部分组成。常用的液压千斤顶有穿心式、拉杆式和前置内卡式。

1. 穿心式千斤顶

穿心式千斤顶是一种具有穿心孔，利用双液缸张拉预应力筋和顶压锚具的双作用千斤顶。这种千斤顶适应性强，既适用于需要顶压的锚具，配上撑脚与拉杆后，也可用于螺杆锚具和镦头锚具。该系列产品有 YC20D、YC60、YC120 和 YC200 型千斤顶等。下面以常用的 YC60 型为例，介绍穿心式千斤顶原理。

YC60 型千斤顶的构造和工作原理图，如图 5-21 所示。张拉预应力筋时，张拉油嘴进油、顶压缸油嘴回油，顶压油缸带动撑脚右移顶住锚环；张拉油缸带动工具锚左移张拉预应力筋。顶压锚固时，在保持张拉力稳定的条件下，顶压缸油嘴进油，顶压活塞右移将夹片强力顶入锚环内。张拉缸采用液压回程，此时张拉缸油嘴回油、顶压缸油嘴进油。顶压活塞采用弹簧回程，此时张拉缸和顶压缸油嘴同时回油，顶压活塞在弹簧力作用下回程复位。

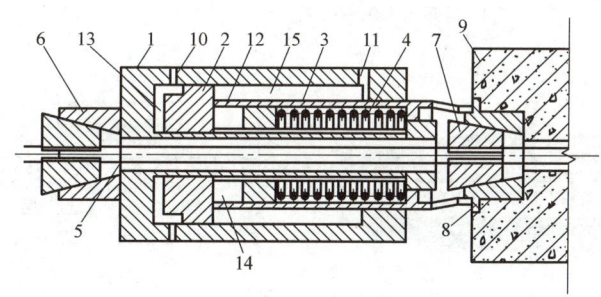

图 5-21　YC60 型千斤顶

1—张拉油缸；2—顶压油缸；3—顶压活塞；4—回程弹簧；5—预应力筋；6—工具锚；7—楔块；8—锚环；9—构件；

10—张拉缸油嘴；11—顶压缸油嘴；12—油孔；13—张拉工作油室；14—顶压工作油室；15—张拉回程油室

2. 拉杆式千斤顶

拉杆式千斤顶适用于张拉以螺丝端杆锚具为张拉锚具的粗钢筋、张拉以锥形螺杆锚具为张拉锚具的钢丝束等。它由主油缸、主缸活塞、回油缸、回油活塞、连接器、传力架、活塞拉杆等组成。其工作原理如图 5-22 所示。张拉预应力筋时，首先使连接器与预应力筋的螺丝端杆相连接，顶杆支撑在构件端部的预埋钢板上。高压油进入主缸时，则推动主缸活塞向左移动，并带动拉杆和连接器以及螺丝端杆同时向左移动，对预应力筋进行张拉。达到设定拉力时，拧紧预应力筋的螺母，将预应力筋锚固在构件的端部。高压油再进入副缸，推动副缸使主缸活塞和拉杆向右移动，使其回复到初始位置。此时，主缸的高压油流回到高压泵中，完成一次张拉过程。

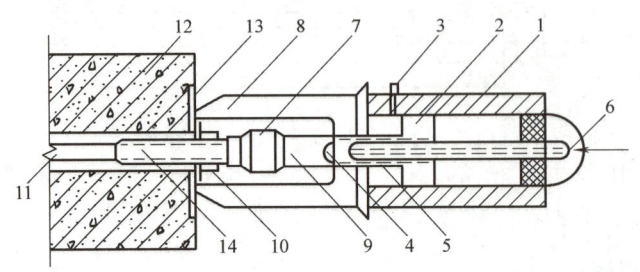

图 5-22　拉杆式千斤顶张拉单根粗钢筋的工作原理图

1—主缸；2—主缸活塞；3—主缸进油孔；4—副缸；5—副缸活塞；6—副缸进油孔；7—连接器；
8—传力架；9—拉杆；10—螺母；11—预应力筋；12—混凝土构件；
13—预埋钢板；14—螺丝端杆

目前，常用的拉杆式千斤顶为 YL-60 型，另外还有 YL-400 型和 YL-500 型拉杆式千斤顶。

3. 前置内卡式千斤顶

前置内卡式千斤顶是将工具锚安装在千斤顶前部的一种穿心式千斤顶，其优点是节约预应力筋，小巧灵活，效率高。适用于单根钢绞线张拉或多孔锚具单根张拉。其构造如图 5-23 所示。由于工作夹具在千斤顶前端，钢绞线外露长度仅需 200mm 即可张拉。张拉时既可自锁锚固，也可顶压锚固。采用顶压锚固时，需在千斤顶端部装顶压器，在油泵路上加装分流阀。

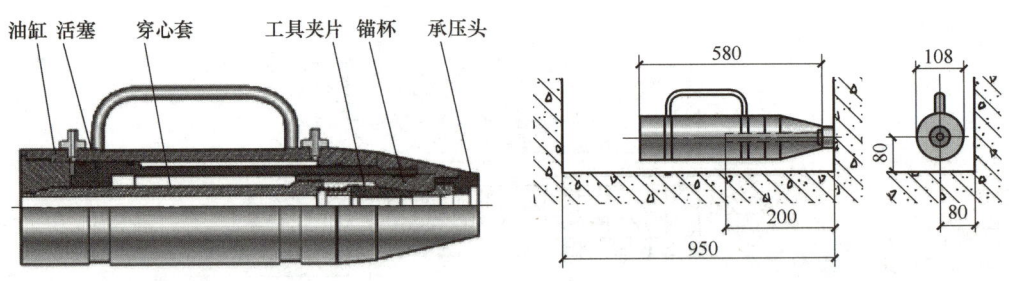

图 5-23　YDC250 型千斤顶构造及工作空间示意图

该千斤顶操作简单快捷、使用安全可靠，所需工作空间小，并设有标尺，便于观察张拉行程。可用于先张法、后张法施工。

4. 大孔径穿心式千斤顶

大孔径穿心式张拉千斤顶，主要用于群锚钢绞线束的整体张拉，YDC 系列外形如图 5-24 所示。该类千斤顶有多种型号，张拉力为 650～12000kN，穿心孔径为 72～280mm，外形尺寸为 $\phi200mm \times 300mm \sim \phi720mm \times 900mm$，每次张拉行程 200mm。不但张拉力大、操作简单，且性能可靠。张拉安装构造如图 5-25 所示。

图 5-24　大孔径穿心式千斤顶

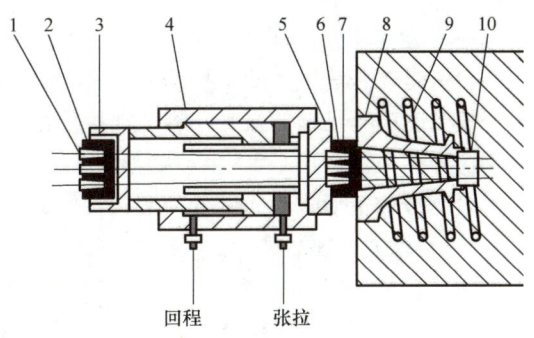

图 5-25　大孔径穿心式千斤顶张拉示意图

1—工具夹片；2—工具锚环；3—过渡套；4—千斤顶；
5—限位板；6—工作夹片；7—工作锚环；
8—锚垫板；9—螺旋筋；10—波纹管

第二节　先张法施工

预应力混凝土工程中先张拉预应力筋、后浇筑混凝土的施工方法，称为先张法施工。先张法预应力混凝土构件一般在预制厂台座上生产，其施工步骤是在浇筑混凝土前张拉预应力筋，并将其临时固定在台座上，然后浇筑混凝土，经养护，当混凝土强度达到设计强度标准值75%以上、预应力筋与混凝土之间具有足够的粘结力之后，解除台座对预应力筋的锚固，使构件混凝土产生预压应力。其主要工艺顺序如图5-26所示。

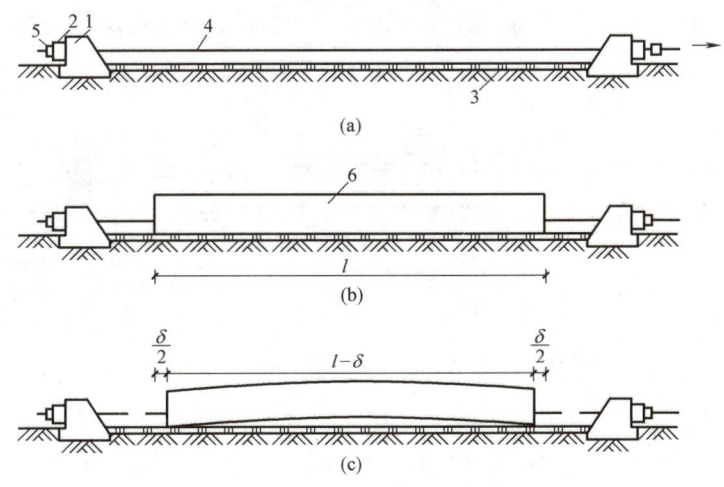

图 5-26　先张法施工过程示意图

（a）张拉、固定预应力筋；（b）浇筑、养护混凝土构件；（c）切断预应力筋

该方法具有钢筋和混凝土之间粘结可靠度高、质量易保证、节省锚具、经济效益高等优点；缺点是生产占地面积大，养护要求高，必须有承载能力强且刚度大的台座。因此仅适用于

构件厂生产中小型构件。

一、台座

台座是先张法生产的主要设备，是预应力筋的临时固定支座，承受预应力筋的全部张拉力，故台座应有足够的强度、刚度和稳定性，以避免台座破坏或变形导致的预应力筋张拉失败或预应力损失。

台座按构造形式不同可分为墩式台座、槽式台座和钢模台座。

（一）墩式台座

墩式台座一般用于生产中小型构件，如屋架、空心板、平板等。其长度一般为 100～150m，这样既可利用钢丝长的特点，张拉一次可以生产多个构件，减少张拉及临时固定工作，又可减少因钢丝滑动或台座变形引起的应力损失。

墩式台座基本形式有重力式（图 5-27）和构架式（图 5-28）两种。重力式台座主要靠台座自重平衡张拉力产生的倾覆力矩；构架式台座主要靠土压力来平衡张拉力所产生的倾覆力矩。

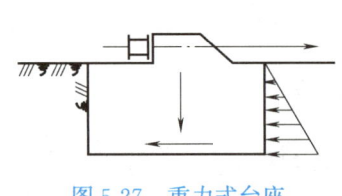

图 5-27　重力式台座　　　　　图 5-28　构架式台座

（二）槽式台座

生产吊车梁、屋架、箱梁时，由于张拉力和倾覆力矩都很大，一般采用槽式台座。由于它具有通长的钢筋混凝土压杆，因此可承受较大的张拉力和倾覆力矩。压杆上加砌砖墙，加盖后可进行蒸汽养护（图 5-29），为方便混凝土运输和蒸汽养护，槽式台座一般低于地面。

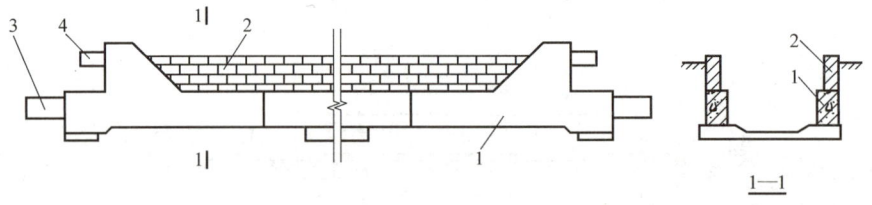

图 5-29　槽式台座

1—钢筋混凝土压杆；2—砖墙；3—下横梁；4—上横梁

（三）钢模台座

钢模台座是将制作构件的钢模板做成具有相当刚度的结构，作为预应力筋的锚固支座，将预应力筋直接放在模板上进行张拉。

二、先张法施工工艺

（一）预应力筋下料

先张法长线台座上的预应力筋，如图 5-30 所示，可采用钢丝或钢绞线。根据张拉装置不同，可采取单根张拉方式与整体张拉方式。预应力筋下料长度 L 的基本算法见式（5-1）。

5-2

148

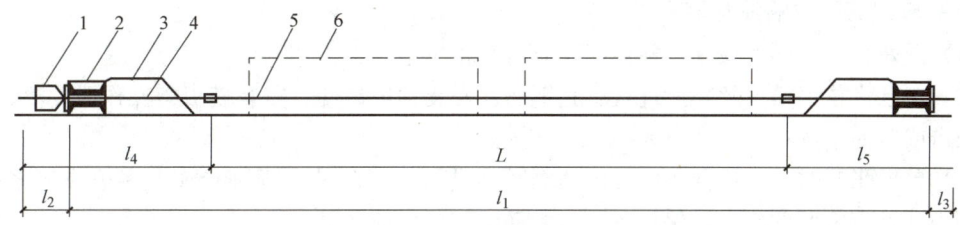

图 5-30　长线台座预应力筋下料长度计算简图

1—张拉装置；2—钢横梁；3—台座；4—工具式拉杆；5—预应力筋；6—待浇筑混凝土构件

$$L = l_1 + l_2 + l_3 - l_4 - l_5 \tag{5-1}$$

式中　l_1——长线台座长度；

l_2——张拉装置长度（含外露预应力筋长度）；

l_3——固定端所需长度；

l_4——张拉端工具式拉杆长度；

l_5——固定端工具式拉杆长度。

若预应力筋直接在钢横梁上张拉和锚固，则取消式（5-1）中 l_4 和 l_5 值。

（二）预应力筋张拉

预应力筋的张拉应根据设计要求严格按张拉程序进行。

1. 张拉控制应力

根据《混凝土结构设计规范（2015 年版）》GB 50010—2010 和《预应力混凝土结构设计规范》JGJ 369—2016 的规定，预应力筋的张拉控制应力 σ_{con} 应满足表 5-2 要求。

张拉控制应力和超张拉允许最大应力　　　　表 5-2

项次	预应力筋种类	张拉控制应力 σ_{con}		超张拉允许最大应力限值 σ_{max}
		张拉方法		
		先张法	后张法	
1	消除应力钢丝、钢绞线	$0.75 f_{ptk}$	$0.75 f_{ptk}$	$0.80 f_{ptk}$
2	中强度钢丝	$0.70 f_{ptk}$	—	$0.75 f_{ptk}$
3	精轧螺纹钢筋	—	$0.85 f_{pyk}$	$0.90 f_{pyk}$

注：1. f_{ptk} 为预应力筋极限抗拉强度标准值。

　　2. f_{pyk} 为预应力筋屈服强度标准值。

2. 张拉程序

预应力筋张拉程序一般可按下列程序之一进行：

$$0 \rightarrow 1.05\sigma_{con} \xrightarrow{\text{持荷 2min}} \sigma_{con} \quad \text{或者}$$

$$0 \rightarrow 1.03\sigma_{con}$$

采用上述张拉程序的目的是为了减少预应力松弛损失。应力松弛是钢材的一种特性，即钢材在常温、高应力状态下具有不断产生塑性变形的特性。应力松弛损失的大小跟控制应力和延续时间有关。控制应力越高，松弛损失越大；应力延续时间越长，损失也越大，但是应力松弛可在 1min 内完成应力损失的 50%，24h 可完成 80%。上述张拉程序，先超张拉 5‰σ_{con} 再持荷 2min，则可减少大部分松弛损失。超张拉 3‰σ_{con} 也是为了弥补松弛引起的预应力损失。

3. 预应力筋张拉的注意事项

（1）做好材料、设备检查，并做好预应力筋张拉记录；

（2）在已张拉钢筋（丝）上进行绑扎钢筋、安装预埋铁件、安装模板等操作时，要防止踩踏、敲击或碰撞钢丝；

（3）单根张拉时，应从台座中间向两侧对称进行，以防偏心损坏台座。多根成组张拉时，应用测力计抽查钢筋的应力，保证各预应力筋的初应力应一致；

（4）张拉要缓慢进行，顶紧锚塞时，用力不要过猛，以防钢丝折断；在拧紧螺母时，应注意压力表读数始终保持所需的张拉力；

（5）预应力筋张拉完毕后，对设计位置的偏差不得大于 5mm，也不得大于构件截面短边长的 4%；

（6）冬期施工张拉时，环境温度不得低于 -15℃；

（7）台座两端应有防护设施，两端严禁站人，也不准进入台座。

（三）混凝土施工

预应力筋张拉完成后，应及时进行混凝土浇筑。混凝土应采用低水灰比，控制水泥用量和骨料级配，以减少混凝土的收缩和徐变，降低预应力损失。混凝土的浇筑必须一次完成，不允许留设施工缝。应振捣密实，振捣设备不得碰撞预应力筋。

混凝土可采用自然养护或蒸汽养护。若采用在台座上进行蒸汽养护，应注意温度升高后，预应力筋膨胀而台座长度无变化引起的预应力损失。因此，混凝土达到一定强度之前，温差一般不能超过 20℃。采用蒸汽养护时，其最高允许温度应根据设计要求的允许温差经计算确定。当混凝土强度养护至 7.5MPa（预应力筋为精轧螺纹钢筋）或 10MPa（预应力筋为钢丝、钢绞线）以上时，则可按照一般构件的蒸汽养护规定进行。这种养护方法叫作二次升温养护法。

（四）预应力筋放张

1. 放张要求

放张预应力筋时，混凝土强度必须符合设计要求。当设计无要求时，不得低于设计的混凝土强度标准值的 75% 且不低于 30MPa。过早放张会引起较大的预应力损失或产生预应力筋滑动。放张前应对同条件养护混凝土试块进行试压，以确定混凝土的实际强度。

2. 放张顺序

预应力筋的放张顺序应符合设计要求。若设计无规定，可按下列要求进行：

（1）宜采取缓慢放张工艺进行逐根或整体放张；

（2）轴心受预压的构件（如拉杆、桩等），所有预应力筋应同时放张；

（3）对受弯或偏心受预压的构件（如梁等），应先同时放张预压力较小区域的预应力筋，再同时放张预压力较大区域的预应力筋；

（4）如不能满足前两项要求时，应分阶段、对称、交错地放张，以防止在放张过程中构件产生弯曲、裂纹和预应力筋断裂。

3. 放张方法

（1）板类构件放张

对板类构件的钢丝或细钢筋，放张时可直接用钢丝钳剪断或切割机锯断。放张工作宜从生产线中间处开始，以减少回弹量且有利于脱模；对每一块板，应从外向内对称放张，以免构件侧弯而端部开裂。

（2）精轧螺纹钢筋放张

预应力粗钢筋的放张应缓慢进行，以防击碎端部混凝土，目前常采用千斤顶放张。放张时，对单根钢筋应拉动钢筋、松开螺母，然后缓慢回油放松；对成组张拉者应推动钢梁、退出夹片，再缓慢回油放松。

第三节　后张法施工

后张法是先制作构件或结构，待混凝土达到一定强度后，在构件或结构上张拉预应力筋的方法。后张法预应力施工，不需要台座设备，灵活性大，广泛用于构件厂生产大型预应力混凝土预制构件和施工现场在设计位置浇筑预应力混凝土构件。后张法预应力施工，又可分为有粘结预应力施工、无粘结预应力施工和缓粘结预应力施工三类。

一、有粘结预应力施工

其施工过程如图 5-31 所示。混凝土构件或结构制作时，在预应力筋部位预先留设孔道，然后浇筑混凝土并进行养护；制作预应力筋并将其穿入孔道；待混凝土达到设计要求的强度后，张拉预应力筋并用锚具锚固；最后进行孔道灌浆与封锚。这种施工方法通过孔道灌浆，使预应力筋与混凝土相互粘结，减轻了锚具传递预应力作用，提高了锚固可靠性与耐久性，也增加了结构的整体性，广泛用于主要承重构件或结构。

5-3

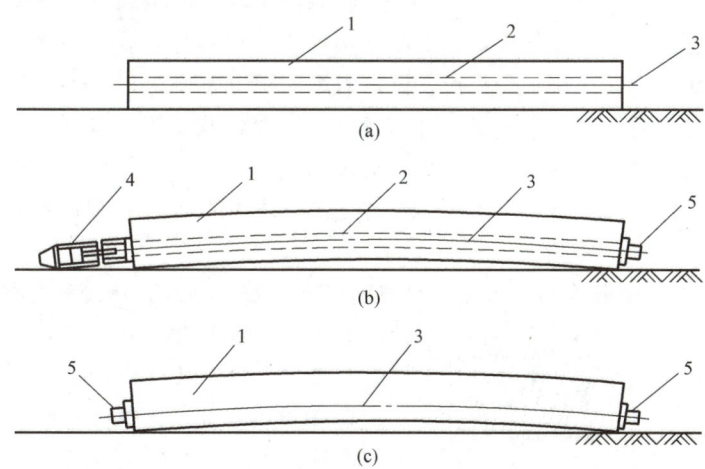

图 5-31　后张有粘结预应力施工过程示意图

（a）制作混凝土构件；（b）张拉预应力筋；（c）锚固及孔道灌浆

1—混凝土构件；2—预留孔道；3—预应力筋；4—千斤顶；5—锚具

（一）孔道留设

孔道留设是后张有粘结预应力施工的关键工作。孔道留设方法有钢管抽芯法、胶管抽芯法和预埋波纹管法。孔道位置应准确，内壁应光滑，端部预埋钢板应与孔道中心线垂直。孔道的直径应比预应力钢筋（束）及连接器外径大 6~15mm，截面积为筋的 3~4 倍，以利于预应力筋穿入、张拉和注浆粘结。在留设曲线孔道时，对峰谷差较大者还应留设排气孔。

1. 钢管抽芯法

钢管抽芯法是在制作构件时，在预应力筋位置预先埋设钢管，在混凝土浇筑后，每隔10～15min慢慢转动钢管，使之不与混凝土粘结，待混凝土初凝后、终凝前（浇筑后80～100℃·h）再将钢管旋转抽出的留孔方法。

钢管要平直，表面要光滑，安放位置须准确。为防止在浇筑混凝土时钢管产生位移，一般用钢筋井字架固定钢管位置，其间距不超过1m。钢管长度一般不超过15m，便于旋转和抽管。对较长构件可用两根钢管，中间接头处可用长度为30～40cm的铁皮套管连接，钢管的旋转方向两端要相反。钢管抽芯法仅适用于留设直线孔道。

抽管顺序宜先上后下，抽管可用人工或卷扬机，要边抽边转，速度均匀，与孔道成一直线。

2. 胶管抽芯法

它是在绑扎构件钢筋时，在预应力筋的位置处安装固定胶管，待混凝土浇筑结硬后再将胶管抽出的留孔方法。胶管常采用钢丝网胶管。

为防止在浇筑混凝土时胶管产生位移，直线段每隔0.5m用钢筋井字架固定牢靠，曲线段应适当加密。待浇筑的混凝土凝固后（一般浇筑后200℃·h）拔出。由于胶管具有一定的弹性，抽管时在拉力作用下断面缩小易于拔出。

胶管抽芯法既可以留设直线孔道，也可以留设曲线孔道。抽管宜先上后下，先曲后直。

3. 预埋波纹管法

5-4

波纹管（图5-32）一般为特制的带波纹的金属管，它与混凝土有良好的粘结力。波纹管预埋在混凝土构件中不再抽出，施工方便、质量可靠、张拉阻力小，应用最为广泛。预埋时用间距不大于0.8m的钢筋井字架固定。

近年来，聚丙烯或高密度聚乙烯塑料波纹管也得到了广泛的使用。该类型管道外表面的螺旋肋可与周围的混凝土有较好的粘结，从而能将预应力传递到管道外的混凝土。并且具有耐腐蚀性能好、孔道摩擦损失小、可提高后张预应力结构的抗疲劳性能等优点。

这种孔道成型方法一般均用于采用钢丝或钢绞线作为预应力筋的大型构件或结构中，更适合现浇结构。施工时，可将预应力筋在孔道成型前就穿入波纹管中，以节省工时。

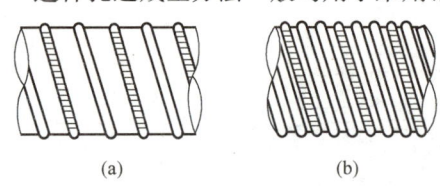

图 5-32 波纹管

(a) 单波纹管；(b) 双波纹管

4. 留设灌浆孔、排气孔和泌水孔

预应力孔道应根据工程特点设置灌浆孔、排气孔及泌水孔，排气孔可兼作泌水孔或灌浆孔。灌浆孔可设置在锚垫板上或利用灌浆管引至构件外，孔径应能保证浆液畅通，一般不宜小于20mm。当曲线孔道波峰和波谷的高差大于300mm时，应在孔道波峰设置排气孔，排气孔间距不宜大于30m；当排气孔兼作泌水孔时，其外接管道伸出构件顶面长度不宜小于300mm。

灌浆孔的做法，对一般预制构件，可采用木塞留孔。木塞应抵紧钢管、胶管或波纹管，并应固定，严防混凝土振捣时脱开，如图5-33所示。对现浇预应力结构金属波纹管留孔，其做法是在波纹管上开口，用带嘴的塑料弧形压板与海绵垫片覆盖并用铁丝扎牢，再接增强塑料管（外径20mm，内径16mm），如图5-34所示。为保证留孔质量，金属波纹管上可先不开孔，在外接塑料管内插一根钢筋；待孔道灌浆前，再用钢筋打穿波纹管。

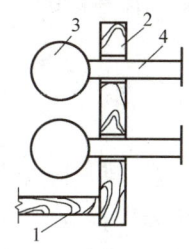

图 5-33　用木塞留灌浆孔

1—底模；2—侧模；3—抽芯管；
4—φ20 木塞

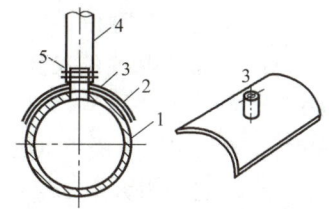

图 5-34　波纹管上留灌浆孔

1—波纹管；2—海绵垫；3—塑料弧形压板；
4—塑料管；5—镀锌钢丝扎紧

（二）预应力筋下料

预应力筋下料应采用砂轮锯或切断机切断，下料长度应经计算确定。

1. 钢绞线束下料

预应力钢绞线一般成盘状供应，长度较长，一般不需接长。先开盘，然后按照计算下料长度切断。钢绞线在切断前，在切口两侧各 50mm 处，应用镀锌钢丝绑扎，以免松散。

后张法预应力混凝土构件中采用夹片式锚具时，如图 5-35 所示，钢绞线束的下料长度 L，按式（5-2）或式（5-3）计算。

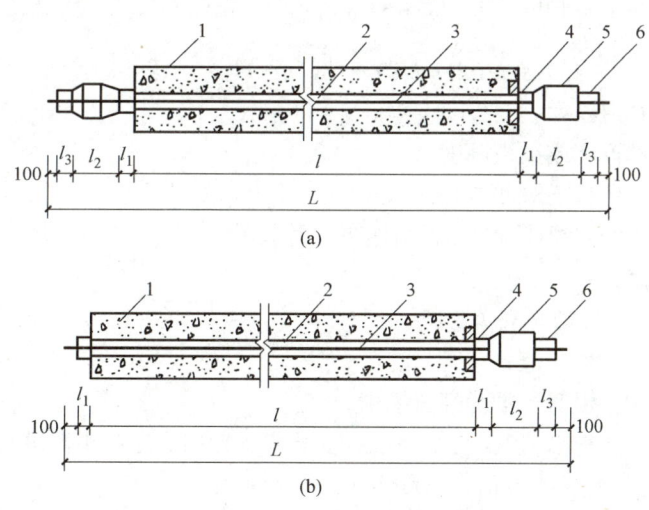

图 5-35　钢绞线束下料长度计算简图

（a）两端张拉；（b）一端张拉

1—混凝土构件；2—孔道；3—预应力筋；4—夹片式工作锚；5—穿心式千斤顶；6—夹片式工具锚

两端张拉

$$L = l + 2(l_1 + l_2 + l_3 + 100) \tag{5-2}$$

一端张拉

$$L = l + 2(l_1 + 100) + l_2 + l_3 \tag{5-3}$$

式中　l——构件的孔道长度，对抛物线形孔道长度 l_p，可按 $l_p = \left(1 + \dfrac{8h^2}{3l^2}\right)l$ 计算；

l_1——夹片式工作锚厚度；

l_2——穿心式千斤顶长度，当采用前卡式千斤顶时，仅算至千斤顶体内工具锚处；

l_3——夹片式工具锚厚度；

h——预应力筋抛物线的矢高。

2. 钢丝束下料

钢丝束两端均采用镦头锚具（图5-36）时，同一束钢丝长度应一致，最大差值不得超过钢丝长度的1/5000，且不得大于5mm。当成组张拉时，各钢丝的极差不得大于2mm。为了保证下料长度准确，应采用应力下料，常用控制应力取300N/mm²。钢丝的下料长度 L 可按钢丝束张拉后螺母位于锚杯中部计算，见式（5-4）。

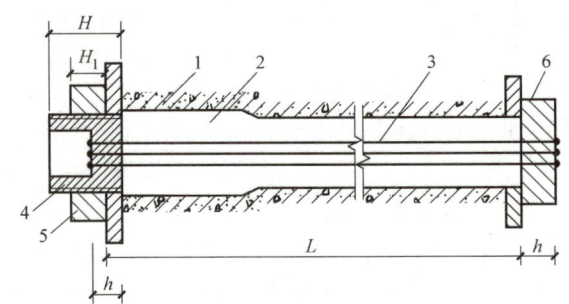

图5-36 采用墩头锚具时钢丝束下料长度计算简图

1—混凝土构件；2—孔道；3—钢丝束；4—锚杯；5—螺母；6—锚板

$$L=l+2(h+s)-K(H-H_1)-\Delta L-c \tag{5-4}$$

式中 l——构件的孔道长度；

h——锚杯底部厚度或锚板厚度；

s——钢丝墩头留量，对 Φ^P5 取 10mm；

K——系数，一端张拉时取 0.5，两端张拉时取 1.0；

H——锚杯高度；

H_1——螺母高度；

ΔL——钢丝束张拉伸长值；

c——张拉时构件混凝土的弹性压缩值。

钢丝下料后应进行编束，以免扭结缠绕。安装锚具后用液压镦头器进行冷镦头。镦头的头型直径不得小于钢丝直径的1.5倍，高度不小于钢丝直径。

（三）张拉

1. 张拉力计算

预应力筋的张拉力大小，直接影响预应力效果。因此，设计人员不仅在图纸上要标明张拉力大小，而且还要注明所考虑的预应力损失项目与取值。这样，施工人员如遇到实际施工情况所产生的预应力损失与设计取值不一致，则有可能调整张拉力，以准确建立预应力值。

（1）预应力筋张拉力

预应力筋的张拉力 P_j 按式（5-5）计算：

$$P_j=\sigma_{con}A_p \tag{5-5}$$

式中 σ_{con}——预应力筋的张拉控制应力；

154

A_p——预应力筋的截面面积。

预应力筋的张拉控制应力应符合设计要求。施工时如需超张拉，其最大应力不宜超过表 5-1 的数值。

（2）预应力损失

根据预应力筋应力损失发生的时间可分为：瞬间损失和长期损失。张拉阶段瞬间损失包括孔道摩擦损失、锚固损失、弹性压缩损失等；张拉以后长期损失包括预应力筋应力松弛损失和混凝土收缩徐变损失等。对先张法施工，有时还有热养护损失；对后张法施工，还有锚口摩擦损失、变角张拉损失等；对平卧重叠生产的构件，还有叠层摩阻损失。

上述预应力损失的主要项目（孔道摩擦损失、锚固损失、应力松弛损失、收缩徐变损失等），设计时都计算在内。当施工条件变化时，应复算预应力损失值，调整张拉力。

2. 张拉顺序

预应力筋的张拉顺序应符合设计要求，并根据结构受力特点及操作安全，同时要考虑均匀、对称的原则来确定。对现浇预应力混凝土楼盖，宜先楼板、次梁、再张拉主梁预应力筋；对预制屋架等叠浇构件，应从上至下逐榀张拉，逐层加大拉应力，但顶底相差不得超过 5%。后张有粘结预应力筋应整束张拉。

3. 张拉要求

根据预应力混凝土结构特点、预应力筋形状与长度，以及施工方法的不同，预应力筋张拉要求如下：

（1）一端张拉与两端张拉

对于直线预应力筋，长度不超过 20m 的一般采用一端张拉；长度在 20～35m 之间的宜采用两端张拉；对于曲线预应力筋和长度在 35～50m 之间的直线预应力筋，应两端张拉。为了减少预应力损失，宜先在一端张拉锚固后，另一端进行补足。当筋长超过 50m 时，宜采取分段张拉和锚固措施。

（2）分批张拉

对配有多束预应力筋的构件或结构应分批、对称进行张拉。此时应考虑，后批预应力筋张拉所产生的混凝土弹性压缩对先批张拉的预应力筋造成预应力损失；所以先批张拉的预应力筋张拉力，应加上该弹性压缩损失值。

（3）分段张拉

在多跨连续梁板分段施工时，通长的预应力筋也需逐段进行张拉。在第一段预应力筋张拉锚固后，第二段预应力筋需通过锚头连接器接长，以形成通长的预应力筋。

（4）补偿张拉

在早期预应力损失基本完成后，再进行张拉即为补偿张拉。这种方式可克服弹性压缩损失，减少钢材应力松弛损失、混凝土收缩徐变损失等，以达到预期的预应力效果。此法在水利工程与锚杆中应用较多。

（四）孔道灌浆

预应力筋张拉后，对腐蚀极为敏感，应及时进行孔道灌浆，以防止预应力筋锈蚀，提高预应力筋与混凝土间的粘结，也有利于结构的整体性和耐久性。灌浆应饱满、密实。

1. 灌浆材料

灌浆所用的水泥浆，应具备强度高、粘结力大、流动性大、干缩性及泌水性小等特点。因此，配制水泥浆常采用强度等级不低于 42.5 的普通硅酸盐水泥，水泥浆中氯离子含量不应超过水泥重量的 0.06%；水灰比不得大于 0.45；普通灌浆稠度宜为 12～20s，真空灌浆宜为 18～25s；搅拌后 3h 泌水率宜为 0，且不应大于 1%，泌水应在 24h 内全部被水泥浆吸收。边长为 70.7mm 的立方体水泥浆试块 28d 标准养护的抗压强度不应低于 30MPa。为了增加灌浆的密实度和强度，可使用对预应力筋无锈蚀作用的膨胀剂和减水剂，但 24h 的膨胀率应不大于 6%。

2. 灌浆施工

当工程所处环境温度高于 35℃ 或连续 5 日环境日平均温度低于 5℃ 时，不宜进行灌浆施工。冬期灌浆施工时，应对预应力构件采取保温措施或采用抗冻水泥浆。

灌浆前应全面检查构件孔道及灌浆孔、泌水孔、排气孔是否畅通。对抽芯孔道可采用压力水冲洗；对预埋管孔道可采用压缩空气清孔。灌浆前应对锚具夹片空隙等漏浆处，需采用高强度水泥浆或结构胶封堵。封堵材料的抗压强度大于 10MPa 时方可灌浆。

灌浆顺序宜先灌下层孔道，后灌上层孔道，以免漏浆堵塞；直线孔道灌浆，应从构件的一端到另一端；曲线孔道灌浆，应从孔道最低处开始向两端进行。用连通器连接的多跨预应力筋的孔道，应张拉完一跨随即灌注一跨，不得最后统一灌浆。

灌浆应缓慢均匀地进行，不得中断，并应排气通顺，在孔道两端冒出浓浆并封闭排气孔后，宜再继续加压至 0.5～0.7MPa，稳压 1～2min 后封闭灌浆孔。

水泥浆拌制后至灌浆完毕的时间不得超过 30min，对较长的孔道宜采用真空灌浆法。

（五）封锚

预应力筋张拉完成后，应将伸出锚具的多余预应力筋切除，但需要保证其伸出锚具长度不小于 30mm 且不小于 1.5 倍预应力筋直径。之后，为避免锚具的锈蚀，需要采用微膨胀细石混凝土或低收缩防水砂浆将锚具封闭严密。封闭后，锚具的保护层厚度不应小于 50mm；外露预应力筋的保护层厚度不应小于 20mm，若预应力构件处于易受腐蚀的环境，则不应小于 50mm。

二、无粘结预应力施工

5-5

后张无粘结预应力混凝土是在浇筑混凝土前，把无粘结预应力筋安装固定在模板内，然后再浇筑混凝土，待混凝土达到设计强度时，即可进行张拉。与后张有粘结预应力相比，施工较为快捷，减少了预留孔道、穿预应力筋以及灌浆等工序。但预应力完全依靠锚具传递，因此对锚具的要求要高得多。该法在大跨度现浇楼板中应用最为广泛。

（一）无粘结筋的铺设

1. 铺设顺序

无粘结预应力筋的铺设，通常是在底部钢筋铺设后进行。水电管线一般宜在无粘结筋铺设后进行，且不得将无粘结筋的竖向位置变动。在单向板中，无粘结预应力筋的铺设与非预应力筋铺设基本相同。在双向板中应是先铺低的，再铺高的，尽量避免两个方向的无粘结筋相互穿插编结。

2. 就位固定

无粘结预应力筋应按设计要求的位置进行固定。垂直位置，宜用支撑钢筋或钢筋马凳控制，其间距为 1～2m。无粘结筋的水平位置应保持顺直。在支座部位，无粘结筋可直接绑扎在梁或墙的顶部钢筋上。

3. 张拉端固定注意事项

张拉端模板应按施工图中无粘结预应力筋的位置开孔。张拉端的承压板应采用钉子固定在端模板上或焊接固定在周围钢筋上。曲线筋或折线筋末端的切线应与承压板相垂直，曲线段的起始点至张拉锚固点应有不小于300mm的直线段。当张拉端采用凹入式做法时，可采用塑料穴模或泡沫穴模等形成凹口，如图5-37所示。

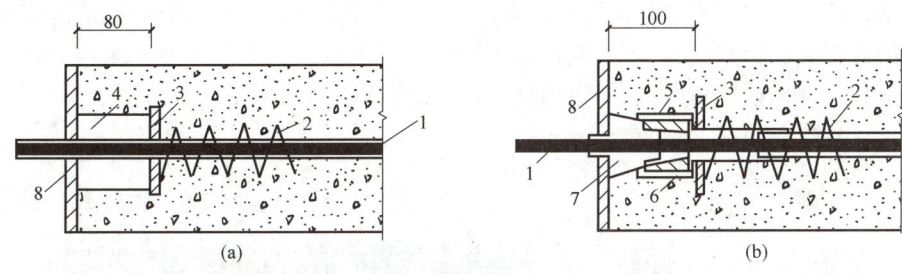

图5-37　无粘结筋张拉端凹口做法

(a) 泡沫穴模；(b) 塑料穴模

1—无粘结筋；2—螺旋筋；3—承压钢板；4—泡沫穴模；

5—锚环；6—带杯口的塑料套管；7—塑料穴模；8—模板

(二) 混凝土浇筑

无粘结预应力筋铺设固定完毕后，应进行隐蔽工程验收，当确认合格后，方可浇筑混凝土。混凝土浇筑时，严禁踏压碰撞无粘结预应力筋、支撑钢筋及端部预埋件；张拉端与固定端混凝土必须振捣密实。

(三) 无粘结预应力筋的张拉

无粘结预应力筋张拉时，混凝土同条件立方体试块抗压强度应满足设计要求；当设计无具体要求时，不应低于混凝土设计强度等级的75%。

张拉前应清理承压板表面，并检查承压板后面的混凝土质量。张拉顺序应符合设计要求；设计无具体要求时，可采用分批、分阶段对称张拉或依次张拉，并应保证各阶段不出现对结构不利的应力状态。确定张拉力时，宜考虑后批张拉的预应力筋产生的结构构件的弹性压缩对先批张拉预应力筋的影响，并予以调整。无粘结预应力筋一般采用前卡式千斤顶单根张拉，并用单孔夹片锚具锚固。

无粘结曲线预应力筋的长度超过25m时，宜采取两端张拉。当筋长超过40m时，宜采取分段张拉。

(四) 端部处理

无粘结预应力筋张拉完备后，应及时对锚固区进行保护。锚固区必须有严格的密封防护措施，严防水汽进入产生锈蚀。

先切除多余的预应力筋，使锚固后的外露长度不小于30mm和$1.5d$，宜用手提砂轮锯切割，不得用电弧切割。在锚具与承压板表面涂以防水涂料、锚具端头涂防腐润滑油脂后，罩上封端塑料盖帽。对凹入式锚固区，用微胀混凝土或低收缩防水砂浆密封。对凸出式锚固区，可采用外包钢筋混凝土圈梁封闭。对留有后浇带的锚固区，利用二次浇筑混凝土封锚。

锚具的保护层厚度不小于50mm。预应力筋的保护层厚度，正常环境下不少于20mm，易受腐蚀的环境下不小于50mm。

三、缓粘结预应力施工

缓粘结预应力是处在无粘结与有粘结预应力间的一种新的后张法预应力施工技术。它既具有无粘结筋的布筋自由、使用方便、无需孔道的设置和灌浆的优点，又具有有粘结筋在后期使用上的优点和安全性。即在张拉前施工简便、截面小、张拉阻力小，而后期又具有构件整体性好、锚固能力及抗腐蚀性强，综合了无粘结筋与有粘结筋各自的优点。

缓粘结预应力筋（图 5-38）的作用机理是在预应力筋的外侧包裹一种特殊的缓凝砂浆或胶粘剂，这种砂浆或胶粘剂在 5～40℃密闭条件下，能够根据工程实际需要，在一定时期内不凝结，以满足施工现场张拉预应力筋的时间要求。其后开始逐渐硬化，并对预应力筋产生握裹、保护作用，且最终能达到一定的抗压强度。

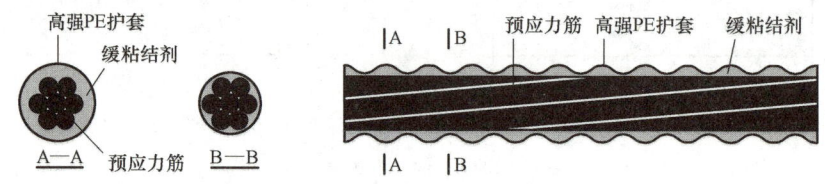

图 5-38　缓粘结预应力筋剖面图

缓粘结预应力施工工艺与无粘结预应力施工工艺基本相同，不再赘述。

第四节　预应力钢结构施工

预应力空间钢结构是指国内外现代大型公用建筑物中广泛采用的一种屋盖承重结构型式。它是在三维结构中引入预应力而形成的新结构体系，其中，又分传统型和创新型两大类。前者如预应力平板网架、预应力网壳，后者如张弦穹顶、索穹顶等。由于这类结构具有空间结构的科学性，又有预应力钢结构的优越性，所以成为工程结构学科中的现代优秀承重体系。

一、预应力钢结构张拉设备

对预应力钢索锚固在钢结构或混凝土支承结构上，可采用常规的单根张拉千斤顶或整束张拉千斤顶。对预应力钢索的两端安装在铰支座轴销上的情况，开发出多种专用张拉设备，分述于下：

（1）倒链与传感器测力：用于轻型钢丝束体系，拉力不大于 50kN。

（2）测力扳手与大扭矩液压扳手（图 5-39）：前者拉力不大于 40kN；后者拉力不大于 100kN。适用于一般的预应力拉索支撑等。

图 5-39　测力扳手与大扭矩液压扳手

（3）专用张拉装置：可以用一种带叉耳的双螺杆传力架，利用两台液压千斤顶张拉，拧螺母锁紧钢索。适用于拉力不大于 500kN 的各类斜拉索。

（4）专用四缸液压千斤顶装置（图 5-40）：采用一种用 4 台液压千斤顶组成的传力架卡住两根钢棒的连接部位进行张拉。然后用卡链式扳手将连接套筒锁紧。其拉力可达 1000kN，适用于大吨位钢棒支撑与钢棒拉索。

图 5-40　钢棒张拉千斤顶

二、预应力钢索与锚固体系

对体内布置的预应力钢索，通常采用钢绞线束；其张拉端采用夹片锚具，固定端采用挤压锚具。近几年来，结合工程需要，开发出多种体外预应力拉索与锚固体系，分述于下。

1. 轻型钢丝拉索体系

由钢丝束、镦头锚具、调节螺杆、带叉耳的索帽等组成；钢丝束涂防腐油脂裹麻布各两道或采用镀锌钢丝，外套钢管刷防锈漆。该体系仅用于小型工程现场自行制作。

2. 钢丝束冷铸锚具拉索体系

由平行扭绞镀锌钢丝束和热铸锚具组成；外包高密度聚乙烯护套（内层为黑色防老化护套，外层为淡灰白色护套）。该体系适用于重型斜拉索。

冷铸锚具主要由锚杯、锚板、锚固螺母和冷铸填料等部分构成（图 5-41）。冷铸填料一般由环氧树脂、钢球、矿粉、固化剂和增韧剂等组成。主要用于锚固平行钢丝束。

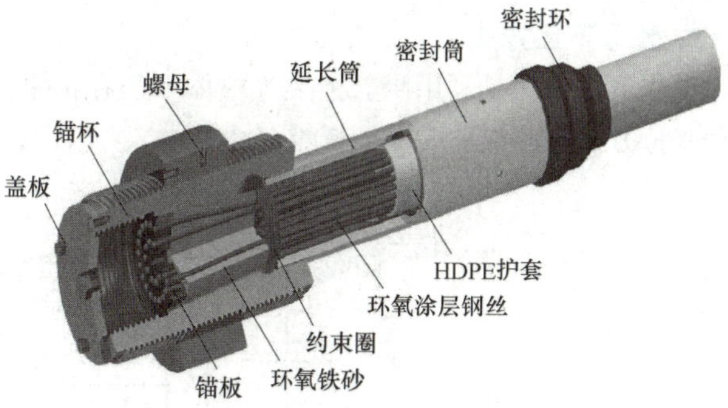

图 5-41　冷铸锚构造示意图

3. 钢丝束热铸锚具拉索体系

组成同上，但采用热铸锚具。热铸料常采用锌铜合金，浇铸时温度不得高于 460℃。该体系用途广泛，工厂化生产。

4. 单根钢绞线拉索体系

直接采用镀锌钢绞线，包覆厚度大于 1mm 的高密度聚乙烯套管；夹片锚具有外螺纹，可调整索力。该体系也可采用大直径铝包钢绞线与冷压接螺杆锚具组成。适用于索网结构等。

5. 钢绞线群锚拉索体系

由镀锌钢绞线或无粘结钢绞线组成，再整束外套钢管或高密度聚乙烯管。为使拉索固定端与铰支座连接，配有挤压锚具的锚杯与叉耳索帽。拉索张拉端可穿过锚箱或柱头，利用低应力状态下使用的夹片锚具锚固，并配有防松装置。该体系适用于各类斜拉索。

6. 钢棒拉索体系

由圆钢棒与端螺杆组成，或圆钢棒、端叉耳或耳板、锥形锁紧螺母与调节套筒组成，最大拉力可达 1000kN。该体系适用于大型铰接钢排架之间的抗风支撑或斜拉结构的拉索等。

三、施加预应力方式

钢结构施加预应力方式可分为：直接张拉方式、整体下压方式和整体顶升方式等。

1. 直接张拉方式

直接张拉方式是采用张拉设备直接张拉预应力筋与拉索的最常用的一种张拉方式，适用于各类预应力桁架、网壳、索网、斜拉结构等。

张拉成型方式是在直接张拉方式的基础上发展起来的，通过张拉预应力筋使整个屋盖结构起拱成型，无需起重设备。例如广州白云机场飞机库预应力钢拱结构（图 5-42）。

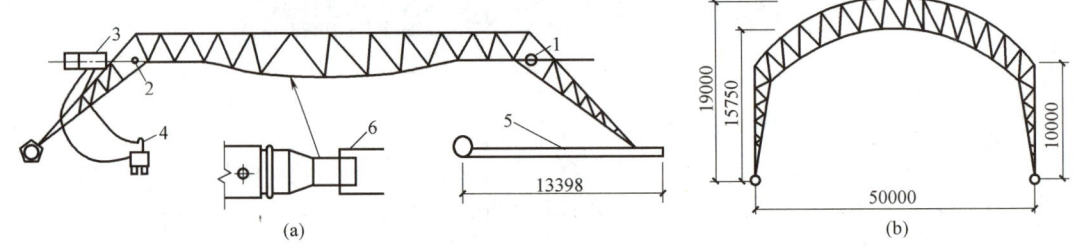

图 5-42　广州白云机场飞机库预应力钢拱结构施工

（a）张拉前；（b）张拉后

1—固定端锚具；2—张拉端锚具；3—千斤顶；4—油泵；5—滑道；6—下弦杆的伸缩套管

2. 整体下压方式

整体下压方式是利用屋盖桁架等整体下压在钢索上，使钢索受到横向压力而建立预应力的一种张拉方式。例如，安徽体育馆（图 5-43）、上海杨浦体育馆、潮州体育馆等索桁架结构体系。

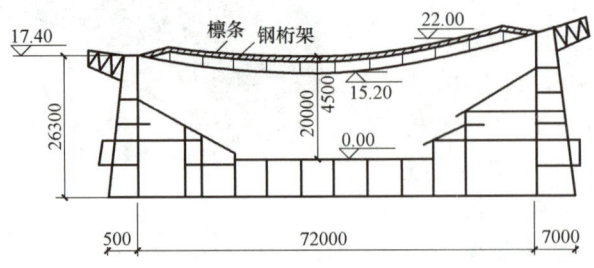

图 5-43　安徽体育馆预应力索桁屋盖结构

安徽省体育馆中央比赛大厅屋盖采用索桁结构。索桁屋盖轴长 72m，横向跨度为 45.8～53.4m，呈八角棱形。悬索沿轴向倾斜布置，长 72.52m，索距 1.5m，锚固在 17.4m 和 22.0m 标高的水平横梁上。跨向设 11 榀梯形钢桁架，间距 6.0m，钢桁架压在悬索上，端支座固定在框架柱上（图5-43）。从而，桁架对悬索加以横向压张预应力，达到悬索支承桁架，桁架稳定悬索，形成大跨度空间索桁结构。

3. 整体顶升方式

整体顶升方式是利用支承柱等整体顶升索膜屋盖使索膜受拉而建立预应力的一种张拉方式。例如，深圳欢乐谷中心剧场索膜穹顶（图5-44）、秦皇岛体育馆双层索膜结构等。

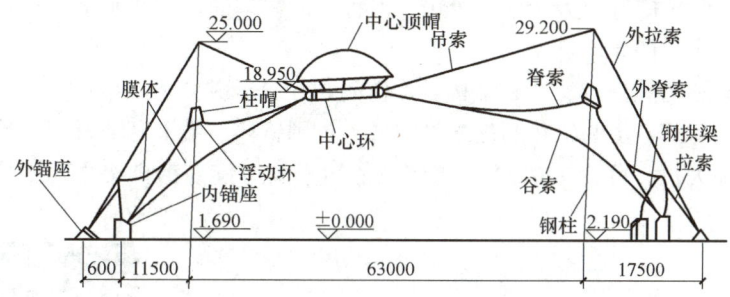

图5-44　深圳欢乐谷中心剧场索膜穹顶

深圳欢乐谷中心剧场索膜穹顶施加预应力，是利用柱脚处设置千斤顶顶升钢柱达到的（图5-45），顶升距离为800mm。整个顶升过程中，采用位移与应力双控制，保证了结构体系最终形状与应力状态的正确性。

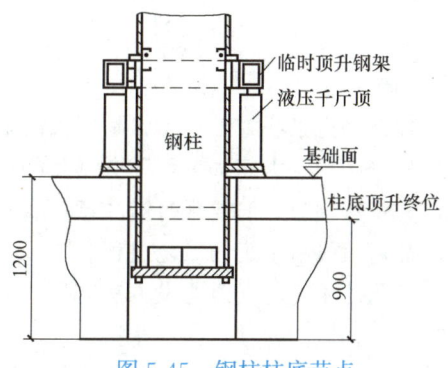

图5-45　钢柱柱底节点

四、预应力索布置与张拉

1. 预应力索的布置方式

在空间钢结构中，预应力索布置的原则：在预应力的作用下，结构具有最多数量的卸载杆，最少数量的增载杆，以最大限度地发挥高强度钢索的承载力。

柔性空间结构（张力结构）的刚度由预应力提供。索系的布置与相应的预应力应满足结构几何形状的要求。

2. 预应力索的张拉力

预应力索的张拉力，应根据钢结构特点、荷载、体形、钢索布置等确定。对体内布置的钢索，张拉应力可取 $(0.6\sim0.7)f_{ptk}$。对体外索、下弦拉索、斜拉索等，设计索的张拉应力通常为 $(0.2\sim0.4)f_{ptk}$。

对索桁架，钢索只能承受轴向拉力。在最不利荷载作用下，索单元中不允许出现压力，一般应保留一定的拉力值，以确保索桁架正常工作。

在空间结构中，张拉力的大小与张拉顺序有关，对结构变形很敏感，有时需要由变形限值控制。采用计算机模拟分析，可合理确定张拉顺序与分批拉力。

近几年开发的多次预应力，每增加一次恒载施加一次预应力。这样，可以将作用于基本结构的荷载引起的内力最大限度地转移到钢索上，获得最大的经济效果。

3. 预应力索的施工要求

（1）施工前应对钢索、锚具及零配件的出厂报告、产品质量保证书、检测报告，以及索体长度、直径、品种、规格、色泽、数量等进行验收，并应验收合格后再进行预应力施工；

（2）预应力索结构施工张拉前，应进行全过程施工阶段结构分析，并应以分析结果为依据确定张拉顺序，编制索的施工专项方案；

（3）预应力索结构施工张拉前，应进行钢结构分项验收，验收合格后方可进行预应力张拉施工；

（4）预应力索张拉应符合分阶段、分级、对称、缓慢匀速、同步加载的原则，并应根据结构和材料特点确定张拉的要求；

（5）预应力索结构宜进行索力和结构变形监测，并应形成监测报告；

（6）钢棒拉索体系：由圆钢棒与端螺杆组成；或圆钢棒、端叉耳或耳板、锥形锁紧螺母与调节套筒组成，最大拉力可达 1000kN。该体系适用于大型铰接钢排架之间的抗风支撑或斜拉结构的拉索等。

工 程 案 例

王府井大厦预应力工程施工。

5-6

习 题

一、简答题

1. 什么是先张法施工？什么是后张法施工？各自特点及适用范围如何？

2. 先张法预应力筋张拉程序有哪几种？这样设置张拉程序的目的是什么？

3. 先张法预应力筋放张时需注意什么问题？放张的方法有哪些？

4. 简述后张法施工的工艺过程。

5. 后张法施工的孔道留设方法有哪些？应注意哪些问题？

6. 什么是应力松弛？在后张法中如何避免或减少预应力筋的应力损失？

7. 分批张拉预应力筋时，如何弥补混凝土弹性压缩应力损失？

8. 无粘结预应力筋铺放定位应如何进行？

9. 预应力钢结构的锚固体系有哪些？

10. 试述预应力钢结构的预应力施加方式与施工要求。

二、计算题

1. 某工程 20m 空心板梁，采用先张法施工，设计采用标准强度 $f_{ptk}=1860$MPa 的高强低松弛钢绞线，公称直径 $\phi15.2$mm，公称面积 $A_g=140$mm^3；弹性模量 $E_g=1.95\times10^5$MPa。为保证施工符合设计要求，施工中采用油压表读数和钢绞线拉伸量测定值双控。请确定张拉控制应力、单根钢绞线张拉端控制力和钢绞线理论伸长量。

2. 用先张法工艺制作某构件，采用直径 9mm 的高强钢丝作预应力筋，其标准强度值 $f_{ptk}=1470$N/mm^2，使用梳筋板镦头夹具，每次张拉 6 根，张拉程序为：$0\rightarrow1.03\sigma_{con}$，试根据规定的控制应力求每次张拉力。

3. 某预应力构件采用有粘结后张法施工，其预应力孔道为抛物线形，孔道水平长度为 21.6m，孔道抛物线矢高 0.7m，采用钢绞线束作为预应力筋，利用 YCQ100 型千斤顶两端张拉，其外形尺寸为 $\phi258\times440$，其夹片式工具锚厚度为 50mm，工作锚厚度为 60mm，请计算钢绞线束下料长度。

第六章 装配式结构安装工程

学习重点： 起重机的选用方法，钢筋混凝土单层厂房结构吊装工艺、吊装方法及吊装方案。多高层房屋的安装方法。

学习要求： 了解起重机的类型、特点、技术性能和使用要点，掌握选择方法。了解混凝土结构单层厂房安装前准备工作，掌握结构吊装工艺、吊装方法及吊装方案。掌握多高层混凝土结构及钢结构安装的主要工艺与要求。了解空间结构的安装方法。

装配式结构是建筑结构的一个重要发展方向，近年来得到了快速发展。其主要构件多为工厂预制，运至施工现场并安装成整体。结构安装就是利用起重机械将预制构件或组合单元安放到设计位置的施工过程，是装配式结构施工的主导工程。结构安装工程的主要特点是：工期短、工业化程度高且利于绿色、环保；预制构件的类型和质量直接影响吊装进度和质量；吊装方法及起重机械的选择是关键；应对构件或结构进行吊装强度和稳定性验算；高空作业多且易发生安全事故。因此，施工前必须编制专项施工方案，进行安全技术措施交底并在施工作业中应严格执行。

常用规范：《混凝土结构通用规范》GB 55008—2021，《建筑施工起重吊装工程安全技术规范》JGJ 276—2012；《混凝土结构工程施工规范》GB 50666—2011；《装配式混凝土结构技术规程》JGJ 1—2014；《钢结构通用规范》GB 55006—2021；《钢结构工程施工规范》GB 50755—2012。

第一节 起重机械与设备

结构安装工程常用的起重机械有自行杆式、塔式和桅杆式起重机等三大类型。

设备包括卷扬机、滑轮组、绳索、锚碇及吊具等。

一、自行杆式起重机

自行杆式起重机是带有起重臂杆并可在路面或场地上行走的起重机械，包括履带式、汽车式、轮胎式和全路面式四个子类。

1. 履带式起重机

履带式起重机（图 6-1）主要由机身、起重臂以及行走机构、起重机构、回转机构等部分组成。其特点是操纵灵活，机身可 360°回转，可以负荷行驶，可在一般平整坚实的场地上进行吊装作业。目前广泛应用于装配式单层、多层房屋等的结构吊装中，也是大型工业设备及核电站穹顶吊装的常用机型。但其缺点是稳定性较差，转场较困难。履带式

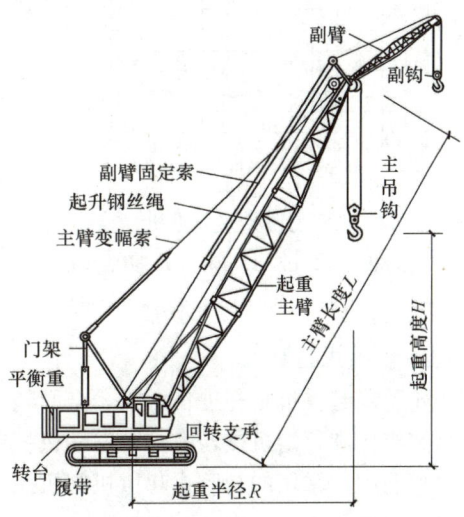

图 6-1 履带式起重机主要构造及起重参数

起重机有多种型号，国产机型最大起重量可达 4500t。几种履带式起重机外形尺寸见表 6-1。

履带式起重机的技术性能参数主要包括：起重量 Q、起重半径 R 和起重高度 H。起重量指吊钩能吊起的重量；起重半径也称工作幅度，是指起重机回转中心至吊钩的水平距离；起重高度是指吊钩至停机面的垂直距离。起重机这三个参数互相制约，其数值的变化取决于起重臂的长度及其仰角的大小。起重机的臂长可通过增加或减少标准节而改变。当起重臂长度一定，随着其仰角的增加，起重半径 R 将减小，而起重高度 H 和起重量 Q 将增大；若其仰角减小，则反之。

几种履带式起重机的主要起重性能参数　　　　　　　　　　　　　表 6-1

性能参数		单位	机械型号								
			W_1-100			QUY50			LR1400		
起重臂长度		m	13	23	30	13	28	52	21	56	91
最小起重半径		m	4.23	6.5	9.0	3.7	6	10	4.5	9	14
最大起重半径		m	12.5	17	15.0	12	24	34	20	48	80
起重量	最小起重半径时	t	15	8	3.6	50	24.2	10.3	350	194	93
	最大起重半径时	t	3.5	1.7	0.9	10	3.5	1.1	87	22.8	2.4
起重高度	最小起重半径时	m	11	19	26	12	30	50	19	53	88
	最大起重半径时	m	5.8	16	23.8	6.4	15	40	8	29	44

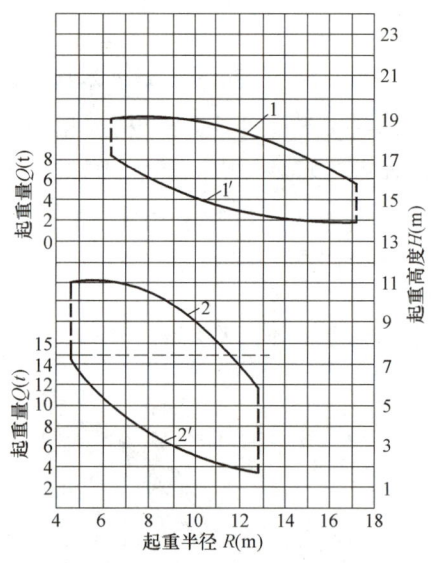

图 6-2　W_1-100 型履带式起重机性能曲线

1、2—臂长 $L=23$m、13m 时的 R-H 曲线；

1′、2′—臂长 $L=23$m、13m 时的 Q-R 曲线

履带式起重机的主要技术性能可查有关手册中的起重机性能表或起重机性能曲线。几种履带式起重机的主要性能见表 6-1、图 6-2。

2. 汽车式起重机

汽车式起重机是一种自行、全回转、起重机构安装在汽车底盘上的起重机。起重动力由汽车发动机供给。汽车式起重机行驶速度快，机动性能好，对路面破坏小。但吊装时必须使用支腿，因而不能负荷行驶。常用于构件的装卸和结构吊装工作。目前常用的汽车起重机有 Q 型（机械传动和操纵），QY 型（全液压传动和伸缩式起重臂），QD 型（由电机驱动各工作装置）。图 6-3 是最大起重量为 25t 的汽车式起重机。

汽车起重机吊装时，应先压实场地，放好支腿，将转台调平，并在支腿内侧垫好保险枕木，以防支腿失灵时发生倾覆。并应保证吊装的构件和就位点均在起重机的回转半径之内。吊装作业时一般不允许改变臂长。

3. 轮胎式起重机

轮胎式起重机是一种自行式、全回转、起重机构安装在重型轮胎和特制底盘上的起重机，其吊装机构和行走机械均由一台发动机控制。起重量较小时可不用支腿，行驶速度较慢。

目前国产常用的轮胎式起重机有机械式（QL）、液压式（QLY）和电动式（QLD）。图 6-4 是最大起重量为 16t 的轮胎式起重机。

4. 全路面式起重机

全路面式起重机又称全地面式起重机，是一种兼有汽车起重机和轮胎起重机优点的新型起重设备。该种机械起重能力强、行驶速度快、离地间隙大、爬坡性能好、能实现全轮转向，可在狭小和崎岖不平或泥泞场地上作业，起重量较小时可不用支腿。目前有起重量 30~2400t，臂长 30~180m 等多种机型。图 6-5 是最大起重量为 240t 的全路面式起重机。

图 6-3　QY-25 型汽车式起重机

图 6-4　QL-16 轮胎式起重机

二、塔式起重机

塔式起重机主要由起升、变幅、回转、顶升机构以及动力、安全、操控装置等组成。其结构主要包括行走台车或底座、塔身、塔尖、起重臂、平衡臂、驾驶室等，如图 6-6 所示。

图 6-5　QAY-240 全路面式起重机

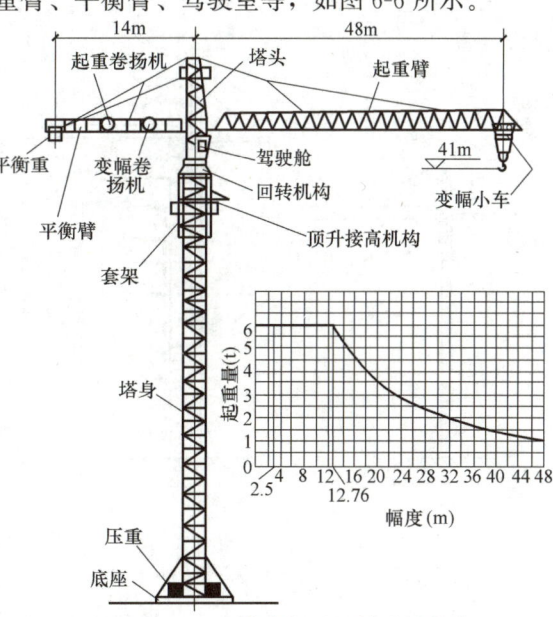

图 6-6　QTZ63 塔式起重机外形及性能

塔式起重机由于塔身竖直、起重臂安装在顶部，能最大限度地靠近建筑物，并可 360°全回转，有效高度和工作空间大，因此在施工中得到广泛应用。

塔式起重机有多种形式和型号，其主要技术性能参数包括起重量 Q、起重高度 H、起重幅

165

度 R 和起重力矩 M。其型号常用最大起重力矩（t·m）或最大起重半径（m）与相应的起重量（kN）表示。由图 6-6 所示起重机的型号可看出，它是额定最大起重力矩为 63t·m 的自升塔式起重机；该机型号也有写成"QTZ4810"，其数字表示该机型最大起重半径为 48m，此时所对应的起重量为 10kN。

塔式起重机按变幅方式分为小车变幅、动臂变幅和折臂变幅（图 6-7）。动臂变幅，是通过起重臂俯仰角度的变化来改变起重半径，不但起重能力强，还能适应回转空间小的工程及群塔作业。小车变幅，则是通过拉动挂在水平起重臂下的吊重小车来改变起重半径，其水平运输方便，近端死角小。折臂变幅，则兼具前两种变幅方式的特点，但构造较为复杂，目前应用较少。

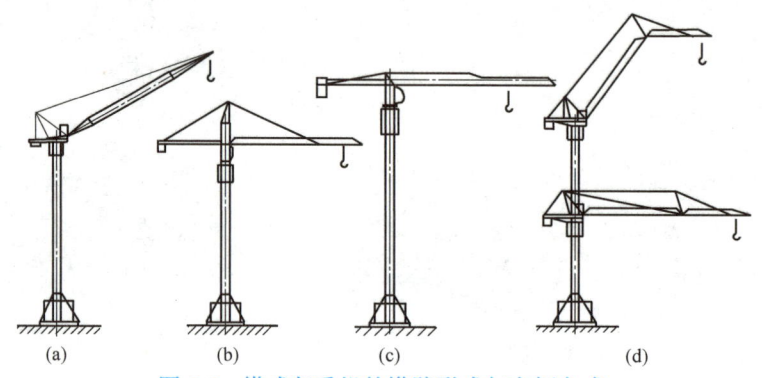

图 6-7　塔式起重机的塔臂形式与变幅方式

（a）动臂变幅；（b）小车变幅（塔头式）；（c）小车变幅（平头式）；（d）折臂变幅

塔式起重机按照架设形式分为固定式、附着式、行走式（轨、胎）和爬升式（内、外），见图 6-8。

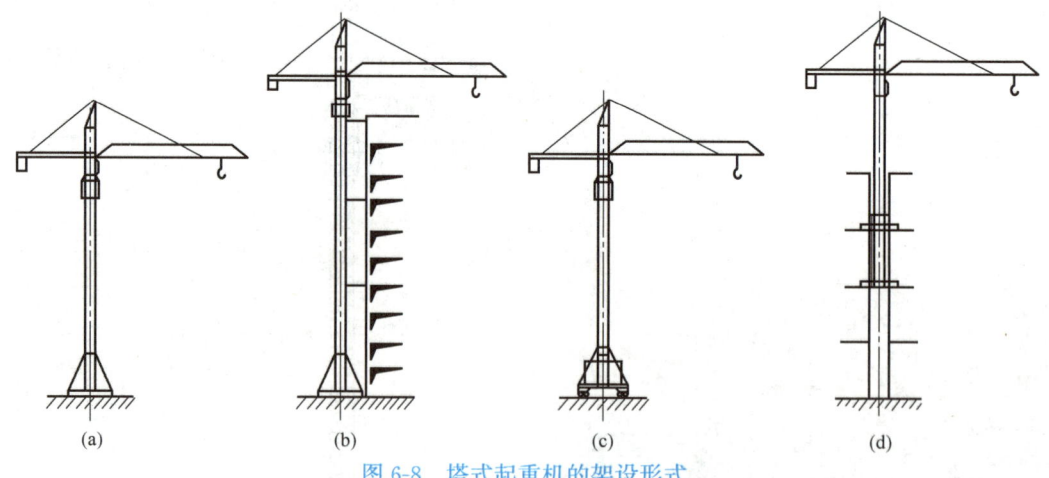

图 6-8　塔式起重机的架设形式

（a）固定式；（b）附着式；（c）轨行式；（d）内爬式

1. 行走式塔式起重机

它是在塔身下安装行走台车和相应机构而成，包括轨行式和胶轮式。常用轨行式，其型号有 QTZ63、QTZ80、FO/23B 等。行走式塔式起重机的特点是，通过行驶可大大扩展服务空间，但稳定性较差。常用于长度较大的多层建筑施工。QTZ80 轨行式的外形及性能见图 6-9。

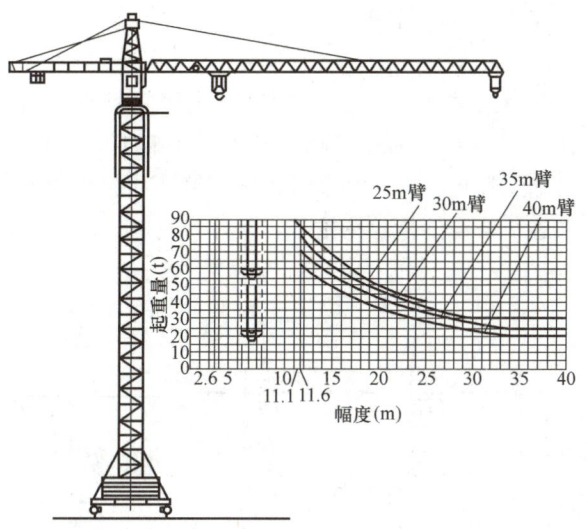

图 6-9　QTZ80 型塔式起重机外形及起重性能

2. 附着式塔式起重机

它是将塔身直接固定在建筑物近旁或内部的混凝土基础上。当塔身接高至约 40m 时，每隔 20m 左右需将塔身与建（构）筑物附着联结，以增加塔身的刚度，提高稳定性。且始终使其上部自由高度不超过规定高度（如30m），以保证起重能力和安全性。该种塔式起重机适用于高层建筑或高耸构筑物的施工。常用型号有 QTZ63、QTZ100、QTZ125、FO/23B 等。图 6-10 为 QTZ100 不同安装形式的允许起重高度及附着点间距。实际工程中，附着位置还需考虑建（构）筑物相应部位的强度、刚度及塔身的刚度等来确定。

塔式起重机的初始安装需利用自行杆式起重机或已有塔式起重机，安完一个基本高度后，可通过本身的自升系统向上接高塔身。液压自升系统由顶升套架、长行程液压千斤顶、承座、顶升横梁、定位销等组成。其自升过程如图 6-11 所示。

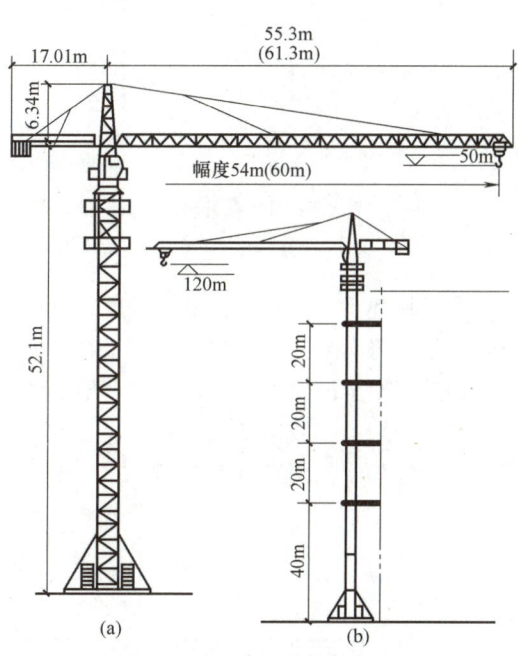

图 6-10　QTZ100 型塔式起重机外形
（a）独立安装（50m）；（b）附着安装（120m）

首先将标准节吊到摆渡小车上，将过渡节与塔身标准节相连的螺栓松开（图 6-11a）。开动液压千斤顶，将塔顶及套架顶升到超过一个标准节的高度，随即用定位销将套架与塔身固定（图 6-11b）。液压千斤顶回缩，将装有标准节的摆渡小车推到套架中间的空间（图 6-11c）。用液压千斤顶稍微提起标准节，退出摆渡小车，将标准节落在塔身上并用螺栓与其下塔身联结（图 6-11d）。拔出定位销，将上部下降，使过渡节与塔身联成整体（图 6-11e）。目前，多将液压顶

6-1

升设备安装于塔身之外，简化了提高过程。

3. 爬升式塔式起重机

它是安装在建（构）筑物结构（核心筒、桥塔、电梯井或特设开间等处）内部或外侧，能够通过自身的提升或液压顶升系统，随建筑物升高而向上爬升，一般每施工 2 个楼层爬升一次。由于其体积小、不占施工场地、起升高度大、覆盖范围和起重能力能得到充分利用，适于现场狭窄的高层、超高层建筑或高耸构筑物施工，且建筑物越高经济效益越显著。其爬升过程如图 6-12 所示。

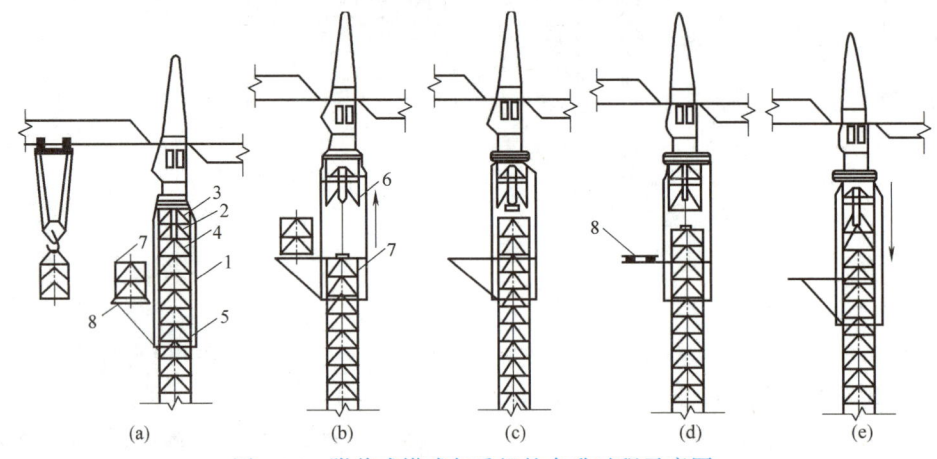

图 6-11 附着式塔式起重机的自升过程示意图

（a）准备状态；（b）顶升塔顶；（c）推入塔身标准节；（d）安装标准节；（e）塔顶与塔身联成整体
1—套架；2—千斤顶；3—支承座；4—顶升横梁；5—定位销；6—过渡节；7—标准节；8—摆渡小车

首先将起重小车收回至最小幅度，下降吊钩，使起重钢丝绳绕过回转支承上支座的导向滑轮，用吊钩将套架提环吊住（图 6-12a）。放松固定套架的地脚螺栓，将活动支腿收进套架梁内，提升套架至两层楼高度，摇出套架活动支腿，用地脚螺栓固定，松开吊钩（图 6-12b）。松开底座地脚螺栓，收回活动支腿，开动爬升机构将起重机提升两层楼高度，摇出底座活动支脚，并用地脚螺栓固定（图 6-12c）。

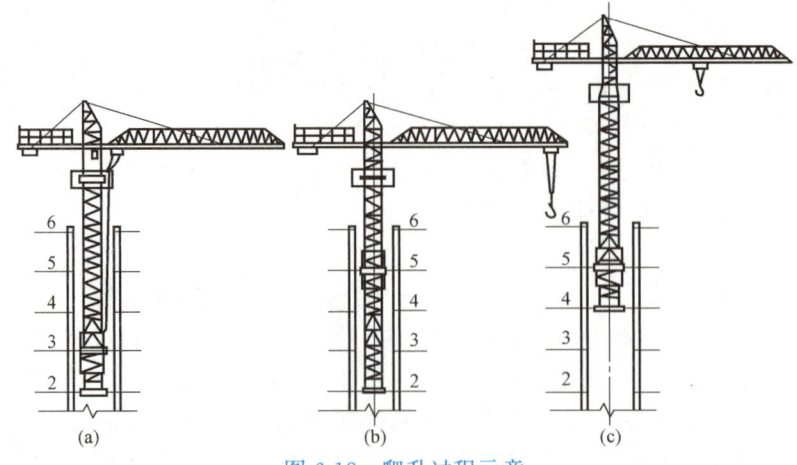

图 6-12 爬升过程示意

（a）套架提升前；（b）提升套架；（c）提升塔身

常用爬升式塔式起重机的型号有 QT$_5$-4/40 型和 QT$_3$-4 型等。主要技术参数见表 6-2。

爬升式塔式起重机技术规格　　　　　　　　　　　　　**表 6-2**

型号	起重量(t)	幅度(m)	起重高度(m)	一次爬升高度(m)
QT$_5$-4/40	4	2～11	110	8.6
	4～2	11～20		
QT$_3$-4	4	2.2～15	80	8.87
	3	15～20		

三、桅杆式起重机

桅杆式起重机主要由拔杆、滑轮组、卷扬机、缆风绳及锚碇等组成。具有构造简单、可按需设计制作等优点；但其服务半径小、移动困难，现场缆风绳多而易影响其他施工。可用于安装工程量集中、无需起重机移动的工程，如网架吊装、设备安装等。常用的桅杆式起重机有独脚拔杆、人字拔杆、悬臂拔杆和牵缆式桅杆起重机。

1. 独脚拔杆

其拔杆有圆木、钢管或型钢格构式等形式。起重时拔杆的倾角不应大于 10°。如图 6-13a。

2. 人字拔杆

其拔杆是用两根圆木或钢管或格构式钢构件，通过钢丝绳绑扎或铁件铰接而成（图 6-13b）。两杆夹角不宜超过 30°，起重时拔杆向前倾斜度不得超过 10°。其优点是侧向稳定性较好，缺点是构件起吊后活动范围小。

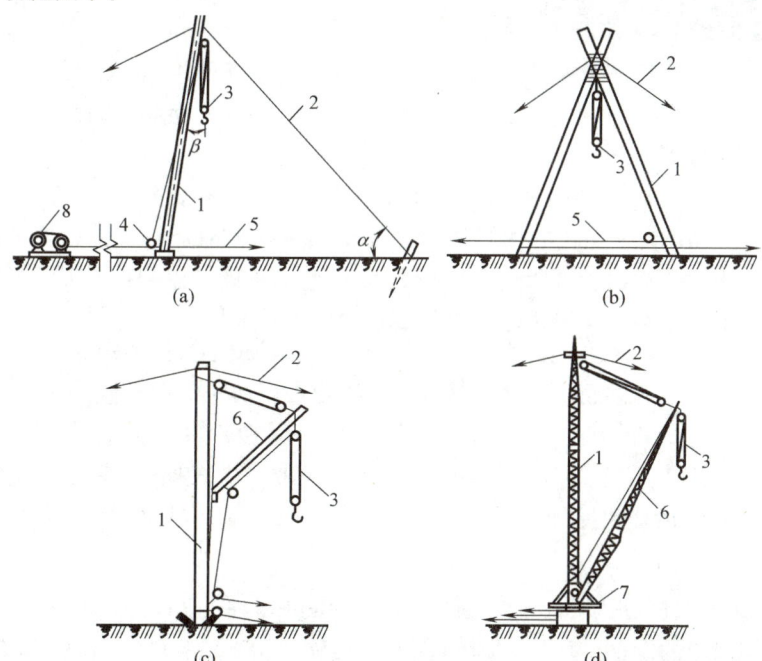

图 6-13　桅杆式起重机

（a）独脚拔杆；（b）人字拔杆；（c）悬臂拔杆；（d）牵缆式桅杆

1—拔杆；2—缆风绳；3—起重滑轮组；4—导向滑轮；5—拉索；

6—起重臂；7—回转盘；8—卷扬机

3. 悬臂拔杆

在独脚拔杆的中部或2/3高度处，装上一根铰接的起重臂即成悬臂拔杆（图6-13c）。起重臂可以左右回转和上下起伏，其特点是起重高度和工作空间较大，但起重量较小，需两台卷扬机。

4. 牵缆式桅杆起重机

它是在独脚拔杆的下端装上一根可以全回转和起伏的起重臂而成（图6-13d），具有较大的起重半径，起重量大且操作灵活。用格构式钢构件制作者起重量可达60t，起重高度可达80m以上。

四、起重索具设备

结构安装工程施工中除了起重机外，还要使用许多辅助工具及设备。如卷扬机、千斤顶、钢丝绳、滑轮组及吊具等。

图6-14 电磁制动的卷扬机

6-2

6-3

1. 卷扬机

卷扬机是通过卷筒卷绕钢丝绳产生牵引力的起重设备，主要由电动机、齿轮变速箱、制动器和卷筒组成（图6-14），是各种起重机械或起重设备的主要工作装置。卷扬机分为快速、慢速两种。快速卷扬机又分为单筒和双筒两种，卷筒拉力为4.0～50kN，主要用于垂直、水平运输。慢速卷扬机多为单筒式，其设备能力为30～200kN，主要用于结构吊装。卷扬机外形见图6-14。

卷扬机在使用时应注意：

（1）缠绕在卷筒上的钢丝绳不能放尽，至少应留5圈，以免钢丝绳固定端滑脱。

（2）卷扬机不得安装在吊装区，且距吊装作业区的安全距离不小于15m；保证司机的视仰角小于30°，以利于观察和构件准确就位；与其前面第一个导向滑轮的距离不少于20倍的卷筒长度，以利钢丝绳在卷筒上均匀缠绕而不乱绳，当距离不能满足要求时应设排绳器。

（3）钢丝绳应水平地从筒下引入，以减小倾覆力矩。

（4）卷扬机使用时必须可靠固定，以防止滑动和倾翻。

2. 千斤顶

千斤顶在结构吊装中，用于校正构件的安装偏差和矫正构件的变形，又可以顶升和提升大跨度屋盖等。常用千斤顶有螺旋式千斤顶和液压千斤顶（图6-15）。

螺旋式千斤顶是在往复扳动手柄时，通过齿轮传动使顶举件上升而进行顶举的千斤顶。常用于构件校正或起重量较小的作业。为进一步降低外形高度和增大顶举距离，可做成多级伸缩式。

液压千斤顶是采用柱塞或液压缸作为刚性顶举件的千斤顶。通用液压千斤顶可用于起重、校正、推移、卸荷等多种作业需求。工作时，只要往复扳动手动油泵的摇把或开动液压油泵，不断向油缸内压油，就迫使活塞及活塞上面的重物一起向上运动。打开回油阀，液压缸内的高压油便流回储油腔，于是重物与活塞也就一起下落。

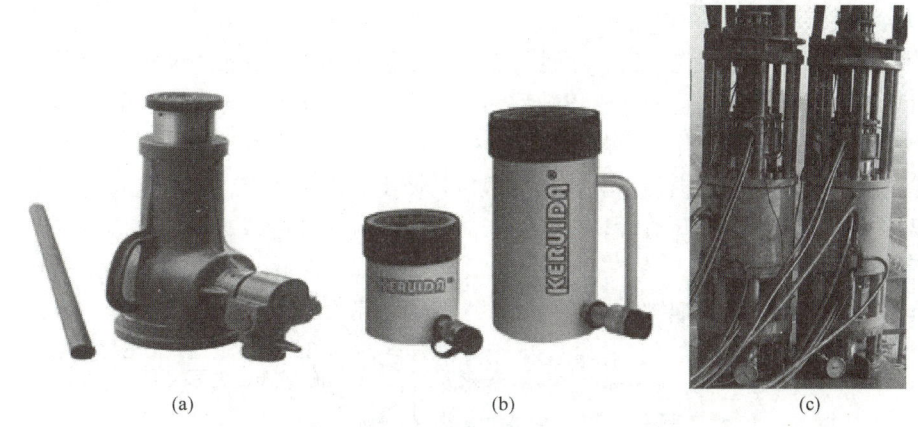

(a)　　　　　　　　　　　　(b)　　　　　　　　　(c)

图 6-15　常用千斤顶

（a）螺旋式千斤顶；（b）通用液压式千斤顶；（c）提升液压千斤顶

提升千斤顶是将预应力锚具锚固技术与液压千斤顶技术有机融合而成。所组成的液压提升系统是通过锚具锚固钢绞线，再利用计算机集中控制的液压泵站输出高压油，驱动千斤顶活塞动作，带动钢绞线与构件移动，实现大型构件的整体同步提升（或下降、连续平移）。

选用时，千斤顶的额定起重量应大于所起重构件的重量，多台联合作业时应大于所分担起重量的 1.2 倍。

3. 钢丝绳

钢丝绳是由若干根钢丝扭合为一股，再由若干股围绕储油绳芯扭合而成。通常规格是以"股数×每股丝数＋芯数"表示，如施工中常用的 6×19＋1、6×37＋1、6×61＋1 等（图 6-16）。绳径相同时，每股钢丝越多则绳的柔性越好。按丝捻成股与股捻成绳的方向，分为交互捻和同向捻等。前者在使用中不易扭转和松散，在起重作业中广泛使

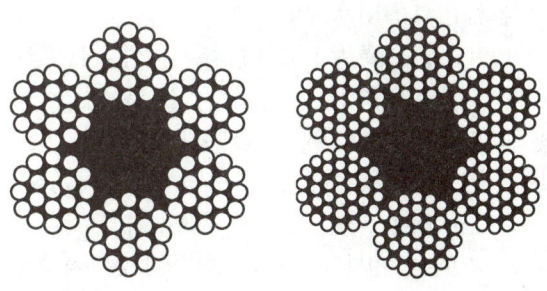

图 6-16　6×19 丝、6×37 丝钢丝绳断面

用。后者表面顺滑、柔软、寿命长，但因其易扭转而松散，所以只用作缆风绳或牵引绳。

钢丝绳的容许拉力：

$$[S] \leqslant \frac{P}{K} = \frac{R \cdot \alpha}{K}$$

式中　P——绳破断拉力；

R——钢丝绳的钢丝破断拉力总和；

α——受力不均匀系数，6×19 丝取 0.85、6×37 丝取 0.82、6×61 丝取 0.8；

K——安全系数（缆风钢丝绳 $K=3.5$；起重钢丝绳 $K=5\sim6$；捆绑吊索 $K=8\sim10$；载人电梯 $K=14$）。

钢丝绳使用时应该注意，钢丝绳穿过滑轮组时，滑轮直径应不小于绳径 10～12 倍，轮槽直径应比绳径大 1～3.5mm；应定期对钢丝绳加油润滑，以减少磨损和腐蚀；使用前应检查核

定；当在一个捻节距内断丝数达 10％或磨损超过钢丝直径的 40％时，应报废。

4. 滑轮组

滑轮组是由若干个定滑轮、若干个动滑轮和绳索组成，它既可省力又可根据需要改变用力方向。滑轮组中共同负担吊重的绳索根数称为工作线数，即在动滑轮上穿绕的绳索根数。滑轮组的省力系数主要取决于工作线数的多少。

滑轮组用前应检查有无损伤以及容许荷载值。使用时应保证定、动滑轮间距不小于 1.5m，以通过足够长的直线段钢丝间滑动，来平衡弯曲处里外侧的应力差。

5. 吊具

吊具是吊装作业中用于捆绑、连接的重要工具，如吊索、卡环、横吊梁等（图 6-17）。

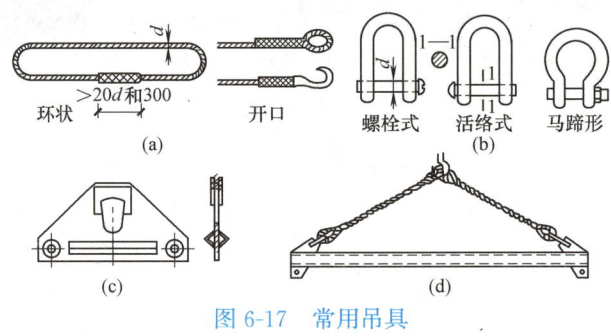

图 6-17　常用吊具

（a）吊索；（b）卡环；（c）钢板横吊梁；（d）型钢横吊梁

各种吊具的用途与要求如下：

（1）吊索主要用于绑扎材料或构件，分为环状和开口式两种。宜用 6×37 或 6×61 丝钢丝绳制作，易于捆紧。

（2）卡环也称卸甲，主要用于吊索间或吊索与构件吊环的连接，分为螺栓式和活络式卡环两种。活络式可用拉绳拔销，便于解开；而螺栓式则需拧出螺栓销，安全性高。

（3）横吊梁（铁扁担）或吊架，用于满足对吊索角度的要求，起到降低所需起重机的起吊高度、避免构件损坏的作用，常用钢板和钢管制作。对于大型构件，可使用工字钢或钢桁架吊梁。对薄板常使用吊架。制作时，应采用 Q235 或 Q345 钢材，并通过设计计算后进行。

6. 地锚

地锚是将卷扬机或缆风绳等与地面固定的设施，按设置形式分桩式地锚和卧式地锚两种。桩式地锚适用于固定受力不大的缆风绳，而受力较大或固定卷扬机等常采用卧式地锚。

卧式地锚是将几根圆木（方木或型钢）用钢丝绳捆绑在一起，横放在地锚坑底，钢丝绳的一端从坑前端的槽中引出，绳与地面的夹角应等于缆风绳与地面的夹角，然后用土石回填夯实。横木埋入深度及所用圆木的数量应根据地锚受力的大小和土质而定，一般埋入深度为 1.7～2.5m 时，圆木的长度为 2.5～3.5m，可受力 30～150kN。当拉力超过 75kN 时，横木上应增加压板；当拉力大于 150kN 时，应用立柱和木壁加强，以增加土的横向抵抗力（图 6-18）。

受力很大的地锚（如重型桅杆式起重机和缆索起重机的缆风地锚）应用钢筋混凝土制作，其尺寸、混凝土强度等级及配筋情况须经专门设计确定。

卧式地锚埋设和使用应注意：

（1）地锚应埋设在土质坚硬处，地面不得积水。

172

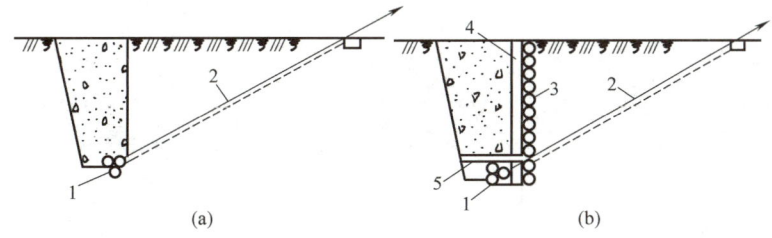

图 6-18 卧式地锚

（a）普通卧式地锚；（b）有压板及木壁的卧式地锚

1—横木；2—拉索；3—木壁；4—立柱；5—压板

（2）所用材料应做防腐处理，横木绑扎拉索处的四角要用角钢加固。钢丝绳要绑扎牢固。

（3）重要的地锚应经过计算，埋设后需经试拉检验，旧地锚须经试拉后再用。不得反向受拉。

（4）使用时要有专人负责看守，如发生变形，应立即采取加固措施。

第二节　单层工业厂房结构安装

装配式单层工业厂房常采用排架结构。按结构材料分为混凝土结构、钢结构、轻钢结构及混合结构等。其中，混凝土结构的构件重量大，吊装难度相对较大，本节予以阐述。

单层工业厂房除基础外的构件一般均为预制，因此，结构安装是其施工的主导工程。对大型屋架、柱子多在现场预制，其预制位置必须考虑吊装方法、吊装顺序。中小型构件一般由预制厂（场）生产，其运至现场后的堆放位置对后续工作也有极大的影响。因此可以说单层厂房的结构吊装是一个系统工程，必须从施工准备、构件的制作运输排放、起重机的选择直至结构吊装顺序、吊装方法的确定等应综合进行考虑。

一、吊装前的准备

吊装前的准备工作直接影响到施工进度和吊装质量。它包括场地清理与道路的铺设、临时水电管线的敷设，吊具和索具的配备，构件的运输、堆放、拼装与加固，构件弹线、编号及基础抄平等工作。

1. 场地准备与道路铺设

在起重机进场前，应做好吊装场地的清理、平整和压实工作，以利起重机的吊装。运输道路应有足够的宽度和转弯半径。

2. 构件的运输与堆放

在构件厂或现场之外集中制作的构件，吊装前要运至现场并按平面布置图准确就位，避免二次搬运。可根据构件的尺寸、重量、受力特点选择合理的运输工具，通常采用载重汽车或专用拖车。运输中必须保证构件不开裂、不变形，因此要支承合理、固定牢靠，并控制行车速度。

构件运输时的混凝土强度，如设计无要求不应低于设计强度等级的 75%。不论车上运输或卸车堆放，其垫点和吊点都应符合设计要求，叠放构件之间的垫木要在同一条垂直线上。堆放场地应坚实、平整、排水良好，构件底部应垫通长枕木。图 6-19 为柱、吊车梁、屋架等构

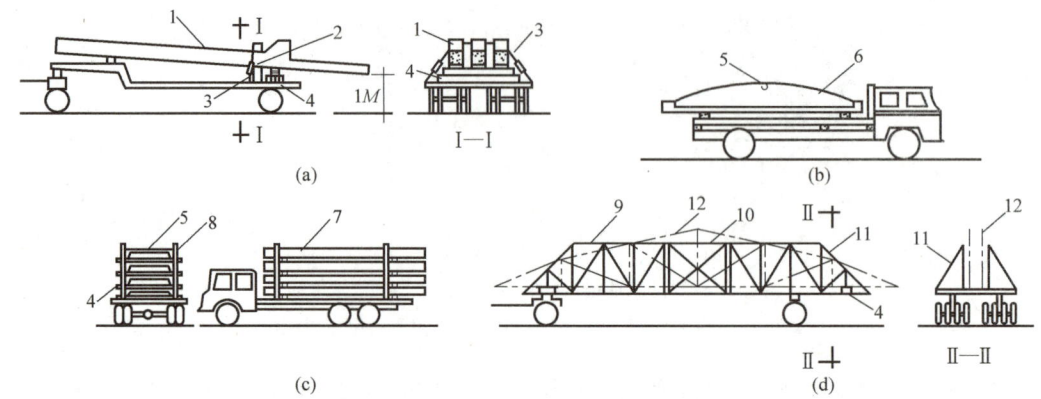

图 6-19　构件运输示意图

(a) 用拖车两点支承运输柱子；(b) 运输吊车梁；(c) 用载重汽车运送大型屋面板；(d) 用钢拖架运输屋架

1—柱子；2—倒链；3—钢丝绳；4—垫木；5—铅丝；6—鱼腹式吊车梁；7—大型屋面板；8—木杆；

9—钢拖架首节；10—钢拖架中间节；11—钢拖架尾节；12—屋架

件运输示意图。

3. 构件的检查

在吊装之前应对构件进行全面检查，以确保工程质量及吊装工作的顺利进行。检查内容包括：复查构件的制作尺寸是否存在偏差，预埋件尺寸、位置是否准确；构件是否存在裂痕和变形；混凝土强度是否达到设计要求，如无要求，柱混凝土应不低于设计强度等级的 75%，屋架混凝土应不低于 100% 且孔道灌浆的强度应不低于 15MPa，方可进行吊装。

4. 构件的拼装

大跨度屋架和天窗架多在预制厂分块预制，运至现场后再进行拼装。拼装时，要保证构件的外形几何尺寸准确，上下弦均在一个平面上，不断裂，无侧弯，保证连接质量。

构件拼装有平拼和立拼两种方法。平拼即将构件平卧地面或操作台上进行拼装，拼完后进行翻身，该法操作方便、不需支承，但在翻身中容易损坏或变形，因此仅限于天窗架等小型构件。立拼是将块体立着拼装，两侧须有夹木支撑，可直接拼装于起吊时的最佳位置，以减少翻身扶直的工序，降低损坏或变形的风险。图 6-20 为钢筋混凝土屋架的立拼图。

5. 构件的弹线与编号

在构件表面弹出吊装中心线和对位准线，作为对位、校正的依据；对每个构件按轴线编号，避免安装错位或反向。具体要求如下：

柱子：应在柱身的三面弹出其几何中心线，此线应与柱基础杯口上的中心线相吻合。对于工字形截面柱，除弹出几何中心线外，尚应在其翼缘部分弹一条与中心线相平行的线，以避免校正时产生观测视差。此外在柱顶面和牛腿面上要弹出屋架及吊车梁的安装准线（见图 6-21）。

屋架：上弦顶面应弹出几何中心线，并从跨中向两端分别弹出天窗架、屋面板的安装准线；在屋架的两个端头弹出安装准线，以便其对位与校正。

吊车梁：应在两端面及顶面弹出安装中心线。

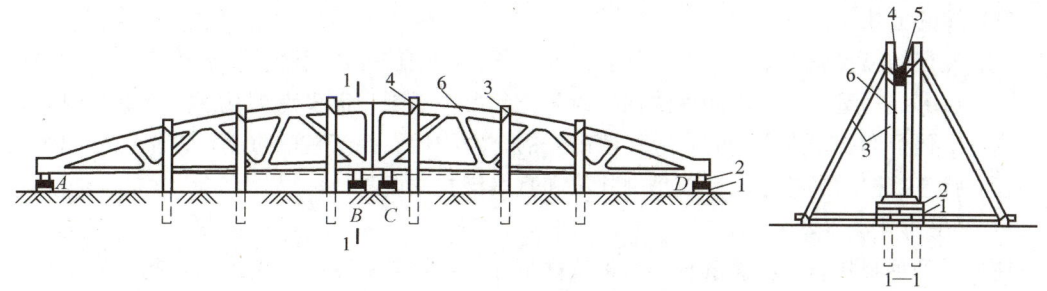

图 6-20　30～36m 预应力混凝土屋架立拼示意图

1—砖砌支垫；2—方木或钢筋混凝土垫块；3—三脚架；4—钢丝；5—木楔；6—屋架块体

在对构件弹线的同时，尚应按图纸将构件逐个编号，应标注在统一的位置。对不易区分上下左右的构件，应在构件上标明记号，避免安装错位或反向。

6. 杯形基础的施工准备

主要包括弹定位轴线和杯底抄平。先复查杯口的尺寸，然后利用经纬仪根据柱网轴线在杯口顶面上标出十字交叉的柱子吊装中心线，作为吊装柱子的对位及校正准线。

杯底抄平是根据柱子及所对应基础的实际制作尺寸，确定杯底垫浆厚度 Δh，并用水泥砂浆或细石混凝土将杯底找平至合适的高度，以保证柱子安装后牛腿顶面或柱顶的标高一致（图 6-22）。

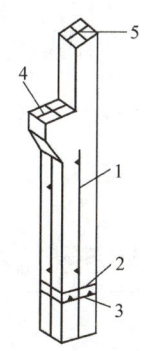

图 6-21　柱子弹线图

1—柱子中心线；2—标高控制线；3—基础顶面线；
4—吊车梁对位线；5—屋架对位线

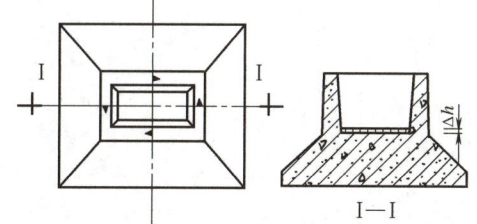

图 6-22　杯底标高调整、杯顶面弹线

7. 构件的应力核算与加固

构件在起吊、安装过程中，支撑点或受力形式往往与设计工况不同，造成内力及变形差异过大而致构件损坏。因此吊装前须进行适当的验算或模拟，必要时应采取临时加固措施。

二、构件吊装工艺

预制构件吊装的主要工艺过程包括绑扎、起吊、就位、临时固定、校正和最后固定等。

1. 柱的吊装

单层厂房的柱一般在其就位的杯口附近现场预制。一般柱弹机吊装，对于大型柱可采用双机抬吊。

（1）柱的绑扎

柱绑扎点的位置应根据柱子的形状、断面、长度、配筋等情况经验算后确定。一般中小型柱只需一点绑扎；重型柱、配筋少的柱，为防止起吊中断裂，需多点绑扎。一点绑扎时，绑扎点多位于牛腿根部；多点绑扎时，应保证吊索的合力作用点高于柱的重心，以保证柱起吊后处于正直立状态。柱的绑扎方法有斜吊绑扎法和直吊绑扎法两种。

1）斜吊绑扎法（图6-23）

柱在平卧预制状态，不需翻身，吊索从柱下穿入，捆扎后从上面引出。吊起时柱略呈倾斜状。起重钩可低于柱顶（但吊索高度不少于2m），因此起重机的起重高度及起重臂长可小些，但柱与基础对位不太方便。可用两端带环的吊索及卡环进行绑扎，也可在柱上预留孔，穿上带环的柱销进行吊装，柱就位临时固定后，在地面通过拉绳将柱销的插销拉脱，从另一面将柱销拉出。采用此法时宜对绑扎点的截面抗弯能力进行验算校核。

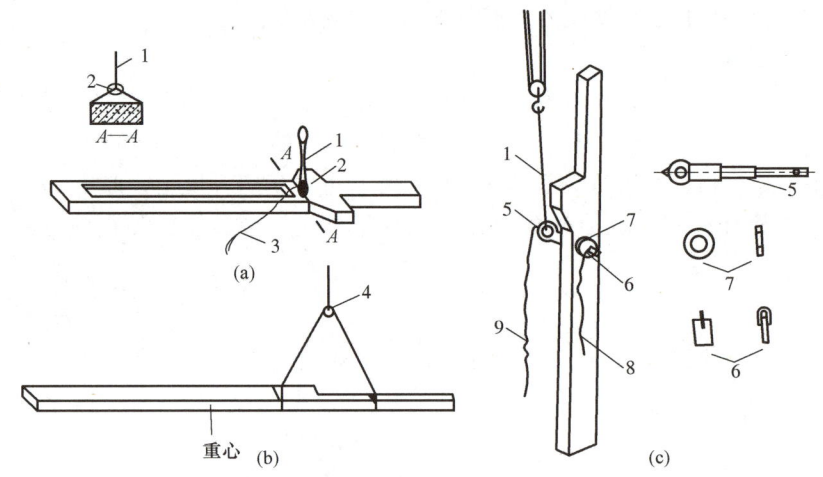

图 6-23　斜吊绑扎法

（a）一点用卡环绑扎；（b）二点用卡环绑扎；（c）一点用柱销绑扎

1—吊索；2—活络卡环；3—卡环拉绳；4—滑轮；5—柱销；

6—插销；7—垫圈；8—插销拉绳；9—柱销拉绳

2）直吊绑扎法（图6-24）

此法是先将柱翻身侧立，使其牛腿朝天。吊索分别设在柱两侧，通过横吊梁与起重钩相连接。起吊后柱身垂直，容易对位。这种方法的优点是柱截面的抗弯能力较大，不易损坏；缺点是增加了柱翻身工序，且起重机吊钩需超过柱顶，因而所需的起重高度及起重臂长度均比斜吊法大。

6-4

（2）柱的起吊

柱的起吊方法有旋转法和滑行法两种，应根据柱的重量、长度、起重机性能和现场条件选定。

1）旋转法（图6-25）。该法是在起吊过程中，起重机边升钩边回转，使柱绕柱脚旋转而立起，再插入杯口。在柱身旋转过程中，柱脚不动，柱顶作

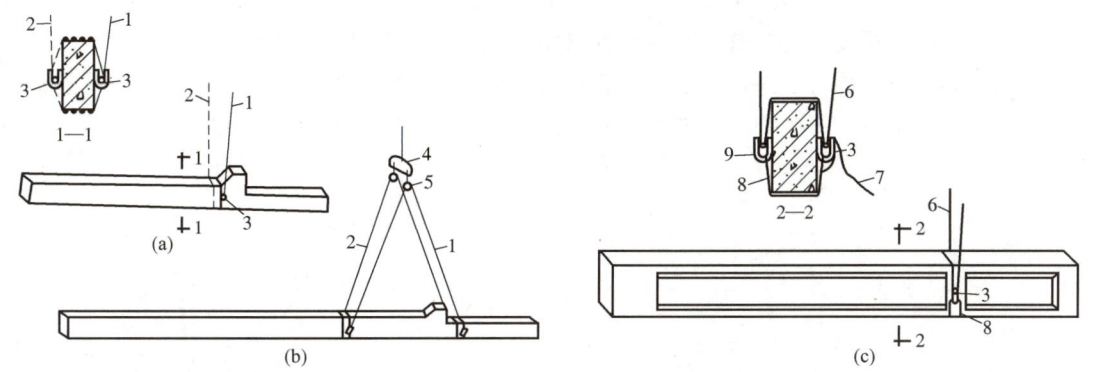

图 6-24　直吊法绑扎示例

（a）一点绑扎；（b）两点绑扎；（c）长短吊索绑扎

1—第一支吊索；2—第二支吊索；3—活络卡环；4—横吊梁；

5—滑车；6—长吊索；7—白棕绳；8—短吊索；9—普通卡环

向上的圆弧运动，起重机不行走、不变幅。柱在吊装过程中振动小，但柱在预制或堆放时，柱脚要靠近基础，且三点共弧。即柱的绑扎点、柱脚中心、基础杯口中心三点应同在以起重机停机点为圆心，以停机点到绑扎点的距离为半径的圆弧上。这样才能提高吊装速度。当条件限制，达不到三点共弧时，也可采取绑扎点或柱脚与杯口中心两点共弧，但起吊时要改变回转半径，起重臂要起伏，工效较低。

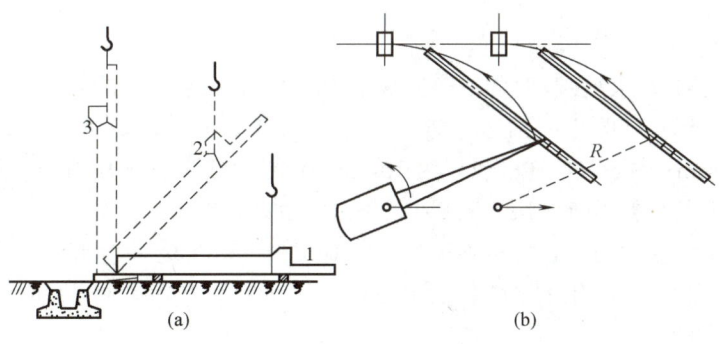

图 6-25　用旋转法吊柱

（a）旋转过程；（b）平面布置

1—柱平放时；2—起吊中途；3—直立

　　2）滑行法（图 6-26）。这种方法吊装时，起重机只升吊钩，起重杆不动，使柱脚沿地面滑行逐渐立起。柱预制与排放时绑扎点应布置在杯口附近，并与杯口中心共弧，以便柱直立后，稍作转动，即可将其插入杯口。

　　滑行法的缺点是柱在地面滑行时，会因地面不平受到振动而损坏；起吊阻力较大。优点是起重臂无须转动，即可将柱立起，机械较安全；柱子布置较为灵活且节省场地，可沿厂房纵向、横向、斜向布置。

（3）柱的就位与临时固定

柱脚插入杯口内，距杯底 30～50mm 处即应悬空对位，用八只楔块从四边插入杯口（图 6-27），用撬棍拨动柱脚使其中心线与杯口中心线对正，然后放松吊钩，使柱子沉入杯底。再次复核柱脚与杯口中心线是否对准，然后打紧楔块，并用石块将柱底脚与杯底四周挤紧。柱临时固定后，起重机方可脱钩。如楔块不能保证柱稳定，尚应加设缆风绳或斜撑。

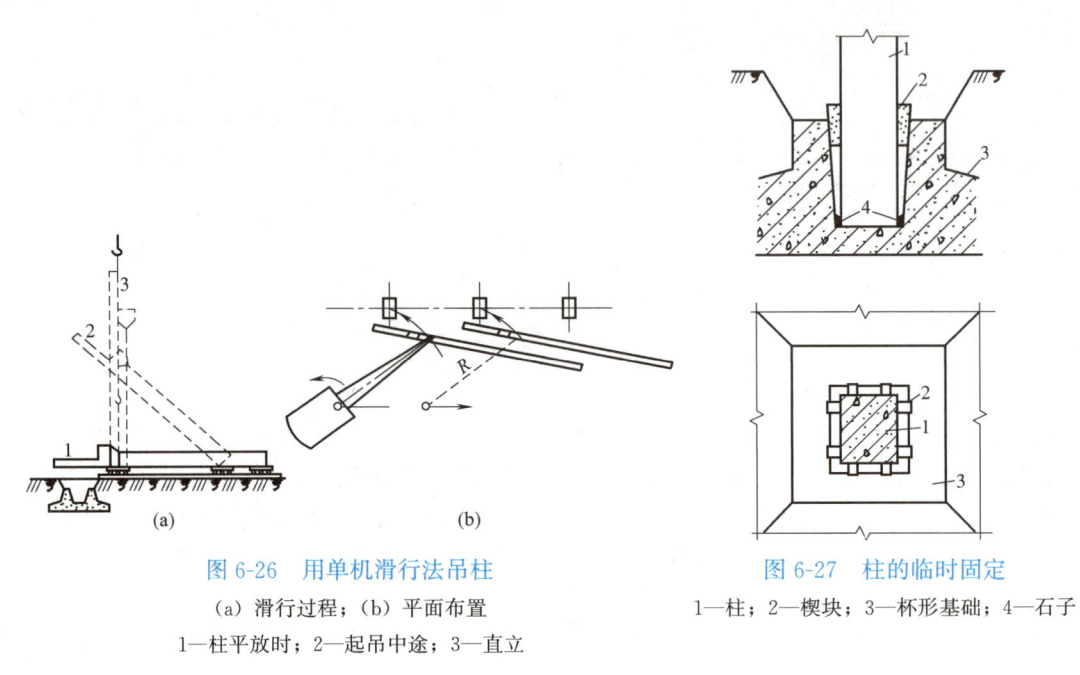

图 6-26　用单机滑行法吊柱

（a）滑行过程；（b）平面布置

1—柱平放时；2—起吊中途；3—直立

图 6-27　柱的临时固定

1—柱；2—楔块；3—杯形基础；4—石子

（4）柱的校正

柱的平面位置的校正已在临时固定时完成，因此临时固定后主要是垂直度的校正。校正方法是用两台经纬仪从柱的相邻两边检查柱的中心线是否垂直。其偏差允许值为：当柱高 $H<6m$ 时，为 5mm；柱高 $H>6m$ 时，为 10mm。校正可用螺旋千斤顶进行斜顶或平顶，或利用可调钢管支撑进行斜顶等方法（图 6-28）。如柱顶设有缆风绳，也可用拉绳法进行校正。校正时，应先校正偏差大的面，楔块不得拔出，对于高度较大的柱应考虑阳光照射温差的影响。在校正垂直度时，应避免水平位置发生偏移。

（5）柱的最后固定

柱校正后应立即进行最后固定，以防止外界影响而出现新的偏差。其方法是在柱脚与基础杯口的空隙间浇筑高一强度等级的细石混凝土。浇筑工作分两阶段进行，第一次先浇至楔块底面，待混凝土达到 30％设计强度等级后，拔出楔块，第二次浇筑细石混凝土至杯口顶面。

2. 吊车梁的吊装

吊车梁的吊装必须在基础杯口二次灌筑的混凝土达到 50％设计强度后方可进行。

吊车梁绑扎点应在距两端 1/6～1/5 梁长处，吊索与水平面的夹角不得小于 45°，且两根吊索要等长，以保持水平起吊（图 6-29），在梁的两端需用溜绳控制，就位时应缓慢落钩，争取一次对好纵轴线，避免在纵轴方向撬动吊车梁而导致柱偏斜。一般吊车梁在就位时用垫铁垫平后即可脱钩；但当梁的高与底宽之比大于 4 时，需与柱焊拉结钢板做临时固定。

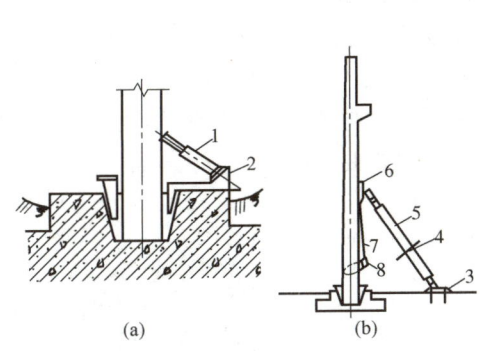

图 6-28　柱垂直度校正方法

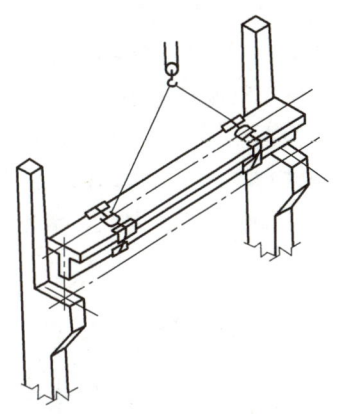

图 6-29　吊车梁吊装

（a）螺旋千斤顶斜顶；（b）钢管支撑斜顶

1—千斤顶；2—反力座；3—底板；4—转动手柄；

5—钢管撑杆的校正器；6—摩擦板；7—拉绳；8—绳结

　　吊车梁的校正应在厂房结构固定后进行，以免屋架安装引起柱变形而造成吊车梁新的偏差。吊车梁的校正主要为垂直度和平面位置。垂直度可通过铅锤检查，并在梁与牛腿面之间垫入楔形垫铁来纠正偏差。平面位置的校正常用拉钢丝通线法检测校正（图 6-30），对较重者宜随吊随用经纬仪检测校正。

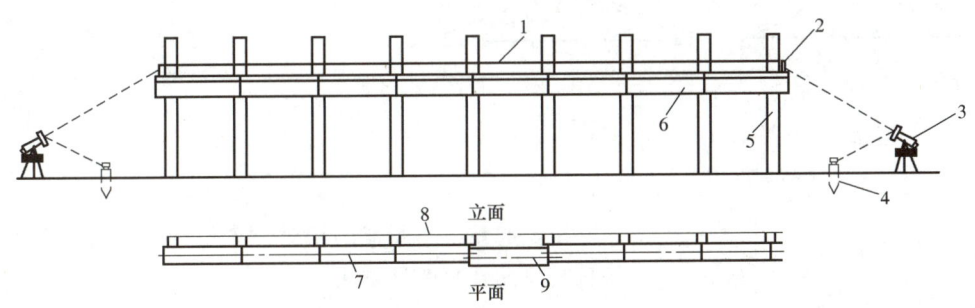

图 6-30　拉钢丝法校正吊车梁

1—钢丝通线；2—支架；3—经纬仪；4—木桩；5—柱；6—吊车梁；

7—吊车梁设计中线；8—柱设计轴线；9—偏位的吊车梁

　　吊车梁校正完毕后，立即将其与柱子牛腿上的预埋件焊牢，并在吊车梁与柱的空隙处浇筑细石混凝土。

3. 屋架的吊装

　　大跨度的钢筋混凝土屋架，一般在现场平卧叠浇预制。吊装前，先翻身扶直，排立在跨内一侧地面上后再统一吊装，也可边立边吊。

（1）绑扎

　　屋架的绑扎点应在上弦节点或其附近。翻身扶直屋架时，吊索面与水平面的夹角不宜小于60°，吊装时吊索与水平面的夹角不应小于45°。绑扎点应以屋架的重心为中心，对称布置。吊点的数目及位置一般由设计确定，如无规定，则应事先对吊装应力进行核算，满足要求方可起吊，否则应采取加固措施（图 6-31）。

一般情况下，对跨度小于或等于 18m 的屋架，可两点绑扎；跨度 18m 以上时，可采取四点绑扎；屋架跨度超过 30m 时，宜使用横吊梁，以降低吊钩的高度和提高稳定性。

（2）扶直

翻身扶直时，在自重作用下，屋架承受平面外的力，与屋架的设计受力状态不同，有时会造成上弦杆挠曲开裂。因此，事先必须进行应力核算，必要时应采取绑扎木杆、钢管等加固措施（图 6-32）。

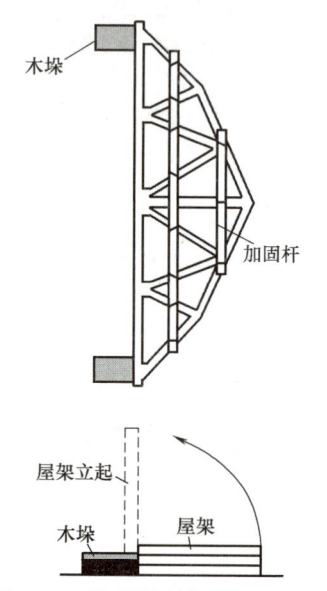

图 6-32　扶直前的加固及垫木垛

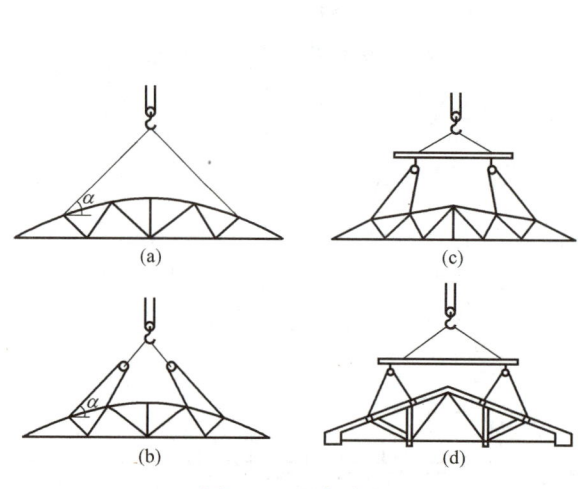

图 6-31　屋架绑扎

（a）跨度≤18m 时；（b）跨度＞18m 时；
（c）跨度≥30m 时；（d）三角形组合屋架

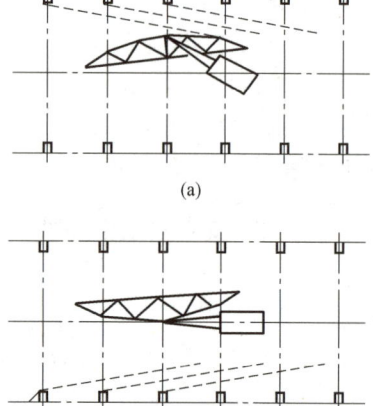

图 6-33　屋架的扶直

（a）正向扶直，同侧就位；
（b）反向扶直，异侧就位

根据起重机与屋架的相对位置不同，扶直屋架有正向扶直与反向扶直两种方法。

1）正向扶直。起重机位于屋架下弦一侧，以吊钩对准屋架上弦中点，收紧吊钩，同时略加起臂使屋架脱模。然后升钩、扬臂，使屋架以下弦为轴缓缓转为直立状态（图 6-33a）。

2）反向扶直。起重机位于屋架上弦一侧，吊钩对准上弦中点，边升钩边降臂，使屋架绕下弦转动而立起（图 6-33b）。

两种扶直方法：一为升臂，一为降臂，目的都是保持吊钩始终位于上弦中点的垂直上方。升臂比降臂易于操作，且起重力矩变化较小、较安全，故应尽量采用正向扶直。

屋架翻身扶直后应随即就位。就位的位置取决于起重机的性能和吊装方法，同时应考虑屋架的安装顺序，预埋件的朝向。一般靠柱边斜放，应尽量少占场地，并按平面布置图对号入座。就位位置与屋架预制位置在起重机开行路线同一侧时，称作同侧就位，反之称作异侧就位。

（3）起吊、就位与临时固定

当屋架重量不大时可用单机起吊。先将屋架吊离地面200～300mm，检查机械的稳定性及绑扎牢固程度，然后吊至吊装位置的下方，升钩将屋架吊至高于柱顶300mm左右，再边对位边缓缓降至柱顶，就位后应立即进行临时固定，然后方能脱钩。

第一榀屋架的临时固定必须十分重视，一般是用四根缆风绳从两面拉牢上弦。若抗风柱已立牢固，也可将屋架与抗风柱连接。其他各榀屋架可用屋架校正器以前一榀屋架为依托进行临时固定和校正。

（4）校正及最后固定

屋架的校正主要是垂直度，可用经纬仪或线锤检测。方法是：分别在屋架上弦中央和屋架两端安装一个卡尺，以上弦轴线为起点分别在三个卡尺上量出500mm，并做出标记，然后在距屋架上弦轴线卡尺一侧500mm处地面上，设一台经纬仪，用来检查三个卡尺上的标志是否在同一个垂直面上（图6-34），并通过转动钢管校正器的摇把进行调整。

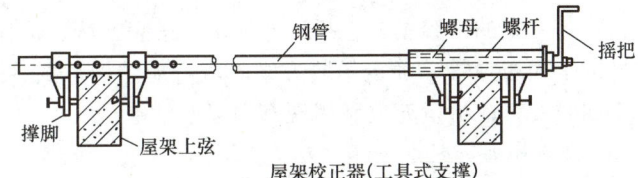

屋架校正器（工具式支撑）

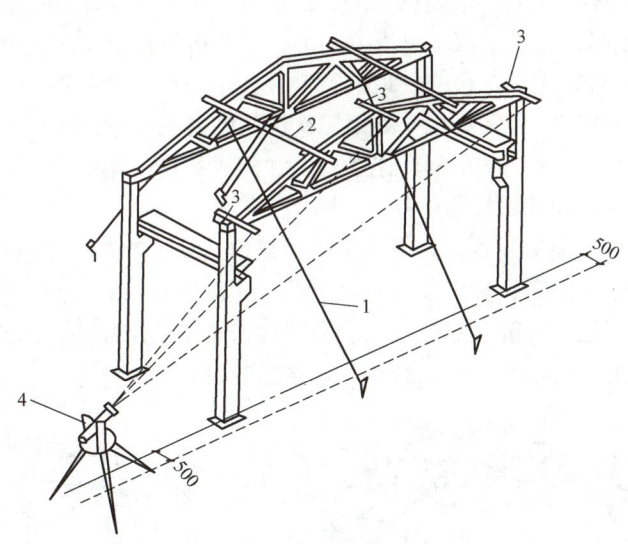

图6-34　屋架的临时固定与校正

1—缆风绳；2—屋架校正器；3—卡尺；4—经纬仪

屋架校正无误后，应立即与柱顶焊接固定，并按照先垂直后水平、先中间后两端安装屋架间的支撑，随后安装屋面板。与柱焊接时，应在屋架两端的不同侧面同时施焊，以防因焊缝收缩而导致屋架倾斜。

4. 天窗架和屋面板的吊装

屋面板吊装时，应由两边檐口向屋脊逐块对称地进行，以利于屋架稳定，受力均匀。屋面板有预埋吊环，一般可采用一钩多吊（图6-35），以加快吊装速度。屋面板就位后，应立即与屋架上弦焊牢。除每间最后一块屋面板外，每块屋面板与屋架焊接应不少于三点。

天窗架应待两侧屋面板安装后进行吊装，加固与绑扎起吊如图6-36。经对位、拉结和校正后，将天窗架底脚焊牢于屋架上弦的预埋件上，再对称安装其上部的屋面板。

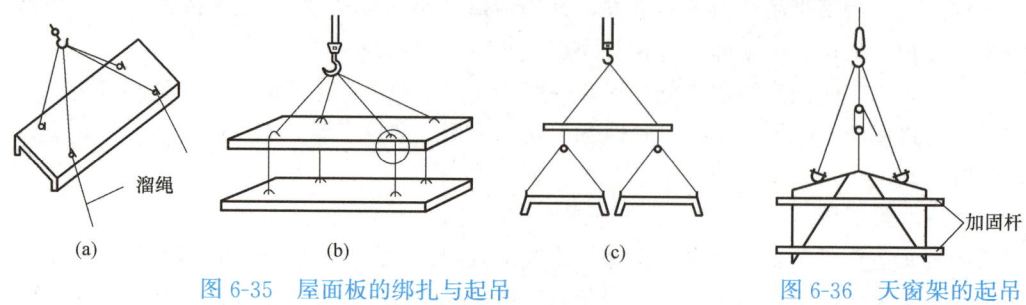

（a）　　　　　　　　（b）　　　　　　　　（c）

图6-35　屋面板的绑扎与起吊　　　　图6-36　天窗架的起吊

（a）单块起吊；（b）多块叠吊；（c）多块平吊

三、结构吊装方案

单层工业厂房结构吊装方案的内容主要包括：选择结构吊装方法、选择起重机械、确定起重机的开行路线及构件的平面布置等。确定吊装方案时应考虑结构形式、跨度、构件的重量、安装高度及工期要求，同时要考虑尽量充分利用现有的起重设备。

1. 结构吊装方法

单层工业厂房结构吊装方法有分件吊装法和综合吊装法两种。

6-5

（1）分件吊装法（图6-37a）。起重机每开行一次仅吊装一种类型的构件，即一种构件、一种构件地进行安装。第一次开行吊装柱，并逐一进行校正和最后固定；待杯口接头处第二次浇筑的混凝土达到50%设计强度后进行第二次开行，吊装吊车梁、连系梁及柱间支撑等；第三次开行，则以节间为单位吊装屋架、支撑、天窗架和屋面板等构件。

分件吊装不需经常更换吊装索具，工作单一、操作熟练、效率高，能充分发挥起重机的工作性能，还能给构件临时固定、校正及最后固定等工序提供充裕的时间，构件的供应单一，平面布置也比较容易。因此，一般单层工业厂房的结构安装多采用此法。但起重机需多次开行且行驶路线长，不能迅速形成稳定的空间结构，这在吊装时要加以注意。

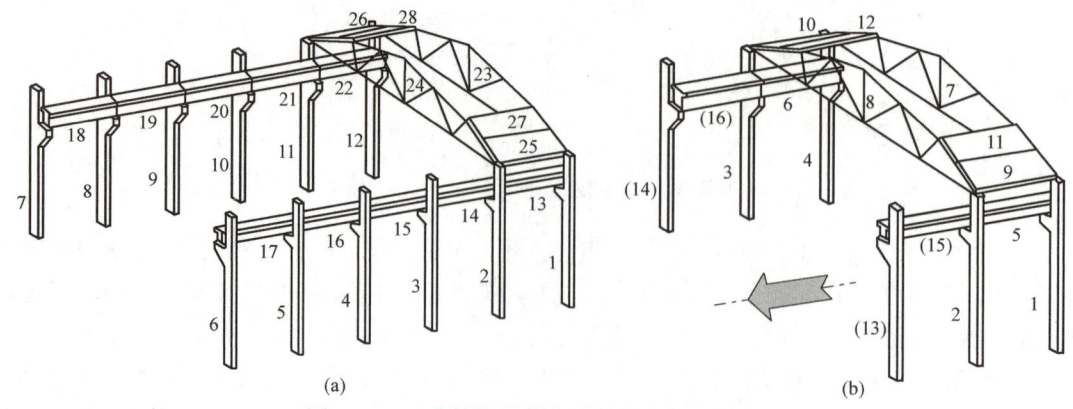

（a）　　　　　　　　　　　（b）

图6-37　两种结构吊装方法的构件吊装顺序

（a）分件吊装法；（b）综合吊装法

（2）综合吊装法（图 6-37b）。起重机仅开行一次就安装完所有的结构构件，即一间、一间地安装。具体步骤是：先吊装 4 根柱，随即进行校正和最后固定，然后吊装该节间的吊车梁、连系梁、屋架、天窗架、屋面板等构件。

综合吊装法的优点是起重机开行路线短，停机次数少，能及早为下道工序提供工作面。但由于在一个停机点要分别吊装不同种类构件，造成索具更换频繁，影响吊装效率；而且校正及固定的时间紧迫，误差积累后不易纠正；构件供应种类多，平面布置杂乱，不利于文明施工。所以在一般情况下，不宜采用此种方法。只有使用移动不便的起重机或已安装了大型设备的厂房吊装时或急于交工的部位，才采用此种方法。

2. 起重机的选择

（1）起重机类型的选择。选择起重机的类型主要考虑其可行性、合理性和经济性。一般中小型厂房多采用履带式起重机，也可采用汽车式或轮胎式起重机。高度较大的厂房可选用塔式起重机吊装屋盖结构。大跨度重型厂房，可选用大型自行杆式起重机以及重型塔式起重机进行安装，在结构安装的同时进行设备的安装。

（2）起重机型号的选择。选择起重机型号时要考虑起重机的三个工作参数：起重量 Q、起重高度 H、起重半径 R 均要满足构件吊装的要求。同时考虑吊装不同类型的构件变换不同的臂长，以充分发挥起重机的性能。

1）起重量。起重机的起重量必须大于所吊装构件的重量与索具及加固材料重量之和，即：

$$Q \geqslant Q_1 + Q_2 \tag{6-1}$$

式中　Q——起重机的起重量（kN）；

$\quad\quad Q_1$——构件重量（kN）；

$\quad\quad Q_2$——索具及加固材料的重量（kN）。

2）起重高度。起重机的起重高度必须满足所吊构件的安装高度要求（图 6-38），即：

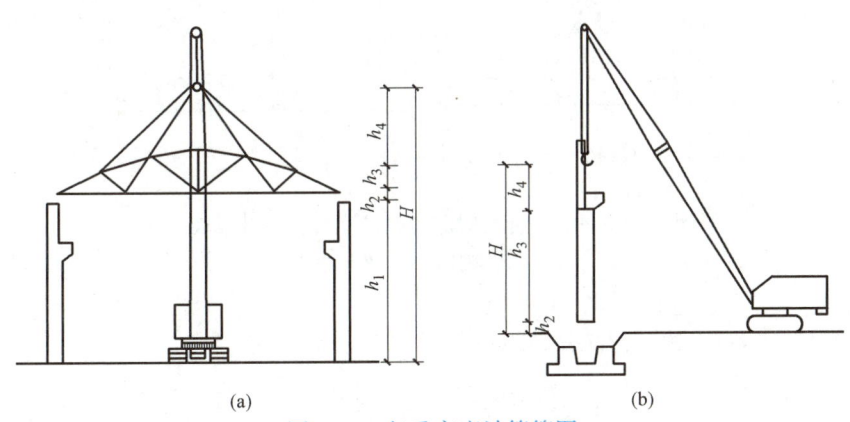

图 6-38　起重高度计算简图

（a）安装屋架；（b）安装柱子

$$H = h_1 + h_2 + h_3 + h_4 \tag{6-2}$$

式中　H——起重机的起重高度。从停机面至吊钩的高度（m）；

$\quad\quad h_1$——停机面至安装支座顶面的高度（m）；

$\quad\quad h_2$——安装间隙（不小于 0.3m）或安全距离（需跨越人员或设备时不小于 2.5m）；

$\quad\quad h_3$——绑扎点至所吊构件底面的高度（m）；

h_4——索具高度。自绑扎点至吊钩中心的高度（m）。

3）起重半径（起重幅度）。当起重机可以不受限制地开到安装支座附近去安装构件时，可不验算起重半径；否则应验算当起重半径为限定值时，其起重量与起重高度能否满足吊装要求。

4）最小臂长。当起重臂须跨过已安装好的结构去吊装构件时（如跨过屋架或天窗架去安装屋面板），为了避免起重臂与安装好的结构碰撞，起重机必须有足够的臂长。最短臂长的确定可用数解法，也可用图解法。

A. 数解法（图 6-39a）。

$$L = l_1 + l_2 = \frac{h}{\sin\alpha} + \frac{q+g}{\cos\alpha} \qquad (6\text{-}3)$$

式中　L——起重臂的长度（m）；

　　　h——起重臂底铰至构件安装支座的高度（m），$h = h_1 - E$（E 为底铰至停机面的高度）；

　　　q——起重钩需跨过已吊装好的构件的水平距离（m）；

　　　g——起重臂轴线与已安装好的构件的水平距离，至少取 1m；

　　　α——吊装时起重臂的仰角。

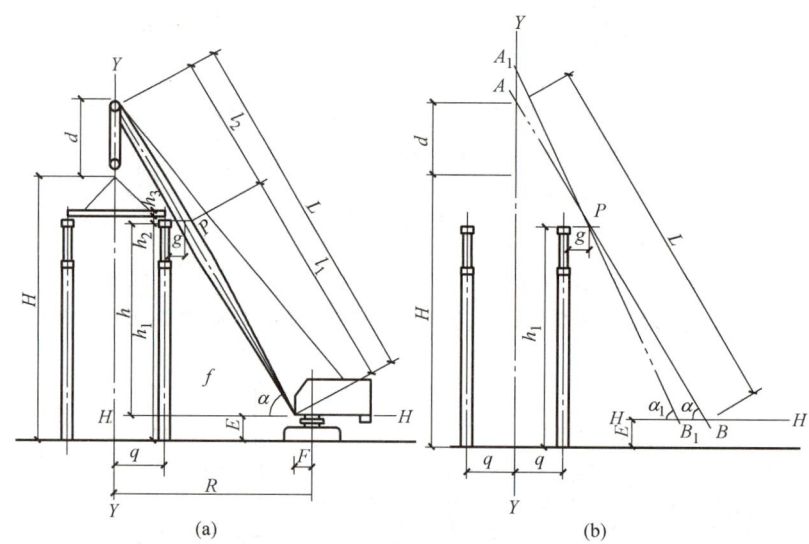

图 6-39　吊装屋面板时起重机最小臂长的计算简图

（a）数解法；（b）图解法

为求最小杆长，对上式进行微分，并令 $\dfrac{\mathrm{d}L}{\mathrm{d}\alpha} = 0$

$$\frac{\mathrm{d}L}{\mathrm{d}\alpha} = \frac{-h\cos\alpha}{\sin^2\alpha} + \frac{(q+g)\sin\alpha}{\cos^2\alpha} = 0$$

$$\alpha = \arctan\left[\, h/(q+g)\,\right]^{1/3} \qquad (6\text{-}4)$$

将 α 值求出后代入式（6-3），即可求出所需起重杆的最小长度 $L_{\min}$，然后根据起重机起重臂的构造尺寸选定臂长，依据所选臂长 L 及 α 值可计算出起重半径 R

$$R = F + L\cos\alpha \qquad (6\text{-}5)$$

根据起重半径 R 和起重臂长，查起重机性能表或性能曲线，复核起重量 Q 及起重高度 H。根据 R 值即可确定起重机吊装屋面板时的停机位置。

B. 图解法（图 6-39b）。

首先按一定比例画出施工厂房一个节间的纵剖面图，并画出吊装屋面板时起重钩位置处的垂线 Y-Y。根据初选起重机的 E 值，画出水平线 H-H。自屋架或天窗架顶面中心线向起重机一侧水平方向量出一距离 g，令 $g=$ 1m，可得点 P。过 P 点可画出若干条直线与 Y-Y 直线和 H-H 直线相截，其中最短的一根即为所求的最短臂长。

6-6

在确定起重臂长 L 时，不但需考虑屋架中间一块板的验算，尚应考虑屋架两端边缘一块屋面板的要求。

在结构吊装过程中，根据构件尺寸、重量、就位地点，可变换不同长度的起重臂，进行吊装。

（3）起重机数量的选择。同时投入施工现场的起重机数量可根据工程量、工期及起重机的台班产量按下式计算：

$$N=\frac{1}{T \cdot C \cdot K}\sum\frac{Q_i}{S_i} \tag{6-6}$$

式中　N——起重机数量（台）；

　　　T——工期（d）；

　　　C——每天工作班数；

　　　K——时间利用系数，一般取 0.8～0.9；

　　　Q_i——某种构件的工程量（件或吨）；

　　　S_i——起重机安装某种构件的产量定额（件/台班或吨/台班）。

几台起重机同时工作要考虑工作面是否允许，相互之间是否会造成干扰、影响工效等问题。此外还应考虑构件的装卸、拼装和排放等工作的需要。

3. 起重机开行路线与构件的平面布置

起重机的开行路线直接关系到现场预制构件的平面布置与结构的吊装方法，因此在构件预制之前就应设计好起重机的开行路线及吊装方法。布置现场预制构件时应遵循以下原则：

各跨构件尽量布置在本跨内，如跨内安排不下，也可布置在跨外便于吊装的范围内；构件的布置在满足吊装工艺要求的前提下，应尽量紧凑，同时要保证起重机及运输车辆的道路畅通，起重机回转时不致与建筑物或构件相碰；后张法预应力构件的布置应考虑抽管、穿筋、张拉等操作所需要的场地；构件布置应尽量避免吊装时在空中调头；如在回填土上预制构件，一定要夯实，必要时垫上通长木板，防止不均匀下沉引起构件开裂和变形。

对于非现场预制的小型构件，最好能随运随吊，否则亦应事先按上述原则确定其堆放位置。

（1）吊柱时开行路线及构件布置

1）起重机开行路线

根据厂房的跨度、柱的尺寸和重量及起重机的性能，起重机的开行路线有跨中开行和跨边开行两种（图 6-40）。

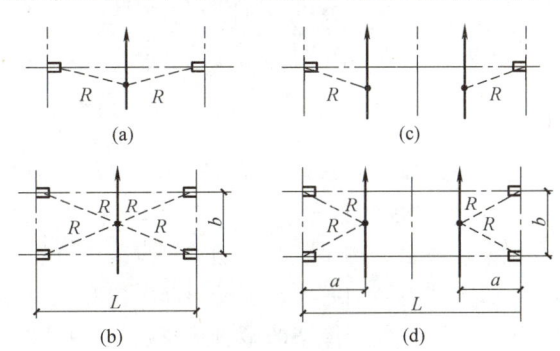

图 6-40　吊柱时起重机的开行路线及停机位置

（a）、（b）跨中开行；（c）、（d）跨边开行

2）柱的平面布置

柱的现场预制位置尽量为吊装阶段的就位位置。采用旋转法吊装时，柱斜向布置；采用滑行法吊装时，柱可纵向也可斜向布置。

① 旋转法吊柱的布置，尽量按三点共弧斜向布置（图 6-41a）。绘制施工图时，首先画出与柱列轴线相距为 a 的平行线（a 必须小于 R 且大于起重机的最小回转半径），此平行线即为吊车行走路线，再以柱杯口中心为圆心，以 R 为半径画弧交于开行路线上一点 O，O 点即为吊装柱时起重机的停机点。然后以 O 点为圆心，以 R 为半径画弧，并依据柱底至绑扎点的距离在弧上确定两点 K（柱底中心）、S（绑扎点），应使 K 点与基础尽量靠近但不少于 1m。最后以 KS 为柱轴线画出柱的模板图。有时由于场地限制，很难做到三点共弧，也可柱脚中心与杯口中心两点共弧（图 6-41b）。吊装时，可先升臂，当起重半径由 R' 变为 R 时，再按旋转法起吊。

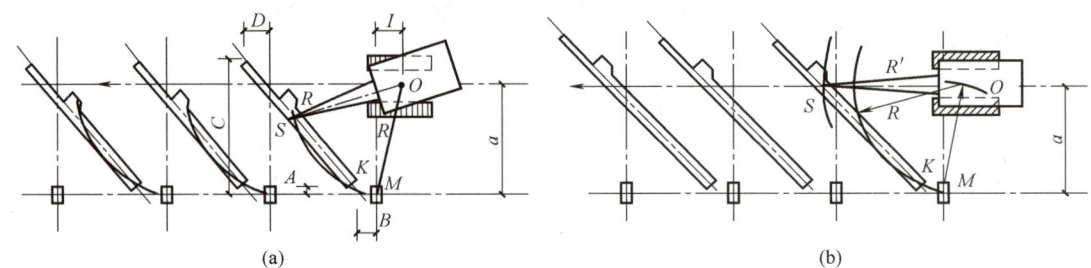

图 6-41　旋转法吊装柱子时，柱的平面布置

（a）三点共弧；（b）柱脚与柱基两中心共弧

② 滑行法吊柱的布置，可按两点共弧斜向或纵向布置。绘制施工图时绑扎点与杯口中心共弧，为减少占地，对不太长的柱，也可采用两柱叠浇的方式纵向布置，但应使叠浇两柱的绑扎点分别与各自的杯口共弧（图 6-42）。

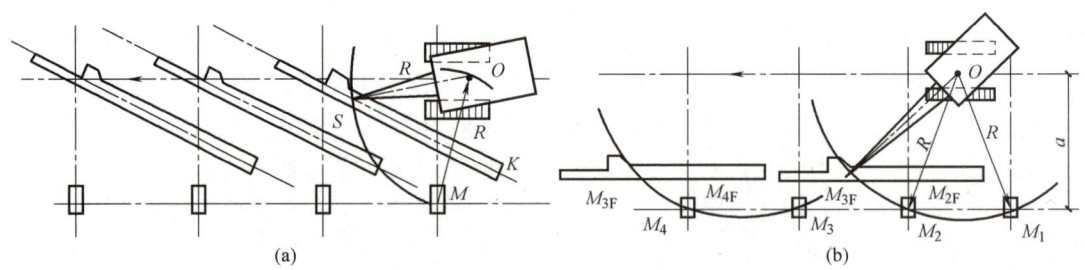

图 6-42　滑行法吊装柱子时，柱的纵向平面布置

（a）单层斜向布置；（b）两层叠制纵向布置

（2）吊装屋架时起重机开行路线及构件平面布置

1）屋架的预制布置

屋架及屋盖结构吊装时，起重机宜跨中开行。屋架一般均在跨内平卧叠浇，每叠不超过 4 榀。布置方式有斜向布置、正反斜向布置和正反纵向布置三种（图 6-43）。应优先选用正面斜向布置，因为它便于屋架的翻身扶直及就位排放。

2）屋架的扶直布置

屋架的扶直是将叠浇的屋架翻身扶直后排放到吊装前的最佳位置。以利于提高起重机的吊装效率并适应吊装工艺的要求。其排放位置有靠柱边斜向排放及纵向排放两种。其排放位置应尽量靠近其安装地点。此外在考虑屋架的排放同时还要给本跨的天窗架和屋面板留有一定的位置，以便使屋盖系统一次吊装完毕。

① 屋架的斜向排放，斜向排放的布置方法如下（图 6-44）：

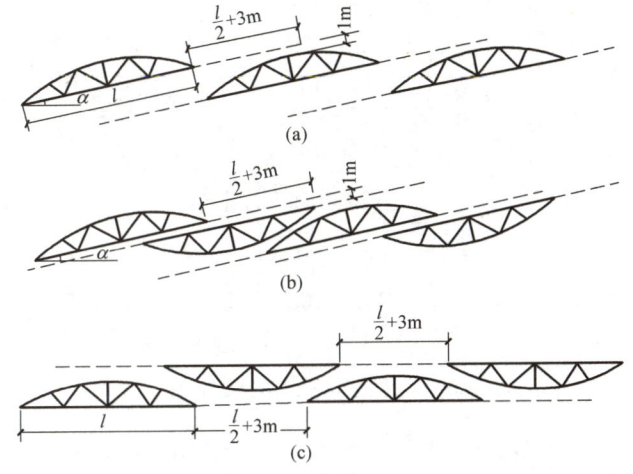

图 6-43　屋架预制时的几种布置方式（l 为屋架跨度）

（a）正向斜向布置；（b）正反斜向布置；（c）正向纵向布置

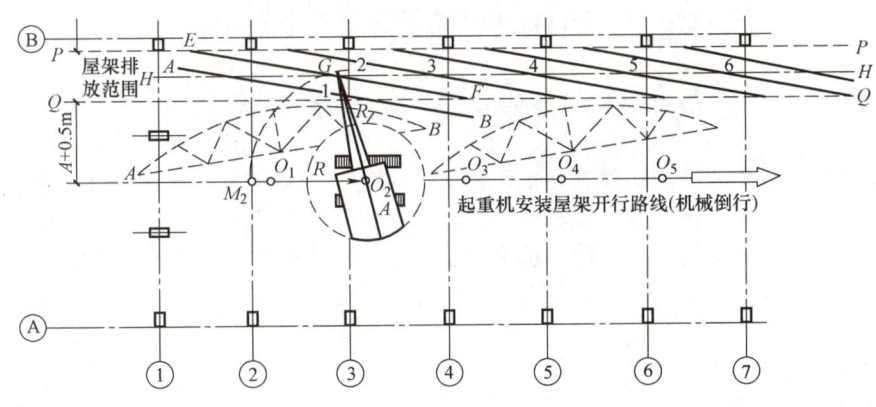

图 6-44　屋架预制位置与吊装前的斜向排放

A. 确定起重机开行路线及停机点。一般情况下吊装屋架时起重机均在跨内正中开行，吊装前应确定吊装每榀屋架的停机点。如第二榀屋架，其确定方法是以屋架轴线中点 M_2 为圆心，以 R 为半径划弧与开行路线交于 O_2 点即停机点。

B. 确定屋架排放位置。在距柱边缘不小于 200mm 处画一直线 P-P 与柱轴线平行，再画一条距开行路线不小于 $A+0.5m$（A 为起重机回转中心至机尾长，即机尾回转半径）的平行线 Q-Q，并在 P-P 线与 Q-Q 线之间画出中线 H-H。以第二榀屋架的停机点 O_2 为圆心，以 R 为半径划弧交 H-H 于 G，G 即为第二榀屋架中心点，再以 G 为圆心，以 1/2 屋架跨度为半径划弧分别交 P-P、Q-Q 于 E、F。连接 E、F 即为第二榀屋架的就位位置，其他榀屋架以此类推。第一榀屋架因有抗风柱妨碍，可灵活布置。屋架排放的方向应保证吊装时，每榀屋架都从表面吊走，而非从中间抽出。

② 屋架的纵向排放

当屋架尺寸小、重量轻时，可采取纵向排放的方式，但需要起重机负荷行驶。该法一般以 4 榀为一组靠柱边顺轴线排放，各榀屋架之间保证有不小于 200mm 的净距，相互之间要支撑牢靠。为防止在吊装过程中与已安装好的屋架相碰，每组屋架的中点应位于该组屋架倒数第二榀安装轴线之后约 2m 处（图 6-45）。

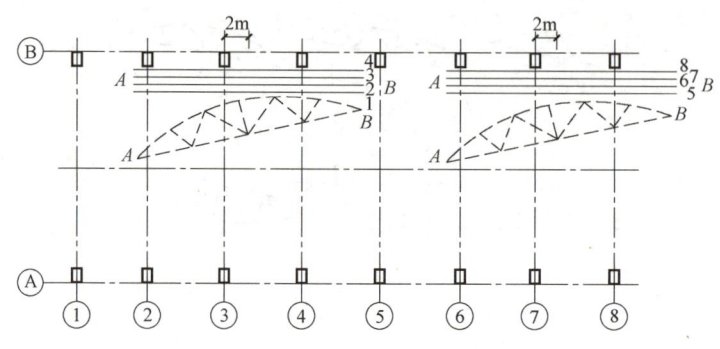

图 6-45　屋架吊装前的纵向排放

（3）吊车梁、连系梁、屋面板的堆放。吊车梁、连系梁的就位位置，一般在其安装位置的柱列附近，跨内跨外均可。依编号、吊装顺序进行就位和集中堆放。有条件时也可采用随运随吊的方案，从运输车上直接起吊。屋面板以不多于 6 块为一叠，靠柱边堆放。在跨内就位时，约后退 3～4 个节间开始堆放；在跨外就位时，应后退 1～2 个节间。

第三节　多高层装配式结构安装

多高层装配式结构的全部构件宜在工厂预制，在施工现场用起重机械起吊并安装成整体。具有施工速度快、节约模板、减少现场垃圾、利于保护环境等优点。

多高层装配式房屋结构主要有框架承重和墙体承重两种形式，按材料分为混凝土结构和钢结构，其主导工程是结构安装。在制定安装方案时主要考虑吊装机械的选择和布置、安装顺序和安装方法等问题。

一、吊装机械的选择与布置

（一）吊装机械的选择

吊装机械类型的选择要根据建筑物的结构型式、高度、平面布置、构件的尺寸及重量等条件来确定。对于 5 层以下的民用建筑或高度在 18m 以下的多层工业厂房，可采用履带式、汽车式或轮胎式起重机；对于 10 层以下平面呈板状的民用建筑多采用轨道式塔式起重机，对于 10 层以上的高层建筑可采用附着塔，对于超高层建筑宜采用爬塔。选择起重机类型时，既要满足使用功能要求，同时也要考虑安全性以及经济合理性、安装与拆除的可行性等。

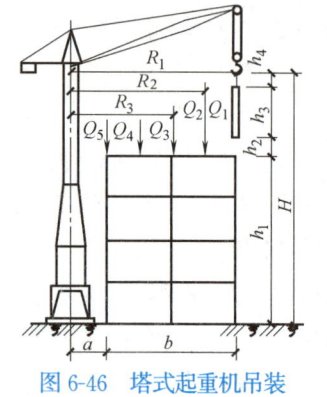

图 6-46　塔式起重机吊装参数计算简图

选择起重机型号时，应首先绘出建筑结构剖面图（图 6-46），在剖面图上注明各层主要构件的重量 Q 及所需要的起重半径 R，根据其中最大的起重力矩 M_{max}（$M_{max}=Q \cdot R$）及最大起重高度 H 来选择起重机。应保证每个构件所需的 H、R、Q 均能同时满足。

（二）吊装机械的布置

1. 跨外布置

起重机一般布置在建筑物的外侧。对固定式塔式起重机，其安装位置既要能够覆盖整个建筑物，又要注意其最小起重幅度以避免出现死角，用于高层建筑时还需考虑附着的可能性。对轨行式塔式起重机，有单侧或双侧及环形布置等三种形式（图 6-47）。

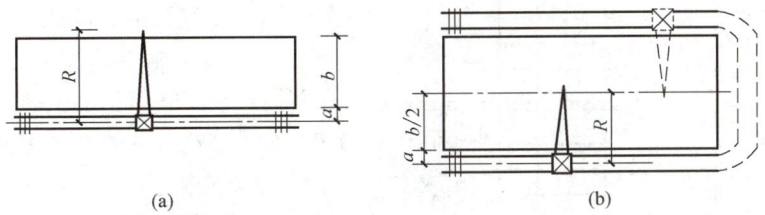

图 6-47　塔式起重机在建筑物外侧布置

(a) 单侧布置；(b) 双侧（或环形）布置

（1）单侧布置。当房屋平面宽度较小，构件也较轻时，塔式起重机可单侧布置。此时起重半径应满足：

$$R \geqslant b + a \tag{6-7}$$

式中　R——塔式起重机吊装最大起重半径（m）；

　　　b——房屋宽度（m）；

　　　a——房屋外侧至塔式起重机轨道中心线的距离（a＝外脚手的宽度＋轨距/2＋0.5m 安全距离 ）。

（2）双侧布置。当建筑物平面宽度较大或构件较大，单侧布置起重力矩满足不了吊装要求时，起重机可双侧布置，每侧各布置一台起重机，其起重半径应满足：

$$R \geqslant \frac{b}{2} + a \tag{6-8}$$

此种方案布置时两台起重臂高度应错开，吊装时防止相撞。

2. 跨内布置

当建筑物四周场地狭窄，起重机不能布置在建筑物外侧；或者由于构件较重、房屋较宽，起重机布置在外侧满足不了吊装所需要的力矩时，可将起重机布置在跨内，其布置方式有跨内单行布置和跨内环行布置两种（图 6-48）。

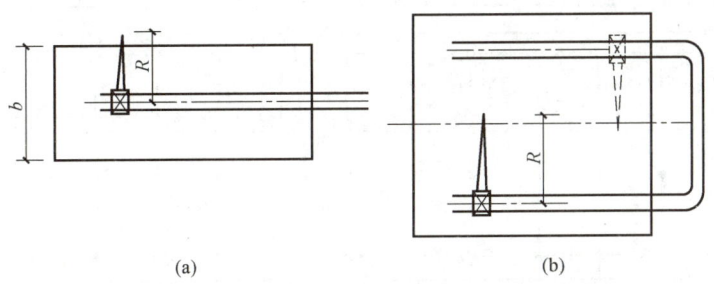

图 6-48　塔式起重机在跨内布置

(a) 跨内单行布置；(b) 跨内环形布置

跨内布置，起重机只能采用竖向综合吊装，结构稳定性差，而且构件多布置在起重机回转半径以外；增加了二次搬运。

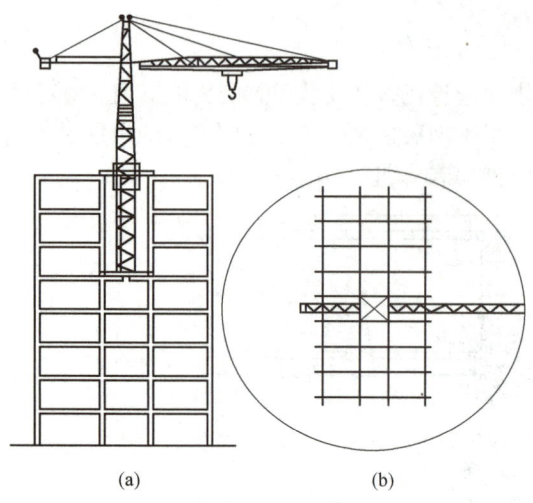

图 6-49　内爬式自升塔式起重机吊装高层建筑
（a）剖面；（b）平面

3. 注意问题

当布置两台以上塔式起重机时，应保证各塔式起重机安装及运行时，任何部位的最小间距均不小于 2m，以防止钩挂碰撞。对于高层建筑，应采用附着式或爬升式塔式起重机（图 6-49）。以保证吊装机械的稳定性。

二、结构吊装方法与吊装顺序

多高层装配式结构的吊装方法有分件吊装法和综合吊装法，一般多采用分件吊装法。

1. 分件吊装法

为了使已吊装好的构件尽早形成稳定结构并为后续工作提供工作面，分件吊装法又分为分层分段流水吊装法和分层大流水吊装法两种。

（1）分层分段流水吊装法一般是以一个楼层为一个施工层（如柱子一节为二层高，则以两个楼层为一个施工层），然后再将每一个施工层划分为若干个施工段，以便于构件的吊装、校正、焊接及接头灌浆等工序的流水作业。起重机在每一施工段内多次往返开行，每次开行吊装一种构件，待一层各施工段构件全部吊装完毕并最后固定，形成牢固的结构体系，再吊装上一层构件。施工段的划分，主要根据建筑物的平面形状和尺寸、性能及平面布置、完成各工序所需时间和临时固定设备的数量来确定。框架结构的施工段以 4～8 个节间为宜。大型墙板房屋一般以 1～2 个居住单元为宜。

图 6-50 为塔式起重机用分层分段流水吊装法吊装框架结构的实例。起重机依次吊装第一施工段中 1～14 号柱，在此时间内，柱的校正、焊接、接头灌浆等工序依次进行。起重机吊完 14 号柱后，回头吊装 15～33 号梁，同时进行各梁的焊接和灌浆等工序。这就完成了第一施工段中柱和梁的吊装，形成框架，保证了结构的稳定性。然后如上法吊装第二施工段中的柱和梁。待第一、二段的柱和梁吊装完毕，再回头依次吊装这两个施工段中 64～75 号楼板，然后如上法吊装第三、四两个施工段。一个施工层完成后再向上吊装另一施工层。

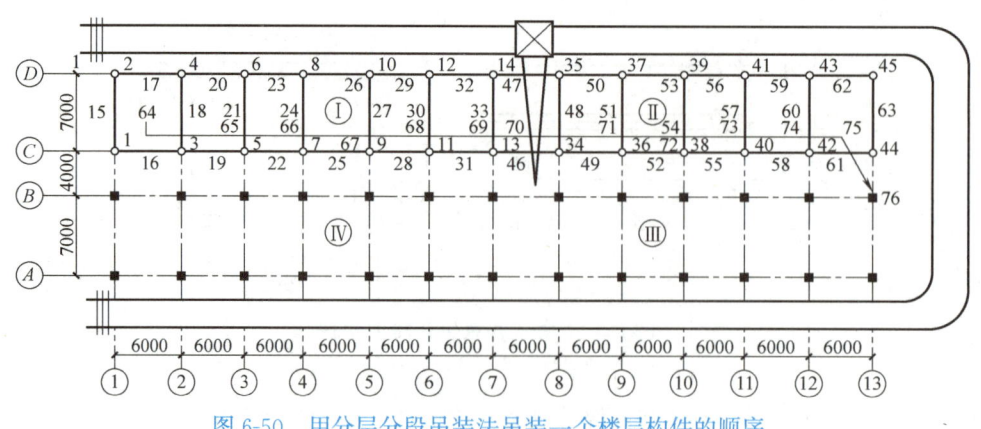

图 6-50　用分层分段吊装法吊装一个楼层构件的顺序
Ⅰ、Ⅱ、Ⅲ、Ⅳ—施工段编号；1、2、3……—构件吊装顺序

（2）分层大流水吊装法是每个施工层不再划分施工段，而按一个楼层组织各工序的流水。

分件吊装法的优点是每次均吊装同类型构件，可减少起重机变幅和索具的更换次数；有利于校正、焊接、灌浆等工序的流水作业；容易安排构件的供应和现场布置，因而提高了吊装效率。因此在装配式结构安装中被广泛采用。

2. 综合吊装法

综合吊装法是以一个节间或若干个节间为一个施工段来组织流水。起重机把一个施工段的构件吊装至房屋的全高，然后转移到下一个施工段。采用此法吊装时，起重机宜布置在跨内，采取边吊边退的行车路线。

该法由于每次吊装不同构件，需频繁变换索具，工作效率不高；若为混凝土构件，需等待接头达到75％强度才能安装上层构件，吊装长时间间断而影响工期；吊装构件品种不断变换不利于其供应和排放；施工中工人上下频繁，劳动强度较大。常用于多层柱子整根制作的工程。

三、构件的平面布置与排放

构件运至现场后，应按规格、品种、所用部位、吊装顺序分别堆放；做好场地压实排水，构件底部及层间正确支垫；各堆垛间设置足够的通道，以便于施工和保证安全。构件布置一般应遵循以下原则：

（1）预制构件应尽量布置在起重机的回转半径之内，避免二次搬运。如场地狭小时，一部分小型构件可集中堆放在施工现场附近，吊装时再运到吊装地点。

（2）重型构件应尽量布置在起重机附近，中小型构件可布置在外侧。

（3）构件布置地点及朝向应与构件吊装到建筑物上的位置相配合，以便在吊装时减少起重机的变幅及构件空中调头。

（4）控制堆放高度，防止倾覆或损坏。柱、梁构件叠堆不得超过2层，楼板不得超过6层，以免倾覆和压裂。墙板应依插放架立放，倾角不得大于10°。

柱子的平面布置方式有平行、垂直于起重机轨道及斜向布置等方式。梁、板等构件堆放在柱子外侧。对于梁板等较小的构件，如有可能最好采用随运随吊的方法，可减少堆放场地和装卸用工，但需要有严密的施工组织，以确保连续供应。

图6-51为使用塔式起重机跨外吊装多层厂房的构件平面布置图，柱斜向布置在靠近起重机轨道外，梁板布置在较远处。

图6-52是使用爬升式塔式起重机吊装高层框架结构的构件平面布置实例。全部构件集中工厂预制，运到现场后，由一台履带式起重机卸车堆放。

四、结构的安装工艺

1. 混凝土框架结构安装

装配式框架结构的安装顺序一般为柱、主梁、次梁、楼板。柱吊装后，先安装下部纵筋位置低的梁。叠合板安装后，进行节点处柱子箍筋、梁及板上部钢筋的绑扎安装。接头混凝土宜与梁、板叠合层连续浇筑。

6-7

（1）柱的吊装

吊装顺序宜为：角柱→边柱→中柱，先吊装与现浇部分连接的柱。

柱子常采用一点直吊绑扎。柱子较长时，可采用两点绑扎，但应对吊点位置进行强度和抗裂度验算。柱的起吊方法也有旋转法和滑行法两种。应做好柱底的保护工作，或采用双机抬吊、空中转体等方法。

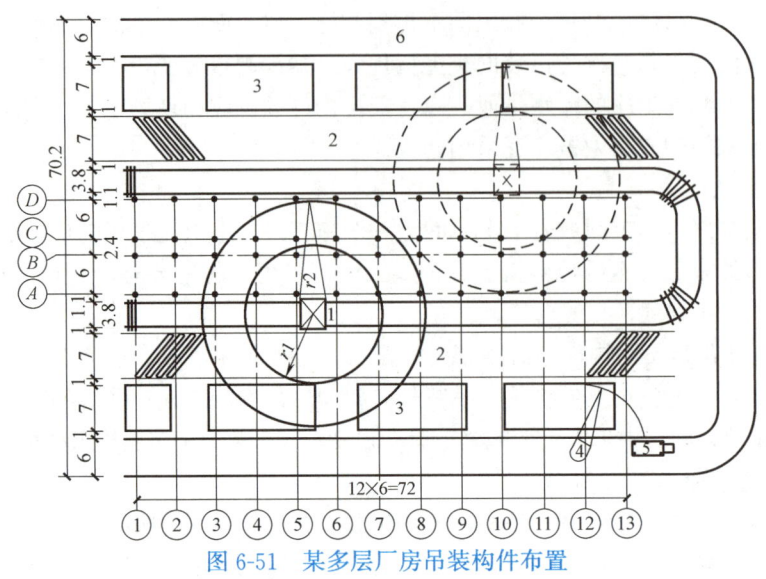

图 6-51　某多层厂房吊装构件布置

1—塔式起重机；2—柱子堆场；3—梁板堆场；4—汽车式起重机；5—运输汽车；6—道路

柱的就位应以轴线和外轮廓线为控制线，边柱和角柱应以外轮廓线控制为准。就位前应设置垫块等柱底调平装置，以控制安装标高。柱安装就位后应在两个方向设置钢管支撑及钢丝绳等可调临时固定装置（图 6-53）。其上端应与套在柱上的夹箍或埋件相连，位置距柱根宜为 2/3 柱高以上，且不得低于 1/2 柱高；下端与梁板上的预埋件相连，旋转中间节钢管产生推力或拉力而校正柱的垂直度。校正时应以底层柱的根部中心线为准，避免误差积累。

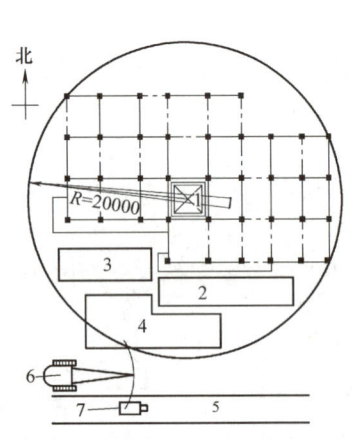

图 6-52　高层混凝土框架结构
吊装平面布置

1—爬升式塔式起重机；2—梁堆放区；

3—柱堆放区；4—板堆放区；

5—道路；6—履带式起重机；7—运输汽车

图 6-53　预制成两层高的柱子起吊与就位

（2）梁、板吊装

梁常预制成叠合梁，并做成槽形或端部带有键槽，以加强连接。板常用预制叠合板，分有、无钢筋桁架和预应力等多种，有钢筋桁架和预应力者刚度好、不易开裂。梁、板均设有预埋吊环，其位置应在距端部 1/6～1/5 跨度处。安装前，先清理、检查构件并弹线，按设计要求位置安装临时支座或搭设临时支架（图 6-54），并校核其标高以确保与梁底标高一致；在柱上弹出梁边控制线。

梁的安装顺序宜遵循先主梁后次梁、先低后高的原则。吊装时，吊索与水平面夹角不宜小于 60°，且不应小于 45°，宜使用横吊梁或吊架等专用吊具。安放就位时，搁置长度应满足设计要求，底部可设置厚度不大于 20mm 的坐浆或垫块。校准位置并做好临时固定后方可摘钩。

预制楼板或叠合板吊装前应按设计要求搭设并调平临时支撑架（图 6-55），吊装时宜采用专用吊具，就位时接缝宽度、相邻板底高差均应满足设计要求，否则应将构件重新吊起调整对位、再就位，不得撬动。

梁、板等叠合构件的临时支撑应保持至少连续两层设置，且上下层立柱对正。临时支撑应在后浇的叠合层混凝土强度达到设计要求后方可拆除。

图 6-54　叠合梁的吊装

图 6-55　叠合板的吊装

（3）接头施工

1）柱、墙纵筋的连接

柱、墙接头首先应能传递轴向压力，其次是弯矩和剪力。主要形式有套筒灌浆、螺栓连接和焊接接头。

① 套筒灌浆连接。如图 6-56 所示。该种连接是目前竖向构件钢筋连接的主要方法。是在构件底端的钢筋端头设置套筒。套筒上设有注浆孔和出浆孔，均以 PVC 管引出构件。构件纵筋与套筒可直螺纹连接或待以后灌浆连接（即半注浆连接或全注浆连接）。构件安装时，经对位下落，下层构件钢筋进入套筒内。构件校正后，向套筒内压注专用浆液形成整体。灌浆前应

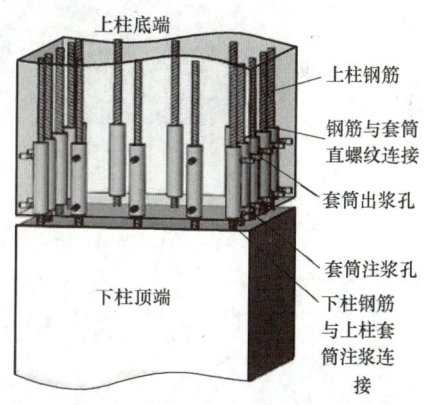

图 6-56　柱子套筒灌浆连接构造示意

将柱、墙接缝周边封闭，浆液应从下口压入，上口流出后要及时用胶塞封堵，必要时可分仓进行灌浆。灌浆料拌合后应在 30min 内用完，施工时温度不得低于 5℃，养护温度不低于 10℃。

② 螺栓连接。如图 6-57 所示，是在柱或墙纵筋底端焊有钢制连接座，柱、墙根部留凹槽使其外露。安装下落时，下部柱、墙的螺纹钢筋或预埋螺栓插入连接座孔，拧上螺母而成。再通过灌浆充填缝隙并封堵凹槽。柱、墙安装前，应对支座表面抄平、设置垫块或调节下柱螺杆上的支撑螺母。

2）梁、柱节点连接

梁和柱子的节点连接是关系到结构强度、刚度和抗震性能的重要环节，常通过现浇节点来

构成整体式接头（图 6-58）。

　　梁搭在柱上一般不少于 15mm，安装梁时其底部应坐浆或设置垫块，厚度不宜大于 20mm，不应大于 30mm。梁钢筋应锚入节点足够的长度，连续梁的钢筋常采用焊接连接或全注浆套筒连接。节点处柱箍筋需加密。接头所浇筑混凝土的强度等级，应不低于各构件的混凝土设计强度，骨料粒径不大于连接处最小尺寸的 1/4。浇筑前应清理和润湿，浇筑过程中应确保捣实，必要时可掺微膨胀剂及早强剂，以避免开裂和提早进行上层的施工。

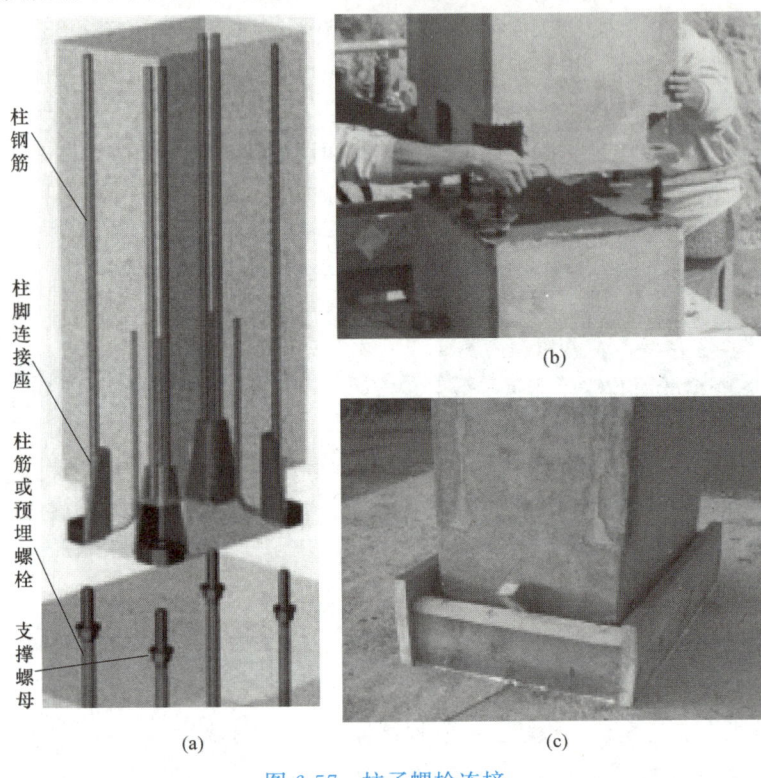

(a)

图 6-57　柱子螺栓连接

（a）连接构造；（b）对正就位后拧紧螺母；（c）支模后灌浆

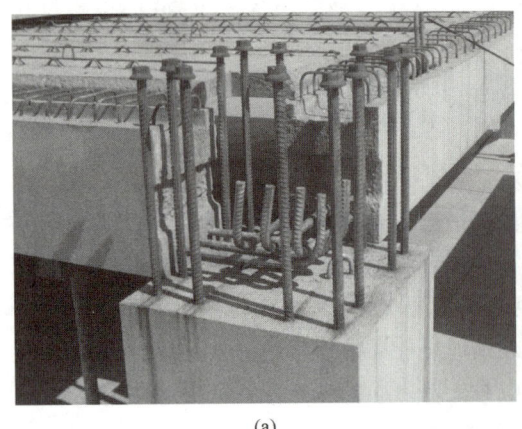

(a)

(b)

图 6-58　整体式框架结构接头

（a）槽形梁与预制柱的节点；（b）键槽梁与现浇柱的节点

此外，还可以在预制梁、柱中留孔，安装后通过施加预应力形成预压型接头。

2. 混凝土剪力墙结构安装

装配式剪力墙结构主要由墙板、叠合楼板及楼梯构件组成。其中大型墙板的安装方法有储存吊装法和直接吊装法两种。

储存吊装法是将构件在吊装前按型号、数量配套运往现场，在起重机有效工作范围内储存堆放，一般储存1~2层楼用的构配件。此法能保证安装工作连续进行，但占用场地多。

直接吊装法为随运随吊，墙板按顺序配套运往现场，直接从运输汽车上吊到建筑物上安装。此法可减少构件堆场，但运输车辆必须保证供应，否则会造成吊装间断。

（1）安装顺序

预制墙板结构的安装顺序，应根据房屋的构造特点和现场具体情况而定。一般多采用逐间封闭法安装。为减小误差积累，对较长的建筑物可从中间某一个开间开始，先吊装与现浇墙、柱连接的预制墙板，再按照外墙先行吊装的原则逐间封闭，适当拉结，以保证施工期间的整体稳定性。

一段预制墙板吊装完成后，即可浇灌各预制墙板之间的立缝，或现浇内墙混凝土与外预制墙板形成整体。拆除接缝或墙体模板后，安装叠合板支架，吊装叠合板、阳台板及楼梯构件。然后进行管线安装及附加钢筋、负弯矩筋的绑扎及焊接，再浇筑叠合层混凝土。

（2）预制墙板吊装

1）工艺流程

放线→安装调节垫片或支垫螺母→灌浆区分仓、非灌浆区垫浆→预制墙板起吊、调平→预留钢筋对孔→预制墙板就位安放→斜支撑安装→预制墙板垂直度校正→摘钩→构件周边封仓→灌浆套筒注浆。

2）安装前的准备

① 墙板堆放与检查

应使用有足够刚度的插放架或靠放架，并支垫稳固，防止倾倒和下沉。外墙板的外饰面应朝外，对连接止水条、高低口、墙体转角等薄弱部位应加强保护。检查连接部位的键槽或粗糙面处理是否符合设计要求，检查套筒、预留孔的规格、位置、数量、深度等。

② 抄平放线

首层可根据标准桩用经纬仪定出房屋的纵横控制轴线，然后根据控制轴线定出其他轴线及墙体安装边线或控制准线。二层以上的墙板轴线及标高均应由基准点直接上引。在预制墙板构件上弹出建筑标高1m控制线以及预制构件的中线。安装后，在墙板顶面下100mm处弹出楼板安装标高控制线，以控制楼板标高。

③ 支座检查与处理

检查待与墙板连接钢筋的数量、长度，用定位模板校正其位置，对现浇混凝土面应进行凿毛处理。检查墙板支撑与地面预埋件的安装。

墙板吊装前，应在墙底部位放置钢垫块并抄平，以控制安装标高。当预制墙板长度小于2m时，可在距两端200~300mm处放置垫块，当墙板长度大于2m时应适当增加。垫块的总厚度不得大于20mm，标高误差不得超过2mm。垫块大小取决于墙板重量，应满足承载力要求。对坐浆安装者，应在垫块以外的部位满铺砂浆且略高于垫块，以使墙板安装接缝密实；对采用灌浆连接者，砂浆应沿四周铺设，或在墙板就位后填堵封闭周边缝隙，避免灌浆时渗漏。

3）安装方法与要求

为了保证连接钢筋的位置准确和便于墙板安装对位，应在浇筑前一层时，用专用定位架控制连接墙板钢筋的位置。

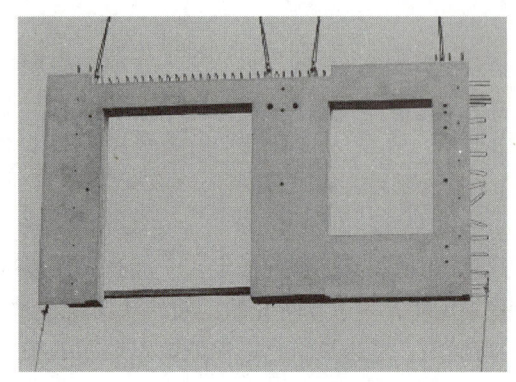

图 6-59　预制墙板起吊

墙板吊装宜采用横吊梁等专用吊具，并满足吊索与水平面夹角大于45°的要求，以保护构件；对构件受力薄弱部位应进行临时加固（图 6-59）。起吊时，墙板两端应各设一人通过牵拉溜绳或手扶控制构件，避免与其他构件碰撞。起吊时要遵循"三三三制"，即先将预制墙板吊离地面300mm高后停稳30s，检查构件是否水平、吊具连接是否牢固、钢丝绳有无扭结错位、构件有无破损等，确认无误后，所有人员远离构件3m以上再开始吊升；若发现问题应放回原位调整处理。

墙板的安装对位，应以轴线或边线为控制线，外墙则应以轴线和外轮廓线双控。一般预制墙板连接套筒的内径与所插入钢筋的直径差仅 10～15mm，而钢筋对中偏差要求不大于 5mm，故安装对位精度要求高。因此预制墙板吊至接近设计位置后要缓慢下放，在距离安装面500mm高度处停止，由安装人员扶住预制墙板、配合塔式起重机司机将预制墙板对准安装位置后缓缓下放；预制墙板降至下层构件的预留钢筋附近时停止，用反光镜确认钢筋是否在套筒正下方，微调至准确对位后继续下放，降至距安装面约 50mm 后再停止，使构件对准控制线后下落至垫块上。

墙板安装就位后，采用可调式钢管支撑将墙板与楼层拉结（图 6-60），每块预制墙板不少于 2 道，墙板长于 4m 者应增加支撑。支撑一般安装在预制墙板的同一侧面，每道 2 根，呈"八"字形上下设置，两端分别与楼面及墙板的预埋件连接牢固。主支撑与楼面的夹角宜为45°～60°，上部与墙板的连接点位置应大于墙板高度的 2/3。

就位校正时应测量预制墙板的平面位置、垂直度、高度等。若有位置偏差，应让塔式起重机施加构件重量80%的起升力，用手推或撬动移位调整；若有高度偏差应重新起吊构件后查找原因（如垫块移位、掉落，墙板下有硬物等），并进行处理和调整；对于垂直度偏差，可

图 6-60　墙板安装的临时固定

转动临时支撑钢管，通过螺杆伸缩进行调整。预制墙板临时固定后，塔式起重机方可摘钩。

墙板校正后，墙底及钢筋连接部位应及时进行压灌浆等接头连接处理。对外墙板需按构造要求进行竖向接缝的保温、防水处理，之后进行墙板之间或墙板与现浇墙体间的节点钢筋绑扎、模板安装、混凝土浇筑。待现浇墙体及接头处混凝土达到设计强度后方可拆除临时支撑。

预制叠合梁、板及阳台板安装时，可采用钢管支架、单支顶或门架等支架形式，其具体构造应通过计算确定。叠合梁、板的安装方法与要求同前述框架结构，不再赘述。

3. 钢框架结构安装

钢结构工程大部分工作在构件加工厂完成。其构件制作质量特别是尺寸精度直接影响钢结构的现场安装。钢构件在工厂加工制作的基本流程包括：施工详图设计（深化设计）和编制施工指导书→原材料矫正、放样、号料和切割→边缘加工和制孔→小装配、焊接和矫正→总装配、焊接和矫正→端部加工及摩擦面处理→除锈和涂装。现代化的加工大量使用计算机辅助制造系统，将三维设计软件生成的数据和信息通过局域网传输到相应数控设备，完成号料、切割、制孔、焊接和预拼装等各道工序。不但加工速度快、质量好、精度高，更能简化设计、完成复杂构件的加工制作。

钢框架结构安装前，应做好构件检查、弹线编号、吊具及工具、焊机、应力核算及临时加固等准备工作。

（1）柱子基础的准备及柱底灌浆

第一节钢柱一般直接安装在钢筋混凝土柱基上，通过预先埋设的地脚螺栓固定。地脚螺栓的预埋方法有直埋法和套管法两种。直埋法是在绑扎柱基钢筋时即将螺栓就位，与钢筋焊接固定后浇筑混凝土。为了保证位置准确，用套板控制螺栓之间的距离，立固定支架控制螺栓群位置。套管法是先安装直径为螺栓3～4倍的套管，浇筑混凝土后，在套管内插入螺栓，对位后通过附件和焊接固定，并在孔内注浆锚固螺栓。

为了精确控制上部结构的标高，基础浇筑时需预留50mm高的调整间隙。在钢柱吊装前，根据实测基础及钢柱的实际制作尺寸，在基础表面浇筑临时支撑标高块进行调整，其设置形式如图6-61所示。标高块用无收缩砂浆，立模浇筑，强度不低于30MPa，表面埋设16～20mm厚的钢面板。标高块浇筑前应凿毛基础表面，以增加粘结力。

待第一节钢柱吊装、校正、锚固螺栓固定后，进行柱底灌浆。灌浆前应在钢柱底板四周立模板（图6-62），用水清洗基础表面但不得积水，灌浆应从一边连续进行，灌浆后做好养护。

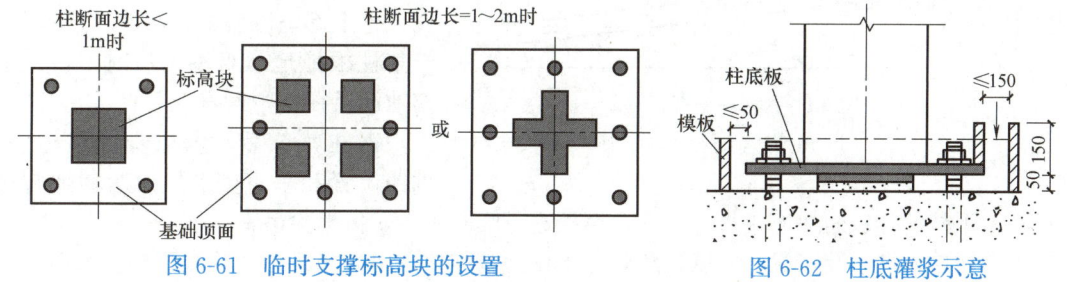

图 6-61　临时支撑标高块的设置　　　　图 6-62　柱底灌浆示意

（2）吊装与校正

钢结构安装时，先安装一个流水段的一节柱，随即安装主梁，迅速形成空间结构单元。安装顺序的确定应考虑安装过程中的整体稳定性和对称性，一般由中央向四周扩展，可减少焊接误差。某工程钢结构安装顺序见图6-63。柱与柱、主梁与柱的接头处用临时螺栓连接，其数量应根据安装过程所承担的荷载计算确定，但每个节点不应少于安装孔总数的1/3和2个。

钢结构的柱、梁、支撑等主要构件吊装就位后，应立即进行校正。校正时应考虑风力、温差、日照等外界环境和焊接变形等因素的影响。安装后柱子的轴线垂直偏差，单层柱不得大于

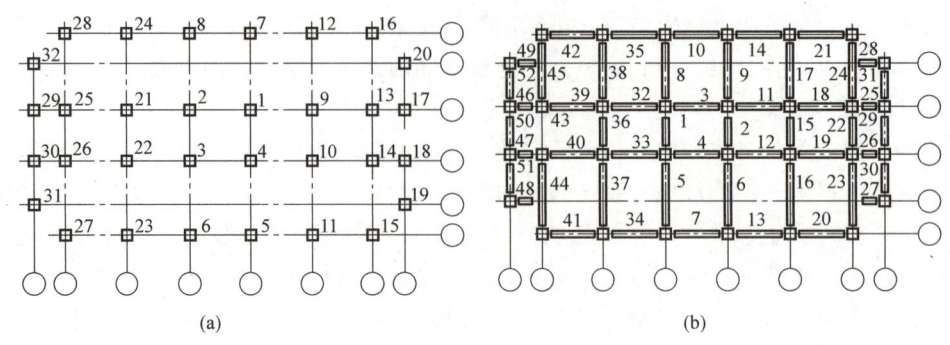

图 6-63　某高层钢结构工程安装顺序

(a) 柱子安装顺序；(b) 主梁安装顺序

柱高的 1‰ 和 25mm；多层柱的单节不得大于柱高的 1‰ 和 10mm，柱全高不得大于 35mm。安装主梁时，要根据焊缝收缩量预留焊缝变形量；安装后，跨中垂直度偏差不得大于梁高的 1/250 和 15mm，侧向弯曲矢高不大于跨度的 1‰ 和 10mm。

1）钢柱安装

钢柱多为 H 形截面或箱形截面，为减少连接和加快吊装速度，多制作成 2～3 层一节。分节位置宜在梁顶标高以上 1～1.3m 处，节与节之间用坡口焊连接。

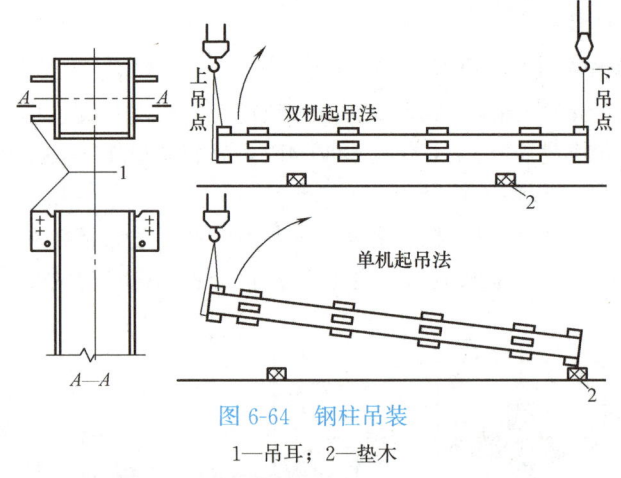

图 6-64　钢柱吊装

1—吊耳；2—垫木

在第一节钢柱吊装前，应在预埋的地脚螺栓上加设保护套或使用导入器，以防钢柱就位时碰坏螺栓丝牙。

钢柱的吊点设在吊耳处（柱子制作时焊好吊耳，用于吊装和临时固定，焊接固定后割除）。吊装时，根据柱子的重量和起重机能力，可用双机抬吊或单机吊装（图 6-64）。单机吊装时需在柱子根部垫以垫木，用旋转法起吊，严禁柱根拖地。双机抬吊时，将柱吊离地面后在空中回直。

钢柱就位后，先初步调整标高、轴线位置和垂直度。然后紧固地脚螺栓或在上下柱的耳板间加连接板，并穿入螺栓进行临时固定，再拆除吊索。

一个楼层钢柱吊装完成后，以转角处柱子作为基准柱，用激光经纬仪观测调整。激光仪一般设在地下室底板上的基准点处，各层楼板留洞，在柱顶固定测量目标（图 6-65）；其他柱则依据基准柱拉设钢丝，组成平面封闭状网格，用钢尺量测，进行偏差调整（图 6-66）。校正方法常用钢楔法、千斤顶法和倒链法。

2）钢梁、板安装

钢梁在吊装前，应检查柱子间距和牛腿标高；对于采用高强螺栓连接者，需检查梁、柱端及连接板的抗滑移系数能否满足设计要求，不满足时，需进行打磨或喷砂、喷丸、酸洗处理；主梁吊装前，应安装扶手杆和扶手绳，待吊装就位后，将绳与钢柱系牢，以保证施工人员安全。

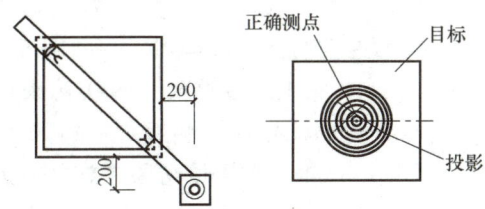

图 6-65　钢柱顶设置的激光测量目标

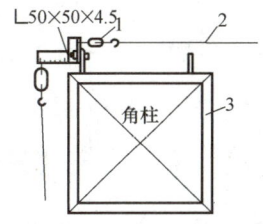

图 6-66　钢柱校正用钢丝

对同一列柱的钢梁，安装应从中间开始对称地向两端扩展；一节柱需安装多层钢梁时，同一跨钢梁宜按从上至下的顺序安装。一般钢梁常采用单机吊装，重型钢梁可双机抬吊，较小的钢梁可采用两梁或三梁串吊，以提高吊装效率（图 6-67）。

钢梁采用二点吊，一般在钢梁上翼缘处开孔作为吊点。吊点位置取决于钢梁的跨度。吊装就位后应立即进行临时固定连接。为加快吊装速度，对重量较小的次梁和小梁常使用多头吊索，一次吊装数根。有时可将梁、柱在地面组装成排架后进行整体吊装，可减少高空作业，提高安装质量并加快吊装速度。

安装主梁时，要根据焊缝收缩量预留焊缝变形量，做好柱子垂直度的检测。

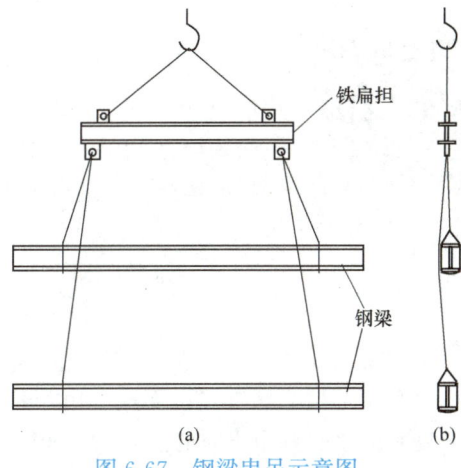

图 6-67　钢梁串吊示意图

（a）正面图；（b）侧面图

楼层钢楼板或压型钢板安装应与结构同步进行。安装楼层压型钢板时，应先在梁上画出安装位置线。铺放压型钢板时，要搭接合格、槽口对正，以保证现浇板中钢筋顺利通过。并按照设计要求焊接足够的栓钉，以满足钢板的固定及梁板的整体性要求。

（3）连接与固定

钢结构的柱与柱、柱与梁、梁与梁的连接，一般采用高强螺栓连接、焊接连接以及焊接和高强螺栓并用的连接方式。对后者应先栓后焊，既可及时提高结构的稳定性，又能避免焊接变形而影响高强螺栓安装。

高强螺栓连接节点，应先用冲钉和临时螺栓定位、调整。高强螺栓应自由穿入，严禁强行敲打。为使接头处被连接板搭叠密贴，高强螺栓的拧紧应从螺栓群中央顺序向外，逐个拧紧。为了减小先拧与后拧者预拉力的差别，高强螺栓的拧紧应分初拧和终拧两步进行。初拧的目的是使被连接板达到密贴，其扭矩为施工扭矩的 50% 左右。对于螺栓数量较多、钢板较厚的大型节点，在初拧后还需增加一道复拧工序，其扭矩仍等于初拧扭矩，以保证螺栓均达到初拧值。扭剪型高强度螺栓的终拧是采用专用电动扳手拧掉螺栓尾部梅花头即可。终拧后，螺栓丝扣应露出螺母 2～3 扣。

对于钢框架构件间接头的焊接，要充分考虑焊缝收缩变形的影响。从建筑平面上看，各接头的焊接可以从柱网中央向四周扩散进行，或由四个角区向柱网中央集中进行；若建筑平面呈长条形，可分成若干单元分头进行，留下适量的调节跨。

柱与柱的接头焊接也应遵循对称原则，由两个焊工在对面以相等速度对称进行焊接（图 6-68）。H 型钢的梁与柱、梁与梁的接头，先焊下部翼缘板，后焊上部翼缘板。一根梁的两

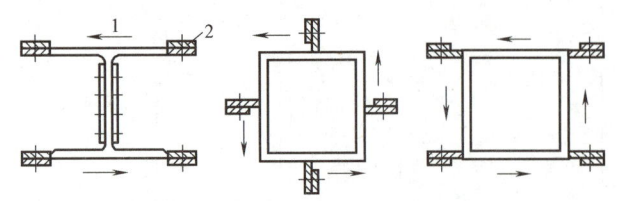

图 6-68　柱与柱接头的焊接方向

1—焊接方向；2—耳板及临时固定连接板

6-8

个端头先焊一个端头，等一端焊缝冷却达到常温后，再焊另一个端头。

施工现场接头的焊接常采用 CO_2 保护焊或手工电弧焊。当风力大于 3m/s 时，要采取防风措施才能进行焊接。对厚板焊接，应做好预热和后热处理。

接头焊接完成后，焊工必须在焊缝附近打上自己的代号钢印。焊缝冷却后，检查人员对焊缝做外观检查和超声波或 X 光探伤检查。探伤检查应在外观检查合格后进行，探伤检查量，对一级焊缝为 100%，二级焊缝不少于 20%。凡不合格的焊缝在清除后，应以同样的焊接工艺进行补焊，一条焊缝修理不得超过 2 次。

第四节　大跨度空间结构安装

大跨度屋盖常用由许多杆件沿平面或立面按一定规律组成的空间结构形式，一般采用钢管或其他型钢焊接或螺栓连接而成。由于杆件之间互相支撑，所以结构的稳定性好，空间刚度大，能承受来自各个方向的荷载。下面以网架结构为例，介绍常用的空间结构安装方法。

一、高空散装法

高空散装法是将网架的杆件和节点（或小拼单元）直接在高空设计位置上，组拼成整体。适用于螺栓球节点或高强螺栓连接的各种类型网架，并宜采用少支架的悬挑施工方法。对焊接连接的网架若采用高空散装法施工时，不易控制标高和轴线，还需增加防火措施。

高空散装法的优点是不需要大型起重运输设备即可完成拼装。其缺点为现场及高空作业量大，同时需要大量的支架材料。

1. 工艺特点

高空散装法分全支架法（即搭设满堂脚手架）和悬挑法两种。全支架法可将每根杆件、每个节点的散件在支架上总拼或以一个网格为小拼单元在高空总拼；悬挑法是为了节省支架，将部分网架悬挑。

2. 拼装支架

用于高空散装法的拼装支架必须牢固可靠，设计时应对单肢稳定、整体稳定进行验算，并估算其沉降量。沉降量不宜过大，并应采取措施，能在施工中随时进行调整。

（1）支架稳定验算。常采用满堂脚手架，可按脚手架有关规定验算。

（2）支架沉降控制。对支架的地基应夯实加固，并铺木垫板以分散支柱传来的集中荷载。高空散装法要求支架沉降不超过 10mm。大型网架施工时，可对支架进行试压，以取得有关资料。

（3）支架拆除。支架拆除应从中央逐圈向外分批进行，每圈下降速度必须一致。对于大型网架，应根据自重挠度分批进行拆除。

3. 螺栓球节点网架拼装

螺栓球节点网架的安装精度由工厂保证，现场无法进行大量调整。高空拼装时，一般从一端开始，以一个网格为一排，逐排前进。拼装顺序为：下弦节点→下弦杆→腹杆及上弦节点→上弦杆→校正→全部拧紧螺栓。校正前，螺栓均不拧紧。图 6-69 为某宾馆多功能大厅拼装实例。

二、分条（分块）吊装法

分条（分块）吊装法是将网架从平面分割成若干条状或块状单元，每个条（块）状单元在地面拼装后，再由起重机吊装到设计位置总拼成整体。

1. 工艺特点

由于条（块）状单元是在地面拼装，因而高空作业量较高空散装法大为减少，拼装支架也减少很多，又能利用较小的起重设备，故较经济。这种安装方法适用于分割后网架的刚度和受力状况改变较小的各类中小型网架，如两向正交正放四角锥，正放抽空四角锥等网架。

2. 条（块）单元划分

网架分割成条（块）状单元后，其自身应是几何不变体系，同时还应有足够的刚度，否则应采取临时加固措施。对于正

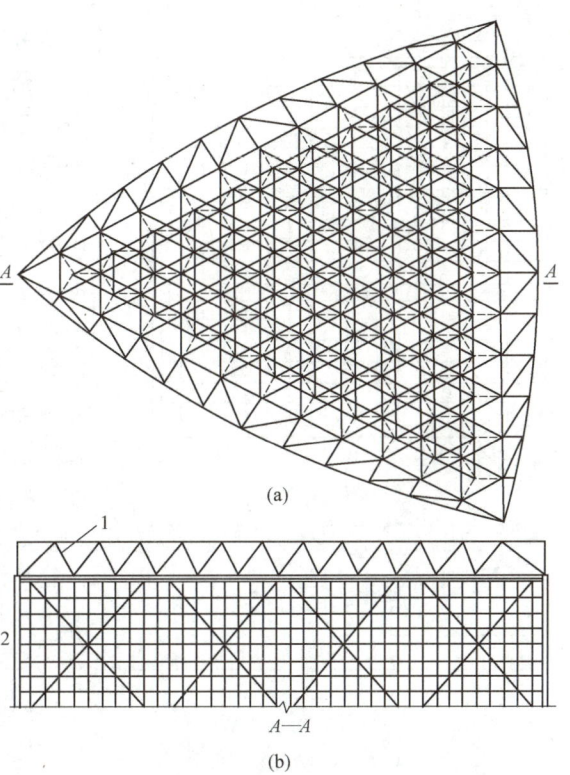

图 6-69　网架拼装实例
(a) 平面图；(b) 剖面图
1—网架；2—拼装支架

放类网架，分成条（块）状单元后，一般不需要加固。但对于斜放类网架，分成条（块）状单元后，由于上（下）弦为菱形结构可变体系，必须加固后方可吊装，增加了施工费用，因此这类网架宜整体安装或高空散装。

条（块）状单元有如下几种分割方法：

(1) 单元相互靠紧，下弦用双角钢分在两个单元上（图 6-70a），可用于正放四角锥网架；

(2) 单元相互靠紧，上弦用剖分式安装节点连接（图 6-70b），可用于斜放四角锥网架；

(3) 单元间空一网格，在单元吊装后再在高空将此空格拼成整体（图 6-70c），可用于两向正交正放或斜放四角锥网架。

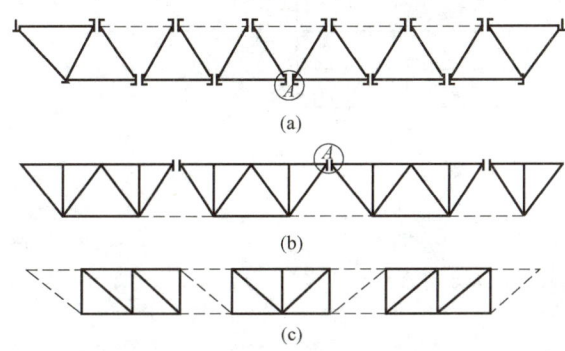

图 6-70　网架条（块）状单元划分方法
注：A 表示剖分式安装节点。

3. 挠度控制

条状单元在吊装就位过程中的受力状态属平面结构体系，而网架是按空间结构设计的，因此条状单元在总拼前的挠度比形成整体网架后的挠度大，故在合拢前必须在中部用支撑顶起，调整其挠度使其与整体网架挠度相符。块状单元在地面拼成后，应模拟高空支承条件，测出其挠度，以确定是否需要调整。

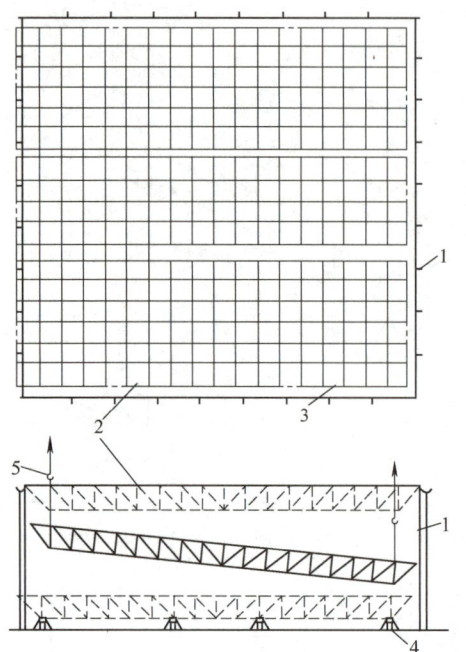

图 6-71 网架分条吊装工程实例

1—柱；2—网架；3—为吊装而拆去的
杆件；4—拼装支架；5—起重机吊钩

6-9

4. 条（块）状单元几何尺寸控制

条（块）状单元尺寸、形状必须准确，以保证高空总拼时节点吻合及减少积累误差，可采取预拼装或在现场临时配杆等措施解决。

图 6-71 为一平面尺寸为 45m×45m 的两向正交正放网架分条吊装实例。网架共分 3 个条状单元，每条重量分别为 15t、17t、15t，由两台起重机抬吊一单元进行吊装，条状单元间空一网格在总拼时进行高空连接。由于施工场地十分狭小，以致条状单元只能在建筑物内制作，吊装时倾斜起吊后就位，总拼前用钢管加千斤顶调整挠度，利用装修脚手架连接单元间杆件。

三、高空滑移法

将网架条状单元在建筑物一端拼装，并通过轨道滑移到设计位置的安装方法。

1. 工艺特点

高空滑移法分为下列两种方法。

（1）逐条滑移法（图 6-72a）是将条状单元一条一条地分别从一端滑移到另一端就位，各条单元之间分别在高空再连接。即逐条滑移，逐条连成整体。

此种方法的特点是摩阻力小，如装上滚轮，当小跨度时可用轻型机械牵引，但单元之间的连接需要脚手架。

（2）累积滑移法（图 6-72b）是先将条状单元滑移一段距离后，连接第二条单元，两条单元一起再滑移一段距离，再接第三条，……如此循环操作直至接上最后一条单元将整体网架滑移至设计位置。

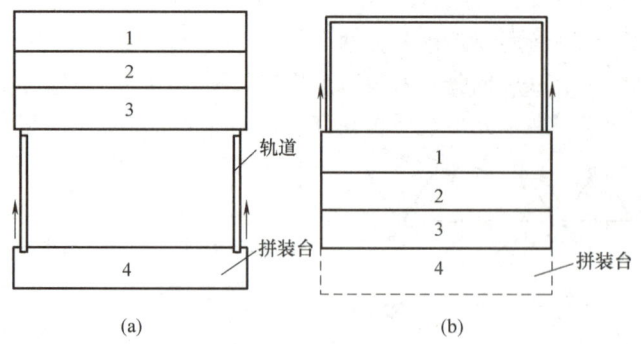

图 6-72 高空滑移法的分类

（a）逐条滑移法；（b）累积滑移法

此种方法的特点是需在建筑物一端搭设拼装平台架，牵引力逐次加大，要求滑移速度较慢（约为 1m/min），现常采用提升千斤顶水平牵拉或液压爬行器（爬行机器人）进行推移。

高空滑移法按摩擦方式的不同可分为滑动摩擦式和滚动摩擦式（即在网架上安装有滚轮）两种。网架条状单元可以在地面或高空制作。高空滑移法的主要优点是设备简单，不需大型起重设备，成本低。特别在场地狭小或跨越其他结构、设备以及起重机无法进入时更为合适。其次是网架的滑移可与其他土建工程平行作业，而使总工期缩短，如体育馆或剧场等土建、装修及设备安装工程量较大的建筑，更能发挥其经济效益。端部拼装支架最好利用室外的建筑物或搭设在室外，以便空出室内更多的空间给其他工程平行作业。在条件不允许时才搭设在室内的一端。

图6-73为累积滑移法工程实例。该工程平面尺寸为45m×55m，斜放四角锥网架，沿长跨方向分为7条，为便于运输，沿短跨方向又分为两条，每条尺寸为22.5m×7.86m，重7～9t，单元在室内高空平台上直接拼装。

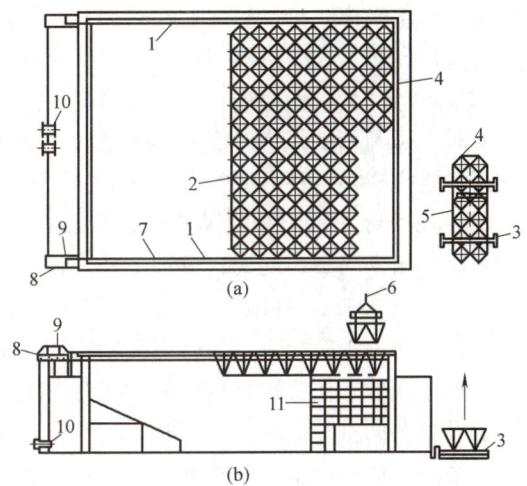

图6-73　累积滑移安装网架结构实例

(a) 平面；(b) 剖面

1—天钩梁及滑轨；2—网架；3—拖车架；4—条状单元；5—临时加固杆件；6—起重机吊钩；7—牵引绳；8—反力架；9—牵引滑轮组；10—卷扬机；11—拼装平台架

图6-74　各种滑轨形式

2. 滑移装置

(1) 滑轨。滑移用轨道有多种形式（图6-74），对于中小型网架可用圆钢、扁铁、角钢或小槽钢构成，对于大型网架可用钢轨、工字钢、槽钢等构成。滑轨可用焊接或螺栓固定于梁上。其安装水平度及接头要求与吊车梁轨道相同。滑轨标高宜与网架支座同高，这样拆除滑轨较方便。采用滚动摩擦式滑移时，滚轮也可装于侧边，以便拆除滑轨及安装网架支座。

(2) 导向轮。导向轮为滑移安全保险装置，一般设在导轨内侧，在正常滑移时导向轮与导轨脱开，其间隙为10～20mm，只有当同步差或拼装偏差超出规定值较大时才会碰上（图6-75）。

四、整体提升及顶升法

将网架在地面就位拼成整体，用起重设备垂直地将网架整体提（顶）升至设计标高并固定的方法，称整体提（顶）升法。

提升法和顶升法的共同优点是可以将屋面板、防水层、天棚、采暖通风与电气设备等全部在地面或最有利的高度施工，从而大大节省施工费用；同时，提（顶）升设备较小，效益较高。提升法适用于周边支承或点支承网架，顶升法则适用于支点较少的点支承网架的安装。

1. 整体提升法

整体提升的概念是起重设备位于网架的上面，通过吊杆将网架提升至设计标高。可利用结构柱作为提升网

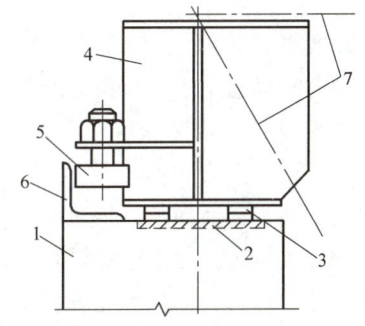

图6-75　导轨与导向轮设置

1—天钩梁；2—预埋钢板；3—滑轨；4—网架支座；5—导轮；6—导轨；7—网架

架的临时支承结构，也可另设格构式提升架或钢管支柱。提升设备可用提升千斤顶、通用千斤顶或升板机。对于大中型网架，提升点位置宜与网架支座相同或接近，中小型网架则可略有变动，数量也可减少，但应进行施工验算。

有时也可利用网架为滑模或提模平台，劲性钢骨架柱子作为提升架，柱混凝土随网架提升而逐渐浇筑完成，这种方法俗称升网滑（提）模法。

图 6-76 所示为用升板机整体提升网架的工程实例。该工程平面尺寸为 44m×60.5m，屋盖选用斜放四角锥网架，网架自重约 110t，设计时考虑了提升工艺要求，将支座搁置在柱间框架梁中间，柱距 5.5m，柱高 16.20m。提升前将网架就位总拼，并安装好部分屋面板。接着在所有柱上都安装一台升板机，吊杆下端则钩挂在框架梁上。柱每隔 1.8m 有一停歇孔，作倒换吊杆用。整个提升工作进行得较顺利，提升点间最大升差为 16mm，小于《规程》规定的 30mm，这种提升工艺的主要问题是网架相邻支座反力相差较大（最大相差约 15kN），提升时可能出现提升机故障或倾斜。提升前在框架梁端用两根 10 号槽钢连接，并对 1/4 网架吊杆的应力进行跟踪测量，检测结果表明每个升板机的一对吊杆受力基本相等。吊杆内力能自行调整。

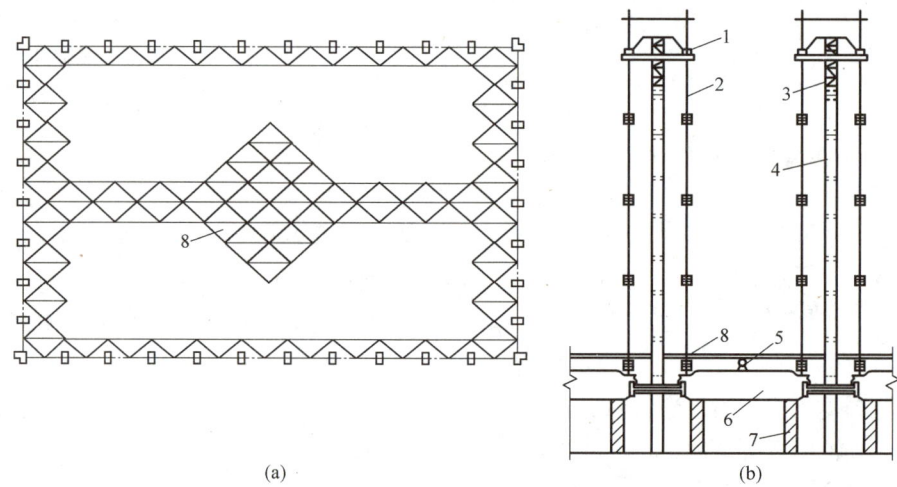

图 6-76　升板机整体提升网架工程

（a）平面；（b）局部侧面

1—升板机；2—提升吊杆；3—接高钢柱；4—柱；5—网架；6—框架梁；7—支墩；8—屋面板

2. 整体顶升法

顶升的概念是千斤顶位于网架之下，一般是利用结构柱作为网架顶升的临时支承结构。

图 6-77 所示为某六点支承的抽空四角锥网架，平面尺寸为 59.4m×40.5m，网架重约 45t，用六台起重能力为 320kN 的通用液压千斤顶，采用顶升法将网架顶升至 8.7m 高。

为了便于在地面整体拼装而不搭设拼装支架，采用了与网架同高的伞形柱帽。由四根角钢组成的柱子从腹杆间隙中穿过，千斤顶的使用行程为 150mm（最大行程为 180mm）。根据千斤顶的尺寸、行程、横梁尺寸等确定上下临时缀板的距离为 420mm，缀板作为搁置横梁、千斤顶和球支座用。即顶升一个循环的总高度为 420mm。千斤顶共分三次（150mm＋150mm＋120mm）顶升到该高度，顶升容许不同步值为 1/1000 支点距离（即 24.3mm）。顶升时用等步法（每步 50mm）观测控制同步。图 6-78 为顶升过程图。

3. 施工要点

（1）提（顶）升设备布置及负荷能力

提升设备的布置原则是：

1）网架提（顶）升时的受力情况应尽量与设计的受力情况类似；

2）每个提（顶）升设备所承受的荷载尽可能接近。

为了安全使用设备，必须将设备的额定起重量乘以折减系数，作为使用负荷。当提升时，升板机取 0.7～0.8，液压千斤顶取 0.5～0.6。顶升时，液压千斤顶取 0.4～0.6。

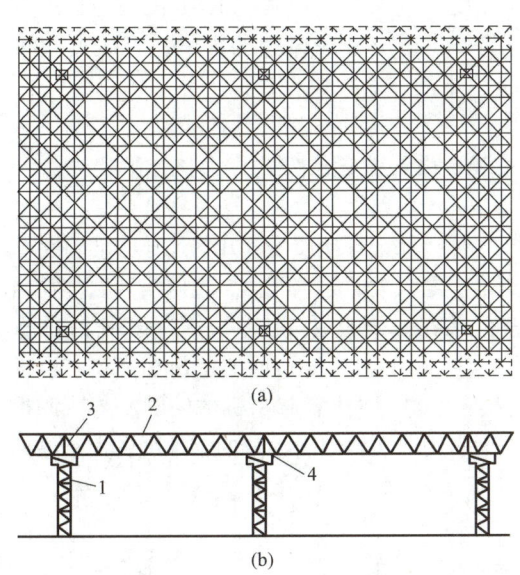

图 6-77　某网架顶升施工图

（a）平面；（b）立面

1—柱；2—网架；3—柱帽；4—球支座

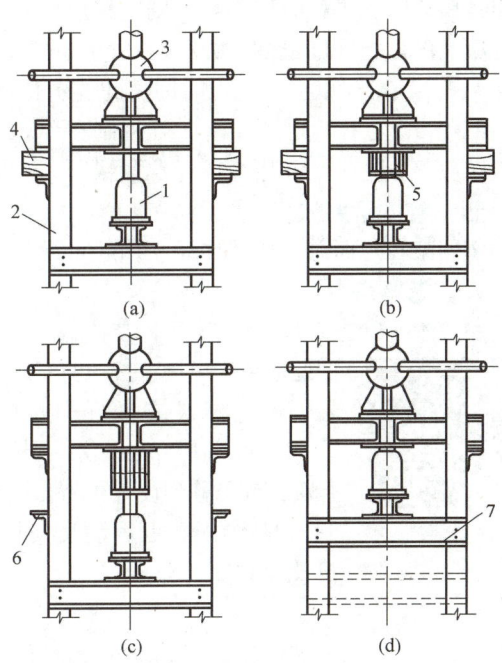

图 6-78　顶升过程图

（a）顶升 150mm，两侧垫方形垫块；（b）回油，垫圆
垫块，重复 1、2 循环后；（c）垫两块垫块，顶升一个
冲程，安装两侧上缀板；（d）回油，下缀板升一级

1—千斤顶；2—支承柱；3—网架；4—方形垫块；
5—圆形垫块；6—缀板；7—下缀板

（2）同步控制

网架在提（顶）升过程中各吊点的提（顶）升差异，将对网架结构的内力、提（顶）升设备的负荷及网架偏移产生影响。《规程》规定当用升板机提升时，允许升差为相邻提升点距离的 1/400，且不大于 30mm。顶升时各顶升点的允许升差为相邻两个顶升用的支承结构间距的 1/1000，且不得大于 30mm；若一个顶升用的支承结构上设有两个及以上的千斤顶时，则取千斤顶间距的 1/200，且不得大于 10mm。

顶升法规定的允许升差值较提升法严。这是因为顶升的升差不仅引起杆力增加，更严重的是会引起网架随机性的偏移，一旦网架偏移较大时，就很难纠偏。因此，顶升时的同步控制主要是为了减少网架的偏移，其次才是为了避免引起过大的附加内力。而提升时升差虽也会造成网架偏移，但危险程度要小。

顶升时应以预防偏移为主，严格控制升差并设置导轨。导轨不仅能保证网架垂直的上升，而且还是一种安全装置。导轨可利用结构柱或单独设置。当网架的偏移值达到需要纠正的程度时，可采用将千斤顶垫斜。另加千斤顶横顶或人为造成反升差等逐步纠正，严禁操之过急，以免发生事故。

（3）柱的稳定性

提（顶）升时一般均用结构柱作为提（顶）升时临时支承结构，因此，可利用原设计的框架体系等来增加施工期间柱的刚度。例如当网架升到一定高度后，先施工框架结构的梁或柱间支撑，再提升网架。当原设计为独立柱或提（顶）升期间结构不能形成框架时，则需对柱进行稳定性验算。如果稳定性不够，则应采取加固措施。对于升网滑模法（图6-79）尤应注意，因为混凝土的出模强度极低（$0.1\sim0.3N/mm^2$），所以要加强柱间的支撑体系，并使混凝土三天后达到$10N/mm^2$以上，施工时即据此要求控制滑模速度。例如某工程实测1.5d混凝土强度可达$14N/mm^2$左右，则滑升速度可控制在1.3m/d。此外，还应考虑风力的影响，当风速超过五级时应停止施工，并用缆风绳拉紧锚固，缆风绳应按能抵抗七级风计算。

五、整体吊装法

将网架在地面总拼成整体后，用起重设备将其吊装至设计位置的方法称为整体吊装法。

1. 工艺特点

6-10

用整体吊装法安装时，网架可以与柱错位就地总拼，易于保证焊接质量和几何尺寸的准确性，因此适用于焊接连接的网架。其缺点是需要较大的起重能力。整体吊装法往往由若干台桅杆式或自行式起重机进行抬吊。因此大致上可分为多机抬吊法（图6-80）和桅杆吊装法（图6-81）两类。吊装时，先将网架抬吊至高空，再进行旋转或平移到设计位置。需合理选择吊点，并注意起重机械的同步与协调控制。由于桅杆的起重量大，故大型网架多用此法，但需大量的钢丝绳、大型卷扬机及劳动力。

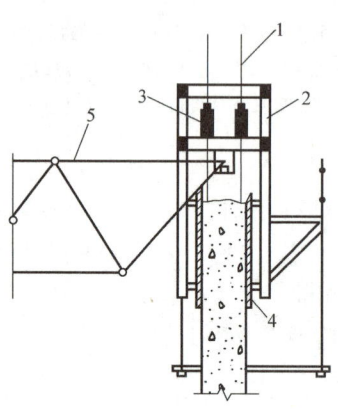

图6-79 升网滑模法
1—支承杆；2—提升架；3—液压
千斤顶；4—模板；5—网架

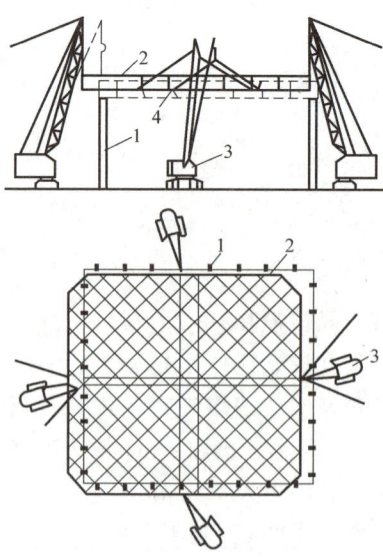

图6-80 用4台起重机整体吊装
1—柱；2—网架；3—履带
式起重机；4—吊点

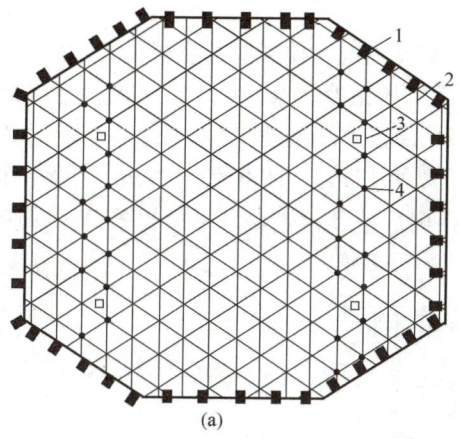

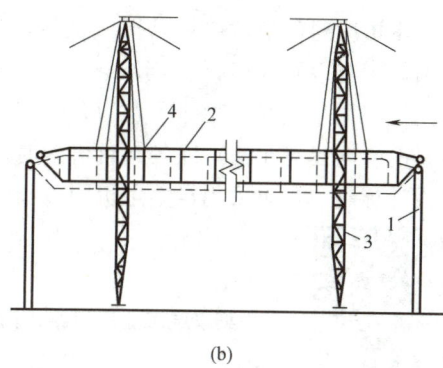

(a)   (b)

图 6-81　用 4 根桅杆整体吊装

1—柱；2—网架；3—桅杆；4—吊点

2. 空中移位

当采用多根桅杆吊装时，有网架在空中移位的问题，其原理是利用每根桅杆两侧起重滑轮组中产生水平分力不等（即水平合力不等于零），而推动网架移动。当网架垂直提升时（图 6-82a），桅杆两侧滑轮组夹角相等，两侧滑轮组受力相等（$T_1 = T_2$），水平力也相等（$H_1 = H_2$）。网架在空中移位时（图 6-82b），每根桅杆的同一侧滑轮组钢丝绳徐徐放松，而另一侧滑轮组不动。此时右侧钢丝绳因松弛而拉力 T_2 变小，左边则由于网架重力作用相应增大，水平分力也不等，即 $H_1 > H_2$，这就打破了平衡状态，网架就朝 H_1 所指的方向移动。至放松的滑轮组停止放松后，重新处于拉紧状态，则 $H_1 = H_2$，网架恢复平衡（图 6-82c），移动也即停止。此时的力平衡方程式为：

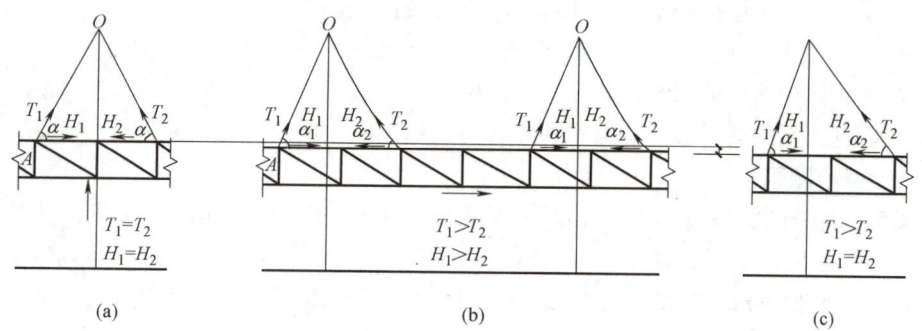

(a)   (b)   (c)

图 6-82　空中移位原理图

（a）垂直提升，水平分力相等；（b）空中移位，水平分力不等；（c）移位后恢复平衡状态

$$T_1 \sin\alpha_1 + T_2 \sin\alpha_2 = Q \tag{6-9}$$

$$T_1 \sin\alpha_1 = T_2 \sin\alpha_2 \tag{6-10}$$

因为 $\alpha_1 > \alpha_2$，故 $T_1 > T_2$。

吊装时当桅杆各滑轮组相互平行布置则网架发生平移；如各滑轮组布置在同一圆周上，则发生旋转。网架移动时由于钢丝绳的放松，网架会产生少量下降。

3. 负荷折减系数与同步控制

当多台起重机抬吊时，有可能出现快慢、先后不同步情况，使某些起重机负荷加大，因此每台起重机应对额定负荷乘以折减系数，当四台起重机抬吊时，乘以 0.75，如起重机两两吊点穿通，则乘以 0.8～0.9。当缺乏经验时应做现场测试确定折减系数。

网架整体吊装时，相邻吊点的允许高差为吊点距离的 1/400，且不大于 100mm。控制同步最简易的方法是等步法，即各起重机同时吊升一段距离后停歇检查，吊平后再吊升一段距离，直至设计标高。也可采用自整角机同步指示装置观测提升差值。

6-11

工 程 案 例

某单层工业厂房结构吊装施工方案设计。

习　　题

一、问答题

1. 试比较桅杆式起重机和自行杆式起重机的优缺点。

2. 试述履带式起重机的技术性能参数与臂长及其仰角的关系。

3. 简述塔式起重机的自升过程。

4. 卷扬机的安装位置应满足哪些基本要求？

5. 预制构件吊装前的质量检查内容包括哪些？吊装工艺有哪 6 步？

6. 柱子吊装旋转法与滑行法在柱布置时有何差异？

7. 什么是屋架的正向扶直和反向扶直？哪一种方法好？

8. 试述分件吊装法与综合吊装法的优缺点。

9. 单层工业厂房结构吊装方案主要内容是什么？是如何确定的？

10. 单层工业厂房结构安装的起重机械应如何选择？

11. 多层装配式房屋结构安装如何选择起重机械？

12. 试述装配式混凝土框架柱的纵筋连接方法与要点。

13. 简述钢结构构件的组装方法及适用范围。

14. 空间网架结构的吊装方法有哪些？各自适用范围是什么？

二、计算绘图题

1. 某车间柱的牛腿标高为 7.2m，吊车梁长为 6m，高为 0.8m，起重机停机面标高为 −0.3m，吊车梁吊环位于距梁端 0.3m 处位置。试计算安装吊车梁所需的最小起重高度。

2. 某屋架跨度 18m，其腹杆及下弦杆具体尺寸如图 6-83 所示（数值单位均为 mm），采用履带式起重机将屋架安装到标高为 12.4m 柱顶上，场地地面标高为 −0.5m，采用不加铁扁担的四点绑扎（绑扎点在上弦节点），试求履带式起重机的最小起重高度。

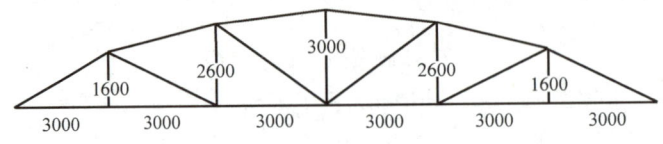

图 6-83　某屋架尺寸

3. 某厂金工车间柱距 6m，结构剖面图如图 6-84 所示，屋架索具绑扎点如图 6-85 所示

（内、外侧吊索与水平面的夹角分别为 45°和 60°），已知屋架重 60kN，索具重 5kN，临时加固材料重 3kN；吊车梁高度为 0.8m，长度为 6m，重 30kN，索具重 2kN，索具绑扎点距梁两端均为 1m，吊索与水平面的夹角为 45°；屋面板厚 0.24m，起重机底铰距停机面的高度 $E=2.1$m。结构吊装时，场地相对标高为 -0.3m，吊装所需安装间隙均为 0.3m。

试求：

（1）吊装吊车梁的起重量及起重高度；

（2）吊装屋架的起重量及起重高度；

（3）吊装跨中屋面板所需的最小起重臂长度。

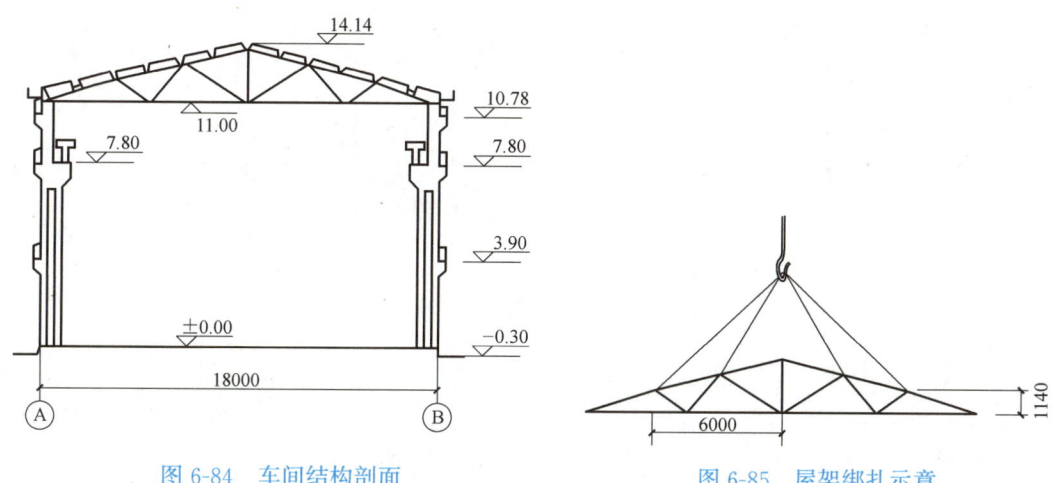

图 6-84　车间结构剖面

图 6-85　屋架绑扎示意

4. 某装配式建筑物总高度为 17.5m，拟采用 QT40 型塔式起重机施工，如图 6-86 所示。该塔式起重机最大幅度吊钩高度 23m，最小幅度吊钩高度 34m，臂长为 30m，最大起重力矩为 450kN·m。预计施工时所吊重物重量最大值分别为 $Q_1=19$kN；$Q_2=23$kN；$Q_3=26$kN，各自距塔式起重机轨道中心线的距离分别为 $R_1=21$m，$R_2=18$m，$R_3=15$m。试验算该起重机是否满足使用要求。

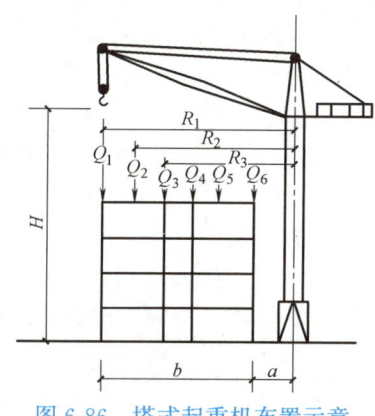

图 6-86　塔式起重机布置示意

5. 某单层工业厂房车间跨度 18m，柱距 6m，共 6 个节间，吊柱时起重机沿跨内开行，起重半径为 9m，开行路线距柱轴线 8m。已知柱长 10.8m，牛腿下绑扎点距柱底 6.8m。试按旋转法吊装施工画出柱子的平面布置图（只画一根即可）。

6. 某单层工业厂房跨度 18m，所有的柱（包括抗风柱）已全部吊装完毕，屋架预制平面布置图局部如图 6-87 所示。已知起重机吊装屋架的回转半径为 16m，屋架堆放范围在 $P-P$、$Q-Q$ 线内。试画出起重机的开行路线及各榀屋架在吊装前的斜向立放图。

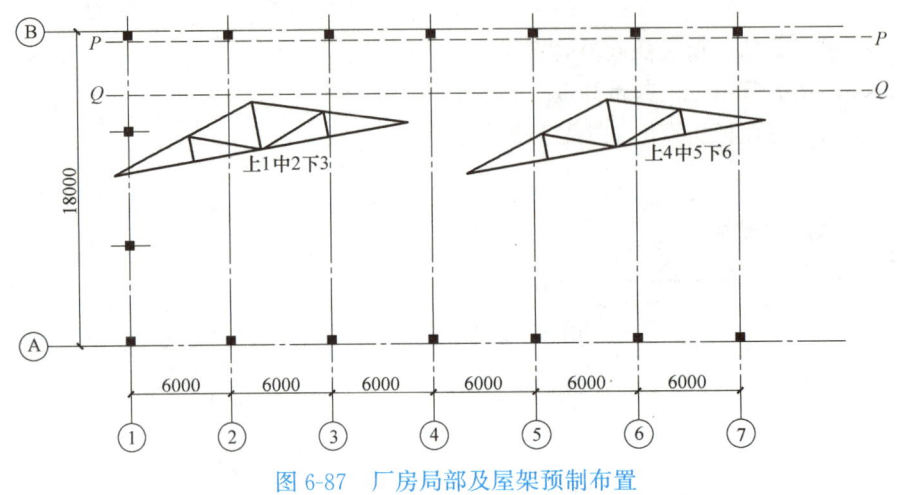

图 6-87　厂房局部及屋架预制布置

第七章　道路、桥梁及地下工程

学习重点：道路路基施工方法、压实标准与控制方法；路面基垫层、热拌沥青混合料路面与水泥混凝土路面的施工程序与要求；桥梁基础与墩台主要施工技术；梁桥基本施工方法；常见地下结构物的施工方法与技术要求。

学习要求：了解道路路基路面工程结构与施工程序、技术要求，掌握路基压实标准与控制方法，熟悉路面基垫层施工技术要求，掌握热拌沥青混合料与水泥混凝土面层施工的步骤与要求，了解桥梁工程主要施工程序，掌握桥梁基础与墩台以及梁桥的施工方法与技术要求，熟悉常见地下结构物的施工方法与技术要求。

路、桥及地下工程均属于土木工程学科的主要分支，路桥工程结构是道路工程的主要组成部分。其中，道路路基是道路行车部分的基础，是由天然土石材料按照道路线型要求填挖而成、具有一定强度和稳定性的带状土工结构物；道路路面是在路基表面采用各种筑路材料分层铺筑的建筑结构物，提供车辆在其上安全、快速、舒适、经济地行驶，因此要求路面结构具有一定的强度、稳定性、抗滑性和平整度等；在道路跨越河流、沟谷和其他障碍物或建筑物时可以修筑桥梁结构；道路路基路面结构构成道路的主体，桥梁是实现道路连续体的跨越性节点设施。地下工程包括地铁的隧道、地铁车站、地下综合管廊以及地下房屋建筑等的施工建设。

常用规范：《公路路基施工技术规范》JTG/T 3610—2019、《公路路面基层施工技术细则》JTG/T F20—2015、《公路沥青路面施工技术规范》JTG F40—2004、《公路水泥混凝土路面施工技术细则》JTG/T F30—2014、《公路桥涵施工技术规范》JTG/T 3650—2020、《地下工程盖挖法施工规程》JGJ/T 364—2016、《地下铁道工程施工标准》GB/T 51310—2018、《地下铁道工程施工质量验收标准》GB/T 50299—2018、《盾构法隧道施工及验收规范》GB 50446—2017 等。

第一节　道路路基工程

路基是道路最基本的组成部分之一，是路面或道路的基础。路基是承托路面、与路面共同承担行车荷载的作用、抵抗自然因素侵袭的道路构筑物主体，是按线型在地表挖填成一定断面形状的土石构筑物。实践证明，没有坚固、稳定的路基，就没有稳固的路面。保证路基的强度与稳定性是保证路面强度和稳定性的先决条件，提高路基的强度和稳定性，可以适当减薄路面的结构厚度，从而降低造价。

路基工程涉及范围广、影响因素多、灵活性大，路基施工表现出技术复杂性强；路基土石方工程量大、分布不均，且工序较多，成为整个道路工程施工组织的关键环节；路基的隐蔽工程多，其质量问题会给道路结构留下隐患。因此要确保工程质量，实现高效安全施工，必须重视路基施工技术的把控。

道路结构施工流程如图 7-1 所示，其中道路路基施工的内容一般包括：路基主体工程（填

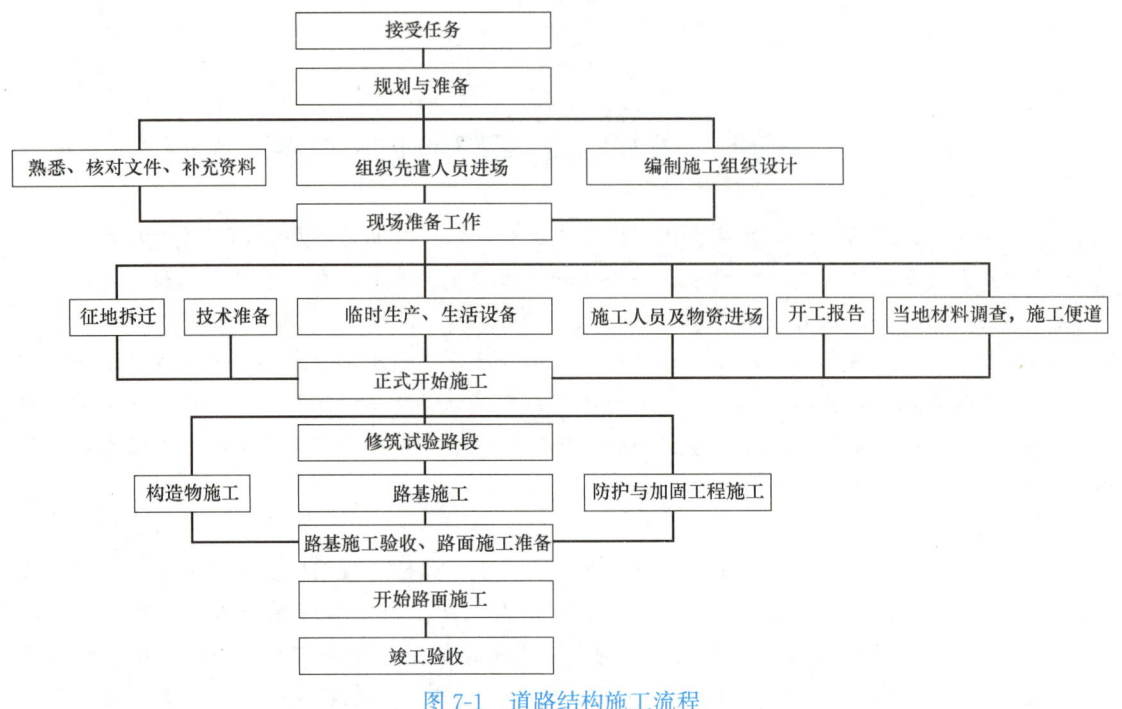

图 7-1 道路结构施工流程

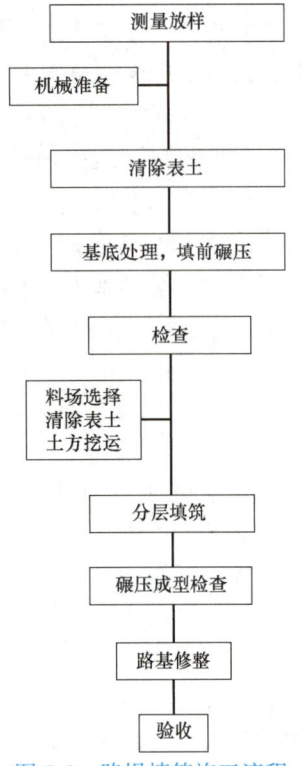

图 7-2 路堤填筑施工流程

方与挖方）、取土坑与弃土堆、护坡道及碎落台、路基综合排水、路基防护与加固、特殊工程地质地区路基的施工，以及由于修筑路基而引起的改沟或改河工程、路基整修等。

一、土质路基施工

1. 路堤填筑

路堤或半填挖路基填方部分是在天然地基上人为填筑的结构，其土石材料一般系就地取材，施工流程如图 7-2 所示。为保证路堤的强度及稳定性要求，施工过程中尤其应注意路堤填料的选择、基底的处理以及填筑方式的确定。

（1）填料的选择

路堤通常是利用沿线就近土石作为填筑材料。但选择填料时应尽可能选择当地强度高、稳定性好并利于施工的土石材料作路堤填料。一般情况下，碎石、卵石、砾石、粗砂等具有良好透水性，且强度高、稳定性好，因此可优先采用。砂质粉土、粉质黏土等经压实后也具有足够的强度，故也可采用。粉性土水稳性差，不宜作路堤填料。重粉质黏土、黏性土、捣碎后的植物土等由于透水性差，作路堤填料时应慎重采用。

（2）基底的处理

为使填筑在天然地面上的路堤与原地面紧密结合以保证填筑后的路堤不至于产生沿基底的滑动和过大变形，填筑路堤前，应根据基底的土质、水文、坡度、植被和填土高度采取一定措施对基底进行处理。

1）当基底为松土或耕地时，应先将原地面认真压实后再填筑。当路线经过水田、洼地、池塘时，应根据实际情况采取疏干、挖除淤泥、换土、打砂桩、抛石挤淤等措施进行处理后方能填筑。

2）基底土密实稳定，且地面横坡缓于1：10时，基底可不处理直接修筑路堤；但在不填挖或路堤高度小于1m的地段，应清除原地表杂草。横坡为1：10～1：5时，应清除地表草皮杂物再填筑。横坡陡于1：5时，清除草皮杂物后还应将坡面筑成不小于1m宽的台阶。若地面横坡超过1：2.5，则外坡脚应进行特殊处理，如修筑护脚或护墙等。

（3）填筑方案

路堤的填筑必须考虑不同土质，从原地面逐层填筑，分层压实。填方方法有水平分层填筑、竖向填筑和混合填筑三种。

1）水平分层填筑

水平分层填筑是一种将不同性质的土有规则地分层填筑和压实的方法，该法易于达到规定的压实度，易于保证质量，是填筑路堤的基本方案。水平分层填筑应遵守以下规定：

① 用不同性质土填筑路堤时，应分层填筑，不得混杂乱填。

② 用透水性较小的土填路堤下层时，应做成4%的双向横坡；如用以填筑上层时，不得覆盖在透水性较大的土所填筑的下层边坡上，避免出现"水囊"现象。

③ 凡不因潮湿及冻融而改变其体积的优良土应填在上层，强度较小的土应填在下层。

④ 河滩路堤填土，应在整个宽度上连同护道在内一并分层填筑，受水浸淹部分的填料，应选用水稳定性好的土料。

⑤ 桥涵、挡土墙及其他构造物的回填土，以采用砂砾或砂性土为宜，并应适时分层回填压实，以防产生桥头过大沉降变形。

不同路堤填筑方案，如图7-3所示。此外，对于高填方路堤的填筑，应按技术规范的有关规定进行稳定性检验。

2）竖向填筑

竖向填筑指沿公路纵向或横向逐步向前填筑。竖向填筑多用于路线跨越深谷陡坡地形时，由于地面高差大，作业面小，难以采用水平分层法填筑时，如图7-4（a）所示。竖向填筑由于

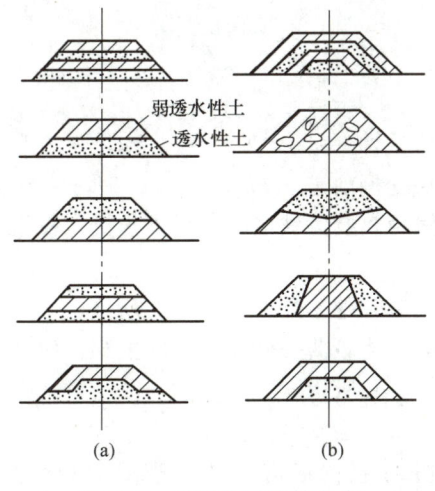

图7-3　路堤分层填筑方案
（a）正确；（b）错误

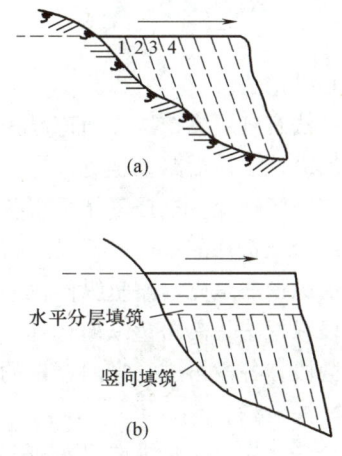

图7-4　路基竖向填筑方案

填土过厚而难以压实，因此应选用高效能压实机械压实。

3）混合填筑。

混合填筑指路堤下层采用竖向填筑法而上层采用水平分层填筑法，因而其上部经分层碾压容易达到足够的压实度，如图7-4（b）所示。

2. 路堑开挖

土质路堑是在天然地表向下进行开挖后形成的路基结构，开挖方式一般根据路堑的深度、纵向长度以及地形、土质、施工设备与土方调配情况确定，常采用的开挖方法有横挖法、纵挖法和混合法三类，施工流程如图7-5所示。

（1）横挖法

对路堑整个横断面的宽度和深度，从一端或两端逐渐向前开挖的方法称为横挖法；该法适用于短而深的路堑。用人力按横挖法开挖路堑时，可在不同高度分几个台阶开挖，其深度视工作与安全而定，一般宜为1.5～2.0m。无论自两端一次横挖到路基标高或分台阶横挖，均应设单独的运土通道及临时排水沟。如图7-6所示。

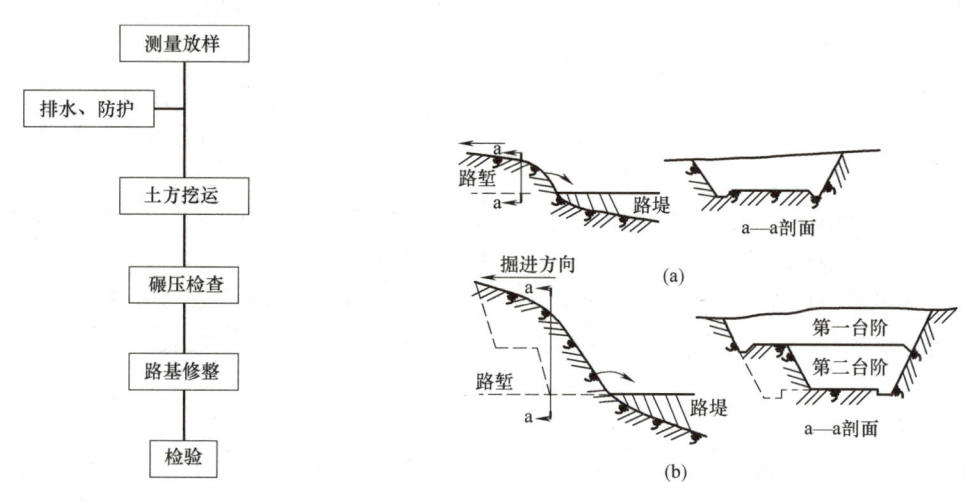

图7-5　路堑开挖施工流程　　　　　　　图7-6　横向挖掘法

（2）纵挖法

纵挖法有分层纵挖法、通道纵挖法和分段纵挖法三种。

分层纵挖法是沿路堑全宽以深度不大的纵向分层挖掘前进，如图7-7（a）所示。该法适用于较长的路堑开挖。挖掘工作可用各式铲运机，在短距离及大坡度时可用推土机，较长较宽的路堑可用挖土机并配备运土机具进行挖掘。

通道纵挖法是先沿路堑纵向挖一通道，继而向两侧开挖。如图7-7（b）所示。

分段纵挖法是沿路堑纵向选择一个或几个适宜处，将较薄一侧路堑横向挖穿，使路堑分成两段或数段，各段再进行纵向开挖的方法。如图7-7（c）所示。

（3）混合法

混合法是先沿路堑纵向开挖通道，然后沿横向开挖横向通道，再双通道沿纵横向同时掘进，每一坡面应设一个施工小组或一台机械作业。如图7-8所示。

开挖作业中应注意的问题是：①做好排水沟、截水沟，防止施工过程中遇降雨将开挖作业面浸泡产生失稳破坏；②开挖过程严格要求自上而下逐层开挖，不可逆转，保证施工安全；③随分层开挖过程逐层进行边坡防护与支挡，防止出现边坡失稳情况；④合理安排施工方式与作业顺序，注意扩大工作面，提高开挖作业效率；⑤开挖产生弃土时，弃土堆的设置位置与结构形式等应符合规范要求。

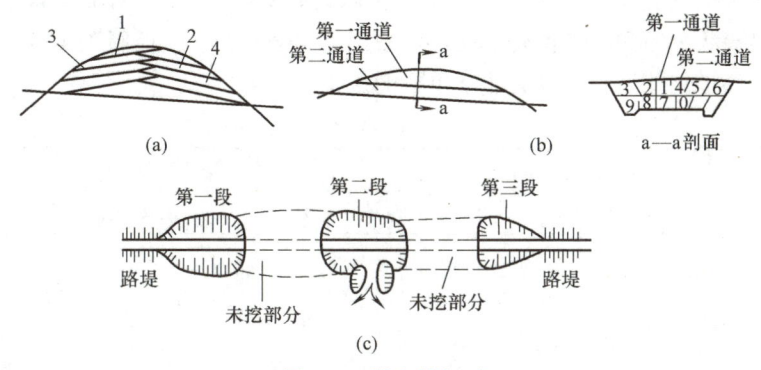

图 7-7　纵向挖掘法

（a）分层纵挖法（图中数字为挖掘顺序）；（b）通道挖掘法（图中数字为拓宽顺序）；（c）分段纵挖法

二、路基压实

土是由固体土颗粒、颗粒之间孔隙和水组成的三相体。路基施工破坏了土体的原始天然结构，使土体呈松散状态。因此，为使路基具有足够的强度和稳定性，必须对土体进行人工压实以提高其密实程度。压实的机理在于压实使土颗粒重新组合，彼此挤紧，孔隙减少，土的单位重量提高，形成密实的整体，内摩阻力和黏聚力大大增加，从而实现土基强度增加、稳定性增强。实验证明：经过人工压实后的土体不仅强度提高、抗变形能力增强，而且由于压实使土体透水性明显减小、毛细水作用减弱

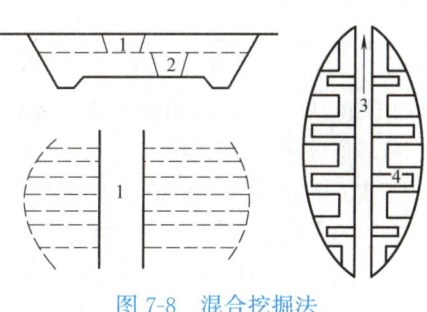

图 7-8　混合挖掘法

1、2—第一、二次通道；3—纵向运送；
4—横向运送

和饱水量等减小，从而使其水稳性得以大大提高。因此土基压实是保证路基获得足够强度和稳定性的根本技术措施之一。各级道路的路堤和路堑均应按规定进行压实并达到规定的密实度。

1. 路基压实标准

通常采用干密度作为表征路基土密实程度的指标。在路基施工中，采用压实度作为衡量不同土类路基施工现场工地压实程度的重要标准。

压实度是指压实后土的干密度与该种土室内标准击实试验所得的最大干密度之比。压实土体的干密度可按式（7-1）计算：

$$\gamma = \frac{\gamma_w}{1 + 0.01w} \tag{7-1}$$

式中　γ_w——土的现场实测天然湿密度（g/cm³），一般以环刀法或灌砂法现场测定；

w——土的现场实测含水量（%），一般以酒精燃烧法或烘干法测定。

技术规范规定，不同道路等级及路床不同深度，其压实度要求不同。道路等级愈高压实度要求也愈高，路基上部压实度比路基下部为高。路基压实过程中只有达到规定的压实度，才能

保证路基的强度和稳定性。土质路基（含土石混填）的压实度标准见表7-1。

压实度是以室内标准击实试验所得最大干密度为标准的。同一压实度时如采用不同击实标准，其实际密实度是大不一样的。目前标准击实试验有轻型击实试验和重型击实试验两种。已经证明，对同一土体，重型击实比轻型击实可获得更高的干密度和相对较低的最佳含水量。目前随着高等级公路的发展，对道路路基质量的要求越来越严，因此，对道路路基压实度标准要求越来越高，高等级公路和城市重要干道，均采用重型击实标准来控制压实度，这对于确保路基路面质量，提高道路使用品质具有非常重要的意义。

土质路基压实度标准 表7-1

填挖类型		路床顶面以下深度（m）	压实度（%）		
			高速公路、一级公路	二级公路	三、四级公路
路堤	上路床	0～0.30	≥96	≥95	≥94
	下路床	0.30～0.80(1.20)	≥96	≥95	≥94
	上路堤	0.80～1.50（1.20～1.90）	≥94	≥94	≥93
	下路堤	>1.50(1.90)	≥93	≥92	≥90
零填及挖方路基		0～0.30	≥96	≥95	≥94
		0.30～0.80(1.20)	≥96	≥95	—

注：表中括号内数据为特重、极重交通情况时的要求。

2. 路基压实施工的组织与质量控制

（1）压实施工的组织

压实施工的组织一般应遵循下列步骤：

1）根据土质正确选择压实机具，掌握不同机具适宜的碾压土层松铺厚度及碾压遍数。

2）组织实施时，采用的压路机应遵循先轻后重的原则，碾压速度应先慢后快。

3）碾压路线应先边缘后中间，超高路段则应先低后高，相邻两次的碾压轮迹应重叠轮宽的1/2～1/3，以保证压实均匀而不漏压，对压不到的边角辅之以人力及小型机具夯实。

4）碾压过程中应经常检查土的含水量及压实度，以符合规定的密实度要求。

（2）路基压实质量的控制

路基在实施碾压的过程中，应经常检查含水量及压实度，以控制压实工作。

工地的含水量通常应接近最佳含水量。若含水量过大不易碾压密实时应摊开晾晒，等其接近最佳含水量时再行碾压；如含水量过低时，需均匀洒水至接近最佳含水量方可碾压。所需洒水量见式（7-2）。

$$P=(w_0-w)\frac{G}{1+w} \tag{7-2}$$

式中　w_0、w——分别为土的最佳含水量及原状含水量（%）；

G——需加水的土的质量。

第二节　道路路面工程

现代化公路运输，不仅要求道路能全天候通行车辆，而且要求车辆能以一定的速度，安全、舒适、经济地在道路上运行，故此在道路表面分层铺筑的路面结构层应具有良好的使用性能，提供良好的行驶条件和服务。

为了保证公路与城市道路最大限度地满足车辆运行的要求，提高车速、增强安全性和舒适性，降低运输成本和延长道路使用年限，路面应具有强度与刚度、水温稳定性、耐久性、平整度、抗滑性等基本要求。

路面是采用路用建筑材料铺筑在路基顶面的层状结构，横向主要有中央分隔带、行车道、路肩（城市道路为非机动车道与人行道）等组成，竖向结构层由面层、基层（及底基层）、功能层（垫层等）主要层次构成。路面结构组成如图 7-9 所示。

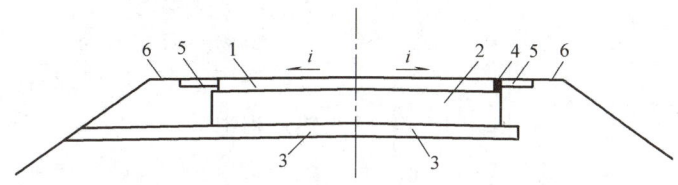

图 7-9　路面结构层次划分图

i—路拱横坡度；1—面层；2—基层（有时包括底基层）；3—垫层；4—路缘石；5—加固路肩；6—土路肩

路面按面层材料不同，可分为沥青路面、水泥混凝土路面、块料路面和粒料路面四类。按技术条件及面层类型不同，可分为高级路面、次高级路面、中级路面、低级路面，见表 7-2。按力学条件分有刚性路面和柔性路面。

路面面层类型　　　　　　　　　　　　　　　　　　　　　　　　　　表 7-2

路面等级	面层类型	路面等级	面层类型
高级路面	1. 沥青混凝土 2. 水泥混凝土 3. 厂拌沥青碎石 4. 整齐石块或条石	中级路面	1. 碎、砾石（泥结或级配） 2. 不整齐石块 3. 其他粒料
次高级路面	1. 沥青贯入式碎、砾石 2. 路拌沥青碎、砾石 3. 沥青表面处治 4. 半整齐石块	低级路面	1. 粒料加固土 2. 其他当地材料加固或改善土

路面施工程序如图 7-10 所示。

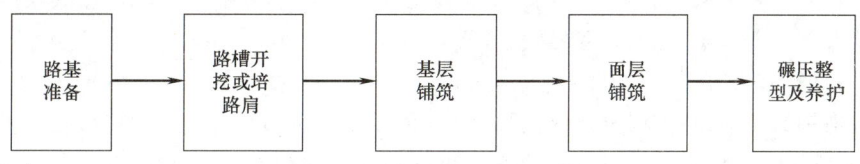

图 7-10　路面施工一般程序

一、路面基（功能层）层施工

基层是直接位于面层下的结构层次，而功能层是基层和路基之间的结构层次。基层主要起承重及扩散荷载应力的作用；功能层主要起到改善路基水温状况的作用，即具有排水隔水与防冻的功能。为此，对基层和功能层提出了刚度（抗变形能力）和水稳定性方面的要求。常用的基层和垫层，有碎（砾）石和结合料稳定两大类。

(一) 级配型碎（砾）石类基层与功能层

1. 路拌法施工

级配碎石施工工艺流程如图 7-11 所示。

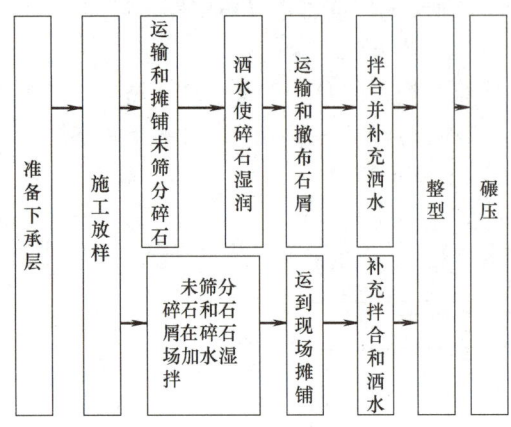

图 7-11　级配碎石施工工艺流程

① 备料。确定未筛分碎石和石屑的掺配比例或不同粒级碎石和石屑的掺配比例，及各路段基层的宽度、厚度和预定的干压实密度，计算各段所需的未筛分碎石和石屑的数量或不同粒级碎石和石屑的数量，并计算每车料的堆放距离。

料场中未筛分碎石的含水量应较最佳含水量（约 4%）大 1% 左右，以减少骨料在运输过程中的离析现象。当未筛分碎石和石屑在料场按设计比例混合时，应同时洒水加湿，使混合料的含水量应较最佳含水量（约 5%）大 1% 左右，以减轻施工现场的拌合工作量和运输过程中的离析现象。

② 运输和摊铺骨料。运输骨料时，要求每车料的数量基本相同。在同一料场供料的路段内，应由远到近将料卸在下承层上。卸料的距离应严格掌握或由专人负责，不得卸置成一条"埂"。当预定级配碎石采用未筛分碎石和石屑分别运到路段上再进行拌合，则石屑不应预先运送到路上，以免雨淋受潮。

运料时应注意：为避免运到路上的骨料因水分蒸发而变干，骨料在下承层上的堆放时间不应过长，一般运送骨料较摊铺骨料提前数天。在雨期施工时，宜当天运输、摊铺、压实，以免下雨时料堆下面积水。

应事先通过试验确定骨料的松铺系数。人工摊铺混合料时，松铺系数为 1.40～1.50；平地机摊铺混合料时，松铺系数 1.25～1.35。

摊铺机械一般采用平地机，应将骨料均匀地摊铺在预定的宽度上，表面力求平整，并且有规定的路拱。路肩用料应同时摊铺。摊铺骨料时应注意：当采用不同粒级的碎石和石屑时，应分层摊铺，大碎石铺在最下面，中碎石铺在大碎石上，小碎石铺在中碎石上，洒水使碎石湿润后，再摊铺石屑。采用未筛分碎石和石屑时，应在未筛分碎石摊铺平整后，在其较潮湿的情况下，按设计比例向上运送石屑，用平地机并辅以人工将石屑均匀地摊铺在碎石层上。也可用石屑撒布机将石屑均匀地撒在碎石层上。

混合料摊铺后，应检查其松铺厚度是否符合预计要求，必要时应进行减料或补料工作。

③ 拌合及整型。为保证级配碎石的密实级配，拌合均匀是非常重要的。应采用稳定土拌合机来拌合级配碎石，在无稳定土拌合机的情况下，也可采用平地机或多铧犁与缺口圆盘耙相配合进行拌合。

用稳定土拌合机拌合时，拌合深度应达到级配碎石层底，如发现有"夹层"，应在进行最后一遍拌合之前先用多铧犁紧贴底面翻拌一遍。一般应拌合两遍以上。

用平地机拌合的方法是，用平地机将铺好石屑的碎石料翻拌，使石屑均匀分布到碎石料中，拌合时第一遍由路中心开始，将碎石混合料向中间翻，第二遍应是相反，从两边开始，将混合料向外翻。拌合过程中用洒水车洒足所需的水分。平地机拌合的作业长度，每段以300～500m为宜。

如级配碎石混合料在料场已经过混合，可视摊铺后混合料的具体情况（有无粗细颗粒离析），用平地机进行补充拌合。

拌合结束时，混合料的含水量应该均匀，并较最佳含水量大1％左右，没有粗细颗粒离析现象。

混合料拌合均匀后用平地机按规定的路拱进行整平和整型，其方法同稳定土基层施工。在整型过程中，应注意消除粗细骨料的离析现象，并禁止任何车辆通行。

④ 碾压。整型后，当混合料的含水量等于或略大于最佳含水量时，立即用12t以上三轮压路机、振动压路机或轮胎压路机进行碾压。碾压时应坚持"四先四后"的原则，后轮应重叠1/2轮宽，且必须超过两段的接缝处。碾压应一直进行到要求的密实度为止（压实度要求：基层和中间层为98％，底基层为96％）。一般需碾压6～8遍。应使表面无明显轮迹，并在路面两侧多压2～3遍。

对于含土的级配碎石层，应进行滚浆碾压，一直压到碎石层中无多余细土泛到表面为止。滚到表面的浆（或事后变干的薄层土）应清除干净。

严禁压路机在已完成的或正在碾压的路段上调头和急刹车，禁止开放交通。

2. 中心站集中厂拌法施工

级配碎石用作半刚性路面的中间层时，应采用集中厂拌法拌制混合料，并用摊铺机摊铺。集中厂拌法施工时应注意：混合料的掺配比例一定要正确；在正式拌制级配碎石混合料前，必须先调试所用的厂拌设备，使混合料的颗粒组成和含水量都达到规定的要求；在采用未筛分的碎石和石屑时，若其颗粒组成发生明显变化，则应重新调整掺配比例。

（二）结合料稳定类基（功能层）层

结合料稳定类基（功能层）层是指掺加各种结合料，通过物理、化学作用，使各种土、碎（砾）石混合料或工业废渣的工程性质得到改善，成为具有较高强度和稳定性的路面结构层次。常用的结合料有水泥、石灰和沥青等，前两者应用广泛。

1. 水泥稳定类基（功能层）层

（1）水泥稳定土施工前的准备

1）原材料准备

① 土。凡是能被经济地粉碎的土石，只要符合规范规定的技术要求，都可用水泥来稳定。

② 水泥。一般水泥品种都可用于稳定土，但终凝时间应大于6h，不宜用快硬水泥、早强水泥及受潮变质的水泥。

③ 水。人、畜饮用水均可用。

2）混合料组成设计

水泥稳定类混合料组成设计的任务是根据表7-3的抗压强度标准，通过试验选取最适宜于稳定的土，确定必需的水泥剂量和混合料的最佳含水量。在需要改善土的颗粒组成时，还包括掺加料的比例。

混合料的设计步骤如下：

① 选用不同的水泥剂量，制备同一种土样不同水泥剂量的水泥稳定类混合料。

② 用击实试验确定各种混合料的最佳含水量和最大干（压实）密度。至少应做三个不同

水泥剂量混合料的击实试验，即最小剂量、中间剂量和最大剂量，其他两个剂量混合料的最佳含水量和最大干密度用内插法确定。

③ 按工地预定达到的压实度，分别计算不同水泥剂量的试件应有的干密度。

④ 按最佳含水量和计算得到的干密度制备试件。进行强度试验时，作为平行试验的试件数量应符合规定。如果试验结果的偏差系数大于规定值，则应重做试验，并找出原因，加以解决。如不能降低偏差系数，则应增加试验数量。

⑤ 试件的强度试验。试件在规定的温度（冰冻地区 20±2℃，非冰冻地区 25±2℃）下保湿养护 6d，浸水 1d 后，进行无侧限抗压强度试验，并计算试验结果的平均值和偏差系数。

⑥ 选定合适的水泥剂量。此剂量试件室内试验的平均抗压强度 R 应符合式（7-3）的要求：

$$R \geqslant \frac{R_d}{(1-Z_a C_v)} \tag{7-3}$$

式中 R_d——设计抗压强度（表 7-3）；

      C_v——试样结果的偏差系数；

      Z_a——标准正态分布中随保证率（或置信度 α）而变的系数：高速公路和一级公路应取保证率 95％，此时 Z_a 为 1.645；一般公路应取保证率 90％，此时 Z_a 为 1.282。

水泥稳定材料的 7d 龄期无侧限抗压强度标准值 R_d（MPa）   表 7-3

结构层	公路等级	极重、特重交通	重交通	中、轻交通
基层	高速公路和一级公路	5.0～7.0	4.0～6.0	3.0～5.0
	二级及二级以下公路	4.0～6.0	3.0～5.0	2.0～4.0
底基层	高速公路和一级公路	3.0～5.0	2.5～4.5	2.0～4.0
	二级及二级以下公路	2.5～4.5	2.0～4.0	1.0～3.0

注：1. 公路等级高或交通荷载等级高或结构安全性要求高时，推荐取上限强度标准。

    2. 表中强度标准指的是 7d 龄期无侧限抗压强度的代表值。

考虑损耗及现场条件与试验室条件的差异，工地实际采用的水泥剂量应比室内试验确定的剂量增加 0.5％～1.0％。一般情况下，集中厂拌法施工时，可增加 0.5％；路拌法施工时，增加 1.0％。

（2）水泥稳定类结构层的施工

工艺流程如图 7-12 所示。

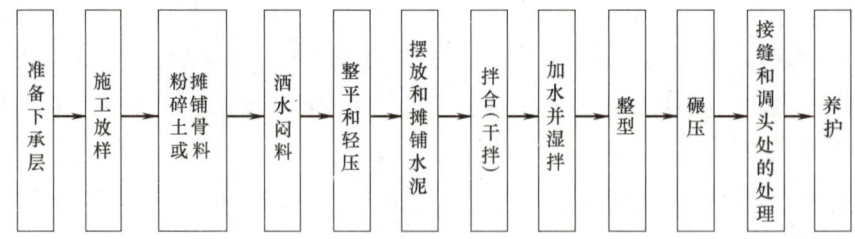

图 7-12   水泥稳定类的工艺流程

1）准备下承层

水泥稳定类结构的下承层表面应平整、坚实，具有规定的路拱，没有任何松散的材料和软弱的地点。通常应对下承层进行检查验收，内容有：高程、宽度、横坡、平整度、压实度及弯沉值。

2）施工放样

包括：恢复中线；基层宽度每侧应比面层宽度增加 0.3～0.6m，并在两侧路肩边缘外 0.3～

0.5m 处设指示桩；在两侧指示桩上用明显标记（如红漆）标出水泥稳定土层边缘的设计高。

3）备料

经过试验选定料场后，在采集前应将树干、草皮和杂土清除干净。采集的骨料应进行粉碎，土块最大尺寸应小于 15mm，骨料中超尺寸颗粒应予筛除。在预定深度范围内采集骨料，不应分层采集，也不应将不合格的骨料采集在一起。对于塑性指数大于 12 的黏性土，可视土质和机械性能确定是否需要过筛。

所需水泥应提前运到现场，但最好不超过一个星期，并注意防雨防潮。

运输骨料前，应先计算材料数量。通常先根据各路段水泥稳定土层的厚度、宽度及预定的干密度，计算各路段需要的干骨料数量，然后根据骨料的含水量和运料车的吨位，计算每车料的堆放距离，骨料装车时，应控制每车料的数量基本相等。

每平方米水泥稳定类材料的水泥用量由水泥稳定土层的厚度、预定的干密度和水泥剂量计算而得。工地上一般都用袋装水泥，因此要计算每袋水泥的摊铺面积，并确定摆放水泥的行数、行间距及每袋水泥的纵向间距。

在预定堆料的下承层上，堆料前应先洒水湿润。卸料时应注意：有专人负责或标志卸料距离，骨料应卸在下承层的中间或上侧，料堆每隔一定距离留一缺口；骨料在下承层上的堆放时间不宜过长，应尽快摊铺施工，以免淋雨积水。

4）摊铺骨料

摊铺骨料应事先通过试验确定集料的松铺系数。

摊铺骨料应在摊铺水泥的前一天进行，摊铺长度应以日进度的需要量为度，够次日一天完成摊铺水泥、拌合、碾压成型即可。但在雨期施工，不宜提前一天将骨料摊开，以免雨淋。

摊铺骨料一般采用平地机或其他合适的机具，要求将骨料均匀地摊铺在预定的宽度上。表面力求平整，并有规定的路拱。摊铺时，应将土块、超尺寸颗粒及其他杂物拣除。当骨料中土块较多时，应进行粉碎。摊铺后要检查松铺骨料层的厚度是否符合预计的厚度。松铺厚度＝压实厚度×松铺系数。

骨料摊铺结束后，禁止车辆在其上通行。

摊铺后的骨料如果含水量过小，应在骨料层上洒水闷料。洒水量与采用的拌合机械的性能有关。采用高效率的专用拌合机（如宝马拌合机）时，拌合时间短，洒水量应使骨料的含水量达到最佳含水量。若采用普通路拌机械拌合细粒土，洒水量使骨料的含水量以低于最佳含水量 2%～3% 为宜。闷料时间：细粒土洒水后应闷料一夜；中粒土和粗料土，视其中细土含量的多少，可缩短闷料时间。洒水闷料的目的是使水分在骨料层内分布均匀并透入颗粒和大小土团的内部，同时还可减少拌合过程中的洒水次数和数量，从而缩短延迟时间。

洒水时应注意：严禁洒水车在洒水段内停留和"调头"，洒水要均匀，防止出现局部水分过多现象。

为了使水泥能均匀地摊铺在骨料层上，对人工摊铺的骨料层整平后，用 6～8t 两轮压路机碾压 1～2 遍，使其表面平整。

然后按计算的每袋水泥摆放的纵横间距备好水泥，经检查无误后，打开水泥袋，将水泥倒在集料层表面，并按每袋水泥的摊铺面积，用刮板均匀地摊开。水泥摊铺后，表面应没有空白位置，也没有水泥过分集中的地点。

5）拌合

目前应用较多的是轮胎式稳定土拌合机，拌合宽度约 2m，最大拌合深度 40～60cm。用稳定土拌合机拌合时，拌合深度应达到层底，并专人跟在拌合机后，随时检查拌合深度，如发现拌合深度不够，应及时告知拌合机操作人员调整拌合深度，严禁在拌合层底部留有"素土"夹层。拌合深度以深入下承层表面 1cm 左右为宜，以利上下层粘结，但也不宜过深。稳定土拌合机通常只需拌合 2～3 遍即能将混合料拌合均匀。要彻底消除"素土"夹层，可在最后一遍拌合之前，先用多铧犁紧贴底面翻拌一遍，再用稳定土拌合机拌合一遍。

拌合好的混合料应达到色泽一致，没有灰条、灰团和花面，没有粗、细颗粒"窝"，且水分合适和均匀。拌合结束后，应立即检查混合料中水泥的剂量。

6）整型

混合料拌合均匀后，马上用平地机作初步整平与整型。在直线段，平地机应由两侧向中间进行刮平，在平曲线段，应由内侧向外侧进行刮平，必要时可再返回刮一遍。随后拖拉机、平地机或轮胎压路机立即在初平的路段上快速碾压一遍，以暴露潜在的不平整。再按上述步骤刮一遍、压一遍。经过两次刮平、轻压后出现的局部低洼处，应用齿耙将其表层 5cm 以上耙松，并用新拌的水泥混合料进行找补整平。最后用平地机再整型一次，以达到规定的路拱和坡度，并注意接缝顺畅平整。

在整型过程中，不允许任何车辆通行，并配合人工消除骨料的离析现象。

在低等级公路上用人工整型时，应用锹和耙先将混合料摊平，用路拱板进行初步整型。然后用拖拉机初压，确定纵横断面的标高，设置标记和挂线，再用锹耙和路拱板整型。

7）碾压

事先应根据路宽、压路机的轮宽和轮距的不同，制定碾压方案，以求各部分碾压到的次数尽量相同，但路面的两侧应多压 2～3 遍。压路机的吨位与每层的压实厚度要协调。一般用12～15t 三轮压路机碾压时，每层的压实厚度不应超过 15cm；用 18～20t 的三轮压路机碾压时，每层的压实厚度不应超过 20cm；大能量的振动压路机碾压时，每层的压实厚度也不应超过 20cm；分层铺筑时，每层的最小压实厚度为 10cm。

整型后，当混合料的含水量等于或略大于最佳含水量时，立即用 12t 以上的三轮压路机、重型轮胎式压路机或振动压路机在路基全宽内进行碾压。碾压应遵循先两边后中间（平曲线段先内侧后外侧）、先轻后重、先慢后快、互相搭接的原则。碾压时，后轮应重叠 1/2 轮宽，并在规定的时间内碾压到要求的压实度（表 7-4）。一般需碾压 6～8 遍。碾压速度：头两遍采用1.5～1.7km/h，以后以 2～2.5km/h 为宜。

基层和底基层压实度表 表 7-4

基　层			底　基　层		
公路等级	材料类型	压实度（%）	公路等级	材料类型	压实度（%）
高速公路 一级公路	—	98	高速公路 一级公路	水泥稳定中粒土、粗粒土	97
				水泥稳定细粒土	95
其他公路	水泥稳定中粒土、粗粒土	97	其他公路	水泥稳定中粒土、粗粒土	95
	水泥稳定细粒土	95		水泥稳定细粒土	93

碾压过程中应注意：①严禁压路机在已完成的或正在碾压的路段上"调头"和急刹车，以

免破坏稳定土层的表面；②水泥稳定土表面应始终保持潮湿，如表层水分蒸发过快，应及时补洒少量水；③如发生"弹簧"、松散、起皮等现象，应及时翻开重新拌合（加适量水泥）或用其他方法处理，使其达到质量要求。

碾压结束之前，用平地机再终平一次，使其纵向顺适，路拱和超高符合设计要求。终平应仔细进行，必须将局部高出部分刮除，并扫出路外。局部低洼处，不再进行补找，留待铺筑面层时处理。严禁用薄层贴补进行找平。

碾压结束后，应马上用灌砂法、水袋法检查压实度。

8）接缝和"调头"处理

水泥稳定类基层的接缝按施工时间的不同，有两种处理方式：

一是当天施工的两作业段的接缝，采用搭接拌合方式，即把第一段已拌好的混合料留下5～8m暂不碾压，第二段施工时，将前段留下来未压部分再加部分水泥重新拌合，与第二段一起碾压。

二是先将已压实段的接缝处，沿稳定土挖一条垂直于路中线的横贯全路宽的槽，要求槽宽约30cm，槽深达到下承层顶面，靠稳定土的一面应切成垂直面。然后将长度为水泥稳定土层宽的一半、厚度与其压实厚度相同的两根方木放在槽内，并紧靠稳定土的垂直面，再用原挖出的素土回填槽内其余部分。第二天施工段摊铺水泥及湿拌后，除去方木，用混合料回填，靠近方木未能拌合的一小段，应用人工补充拌合，整平压实，并刮平接缝处。

如拌合机械或其他机械必须到已压成的水泥稳定类结构层上"调头"，可在准备用于"调头"的约8～10m长的稳定类结构层上，先覆盖一张塑料布，再铺上约10cm厚的土、砂或砂砾，以保护"调头"部分的稳定类结构层。结束后，用平地机将塑料布上的土除去，注意不要刮破塑料布，然后用人工除去余下的土，并收起塑料布。

9）养护

每个作业段碾压结束，并经压实度检查合格后，马上进行保湿养护，不得使稳定结构层表面干燥，也不应忽干忽湿。养护时间不宜少于7d。养护方法可采用不透水薄膜或湿砂、沥青乳液等其他方法养护。用湿砂养护时，要求湿砂层厚度为7～10cm，厚度均匀，并在整个养护期内保持砂的潮湿状态。用沥青乳液养护时，应采用沥青含量为35%左右的慢凝沥青乳液，使其能透入基层几毫米。沥青乳液的用量一般为1.2～1.4kg/m²，分两次喷洒。乳液破乳后，撒布3～5mm或5～10mm的小碎石，小碎石的覆盖面积以达到60%为宜。也可以在完成的基层上马上做下封层，利用下封层进行养护。

无上述条件时，也可用洒水车经常及时洒水进行养护，每天洒水次数视气候而定。

养护期间应封闭交通（洒水车除外）。不能封闭交通时，应在水泥稳定结构层上采取覆盖措施，禁止重车通行，其他车辆的车速不得超过30km/h。

水泥稳定材料施工应注意季节气候，一般宜在春末和气温较高的季节组织施工，施工期的最低气温应在5℃以上，并应在第一次重冰冻（-3～-5℃）到来前半个月至一个月完成。雨期施工应特别注意气候变化，勿使水泥和混合料遭雨。降雨时应停止施工，但已经摊铺的水泥混合料，应尽快碾压密实。应考虑下承层表面的排水措施，勿使运到路上的骨料过分潮湿。

10）中心站集中厂拌法施工

厂拌设备一般由供料系统（包括各种料斗）、拌合系统、控制系统（包括各种计量器和操纵系统）、输送系统和成品储存系统五大部分组成（图7-13）。

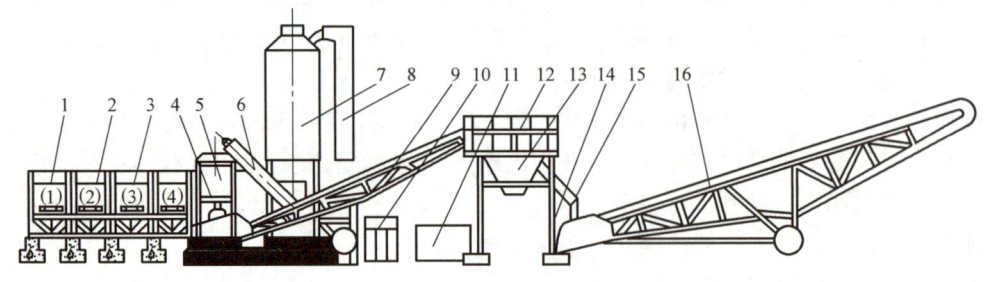

图 7-13　稳定土厂拌设备主要结构图

1—配料斗；2—皮带供料机；3—水平皮带输送机；4—小仓；5—叶轮供料器；6—螺旋送料器；

7—大仓；8—垂直提升机；9—斜皮带输送机；10—控制柜；11—水箱水泵；12—拌合筒；

13—混合料储仓；14—拌合筒立柱；15—溢料管；16—大输料皮带机

2. 石灰稳定土基层（功能层）

（1）施工前的准备

1）原材料准备

① 土。用于石灰稳定类的土有黏性土、级配碎石、未筛分碎石、砂砾、碎石土、砂砾土、煤矸石和各种粒状矿渣等，应符合规范规定的技术要求。

② 石灰。石灰质量应符合三级以上（包括三级）的生石灰或消石灰的技术指标，要尽量缩短石灰的存放时间，以免石灰有效成分的降低。当石灰在野外堆放时间较长时，必须妥善覆盖保管，不应遭日晒雨淋。等外石灰、贝壳石灰、珊瑚石灰等，通过试验，只要石灰土混合料的强度符合要求，也可使用。对于高速公路和一级公路，宜采用磨细生石灰。

③ 水。凡是人或牲畜的饮用水均可用于石灰稳定类的施工。遇有可疑水源时，应进行试验鉴定。

2）混合料组成设计

石灰稳定类混合料组成设计的任务是：根据 7d 饱水抗压强度标准（表 7-5），通过试验选取最适宜于石灰稳定的土，确定必需的最佳石灰剂量和混合料的最佳含水量。必要时，还应考虑掺加料的比例。

石灰稳定土的强度标准（MPa）　　　　　　　　　　　　　表 7-5

层位	公路等级	
	高速公路和一级公路	其他公路
基层	—	≥0.8
底基层	≥0.8	0.5～0.7

注：1. 在低塑性土（塑性指数小于 7）地区，石灰稳定砂砾土和碎石土的 7d 浸水抗压强度应大于 0.5MPa。

　　2. 低限用于塑性指数小于 7 的黏性土，高限用于塑性指数大于 7 的黏性土。

（2）石灰稳定材料的施工

石灰稳定材料路拌法施工的工艺流程与水泥稳定材料施工的工艺流程基本相同（图 7-14）。

（3）石灰稳定材料的主要质量问题及处理措施

石灰稳定材料施工中出现的主要质量问题是缩裂，它包括干缩和温缩。因此，石灰稳定材料基层易在冬季发生开裂。土的塑性指数越大或石灰剂量越高，出现的裂缝越多越宽。当其上

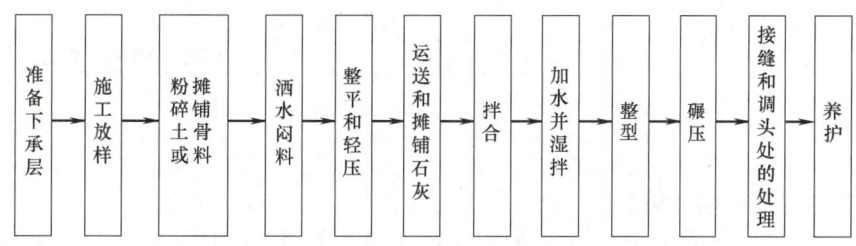

图 7-14 石灰稳定材料的工艺流程

铺筑的沥青面层较薄时，易形成反射裂缝，使雨水通过裂缝渗入土基，使土基软化，造成路面强度大为降低，严重影响路面的使用性能。为了提高石灰稳定材料功能层的抗裂性能，减少裂缝，应从材料的配合比设计和施工两方面采取措施。这些措施归纳起来有以下几条：

1）控制压实含水量。石灰稳定材料因含水量过多产生的干缩裂缝显著，因而压实时含水量一定不要大于最佳含水量，通常以小于最佳含水量1%～2%为好。

2）严格控制压实标准。实践证明，压实度小时产生的干缩要比压实度大时严重。

3）温缩的最不利季节是温度在0～10℃时。因此施工要在当地气温进入0℃前一个月结束，以防在不利季节产生严重温缩。

4）干缩的最不利情况是在石灰土成型初期。因此要重视初期养护，保证石灰稳定材料表面处于潮湿状态，严禁干晒。

5）石灰稳定材料施工结束后及早铺筑面层，使石灰土基层含水量不发生大的变化，以减轻干缩裂缝。

6）在石灰稳定材料中掺加骨料（如砂砾、碎石等），骨料含量使混合料满足最佳组成要求，一般为70%左右。这不但可提高基层的强度和稳定性，而且使基层的抗裂性有较大的改善。

7）在石灰稳定材料基层上铺筑厚度大于15cm的碎石过渡层或设置沥青碎石（或沥青贯入式）联结层，可减轻或防止反射裂缝的出现。

3. 石灰工业废渣基层（功能层）

（1）施工准备

1）原材料要求

石灰的质量同石灰稳定土中石灰的要求。粉煤灰中活性成分 SiO_2、Al_2O_3 和 Fe_2O_3 的总量应大于70%。煤渣主要成分是 SiO_2、Al_2O_3，要求松干密度为700～1100kg/m³，煤渣最大粒径不大于30mm，颗粒组成宜有一定的级配，且不含杂质。细粒土的塑性指数宜为12～20，且土块的最大尺寸应小于15mm。中粒土和粗粒土应少含或不含有塑性指数的土。骨料的最大粒径和级配符合相关技术规范。有机质含量超过10%的细粒土不宜选用。人或牲畜可饮用的水均可使用。

2）混合料组成设计

石灰工业废渣混合料的组成设计是依据混合料的强度标准（表7-6），通过试验选取最适宜于稳定的土；确定石灰与粉煤灰或者石灰与煤渣的比例；确定石灰粉煤灰或石灰煤渣与土（包括各种骨料）的重量比；确定混合料的最佳含水量。

层位	公路等级	
	二级和二级以下公路	高速公路和一级公路
基层(MPa)	0.7～0.9	0.9～1.1
底基层(MPa)	0.5～0.7	0.6～0.8

(2) 石灰工业废渣层的施工

石灰工业废渣路拌法施工工艺流程如图 7-15 所示。石灰工业废渣基层的施工与石灰稳定土基层的施工基本相同。

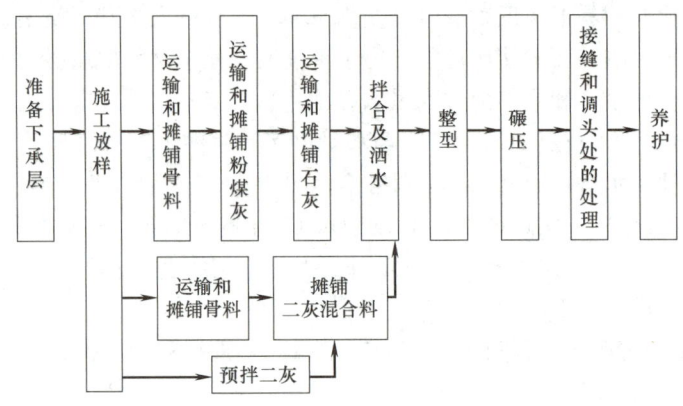

图 7-15　石灰工业废渣路拌法施工工艺流程图

二、沥青路面施工

沥青路面是用沥青材料作结合料铺筑面层的路面的总称。沥青面层是由沥青材料、矿料及其他外掺剂按要求比例混合、铺筑而成的单层或多层式结构层。

沥青路面按施工方法分为层铺法、路拌法和厂拌法。层铺法是用分层洒布沥青、分层铺撒矿料和碾压的方法修筑，按这种方法重复几次做成一定厚度的层次。路拌法即在施工现场以不同方法（人工的或机械的，牵引式的或半固定式的机械等）将冷料热油或冷油冷料拌合、摊铺和碾压。厂拌法即集中设置拌合基地，采用专用设备，将具有一定级配的矿料和沥青加热拌合，然后将混合料运至工地热铺热压或冷铺冷压（当使用液体沥青时），碾压终了即可开放交通。

(一) 沥青表面处治施工

沥青表面处治面层是用沥青和矿料按层铺或拌合的方法，修筑的厚度不大于 3cm 的一种薄层路面面层。

层铺法沥青表面处治的施工工序及要求如下：

(1) 清理基层。在表面处治层施工前，应将路面基层清扫干净，使基层的矿料大部分外露并保持干燥。对有坑槽、不平整的路段应先修补和整平；若基层整体强度不足，则应先予补强。

(2) 洒布沥青。在浇洒透层沥青后 4～5h，或已作透层（或封层）并开放交通的基层清扫后，即可浇洒第一次沥青。沥青要洒布均匀，不应有空白或积聚现象，以免日后产生松散或雍包和推挤等病害。另外，应按洒布面积来控制单位沥青用量。

（3）铺撒矿料。洒布沥青后应趁热迅速铺撒矿料，按规定用量一次撒足并要铺撒均匀。

（4）碾压。铺撒一层矿料后随即用6～8t双轮压路机或轮胎压路机及时碾压。碾压应从一侧路缘压向路中心，然后再从另一边开始压向路中。碾压时，每次轮迹重叠约30cm，碾压约3～4遍。压路机行驶速度开始不宜超过2km/h，以后可适当提高。

双层式和三层式沥青表面处治的第二、三层施工即重复第（2）、（3）、（4）工序。

（5）初期养护。碾压结束后即可开放交通，但应禁止车辆快速行驶（不超过20km/h），要控制车辆行驶的路线，使路面全幅宽度获得均匀碾压，加速处治层反油稳定成型。对局部泛油、松散、麻面等现象，应及时修整处理。

（二）沥青贯入式施工

沥青贯入式面层是在初步压实的碎石（或轧制砾石）上，分层浇洒沥青、撒布嵌缝料，经压实而成的路面结构，厚度通常为4～8cm。

根据沥青材料贯入深度的不同，贯入式路面可分为深贯入式（6～8cm）和浅贯入式（4～5cm）两种。其施工程序如下：

①放样和安装路缘石；②清扫基层；③厚度为4～5cm的浅贯式应浇洒透层或粘层沥青；④撒铺主层矿料，其规格和用量符合规定，并检查其松铺厚度；⑤主层矿料摊铺后，先用6～8t压路机进行慢速初压，至无明显推移为止。然后再用10～20t压路机碾压，直至主层矿料嵌挤紧密、无明显轮迹而又有一定孔隙，使沥青能贯入为止；⑥浇洒第一次沥青；⑦趁热撒铺第一次嵌缝料，撒铺应均匀，扫匀后应立即用10～12t压路机碾压（约碾压4～6遍），随压随扫，使其均匀嵌入；⑧以后施工程序为浇洒第二层沥青，撒铺第二层嵌缝料，然后碾压，再浇洒第三层沥青，铺封面料，最后碾压。最后碾压采用6～8t压路机，碾压2～4遍，即可开放交通。

交通控制及初期养护等工作与沥青表面处治相同。

（三）沥青碎石路面施工

沥青碎石路面是由几种不同粒径大小的级配矿料，掺有少量矿粉或不加矿粉，用沥青作结合料，按一定比例配合，均匀拌合，经压实成型的路面。

沥青碎石路面的施工方法和施工要求基本上与沥青混凝土路面相同。由于热铺沥青碎石主要依靠碾压成型，故碾压的遍数较多，一般要碾压10遍左右，直到混合料无显著轮迹为止。冷铺沥青碎石路面，施工程序与热铺的相同，但冷铺法铺筑的路面最终成型需靠开放交通后行车碾压来压实，故在铺筑时碾压的遍数可以减少。

（四）热拌沥青混合料路面施工

热拌沥青混合料路面是目前最常采用的沥青路面施工方式，其施工包括混合料的拌制、运输、摊铺和压实成型四个主要过程。

1. 沥青混合料拌制

沥青混合料在沥青拌合厂内采用拌合机械拌制。拌合设备可分为间隙式拌合机（分批拌合）或连续式拌合机（滚筒式拌合机）。间隙式拌合是骨料掺配、加热烘干、称量后同沥青在一起拌合，形成沥青混合料，其过程如图7-16所示。连续式拌合机厂的生产过程则如图7-17所示，骨料按粒级分别存放在冷料仓内，由传送带将经过自动称重系统准确称量的冷骨料按配比送入滚筒式拌合机内；称重系统同时也控制沥青从储罐泵入滚筒内，并在滚筒转动的过程中同集料相拌合，拌合好的热混合料从滚筒内输出后，由传送带送到热混合料料仓，并装入载料货车。整个过程由一控制台监控。

2. 运输

热拌沥青混合料采用自卸汽车运输到摊铺地点。运送路途中，为减少热量散失、防止雨淋或污染环境，应在混合料上覆盖篷布。混合料运送到摊铺地点的温度应符合相应规定。为防止沥青同车厢的粘结，车厢底板上应涂薄层掺水柴油（油：水为1:3）。运送到工地时，已经成团块、温度不符合要求或遭受雨淋的沥青混合料，应予废弃。

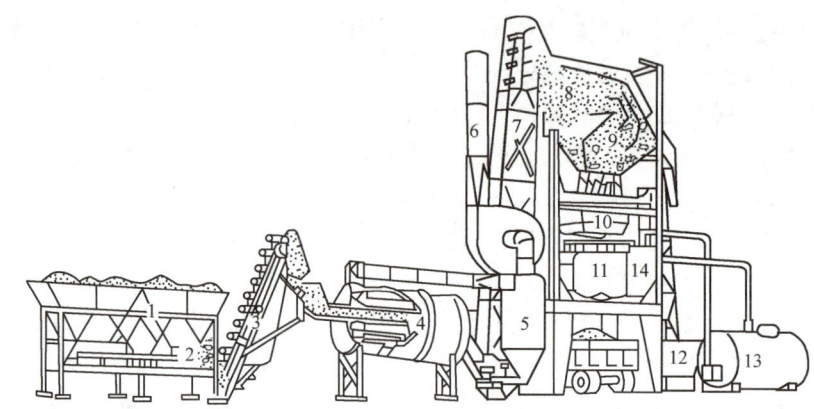

图 7-16　间歇式拌合机

1—冷骨料存料斗；2—冷料供应阀门；3—冷料输送机；4—烘干机；5—集尘器；6—排气管；
7—热料提升机；8—筛分装置；9—热料骨料斗；10—称料斗；11—拌合筒或叶片拌合机；
12—矿质填料贮存设备；13—热沥青贮存罐；14—沥青称料斗

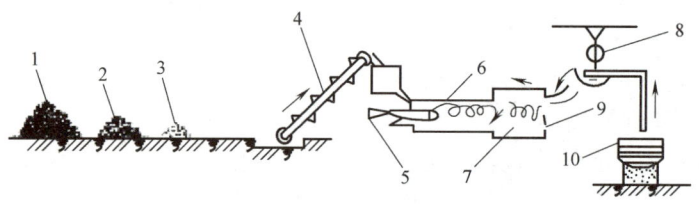

图 7-17　连续式拌合机生产过程

1—粗粒矿料；2—细粒矿料；3—砂；4—冷拌提升机；5—燃料喷雾器；
6—干燥器；7—拌合器；8—沥青秤；9—活门；10—沥青罐

7-1

3. 铺筑

现场铺筑包括基层准备、放样、摊铺、整平、碾压等工序。

（1）基层准备

铺筑沥青面层的基层必须平整、坚实、洁净、干燥，标高和横坡合乎要求。路面原有的坑槽应用沥青碎石材料填补，泥砂、尘土应扫除干净。应洒布粘层油、透层油或铺筑下封层。

（2）摊铺

混合料摊铺可分为机械摊铺和人工摊铺两类，一般均采用机械摊铺。

机械摊铺采用轮胎式或履带式沥青混合料摊铺机。热混合料由自卸汽车卸入摊铺机的料斗内，由传送机经流量控制门送至螺旋分配器；随摊铺机向前行进，螺旋分配器自动将混合料均匀摊铺在整个宽度上；附在摊铺机后面的整平板烫平混合料的表面，调节和控制层厚和路拱，并由夯棒或振动装置对摊铺层进行初步压实（图7-18）。

混合料摊铺时应注意的问题如下：①保证混合料的摊铺温度符合规范规定；②摊铺混合料在表观上应均匀致密，无离析等现象；③摊铺层表面应平整，没有摊铺速度变化、摊铺操作不均匀或骨料级配不正常所引起的不平整；④摊铺层厚度和路拱符合要求；⑤横向和纵向接缝的筑作正常，接头处无明显不平。

横缝可采用平接缝和斜接缝两种方式筑作。纵缝则可采用热接缝和冷接缝两种方式筑作。热接缝是由多台摊铺机在全断面用梯队作业摊铺方式完成；冷接缝则是在不同时间分幅摊铺时采用的方式。

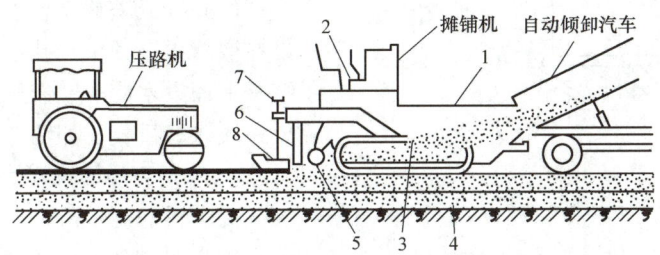

图7-18　沥青混合料摊铺机操作示意图

1—料斗；2—驾驶台；3—送料器；4—履带；5—螺旋摊铺器；
6—振捣器；7—厚度调节螺杆；8—摊平板

（3）碾压

碾压是保证沥青混合料使用性能的最重要的一道工序。沥青混合料需要在一定的温度和一定的压实方法下才能取得良好的压实度。

一般采用光滚压路机和轮胎压路机或振动压路机组合的方式来压实混合料。光滚压实的好处是施压后表面平整，但易将矿料压碎；轮胎路碾对路面的压力虽不大（0.3～0.7MPa），但对材料起良好搓揉作用，促使混合料均匀、紧密和构成一平整表面。

压实作业可分为初压、复压和终压三个阶段。其顺序为，先用双轮光面压路机（6～8t）进行初压，从横断面上低的一侧逐步移向高的一侧，每处碾滚2遍即可。初压之后进行复压，复压改用15t以上的轮胎压路机或12t以上的三轮光面压路机碾压4～6遍，至稳定和无轮迹为止。最后，在不产生轮迹的情况下再换用6～8t双轮光面压路机进行终平碾压。各次碾压时，均以压路机的驱动轮先压，以免从动轮先压可能使混合料出现推移现象。

碾压后要求达到的密实度可根据实验室所作试验得到的标准密实度定出，一般不应低于标准密实度的95%。

三、水泥混凝土路面施工

（一）施工准备工作

1. 混凝土材料的准备

根据技术设计要求与当地材料供应情况，做好混凝土各组成材料的试验，进行混凝土各组成材料的配合比设计。选择合适的混凝土拌合场地。

2. 基层的检查与整修

基层的宽度、路拱与标高、表面平整度和压实度，均应检查其是否符合要求。混凝土摊铺前，基层表面应洒水润湿。

（二）混凝土面层的施工

面层板的施工程序为：①安装模板；②设置传力杆；③混凝土的拌合与运送；④混凝土的摊铺和振捣；⑤接缝的设置；⑥表面整修；⑦混凝土的养护与填缝。

1. 边模的安装

在摊铺混凝土前，应先安装两侧模板。两侧用铁钎打入基层以固定位置。模板顶面用水准仪检查其标高，不符合时予以调整。

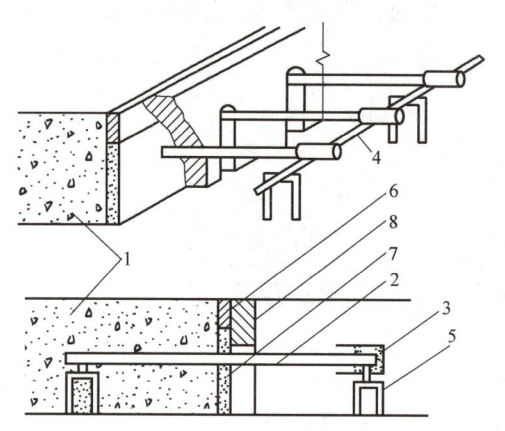

图 7-19　胀缝传力杆的架设（钢筋支架法）

1—先浇的混凝土；2—传力杆；3—金属套管；4—钢筋；
5—支架；6—压缝板条；7—嵌缝板；8—胀缝模板

2. 传力杆设置

当两侧模板安装好后，即在需要设置传力杆的胀缝或缩缝位置上设置传力杆。一般是在嵌缝板上预留圆孔以便传力杆穿过，嵌缝板上面设木制或铁制压缝板条，其外侧再放一块胀缝模板，如图 7-19 所示。

3. 制备与运送混凝土混合料

混合料的制备可采用两种方式：①在工地由拌合机拌制；②在中心工厂集中制备，而后用汽车运送到工地。

在制备混合料时，所用材料应过秤，计量允许偏差为对水泥、掺加料、水为 ±1%，砂、粗骨料为 ±2%。每一工班应检查材料量配的精确度至少 2 次，每半天检查混合料的坍落度 2 次。拌合时间为 60～120s。

4. 摊铺和振捣

当运送混合料的车辆运达摊铺地点后，一般直接倒向安装好侧模的路槽内，并用人工找补均匀。要注意防止出现离析现象。摊铺时，虚高可高出设计厚度约 10% 左右，使振实后的面层标高与设计相符。

混凝土混合料的振捣器具，应由平板振捣器、插入式振捣器和振动器配套作业。随后，再用直径 75～100mm 长的无缝钢管，两端放在侧模上，沿纵向滚压一遍。

当摊铺或振捣混合料时，不要碰撞模板和传力杆，以避免其移动变位。

5. 筑作接缝

（1）对胀缝

先浇筑胀缝一侧混凝土，取去胀缝模板后，再浇筑另一侧混凝土，钢筋支架浇在混凝土内。最迟在终凝前将压缝板条抽出。

（2）对缩缝用两种方法筑作

在混凝土捣实整平后，利用振捣梁将"T"形振动刀准确地按缩缝位置振出一条槽；或在结硬的混凝土中，用锯缝机锯割出要求深度的槽口。

对纵缝一般筑作成企口式。即模板内壁做成凸样状，拆模后，混凝土板侧面即形成凹槽。需设置拉杆时，模板在相应位置处要钻成圆孔，以便拉杆穿入。浇筑另一侧混凝土前，应先在凹槽壁上涂抹沥青。

6. 表面整修与防滑措施

混凝土终凝前必须用人工或机械抹平其表面。为保证行车安全，混凝土表面应具有粗糙抗滑的表面。最普通的做法是用棕刷或金属丝梳子梳成深 1～2mm 的横槽。也可用锯槽机将路面锯割成深 5～6mm、宽 2～3mm、间距 20mm 的小横槽。

7. 养护与填缝

为防止混凝土中水分蒸发过快而产生缩裂，并保证水泥水化过程的顺利进行，混凝土应及时潮湿养护或利用塑料薄膜、养护剂保湿养护。

8. 开放交通

混凝土强度必须达到设计强度的 90% 以上时，方能开放交通。

9. 冬期和夏期施工

混凝土路面应尽可能在气温为 5℃以上时施工。当必须在低温情况下（昼夜平均气温低于5℃和最低气温低于−3℃时）施工时，应采取冬期施工措施。

为避免混凝土中水分蒸发过快而干缩开裂，必要时可采取夏期施工措施。

（三）轨道式摊铺机施工

高等级道路水泥混凝土路面的技术标准高，工程数量大，要保证施工进度和工程质量，应尽可能采用机械化施工。轨道式摊铺机铺筑混凝土板，就是机械施工的一种方法，它利用主导机械（摊铺机、拌合机）和配套机械（运输车辆、振捣器等）的有效组合，完成铺筑混凝土板的全过程。其工艺流程及设备组合如图 7-20 所示。

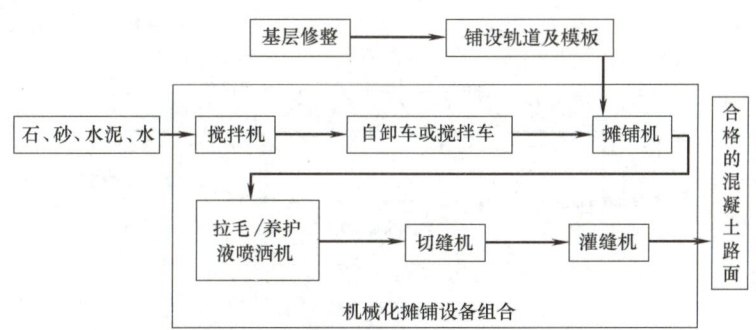

图 7-20　轨道式摊铺机施工工艺流程图

（四）滑模式摊铺机施工

滑模式摊铺机是自动化程度很高的一种机械。与轨道式摊铺机施工不同，滑模式摊铺机不需要人工设置模板，其模板就安装在机器上。机器在运转中，将摊铺路面的各道工序——铺料、振捣、挤压、整平、设传力杆等一气呵成，机器经过之后，即形成一条规则成型的水泥混凝土路面，可达到较高的路面平整度要求，特别是整段路的宏观平整度更是其他施工方式所无法达到的。

7-2

滑模式摊铺机是由螺旋杆及刮板将混凝土按要求高度摊铺之后，用振动器、振捣棒、成型板、侧板捣固，用刮板、修边器进行修整的连续摊铺的机械，如图 7-21 所示。它集布料、摊铺、密实和成型、抹光等功能于一体，结构紧凑，行走方便，由于采用电液伺服调平系统或液压随动调平系统，故操作简单、轻便。

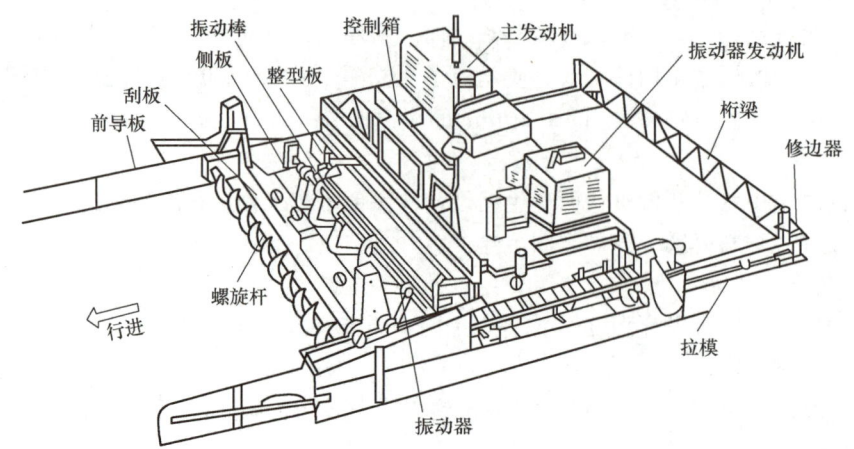

图 7-21　滑模式摊铺机构造

第三节　桥梁工程

一、桥梁工程基本知识

（一）桥梁的基本组成与体系

桥梁由桥跨结构和桥墩、桥台以及基础三个主要部分组成，如图 7-22 所示。

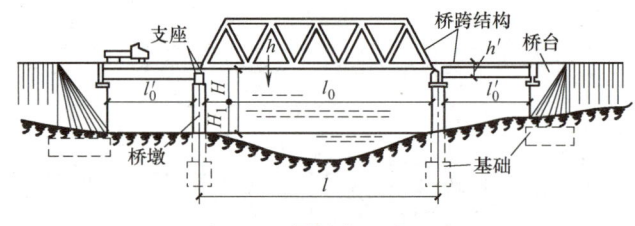

图 7-22　桥梁的基本组成

1. 桥跨结构（或称桥孔结构、上部结构），是道路遇到障碍而中断时，跨越这类障碍的结构物。

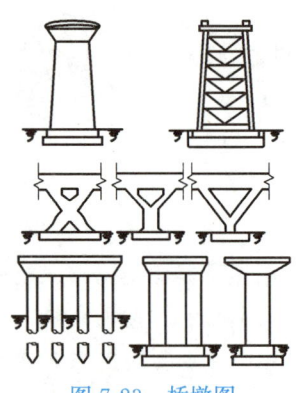

图 7-23　桥墩图

2. 桥墩、桥台（统称下部结构），是支承桥跨结构的建筑物。桥台设在两端，桥墩则在两桥台之间。桥墩的作用是支承桥跨结构，而桥台除了支承桥跨结构的作用外，还要防止路堤滑坡，并与路堤衔接。为保护桥头路堤填土，每个桥台两侧常做成石砌的锥体护坡。桥墩有重力式和轻型式两种，其形式如图 7-23 所示。

桥梁工程的基本体系如图 7-24 所示。

（二）桥梁的主要类型

按结构体系划分为以下五类：

1. 梁式桥

是一种在竖向荷载作用下无水平反作用力的结构。与同样跨

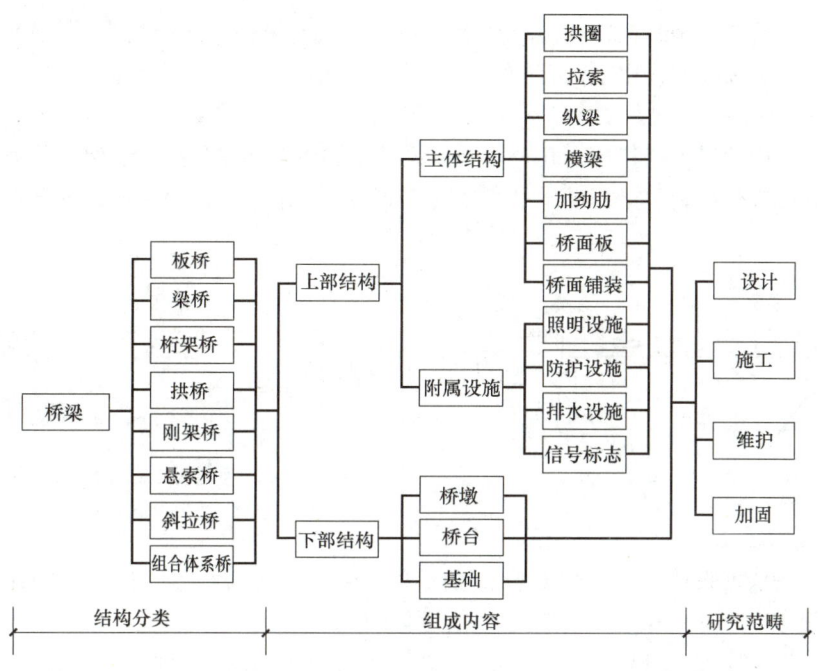

图 7-24　桥梁工程体系框图

径的其他结构体系相比，梁式桥梁内产生的弯矩最大，通常需用抗弯能力强的材料（钢、木、钢筋混凝土等）来建造。如图 7-25 所示。

2. 拱桥

它的主要承重结构是拱圈或拱肋。与同跨径的梁相比，拱的弯矩和变形要小得多。拱桥的承重结构以受压为主，通常可用抗压能力强的圬工材料（如砖、石、混凝土）和钢筋混凝土等来建造。拱桥的跨越能力很大，外形

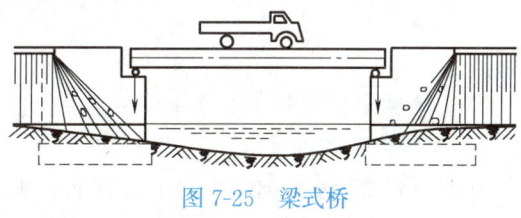

图 7-25　梁式桥

也较美观，在条件许可的情况下，修建圬工拱桥是经济合理的。如图 7-26 所示。

3. 刚架桥

它的主要承重结构是梁或板与立柱或竖墙整体结合在一起的刚架结构，梁和柱的连结处具有很大的刚性。其受力状态介于梁桥与拱桥之间。对于同样的跨径，在相同的荷载作用下，刚架桥跨中正弯矩要比一般的梁桥小。因此，刚架桥跨中的建筑高度就可以做得较小。但其施工较困难，若用普通钢筋混凝土修建，梁柱刚结处较易裂缝。如图 7-27 所示。

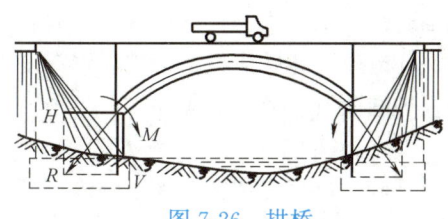

图 7-26　拱桥

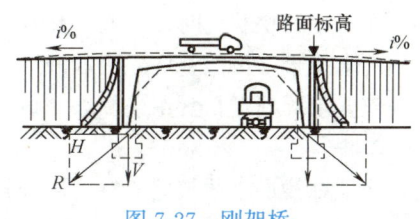

图 7-27　刚架桥

233

4. 吊桥

它的主要承重结构是悬挂在两边塔架上的强大缆索。吊桥一般结构自重较轻，跨度很大。但在车辆动荷载和风荷载作用下，有较大的变形和振动。如图7-28所示。

5. 组合体系桥

它是根据结构的受力特点，由几个不同体系的结构组合而成的桥梁。组合体系桥的种类很多，但究其实质不外乎利用梁、拱、吊三者的不同组合，上吊下撑以形成新的结构。如图7-29所示。

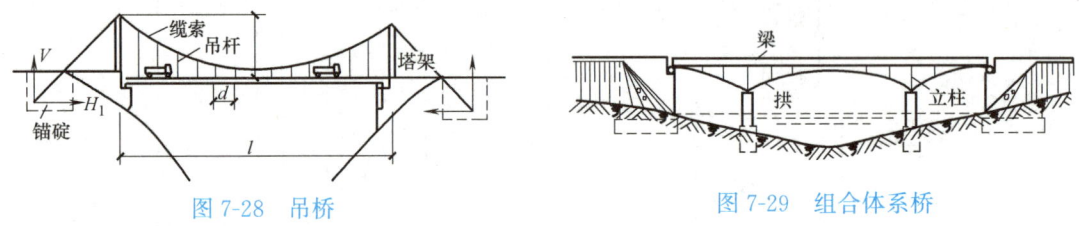

图7-28 吊桥 　　　　　　　　　　　图7-29 组合体系桥

（三）桥梁工程施工的内容与一般程序

桥梁施工是根据设计图纸，对桥梁工程在现场实施的全过程，其基本程序如图7-30所示。图中各施工程序中，基础和上部构造施工是主体工序。

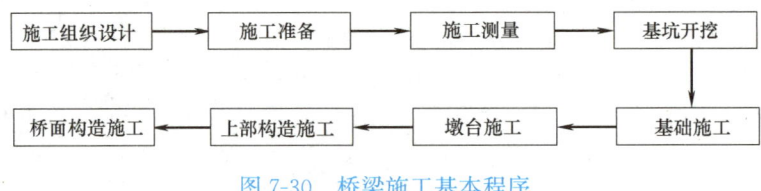

图7-30 桥梁施工基本程序

二、桥梁下部结构施工方法

（一）桥梁基础施工

基础一般处于水下河床内的基岩或土地基上，直接承受上部结构传来的全部荷载。桥梁基础的强度、刚度及稳定性直接关系到桥梁的安全和使用寿命，加之水文和地质的复杂性，可见基础施工是桥梁工程的重要环节。常用的施工方法有：明挖基础、桩基础、沉井基础、管柱基础。

1. 刚性扩大基础的施工

刚性扩大基础的施工一般采用明挖方法进行。根据地质、水文条件，结合现场情况选用垂直开挖、放坡开挖或护壁加固的开挖方法。当基坑需挖至地下水位以下时，则需采取排降水措施。基坑的尺寸一般要比基础底面尺寸每边大0.5～1.0m，以便设置基础模板或砌筑基础。

在水中开挖基坑时，一般要在其四周预先修筑一道临时性挡水结构物，称作围堰，先将围堰中的水排干，再挖基坑。围堰的结构形式和材料据水深、流速、地质情况、基础埋置深度以及通航要求等确定，常用土围堰、草（麻）袋围堰、钢板桩围堰及双壁钢围堰等。

2. 桩基础

当地基浅层土质较差，持力层埋藏较深时，需采用深基础，以满足结构对地基强度、变形和稳定性要求。桩基础因适应性强、施工方便等特点而被广泛应用。

桩基础常采用钻孔灌注桩和挖孔灌注桩，其施工方法见第二章相关内容。

3. 管柱基础

管柱基础适用于基底面为岩石、紧密黏土或页岩基础，深水、潮汐影响较大，覆盖淤泥比较厚的情况；不适用于有严重地质缺陷的地区，如严重松散区域或断层破碎带等。

由于管柱基础条件不同，其施工方法按照是否需要设置防水围堰分为两类。施工工艺流程如图 7-31 所示。

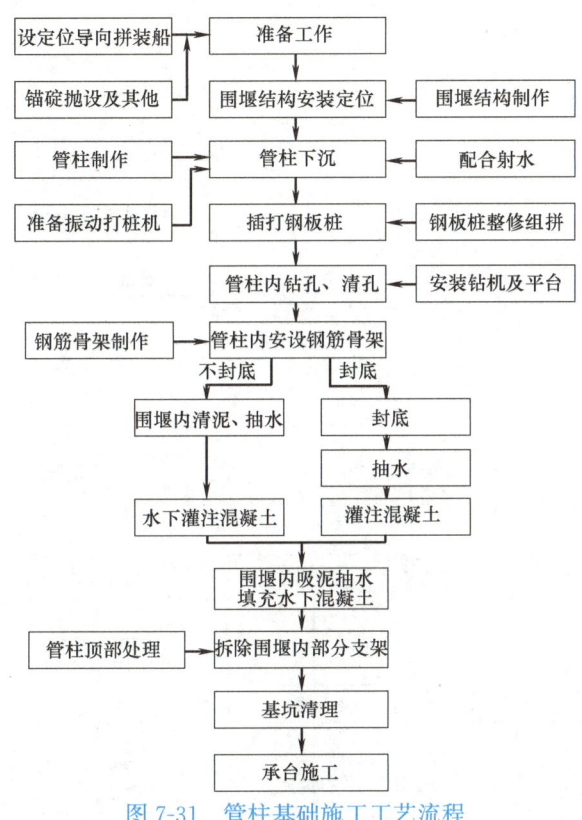

图 7-31　管柱基础施工工艺流程

（1）管柱的制作

管柱是由柱身、连接法兰和管靴（刃脚）构成。柱身又称管壁，为圆筒形，可用钢筋混凝土、预应力混凝土、钢管等制成。管柱也系装配式构件，分节预制。

（2）管柱下沉

管柱下沉前首先设置导向设备，其作用是在管柱下沉时，控制倾斜和位移，以保证管柱符合设计位置，在浅水时采用导向框架，在深水时采用整体围笼。

管柱下沉方法根据土质情况和管柱下沉的深度，采用振动沉桩机振动下沉管柱；振动配合管内除土下沉管柱；振动配合吸泥机吸泥下沉管柱；振动配合高压射水下沉管柱；以及振动配合射水、射风、吸泥下沉管柱。

（3）基岩成孔及管内浇筑

参照钻孔灌注桩施工方法。

（二）桥梁墩、台的施工

桥梁墩、台按施工方法分为坞工砌筑、就地浇筑和预制装配式。砌筑墩、台（包括砖、石、混凝土砌块）工艺流程如图 7-32 所示；就地浇筑混凝土墩台是在现场用支模、灌注混凝土的方式修筑墩台（图 7-33）；预制装配式是在工厂或预制场将墩台分成若干块、预制成砌块或构件，运至桥位处拼装成整体结构，装配式墩台多为空心结构。拼装式桥墩主要由就地浇筑实体部分墩身、拼装部分墩身和基础组成。装配式预应力混凝土空心墩的施工工艺流程可参见图 7-34。

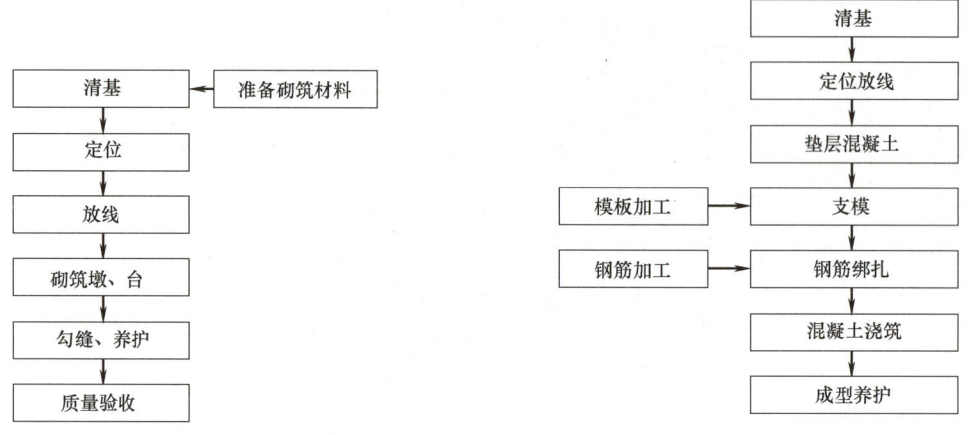

图 7-32　砌筑墩、台施工工艺流程　　　　　图 7-33　钢筋混凝土墩、台施工工艺流程

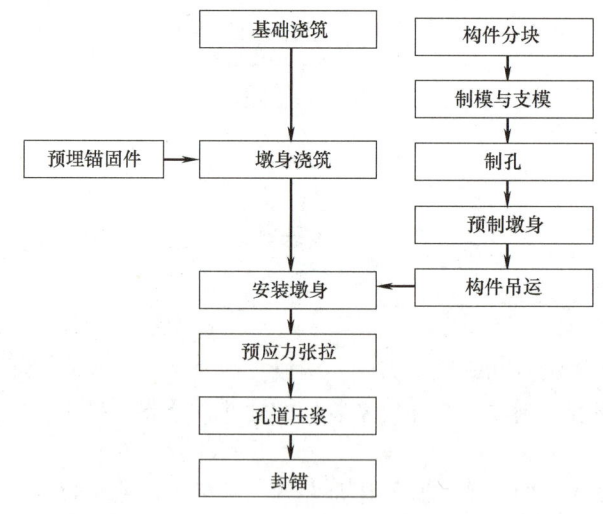

图 7-34　装配式预应力混凝土空心墩施工工艺流程

1. 墩台定位

墩台的中心桩测定后，每墩台应各设一组十字桩，用以控制墩台的纵轴和横轴。纵轴顺线路方向，称为纵向中心线，横轴垂直于线路方向，称为横向中心线。

2. 钢筋混凝土墩台的施工

（1）墩台钢筋的制备

钢筋混凝土墩台钢筋包括墩台基础（承台或扩大基础）、墩台身钢筋的加工，应符合钢筋

236

混凝土构筑物对钢筋的基本要求。成型安装时，桩顶锚固筋与承台或墩台基础锚固筋应连接牢固，形成一体。

（2）墩台模板

墩台模板除与钢筋混凝土抗压构件要求相同外，由于形式复杂、量多消耗人，对其制作安装要求严格，可采用固定式（零拼）模板、拼装式模板和滑升模板。

（3）墩台混凝土的浇筑

墩台混凝土一般体积较大，可分块浇筑，分块宜合理布置，各块面积不宜小于 $50m^2$，高度不宜超过 2m。应采取有效措施控制混凝土水化热温度，可在混凝土中埋放石块。自高处向模板内浇筑混凝土应防止混凝土的离析。

（4）预制墩柱安装

应在钢筋混凝土承台或扩大基础施工时浇筑混凝土杯口，并保证位置准确，与墩柱留有20mm 空隙。预制墩柱应作编号，吊入杯口就位时应量测定位与固定方可摘除吊钩，灌注杯口细石混凝土。

3. 砌筑墩台的施工

（1）石砌墩台

砌筑前应按设计位置放线，基底应清理坐浆，砌筑顺序先角后面再腹。以砂浆砌缝，不得留有空隙，严禁采用先干砌再灌浆方法。砌筑方法与一般砌体结构施工方法相同。

（2）砖砌墩台

应浸润砖块后砌筑，砌筑时应水平分层、内外搭砌、上下错缝，缝宽 8～12mm，先砌外圈后砌里层。

（3）墩台帽施工

石砌墩台的顶帽一般以混凝土灌注，是支撑上部结构的重要部位，施工包括确定标高与轴线、支设模板、预埋支座垫（与骨架钢筋焊牢）或预留锚栓孔，以及扎筋、浇筑混凝土等。

三、桥梁上部结构施工方法

（一）钢筋混凝土现浇梁桥的施工

钢筋混凝土现浇梁桥一般采用支架法施工，这种方法是先搭支架，然后在支架上安装模板、布设钢筋或预应力孔道、进行混凝土浇筑振捣与养护，而后预应力张拉施工。由于此法简单，所需设备较少，施工技术力量要求相对较低，因此应用较多。但此法要求桥高较低，河中水流小，因此不适用于大跨度桥和跨峡谷桥。当前应用较多的是城市立交桥和大桥引桥的施工。如图 7-35 所示。

目前在桥梁施工中采用较多的是钢管脚手架搭设简易支架或工具式支架系统。

（二）装配式梁桥的安装

装配式梁桥的主梁通常在施工现场的预制场或在桥梁厂内预制。为此，就要配合架梁的方法解决如何将梁运至桥头或桥孔下的问题。梁在起吊和安放时，应按设计规定的位置布置吊点或支承点。

梁、板构件的架设，包括起吊、纵移、横移、落梁等工序。按架梁的工艺类别分为陆地架设、浮吊架设、利用导梁或塔架、缆索的高空架设等。每一类架设工艺中，按起重、吊装等机具的不同，又可分为各种独具特色的架设方法。

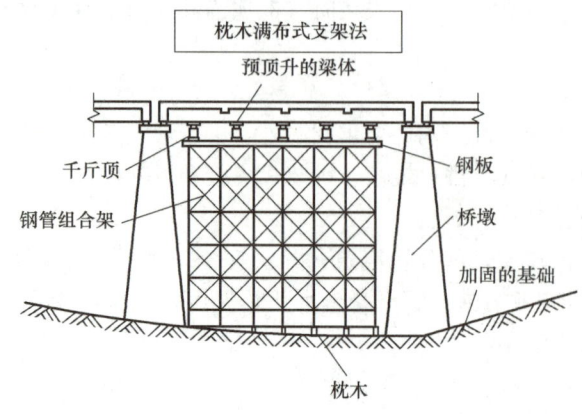

图 7-35　支架法施工

1. 陆地架设法（图7-36）

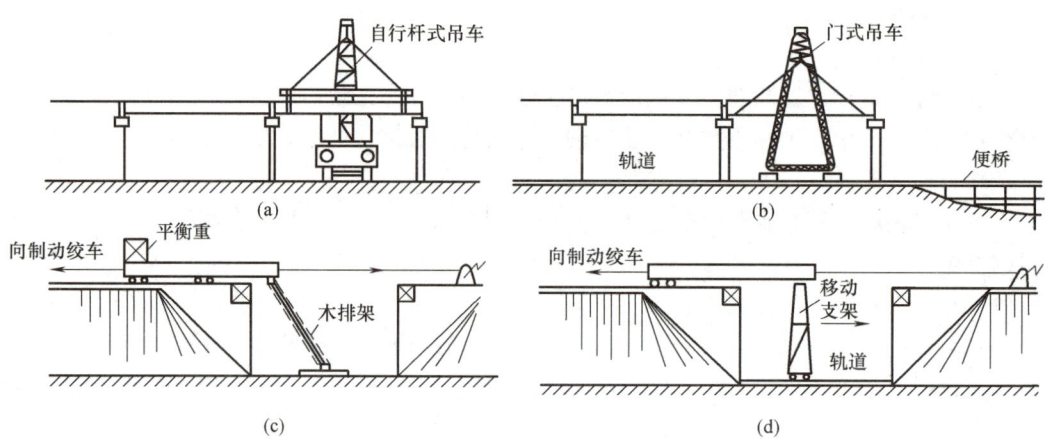

图 7-36　陆地架设法

（1）自行杆式吊车架梁

在桥不高，场内又可设置行车便道的情况下，用自行杆式吊车（汽车式吊车或履带式吊车）架设中、小跨径的桥梁十分方便。此法视吊装重量不同，还可采用单吊（一台吊车）或双吊（两台吊车）两种。

（2）跨墩门式吊车架梁

对于桥不太高、架桥孔数较多、沿桥墩两侧铺设轨道不困难的情况，可以采用一台或两台跨墩门式吊车来架梁。

（3）摆动排架架梁

用木排架或钢排架作为承力的摆动支点，由牵引绞车和制动绞车控制摆动速度。当预制梁就位后，再用千斤顶落梁就位。此法适用于小跨径桥梁。

（4）移动支架架梁

对于高度不大的中、小跨径桥梁，当桥下地基良好能设置简易轨道时，可采用木制或钢制的移动支架来架梁。随着牵引索前拉，移动支架带梁沿轨道前进，到位后再用千斤顶落梁。

2. 浮吊架设法（图7-37）

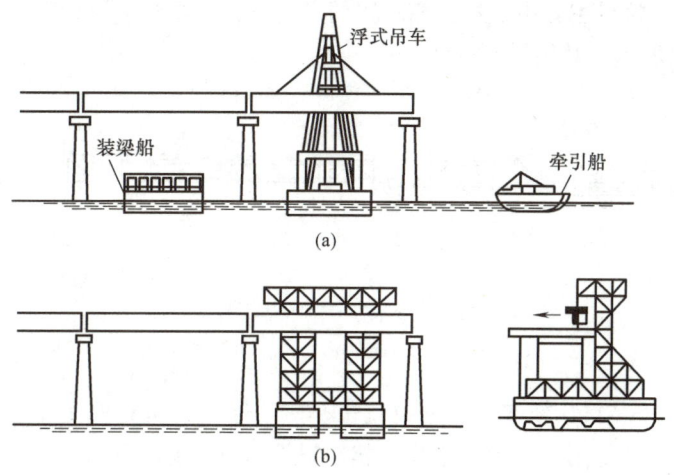

图 7-37　浮吊架设法

（1）浮吊船架梁

在海上或深水大河上修建桥梁时，用可回转的伸臂式浮吊架梁比较方便。这种架梁方法高空作业较少、施工比较安全，吊装能力大，工效高，但需要大型浮吊。

（2）固定式悬臂浮吊架梁

在缺乏大型伸臂式浮吊时，也可用钢制万能插件或贝雷钢架拼装固定式的悬臂浮吊进行架梁。用此法架梁时，需要在岸边设置运梁栈桥，以便浮吊从栈桥上起运预制梁。

3. 高空架设法

（1）联合架桥机架梁

此法适用于架设中、小跨径的多跨简支梁桥，其优点是不受水深和墩高的影响，并且在作业过程中不阻塞通航。

联合架桥机由一根两跨长的钢导梁、两套门式吊机和一个托架（又称蝴蝶架）三部分组成，如图7-38所示。

7-3

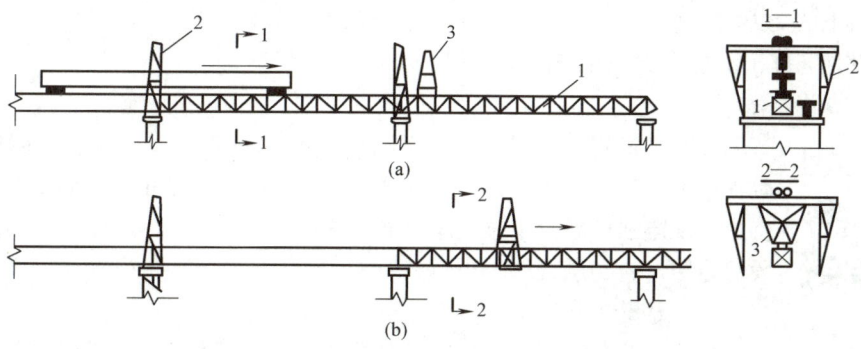

图 7-38　联合架桥机架梁

1—钢导梁；2—门式吊机；3—托架（运送门式吊车用）

（2）闸门式架桥机架梁

在桥高、水深的情况下，也可用闸门式架桥机（或称穿巷式起重机）来架设多孔中、小跨径的装配式梁桥。架桥机主要由两根分离布置的安装梁、两根起重横梁和可伸缩的钢支腿三部分组成，如图 7-39 所示。其架梁步骤为：

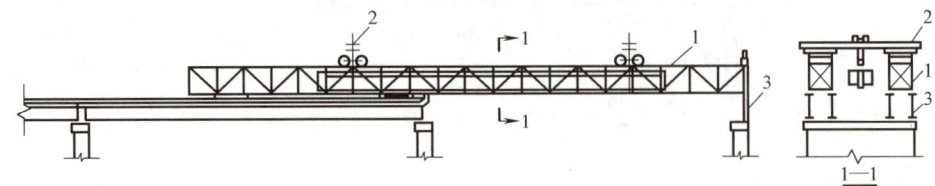

图 7-39　闸门式架桥机架梁

1—安装梁；2—起重横梁；3—可伸缩支腿

1）将拼装好的安装梁用绞车纵向拖拉就位，使可伸缩支腿支承在架梁孔的前墩上（安装梁不够长时，可在其尾部用前方起重横梁吊起预制梁作为平衡压重）；

2）前方起重横梁运梁前进，当预制梁尾端进入安装梁巷道时，用后方起重梁将梁吊起，继续运梁前进至安装位置后，固定起重横梁；

3）借起重小车落梁安放在滑道垫板上，并借墩顶横移将梁（除一片中梁外）安装就位；

4）用以上步骤并直接用起重小车架设中梁，整孔梁架完后即铺设移运安装梁的轨道。

重复上述工序，直至全桥架梁完毕。

（三）悬臂体系和连续体系梁桥的施工

1. 普通钢筋混凝土悬臂体系和连续体系梁桥的施工

普通钢筋混凝土的悬臂梁桥和连续梁桥，由于主梁的长度和重量大，一般很难能像简支梁那样将整根梁一次架设。因此，目前在修建钢筋混凝土的此类桥梁时，主要还是采用搭设支架模板就地浇筑的施工方法。

2. 预应力混凝土悬臂体系梁桥的施工

悬臂施工法建造预应力混凝土桥梁时，不需要在河中搭设支架，而直接从已建墩台顶部逐段向跨径方向延伸施工。如果将悬伸的梁体与墩柱做成刚性固结，这样就构成了能最大限度发挥悬臂施工优越性的预应力混凝土 T 形刚架桥。鉴于悬臂施工时梁体的受力状态，与桥梁建成后使用荷载下的受力状态基本一致，这就既节省了施工中的额外消耗，又简化了工序，使得这类桥型在设计与施工上达到协调和统一。

（1）悬臂浇筑法

7-4

悬臂浇筑施工（图 7-40）系利用悬吊式的活动脚手架（或称挂篮），在墩柱两侧对称平衡地浇筑梁段混凝土（每段长 2～5m），每浇筑完一对梁段待达到规定强度后就张拉预应力筋并锚固，然后向前移动吊篮，进行下一梁段的施工，直到悬臂端为止。

（2）悬臂拼装法

悬臂拼装法（图 7-41）施工是在预制场将梁体分段预制，然后用船或平车运至架设地点，并用起重机向墩柱两侧对称均衡地拼装就位，张拉预应力筋。重复这些工序直至拼装完全部块件为止。

图 7-40　悬臂浇筑法

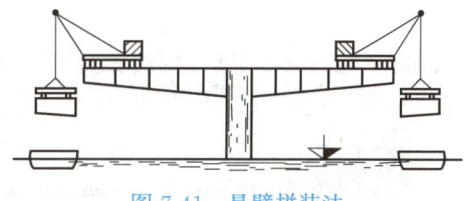

图 7-41　悬臂拼装法

用悬臂施工法从桥墩两侧逐段延伸来建造预应力混凝土梁桥时，为了承受施工过程中可能出现的不平衡力矩，就需要采取措施使墩顶的零号块件与桥墩临时固结起来。

3. 预应力混凝土连续梁桥的施工

预应力混凝土连续梁桥的施工方法甚多，有整体现浇、装配—整体施工、悬臂法施工。顶推法施工和移动式模架逐孔施工等。整体现浇需要搭设满堂支架，既影响通航，又要耗费大量支架材料，故对于大跨径多孔连续桥梁很少采用。

（1）装配—整体施工法

将整根连续梁按起吊安装设备的能力先分段预制，然后用各种安装方法将预制构件安装至墩、台或轻型的临时支架上，再现浇接头混凝土，最后通过张拉部分预应力筋，使梁体成为连续体系。

（2）顶推法施工

顶推法施工是先在岸边逐段浇筑箱梁，再借助千斤顶顶推到位。其基本工序为：在桥台后面的引道上或在刚性好的临时支架上设置制梁场，集中制作（现浇或预制装配）一般为等高度的箱形梁段（约 10～30m 一段），待有 2～3 段后，在上、下翼板内施加能承受施工中变号内力的预应力，然后用水平千斤

7-5　　　　7-6

顶等顶推设备将支承在四氟乙烯塑料板与不锈钢板滑道上的箱梁向前推移（图 7-42），推出一段再接长一段，这样周期性地反复操作直至最终位置，进而调整预应力（通常是卸除支点区段底部和跨中区段顶部的部分预应力筋，并且增加和张拉一部分支点区段顶部和跨中段底部的预应力筋），使满足后加恒载和活载内力的需要，最后，将滑道支承移置换成永久支座。

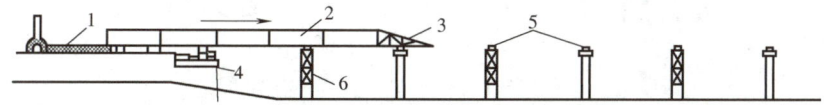

图 7-42　顶推法施工

1—制梁场；2—梁段；3—导梁；4—千斤顶装置；5—滑道支承；6—临时墩

4. 移动式模架逐孔施工法

移动式模架逐孔施工法（图 7-43、图 7-44），是近年来以现浇预应力混凝土桥梁施工的快

速化和省力化为目的发展起来的，它的基本构思是：将机械化的支架和模板支承（或悬吊）在长度稍大于两跨。前端作导梁用的承载梁上，然后在桥跨内进行现浇施工，待混凝土达到一定强度后解除钢筋吊杆并脱模，随后将整孔模架沿导梁前移至下一浇筑桥孔，如此有节奏地逐孔推进直至全桥施工完毕。除上行式悬吊移动模架外，还有将模架系统安装在桥梁下墩身上的下行式。

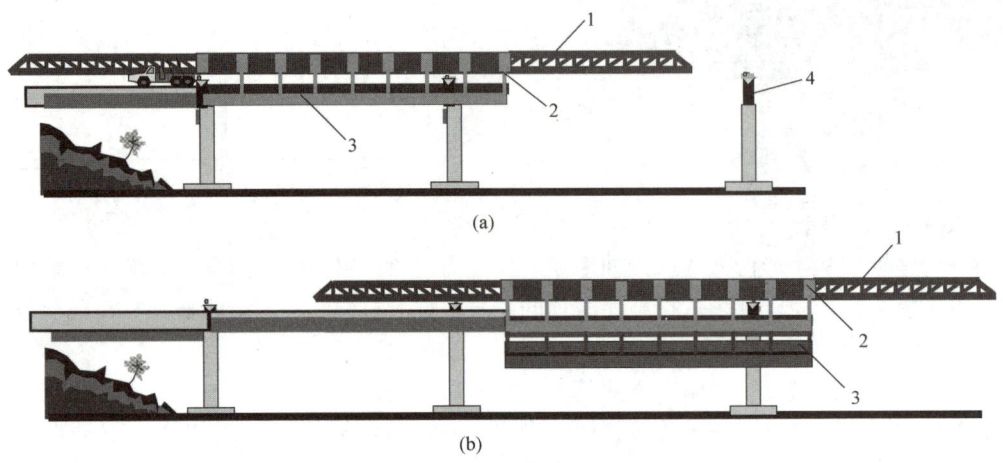

(a)

(b)

图 7-43　上行式移动悬吊模架施工示意

（a）浇筑混凝土状态；（b）模板降下，完成推进

1—承载梁；2—横梁；3—模板；4—支撑架

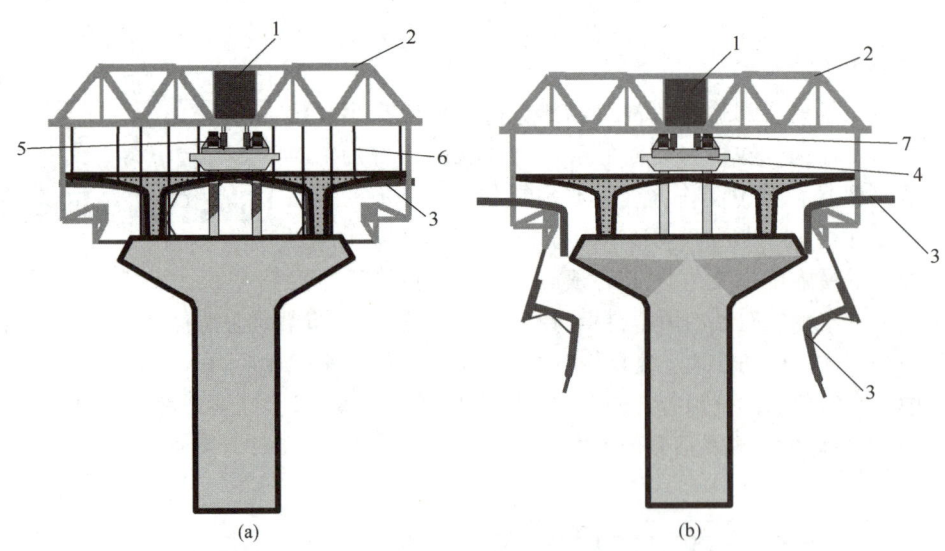

(a)　　　　　　　　(b)

图 7-44　上行式移动悬吊模架施工剖面

（a）浇筑混凝土状态；（b）模板降下，模架处于推进位置

1—主梁；2—横梁；3—模板；4—支撑架；5—移动车；6—钢筋吊杆；7—千斤顶

（四）拱桥的施工

拱桥是一种能充分发挥钢筋混凝土材料抗压性能、外形美观、维修管理费用少的合理桥

型，因此它被广泛采用。拱桥的施工，从方法上大体可分为有支架施工和无支架施工两大类。在我国，前者常用于石拱桥和混凝土预制块拱桥；后者多用于肋拱、双曲拱、箱形拱、折架拱桥等。目前也有采用两者相结合的施工方法。

1. 有支架施工

石拱桥、现浇混凝土拱桥以及混凝土预制块砌筑的拱桥，都采用有支架的施工方法修建，其主要施工工序有材料的准备，拱圈放样（包括石拱桥拱石的放样），拱架制作与安装，拱圈及拱上建筑的砌筑等。

（1）拱架

拱架的种类很多，按使用材料可分为木拱架、钢拱架、竹拱架、竹木拱架等形式。结构形式上分为立柱式拱架、撑架式拱架、拱式拱架等。拱架的计算和其他结构物的计算一样，在拱顶处的预拱度，可根据计算各种因素的下沉量来确定。拱架应该按照一定的卸架程序进行卸架：对于满布式拱架的中小跨径拱桥，可从拱顶开始，逐次向拱脚对称卸落；对于大跨径的悬链线拱圈，为了避免拱圈发生"M"形的变形，也有从两边1/4跨度处逐次对称地向拱脚和拱顶均衡地卸落。

（2）拱圈及拱上建筑的施工

修建拱圈时，为保证在整个施工过程中拱架受力均匀，变形最小，使拱圈的质量符合设计要求，必须选择适当的砌筑方法和顺序。跨径在10~15m以下的拱圈，可按拱的全宽和全厚，由两侧拱脚同时对称地向拱顶砌筑，并使在拱顶合拢时，拱脚处的混凝土未初凝或石拱桥拱石砌缝中的砂浆尚未凝结。稍大跨径时，最好在拱脚预留空缝，由拱脚向拱顶按全宽、全厚进行砌筑（浇筑混凝土），为了防止拱架的拱顶部分上翘，可在拱顶区段适当预先压重，待拱圈砌缝的砂浆达到设计强度70%后（或混凝土达到设计强度），再将拱脚预留空缝用砂浆（或混凝土）填塞。大、中跨径的拱桥，一般采用分段施工或分环（分层）与分段相结合的施工方法。

拱上建筑的施工，应在拱圈合拢，混凝土或砂浆达到设计强度30%后进行。对于石拱桥，一般不少于合拢后三昼夜。拱上建筑的施工，应避免使主拱圈产生过大的不均匀变形。

2. 缆索吊装施工

在峡谷或水深流急的河段上，或在通航河流上需要满足船只的顺利通行，或在洪水季节施工并受漂流物影响等条件下修建拱桥，就宜考虑采用无支架的施工方法，即可采用大型浮吊、缆索架桥设备等多种方法架设。

缆索架桥设备由于具有跨越能力大，水平和垂直运输机动灵活，施工也比较稳妥方便等优点，因此，在修建公路拱桥时较多采用（图7-45），并得到了很大发展和积累了丰富的经验。

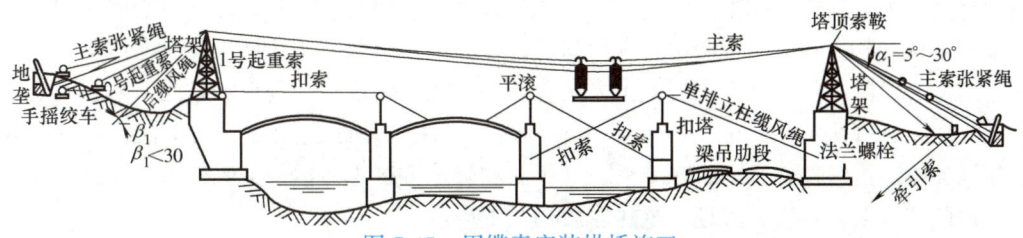

图7-45　用缆索安装拱桥施工

拱桥缆索吊装施工大致包括：拱肋（箱）的预制、移运和吊装，主拱圈的拼装、合拢，拱上建筑的砌筑，桥面结构的施工等主要工序。可以看出，除缆索吊装设备，以及拱肋（箱）的预制、移运和吊装、拱圈的拼装、合拢等几项工序外，其余工序都与有支架施工方法相同（或相近）。

3. 转体法施工

7-7

转体法是在桥址岸边或所需跨越的路边支架上浇筑混凝土，张拉预应力筋，然后通过在基础上设置的球铰和滑道，利用水平对称设置的液压牵引器拖动桥墩连带上部桥梁一同转动，达到设计位置合拢成桥，如图 7-46 所示。转体法施工可不搭设费用昂贵的支架，减少安装架设工序，减少高空作业，施工安全，质量可靠，施工期间基本不中断通行，具有良好的技术经济效益。该法近年来发展迅速，不仅适合拱桥，还适合梁式桥、斜拉桥，从单跨桥发展到多跨桥，从水平旋转发展到竖直旋转。

图 7-46　拱桥转体法施工

4. 刚性骨架法施工

这种方法是用劲性钢材（如钢管或角钢、槽钢等型钢）作为拱圈的受力钢材，在施工过程中，先把这些钢骨架拼装成拱，作施工钢拱架使用，然后再现浇混凝土，形成钢管混凝土拱或钢-钢筋混凝土拱。该方法的优点是可以减少施工设备的用钢量，整体性好，拱轴线易于控制，施工进度快等。但结构本身的用钢量大，且需用型钢较多。

第四节　地下工程

常见的地下工程包括地铁隧道、地铁车站、城市地下综合管廊及其他地下建筑等。与地上结构相比，地下工程施工的主要区别在于其开挖方法。依据地层性质，地下工程施工可以分为岩石地下工程和软土地下工程两类；其中岩石地下工程施工方法包括矿山法（钻爆法）、新奥法、隧道掘进机法，软土地下工程施工方法包括明挖法、盖挖法、浅埋暗挖法、盾构法、沉井法、沉管法、顶管法等。此外，各种地下工程施工方法中还涉及众多辅助工法，包括注浆技术、喷锚支护、抗渗挡墙支护、冻结法、气压法和降水方法等。本节主要介绍软土地下工程施工中常用的明（盖）挖法、浅埋暗挖法、盾构法等内容。

一、明挖与盖挖法

（一）明挖法

明挖法是软土地下工程中最常用、最基本的方法，其主要施工程序是从地表向下开挖基坑至设计标高，然后自下而上构筑防水设施和主体结构，最后回填恢复路面。

明挖法具有以下显著优点：

（1）工艺简单，施工面宽敞，作业条件好；

（2）可安排较多劳动力同时施工，便于大型、高效率的施工机械使用，以缩短工期；

（3）造价低，施工质量易于保证。

然而，明挖法也有破坏生态环境，影响交通，易造成尘土和噪声污染等缺点。

明挖法基坑分为敞口开挖基坑和有围护结构的基坑两种类型，深基坑四周一般设置垂直的挡土围护结构，围护结构一般是在开挖面基底下有一定插入深度的板（桩）墙结构，其形式有悬臂式、单撑式、多撑式等类型；支撑结构是为了减小围护结构变形，控制墙体的弯矩，分为内撑和外锚两种。图 7-47 展示了以钻孔灌注桩和钢支撑为支护体系的典型明挖法施工程序。

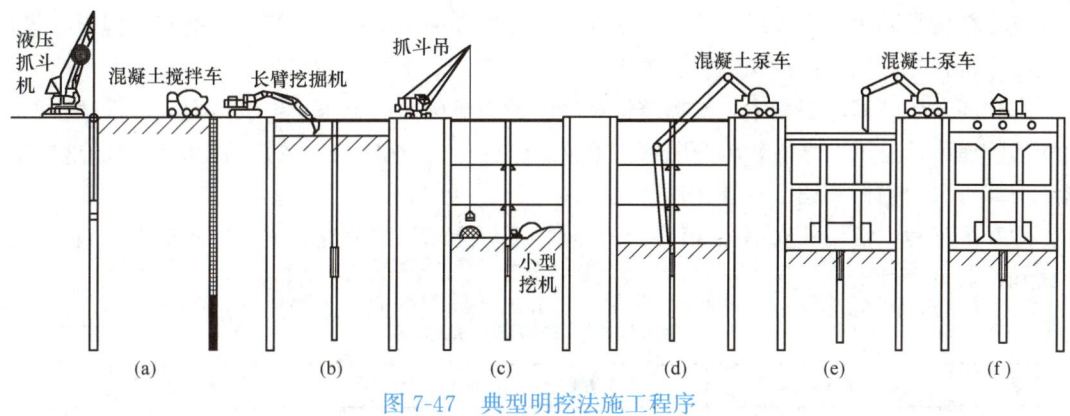

图 7-47　典型明挖法施工程序

（a）围护结构施工；（b）第一层开挖、支撑；（c）第 n 层开挖、支撑；（d）浇筑底板混凝土；
（e）浇筑中板及顶板；（f）车站主体结构完成

1. 围护结构

深基坑围护结构体系包括板（桩）墙、围檩（冠梁）及其他附属构件。板（桩）墙主要承受基坑开挖卸荷所产生的土压力和水压力，并将此压力传递到支撑，是稳定基坑的一种施工临时挡墙结构。常见围护结构的类型及特点见表 7-7。

常见围护结构的类型及特点　　　　　　　　　　　　　　　　　　　表 7-7

类型		特点
板桩	预制混凝土板桩	①预制混凝土板桩施工较为困难，对机械要求高，而且挤土现象很严重； ②桩间采用槽榫接合方式，接缝效果较好，有时需辅以止水措施； ③自重大，受起吊设备限制，不适合大深度基坑
	钢板桩	①成品制作，可反复使用； ②施工简便，但施工有噪声； ③刚度小，变形大，与多道支撑结合，在软弱土层中也可采用； ④新的时候止水性较好，如有漏水现象，需增加防水措施
排桩	钢管桩	①截面刚度大于钢板桩，在软弱土层中开挖深度大； ②需有防水措施相配合
	灌注桩	①刚度大，可用在深大基坑； ②施工对周边地层、环境影响小； ③需降水或和止水措施配合使用，如搅拌桩、旋喷桩等

类型	特点
型钢水泥土墙	①强度大,止水性好; ②内插的型钢可拔出反复使用,经济性好; ③具有较好发展前景,国内上海等城市已有工程实践; ④用于软土地层时,一般变形较大
地下连续墙	①刚度大,开挖深度大,可适用于所有地层; ②强度大,变位小,隔水性好,同时可兼作主体结构的一部分; ③可邻近建筑物、构筑物使用,环境影响小; ④造价高

2. 支撑结构

支撑结构常采用内支撑或外拉锚。内支撑一般由各种型钢撑、钢管撑、钢筋混凝土撑等构成支撑系统;外拉锚有锚拉和锚杆两种形式。

在软弱地层的基坑工程中,支撑结构承受围护墙所传递的土压力、水压力。支撑结构挡土的应力传递路径是围护(桩)墙→围檩(冠梁)→支撑,在地质条件较好的有锚固力的地层中,基坑支撑可采用锚杆和锚拉等外拉锚形式。

深基坑工程中常用的支撑结构体系按其材料可分为现浇钢筋混凝土支撑和钢支撑两类,其形式和特点见表7-8。

两类支撑体系的形式和特点　　　　　　　　　　　　　　表7-8

材料	截面形式	布置形式	特点
现浇钢筋混凝土	可根据断面要求确定断面形状和尺寸	有对撑、边桁架、环梁结合边桁架等,形式灵活多样	混凝土结硬后刚度大,变形小,强度的安全、可靠性强,施工方便,但支撑浇制和养护时间长,围护结构处于无支撑的暴露状态的时间长、软土中被动区土体位移大,如对控制变形有较高要求时,需对被动区软土加固,施工工期长,拆除困难,爆破拆除对周围环境有影响
钢结构	单钢管,双钢管、单工字钢,双工字钢、H型钢,槽钢及以上钢材的组合	竖向布置有水平撑,斜撑;平面布置形式一般为对撑、井字撑,角撑,也可与钢筋混凝土支撑结合使用,但要谨慎处理变形协调问题	装、拆除施工方便,可周转使用,支撑中可加预应力,可调整轴力而有效控制围护墙变形;施工工艺要求较高,若节点和支撑结构处理不当,或施工支撑不及时、不准确,会造成失稳

现浇钢筋混凝土支撑体系由围檩(圈梁)、支撑及角撑、立柱和围檩托架或吊筋、立柱,托架锚固件等其他附属构件组成。

钢结构支撑(钢管、型钢支撑)体系通常为装配式的,由围檩、角撑、支撑、预应力设备(包括千斤顶自动调压或人工调压装置)、轴力传感器、支撑体系监测监控装置、立柱桩及其他附属装配式构件组成。

3. 基坑的变形控制

基坑开挖时,由于坑内开挖卸荷造成围护结构在内外压力差作用下产生水平向位移,进而引起围护外侧土体的变形,造成基坑外土体或建(构)筑物沉降;同时,开挖卸荷也会引起坑底土体隆起。因此，基坑周围地层移动主要是由于围护结构的水平位移和坑底土体隆起造成的。

控制基坑变形的主要方法有：

（1）增加围护结构和支撑的刚度；

（2）增加围护结构的入土深度；

（3）加固基坑内被动区土体；

（4）减小每次开挖围护结构处土体的尺寸和开挖支撑时间；

（5）通过调整围护结构深度和降水井布置来控制降水对环境变形的影响。

保证深基坑坑底稳定的方法有加大围护结构入土深度、坑底土体加固、坑内井点降水等措施。

（二）盖挖法

盖挖法属于明挖法的一种，即在盖板及支护体系保护下，进行土方开挖、结构施工，包括盖挖顺作法和盖挖逆作法。

盖挖顺作法的施工顺序为完成围护结构及盖板后，自上而下分层开挖土方、架设支撑，再自下而上施作地下结构。

盖挖逆作法是在完成围护结构及盖板后，利用各层结构板和结构梁作为基坑的水平支撑，自上而下分层开挖土方、自上至下逐层施作地下结构的方法。

7-8

盖挖逆作法施工程序如图 7-48 所示。

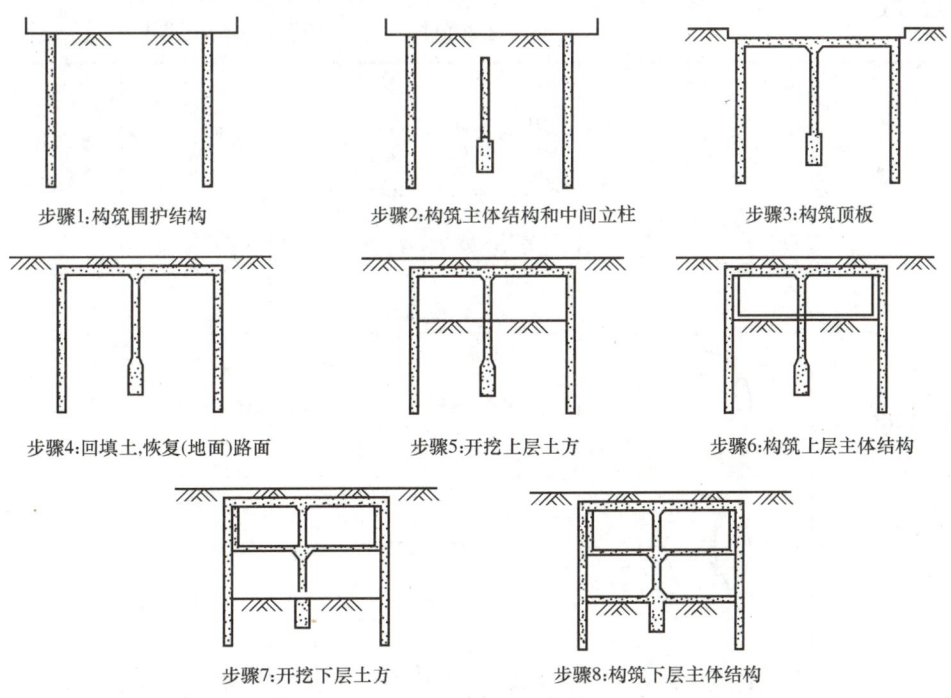

图 7-48　盖挖逆作法施工程序

盖挖法施工的优点有：

（1）围护结构变形小，能够有效控制周围土体的变形和地表沉降，有利于保护邻近建筑物和构筑物；

247

（2）基坑底部土体稳定，隆起小，施工安全；

（3）盖挖逆作法施工一般不设内部支撑或锚碇，可增大施工空间和降低工程造价；

（4）盖挖逆作法施工基坑暴露时间短，用于城市街区施工时，可尽快恢复路面。

盖挖法施工的缺点主要是混凝土内衬的水平施工缝的处理较困难，此外盖挖逆作法施工时，其暗挖施工难度大、费用高。

二、浅埋暗挖法

浅埋暗挖法是在新奥法的基础上，进一步发展形成的适用于城市软弱、松散土层的地下工程暗挖施工方法。其特点是在开挖中采用多种辅助施工措施加固围岩，合理调动围岩的自承能力，开挖后及时支护，封闭成环，使其与围岩共同作用形成联合支护体系，有效地抑制围岩的过大变形。"管超前、严注浆、短开挖、强支护、早封闭、勤量测"是浅埋暗挖法施工的"十八字方针"。

采用浅埋暗挖法施工时，常见的典型施工方法是正台阶法以及适用于特殊地层条件的其他施工方法，如全断面法、正台阶法、正台阶环形开挖法、单侧壁导坑法、双侧壁导坑法、中隔壁法、交叉中隔壁法、中洞法、侧洞法、柱洞法、洞桩法等。主要的施工方法见表 7-9。

7-9

浅埋暗挖法修建隧道及地下工程主要施工方法　　　　　　　　　表 7-9

施工方法	示意图	重要指标比较					
		适用条件	沉降	工期	防水	初期支护拆除量	造价
全断面法		地层好,跨度≤8m	一般	最短	好	无	低
正台阶法		地层较差,跨度≤12m	一般	短	好	无	低
正台阶环形开挖法		地层差,跨度≤12m	一般	短	好	无	低
单侧壁导坑法		地层差,跨度≤14m	较大	较短	好	小	低
双侧壁导坑法		小跨度,连续使用可扩大跨度	大	长	效果差	大	高
中隔壁法（CD工法）		地层差,跨度≤18m	较大	较短	好	小	偏高

248

施工方法	示意图	重要指标比较					
		适用条件	沉降	工期	防水	初期支护拆除量	造价
交叉中隔壁法（CRD工法）		地层差，跨度≤20m	较小	长	好	大	高
中洞法		小跨度，连续使用可扩成大跨度	小	长	效果差	大	较高
侧洞法		小跨度，连续使用可扩成大跨度	大	长	效果差	大	高
柱洞法		多层多跨	大	长	效果差	大	高
洞桩法		多层多跨	较大	长	效果差	较大	高

浅埋暗挖施工必须配合开挖及时支护，保证施工安全。浅埋暗挖法施工的地下结构一般采用复合式衬砌支护形式，其构造组成包括初期支护、防水隔离层和二次衬砌。

初期支护应采用喷锚支护，喷锚支护是喷射混凝土、锚杆、钢筋网喷射混凝土、钢拱架喷射混凝土等结构组合起来的支护形式，可根据不同围岩的稳定状况，采用喷锚支护中的一种或几种结构组合。在浅埋软岩地段、自稳性差的软弱破碎围岩、断层破碎带、砂土层等不良地质条件下施工时，当围岩自稳时间短，不能保证安全地完成初次支护时，为确保施工安全，加快施工进度，应采用超前小导管周边注浆或围岩深孔注浆、管棚超前支护、设置临时仰拱、地表锚杆或地表注浆加固等各种辅助技术进行加固处理，使开挖作业面围岩保持稳定。

浅埋暗挖法地下工程结构二次衬砌采用模筑混凝土，其接缝的防水设防措施具体做法应符合表7-10的规定。

二次衬砌接缝的防水设防措施　　　　　　　　　　　　　　　　　表7-10

施工缝				变形缝		
混凝土界面处理剂或外涂型水泥基渗透结晶型防水材料	外贴式止水带	预埋注浆管	遇水膨胀止水条或止水胶	中埋式止水带	中埋式中孔型橡胶止水带	外贴式中孔型止水带	密封嵌缝材料
不应少于2种				应选		

7-10

三、盾构法

盾构法是用盾构机防止围岩的土砂坍塌，进行开挖、推进，并在盾尾进行衬砌作业从而修建隧道的方法。盾构机是用来开挖土砂类围岩的隧道机械，由切口环、支撑环及盾尾三部分组成。

盾构机种类繁多，根据开挖面的稳定方式，分为土压平衡式、泥水平衡式、敞开式和气压平衡式盾构；根据盾构机的断面形状划分，有圆形和异型盾构两类，其中异型盾构机主要有多圆形、马蹄形和矩形。目前国内用于地铁工程的盾构主要是土压平衡式盾构和泥水平衡式盾构两种。

7-11　　7-12

盾构法施工的概貌如图 7-49 所示，其主要步骤为：

（1）在拟建隧道的起始端和终结端各建一个工作井，城市地铁一般利用车站的端头作为始发或到达的工作井；

（2）盾构在起始端工作井内安装就位；

（3）依靠盾构千斤顶推力（作用在工作井后壁或新拼装好的衬砌上）将盾构从起始工作井的墙壁开孔处推出；

（4）盾构在地层中沿着设计轴线推进，在推进的同时不断出土（泥）和安装衬砌管片；

（5）盾尾脱出后，及时向衬砌背后的空隙注浆，防止地层移动和稳定衬砌环位置；

（6）盾构进入终结端工作井并被拆除，如施工需要，也可穿越工作井再向前推进。

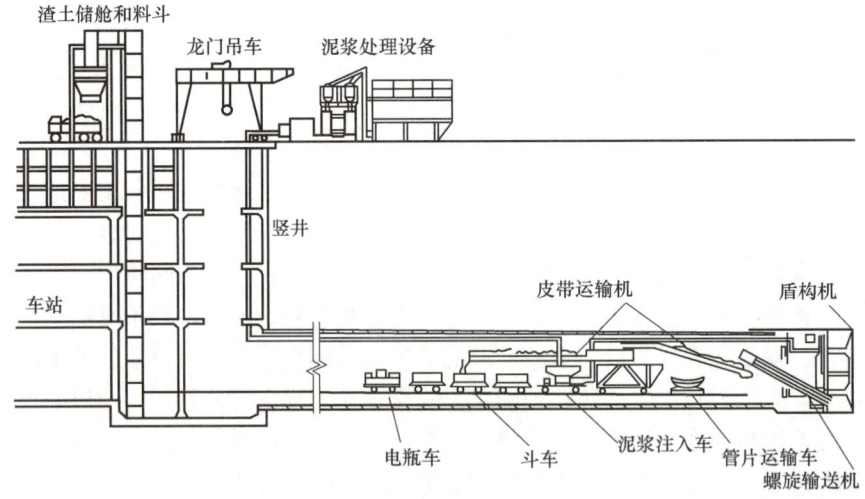

图 7-49　土压平衡盾构施工示意图

盾构掘进施工中，必须保证正面土体稳定，并根据地质、线路平面、高程、坡度等条件，正确编组千斤顶。同时必须严格控制推进轴线，使盾构的运动轨迹在设计轴线的允许偏差范围内。

盾构施工时应有有效措施控制开挖面变形、盾构姿态、盾尾处的变形及衬砌质量。控制开挖面变形的主要措施是出土量。因为有时直接准确地控制出土量较为困难，土压平衡盾构施工时还要控制土仓压力，泥水平衡盾构还要控制泥水压力。盾构出现姿态偏差后，纠偏也会引起地层变形，因此，要对盾构的姿态和位置进行控制。盾构盾尾脱出后，应及时采用浆液填充，注浆时应控制注浆量和注浆压力。另外，衬砌质量也是隧道施工时应控制的主要指标。

盾构掘进一般应均衡组织施工，保持连续作业，以保证工程质量、减小地层的扰动和沉降。当确需停止时应采取防止盾构正面与盾尾土体流入，造成盾构和地面沉降的措施。

盾构掘进时，可能会遇到几种情况：对地层情况了解不细而遇到障碍物；对水文条件掌握不全面遇到流砂、回填土层、承压水或地层土体软硬不均匀；对盾构自转方向、出土或仪表控制不当；对注浆控制不当；或是盾构处在小半径曲线区间段等情况而出现不良现象。

盾构掘进过程中遇到下列情况之一时，应及时处理：

7-13

(1) 盾构前方地层发生坍塌或遇有障碍；

(2) 盾构壳体滚转角达到 3°；

(3) 盾构轴线偏离隧道轴线达到 50mm；

(4) 盾构推力与预计值相差较大；

(5) 管片严重开裂或严重错台；

(6) 壁后注浆系统发生故障无法注浆；

(7) 盾构掘进扭矩发生异常波动；

(8) 动力系统、密封系统和控制系统等发生故障。

当停止掘进时，应采取措施稳定开挖面。

工 程 案 例

案例一：《路面工程施工质量主要问题及解决措施》、案例二：《某立交桥施工方案》分别见二维码 **7-14**、**7-15**。

7-14   7-15

习　　题

1. 路基施工的内容与程序如何？

2. 路基填筑前基底清理的内容有哪些？

3. 路基填料的选择有什么要求？

4. 路堤填筑施工应注意的主要方面是什么？各有什么要求？

5. 路堑开挖主要有什么方式？

6. 为什么要严格控制路基的压实质量？

7. 路基压实施工的基本原则是什么？

8. 路面级配碎石类基垫层施工程序是什么？拌合与碾压工序中应注意的主要问题是什么？

9. 结合料稳定类基垫层材料组成设计内容是什么？

10. 结合料稳定类基垫层施工程序是什么？其技术要点如何？

11. 热沥青混合料摊铺与压实方法及注意问题是什么？

12. 水泥混凝土路面的施工程序与注意问题是什么？

13. 桥梁刚性扩大基础施工程序与要求是什么？

14. 钻孔灌注桩基础施工程序与要求是什么？

15. 钢筋混凝土墩台施工程序与要求是什么？

16. 装配式梁桥安装方法与适用条件如何？

17. 简述地下工程明挖法施工程序及特点。

18. 明挖法施工中控制基坑变形的主要方法有哪些？

19. 盖挖顺作法和盖挖逆作法的施工顺序有何区别？

20. 简述浅埋暗挖法施工的"十八字方针"及含义。

21. 浅埋暗挖法典型的施工方法有哪些？

22. 盾构机的分类有哪些？

23. 盾构法施工的主要步骤是什么？

24. 盾构掘进过程中遇到哪些情况时，应及时处理？

第八章　防水工程

学习重点： 防水混凝土的配制、使用要求及施工要点；地下卷材防水及卷材防水屋面的施工工艺。

学习要求： 了解工程防水等级划分的依据；了解地下工程防水方案及材料选用；熟悉防水混凝土的配制、使用要求及施工要点；掌握地下卷材防水施工工艺及要点；了解卷材防水屋面的构造及各层作用；熟悉涂膜防水屋面施工要点；掌握卷材防水屋面施工工艺及要点。初步具备编制一般工程防水施工方案的能力。

土木工程防水涉及建（构）筑物的地下结构、室内、外墙身、屋面等众多部位，是保证其不受水的渗入、侵蚀，使结构和内部空间免受水的危害而采取的一系列专门措施。防水工程质量的优劣直接影响到建（构）筑物的使用寿命、生产生活环境及卫生条件。按工程防水的部位，可分为地下防水、屋面防水、外墙防水、厕浴间楼地面防水、桥梁隧道防水及水池、水塔等构筑物防水等。按构造做法又可分为结构自防水和附加防水层防水。本章主要讨论地下工程、屋面工程防水施工的基本方法、工艺要点，为解决一般工程防水施工问题奠定基础。

常用规范：《建筑与市政工程防水通用规范》GB 55030—2022；《地下工程防水技术规范》GB 50108—2008；《地下防水工程质量验收规范》GB 50208—2011；《屋面工程技术规范》GB 50345—2012；《屋面工程质量验收规范》GB 50207—2012；《硬泡聚氨酯保温防水工程技术规范》GB 50404—2017 等。

第一节　防水等级与质量要求

一、防水等级的划分

（一）工程防水类别

工程按其防水功能重要程度分为甲类、乙类和丙类，具体划分应符合表8-1的规定。

工程防水类别　　　　　　　　　　　　　　　　　　　　表 8-1

工程类型		防水类别	工程功能特点
建筑工程	地下工程	甲类	有人员活动的民用建筑地下室,对渗漏敏感的建筑地下工程
		乙类	除甲类和丙类以外的建筑地下工程
		丙类	对渗漏不敏感的物品、设备使用或贮存场所,不影响正常使用的建筑地下工程
	屋面工程	甲类	民用建筑和对渗漏敏感的工业建筑屋面
		乙类	除甲类和丙类以外的建筑屋面
		丙类	对渗漏不敏感的工业建筑屋面
市政工程	地下工程	甲类	对渗漏敏感的市政地下工程
		乙类	除甲类和丙类以外的市政地下工程
		丙类	对渗漏不敏感的物品、设备使用或贮存场所,不影响正常使用的市政地下工程

工程防水使用环境类别划分应符合表8-2的规定。

工程防水使用环境类别划分　　　　　　　　　　　　　　表 8-2

工程类型		环境类别	工程防水使用环境
建筑工程	地下工程	Ⅰ类	抗浮设防水位标高与地下结构板底标高高差 $H \geqslant 0$m
		Ⅱ类	抗浮设防水位标高与地下结构板底标高高差 $H < 0$m
		Ⅲ类	—
	屋面工程	Ⅰ类	年降水量 $P \geqslant 1300$mm
		Ⅱ类	400mm≤年降水量 $P < 1300$mm
		Ⅲ类	年降水量 $P < 400$mm
市政工程	地下工程 （仅适用于 明挖法）	Ⅰ类	抗浮设防水位标高与地下结构板底标高高差 $H \geqslant 0$m
		Ⅱ类	抗浮设防水位标高与地下结构板底标高高差 $H < 0$m
		Ⅲ类	—

（二）工程防水等级

工程防水等级应依据工程类别和工程防水使用环境类别分为一级、二级、三级。暗挖法地下工程防水等级应根据工程类别、工程地质条件和施工条件等因素确定，其他工程防水等级不应低于下列规定：

1. 一级防水：Ⅰ类、Ⅱ类防水使用环境下的甲类工程；Ⅰ类防水使用环境下的乙类工程。

2. 二级防水：Ⅲ类防水使用环境下的甲类工程；Ⅱ类防水使用环境下的乙类工程；Ⅰ类防水使用环境下的丙类工程。

3. 三级防水：Ⅲ类防水使用环境下的乙类工程；Ⅱ类、Ⅲ类防水使用环境下的丙类工程。

二、防水工程的质量要求

防水工程质量检验合格判定标准见表8-3。

防水工程质量检验合格判定标准　　　　　　　　　　　　　表 8-3

工程类型		工程防水类别		
		甲类	乙类	丙类
建筑工程	地下工程	不应有渗水,结构背水面无湿渍	不应有滴漏、线漏,结构背水面可有零星分布的湿渍	不应有线流、漏泥砂,结构背水面可有少量湿渍、流挂或滴漏
	屋面工程	不应有渗水,结构背水面无湿渍	不应有渗水,结构背水面无湿渍	不应有渗水,结构背水面无湿渍
市政工程	地下工程	不应有渗水,结构背水面无湿渍	不应有线漏,结构背水面可有零星分布的湿渍和流挂	不应有线流、漏泥砂,结构背水面可有少量湿渍、流挂或滴漏

第二节　地下防水工程

一、概述

地下防水工程是防止地下水对地下构筑物或建筑物基础的长期、有较大压力的浸透作用，保证地下构筑物或地下室使用功能正常发挥的一项重要工程。由于地下防水施工常需在基坑内露天作业，敞露或拖延时间较长，受地表水、气候等外界条件影响大，成品保护难；加之往往涉及结构变形缝、混凝土施工缝等众多防水薄弱部位，因此地下防水工程质量要求更高、技术难度更大。

地下工程防水的设计和施工应遵循"防、排、截、堵相结合，刚柔相济，因地制宜，综合治理"的原则。地下工程的防水方案，常根据使用要求、自然环境条件及结构形式等因素确定。对仅有上层滞水且防水要求较高的工程，应采用"以防为主、防排结合"的方案；在有较好的排水条件或防水质量难于保证的情况下，应优先考虑"排水"方案，常采用的排水方法有盲沟法和渗排水层法；而大量工程则为"防水"方案。建筑物的地下室多为一、二级防水，其防水构造采取两道或多道设防（图 8-1），目前工程上常用的有柔性防水和混凝土自防水等复合构造（图 8-2）。

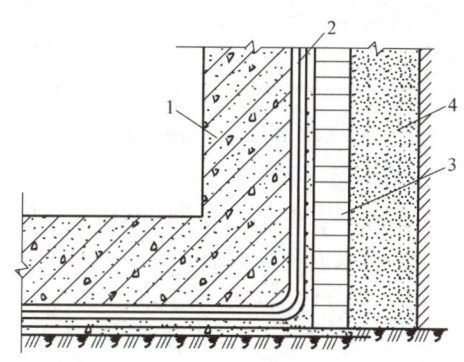

图 8-1　多道防水示例

1—防水混凝土构筑物；2—卷材或涂膜防水层；
3—半砖保护层；4—灰土减压层

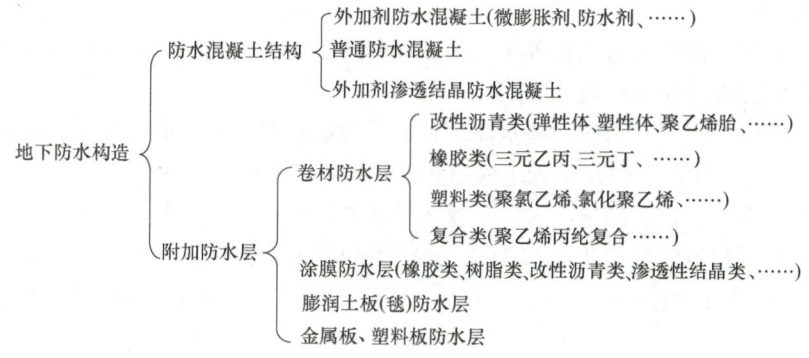

图 8-2　地下防水构造及主要材料

二、防水混凝土施工

防水混凝土是通过调整配合比或掺加外加剂、掺合料，以提高混凝土自身的密实性和抗渗性，使其具有一定防水抗渗能力的特种混凝土，它兼有承重、围护和防水的功能，还可满足一定的耐冻融及耐腐蚀的要求。当根据工程需要掺入钢纤维或合成纤维后，防水混凝土的抗裂能力可得到明显的提高。

8-1

（一）防水混凝土的种类

常用防水混凝土主要有普通防水混凝土和外加剂防水混凝土两大类。普通防水混凝土是通过降低水灰比、增加水泥用量和砂率、石子粒径小及精细施工，从而减少毛细孔的数量和直径、减少混凝土内部的缝隙和孔隙，提高混凝土的密实性和抗渗性。外加剂防水混凝土又可分为引气剂、减水剂、密实剂、防水剂、膨胀型防水剂等类型的防水混凝土。膨胀型防水剂不但具有前几种外加剂阻塞、减小混凝土毛细孔道的作用，还具有补偿混凝土的收缩、避免混凝土开裂的作用，是目前最常用的品种。

（二）防水混凝土的抗渗等级

防水混凝土的抗渗能力可用抗渗等级表示，它反映了混凝土在不渗漏时的允许水压值。防水混凝土的设计抗渗等级应根据地下工程的埋置深度来确定（表 8-4），最低不得小于 P6（抗渗压力 0.6MPa）。

防水混凝土的设计抗渗等级　　　　　　　　　表 8-4

工程防水等级	一级	二级	三级
最低设计抗渗等级	P8	P8	P6

（三）对防水混凝土的使用与配制要求

1. 构造与环境要求

（1）地下工程迎水面主体结构应采用防水混凝土，且应满足抗渗等级要求。

（2）防水混凝土基础下应作混凝土垫层，其厚度不小于 100mm，在软弱土层中不应小于 150 mm，强度等级不低于 C20。

（3）防水混凝土结构的厚度不应小于 250mm；裂缝宽度不应大于结构允许限值，并不得贯通；迎水面钢筋的混凝土保护层厚度不应小于 50mm。

（4）防水混凝土的环境温度不得高于 80℃，处于侵蚀性介质中的防水混凝土耐侵蚀要求应根据介质的性质按有关标准执行。

2. 配制要求

防水混凝土的配合比应通过试验确定。为了保证施工后的可靠性，在进行防水混凝土试配时，其抗渗等级应比设计要求提高 0.2MPa。

（1）材料：水泥品种宜采用硅酸盐水泥、普通硅酸盐水泥；石子应坚硬洁净，最大粒径不宜大于 40mm，泵送时其最大粒径不大于输送管径的 1/4，不得使用碱活性骨料；砂宜采用洁净中砂；水应为不含有害物质的洁净水；可掺入一定数量的矿物掺合料。

（2）配比：胶凝材料用量应根据混凝土的抗渗等级和强度等级选用，其总用量不宜小于 320kg/m³，其中水泥用量不得少于 260kg/m³；砂率宜为 35%～40%，泵送时可增至 45%；灰砂比宜为 1∶1.5～1∶2.5；水胶比不得大于 0.50；采用泵送时，入泵坍落度宜为 120～160mm。预拌混凝土初凝时间宜为 6～8h。

（四）防水薄弱部位的处理

防水混凝土的防水薄弱部位包括：混凝土施工缝、结构变形缝、后浇带、穿墙管道、预埋铁件、预留锚孔及穿墙螺栓等部位。施工前应认真处理，以保证整个防水工程的质量。明挖法施工中防水薄弱部位的具体防水措施见表 8-5。

明挖法地下工程结构接缝的防水设防措施　　　　　　表 8-5

施工缝					变形缝					后浇带				诱导缝		
混凝土界面处理剂或外涂型水泥基渗透结晶型防水材料	预埋注浆管	遇水膨胀止水条或止水胶	中埋式止水带	外贴式止水带	中埋式中孔型橡胶止水带	外贴式中孔型止水带	可卸式止水带	密封嵌缝材料	外贴防水卷材或外涂防水涂料	补偿收缩混凝土	预埋注浆管	中埋式止水带	遇水膨胀止水条或止水胶	外贴式止水带	中埋式中孔型橡胶止水带	密封嵌缝材料	外贴式止水带	外贴防水卷材或外涂防水涂料
不应少于 2 种		应选	不应少于 2 种			应选	不应少于 1 种			应选	不应少于 1 种						

1. 混凝土施工缝

防水混凝土应尽量连续浇筑，少留施工缝。

（1）施工缝的位置

顶板及底板防水混凝土均应连续浇筑，不宜留设施工缝。

墙体水平施工缝位置要避开剪力最大处或底板、顶板与侧墙的交接处，应留在高出底板表面不小于300mm、低于顶板底面150～300m的墙身上。墙体设有孔洞时，施工缝距孔洞边缘不宜小于300mm。如需留设竖向施工缝时，其位置应避开地下水和裂隙水较多的地段。

（2）构造形式

墙体水平施工缝的防水处理形式较多，但较为安全可靠的主要有以下几种，如图8-3所示。

8-2

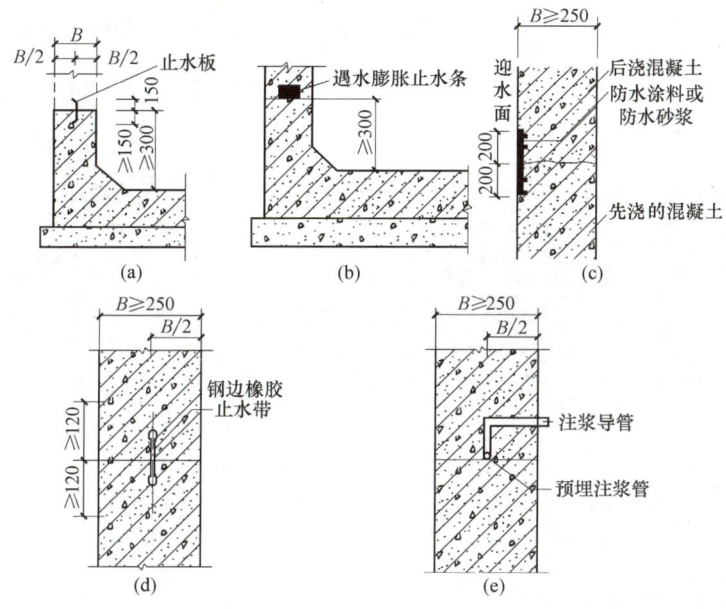

图 8-3　防水混凝土施工缝的位置及防水处理示意

（a）平缝加止水板；（b）平缝加止水条；（c）平缝外加防水层；
（d）平缝中埋止水带；（e）平缝埋注浆管

（3）施工要求

采用遇水膨胀止水条（胶）时，应与接缝表面密贴、选用的遇水膨胀止水条（胶）应具有缓胀性能，7d的净膨胀率不宜大于最终膨胀率的60%，最终膨胀率宜大于220%。

采用中埋式止水带或预埋式注浆管时，应定位准确、固定牢靠。

2. 结构变形缝

变形缝一般包括伸缩缝和沉降缝。变形缝的设置应满足密封防水、适应变形、施工方便、容易检查等要求。变形缝的构造形式和材料做法较多，一般基础工程中常用埋入橡胶、塑料止水带的形式，构造如图8-4所示。

变形缝施工的关键是止水带，要保证其位置准确、与混凝土结合紧密和做好接头处理。

257

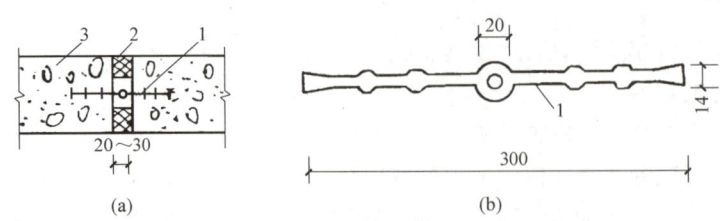

图 8-4　埋入式止水带的构造

（a）变形缝构造；（b）橡胶止水带

1—止水带；2—聚苯板；3—结构体

（1）止水带的安装固定

安装止水带时，其圆环中心必须对准变形缝中央，转弯处应做成直径不小于 150mm 的圆角，接头应在水压最小且平直处。现场拼接时，应采用加热焊接，不得叠接。

埋入式止水带安装时，必须做好固定，以避免由于移位、两侧混凝土厚度不均、与混凝土结合不密实而造成渗漏。其固定方法如图 8-5 所示。

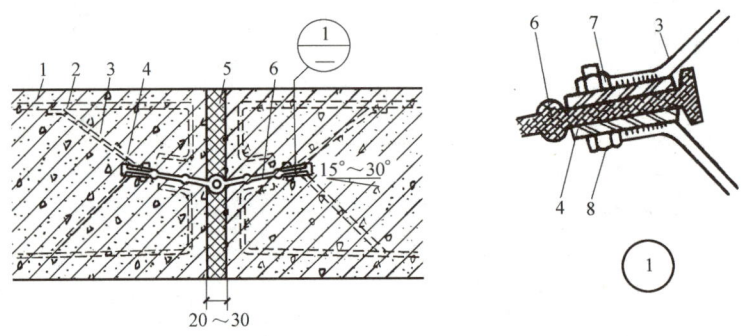

图 8-5　止水带固定方法示意图

1—结构主筋；2—混凝土结构；3—固定用钢筋；4—固定止水带的扁钢；

5—留缝材料；6—中埋式止水带；7—螺母；8—螺栓

（2）对浇筑混凝土的要求

为了保证混凝土与止水带牢固结合，要严格控制水灰比和水泥用量，接触止水带的混凝土不得粗骨料集中或漏振。对水平止水带的下部，应特别注意振捣密实，排出气泡。振捣棒不得触碰止水带。

3. 后浇带

后浇带是大面积混凝土结构的刚性接缝，用于不允许设置变形缝且后期变形趋于稳定的结构。一种是为了避免大面积混凝土结构的收缩开裂而设置，另一种是为避免沉降差造成断裂而设置的后浇带，均需待结构变形基本完成后再行补浇。

防水混凝土基础后浇带留设的位置及宽度应符合设计要求。其断面形式可留成平直缝（图 8-6a）、阶梯缝（图 8-6b）或企口缝，但结构钢筋不能断开。留缝时应采取支模或固定快易收口网等措施，保证留缝位置准确、断口垂直、边缘混凝土密实。留缝后要注意保护，防止边缘毁坏或缝内进入垃圾杂物。

补缝施工应待结构变形基本完成，且与原浇混凝土间隔不少于 42d，施工宜在气温较低时

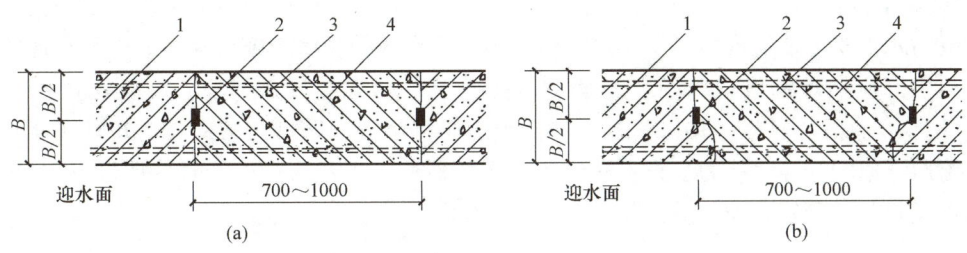

图 8-6　后浇带留缝形式示意图

（a）后浇带平直缝；（b）后浇带阶梯缝

1—先浇混凝土；2—遇水膨胀止水条；3—结构主筋；4—后浇补偿收缩混凝土

进行。补缝浇筑应采用不低于两侧混凝土等级的补偿收缩混凝土，浇筑前应将接缝处混凝土表面凿毛并清洗干净，保持湿润；彻底清除缝内杂物，做好钢筋除锈等工作。后浇带浇筑时，应先在接槎处涂刷混凝土界面处理剂或抹水泥砂浆结合层，浇筑中要细致捣实。浇后应及时养护，养护时间不少于28d。

对水压较大的重要工程，后浇带的防水处理宜采用多道防线，即后浇缝断面中部嵌粘遇水膨胀止水条外，还宜在接缝的迎水面粘贴止水带。

4. 穿墙管道

当有管道穿过地下防水混凝土外墙时，由于二者的变形收缩、粘接能力等诸多因素影响，管道与混凝土间的接缝易产生渗漏，可在穿墙管道上满焊止水环或固定遇水膨胀橡胶圈。

当结构变形或管道伸缩量较大，或有更换要求时，应采用套管式防水法。即在管道穿过防水混凝土结构处，预埋带有止水环的套管。止水环应与套管满焊严密，并做好防腐处理。套管与穿墙管间应用橡胶圈填塞紧密，迎水面用密实材料嵌填密实。构造做法如图8-7所示。

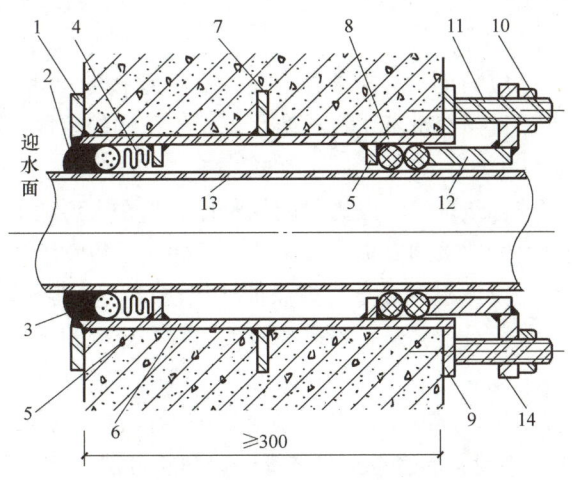

图 8-7　套管式穿墙管的构造做法

1—翼环；2—嵌缝密封材料；3—衬垫条；4—填缝材料；

5—挡圈；6—套管；7—止水环；8—橡胶圈；9—套管翼盘；

10—螺母；11—双头螺栓；12—短管；13—主管；14—法兰盘

5. 穿墙螺栓

支设防水混凝土墙体模板时，对拉螺栓若不采取有效的止水措施，容易形成渗水通路。因而，螺栓中部应加焊钢板止水环。其厚度不宜小于 3mm，直径（或边长）应比螺栓直径大 50mm 以上，与螺栓满焊，如图 8-8 所示。拆模后应将留下的凹槽封堵密实，并宜在迎水面涂刷防水涂料，以增强防水能力。止水螺栓为一次性使用，工具式螺栓及对接螺母可重复使用。该做法的模板位置稳定，安装及拆除方便，端头处理可靠。

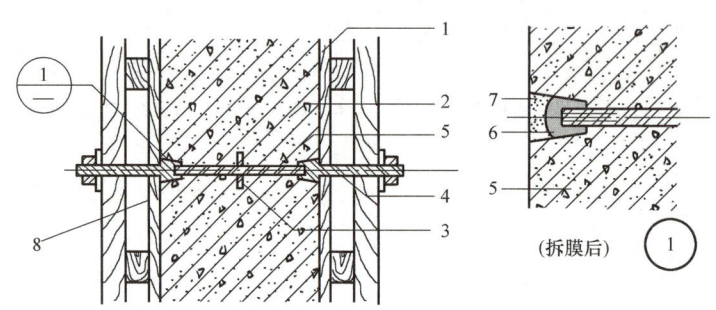

图 8-8　工具式止水对拉螺栓

1—模板；2—结构混凝土；3—止水环；4—工具式螺栓；5—止水螺栓；6—嵌缝材料；

7—聚合物水泥砂浆；8—圆台形对接螺母

（五）防水混凝土的施工

防水混凝土结构工程施工时，对其钢筋、模板施工及混凝土的搅拌、运输、浇筑、振捣、养护等环节，均应严格遵循质量验收规范和操作规程的各项规定进行施工。

绑扎安装钢筋时，应按设计要求留足保护层，不得有负误差。留设保护层必须采用与混凝土成分相同的细石混凝土或砂浆垫块，严禁用钢筋或塑料等支架支垫。固定钢筋网片的支架和"s"钩、绑扎钢筋的铁丝、钢筋焊接的镦粗点及机械式连接的套管等，均应有足够的保护层。

防水混凝土所用模板除应满足一般要求外，应特别注意接缝严密，支撑牢固。避免跑模、漏浆而影响混凝土的内在质量。尽量不用穿透防水混凝土结构的螺栓或铁丝等固定模板，否则应采取可靠的止水措施。

防水混凝土应尽量连续浇筑，使其成为封闭的整体。当在大型地下工程中，竖向结构与水平结构难以实现连续浇筑时，宜采用底板→底层墙体→底层顶板→墙体→……分几个部位浇筑的程序。基础混凝土往往为大体积混凝土，为保证连续浇筑，应确定好每个部位的浇筑方案。底板面积较大，宜采取分区段分层浇筑；墙体高度大，宜分层交圈浇筑。为防止大体积混凝土开裂，应制定减少或减缓水化热峰值、内部降温及外部保温等措施，以减少内外温差造成的裂缝，确保其抗渗性能。浇筑时，混凝土的自由倾落高度不得超过 1.5m，墙体的直接浇筑高度不得超过 3m。否则应采用串筒、溜管等工具浇灌，以防止分层离析。

防水混凝土的养护对其抗渗性能影响极大。因此，当混凝土进入终凝即应覆盖，保湿养护不少于 14d。保湿方法可采取覆盖浇水、喷洒薄膜剂或用塑料薄膜覆盖。

由于防水混凝土对养护及保护要求较严，故不宜过早拆模。拆模时混凝土表面与环境温差不得超过 15～20℃，以防开裂。拆模后，对混凝土表面的轻微缺陷要及时、认真地修补，并继续养护，保持湿润。

无附加防水层的防水混凝土基础应及早回填，以避免干缩和温差引起开裂。

(六) 防水混凝土的质量控制与评定

防水混凝土施工前，要做好材料检验及配比试验，做好混凝土的开盘鉴定。施工中，按照质检规定做好各方面的检查，并按规定留置抗压强度试件和抗渗试件。

连续浇筑混凝土每 $500m^3$ 应留置一组抗渗试件，且每项工程不得少于两组。试件应在浇筑地点与其他试件同时制作。抗渗试件每组为 6 块，尺寸为底径×顶径×高＝185mm×175mm×150mm 的圆台体。一组进行 28～90d 标准养护，其抗渗等级应达到试验等级，最低不得低于设计等级；另一组与结构同条件下养护，作为检测结构抗渗性能的依据，其抗渗等级不应低于设计等级。

三、卷材防水层施工

(一) 材料要求

卷材防水是地下防水工程的主要做法。卷材应采用高聚物改性沥青防水卷材、合成高分子防水卷材等，以满足耐久性、抗拉及变形要求。

根据设计要求的材料品种及类型，卷材进场应检查外观质量、核实出厂合格证及质量检测报告，并根据有关规定进行现场抽样复检，合格后方准使用。常用卷材的性能见表 8-6、表 8-7。

高聚物改性沥青防水卷材（弹性体）的物理性能要求　　　　　　　表 8-6

项　　目		聚酯毡胎体卷材	玻纤毡胎体卷材	聚乙烯膜胎体卷材
拉伸性能	拉力 (N/50mm)	≥800（纵横向）	≥500（纵横向）	≥140（纵向） ≥120（横向）
	延伸率（%）	最大拉力时≥40（纵横向）	—	断裂时≥250（纵横向）
低温柔度（℃）		-25，无裂纹		
不透水性		压力 0.3MPa，保持时间 120min，不透水		

几种合成高分子防水卷材的主要物理性能　　　　　　　表 8-7

技术性能	三元乙丙橡胶卷材	聚氯乙烯卷材	聚乙烯丙纶复合防水卷材	高分子自粘胶膜卷材
断裂拉伸强度（≥）	$7.5N/mm^2$	$12N/mm^2$	60N/10mm	100N/10mm
断裂伸长率（≥）	450%	250%	300%	400%
撕裂强度（≥）	25 kN/m	40 kN/m	20N/10mm	120N/10mm
低温弯折性	-40℃，无裂纹	-20℃，无裂纹	-20℃，无裂纹	-20℃，无裂纹
不透水性	压力 0.3MPa，保持时间 120min，不透水			

根据不同的防水卷材类型，在施工中要求的卷材防水层最小厚度也不同。详见表 8-8。

防水卷材类型			卷材防水层最小厚度(mm)
聚合物改性沥青防水卷材	热熔法施工聚合物改性防水卷材		3.0
	热沥青粘结和胶粘法施工聚合物改性防水卷材		3.0
	预铺反粘防水卷材(聚酯胎类)		4.0
	自粘聚合物改性防水卷材(含湿铺)	聚酯胎类	3.0
		无胎类及高分子膜基	1.5
合成高分子类防水卷材	均质型、带纤维背衬型、织物内增强型		1.2
	双面复合型		主体片材芯材 0.5
	预铺反粘防水卷材	塑料类	1.2
		橡胶类	1.5
	塑料防水板		1.2

(二) 施工程序与方法

地下卷材防水常用全外包防水做法，即将卷材防水层设置在地下防水结构的外表面（迎水面），称为外防水。按墙体结构与卷材施工的先后顺序可分为外贴法和内贴法两种程序。

（1）外防外贴法

外贴法是将立面卷材防水层直接粘贴在需防水结构的外墙外表面。其防水构造如图 8-9 (a) 所示。采用外贴法时，每层卷材应先铺底面，后铺立面。多层卷材的交接处应交错搭接；临时性保护墙应用石灰砂浆砌筑，内表面用石灰砂浆做找平层，以便于做墙体防水层时搭接处理；围护结构完成后，铺贴墙面卷材前，应将临时保护墙拆除，卷材表面清理干净后，错槎接缝连接，上层卷材应盖过下层卷材，如图 8-9 (b) 所示。

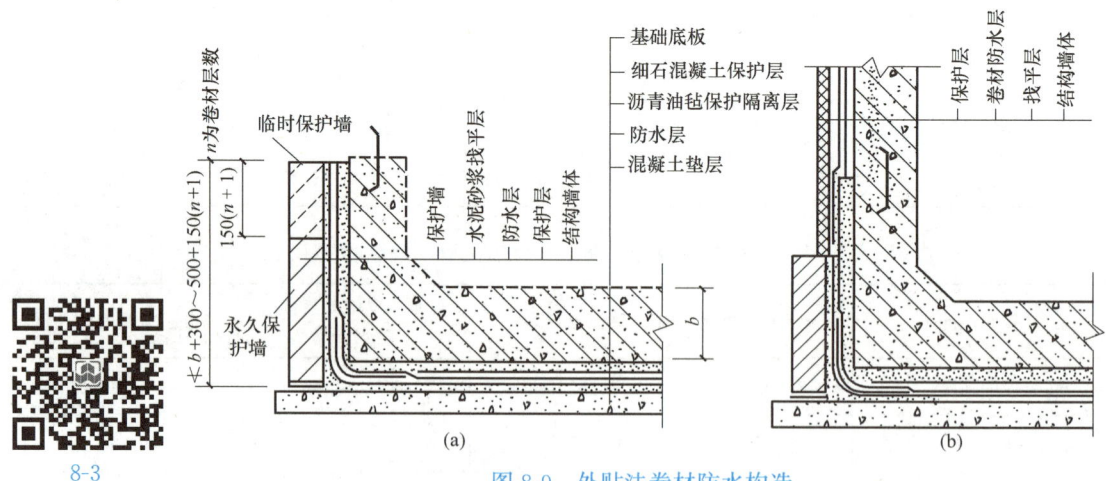

8-3

图 8-9　外贴法卷材防水构造
(a) 基础底板施工前；(b) 基础底板及墙体施工后

施工程序如下：

浇筑基础混凝土垫层并抹平→垫层边缘上干铺油毡隔离层→砌永久性保护墙和部分临时保护墙→在保护墙内侧抹水泥砂浆找平层→养护干燥后，在垫层及墙面的找平层上分层铺贴防水卷材→检查验收→做卷材的保护层→底板和墙身结构施工→结构墙外侧抹水泥砂浆找平层→拆除临时保护墙→粘贴墙体防水层→验收→保护层和回填土施工。

（2）外防内贴法

内贴法是将立面卷材防水层先粘贴在保护墙上，再进行结构的外墙施工。其防水构造如图 8-10 所示。采用内贴法施工时，卷材宜先铺贴立面，后铺贴平面。铺贴立面时，先转角后大面。施工程序如下：

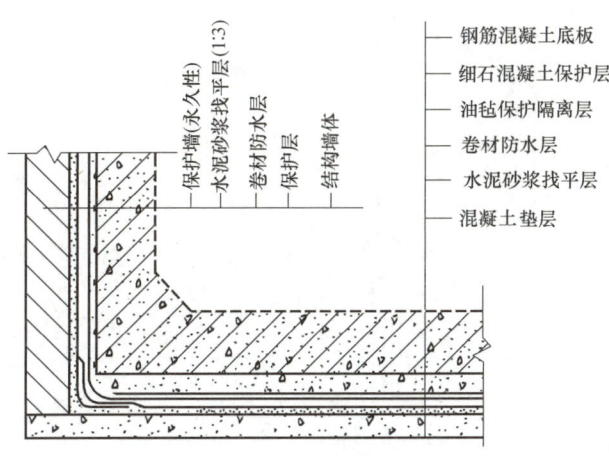

图 8-10　内贴法卷材防水构造

8-4

在混凝土垫层边缘上做永久性保护墙→在保护墙及垫层上抹水泥砂浆找平层→立面及平面防水层施工→检查验收→平面及立面保护层施工→底板和墙身结构施工。

内贴法虽可节约场地及模板、减少工序，但其可靠性较差，特别是在底板及墙体结构施工期较长时，易造成墙体防水层的损坏，且难以发现和修补。因此，内贴法往往用于施工条件受到限制，不能采用外贴法施工的工程。

（三）施工工艺

工艺流程为：基层清理→涂布基层处理剂→复杂部位增强处理→铺贴卷材→保护层施工。

8-5

1. 基层处理

（1）卷材防水层的基层必须坚实、平整、干燥、洁净。对凹凸不平的基体表面应抹水泥砂浆找平层；平整的混凝土表面若有气孔、麻面，可用加膨胀剂的水泥砂浆填平。找平层应做好养护，防止出现空鼓和起砂现象。

（2）各部位的阴阳角均应做成圆弧或折角，避免卷材折裂。

8-6

（3）防水层施工时，其基层含水率应低于 9%。检查时可在基层表面铺设 1m×1m 的防水卷材，静置 3～4h 后掀开，若基层表面及卷材内表面均无水印，即可视为含水率达到要求。

（4）铺贴防水卷材前，应在基面上均匀涂刷基层处理剂。所用材料要与卷材及其粘结材料的材性相容。改性沥青卷材防水层，其基层处理剂常采用相应的改性沥青涂料，厚度以 0.5mm 为宜。合成高分子卷材防水层，常用聚氨酯涂膜底胶，每平方米用量为 0.15～0.2kg。

（5）复杂部位增强处理。基层处理剂干燥后，先在管根、变形缝、阴阳角等部位粘贴附加层，做增强处理。

2. 防水层施工

（1）基本要求

1）卷材搭接处和接头部位应粘贴牢固，接缝口应封严或采用材性相容的密封材料封缝。

2）接头应有足够的搭接长度，且相互错开（图8-11）。

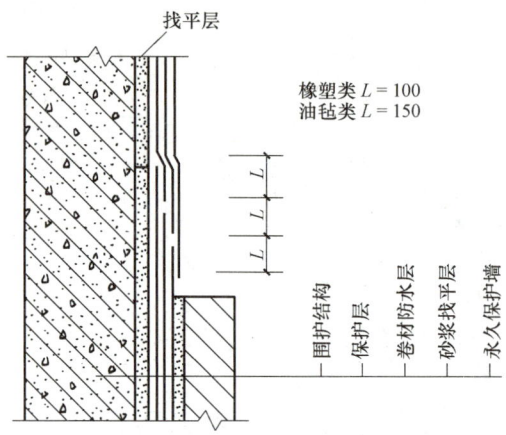

图 8-11　卷材防水层错槎接缝示意图

3）上下层卷材的接缝应均匀错开，卷材不得相互垂直铺贴。

4）不同品种防水卷材的搭接宽度，应符合表8-9的规定。

防水卷材最小搭接宽度　　　　　　　　　　　　表 8-9

防水卷材类型	搭接方式	搭接宽度（mm）
聚合物改性沥青类防水卷材	热熔法、热沥青	≥100
	自粘搭接（含湿铺）	≥80
合成高分子类防水卷材	胶粘剂、粘结料	≥100
	胶粘带、自粘胶	≥80
	单缝焊	≥60,有效焊接宽度不应小于25
	双缝焊	≥80,有效焊接宽度10×2+空腔宽
	塑料防水板双缝焊	≥100,有效焊接宽度10×2+空腔宽

（2）改性沥青卷材防水层施工

这类防水层常用 SBS 等高聚物改性沥青防水卷材。其粘贴可采用热熔法、冷粘结剂法、自粘法等。主要要求如下：

1）热熔粘贴法

热熔法是利用火焰加热卷材底面，熔化后铺贴并压实。该法施工方便、粘贴牢固，使用广泛，可在环境温度不低于−10℃时施工。

8-7

铺贴时，先将卷材放在确定的铺贴位置上，打开1m左右长度，用汽油喷灯的火炬烘烤卷材的底面，沥青熔融后粘贴固定在基层表面。端部固定后，将未粘贴部分卷好，用火炬对准卷材与基层表面夹角（图8-12），并保持喷枪嘴距角顶0.5m左右，边熔融卷材和基层，边向前缓慢滚铺，随即用压辊压实。滚铺时，卷材接缝部位必须有沥青热熔胶溢出，并随即刮封接

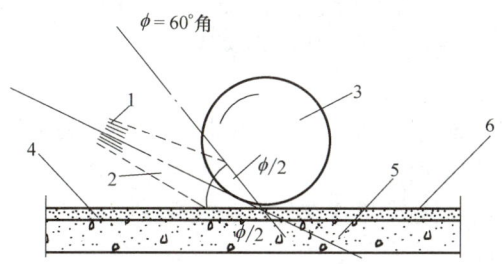

图 8-12　热熔火焰的喷射方向

1—喷嘴；2—火焰；3—改性沥青卷材；

4—水泥砂浆找平层；5—混凝土层；6—卷材防水层

口，使接缝粘结严密。

2）冷粘法

冷粘法是利用改性沥青冷粘结剂粘贴卷材，可在温度不低于5℃时施工。铺贴时，把搅拌均匀的冷胶粘剂均匀涂刷在基层上，涂刷宽度略大于卷材幅宽，厚度1mm左右。干燥10min后，按顺序铺设油毡，并用压辊由中心向两侧辊压，排出空气，使卷材与基层粘牢。

3）冷自粘法

冷自粘型改性沥青卷材分有胎和无胎两种。无胎型的延伸率可达到500%，且弹性强、有自恢复功能，施工极为方便，防水效果好。

铺贴时，将卷材放在确定的位置，经揭纸、粘头后，随揭隔离纸随滚铺卷材（图8-13），并用压辊压实，排出空气。边角及接缝处要反复压实粘牢；温度低于10℃时应采用热风加热辅助施工。

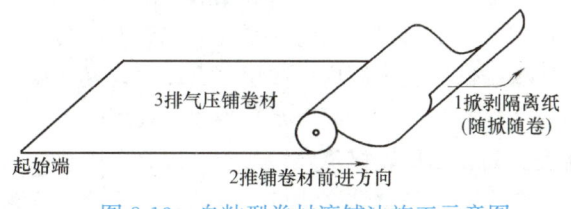

图 8-13　自粘型卷材滚铺法施工示意图

8-8

（3）合成高分子卷材防水层

这类防水层常用三元乙丙橡胶卷材、氯化聚乙烯或聚氯乙烯塑料卷材、氯化聚乙烯—橡胶共混卷材等。常采用冷粘结法施工，施工时环境温度应不低于5℃。

1）涂布基层胶粘剂

将胶粘剂（如CX-404胶等）分别在卷材表面（搭接边除外）和基层表面，用滚刷均匀涂布，静置10～20min，指触不粘时，即可进行铺贴。

2）铺贴卷材

根据卷材配置方案弹出基准线，按线从一端开始铺贴。平面与立面相连的卷材，应先铺平面再向上铺立面，使卷材与阴阳角贴紧。接缝部位应离开阴阳角200mm以上。铺设时，不得将卷材拉得过紧或出现皱折。

每铺完一张卷材后，立即用干净松软的长把滚刷从卷材一端开始，沿卷材横向顺序用力滚压一遍，以排除粘结层的空气。排除空气后，平面部位可用 $\phi200mm\times300mm$、重 $30\sim40kg$ 外包橡胶的铁辊滚压一遍，垂直面上用手持压辊滚压，使其粘结牢固。

3）卷材接缝的粘结

卷材搭接宽度一般为 100mm，大面积卷材铺好后即可进行接缝处粘结。粘结时，先将接缝处的表面清理干净，在两粘结面涂刷接缝专用胶粘剂，晾胶至指触基本不粘手时进行粘贴，再用手持压辊顺序混压一遍。接缝处不得有气泡和皱褶。遇有三层卷材重叠的部位，必须填充单组分氯磺化聚乙烯等密封膏。

当卷材为聚氯乙烯、氯化聚乙烯等热塑性材料时，可用热风焊机进行热熔接缝，粘结效果更好。

4）接缝处附加补强层

卷材接缝处是地下防水的薄弱部位，在接缝粘结后，其边口应嵌填密封膏，并骑缝粘贴宽度不小于 120mm 的卷材条，粘贴方法同接缝。待压实粘固后，补强卷材条两侧边口用聚氨酯嵌缝膏等嵌填密封，如图 8-14 所示。

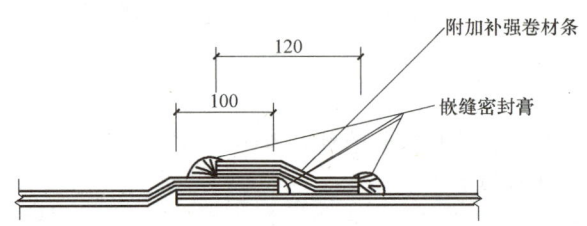

图 8-14　卷材接缝处附加补强处理示意图

此外，近年新出现了一种适用于地下工程底板和侧墙外防内贴法的预铺反粘防水技术，其所采用的材料是高分子自粘胶膜防水卷材。该卷材系在一定厚度的高密度聚乙烯卷材上涂覆一层非沥青类高分子自粘胶层和耐候层复合制成的多层复合卷材。其特点是具有较高的断裂拉伸强度和撕裂强度，胶膜的耐水性好，一、二级防水工程单层使用时也可达到防水要求。采用预铺反粘法施工时，在卷材表面的胶粘层直接浇筑混凝土，混凝土固化后，与胶粘层形成完整连续的粘接。这种粘接是由液态混凝土与整体合成胶相互勾锁而形成。高密度聚乙烯主要提供高强度；自粘胶层具有良好的粘接性能，可以承受结构产生的裂纹影响；耐候层既可以使卷材在施工时适当外露，同时提供不粘的表面供工人行走，使得后道工序可以顺利进行。

8-9

该卷材采用全新的施工方法进行铺设：卷材使用于平面时，将高密度聚乙烯面朝向垫层进行空铺；卷材使用于立面时，将卷材固定在支护结构面上，胶粘层朝向结构层，在搭接部位临时固定卷材。防水卷材施工后，不需铺设保护层，可以直接进行绑扎钢筋、支模板、浇筑混凝土等后续工序施工。

混凝土浇筑过程中，未凝固混凝土与卷材的耐候层和胶粘层接触、作用，在混凝土固化后卷材与混凝土之间形成牢固连续的粘接，实现对结构混凝土直接的防水保护，防止防水层局部破坏时，外来水在防水层和结构混凝土之间窜流。该技术在提高防水层对结构保护可靠性的同时大幅度降低可能发生的漏水维修难度和费用。

3. 保护层施工

基础底板防水层铺贴后，平面上浇不少于 50mm 厚细石混凝土保护层，施工时应注意保护防水层，待其达到足够强度后方可进行基础底板施工。

墙体采用内贴法施工时，可抹压 20mm 厚 1：2.5 水泥砂浆保护层，或粘贴 5～6mm 厚聚氯乙烯泡沫塑料片材作软保护层。抹水泥砂浆前，应在卷材表面涂刷粘结剂，并撒粗砂或粘麻丝，以利砂浆粘结。

墙体采用外贴法施工时，可粘贴泡沫塑料片材、聚苯乙烯泡沫或挤塑板，或砌筑保护砖墙。塑料板、片材应接缝严密，粘贴牢固；保护墙应在转角处及每隔 5～6m 处断开，断开的缝隙用卷材条填塞，保护墙与防水层之间空隙应随时用砌筑砂浆填实。

四、涂膜防水层施工

涂膜防水是在常温下涂布防水涂料，经溶剂挥发，或水分蒸发或反应固化后，在基层表面形成的具有一定坚韧性的涂膜的防水方法。

涂膜防水层的材料包括无机防水涂料和有机防水涂料，常采用冷作法施工，工艺较为简单，尤其适用于形状复杂的结构。在地下工程中，无机防水涂料常用作防水过渡层，宜用于结构主体的背水面；有机防水涂料抗渗性好，但与基面粘结力较小，宜用于结构主体的迎水面。性能较好的防水涂料可单独作为防水层，但对重要的工程，防水涂料层往往作为防水混凝土或防水砂浆的附加防水层。涂膜防水构造如图 8-15 所示。

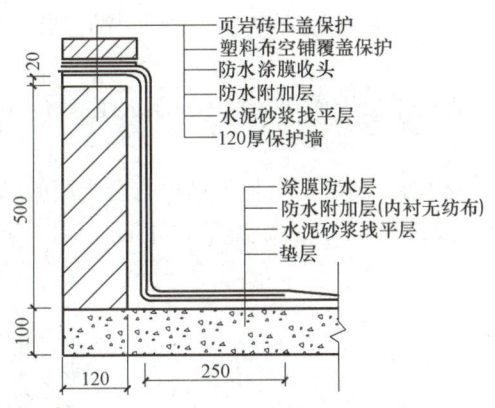

图 8-15　某地下工程涂膜防水构造

8-10

常用防水涂料的性能指标分别见表 8-10、表 8-11。

无机防水涂料的性能指标　　　　　　　　　　　　　　　　　　表 8-10

涂料种类	抗折强度（MPa）	粘结强度（MPa）	一次抗渗性（MPa）	二次抗渗性（MPa）	冻融循环（次）
掺外加剂、掺合料的水泥基防水涂料	≥4	≥1.0	＞0.8	—	＞50
水泥基渗透结晶型防水涂料	≥4	≥1.0	＞1.0	≥0.8	＞50

有机防水涂料的性能指标　　　　　　　　　　　　　　　　　　表 8-11

涂料种类	抗渗性（MPa）			浸水 168h 后断裂伸长率（％）	耐水性（％）	表干（h）	实干（h）
	涂膜（120min）	砂浆迎水面	砂浆背水面				
反应型	≥0.3	≥0.8	≥0.3	≥400	≥80	≤12	≤24
水乳型	≥0.3	≥0.8	≥0.3	≥350	≥80	≤4	≤12
聚合物水泥	≥0.3	≥0.8	≥0.6	≥80	≥80	≤4	≤12

地下防水涂料种类较多，其施工方法及要求类似。下面以常用的聚氨酯防水涂料为例，介绍地下防水涂料的施工操作要点。

聚氨酯防水涂料是双组分反应固化型的防水涂料。表干时间不超过4h，实干时间不超过12h。其地下防水构造与卷材防水基本相同，涂膜总厚度应为1.2～2.0mm，在阴、阳角等薄弱部位应作增强处理。

1. 施工准备

（1）材料。应据设计要求进场，并检查质量和抽样复检。

（2）基层处理。涂膜防水要求基层表面必须坚实、平整、清洁、干燥。

1）混凝土基础垫层表面应抹20mm厚1∶3水泥砂浆或无机铝盐防水砂浆（无机铝盐防水剂掺量为水泥用量5%～10%）等，要抹平压光，不得有空鼓、开裂、起砂、掉灰等缺陷。

2）混凝土立墙如有孔眼、蜂窝、麻面及凸凹处应进行剔补，并用掺膨胀剂的水泥砂浆或乳胶水泥腻子填充刮平。若立墙为砖砌体，应待其沉降等变形完成后，抹20mm厚水泥砂浆或防水砂浆。

3）穿墙管道、洞口、变形缝、埋件、穿墙螺栓等防水薄弱部位均应按要求做好处理，并经检查验收合格。各阴阳角处均应做成半径10～20mm的圆角。

4）基层上的尘土、油污、砂粒及各种杂物均应清理干净。防水层施工前用墩布擦净晾干或用风机吹净。

5）防水层施工时，必须保持基层干燥，含水率应不大于9%。

2. 施工工艺

涂膜地下防水也宜采用外包防水做法。按地下结构与防水层的施工程序不同，分为外涂法和内涂法，其施工顺序与卷材的外贴法和内贴法基本相同，具体构造分别如图8-16、图8-17所示。

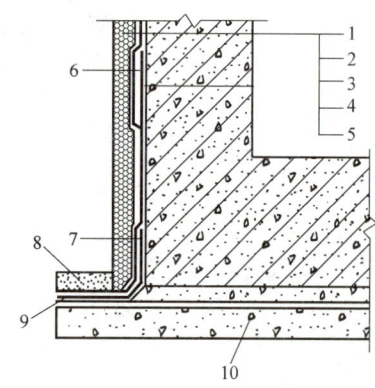

图8-16 防水涂料外防外涂构造

1—保护墙；2—砂浆保护层；3—涂料防水层；
4—砂浆找平层；5—结构墙体；6—涂料防水层加强层；
7—涂料防水加强层；8—涂料防水层搭接部位保护层；
9—涂料防水层搭接部位；10—混凝土垫层

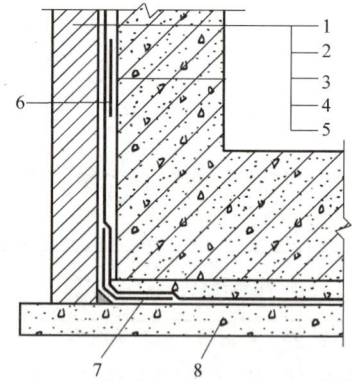

图8-17 防水涂料外防内涂构造

1—保护墙；2—涂料保护层；3—涂料防水层；
4—找平层；5—结构墙体；6—涂料防水层加强层；
7—涂料防水加强层；8—混凝土垫层

聚氨酯防水涂料的主要施工工艺流程如下：

平面：基层清理→涂布基层处理剂、细部增强处理→刮第一道涂膜层→刮第二道涂膜层→

保护层施工。

立面：基层清理→涂布基层处理剂→细部增强处理→刷四道涂膜层→保护层施工。

（1）涂布基层处理剂

基层处理剂的功能是提高涂膜与基体的粘结强度，隔绝基层潮气，防止涂膜起鼓脱落、出现针眼气孔等缺陷。因此，必须在基体表面满涂一道，其用量为 $0.15\sim0.2kg/m^2$。

当基面较潮湿时，应涂刷湿固化型界面处理剂或潮湿界面隔离剂。涂刷界面剂时，应先在阴阳角、管根等薄弱部位涂一遍底胶，然后再用长把滚刷在基层上全面、均匀涂布。涂后应干燥固化 4h 以上，手感不粘时方可做下道工序。

（2）局部增强处理

底胶固化干燥后，在阴阳角、施工缝等处做增强处理。其做法是，用配制好的防水涂料粘贴一层玻璃纤维布或涤纶布。固化后再进行整体防水层施工。

（3）防水涂膜层施工

1）调配聚氨酯防水涂料。单组分涂料可直接涂刷；对双组分涂料，需将甲料、乙料按其规定的比例分别称重后，依次倒入搅拌筒，用转速 $100\sim500r/min$ 的电动搅拌器搅拌 5min 左右即可使用。要配比准确、混合均匀、随配随用。

2）平面涂膜施工。在局部增强处理部分基本干燥固化后，开始进行第一道涂膜施工。方法是，将拌好的涂料倒在底层上，用塑料或橡胶刮板刮涂，使其均匀一致。用量为 $1.5kg/m^2$，涂层厚度为 $1.3\sim1.5mm$。第一道涂层干燥后（一般间隔 24h），同法涂刮第二道涂层，但涂刮方向与第一道垂直，用量为 $1kg/m^2$，涂层厚度为 $0.7\sim1mm$。两层成膜总厚度应为 $1.5\sim2mm$。若用玻璃丝布或化纤无纺布加强时，应在涂刮第二道前进行粘贴，搭接宽度应不少于 100mm。

3）立面涂膜施工。在局部增强处理干燥后，用滚刷分 4 次涂刷。每次涂布量为 $0.6kg/m^2$ 左右，涂膜总厚度不小于 1.5mm。各道涂层应相互垂直涂刷，间隔时间不少于 5h，以固化不粘手为准。如条件允许也可采用喷涂方法，但要掌握好厚度和均匀度。

4）涂膜防水层的厚度检测可用针测法，或割取 $20mm\times20mm$ 的实样用卡尺量测。要求平均厚度应满足设计要求，最小厚度不得小于设计厚度的 80%。

（4）保护层施工

同卷材防水层。

3. 施工注意问题

（1）防水层施工时，基层必须干燥。可采用小面积试涂，24h 后剥离，如很难剥下且涂层上无气泡存在，即可施工。若基层潮湿，工期又紧迫，可在基层上刷一道二甲苯后再测试。

（2）材料多为易燃品且有一定毒性，应做好防火、通风和劳动保护工作。

五、膨润土板（毯）防水层施工

膨润土防水材料是利用天然钠基膨润土制成的地下防水材料，具有遇水止水的特性。其防水机理是：当与水接触后逐渐发生水化膨胀，在一定的限制条件下，形成渗透性极低的凝胶体而达到阻水抗渗之目的。它具有良好的不透水性、耐久性、耐腐蚀性和耐菌性，已广泛应用于地下工程和部分大型建筑的地下防水。

膨润土防水材料包括膨润土防水毯及其配套材料。目前国内的膨润土防水毯主要有三种产品，一是由两层土工布包裹钠基膨润土颗粒的膨润土毯，二是覆有高密度聚乙烯膜的膨润土防水毯，三是用胶粘剂把膨润土颗粒粘结到高密度聚乙烯板上的膨润土防水毯（也称为防水板）。

1. 施工工艺流程

主要工艺流程为：基面处理→加强层设置→铺防水毯（或挂防水板）→搭接缝封闭→甩头收边、保护→破损部位修补。

2. 基层及细部处理

铺设膨润土防水层的基层混凝土强度等级不得小于 C15，水泥砂浆强度等级不得低于 M7.5。基层应平整、坚实、清洁，不得有明水和积水。

阴、阳角部位可采用膨润土颗粒、膨润土棒材、水泥砂浆进行倒角处理，做成直径不小于 30mm 的圆弧或坡角。

变形缝、后浇带等接缝部位应设置宽度不小于 500mm 的加强层，加强层应设置在防水层与结构外表面之间。穿墙管件部位宜采用膨润土橡胶止水条、膨润土密封膏或膨润土粉进行加强处理。

3. 施工要点

（1）膨润土防水毯的织布面或防水板的膨润土面应与结构外表面或底板垫层混凝土密贴。立面和斜面铺设膨润土防水材料时，应上层压着下层，并应贴合紧密，平整无褶皱。

（2）甩槎与下幅防水材料连接时，应将收口压板、临时保护膜等去掉，将搭接部位清理干净，涂抹膨润土密封膏后搭接固定。搭接宽度应大于 100mm，搭接处的固定点距搭接边缘宜为 25～30mm。平面搭接缝可干撒膨润土颗粒进行封闭。

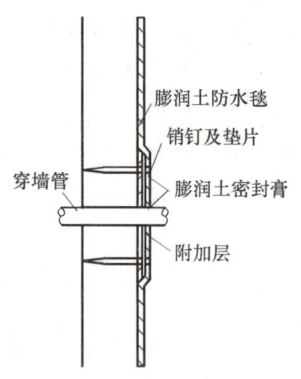

图 8-18　穿墙管道处的处理

（3）膨润土防水材料的固定应采用水泥钉加垫片。水泥钉的长度应不小于 40mm，立面和斜面上的固定间距为 400～500mm，呈梅花形布置。平面上应在搭接缝处固定；永久收口部位应用收口压条和水泥钉固定，并用膨润土密封膏覆盖。

（4）对于需要长时间甩槎的部位应采取遮挡措施，避免阳光直射造成老化变脆。

（5）破损部位应采用与防水层相同的材料进行修补，补丁边缘与破损部位边缘距离不应小于 100mm。

（6）穿墙管道处应设置附加层，并用膨润土密封膏封严，如图 8-18 所示。

第三节　屋面防水工程

屋面防水是防止雨、雪水对屋面的间歇性浸透，保证建筑物的寿命并使其各种功能正常发挥的一项重要工程。屋面防水工程等级划分详见本章第一节相关规定。工程中按不同的等级进行设防，不同防水等级平屋面工程的防水做法见表 8-12。对防水有特殊要求的建筑屋面，应进行专项防水设计。

平屋面工程的防水做法　　　　　　　　　　　　　　表 8-12

防水等级	防水做法	防水层	
		防水卷材	防水涂料
一级	不应少于 3 道	卷材防水层不应少于 1 道	
二级	不用少于 2 道	卷材防水层不应少于 1 道	
三级	不应少于 1 道	任选	

防水屋面的种类包括：卷材防水屋面、涂膜防水屋面、瓦屋面等。下面介绍几种常用屋面防水的施工。

一、卷材防水屋面

卷材防水是屋面防水的主要做法，适用于屋面防水的各个等级。其构造如图 8-19 所示。

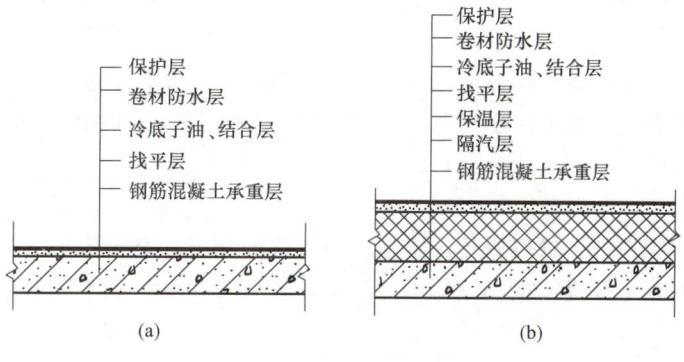

图 8-19　卷材防水屋面构造

（a）不保温卷材屋面；（b）保温卷材屋面

（一）材料要求与施工顺序

常用材料包括高聚物（如 SBS、APP 等）改性沥青防水卷材、合成高分子防水卷材以及相应的胶粘剂、基层处理剂、嵌缝膏等。材料的品种、规格、性能及质量等均应符合设计及有关标准的规定，并经抽检合格。卷材防水层最小厚度要求同地下防水材料，详见表 8-5。

卷材防水屋面的施工顺序主要为：找坡及保温层施工→找平层施工→防水层施工→保护层施工。其中找坡及保温层应根据设计要求的材料做法，在结构完成后及时进行施工，以保护结构。

（二）找平层施工

找平层是防水层的基层，其材料的类型及施工质量直接影响到防水层的质量和防水效果。

1. 材料做法

找平层可采用水泥砂浆、细石混凝土等材料，做法详见表 8-13。

找平层厚度和技术要求　　　　　　　　　　表 8-13

类别	基层种类	厚度（mm）	技术要求
水泥砂浆找平层	整体现浇混凝土板	15～20	1∶2.5 水泥砂浆
	整体材料保温层	20～25	
细石混凝土找平层	装配式混凝土板	30～35	C20 混凝土，宜加钢筋网片
	板状材料保温层		C20 混凝土

2. 施工要求

找平层应留设分格缝，缝宽宜为 5～20mm，缝内宜嵌填密封材料。分格缝应留设在板端处，纵横缝的最大间距均不宜大于 6m。找平层表面应压实、平整，排水坡度符合设计要求。找平层抹平收水后应 2 次压光，充分养护，不得有酥松、起砂、起皮现象及过大裂缝。

找平层与突出屋面结构（如女儿墙、天窗壁、立墙、风道口等）的连接处、管根处及基层的转角处（檐口、天沟、屋脊、水落口等），均应做成圆弧。圆弧半径应根据所铺卷材种类确定，对高聚物改性沥青防水卷材为 50mm、合成高分子防水卷材为 20mm。

（三）防水层施工

1. 施工条件与基层处理

屋面防水层应在屋面以上工程完成，且找平层干燥后进行施工。其干燥程度可用干铺卷材法检验。

施工时需先进行基层处理，以增强卷材与基体的粘结力。基层处理剂的种类应与卷材的材性相容。其材料及做法同地下防水施工。基层处理剂干燥后应立即铺贴卷材。

2. 卷材铺贴

（1）环境要求

卷材铺贴应选择在好天气时进行，严禁在雨、雪天施工，有五级以上的大风时不得施工，热熔法和焊接法的施工环境温度不宜低于 −10℃，冷粘法和热粘法不宜低于 5℃，自粘法不宜低于 10℃。

（2）铺贴顺序

卷材防水层施工时，应按"先高后低，先远后近"的顺序进行铺贴，即高低跨屋面，先铺高跨后铺低跨；等高的大面积屋面，先铺离上料地点远的部位，后铺较近的部位。以防止因运输、踩踏而损坏。

对每一跨的大面积卷材铺贴前，应先做好节点、附加层和排水较为集中部位（如水落口处、檐口、天沟、檐沟、屋面转角处、板端缝等）的处理，然后再由屋面最低标高处向上施工，以保证顺水搭接。

（3）铺设方向

屋面卷材宜平行屋脊铺贴，上下层卷材不得相互垂直铺贴；檐沟、天沟卷材应顺其长度方向铺贴，以减少搭接。

当屋面坡度大于 25% 时，卷材应采取满粘和钉压固定措施。

（4）搭接要求

卷材铺贴应采用搭接法连接，平行于屋脊的搭接缝应顺流水方向搭接，卷材搭接宽度应符合表 8-9 的规定。改性沥青防水卷材的搭接形式与要求如图 8-20 所示。

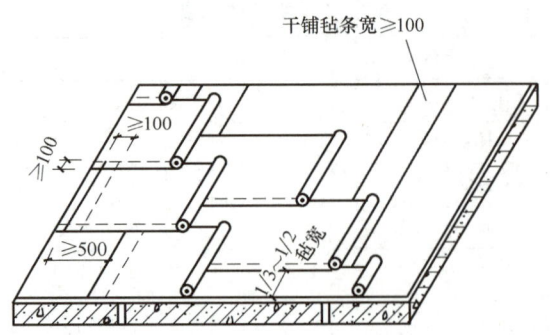

图 8-20　改性沥青防水卷材搭接形式与要求

同一层相邻两幅卷材短边搭接缝错开不应小于 500mm，上下层卷材长边搭接缝应错开，且不应小于幅宽的 1/3。叠层铺贴的各层卷材，在天沟与屋面的交接处，应采用叉接法搭接，

272

搭接缝应错开；搭接缝宜留在屋面与天沟侧面，不宜留在沟底。

（5）铺贴方法

卷材防水层的粘贴方法按其底层卷材是否与基层全部粘结，分为满粘法、空铺法、条粘法或点粘法。满粘法是指铺贴防水卷材时，卷材与基层采用全部粘结的施工方法；空铺法是指铺贴防水卷材时，卷材与基层仅在四周一定宽度内粘结，其余部分不粘结的施工方法；条粘法是指铺贴防水卷材时，卷材与基层采用条状粘结的施工方法，每幅卷材与基层粘结面不少于两条，每条宽度不小于150mm；点粘法是指铺贴防水卷材时，卷材与基层采用点状粘结的施工方法，每平方米粘结不少于5个点，每点面积为100mm×100mm。

当卷材防水层上有重物覆盖或基层变形较大时，应优先采用空铺法、点粘法或条粘法（图8-21），以避免结构变形拉裂防水层；当保温层或找平层含水率较大，且干燥有困难时，亦应采用空铺法、点粘或条粘法铺贴，并在屋脊设置排汽孔而形成排汽屋面，以防止水分蒸发造成卷材起鼓。采用空铺法、点粘法或条粘法时，在屋脊、檐口和屋面的转角处应满粘，其宽度不少于800mm，卷材间的搭接处也必须满粘。立面或大坡面铺贴卷材时，应采用满粘法，并宜减少短边搭接。

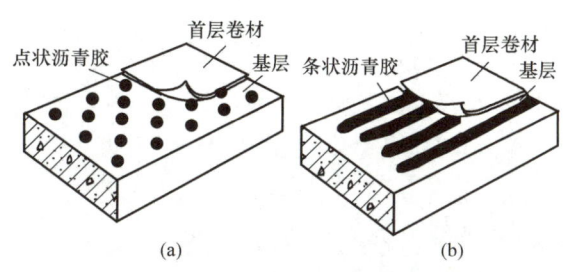

图 8-21 条粘、点粘法示意图

（a）沥青胶点状粘贴；（b）条状粘贴

卷材的收头处、水落口处、管根处、变形缝处、出入口处等均应按构造要求做好细部处理。

（6）卷材的粘贴工艺与要求

卷材的粘贴工艺和要求见地下卷材防水层施工，需注意问题如下：

1）采用热熔法铺贴高聚物改性沥青卷材时，火焰加热器的喷嘴距卷材面的距离应适中，幅宽内加热均匀，使卷材表面熔融至光亮黑色为度，随即滚铺卷材。滚铺时应排除空气，使之平展无皱折，并辊压粘牢。卷材接缝部位应有热熔的改性沥青胶溢出，其宽度不少于8mm。

2）采用冷粘法铺贴卷材时，应根据胶粘剂的性能，控制好胶粘剂涂刷与卷材铺贴的间隔时间。胶粘剂涂刷应均匀，不得露底、堆积。卷材铺贴应平整顺直，搭接尺寸准确，不得扭曲、皱折。铺贴时应排除卷材下的空气，并辊压粘牢。卷材的搭接缝应满涂配套胶粘剂，辊压粘牢，溢出的胶粘剂随即刮平封口，并在接缝口处嵌填密封材料进一步封严，其宽度不少于10mm。

3）铺贴自粘型卷材，应在基层处理剂干燥后及时进行。铺贴时，应将隔离纸撕净，并排除空气，辊压粘牢。搭接部位宜用热风焊枪加热后随即粘牢，溢出的自粘胶随即刮平封口，并用密封材料将缝口进一步封严。立面及大坡面粘贴时，应加热后粘牢。

4）采用焊接法铺设合成高分子卷材前，卷材应铺放平整、顺直，搭接

8-11

尺寸准确，焊接缝的结合面应清扫干净；焊接时应先焊长边搭接缝，后焊短边搭接缝。

5）采用机械固定法铺贴卷材时，固定件应与结构层连接牢固；固定件间距应根据抗风揭试验和当地的使用环境与条件确定，且不宜大于600mm；卷材防水层周边800mm范围内应满粘，卷材收头应采用金属压条钉压固定和密封处理。

（四）保护层施工

卷材屋面应有保护层，以减少雨水、冰雹冲刷或其他外力造成的卷材机械性损伤，并可折射阳光、降低温度，减缓卷材老化，从而增加防水层的寿命。当卷材本身无保护层而又非架空隔热屋面或倒置式屋面时，均应另作保护层。

保护层施工应在防水层经过验收合格，并将其表面清扫干净后进行。用水泥砂浆、细石混凝土或块材等刚性材料作保护层时，应在保护层与防水层之间设置纸筋灰或细砂等隔离层，以防止其温度变形而拉裂防水层；刚性保护层与女儿墙之间需预留30mm宽的空隙，为防止刚性保护层开裂，施工时应设置分格缝，其要求为：水泥砂浆表面分格面积宜为1m²；块材保护层纵横分格间距不大于10m（分格缝宽不小于20mm）；细石混凝土保护层纵横分格间距不大于6m，缝宽宜为10~20mm。施工时，块材应铺平铺稳，块间用水泥砂浆勾缝；所留缝隙应用防水密封膏嵌填密实。

二、涂膜防水屋面

涂膜防水屋面的构造见图8-22。

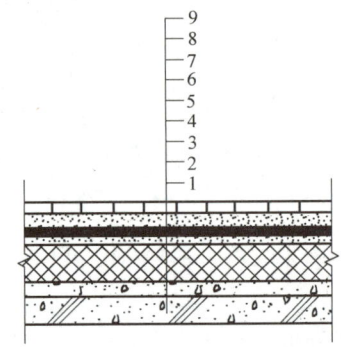

8-12　　　　图8-22　有隔汽层的涂膜防水屋面构造

1—屋面板；2—找坡找平层；3—涂膜隔汽层；4—保温层；5—水泥砂浆找平层；6—聚氨酯底胶；

7—涤纶无纺布增强聚氨酯涂膜防水层；8—水泥砂浆粘结层；9—地砖饰面保护层

涂膜防水屋面的施工顺序及基层作法与要求同卷材防水屋面。施工顺序为：特殊部位处理→基层处理→涂膜防水层施工→保护层施工。

基层处理剂应与上部涂膜的材性相容，常采用防水涂料的稀释液。刷涂或喷涂前应拌匀，涂布要均匀、不漏底。

防水涂层严禁在雨天、雪天施工；五级风以上时或预计涂膜固化前有雨时不得施工；水乳型、反应型涂料及聚合物水泥涂料的施工环境气温宜为5~35℃，溶剂型涂料宜为−5~35℃，热熔型涂料不宜低于−10℃。

施工时，应先做节点、附加层，再按照"先高后低、先远后近"的顺序进行大面积施工；对屋面转角及立面的涂层，应采取薄涂多遍，以避免流淌和堆积现象。

涂层施工可采用抹压、涂刷或喷涂等方法，分层分遍涂布。后层涂料应待前一层涂料干燥成膜后方可进行，刮涂的方向应与前一层垂直。高聚物改性沥青涂膜防水层的厚度不应少于3mm，合成高分子防水涂料成膜厚度不应少于1.5mm。

对于有胎体增强材料的涂膜防水层，在涂刷第二遍涂料后、在第三遍涂料涂刷前即可铺贴胎体增强材料。铺贴胎体应边涂刷边铺设，并刮平粘牢，排出气泡。干燥后，在胎体上涂布涂料时，应使涂料浸透胎体，覆盖完全，不得有外露现象。胎体铺贴方向应视屋面坡度而定，当屋面坡度小于15％时可平行于屋脊铺设，否则应垂直于屋脊铺设，以防其下滑。铺贴应由低向高进行，顺水流方向搭接，胎体增强材料长边搭接宽度不得小于50mm，短边搭接宽度不得小于70mm。上下层应平行铺设，搭接缝位置错开不少于1/3幅宽。

涂膜防水层的收头应用防水涂料多遍涂刷或用密封材料封严。在涂膜实干前，不得在防水屋面上进行其他作业，涂膜防水屋面上不得直接堆放物品。

保护层应待涂膜固化后进行，其作法与要求同卷材的保护层。

三、喷涂硬泡聚氨酯保温防水技术

硬泡聚氨酯是一种采用异氰酸酯、多元醇及发泡剂等添加剂，经相互反应形成的硬质泡沫体。屋面上使用专用喷涂设备喷涂硬泡聚氨酯形成的高闭孔率、具有保温防水一体化功能的构造层称为硬泡聚氨酯保温防水层；再在其上刮抹抗裂聚合物水泥砂浆形成的具有保温防水功能的构造层称为硬泡聚氨酯复合保温防水层。屋面用喷涂硬泡聚氨酯的物理性能应符合表8-14的要求。

屋面用喷涂硬泡聚氨酯物理性能　　　　　　　　　　　　　　　　表 8-14

项　　目	性能要求		
	Ⅰ 型	Ⅱ 型	Ⅲ 型
表观密度（kg/m³）	≥35	≥45	≥55
导热系数（平均温度 25℃）[W/(m·K)]	≤0.024	≤0.024	≤0.024
压缩性能（形变 10％）（kPa）	≥150	≥200	≥300
不透水性（无结皮，0.2MPa，30min）	—	不透水	不透水
尺寸稳定性（70℃，48h）（％）	≤1.5	≤1.5	≤1.0
闭孔率（％）	≥90	≥92	≥95
吸水率（V/V）（％）	≤3	≤2	≤1
燃烧性能等级	不低于 B₂ 级	不低于 B₂ 级	不低于 B₂ 级

喷涂硬泡聚氨酯按其材料物理性能分为Ⅰ型、Ⅱ型、Ⅲ型 3 种类型，其中Ⅰ型仅用于屋面和外墙保温层；Ⅱ型用于屋面复合保温防水层，其屋面基本构造层次由结构层、找坡（找平）层、喷涂Ⅱ型硬泡聚氨酯层、抗裂聚合物水泥砂浆层组成；Ⅲ型用于屋面保温防水层，其屋面基本构造层次则由结构层、找坡（找平）层、喷涂Ⅲ型硬泡聚氨酯层、保护层组成。需要说明的是，喷涂Ⅱ型、Ⅲ型作为屋面保温防水层使用时，可作为一道防水层。

喷涂硬泡聚氨酯施工前应对其专用喷涂设备进行调试和试喷，并预留试块进行材料性能检测。喷涂作业时喷嘴与施工基面的间距宜为 800～1200mm，并应采取防止污染的遮挡措施。一个喷涂作业面应根据设计厚度分遍喷涂完成，每遍厚度不宜大于 15mm；当日的施工作业面必须于当日连续喷涂完毕。硬泡聚氨酯喷涂后 20min 内严禁上人。

工 程 案 例

《某工程地下防水施工方案》，见二维码 **8-13**、**8-14**。

8-13

8-14

习　　题

1. 地下防水构造可分为哪些类别？
2. 普通防水混凝土对原材料及配合比的要求有哪些？
3. 外加剂防水混凝土常用的外加剂有哪些？
4. 简述地下防水混凝土施工中防水薄弱部位的处理方法。
5. 简述防水卷材冷粘法、热粘法、热熔法及冷自粘法的施工方法。
6. 简述地下工程防水外贴法和内贴法的施工方法及区别。
7. 简述地下工程涂料防水施工工艺。
8. 简述膨润土防水板（毯）施工工艺。
9. 简述屋面防水做法及各自的适用范围。
10. 屋面防水卷材的铺贴方法有哪些？
11. 如何确定屋面防水卷材的铺贴方向与施工顺序？
12. 简述涂膜防水屋面的施工工艺。
13. 简述刚性防水屋面隔离层和分格缝的作用及设置要求。
14. 简述不同类型喷涂硬泡聚氨酯的适用范围。

第九章 装饰装修工程

学习重点：抹灰工程；饰面砖粘贴；石材干挂法施工；铝合金及塑料门窗的安装固定。

学习要求：了解装饰的作用与特点；了解抹灰的组成、分类分级、基体处理及材料要求，掌握常见一般抹灰和装饰抹灰的主要工艺和质量要求；掌握常见饰面板（砖）安装的主要构造与工艺要点；了解幕墙、门窗及吊顶安装的主要方法；掌握一般涂饰及裱糊施工的要点。

装饰装修是指为保护建筑物或构筑物的主体结构、完善使用功能、协调结构与设备的关系和达到美化效果，采用装饰装修材料或饰物，对其内外表面及空间进行的各种处理过程。

建筑装饰装修按施工部位可分为室外和室内两大部分；按工艺方法和部位，可分为抹灰工程、门窗工程、吊顶工程、轻质隔墙工程、饰面板工程、饰面砖工程、幕墙工程、涂饰工程、裱糊与软包工程、细部工程、地面工程等。

装饰装修工程具有工序多、工艺复杂、工期长、造价高、用工多、质量及环保要求高、成品保护难等特点。使用工厂化生产的成品、半成品材料，用干作业代替湿作业，不断提高机械化施工程度，逐步实现专业化施工等，是装饰装修施工的发展方向。这对于缩短工期、降低造价、提高工程质量、减轻劳动强度有着重要意义。

常用规范：《建筑装饰装修工程质量验收标准》GB 50210—2018、《建筑地面工程施工质量验收规范》GB 50209—2010、《外墙饰面砖工程施工及验收规程》JGJ 126—2015、《玻璃幕墙工程技术规范》JGJ 102—2003、《金属与石材幕墙工程技术规范》JGJ 133—2001 等。

第一节 抹 灰 工 程

抹灰，是将砂浆或灰浆涂抹在结构体表面。它除具有保护结构、连接找平、防潮防水、隔热保温等功能外，还可以通过各种材料及工艺形成不同的色彩、质感、线形，提高装饰效果。

一、抹灰的组成与分类

（一）抹灰的组成

抹灰施工一般需要分层进行，以利于粘结牢固、抹面平整和避免开裂。因此，抹灰通常由底层、中层、面层三个层次构成，如图 9-1 所示。

底层也称粘结层，主要起与基体的粘结和初步找平作用。所使用的材料应与基体的强度及温度变形能力相适应，强度不得低于面层。如砖墙面，室内宜采用水泥石灰混合砂浆；室外或室内有防潮要求者，则采用水泥砂浆。混凝土表面宜用水泥砂浆。

中层也称找平层，主要起找平作用。其材料要与底层及面层抹灰材料相适应（面层抹石膏灰者可抹混合砂

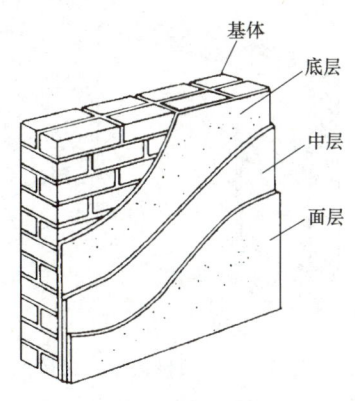

图 9-1 抹灰层的构造组成

浆，不得用水泥砂浆）。按照抹灰平整度要求及层厚限制，可一次抹成，也可分遍进行。

面层也称装饰层，主要起装饰作用。所用材料应根据设计要求的装饰效果而定。室内墙面常用混合砂浆或石膏灰，室外抹灰常用水泥砂浆或水泥石渣类饰面层。

各抹灰层的厚度取决于基体的材料及表面平整度、砂浆的种类、抹灰质量要求和气候情况。抹水泥砂浆时，每遍厚度宜为 5～7mm；抹石灰砂浆或水泥混合砂浆时，每遍厚度宜为 7～9mm；罩面层抹纸筋灰或石膏灰时，厚度不得大于 2～3mm，以免裂缝和起壳。

当抹灰总厚度大于等于 35mm 时，必须采取挂网等加强措施。

（二）抹灰的分类分级

抹灰工程按装饰效果或使用要求分为一般抹灰、装饰抹灰和特种抹灰三大类。一般抹灰常用石灰砂浆、水泥混合砂浆、水泥砂浆、聚合物水泥砂浆以及假面砖、纸筋灰、粉刷石膏等作为面层；装饰抹灰的面层有水刷石、水磨石、斩假石、干粘石、拉毛灰等做法；特种抹灰包括防水、保温、防辐射、抗裂加固（如墙体保温层表面薄抹灰）等有特殊功能要求的抹灰。

一般抹灰按质量标准不同，又分为普通抹灰和高级抹灰两个等级。其构造做法、质量要求及适用范围见表 9-1。

一般抹灰的分级　　　　　　　　　　表 9-1

级别	构造做法	要　求	适　用　范　围
普通抹灰	一底层、一中层、一面层	表面光滑、洁净、接槎平整，阳角方正、分格缝清晰	一般居住、公用和工业建筑（如住宅、宿舍、教学楼、办公楼）以及高标准建筑物中的附属用房等
高级抹灰	一底层、一～二中层、一面层	表面光滑、洁净、颜色均匀、无抹纹，阴阳角方正、分格缝和灰线清晰美观	大型公共建筑物、纪念性建筑物（如剧院、礼堂、宾馆、展览馆等和高级住宅）以及有特殊要求的高级建筑等

二、基体处理

为保证抹灰层与基体之间能粘结牢固，避免裂缝、空鼓和脱落等，在抹灰前应对基体进行必要的处理。除需进行剔实凿平、嵌填孔洞缝隙、清理润湿、埋件安装外，还应做好以下部位的处理：

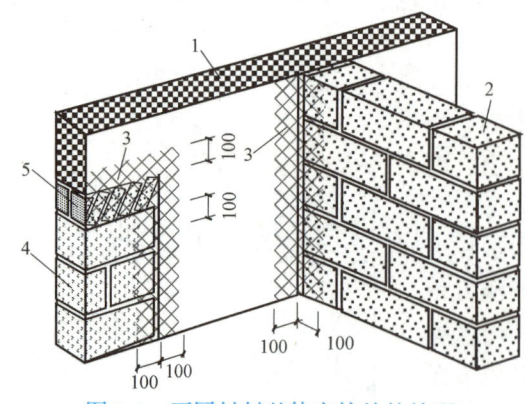

图 9-2　不同材料基体交接处的处理

1—混凝土墙；2—加气块；3—轻骨料砌块；

4—斜砌砖；5—加强网

（1）钢、木门窗口与立墙交接处应用 1:3 水泥砂浆或水泥混合砂浆（加少量麻丝）嵌填密实。

（2）墙面的脚手眼应堵塞严密，水暖、通风管道通过的墙洞、楼板洞及开槽安装的管道、埋件须用 1:3 水泥砂浆堵严、稳固。

（3）不同材料基体（如砖石与木、混凝土与加气混凝土）相接处应铺钉金属网加强，从缝边起每边搭墙不得小于 100mm（图 9-2）。

（4）混凝土表面的油污应用浓度为 10% 的碱水洗刷；光滑的表面，应进行凿毛或涂刷界面剂。

（5）加气混凝土基体表面应清理干净；涂

刷界面剂并做拉毛，以封闭孔隙、增加表面强度。必要时可在表面铺钉金属网，以避免抹灰脱落。

三、抹灰的材料要求

抹灰所用的石灰膏应充分熟化，熟化期不得少于15d，磨细生石灰粉泡水不少于3d。石灰膏不冻结、不风化。水泥、石膏不过期，强度等级符合要求。砂子、石粒应洁净、坚硬，并经过筛处理。麻刀、纸筋等纤维材料要纤细、洁净，并经过打乱、浸透处理。所用颜料应为耐碱、耐光的矿物颜料。化工材料（如胶粘剂等）应符合相应质量标准且不超过使用期限。

一般抹灰所用的砂浆要求粘结力好、易操作，无明确强度要求，因此常用体积配比。但对于要求较高的装饰抹灰，最好经过配比试验并采用重量配比。为了减少环境污染、提高施工质量和速度，宜使用预拌砂浆和粉刷石膏。

四、一般抹灰施工

（一）墙面抹灰

墙面一般抹灰的总厚度，应视具体部位及基体材料而定。内墙普通抹灰不得大于18mm，高级抹灰不得大于25mm。外墙墙面抹灰不得大于20mm；勒脚及突出墙面部分，不得大于25mm。石墙墙面抹灰不得大于35mm。

一般抹灰随抹灰等级的不同，其施工工序也有所不同。普通抹灰要求阳角找方、设置标筋、分层涂抹、赶平、修整、表面压光。高级抹灰则还要求阴角找方等。

1. 做标志

为了有效地控制墙面抹灰层的厚度与垂直度、平整度，抹灰前应先做标志块（也称贴灰饼）并设置标筋（又称冲筋），作为底、中层抹灰的依据。

做标志时，先用托线板检查墙面的平整、垂直程度，据以确定抹灰厚度（最薄处不宜小于7mm），再在墙两边上角按底、中层抹灰厚度，用砂浆各做一个灰饼。然后根据这两个灰饼，用托线板或线锤吊挂垂直，做出墙面下角的两个灰饼（一般在踢脚线上口）。随后以左右两灰饼面为准，分别拉线，每隔1.2～1.5m加做若干灰饼。待灰饼稍干后，在上下灰饼之间用砂浆抹一条宽100mm左右的垂直灰埂，即标筋，作为中层抹灰的厚度控制和赶平的标准。如图9-3、图9-4所示。

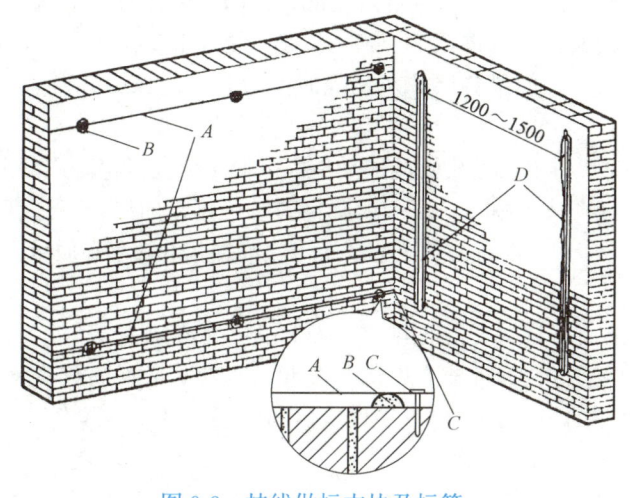

图9-3　挂线做标志块及标筋

A—引线；B—灰饼（标志块）；C—钉子；D—标筋

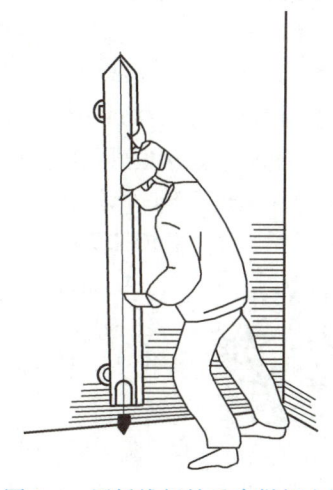

图9-4　用托线板挂垂直做标志块

2. 做护角

对墙、柱及门洞口的阳角，均需抹强度不低于 M20 的水泥砂浆护角，以防磕碰损坏；同时，护角也可起到标筋作用。其高度一般应不低于 2m，每侧宽度不小于 50mm。如图 9-5 所示。

3. 底层和中层的涂抹

这道工序也叫装档。其方法是将砂浆涂抹于标筋之间，底层要低于标筋，待收水后立即进行中层抹灰，其厚度以略高于标筋为准。随即用木杠（或铝合金方管）按标筋刮平（图 9-6）。紧接着用木抹子搓压一遍，使表面平整密实。

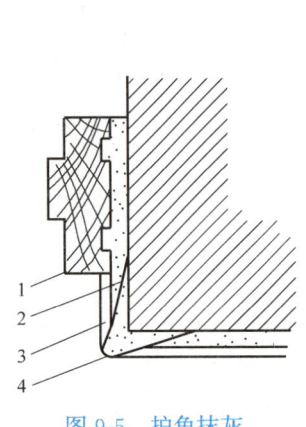

图 9-5　护角抹灰

1—门框；2—嵌缝砂浆；3—墙面
砂浆；4—1：2 水泥砂浆护角

图 9-6　装档刮平示意

如果后做地面、墙裙或踢脚时，应在距墙裙、踢脚准线上口 50～100mm 处将砂浆切成直槎，待墙裙或踢脚完工后再行补抹。抹灰后墙面要清理干净，并及时清理落地灰。

为使底层砂浆与基体粘结牢固，抹灰前基体一定要浇水湿润，以防止基体过多吸水，使抹灰层产生空鼓或脱落。砖基体宜浇水两遍，使水渗入 8～10mm 深。混凝土基体宜在抹灰前一天即浇水，使水渗入混凝土表面 2～3mm。如果各层抹灰相隔时间较长，已抹砂浆层较干时，也应浇水湿润，才可抹后一层砂浆。

底层和中层抹灰也可利用机械喷涂，再由人工或机械抹平。机械喷涂抹灰能将砂浆的搅拌、运输和喷涂通过一套喷涂抹灰机组进行机械化施工，可大大降低劳动强度，加快施工进度，并可提高粘结强度。智能抹灰机械已开始使用，既可简化工艺、还可提高抹灰的效率和质量。

9-1

4. 罩面压光

室内抹灰常用的面层材料有混合砂浆、石膏灰、纸筋石灰等。罩面层应待找平层五六成干后进行，如过干应先浇水湿润。石膏灰或纸筋灰应分纵横 2 遍涂抹，每遍厚度为 1～2mm。经赶平压实后的面层总厚度不得大于 2mm。收水后用钢抹子压光，不得留抹纹。

室外抹灰常用 1：2.5 的水泥砂浆罩面，厚度为 5～8mm。由于面积较大，为了不显接槎、防止抹灰层收缩开裂，一般应设有分格缝。每格要一次抹完，留槎位置应在分格缝处。在底层及中层抹完后的第二天即可抹面层砂浆。首先将墙面润湿，按图纸尺寸弹线分格、粘分格条、滴水槽，再抹面层砂浆。为了粘结牢固，抹灰时先薄刮一层素水泥膏，紧跟着抹罩面砂浆，然后用杠尺按分格条横竖刮平，木抹子搓毛，铁抹子压光。待其表面无明水时，用软毛刷蘸水按垂直于地面的同一方向，轻刷一遍，以保证面层灰的颜色一致，避免和减少收缩裂缝。随后，将分格条等起出。面层成活24h后，要浇水养护不少于7d，以防止开裂和强度不足。待灰层略干后，用水泥膏勾缝。

（二）楼地面抹灰

楼地面抹灰是在混凝土楼板或地面混凝土垫层上抹一层水泥砂浆，作为楼面或地面的面层。水泥砂浆作为承重受力层，抹灰厚度应不小于20mm。砂浆宜采用不低于32.5级的硅酸盐水泥或普通硅酸盐水泥、含泥量不大于3%的中砂或粗砂配制，体积配比为1:2，强度等级不应小于M15。为了保证其强度和耐磨性，减少开裂，砂浆的稠度应不大于35mm。

楼地面抹灰的工艺顺序为：清扫、清洗基层→弹面层线、做灰饼、标筋→扫水泥素浆→铺水泥砂浆→木杠刮平→木抹子压实、搓平→铁抹子压光（三遍）→养护。

施工前，应将基层清扫干净后用水冲洗晾干。根据墙面准线在地面四周的墙面上弹出楼（地）面水平标高线，在四周做出灰饼，并拉线补做中间灰饼。按间距1.2～1.5m做好标筋。对有坡度、地漏的房间，应按要求找出坡度，一般不小于1%。地漏处标筋应做成放射状，以保证流水坡向。

铺抹砂浆应在标筋凝结前进行，即冲软筋，以减少裂缝。抹灰时先在基层均匀扫水泥浆一遍。随扫随铺砂浆，并用长木杠按筋刮平、拍实。再用木抹子反复压实搓平。同时，抹踢脚线的底层，厚5～8mm，高100～150mm。水泥砂浆面层搓平之后，须经三遍压光成活。头遍是在搓平后立即用铁抹子稍用力压抹出浆，抹平。对出浆处可撒1:1干水泥砂子面；稍收水后（不陷脚但可见胶鞋掌印）抹压第二遍，要加力压实、抹光，不漏抹。初凝后（抹灰后3～6h，踩上去有胶鞋纹印），即进行第三遍压光，应抹除脚印和抹纹，全面压光，亦可用抹光机压平。压光必须在水泥砂浆终凝前完成。

面层抹完一天内，喷洒养护剂。或用湿锯末覆盖，每天浇水3～4次，养护不少于7d。抗压强度达到5MPa后方准上人行走，达到设计要求后方可正常使用。

五、装饰抹灰施工

装饰抹灰的底层和中层的做法与一般抹灰基本相同，而面层则采用装饰性强的材料，或用特殊的处理方法做成。下面介绍几种常用的饰面施工：

（一）水刷石

水刷石主要用于室外首层墙面或柱面。往往以分格分色来获得艺术效果。

9-2

水刷石面层施工应在中层（一般12mm厚1:3水泥砂浆）终凝后进行。先在中层表面弹出分格线，按线用水泥浆粘贴分格条，两侧抹成八字形。然后将中层表面洒水湿润，薄刮一层素水泥浆（水灰比为0.37～0.40，厚约1mm）结合层，随即抹稠度为5～7cm、厚10～20mm的水泥石粒浆（水泥:石粒＝1:1～1:1.5）面层，用铁抹子反复拍平压实，使石粒密实且分布均匀。当面层开始凝固时（手指按不显指痕，刷石粒不脱落），用刷子蘸水自上而下刷掉面层水泥浆，使石粒表面完全外露为止。为使表面清洁，可用喷雾器自上而下喷水冲洗。喷刷后即可将分格条轻轻起出，并用素灰修补缝格。24h后洒水养护。

水刷石的外观质量要求是石粒清晰，分布均匀，紧密平整，色泽一致，不得有掉粒和接槎痕迹。

（二）干粘石

干粘石是将彩色石粒直接粘在砂浆层上的抹灰做法，该做法省石渣、费用低，装饰效果接近水刷石，适用于不易碰触到的外墙面。施工时，先在已经硬化的1：3水泥砂浆找平层上弹线分格、粘分格条。洒水湿润并刮素水泥浆后，抹一层厚为6～7mm的1：2.5的水泥砂浆找平层，随即抹厚为4～5mm的1：0.5水泥石灰膏粘结层，同时甩粘或机喷粒径为4～6mm的石渣、并拍平压实在粘结层上。要求压入深度不少于1/2粒径，但不得把灰浆拍出，以免影响美观。干粘石墙面经修补达到表面平整、石粒均匀后，即可起出分格条，用水泥浆勾缝。常温施工后24h，即可用喷壶洒水养护。

干粘石的质量要求是石粒粘结牢固、分布均匀、颜色一致、不露浆、不漏粘、阳角处应无明显黑边。

（三）斩假石

斩假石又称剁斧石，是仿制天然花岗石、青条石的一种饰面，常用于勒脚、台阶及外墙面。施工时，在1：2水泥砂浆找平层养护硬化后，弹线分格并粘分格木条。在找平层表面洒水润湿并刮素水泥浆一道，随即抹10mm厚的1：1.25水泥石粒浆（内掺30％石屑）罩面层；抹平后用木抹子打磨拍实，用软毛刷蘸水顺待剁纹的方向把表面水泥浮浆轻轻刷掉，至均匀露出石粒为止。24h后洒水养护2～3d，待强度达60％～70％即可试剁，如石粒颗粒不发生脱落便可正式斩剁；为了美观，一般在分格缝、阴阳角周边留出15～20mm宽边框线不剁。斩剁的顺序一般为先上后下，由左到右，先剁转角和四周边缘，后剁中间。剁纹的深度一般以1/3石粒的粒径为宜。施剁时，用剁斧将面层斩毛，剁的方向要一致，剁纹深浅要均匀，一般两遍成活，即可做出类似用石料砌成的装饰面。

（四）水磨石

水磨石多用于楼地面，具有整体性好、耐磨、光滑美观、可根据设计要求制成各种图案、装饰效果好等优点。但工艺较繁琐、施工周期长、产生污水多。宜在其他装饰前进行施工。

在找平层砂浆铺抹12～24h后，弹分格线。按设计图案安装分格条，常采用2～5mm厚、10～14mm宽的铜条，其作用除可做成花纹图案外，还可防止面层面积过大而开裂。安装时两侧用水泥浆抹成八字形灰埂固定。灰埂高度及交接处留空要求如图9-7所示。分格条嵌完12～24h后，洒水养护3～5d。

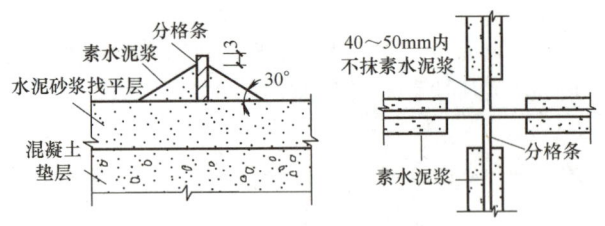

图9-7　分格条粘嵌示意

面层施工时，先在找平层上洒水湿润，刮水泥浆一层，随后将不同色彩的水泥石粒浆（水泥：石粒＝1：1.25～1：2）填入分格中，厚度比嵌条高出1～2mm，抹平压实。有图案时，应先做深色，后做浅色，先做大面后做镶边。待前一种凝固后，再做后一种。为使面层石粒均匀，抹压时可补撒一些小石粒。待收水后用滚筒反复滚压密实，次日洒水养护。

磨光开始时间应据环境温度、水泥品种及磨石机具与方法而定，一般需养护2～5d后进行。开磨前，应先试磨，以石粒不松动、不脱落、表面不过硬为宜。磨石施工分粗磨、中磨和细磨三遍进行。其中，粗、中磨后应清理干净并擦同色水泥浆，以填补砂眼、缝隙，经养护2～5d再磨后遍；细磨后还可涂擦草酸一道，以分解石粒表面残存的水泥浆，再精磨至表面洁净无垢，光滑明亮。面层干燥后打蜡，使其光亮如镜。

水磨石面层的外观质量要求为：表面应平整、光滑，石粒显露均匀，不得有砂眼、磨纹和漏磨处。分格条应位置准确，顶部全部露出。

第二节 饰面与幕墙工程

饰面工程主要指在室内外墙、柱、地等表面，粘贴或安装石材类、陶瓷类、木质类、金属类及玻璃类等板块装饰材料。它不但装饰效果好，且有较高的强度和较好的耐久性。饰面材料的种类很多，但基本上可分为饰面砖和饰面板两大类。其中前者多采用直接在结构上进行粘贴，而后者则多采用相应的连接构造进行安装。建筑幕墙是将饰面板块安装于支承结构体系上，悬挂并包裹在结构体表面的轻质墙体。它不但有较好的装饰效果，更具外墙的围护作用和相应功能，且可相对主体结构有一定位移能力和变形能力。

一、饰面砖粘贴

饰面砖包括釉面砖、外墙面砖、地面砖、陶瓷锦砖、玻璃锦砖等。面砖应颜色均匀、尺寸一致，边缘整齐，棱角不得损坏，无缺釉、裂纹，平整度及吸水率符合要求。墙面砖铺贴前，应按抹灰要求对基体进行处理，然后涂刷结合层后，抹水泥砂浆找平层，表面用木抹子搓毛，养护1～2d后即可贴砖。

（一）内墙釉面砖

釉面砖主要用于卫生间、厨房、浴室等内墙装修。其高度一般应进入吊顶内50～100mm。施工工艺流程为：基层处理→排砖、弹线→浸水、阴干→粘贴→嵌缝及清理。

1. 准备

粘贴前应清扫基层，过干者应洒水湿润。釉面砖应经挑选，使规格、颜色一致，并在清水中浸泡（以瓷砖吸足水不冒泡为止。用胶粘时不泡）后，阴干备用。

对粘贴基层应找好规矩，弹出横、竖控制线，按砖实际尺寸进行预排。在同一墙面最好只留一行（列）非整块面砖，且应排在顶、底部或不显眼的阴角处，其尺寸不得小于1/4砖。而砖的排列方法有直缝排列和错缝排列两种。缝宽应符合设计要求，一般为1～2mm。墙面阴角应留出5mm伸缩缝，待贴砖后用密封胶嵌填。用废瓷砖按粘结层厚度贴标志块，间距为1.5m，阳角处要双面挂直，如图9-8所示。

2. 粘贴

根据弹线固定底部尺板，作为粘贴第一皮瓷砖的支撑，由下向上铺贴。应先粘贴角部及中间每隔2m的竖向标志带，以便挂水平线控制铺贴的垂直度和平整度。层块间应设置间隔件控制缝宽。阳角两面瓷砖应45°对角，以减少露边。对突出墙面的支承件、开关盒处，应用整砖套割吻合，不得用非整砖拼凑。

粘贴时，应在砖背面涂抹5～10mm厚的

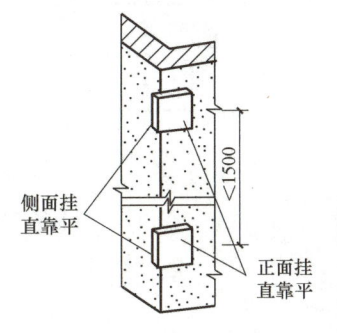

图9-8 阳角双面挂直示意

9-3

1:2水泥砂浆进行粘贴。也可在基层和砖背面均涂批瓷砖胶粘剂，粘结层总厚度宜为5mm。涂批时，先用带齿抹刀的无齿侧边刮抹压实，再用有齿边刮出齿槽。粘贴就位后沿齿槽横向挤揉压实，并满足位置及平整度要求，且胶浆饱满，与基层粘结牢固。用水平尺随时检查平直、方正情况，调整缝隙。凡遇砂浆或胶黏剂亏欠、粘结不密实等情况时，应取下瓷砖补充砂浆或胶黏剂后重新粘贴，不得在砖口处塞填，以防空鼓。

3. 嵌缝及清理

釉面砖粘贴后，用潮湿棉纱将表面灰浆拭净，然后用与面砖颜色相同的嵌缝剂或水泥浆嵌缝并适当压实，做到缝宽均匀、密实，无气孔和砂眼。嵌缝后擦拭干净。养护不少于7d。

（二）外墙面砖

外墙面砖分毛面和釉面两种。宜选用背面有燕尾槽且深不小于0.5mm的产品。面砖的吸水率一般不应大于6％，寒冷地区不应大于3％且经抗冻性检验合格。粘贴面积大时应设置纵横伸缩缝，其间距不大于6m，缝宽20mm，并在施工后用耐候密封胶嵌填。

工艺流程为：基层处理→排砖、分格、弹线→粘面砖→勾缝→清理表面。

1. 准备

首先应按面砖颜色、大小，厚薄进行分选归类。其次要按设计要求的排列方式（直缝排列或错缝排列等）和砖缝尺寸绘制排布图。要求砖缝宽度不小于5mm；尽量使墙面不出现非整砖，若必须使用时其宽度不得小于整砖的1/3。然后进行分格、弹线。先用经纬仪找出垂直基准线，每隔1.5～2.0m作标志块，粘结层总厚度控制在3～8mm；按排布图弹出楼层水平线和垂直控制线、分格线，按皮数杆在墙面上弹出或挂砖缝水平线、垂直线。

2. 面砖粘贴

外墙面砖的铺贴应自上而下进行。宜采用水泥基类专用瓷砖胶粘剂粘贴。粘贴前，应清扫基层表面及面砖背面的粉状物，并在墙面找平层上刷结合层。粘贴时，用齿形抹刀在墙面上及砖背面均刮抹胶粘剂，排放在合适的铺装位置，垂直于胶粘剂齿槽方向轻轻揉压，确保全面粘着，胶粘剂饱满。若有亏空，取下重贴。并随时检查平整度、垂直度。

在粘贴时挤入缝中的胶黏剂应随手刮净。窗台、檐口、装饰线等部位的面砖粘贴，要注意搭盖关系，并符合流水坡度（不小于3％）和滴水构造要求，如图9-9所示。

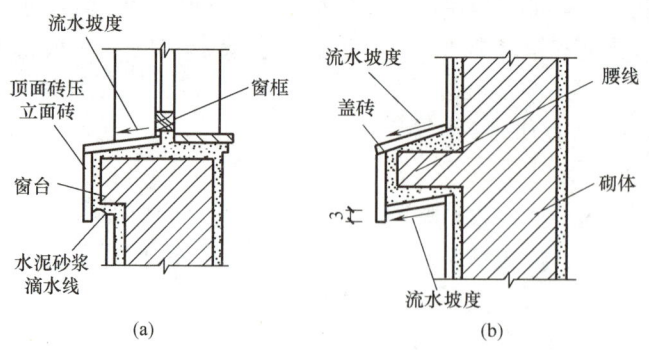

图 9-9　外窗台及腰线面砖粘贴示意图
（a）窗台；（b）腰线

3. 勾缝及清洗

一个层段贴完后，即可进行勾缝处理。勾缝应使用满足防水及变形缓冲要求的填缝材料，且颜色符合设计。勾缝后的凹缝深度应按设计要求，但不宜大于 3mm。作业过程中，应随时将砖表面的污物擦净，特别是毛面面砖。待填缝硬化后，应对砖表面进行清洗。

（三）地砖及石材楼地面铺贴

1. 构造做法

地面砖、大理石或花岗石面层是将其板材铺设在干硬性水泥砂浆（以手捏成团、落地即散为宜）找平层上。找平层的厚度应按设计要求，并考虑有无管线、垫层或楼板的平整度而定，一般为 25～35mm；配合比为 1：3～3.5。当找平层只能为 10～15mm 时，可采用配合比为 1：2 的水泥砂浆，稠度为 25～35mm。一般构造如图 9-10 所示。当在硬结的找平层上铺贴时，宜采用胶粘硬铺法。

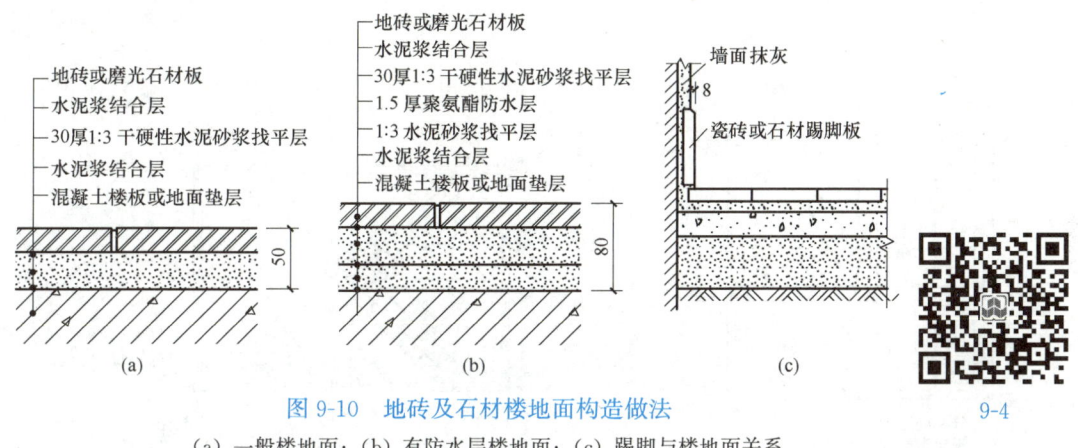

图 9-10　地砖及石材楼地面构造做法
（a）一般楼地面；（b）有防水层楼地面；（c）踢脚与楼地面关系

9-4

2. 施工条件与准备

楼地面砖或石材面层施工应在墙面抹灰完成，门框、管线、埋件安装及验收完毕，卫生间等防水及保护层施工完毕后进行。用于室内的花岗石应经放射性检验合格。

砖、石材应先挑选，按规格、颜色和图案组合分类堆放；陶瓷地砖及石材应在铺设前一天浸透、阴干备用。石材背面及侧棱应涂刷防碱封闭涂料，以防碳酸钙渗出而影响装饰效果。

铺设施工前应绘制板块排布图并进行试拼、试排。排布时力求对称和减少切割，避免出现小于 1/4 的条块，必要时可通过圈边解决。房间内外不同颜色或不同材料的接缝应设在门底位置。

3. 施工方法

工艺顺序：基层处理→找标高、弹线→试拼试排→逐块铺贴→灌缝、擦缝→养护。

（1）基层处理

板块地面铺砌前，应先挂线检查楼板或垫层的平整度，清除杂物、砂浆，并清扫干净。对光滑的混凝土楼面，应凿毛处理或涂刷界面剂。基层表面应提前一天浇水湿润。

（2）弹线

根据设计要求，确定平面标高位置。然后在相应的立面上弹线，再根据板块分块情况挂线找中，即在房间地面取中点，拉十字线（图 9-11）。若房间与走廊使用同种材料直接相通，则在门口处与走廊地面拉通线。板块布置要以十字线对称排列。

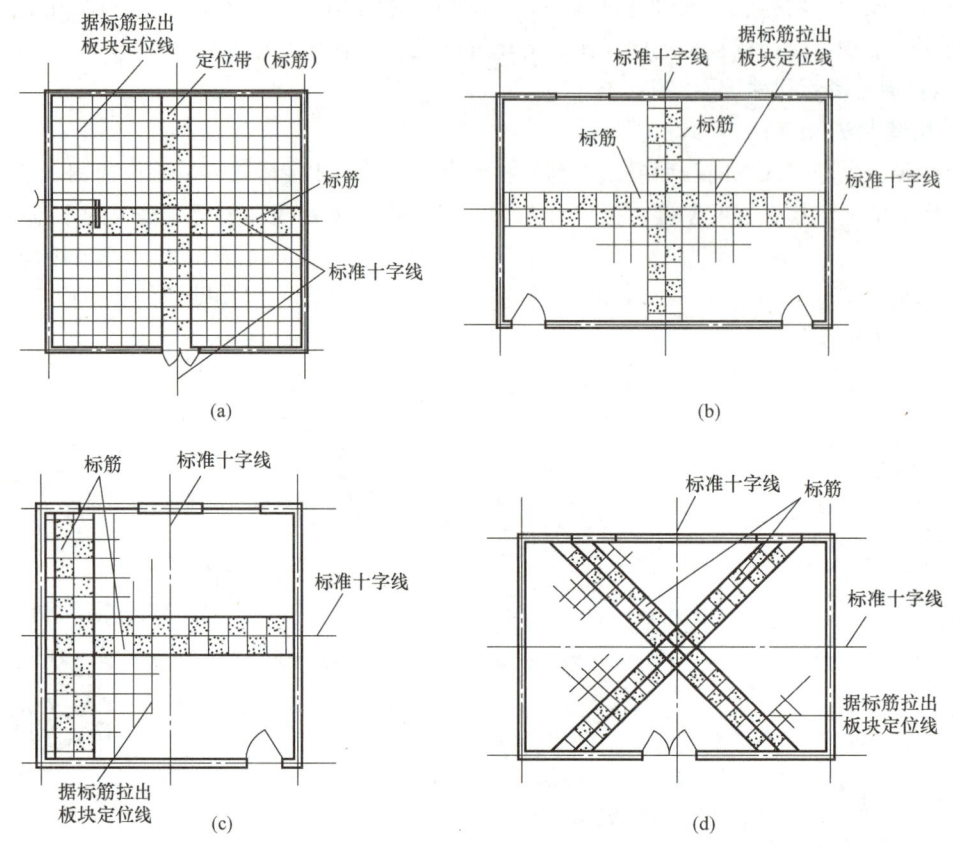

图 9-11　楼地面块材定位带（标筋）设置示意图

（a）连通走廊正十字标筋；（b）房间内正十字标筋；（c）小房间丁字标筋；（d）斜十字标筋

（3）试拼试排

在房间内的两个相互垂直的方向各铺一干砂带（图 9-11），厚度不小于 30mm。按排布图干铺板块，以便检查板块之间的缝隙，核对板块与墙面、柱、洞口等部位的相对位置。高档地砖和石材板块间的缝隙宽度应不大于 1mm，小块地砖离缝铺贴时宜为 5～10mm。

（4）铺设板块

试铺后，将干砂和板块移开，清扫干净。根据房间拉的十字控制线，纵横各铺一行定位带，作为大面积铺砌的标筋（图 9-11）。然后再按此标筋向四周扩展或从房间里侧向门口铺设，以便于成品保护。

铺设每一块板材时，均需在基层上刷素水泥浆（水灰比为 0.4～0.5）后，再摊铺找平层干硬性水泥砂浆，并用杠尺刮平、抹子拍实找平。搬起板块对好纵横控制线铺落，用橡皮锤敲击或开启平铺机、振实砂浆至铺设高度后，将板块轻轻搬起，检查砂浆表面是否密实。如发现有空虚之处，应用砂浆填补并再次铺上板块敲、振，直至板材表面高度及与邻近石材关系基本满足要求、结合层砂浆紧密为止，然后正式镶铺。即先在水泥砂浆结合层上满浇一层水灰比为 0.5 的素水泥浆（或刮在板块底面，2～3mm 厚），再正式铺板块并用锤敲实或振实，高度、缝隙、水平度符合要求为止。并将表面清理干净。

（5）擦缝养护

铺贴后 3d 内禁止上人走动。在铺贴 24h 后开始洒水养护，3d 后用 1∶1 细砂浆灌缝至 2/3 高度，再用同色水泥浆擦缝，并将面层清理干净，继续养护 3～7d。

4. 注意事项

（1）浅色石材，粘结水泥浆应采用白水泥调制。高档浅色石材铺贴时，其水泥砂浆结合层也宜采用白水泥调制。

（2）对铺贴好的板材应及时用湿布清洁表面，避免污染。

（3）做好养护和保护。对于浅色或高档石材在擦缝清理后，可先铺盖塑料薄膜，再铺盖地垫等保护，并防止水泡串色。

二、石材饰面板安装

用石材作为饰面材料，是一种高档做法，造价高，施工要求严格。石材饰面板可分为天然石材和人造石材。前者包括大理石板、花岗石板、青石板等；后者包括预制水磨石板、人造石板、陶瓷板、合成装饰板等。按石材表面加工方法分为天然面、麻面、条纹面、粗磨面、光面、镜面等。

薄型石材或安装高度不超过 1m 的小规格饰面板（指边长不大于 400mm），常采用与釉面砖类似的粘贴方法安装，不再赘述。大规格的饰面板则需使用一定的连接件挂装。

（一）湿挂法

湿挂法亦称湿作业法或挂装灌浆法。这是一种传统安装方法，施工简单，但速度慢，易产生空鼓和"泛碱"现象，仅用于高度小、装饰效果要求不高的部位。其施工工艺流程为：基体处理→绑扎钢筋网→预拼编号→固定绑丝→板块就位及临时固定→灌水泥砂浆→清理及嵌缝。为了阻止水泥砂浆析出的氢氧化钙渗透到石材表面而"泛碱"，石材在安装前须进行防碱封闭处理。

9-5

石材安装构造如图 9-12 所示。该种方法由于存在较多弊病，已逐渐被干挂法取代。

（二）干挂法

干挂法是将石材饰面板通过连接件固定于结构表面的施工方法。由于在板块与基体之间形成空腔，故受结构变形影响较小、抗震能力强，施工速度快，并可避免泛碱现象。现已成为石材饰面板安装的主要方法。

对表面较平整的钢筋混凝土墙体，一般采用直接干挂法，即通过不锈钢连接件将板材与结构墙体直接连接；对于表面不平整的混凝土墙体、非钢筋混凝土墙体或利用饰面板造型的墙体等，则需采用骨架干挂法，即石材挂在固定于主体结构的金属骨架上，形成石材幕墙。其常见构造见图 9-13。

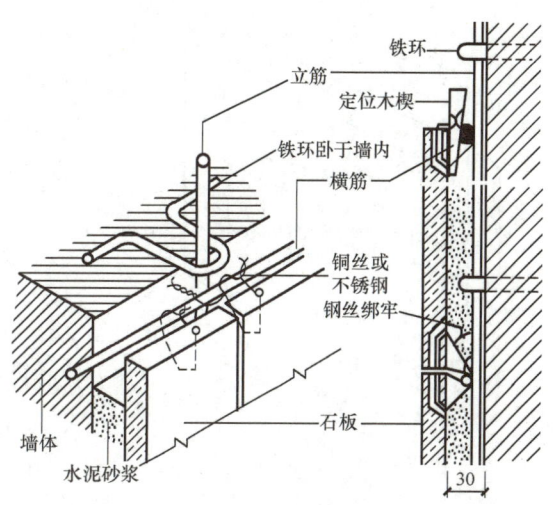

图 9-12　湿作业法安装固定示意

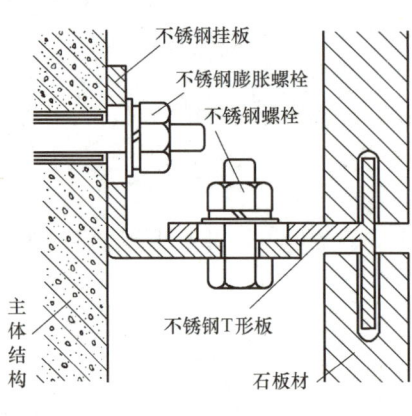

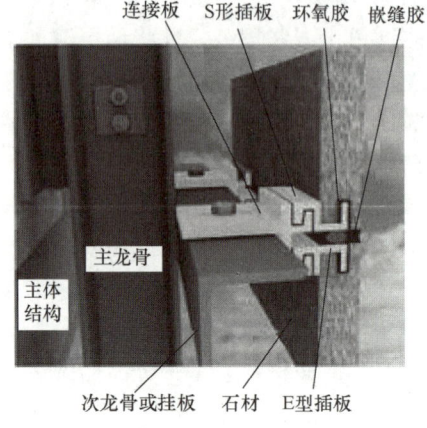

(a)   (b)

图 9-13　干挂工艺构造示意图

（a）直接干挂；（b）骨架干挂

直接干挂法的施工工艺流程是：墙面修整、弹线、打孔→固定连接件→安装板块→调整固定→嵌缝→清理。

9-6

1. 准备

石材安装前，对混凝土墙体表面应进行凿平修整，弹出石材安装的位置线。在板材的上、下顶面钻孔或开槽，槽孔深度为 21～25mm，孔径或槽宽为 6mm。其位置及数量如图 9-14 所示。钻孔或开槽应在专用模具上进行，以确保位置准确。

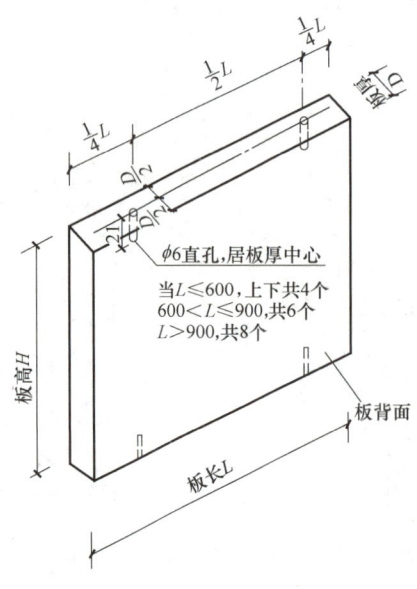

$\phi6$直孔,居板厚中心

当$L\leqslant600$,上下共4个
$600<L\leqslant900$,共6个
$L>900$,共8个

板高H

板长L

板背面

图 9-14　板材钻孔或开槽位置及数量

2. 固定连接件

按设计图纸及板材钻孔位置，准确地在结构墙上弹出水平线并做好标记，然后按点打孔。打孔可使用 $\phi12.5$ 钻头的冲击钻，孔深应为 60～80mm。成孔后，安放膨胀螺栓将挂板固定，用扳手拧紧，安装节点如图 9-13（a）所示。挂板及连接板开有不同方向的槽形孔，以便于安装时调节位置（图 9-15）。

3. 安装固定板材

板材的安装由下而上分层依次进行。先将连接板用 $\phi8$ 螺栓与挂板临时固定；再将石板下部孔槽内涂抹胶粘剂，并套在下部连接件伸出的锚固针（或板）上；调整对位后，向孔槽缝隙内填胶，将长 50mm 的 $\phi5$ 连接钢针（或锚固板）插入石板上部孔（槽）内，调整垂直度、平整度和水平度，将各个螺栓紧固。钢针或锚固板进入孔（槽）的深度不小于 20mm。

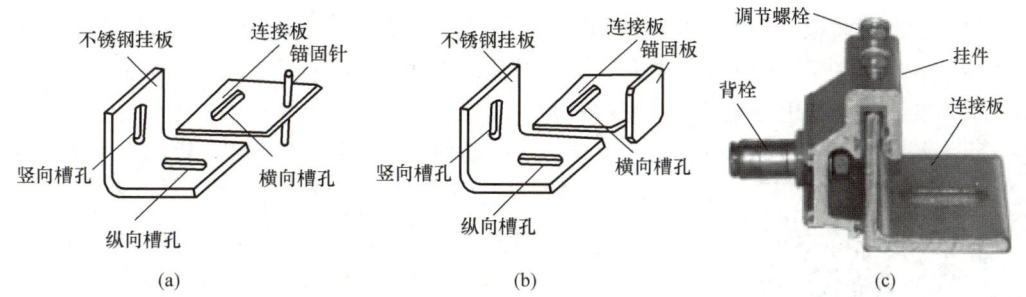

图 9-15　可三向调节的干挂件

（a）锚固针挂件；（b）锚固板挂件；（c）背栓式挂件

骨架干挂法是在主体结构埋件上固定竖向主龙骨，安装次龙骨后在其上临时固定连接板、安装插板和石材，调整并紧固连接板螺栓，构造见图 9-13（b）。

近年来，每块石材可单独拆卸的连接方法及相应挂件得到广泛应用。如背栓挂件（图 9-15c）、插板挂件等。背栓挂件是在石材背面用柱椎式钻头钻孔，安装背栓和挂插件（每块板四个点），然后再安装到与次龙骨临时固定的连接件上（图 9-16），它不仅可用于墙面，还易于悬吊安装或任意角度拼挂造型。板材单独连接，可避免应力积累和集中；当主体结构发生较大位移或温差较大时，不会在板材内部产生过大附加应力，特别适于高层和抗震建筑。此外也便于板材的更换。

9-7

4. 嵌缝

每一施工段安装后经检查无误，可清扫拼接缝，填塞聚乙烯泡沫嵌条，随后用胶枪嵌注密封硅胶。嵌缝构造如图 9-17 所示。

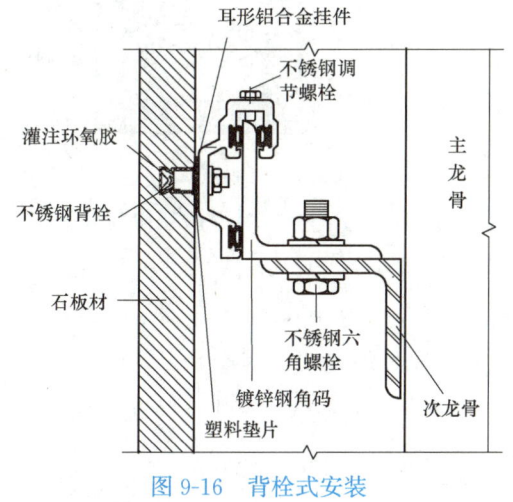

图 9-16　背栓式安装

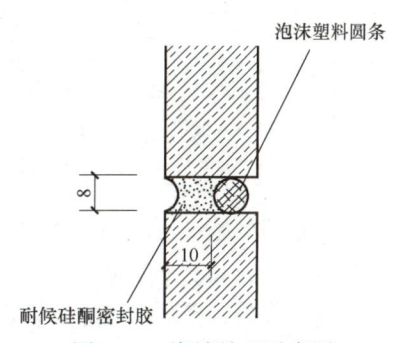

图 9-17　嵌缝处理示意图

三、建筑幕墙安装

建筑幕墙是指由金属构件与各种板材组成的悬挂在主体结构上的围护结构。它如同罩在建筑物外的一层薄薄的帷幕。建筑幕墙是现代科学技术的产物和象征，广泛用于各种大型、重要的高层建筑的外装饰和围护墙。

建筑幕墙按其面板种类可分为玻璃幕墙、金属幕墙、石材幕墙、人造板材幕墙及组合幕墙等。幕墙一般均由骨架结构和幕墙构件两大部分组成。骨架通过连接件悬挂于主体结构上，而幕墙构件则安装在骨架上。幕墙的一般构造见图9-18。

9-8   9-9

金属幕墙、石材幕墙及人造板材幕墙一般均将骨架隐蔽起来，而玻璃幕墙按结构特点，可分为构件式、单元式、点支承式和全玻璃幕墙四种形式。点支承式玻璃幕墙是将四角钻孔的玻璃，通过不锈钢四爪挂件与骨架连接而成。全玻璃幕墙则是采用大块钢化玻璃或夹层钢化玻璃竖立或悬挂而成，多用于建筑物首层较开阔的部位。

幕墙的骨架是由竖向和横向龙骨用相应的连接件组成的承力结构，常用具有防腐层的型钢或铝合金专用龙骨和连接件，并以配套的不锈钢固定件与主体结构上的埋件连接。竖向龙骨采用悬挂安装，与下层通过芯柱套接，以适应结构层间变形的位移。

玻璃幕墙多采用中空玻璃作为幕墙构件。它是由两层或两层以上的玻璃构成，中间充入干燥气体，周边铝框内填充干燥剂，以保证玻璃间的干燥度，外边用高强、高气密性复合胶粘剂将玻璃与铝框粘结密封，见图9-19。外层玻璃多为钢化或复合型安全玻璃，且在其里侧进行镀膜等功能性处理。

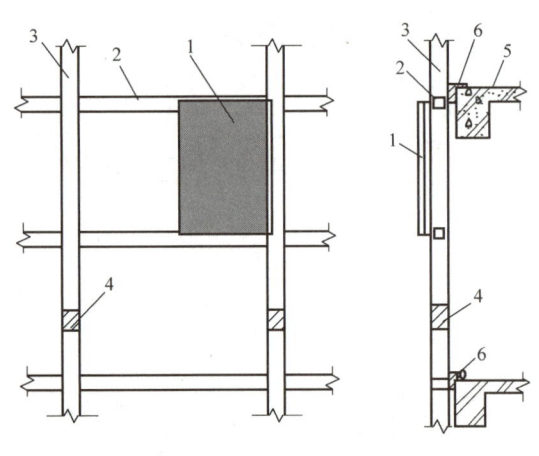

图9-18　幕墙组成示意图

1—幕墙构件；2—横梁；3—立柱；4—立柱活动接头；
5—主体结构；6—立柱悬挂点

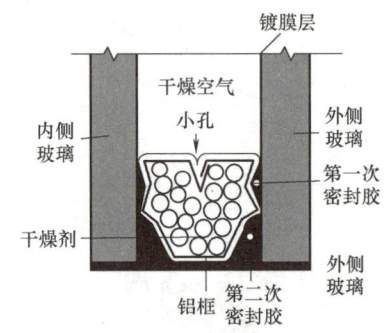

图9-19　中空玻璃构造示意

各种幕墙的施工方法基本相同，对于构件式（有框架）的幕墙，其安装工艺流程为：放线→框架立柱安装→框架横梁安装→幕墙构件安装→嵌缝及节点处理。若在工厂将幕墙构件组合为一体，即构成单元式幕墙，能提高质量并简化安装程序。

第三节　门窗与吊顶工程

一、门窗安装工程

门窗是建筑物的重要组成部分。由于在隔热、保温、密闭、隔声、防火、防盗等功能、装饰效果及保护环境等方面的要求越来越高，木窗、实腹及空腹钢窗的使用受到限制。目前，塑料门窗、铝合金门窗、涂色镀锌钢板门窗、木门、不锈钢门、玻璃门等已成为主流。

门窗进场时应检验其产品合格证书、性能检验报告；并对人造木板门的甲醛释放量，外窗的气密、水密和抗风压性能等指标进行复验；特种门及其配件应有生产许可文件。

门窗安装在满足装饰效果及使用功能要求的同时，必须保证牢固。在砌体上安装禁止采用射钉固定，推拉门窗扇必须安装防脱落装置。对于能通视的成排成列的门窗，安装时应拉通线，以减少偏差。

(一) 塑料及铝合金门窗的安装

塑料门窗、铝合金门窗、涂色镀锌钢板门窗均为材质较软的成品门窗，施工工艺顺序及安装方法类似。这类门窗装饰性及保温、密闭功能强，但强度较低、刚度差、易损伤，因而，必须采用预留洞口方法施工。按其安装构造，可分为带副框安装和不带副框安装两种。

一般施工工艺顺序为：检查洞口尺寸、抹底灰→框上安装连接铁件→立框、校正→连接件与墙体固定→框边填注聚氨酯发泡胶→做洞口饰面面层→注密封膏→安装玻璃→安装五金件→清理→撕下保护膜。

1. 施工准备

塑料及铝合金门窗的安装应在内外墙体湿作业（抹灰、贴砖等）完成后进行，否则应采取有效保护措施。带有副框的门窗，其副框可在湿作业前进行。

（1）材料与工具

按设计要求仔细核对门窗的型号、规格、开启形式、开启方向、组合门窗的组合件、附件是否齐全。拆除门窗的包装物，但不得撕去门窗的外保护膜，逐一检查有无损坏。准备好电锤、手枪钻、射钉枪等机具和所需安装工具。

（2）检查及处理洞口

结构洞口与门窗框之间的间隙应根据墙面装饰做法而定，清水墙宜为10mm；一般抹灰墙面为15～20mm；贴面砖为20～25mm；石材墙面为40～50mm。窗下框与洞口间隙还应考虑室内窗台做法，可根据设计要求确定。洞口尺寸合格后，在其周边抹3～5mm厚1：3水泥砂浆底灰，用木抹子搓平并划毛。

（3）在洞口内按设计要求弹好门窗安装准线。准备好安装脚手架及安全设施。

2. 安装施工

（1）安装连接铁件

先在门窗框上用$\phi3.2$mm的钻头钻孔，拧入$\phi4\times15$mm自攻螺钉将连接件固定。连接铁件应采用1.5mm厚、宽度不少于15mm的镀锌钢板。连接铁件及固定点的位置应距门窗角、中横框、中竖框150～200mm，中间固定点间距不大于600mm（图9-20）。

（2）立框与固定

① 把门窗框放进洞口的安装线上就位，用对拔木楔临时固定。校正其正、侧面垂直度、对角线和水平度，合格后将木楔打紧。木楔应塞在边框、中竖框、中横框等能受力的部位。门窗框临时固定后，应及时开启门窗扇，反复开关检查灵活度。如有问题须及时调整。

② 混凝土墙洞口应采用射钉或膨胀螺栓固定连接件（图9-21）；砖墙洞口应采用塑料胀管螺钉或水泥钉固定，每个连接件不宜少于2只螺钉，且应避开砖缝。固定点距结构边缘不得小于50mm。

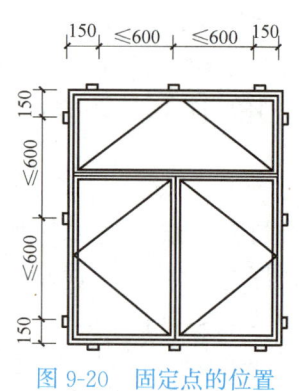

图 9-20　固定点的位置

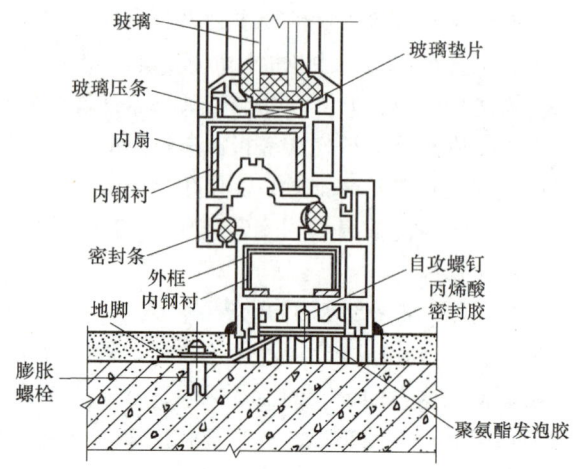

图 9-21　门窗用膨胀螺栓固定的节点

（3）填缝与嵌胶

门窗洞口面层抹灰前，在门窗周围缝隙内挤入硬质聚氨酯发泡胶等闭孔弹性材料，使之形成柔性连接，以适应温度变形并兼具保温、防潮功能。洞口周边抹面层砂浆，硬化后，内外周边打密封胶密封。

保温、隔声窗的洞口周边抹灰时，室外侧应采用 5mm 厚的片材，将抹灰层与窗框临时隔开，抹灰厚度应超出窗框（图 9-22）。待抹灰层硬化后，应撤去片材，并将嵌缝膏挤入抹灰层与窗框缝隙内。

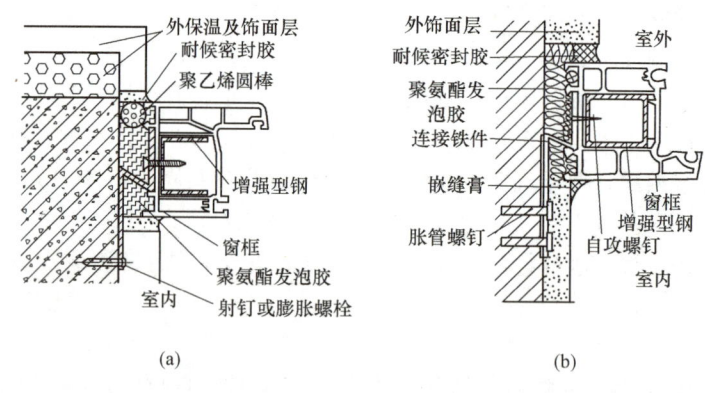

(a)　　　　　　　　　　　(b)

图 9-22　保温、隔声塑料窗安装节点图

（a）窗与有外保温墙体的连接固定；（b）隔声窗的固定与填缝

（4）安装五金件

安装五金件时，必须先在框上钻孔，然后用自攻螺丝拧入。严禁锤击钉入。

（5）安装玻璃

对可拆卸的门窗扇，可先在扇上装好玻璃，再把扇装到框上；对固定门窗，可在安框后，调正调平再装玻璃。

玻璃不得与框扇的槽口直接接触，应在玻璃四边垫上不同厚度的橡胶垫块。在其下部靠近门窗扇的承重点应垫放承重垫块；其他部位的定位垫块，应采用聚氯乙烯胶粘贴固定。

3. 安装要求

门窗及附件质量应符合设计要求和有关标准的规定。门窗安装的位置、开启方向符合设计要求。预埋件的数量、位置、埋设连接方法必须符合要求，固定点及间距正确，框、扇安装牢固，推拉门窗扇有防脱落措施。门窗扇开关灵活（平开扇推拉力不大于80N，推拉扇不大于100N）、关闭严密，无倒翘。门窗与墙体间缝隙用闭孔材料填嵌饱满，表面密封胶粘结牢固，光滑、顺直、无裂纹。

（二）钢质防火门的安装

防火门是为满足建筑防火要求而大量使用的一种门，一般还具有防盗、保温、隔声等功能，广泛用于防火分区、楼梯间和电梯间、外门、住宅户门等。

按耐火极限，防火门分为甲、乙、丙三级。耐火极限分别为1.2h，0.9h和0.6h。按材质分为钢质、复合玻璃和木质防火门，其中钢质防火门应用最广。

钢质防火门是采用优质冷轧钢板作为门扇、门框的结构材料，经冷加工成型。门扇内部填充耐火材料。其构造见图9-23。

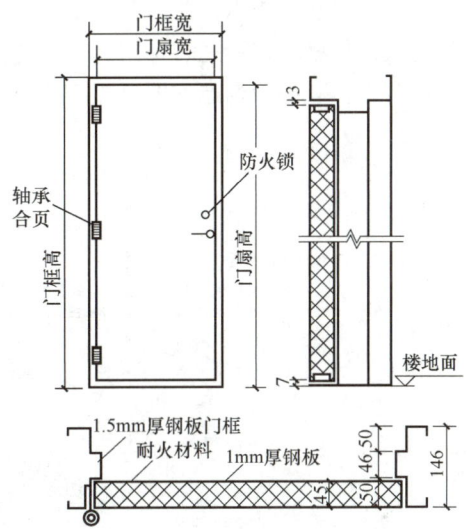

图 9-23　钢质防火门构造示意

1. 施工工艺顺序

弹线→立框→临时固定、找正→固定门框→门框填缝→安装门扇→五金安装→检查清理。

2. 施工要点

（1）安装连接件

1）门洞两侧应预先做好预埋铁件或钻孔安装 $\phi12$ 膨胀螺栓，其位置应与门框连接点相符，如图9-24所示。当门框宽度为1.2m以上时，在其顶部也应设置两个连接点。

2）在门框上安装"Z"形铁脚，以备与预埋铁件或膨胀螺栓焊接，见图9-25。

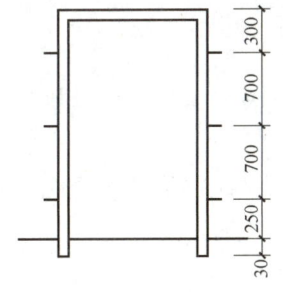

图 9-24　防火门连接点的位置

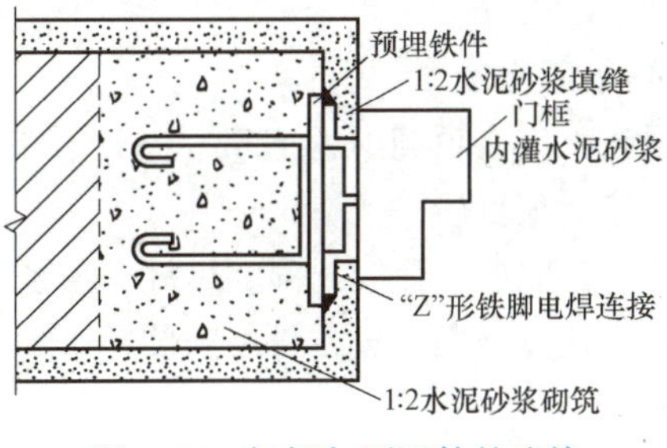

图 9-25　门框与预埋件的连接

（2）安门框

按设计要求的尺寸、标高和方向，弹出门框位置线。

立框前，先拆掉门框下部的拉结板。洞口两侧地面应预留凹槽，门框要埋入地坪以下20mm。将门框按线就位，用木楔在四角做临时固定，同时在框口内的中间和下部各放一水平木方撑紧。门框校正合格、检查无误后，将门框铁脚与预埋件焊牢，撤掉木楔和支撑。然后在门框两上角墙上开洞，向框内灌注M10水泥砂浆或C20细石混凝土，凝固后方可安装门扇。

293

做好养护，冬期施工应注意防冻。

（3）填缝

门框周边缝隙，用1：2水泥砂浆嵌塞牢固，应保证与墙体结成整体。凝固并有一定强度后，进行洞口及墙体、地面抹灰。

（4）安装门扇及附件

抹灰干燥后，安装门扇、五金配件和有关防火装置。门扇关闭后，门缝应均匀平整，开启自由轻便，不得有过紧、过松和反弹现象；五金件和防火装置应灵活有效，满足各自功能要求。

二、吊顶工程

吊顶是现代室内装饰的重要组成部分，它直接影响整个建筑空间的装饰风格与效果，同时还具有保温、隔热、隔声、防火及照明、通风等功能。吊顶主要由吊杆、龙骨、面层三部分组成。吊顶按面层材料接缝是否外露、是否连续等特点可分为整体面层吊顶、板块面层吊顶和格栅吊顶等类型。其一般构造如图9-26所示。

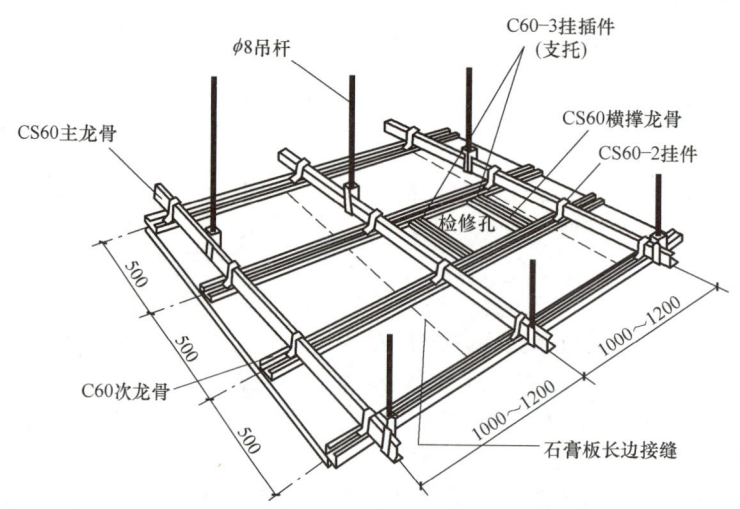

图 9-26　轻钢龙骨石膏板整体面层吊顶构造

（一）吊顶施工

吊顶施工应在顶棚内的通风、空调、消防、电器线路等管线及设备已安装完毕，且做完墙、地湿作业项目后进行。

施工工艺顺序：弹线→固定吊杆→安装主龙骨→按水平标高线调整主龙骨→主龙骨底部弹线→安装次龙骨→固定边龙骨→安装横撑龙骨→安装罩面板。

1. 弹线

根据吊顶的设计标高，在四周墙壁上弹出龙骨的水平控制线。再在水平控制线上划出主、次龙骨分档位置线，在顶板底面标出吊点位置。

2. 固定吊杆

吊杆是吊顶的重要承重部件，可用钢筋或镀锌铁丝制作，现常用镀锌通丝吊杆。非上人吊顶吊杆的直径可为4～6mm，而上人吊顶不得小于8mm。吊杆间距一般为900～1200mm，并保证主龙骨距墙不大于100mm，端部的悬挑长度不大于300mm。吊杆与结构连接方法如图9-27所示。

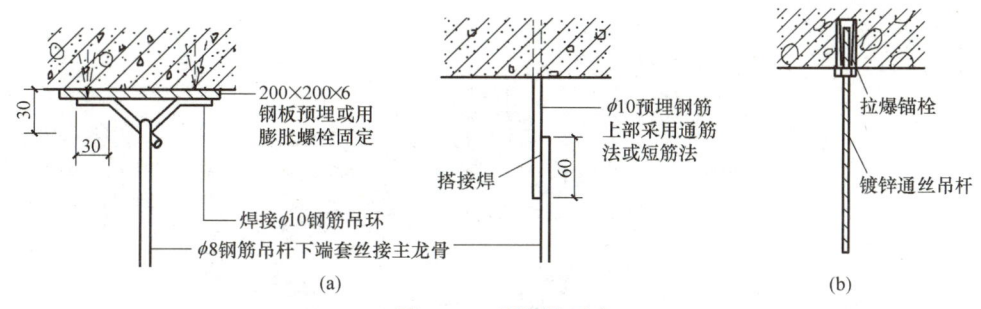

图 9-27　吊杆的固定

（a）上人吊顶的吊杆；（b）非上人吊顶的吊杆

3. 安装龙骨

吊顶龙骨有轻钢龙骨、铝合金龙骨和木龙骨。龙骨一般有主次之分。主龙骨主要起承重作用，不但要承受其下部的吊顶荷载，对上人吊顶还需承受检修人员的荷载，因此必须满足强度、刚度要求。次龙骨的连接与布置间距必须满足面层安装和平整度的要求。

先将主龙骨通过吊挂件与吊杆连接，然后按标高线调整主龙骨的标高，使之水平。固定时应拧紧吊挂件上下的两个螺母，将其锁固。对于较大房间，主龙骨应按短跨长度的 $1/300 \sim 1/200$ 起拱。

次龙骨安装前，应先在主龙骨底部弹线，安装时用专用挂件与主龙骨固定牢固。次龙骨及横撑龙骨的间距应满足罩面板安装的构造要求。

主、次龙骨长度方向均可用接插件接长，但相邻龙骨的接头要错开。龙骨的安装，均需按照弹线位置，从一端依次安装到另一端。如果有高低跨，按先高后低安装。对于检修孔、上人孔、通风算子等部位，应及时留口并安装封边龙骨。

4. 安装罩面板

吊顶面层板的作用因其材料或装饰要求不同而有所区别，有的就是吊顶的面层，有的则作为另覆装饰层的基层。吊顶面层板必须满足各种功能要求（如吸音、隔热、保温、防火等）和装饰效果要求。吊顶板的种类繁多，常采用轻质材料拼装。

根据吊顶的类型及罩面板的种类，常用安装方法有以下几种：

（1）搭装法。将装饰罩面板直接搭放在 T 型龙骨组成的格框内，且搭放宽度不少于龙骨受力面宽度的 2/3。对于较轻罩面板，需用压板或木条固定，以防被风掀起。如图 9-28 所示。

（2）嵌入法。该种板材带有企口暗缝，安装时将 T 型龙骨两肢嵌入板的企口缝内。见图 9-29。

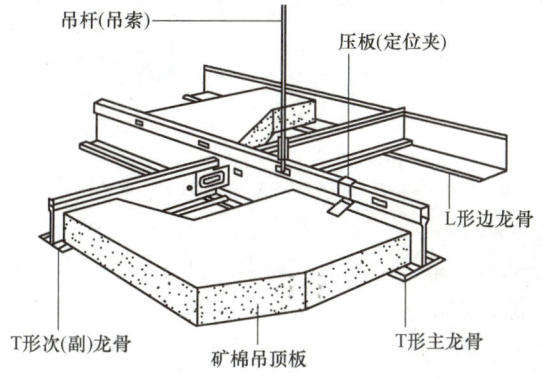

图 9-28　板块面层吊顶之矿棉吸声板平放搭装示意图

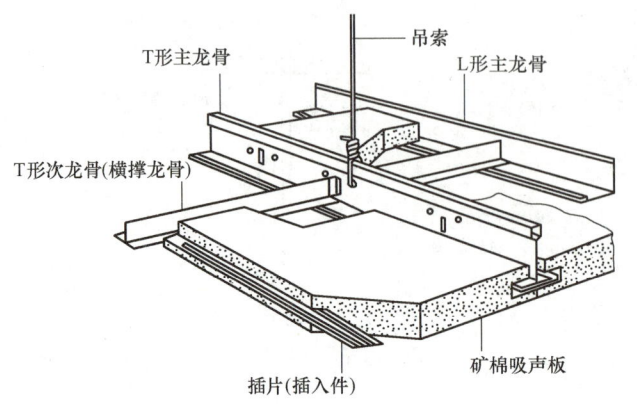

图 9-29　板块面层吊顶之矿棉吸声板的企口板嵌插安装示意图

（3）粘贴法。将装饰罩面板用胶粘剂直接粘贴在龙骨上，如玻璃吊顶等。

（4）钉固法。将装饰罩面板用螺丝钉、自攻螺钉等固定在龙骨上，钉子应排列整齐。如纸面石膏板，钉距不大于 170mm，距板边 15mm，钉头略沉入板面。

（5）卡固法。多用于铝合金板吊顶，板材与龙骨直接卡接固定。如图 9-30 所示。

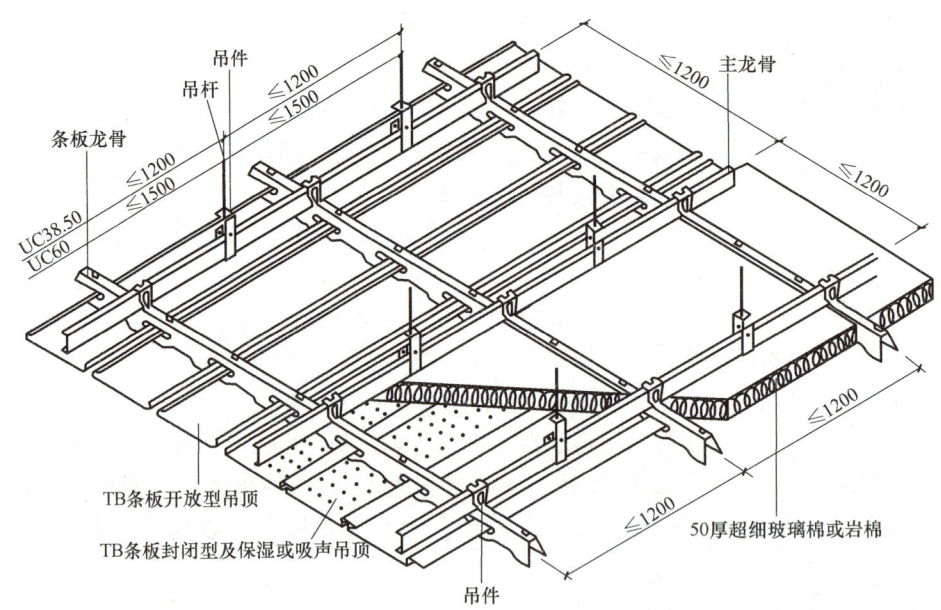

图 9-30　板块面层吊顶之铝合金条板吊顶构造示意

（二）施工注意问题

（1）吊杆长度大于 1.5m 时，应设置反支撑。吊杆上部为网架、钢屋架或吊杆长度大于 2.5m 时，应设钢结构转换层。

（2）吊顶龙骨不得悬吊在设备、管线上。较大灯具处应做加强龙骨，重型灯具、投影及吊扇、音箱等有振动荷载的设备应单独悬挂，严禁安装在吊顶龙骨上。

（3）吊顶工程的预埋件、钢吊杆等均应进行防锈处理；木龙骨、木吊杆、木饰面板等必须进行防火处理，并满足规范规定。

（4）罩面板安装，需在吊顶内的管线及设备调试及验收完成，且龙骨安装完毕并通过隐检验收后进行。石膏板、水泥纤维板的接缝，填补时应粘贴玻纤网格布进行防裂处理；安装双层板时，面层板与基层板的接缝位置应错开，且不在同一根龙骨上。

第四节 涂饰与裱糊工程

一、涂饰工程

涂饰是将涂料涂敷于基体表面，且与基体有很好地粘结，干燥后形成完整的装饰、保护膜层。涂料涂饰是当今建筑饰面广泛采用的一种方式，它具有施工方便、装饰效果较好、经久耐用、便于更新等优点。

涂饰工程按照涂装的部位可分为外墙、内墙面、墙裙、顶棚、地面、门窗、家具及细部工程涂饰等。建筑涂料的产品种类繁多。按涂料成膜物质的组成不同可分为油性涂料、有机高分子涂料、无机高分子涂料、复合涂料；按涂料分散介质（稀释剂）的不同可分为溶剂型涂料、水乳型涂料、水溶型涂料；按涂料所形成涂膜的质感可分为薄涂料、厚涂料、复层涂料等。

（一）涂饰施工的程序与条件

1. 施工程序

涂饰施工应在抹灰工程、地面工程、木装修工程、水暖工程、电气工程等全部完工并经验收合格后进行。门窗的面层涂料、地面涂饰应在墙面、顶棚等装修工程完毕后进行。

建筑物中的细木制品、金属构件和制品，如为工厂制作组装，其涂料宜在生产制作阶段涂饰，安装后再做最后一遍涂饰；如为现场制作组装，则组装前应先刷一遍底子油（干性油、防锈涂料等），待安装后再进行涂饰。

金属管线及设备的防锈涂料和第一遍银粉涂料，应在设备、管道安装就位前涂刷。最后一遍银粉涂料应在顶、墙涂料完成后再涂刷。

2. 施工条件

涂饰施工时，混凝土或抹灰基体的含水率，涂刷溶剂型涂料时不得大于8%；涂刷乳液型涂料时不得大于10%。木材制品的含水率不得大于12%。以免水分蒸发造成涂膜起泡、针眼和粘结不牢。

在正常温度气候条件下，抹灰面的龄期不得少于14d、混凝土龄期不得少于30d，方可进行涂料施工。以防止发生化学反应，造成涂料变色和流淌。

涂饰施工的环境温度宜在5~35℃之间，湿度必须符合所用涂料的要求，以保证其正常成膜和硬化。室外涂料工程施工过程中，应注意气候的变化，遇大风、雨、雪及风沙等天气时不应施工。

（二）涂饰施工

1. 基层处理

根据涂料对基层的要求，包括基层材质材性、坚实程度、附着能力、清洁度、干燥程度、平整度、酸碱度等，做好基层处理。其主要工作内容包括基层清理和修补。

（1）混凝土及砂浆基层

为保证涂膜能与基层牢固粘结在一起，基层表面必须干净、坚实，无酥松、脱皮、起壳、粉化等现象，基层表面应清扫干净。缺棱掉角处应用1:3水泥砂浆（或聚合物水泥砂浆）修补，表面的麻面、缝隙及凹陷处应用腻子填补修平。对填补的沟槽、板材接缝等易开裂处应粘贴玻纤网格布条，阴、阳角宜粘贴专用塑料角条做加强处理。在刮腻子或直接刷涂料前，对新建筑物的混凝土或抹灰基层应涂刷抗碱封闭底漆，旧墙面应清除疏松的旧装饰层，并涂刷界面剂。

（2）木材与金属基层

为保证涂膜与基层粘结牢固，木材表面的灰尘、污垢和金属表面的油渍、锈斑、焊渣、毛刺等必须清除干净。木料表面的裂缝等用石膏腻子填补密实、刮平收净，并用砂纸磨光。木材基层的缺陷处理好后，表面上应作打底子处理，使基层表面具有均匀吸收涂料的性能，以保证面层的色泽均匀一致。金属表面应刷防锈漆，涂饰前表面不得有湿气。

2. 刮腻子与磨平

基层必须刮腻子数遍予以找平、填平孔眼和裂缝，并在每遍腻子干燥后用砂纸打磨，保证基层表面平整光滑。

腻子的种类应根据基体材料、所处环境及涂料种类确定。如室外墙面常采用水泥类腻子，室内的厨房、卫生间墙面必须使用耐水腻子，木材表面应使用石膏类腻子，金属表面应使用专用金属面腻子。刮腻子的遍数，应视涂饰工程的质量等级，基层表面的平整度和所用的涂料品种而定，但总厚度一般不得超过 5mm，否则应采取加固措施。

腻子层应平整、坚实、牢固，无粉化、起皮和裂缝。磨平后，表面用洁净的潮布揩净。

3. 涂饰方法与要求

（1）一般要求

涂料的溶剂（稀释剂）、底层涂料、腻子等均应合理地配套使用。涂料使用前应调配好，在涂饰前及涂饰过程中，必须充分搅拌，以免沉淀。用于同一表面的涂料，应避免色差。涂料的黏度或稠度应根据施工方法、施工季节、温度、湿度等调整合适，使其在涂饰时不流坠、不显刷纹。如需稀释，应用该种涂料所规定的稀释剂稀释。

涂饰遍数应根据工程的质量等级而定。涂饰溶剂型涂料时，后一遍涂料必须在前一遍干燥后进行；涂饰乳液型和水溶性涂料时，后一遍涂料必须在前一遍表干后进行。每遍涂层不宜过厚，应涂饰均匀，各层结合牢固。

（2）涂饰方法

涂饰的基本方法有刷涂、滚涂、喷涂、刮涂、弹涂和抹涂等。常用工具见图 9-31。

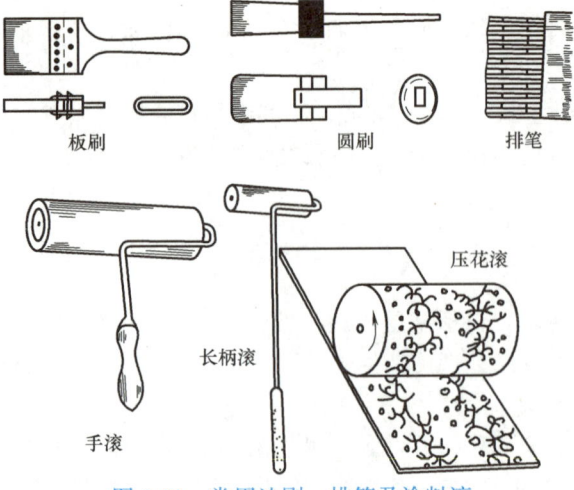

板刷　　　圆刷　　　排笔

压花滚

长柄滚

手滚

图 9-31　常用油刷、排笔及涂料滚

1）刷涂。刷涂是用毛刷、排笔等工具在物体表面上涂饰涂料。其特点为：工具设备简单、操作方便、适应性广，除极少数流平性较差或干燥太快的涂料不宜采用刷涂外，大部分薄质涂料或云母片状厚质涂料均可采用。用刷涂法施工，涂料浪费少，不易污染环境和非涂饰部位；但存在费工时、劳动强度大及装饰性能较差等缺点。

刷涂顺序是先左后右、先上后下、先难后易、先边后面。施工中一般分为开油、横油、斜油、竖油和理油四个步骤。对流平性较差、挥发性快的涂料，不可反复过多回刷。

2）滚涂。滚涂是利用涂料滚进行涂饰。这种施工方法具有施工设备简单、操作方便、工效高、涂饰质量好及对环境无污染等优点。但边角处仍需用排笔、油刷涂刷。常用涂料滚是长毛绒滚筒，也有可在涂层上滚压出花纹的橡胶或绒面压花滚筒。

滚涂施工时，蘸料要均匀，开始滚动时要慢，用力要轻，防止飞溅和流淌。滚涂的涂膜应厚薄均匀，平整光滑，不流挂，不漏底。饰面式样要符合设计要求，花纹图案完整清晰、匀称一致，颜色和谐。

3）喷涂。喷涂是利用压力或压缩空气将涂料分布于物体表面的一种施工方法。喷涂的涂层厚度较均匀，外观质量好，工效高，适于大面积施工，并可以通过调整涂料黏度、喷嘴大小及排气量，获得不同质感的装饰效果。各种涂料均可进行喷涂，外墙使用更为广泛。

喷涂作业时，设备压力要稳定。手握喷枪要稳，涂料出口应与被涂面垂直（图9-32）；喷枪（或喷斗）移动时应与喷涂面保持平行，距离一般应控制在40～60cm左右，运行速度适宜且应保持一致，运行路线如图9-33所示。每次直线喷涂长度为70～80cm后，拐弯180°向后喷涂下一行。相邻两行喷涂面的重叠宽度，应控制在喷涂宽度的1/2～1/3，以便使涂层厚度比较均匀，色调基本一致。

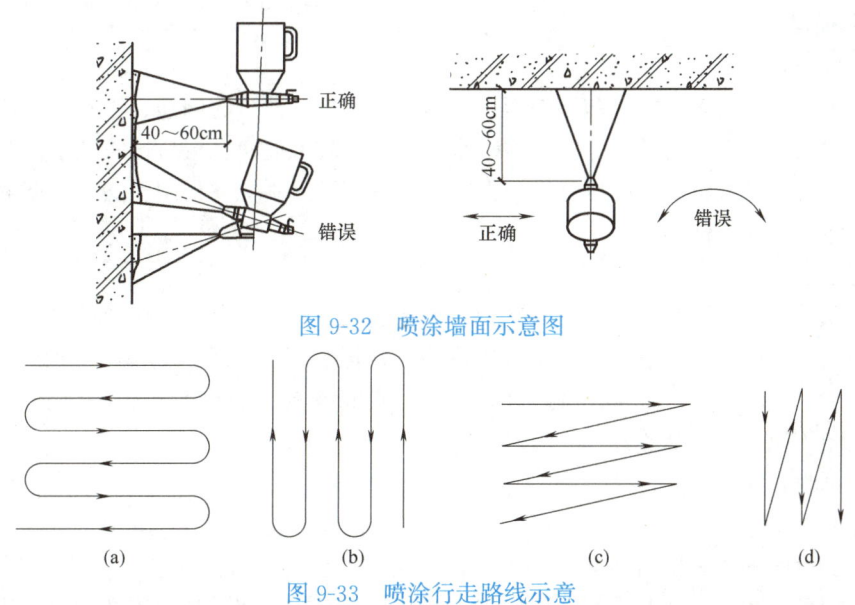

图 9-32　喷涂墙面示意图

图 9-33　喷涂行走路线示意
（a）横向喷涂正确路线；（b）竖向喷涂正确路线；（c）、（d）错误喷涂路线

喷涂施工质量要求为：涂膜应厚度均匀、颜色一致、平整光滑，不应出现露底、皱纹、流挂、针孔、气泡和失光现象。

4）刮涂。刮涂是利用刮板，将涂料均匀地批刮于待涂面上，形成厚度为1～2mm的厚涂层。这种方法多用于地面厚层涂料的施工，如聚合物水泥厚质地面涂料及合成树脂厚质地面涂料等作业。

5）弹涂。它是利用弹涂器中转动的弹棒，将涂料以点状弹到被涂面上的一种施工方法。若用多种颜色的涂料分别弹涂，可使不同色点相互衬托，增加饰面的装饰效果。

6）抹涂。抹涂施工主要是将纤维涂料抹涂成薄层涂料饰面，使之形成硬度很高、类似汉白玉、大理石等天然石料的装饰效果。是一种室内外高级装饰涂层的施工方法。由于抹涂的厚度薄、工艺要求较严格，因此要求操作者必须有熟练的抹灰技术基础，并熟悉涂料的性能和工艺要求。

二、裱糊工程

采用粘贴的方法，把可折卷的软质面材固定在墙、柱、顶棚上的施工称为裱糊。近年来，普通壁纸、PVC 壁纸用量逐渐减少，"绿色"壁纸和高档壁纸成为主流。如用丝、羊毛、麻等纤维织成的纺织物壁纸，用草、麻、木材、树叶等自然植物制成的天然材料壁纸，金属壁纸，无纺贴墙布等。

（一）作业条件

裱糊属于室内精装修工程，应在除地毯、活动家具及表面饰物以外的所有工程均已完成后进行。且基体已干燥，混凝土和抹灰的含水率不大于 8%；木材制品的含水率不大于 12%。环境温度应不低于 10℃，施工过程中和干燥前应无穿堂风。电气和其他设备已安装完，影响裱糊的设备或附件（如插座、开关盒盖等）应临时拆除。

（二）施工步骤与要点

裱糊工程的工艺顺序一般为：基层处理→刮腻子→涂刷封底涂料→润纸刷胶→裱糊→清理修整。

1. 基层处理

（1）基层表面及接缝处理

墙上、顶棚上的钉帽应嵌入基层表面，并用腻子填平。外露的钢筋、铁丝件均应清除、打磨，并涂刷防锈漆不少于两道。油污等用碱水清洗并用清水冲净。板块接缝及不同基体材料的对接处，应嵌填接缝材料并粘贴接缝带。混凝土及抹灰面涂刷抗碱封闭底漆，旧墙面应先除去粉化层，并涂刷界面处理剂。

（2）刮腻子

混凝土及抹灰面应满刮腻子，将气孔、麻点等填刮平整、光滑。每遍应薄刮，干燥、打磨后再刮另一层。厚度过大时应采取防裂加固措施。常用腻子配比为：石膏：乳胶：2%缩甲基纤维素溶液＝10：0.6：6，也可用成品耐水腻子。腻子层应平整光滑，阴阳角线通畅、顺直，无裂纹、崩角，无砂眼、麻点。

（3）涂刷封底涂料

封底涂料的主要作用是，封闭基底，防止壁纸、墙布因受潮脱落，且利于刷胶及减少基层吸水率。封底涂料一般采用封闭乳胶漆或基膜，或用酚醛清漆与汽油或松节油按 1：3 的配比来调配。涂料可喷或刷，一遍成活，应均匀不漏底。封底前，腻子必须干透，表面尘土、污垢应清理干净；若有泛碱部位，应用 9%的稀醋酸清洗。

2. 弹控制线

为保证裱糊时纸幅垂直、图案连贯端正，在底漆干燥后应弹出水平、垂直线，作为操作时的依据。线的颜色应与基层相近。

弹线时应从墙面阴角处开始，按壁纸的标准宽度找规矩，将窄条纸的裁切边留在阴角处，阳角处不得有接缝。遇有门窗洞口时，应以其立边分划，以便于折角贴出洞口侧立边。如图 9-34 所示。

3. 测量与裁纸

对一般壁纸，先量出墙顶（或挂镜线）到墙脚（踢脚线上口）的高度。考虑修剪量，两端各留出 30～50mm。

对有图案的壁纸，应将图形自墙的上部开始对花，统筹规划，小心裁割并编号，以便按顺序粘贴。裁好的壁纸要卷起平放。

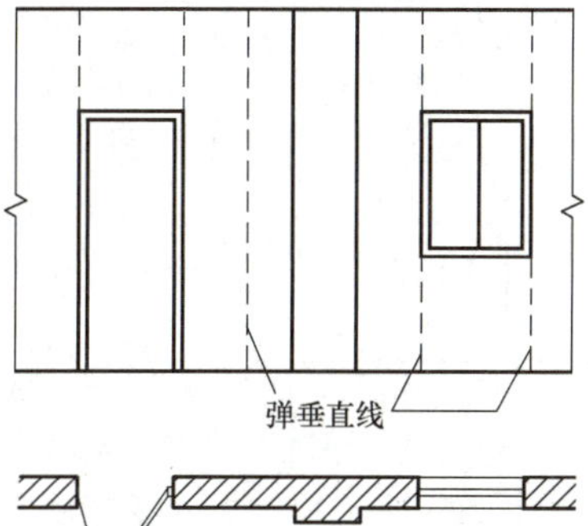

4. 润纸

壁纸遇水会膨胀，干燥会收缩。如塑料壁纸在幅宽方向的自由膨胀率为 0.5%～1.2%，收缩率为 0.2%～0.8%。如果未能让纸充分胀开就涂胶上墙，纸虽被固定，但会继续吸湿膨胀产生鼓泡，或边贴边胀产生皱褶，不能成活。因此，一般均需先浸泡或刷水闷纸等处理。

图 9-34　墙面弹线位置示意图

塑料壁纸刷胶前可用排笔在纸背刷水，保持 10min 达到充分膨胀的目的。复合纸质壁纸由于吸湿强度较差，禁止浸水或刷水闷纸，可在壁纸背面均匀刷胶后，将胶面对胶面折叠，放置 4～8min 后上墙。纺织纤维壁纸也不宜闷水，裱贴前只需用湿布在纸背稍揩一下即可达到润纸的目的。金属壁纸浸水 1～2min 即可。

对于遇水膨胀情况不了解的壁纸，可取其一小条试贴，隔日观察接缝效果及纵、横向收缩情况，以确定施工工艺。

5. 涂刷胶黏剂

胶黏剂应根据壁纸材料及基层部位选用。目前市场上有多种成品壁纸胶粉，使用较方便。几种壁纸刷胶的方法如下：

（1）PVC壁纸：裱糊墙面时，可只在墙基层面上刷胶，在裱糊顶棚时则需在基层与纸背上都刷胶。刷胶时，基层表面涂胶宽度要比壁纸宽约 30mm。纸背涂胶后，纸背与纸背反复对叠（图 9-35），可避免胶污染正面和过快干燥。

（2）对于较厚的壁纸，如植物纤维壁纸，应对基层和纸背都刷胶。

（3）金属壁纸使用专用的壁纸胶粉。应边在纸背面刷胶边在圆筒上卷绕，以免出现折痕。见图 9-36。

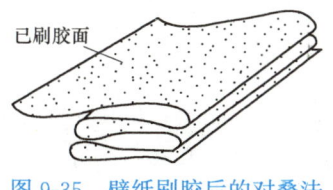

图 9-35　壁纸刷胶后的对叠法

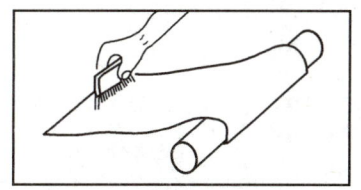

图 9-36　金属壁纸刷胶法

6. 裱糊壁纸

裱糊壁纸的顺序，原则上应先垂直面后水平面，先细部后大面。贴垂直面时先上后下，贴水平面时，先高后低。从墙面所弹垂线开始至阴角处收口。每幅纸首先要挂垂直，后对花纹拼缝，再用刮板用力抹压平整。方法与要求如下：

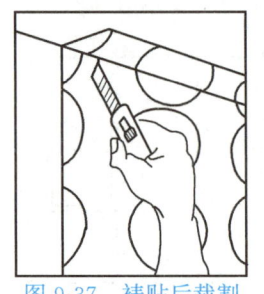
图 9-37　裱贴后裁割
多余部分壁纸

（1）裱贴

先将壁纸上部对位粘贴，使边缘靠着垂直准线，轻轻压平，再由中间向外用刷子将上半截敷平，然后用壁纸刀将多余部分割去（图 9-37）。再粘贴下半截，修齐踢脚板与墙壁间的角落。壁纸基本贴平后，再用胶皮刮板由上而下、由中间向两边抹刮，使壁纸平整贴实，并排净气泡和多余的胶液。

（2）拼缝

一般壁纸的图案直到纸的边缘，因此裱贴时采用拼缝贴法。拼贴时先对图案，后拼缝。从上至下图案吻合后，再用刮板斜向刮胶，将接缝挤紧严密，并用湿毛巾揩净挤出的胶液。对发泡壁纸、复合壁纸禁止使用刮板赶压，只可用毛巾或板刷赶压，以免损坏花形或出现死褶。

（3）阴阳角处理

阳角处不可拼缝或搭接，应包角压实，接缝处距阳角的距离不得小于 20mm。阴角处应采用搭接连接，搭接宽度不得小于 3mm。搭接处，先贴的转角壁纸在里层，最后收口的壁纸不得转角，并要保持垂直无毛边且顺光搭接，如图 9-38 所示。

图 9-38　阴角处裱贴

（4）压实

当壁纸裱贴后 40～60min，需用橡胶滚或有机玻璃刮板，按顺序再压实一遍。以使墙纸与基面更好地贴合，使缝口更紧密。

7. 修整

壁纸裱糊后，应进行全面检查修补。表面的胶水、斑污应及时擦净，翘角、翘边应补胶压实；气泡处用注射针头排气，注入胶液后压实。

（三）质量要求

壁纸、墙布应粘贴牢固，不得有漏贴、补贴、脱层、空鼓和翘边。各幅拼接应横平竖直，花纹、图案吻合，无离缝和搭接，在距离墙面 1.5m 处正视不显拼缝。表面平整，色泽一致，不得有波纹起伏、气泡、裂缝、皱折及斑污，斜视应不见胶痕。

工 程 案 例

某工程装饰装修方案（节选）见二维码 **9-10**。

9-10

习　题

1. 抹灰一般由哪几层组成，各层起什么作用？

2. 抹灰分为哪几类？一般抹灰分几级，具体要求如何？

3. 抹灰前，对其基体应做哪些处理？

4. 一般抹灰的施工顺序有何要求？

5. 地面抹灰的配制、抹压、养护有何要求，为什么？

6. 试述水磨石、水刷石的施工工艺及要点。

7. 瓷砖铺贴前为何要选砖和浸水阴干，有何要求？

8. 墙面石材安装方法有哪些，各有何特点及利弊？

9. 何时要对石材做防碱封闭处理？目的是什么？

10. 什么叫石材直接干挂法和骨架干挂法，各用于什么场合？

11. 试述塑料门窗安装连接点的位置及间距有何要求？

12. 塑料及铝合金门窗安装的施工要点及质量要求有哪些？

13. 对吊顶工程的质量要求主要包括哪些方面？

14. 吊顶工程施工应重点注意哪些问题？

15. 裱糊及涂饰施工工艺顺序有何异同？其作业条件各有哪些？

第十章 脚手架工程

学习重点： 落地式、挑吊式脚手架的种类、构造及搭设要求。

学习要求： 了解脚手架的种类和搭设基本要求，掌握各类脚手架的构造组成、搭设要求和适用范围，了解脚手架工程的安全要求与措施。

"脚手架"的原意是为施工作业需要所搭设的架子，是施工现场工人操作、垂直和水平运输所需的支架。随着其品种和功能的发展，现已扩展为使用脚手架材料（杆件、构件和配件）所搭设的、用于满足施工要求的各种临设性构架。脚手架既是施工工具又是安全设施，对工程的安全、质量、进度及造价有着重要的影响。

常用规范：《建筑施工脚手架安全技术统一标准》GB 51210—2016、《施工脚手架通用规范》GB 55023—2022、《建筑施工扣件式钢管脚手架安全技术规范》JGJ 130—2011、《建筑施工门式钢管脚手架安全技术标准》JGJ 128—2019、《建筑施工工具式脚手架安全技术规范》JGJ 202—2010、《建筑施工承插型盘扣式钢管脚手架安全技术标准》JGJ/T 231—2021、《液压升降整体脚手架安全技术标准》JGJ/T 183—2019、《建筑施工碗扣式钢管脚手架安全技术规范》JGJ 166—2016 等。

第一节 概　　述

一、脚手架的分类

1. 按用途分

（1）操作（作业）脚手架。包括用于结构作业和装修作业的脚手架，可分别简称为"结构脚手架"和"装修脚手架"。其架面设计施工荷载标准值取：砌筑作业，$3kN/m^2$；其他结构及装修作业 $2kN/m^2$；

（2）防护用脚手架。用于安全防护和遮挡的脚手架，架面荷载标准值可按 $1kN/m^2$ 计；

（3）支撑用脚手架。在施工中支撑上部结构、构件的架体。架面荷载按实际值计。

2. 按构架方式分

（1）杆件组合式脚手架。俗称"多立杆式"，是由竖杆、横杆、斜杆等构成。

（2）框架组合式脚手架。它是由简单的平面框架与连接杆件、撑拉杆件组合而成，如门式钢管脚手架、梯式钢管脚手架等。

（3）格构件组合式脚手架。由桁架梁和格构柱组合而成，如桥式脚手架（又有提升式、沿齿条爬升式等）。

（4）台架。具有一定高度和操作平面的平台架，多为定型产品，其本身具有稳定的空间结构。常带有移动装置。

3. 按支固方式分

（1）落地式。搭设在地面、楼面、屋面或其他平台结构之上的脚手架。

（2）悬挑式（简称"挑架"）。其挑支方式有专用悬挑梁式、悬挑三角桁架式和撑拉杆件组合的支挑式 3 种，如图 10-1 所示。

（3）附墙悬挂式（简称"外挂架"）。它是挂设于墙体挑挂件上的定型脚手架。

（4）悬吊式（简称"吊脚手架"）。是悬吊于挑梁或工程结构之下的脚手架。如"吊篮"。

（5）附着升降式（简称"爬架"）。附着于工程结构、依靠自身提升设备实现升降的悬空脚手架。其中实现整体提升者，也称为"整体提升脚手架"。

（6）水平移动式。带行走装置的脚手架（段）或操作平台架。

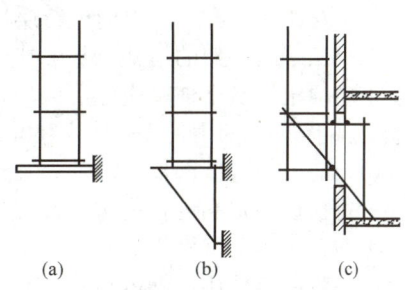

图 10-1　悬挑脚手架的挑支方式
(a) 悬挑梁；(b) 悬挑三角桁架；
(c) 撑拉杆件组件

4. 按设置形式分

（1）单排架。只有一排立杆的脚手架，其横向平杆的另一端搁置在墙体结构上。

（2）双排架。具有两排立杆的脚手架。

（3）多排架。具有 3 排以上立杆的脚手架。

（4）满堂脚手架。按施工作业范围满设的、两个方向各有 3 排以上立杆的脚手架。

5. 按杆件的连接方式分

（1）承插式。在平杆与立杆之间采用承插连接。常见方式有插片和楔槽、插片和楔盘、插片和碗扣、套管与插头以及 U 形托挂等（图 10-2）。

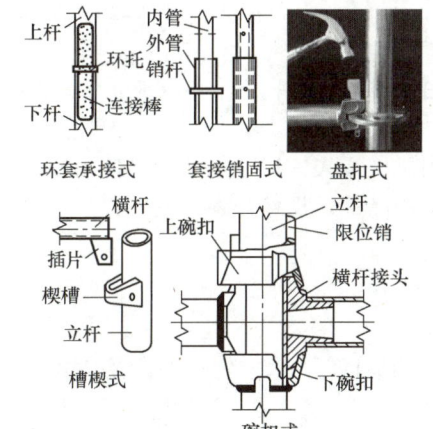

图 10-2　承插连接构造的形式

（2）扣接式。使用扣件箍紧连接，即靠拧紧扣件螺栓所产生的摩擦作用构架和承载。

（3）盘扣式。采用卡头与圆盘咬合并以销杆锁紧连接。此种形式属新型架体，连接可靠、施工方便快捷；常用热镀锌的 Q345 钢材制作，刚度大、承载能力强且耐久性好，得到迅速推广。

此外，按搭设脚手架的材料可分为竹、木、钢脚手架；按搭设位置分为里脚手架和外脚手架。搭设高度在 24m 以上者为高层建筑脚手架。

二、脚手架的搭设要求

1. 对脚手架的基本要求

脚手架应具有足够的承载能力、刚度和稳定性，能可靠地承受施工过程中的各类荷载；架体构造简单、搭拆方便，便于使用和维护；材料应能多次周转使用，以降低工程费用。脚手架搭设前应制定专项施工方案；对于高层、重载以及悬挑等特殊形式的脚手架还应进行设计计算，并组织专家对施工方案进行论证。

2. 搭设的一般要求

制定脚手架搭设方案时，应根据工程特点、构配件供应情况、施工条件等，遵循先进适用、经济合理、安全可靠的原则，选择最佳方案。搭设时应满足以下要求：

（1）搭设前应编制脚手架专项施工方案，并按方案向施工人员进行安全技术交底。搭设人员必须是经考核合格的专业架子工，并应持证上岗。

（2）对所用构配件应提前进行质量检验，并按品种、规格，分类堆放整齐。

（3）做好脚手架的地基与基础处理。搭设场地应坚实平整、排水良好、地基承载力满足设计要求。填土及灰土地基应分层回填，逐层夯实。搭设场地宜高出自然地坪 50～100mm。高层建筑脚手架宜采用厚度不少于 150mm 的 C15 混凝土基础。

（4）与施工进度同步搭设，分层分段检查验收。自由高度不应大于 4m，并应及时安装连墙件。每搭设一定高度，应进行质量和安全检查验收，合格后方可继续搭设或交付使用。大风、浓雾、雨雪天气停止作业。同时要设置可靠的安全防护设施。

（5）脚手架使用中不得超载，严禁将模板支架、缆风绳、混凝土泵管等固定在脚手架上，不得在脚手板上集中堆放材料。

（6）严禁擅自拆除架体结构杆件，严禁在脚手架基础及邻近处进行挖掘作业。做好定期检查、监护、维护、保养及大风、雨雪天气后的检查等。

三、脚手架的拆除要求

脚手架拆除是一项非常危险的工作，极易发生安全事故。拆除施工主要要求如下：

1. 应按脚手架专项方案进行拆除，并做好下列准备工作：

（1）全面检查脚手架的扣件连接、连墙件、支撑体系等是否符合构造要求；

（2）根据检查结果补充完善脚手架专项方案中的拆除顺序和措施，经审批后方可实施；

（3）拆除前应对施工人员进行交底；

（4）清除脚手架上的杂物及地面障碍物。

2. 单、双排脚手架拆除作业必须由上而下逐层进行，严禁上下同时作业；连墙件必须随脚手架逐层拆除，严禁先拆；分段拆除高差大于两步时，须采取临时拉结措施。

3. 当脚手架拆至下部最后一根长立杆的高度（约 6.5m）时，应先在适当位置搭设临时抛撑加固后，再拆除连墙件。

4. 架体拆除作业应设专人指挥，当有多人同时操作时，应明确分工、统一行动，且应具有足够的操作面。

5. 拆除作业不得重锤击打、撬别。拆除的杆件应采用机械或人工运至地面，严禁抛掷。

6. 运至地面的构配件应及时检查、整修与保养，并应按品种、规格分别存放。

第二节　落地式脚手架

落地式脚手架包括扣件式、碗扣式、盘扣式、门式钢管脚手架，木、竹脚手架及桥式脚手架等。下面仅介绍常用的钢管脚手架。

一、扣件式钢管脚手架

扣件式钢管脚手架具有搭拆灵活、运输方便，通用性强等特点，是我国目前使用量最多、应用最普遍的一种脚手架。其缺点是安全性较差，施工工效低。

搭设时，单排脚手架高度不宜超过 24m，双排脚手架不宜超过 50m。高度超过 50m 的双排脚手架应采取分段卸载等措施，并应通过计算复核，且 24m 以下应为双立杆。

10-1

（一）构架材料

扣件式钢管脚手架是由扣件连接钢管构成主要承重架体。钢管宜采用 $\phi 48.3 \times 3.6mm$ 的焊接钢管。有立杆、纵向水平杆（大横杆）、横向水平杆（小横杆）、斜撑、剪刀撑等杆件（图 10-3）。其中横向水平杆最大长度不超过 2.2m，其他杆最大长度不超过 6.5m。

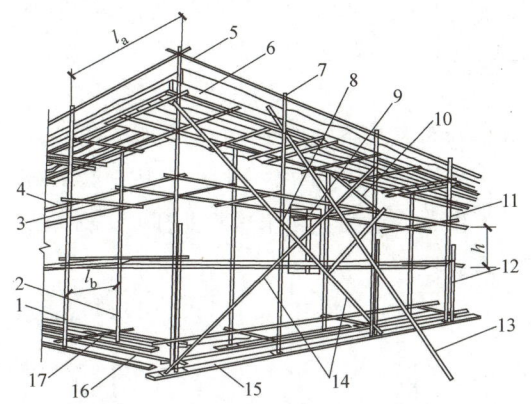

图 10-3　双排扣件式钢管脚手架构造

1—外立杆；2—内立杆；3—横向水平杆；4—纵向水平杆；5—栏杆；6—挡脚板；7—直角扣件；
8—旋转扣件；9—连墙杆；10—横向斜撑；11—主立杆；12—副立杆；13—抛撑；14—剪刀撑；
15—垫板；16—纵向扫地杆；17—横向扫地杆

扣件为可锻铸铁或铸钢制作。按用途分为直角、旋转和对接三种扣件形式（图 10-4）。直角扣件用于垂直交叉杆件间的连接，旋转扣件用于平行或斜交杆件间的连接，对接扣件用于杆件的接长。扣件的质量应严格控制，在螺栓拧紧力矩达到 65N·m 时不得发生破坏。

脚手板是脚手架上操作层的铺板，可采用钢、木、竹脚手板。钢脚手板采用 Q235 级钢板冲压焊接制作，木脚手板厚度应不小于 50mm。

底座是设于脚手架立杆底部的垫座，以利于分散荷载和各立杆受力均匀。常用底座分固定型和可调型（图 10-5），高层建筑脚手架应采用可调型。脚手架垫板常采用木垫板，其长度不应小于 2 跨，厚度不小于 50mm，宽度不小于 200mm。

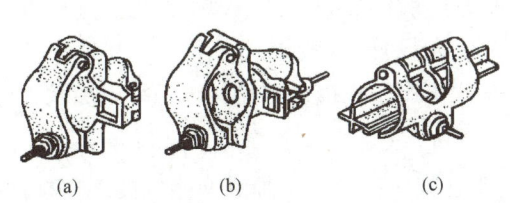

图 10-4　扣件形式

（a）直角扣件；（b）旋转扣件；（c）对接扣件

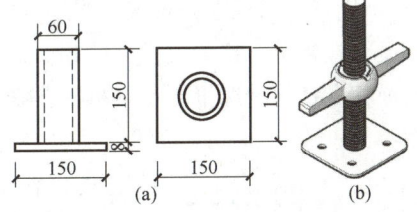

图 10-5　底座

（a）钢板钢管焊接的固定底座；（b）可调底座

（二）搭设要求

扣件式钢管脚手架可用于搭设外脚手架、里脚手架、满堂脚手架、支撑架等。以下分别介绍其构架的形式、特点和构造要求。

10-2

1. 外脚手架

（1）双排脚手架

双排脚手架的构造如图 10-6 所示，其要点如下：

1）立杆。立杆是脚手架竖向承力杆件。横距为 0.9～1.5m（高层架子不大于 1.2m）；纵距为 1.2～2.0m。

每根立杆底部宜设置底座或垫板。脚手架必须设置纵、横向扫地杆，用直角扣件固定在距钢管底端不大于 200mm 处的立杆上，横向扫地杆在下。单、双排脚手架底层步距均不应大于 2m。

相邻立杆的接头位置应错开布置在不同的步距内，同步内隔一根立杆的接头在高度上错开不少于 500mm，且各接头中心至主节点的距离不大于步距的 1/3（图 10-7）。立杆与大横杆必须用直角扣件扣紧，不得隔步设置或遗漏，当采用双立杆时，必须都与同一根大横杆扣紧，以通过约束确保立杆的承载能力。

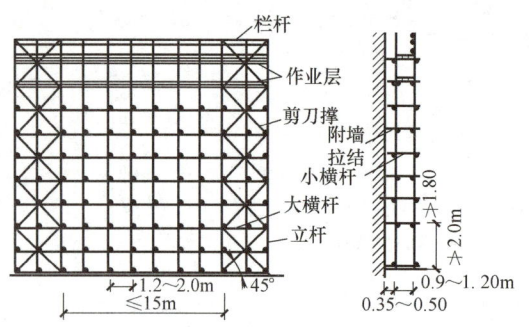

图 10-6　扣件式钢管外脚手架　　　　　　　　图 10-7　立杆、大横杆的接头位置

立杆的垂直度偏差应不大于架高的 1/300，并同时控制其绝对偏差值应不大于 100mm。

2）大横杆。大横杆安装在立杆里侧，上下间距（步距）为 1.5～1.8m。相邻大横杆接头不得设置在同步或同跨内，不同步或不同跨相邻接头在水平方向错开的距离不应小于 500mm，且各接头中心至主节点的距离不大于纵距的 1/3（图 10-7）。搭设时，同跨内两根纵向水平杆高低差不应超过 10mm，同一根大横杆两端的高差不大于 20mm。

3）小横杆。贴近立杆布置（采用双立杆时，则设于两杆之间），搭于大横杆之上并用直角扣件扣紧。在每个立杆与大横杆的相交处（主节点）必须设置，以形成基本构架结构。主节点处的小横杆在任何情况下均不得拆除。在操作层，应根据脚手板铺设的需要，每跨内加设 1 根或 2 根小横杆。

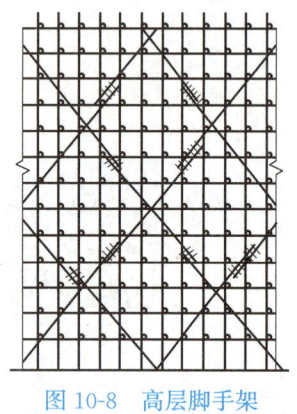

图 10-8　高层脚手架的剪刀撑布置

4）剪刀撑。它是保证架体稳定、增加纵向刚度的斜向杆件，设置在脚手架外侧立面并沿架高连续布置。高层脚手架应在外侧全立面连续设置剪刀撑（图 10-8）。高度在 24m 以下的脚手架在两端、转角必须设置，中间间隔不超过 15m（图 10-6）。每道剪刀撑的宽度应不小于 4 跨和 6m，也不应大于 9m。斜杆与地面的夹角为 45°～60°。剪刀撑的斜杆除两端用旋转扣件与脚手架的立杆或小横杆伸出端扣紧外，在其中间应增加 2～4 个扣结点。

此外，为了形成空间桁架以提高整体稳定性，在里外排立杆间应设置一定数量的横向斜撑。对高度在 24m 以上的封闭型脚手架，除拐角应设置外，中间应每隔 6 跨距设置一道横向斜撑；对开口型双排脚手架的两端均必须设置横向斜撑。

5）连墙件。是将脚手架架体与建筑主体结构连接，传递拉力和压力的构件，对保证架体刚度和稳定、抵抗风载等水平荷载具有重要作用。其设置间距应不超过表 10-1 的规定，位置应在框架梁或楼板附近等具有较好抗水平力作用的结构部位。

10-3

连墙件的间距

表 10-1

搭设方法	脚手架高度（m）	竖向间距（步）	水平间距（跨）	每根连墙杆覆盖面积（m²）
双排落地	≤50	3	3	≤40
双排悬挑	>50	2	3	≤27
单排	≤24	3	3	≤40

连墙点宜采用菱形布置。连墙杆应水平设置，当不能水平设置时须向脚手架一端下斜连接。与架体连接处应靠近主节点，偏离不得多于 300mm。

刚性连墙是较好的连墙构造，它既能抵抗脚手架相对于墙体的里倒和外张变形，也能约束立杆弯曲而提高脚手架的抗失稳能力。所以，对高度 24m 以上的脚手架，应采用刚性连墙件与建筑物连接，常用形式如图 10-9 所示，柔性连墙构造如图 10-10 所示。

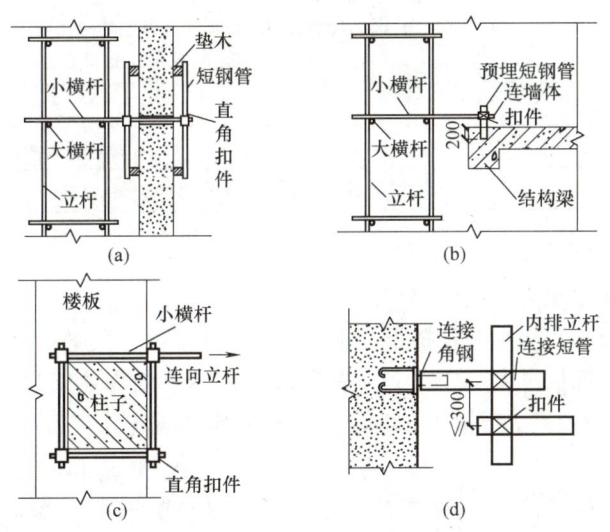

图 10-9　刚性连墙构造

（a）穿墙夹固；（b）扣梁；（c）抱柱；（d）埋件焊接

当脚手架下部暂不能设连墙件时应设置抛撑（图 10-11c），以防倾覆。抛撑应采用通长杆件，与地面呈 45°～60° 角，与架体主节点附近连接。连墙件搭设后方可拆除。

6）水平斜拉杆。设置在有连墙杆的步架平面内，以加强脚手架的横向刚度。

7）护栏和挡脚板。在铺脚手板的操作层上必须设 2 道护栏和高度不少于 180mm 的挡脚板。上栏杆高度不低于 1.2m。挡脚板亦可用加设一道低

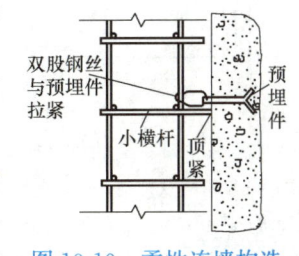

图 10-10　柔性连墙构造

10-4

栏杆（距脚手板面0.2～0.3m）代替。

（2）单排脚手架

单排脚手架只有一排立杆，小横杆的另一端搁置在墙体上，构架形式与双排架基本相同，但不得用于搭设高度大于20m和不允许设置脚手眼的砌体。

扣件式钢管外脚手架构造要求见表10-2。

常用扣件式钢管外脚手架构造要求（单位：m） 表10-2

项目名称	单排架	双排架
立杆纵距 L_a	1.2,1.5,1.8	
立杆横距 L_b	1.2,1.4	1.05,1.3,1.55
步距 h	1.5,1.8	
连墙件设置	二步三跨,三步三跨	
作业层横向水平杆间距	$\leqslant L_a/2$	
小横杆端部与墙装饰面距离，或单排架插入墙内尺寸	$\geqslant 0.18$	$\leqslant 0.1$
扫地杆距底部距离	$\leqslant 0.2$	
剪刀撑	高度在24m以下的，必须在外侧两端、转角及中间间隔15m内的立面上，通高设置；高度在24m及以上的双排脚手架应在外侧全立面连续设置；斜杆与地面倾角为45°～60°	
脚手板探头长度	$\leqslant 0.15$	
栏杆和挡脚板	栏杆高1.2，挡脚板高$\geqslant 0.18$	
安全网	作业层及以下每隔10m一道水平安全网；外挂阻燃密目式安全网封闭	

2. 里脚手架和满堂脚手架

里脚手架和满堂脚手架为室内作业架。

里脚手架按作业要求和场地条件搭设，常为"一"字形的分段脚手架，可采用双排或单排架。为装修作业架时，铺板宽度不少于2块板或0.6m；为砌筑作业架时，铺板3～4块，宽度应不小于0.9m。当作业层高大于2.0m时，应按高处作业规定，在架子外侧设栏杆防护；用于高大厂房和厅堂的高度在4.0m以上的里脚手架应参照外脚手架的要求搭设。用于一般层高墙体的砌筑作业架，也应设置必要的抛撑，以确保架子稳定。单层抹灰脚手架的构架要求虽较砌筑架低，但必须保证稳定、安全并满足操作的需要。砌筑用里脚手架的构造形式如图10-11所示。

满堂脚手架系指室内平面满设的，纵、横向各超过3排立杆的整块形落地式多立杆脚手架，用于顶棚安装和装修作业以及其他大面积的高处作业，荷载

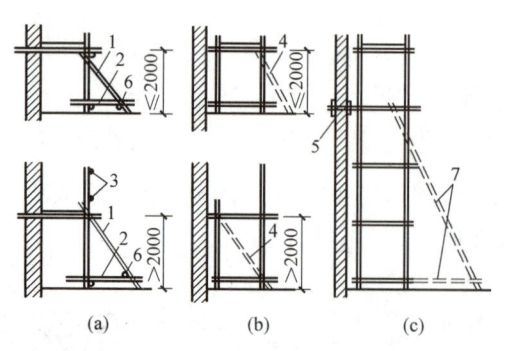

图10-11　砌筑用里脚手架的构造形式

（a）单层单排架；（b）单层双排架；（c）多层多排架

1—抛撑；2—扫地杆；3—栏杆；4—视需要设置的斜杆和抛撑；

5—连墙点；6—纵向联结杆；7—无连墙件时设置的抛撑

除本身自重外，还有作业面上的施工荷载。用于大面积楼板模板的支撑架亦多采用满堂架形式，但承受的是模板和楼板自重及其上施工荷载，对构架有更高的要求。构造形式如图 10-12 所示。

满堂脚手架也需设置一定数量的剪刀撑或斜杆，以确保在施工荷载偏于一边时，整个架子不会出现变形。

二、碗扣式钢管脚手架

（一）特点和组成

碗扣式钢管脚手架是采用碗扣方式连接、杆件轴心相交（接）的承插锁固式脚手架。它使用带连接件的定型杆件，组装简便，稳定性和承载能力强于扣件式钢管脚手架。不仅可以组装各式脚手架，而且更适合搭设各种支撑架，特别是重载支撑架。

该架采用 $\phi 48mm \times 3.5mm$ 的焊接钢管（图 10-13），碗扣接头可同时连接 4 根横杆，横杆既可相互垂直也可呈其他角度，可以搭设成各种形式的脚手架，适应性强。杆件较小，搭拆便捷。接头可靠性较高。

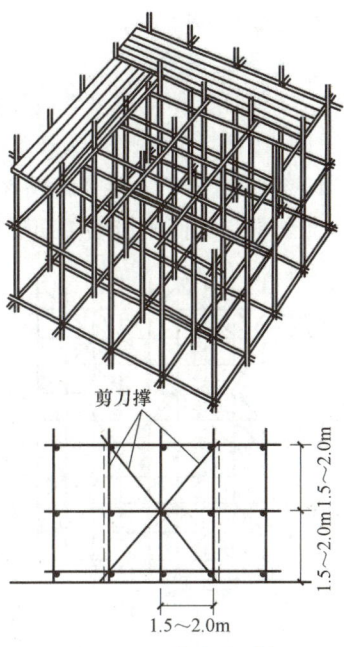

图 10-12　满堂脚手架

（1）立杆。立杆碗口节点间距，对 Q235 级材质钢管立杆宜按 0.6m 模数设置；对于 Q345 级材质钢管立杆宜按 0.5m 模数设置。下碗扣焊在钢管上，上碗扣对应地套在钢管上。安装时，横杆接头插入下碗扣内，将上碗扣的销槽对准焊在立杆上的限位销向下滑动并沿顺时针旋转即可。这样通过上碗扣的螺旋面使之与限位销顶紧，从而实现横杆与立杆的牢固连接。其节点构造如图 10-14 所示。

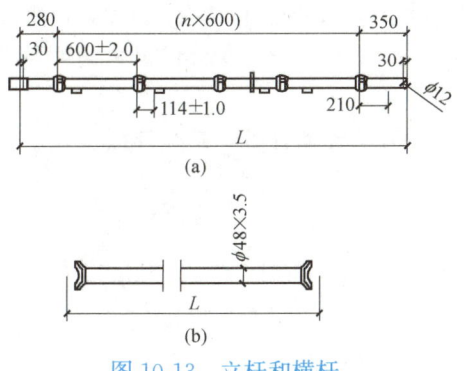

图 10-13　立杆和横杆

（a）立杆的规格；（b）横杆的规格

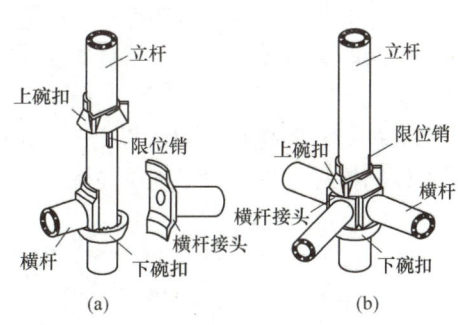

图 10-14　碗扣节点

（a）连接前；（b）连接后

（2）横杆。由钢管两端焊接横杆接头制成，有 2.4、1.8、1.5、1.2、0.9、0.6、0.3m 等 7 种规格。为适应模板早拆支撑的要求，增加了规格为 0.95m、1.25m、1.55m、1.85m 的横杆。

（3）斜杆。斜杆是为增强脚手架稳定强度而设计的系列构件，在钢管两端铆接斜杆接头制成，斜杆接头可转动，同横杆接头一样可装在下碗扣内，形成节点斜杆。有 1.690m、2.163m、2.343m、2.546m、3.000m 等 5 种规格。

（二）稳定构造

1. 斜杆的设置

为了保证架体的刚度，应设置足够的纵向斜杆，如图 10-15 所示。斜杆应尽量布置在框架节点上。当脚手架高度不大于 24m 时，每隔不大于 5 跨设置一组竖向斜撑杆；脚手架高度大于 24m 时，每隔不大于 3 跨设置一组竖向斜撑杆；斜杆必须对称设置。在拐角边缘及端部必须设置斜杆，中间则应均匀间隔布置。

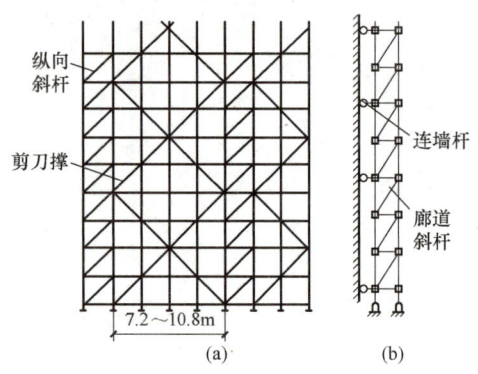

图 10-15　斜杆、剪刀撑及连墙设置构造

（a）立面；（b）剖面

由于横向框架失稳是脚手架的主要破坏形式，因此，在横向框架内设置斜杆（即廊道斜杆），对于提高脚手架的稳定强度尤为重要。对于一字形及开口形脚手架，应在两端横向框架内沿全高连续设置节点斜杆；高度在 24m 以上的脚手架，应每隔 5～6 跨设置一道沿全高连续的廊道斜杆；高层或重载脚手架还应增加。

剪刀撑杆件接长应采用搭接，搭接长度不应小于 1m，并且采用不少于 2 个旋转扣件扣紧，且杆端距端部扣件盖板边缘的距离不应小于 100mm。剪刀撑的设置应与斜杆相配合，一般高度在 24m 以下的脚手架，可每隔 4～6 跨设置一道，且不应小于 6m，也不应大于 9m。对于高度在 24m 以上的高层脚手架，应沿脚手架外侧以及全高方向连续设置。

2. 连墙件布置

连墙杆应尽量连接在横杆层碗扣接头内（图 10-16），同脚手架、墙体保持垂直。

连墙件的数量应通过计算确定。布置方式宜采用梅花形，每层应在同一平面内，连墙点的水平投影间距不得超过三跨，竖向垂直距离不得超过三步，连墙点之上架体的悬臂高度不得超过两步。

当双排脚手架高度在 24m 以上时，顶部 24m 以下所有的连墙件处，必须连续设置水平斜杆（在纵向横杆之下），如图 10-17 所示。

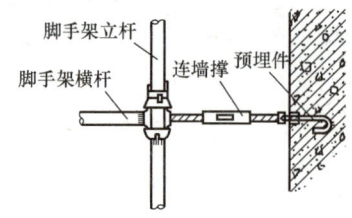

图 10-16　碗扣式连墙件的设置构造

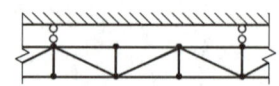

图 10-17　连墙处水平斜杆设置

（三）搭设要求

碗扣式钢管双排脚手架的搭设高度不宜超过 50m，当搭设高度超过 50m 时，应采用分段搭设等措施。碗扣式钢管双排脚手架高度在 24m 及以下时，可按构造要求搭设；高度超过 24m 的双排脚手架应进行结构设计和计算。

碗扣式钢管双排脚手架按立杆、横杆、斜杆、连墙件的顺序逐层搭设，每次上升的高度不大于 3m，且与建筑同步上升，并应高出即将施工作业面 1.5m。首层立杆采用不同长度交错布置，底层扫地杆距地面高度不大于 400mm。连墙件必须随架体升高及时设置。脚手架内立杆与建筑距离不宜大于 150mm。脚手架全高的垂直度偏差应小于搭设高度的 1/600 且不大于 35mm。

三、盘扣式脚手架

（一）组成和特点

盘扣式脚手架由立杆、水平杆、斜杆、可调底座及可调托架等配件构成。立杆上焊有连接盘，其节点组装构造如图 10-18 所示。安装时，立杆采用套管承插连接。水平杆和斜杆的杆端接头卡入连接盘，并楔紧插销紧固，形成几何不变体系。

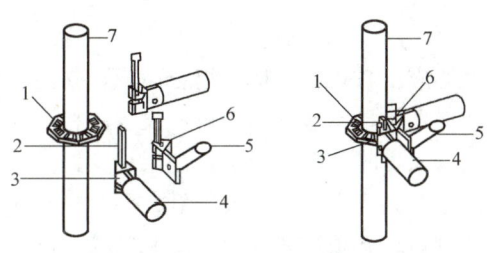

图 10-18　盘扣节点

1—连接盘；2—插销；3—水平杆杆端扣接头；4—水平杆；5—斜杆；6—斜杆杆端扣接头；7—立杆

盘扣式脚手架特点：

（1）安全可靠。横杆插头和立杆紧贴结合，接触面大，施工上更为安全，而且采用独立楔形插销穿插自锁机构，由于互锁和重力的作用，即使插销未敲紧，横杆插头也无法脱落。

（2）适应性强。由于扣盘的结构和特点，配合横杆可拼装出多种不同的角度，适用于不同形状的建筑物的使用。

（3）承载力大。有可靠的轴向抗剪力，且各种杆件轴向交于一点，边接杆件比碗扣接头多一倍，整体稳定性好。

（4）安装快捷。安装过程非常简便，只用一把手锤就能很快地安装和拆卸。

（5）材料强度高，耐久性好。杆件采用 Q345 钢材，且经热镀锌处理。

（6）综合性能好。构件系列标准化，配件通用，便于运输和管理，无零散件，损耗低，后期投入少。

（二）搭设要求

（1）搭设双排脚手架时高度不宜大于 24m，否则应根据使用要求选择架体几何尺寸，步距不应超过 2m。立杆纵距宜为 1.5m 或 1.8m，立杆横距宜为 0.9m 或 1.2m。

（2）脚手架首层立杆宜采用不同长度的立杆交错布置，错开立杆竖向距离不应小于 500mm，当需设置人行通道时，立杆底部应配置可调底座。

（3）双排脚手架的斜杆或剪刀撑应符合下列要求：

沿架体外侧纵向每 5 跨每层应设置一根竖向斜杆（图 10-19），或每 5 跨间应设置钢管剪刀撑（图 10-20），端跨的横向每层应设置竖向斜杆。

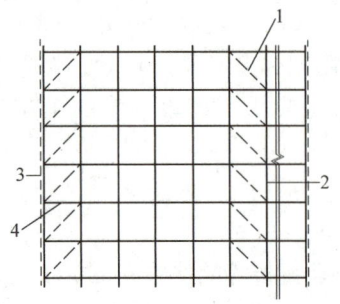

图 10-19　每 5 跨每层设斜杆

1—斜杆；2—立杆；3—两端竖向斜杆；4—水平杆

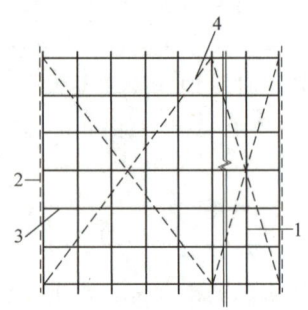

图 10-20　每 5 跨设扣件钢管剪刀撑

1—立杆；2—两端竖向斜杆；
3—水平杆；4—扣件钢管剪刀撑

（4）承插型盘扣式钢管支架应由塔式单元扩大组合而成，拐角为直角的部位应设置立杆间的竖向斜杆。当用作外脚手架使用时，单跨立杆间可不设置斜杆。

（5）当设置双排脚手架人行通道时，应在通道上部架设支撑横梁，横梁截面大小应按跨度以及承受的荷载计算确定，通道两侧脚手架应加设斜杆；洞口顶部应铺设封闭的防护板，两侧应设置安全网；通行机动车的洞口，必须设置安全警示和防撞设施。

（6）对双排脚手架的每步水平杆层，当无挂扣钢脚手架板加强水平层刚度时，应每 5 跨设置水平斜杆（图 10-21）。

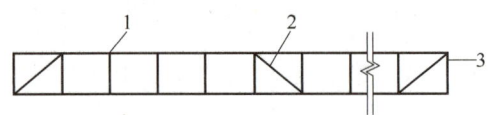

图 10-21　双排脚手架水平斜杆设置

1—立杆；2—水平斜杆；3—水平杆

（7）连墙件水平间距不应大于 3 跨，与主体结构外侧面距离不宜大于 300mm。连墙件应设置在有水平杆的盘扣节点附近，连接点至盘扣节点距离不应大于 300mm。当脚手架下部暂不能搭设连墙件时，宜外扩搭设多排脚手架并设置斜杆，形成外侧斜面状附加梯形架。

（8）作业层设置应符合下列规定：

1）钢脚手板的挂钩必须完全扣在水平杆上，挂钩必须处于锁住状态，作业层脚手板应满铺。

2）作业层应设挡脚板、防护栏杆，并应在外侧立面满挂密目安全网；防护上栏杆宜设置在离作业层高度 1m 处，中栏杆在 0.5m 处。

3）当脚手架作业层与主体结构外侧面间间隙较大时，应设置挂扣在连接盘上的悬挑三角架，并铺脚手板封闭。

（9）挂扣式钢梯宜设置在尺寸不小于 0.9m×1.5m 的脚手架框架内，钢梯宽度应为廊道宽度的 1/2，钢梯可在一个框架高度内折线上升；钢架拐角处应设置钢脚手架板及扶手杆。

四、门式钢管脚手架

（一）构成及特点

门式脚手架是以门架、交叉支撑、连接棒、挂扣式脚手板、锁臂、底座等构配件组成基本结构，再以水平加固杆、剪刀撑、扫地杆加固，并采用连墙件与建筑物主体结构相连的一种定型化钢管脚手架。

这种脚手架装拆简单、移动方便，使用可靠，是国际上采用最为普遍的脚手架。既可做外脚手架、内脚手架，又能用做楼板、梁模板支撑架和移动式脚手架等，为多功能脚手架（图10-22）。

门架是门式脚手架的主要构件，其受力杆件为焊接钢管，由立杆、横杆及加强杆等相互焊接组成（图10-23）。常用的门架纵向间距为1.8m，宽度为0.8～1.2m。型号、规格种类较多。其架部件之间的连接基本不用螺栓结构，而是采用方便可靠的自锚结构，主要形式包括制动片式、滑动片式、弹片式和偏重片式。

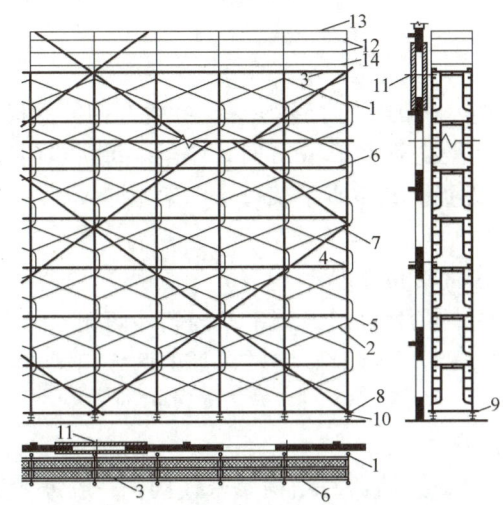

图10-22　门式钢管脚手架的组成

1—门架；2—交叉支撑；3—挂扣式脚手板；4—连接棒；5—锁臂；
6—水平加固杆；7—剪刀撑；8—纵向扫地杆；9—横向扫地杆；
10—底座；11—连墙件；12—栏杆；13—扶手；14—挡脚板

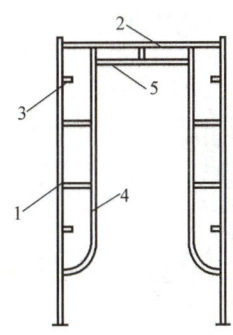

图10-23　门架

1—立杆；2—横杆；3—锁销；
4—立杆加强杆；5—横杆加强杆

（二）搭设要求

1. 外脚手架

外脚手架的一般形式如图10-24所示。门架立杆离墙面净距离不宜大于150mm，否则应采取内设挑架板或其他隔离防护的安全措施。脚手架下部需要留门洞时，可使用栈桥梁搭设，但最多不得超过3跨，且架高不宜超过15层，并应复算栈桥梁的承载能力。

上人楼梯段的架设可以集中设置也可分开设置，如图10-25所示。

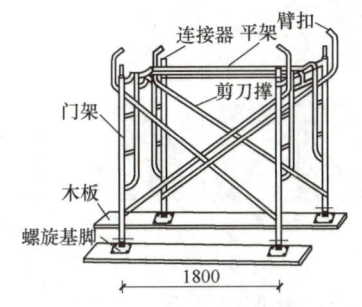

图10-24　门式脚手架的基本组成单元

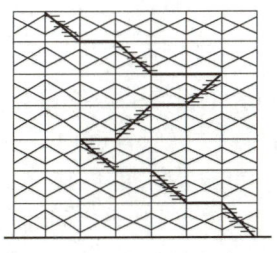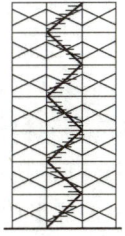

图10-25　上人楼梯段的设置形式

（1）剪刀撑的设置

当门式脚手架搭设高度在 24m 及以下时，在脚手架的转角处、两端及中间间隔不超过 15m 的外侧立面必须设置一道剪刀撑，并且由底至顶连续设置。当脚手架搭设高度超过 24m 时，在脚手架全外侧立面上必须设置连续剪刀撑。对于悬挑门式脚手架，在脚手架全外侧立面上也必须设置连续剪刀撑。

每道剪刀撑的宽度不应大于 6 个跨距，且不应大于 10m；也不应小于 4 个跨距，且不应小于 6m。设置连续剪刀撑的斜杆水平间距宜为 6～8m。

（2）水平加固杆

门式脚手架应在门架两侧的立杆上设置纵向水平加固杆，并应采用扣件与门架立杆扣紧。在顶层、连墙件设置层必须设置水平加固杆。当架高不大于 40m 时，应至少每两步门架设一道水平加固杆；当架高大于 40m 时，必须每步设置。悬挑脚手架每步门架也应设置一道水平加固杆。

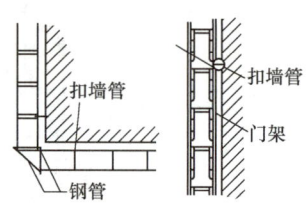

图 10-26　框组式脚手架的转角连接

（3）脚手架的转角处理

在建筑物的转角处，门式脚手架内、外两侧立杆上应按步设置水平连接杆、斜撑杆，将转角处的两榀门架连成一体（图 10-26）。

（4）连墙件

使用连墙管或连墙器与结构紧密连接。一般每 2 步每 3 跨设一点，高层脚手架应加密。连墙件的竖向间距不应大于 6m，并应满足最大覆盖面积的要求（表 10-3）。

连墙件最大间距和最大覆盖面积　　　　　　表 10-3

序号	脚手架搭设方式	脚手架高度（m）	连墙件间距(m)		每根连墙件覆盖面积（m²）
			竖向	水平向	
1	落地、密目式安全网全封闭	≤40	3h	3l	≤40
2		>40	2h	3l	≤27
3					
4	悬挑、密目式安全网全封闭	≤40	3h	3l	≤40
5		40～60	2h	3l	≤27
6		>60	2h	2l	≤20

注：表中 h 为步距；l 为跨距。

2. 里脚手架

作为里脚手架，一般只需搭设一层。采用高度为 1.7m 的标准型门架，能适应 3.3m 以下层高的墙体砌筑或装修；当层高大于 3.3m 时，可加设可调底座。当层高大于 4.2m 时，可再接一层高 0.9～1.5m 的梯形门架（图 10-27）。当房间墙长不是门架标准间距（1.83m）的整倍数时，可用横杆加铺一般的脚手板解决。

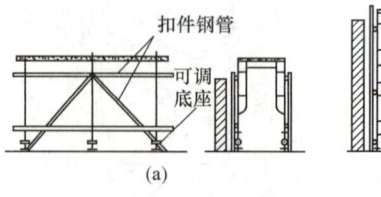

图 10-27　里脚手架
（a）普通里脚手架；（b）高里脚手架

3. 搭设施工

（1）基础处理

基底必须严格夯实抄平。当基底处于较深的填土层之上或者架高超过 40m 时，应加做厚度不小于 400mm 的灰土层或厚度不小于 200mm 的钢筋混凝土基础梁（沿纵向），其上再加设垫板或垫木。

当不能落地架设或搭设高度超过规定（45m 或轻载的 60m）时，可采取从楼板伸出支挑构造的分段搭设方式或支挑卸载方式，并经过严格设计后予以实施。

（2）搭设程序

铺放垫木（板）→拉线、放底座→自一端起立门架并随即装交叉支撑→装水平架（或脚手板）→装梯子→（需要时，装设作加强用的大横杆）装设连墙杆→照上述步骤，逐层向上安装→装加强整体刚度的长剪刀撑→装设顶部栏杆。

上、下榀门架的组装必须设置连接棒和锁臂，其他部件（如栈桥梁等）则按其所处部位相应装上。

（3）搭设要求

1）门架组装应自一端向另一端延伸，自下而上按步架设，并应逐层改变搭设方向。要严格控制首层门架的垂直度和水平度。在装上以后要逐片地、仔细地调整，使门架竖杆的垂直偏差控制在 2mm 以内，顶部的水平偏差控制在 $h/500$（h 为步距）以内。

2）在底层门架下端设置纵、横向通长扫地杆，扫地杆距门架立杆底部不大于 200mm。

3）搭设应与施工进度同步。一次搭设高度不宜超过最上层连墙件两步，且自由高度不大于 4m。门架与交叉支撑、脚手板应同时安装，连墙件、水平加固杆、剪刀撑等加固杆件与门架同步搭设。

4）作业层应连续满铺与门架配套的挂扣式脚手板。作业层外侧周边设置 180mm 高的挡脚板和两道栏杆，上道栏杆高度 1.2m，下道栏杆居中设置。

第三节　挑、吊式脚手架

一、悬挑式脚手架

悬挑式脚手架，是利用建筑结构外边缘向外伸出的悬挑结构来支承外脚手架，将脚手架的荷载全部或部分传递给建筑结构。悬挑式脚手架的搭设高度（或分段搭设高度）一般不宜超过 20m。

悬挑式脚手架一般由悬挑支承结构和脚手架架体两部分组成。按支承结构形式主要有型钢挑梁和悬挑三脚桁架两种形式。脚手架架体坐落（搭设）在悬挑支承结构上。脚手架的组成和搭拆与一般外脚手架相同。

（一）型钢挑梁式

目前，型钢悬挑梁式悬挑脚手架应用较多，其支承结构形式一般有上拉式、下撑式、桁架式、独立式挑梁四种（图10-28）。在型钢挑梁上可直接安装立管，也可在型钢挑梁上安装纵梁，再在纵梁上安装立管搭设。

（1）型钢挑梁的间距宜取立杆纵距的整倍数（如：1.5m，3.0m，4.5m，6.0m）或结合结构具体情况确定。

10-5

（2）悬挑架上搭设的脚手架，应符合落地式脚手架有关规定。但脚手架的宽度一般不宜大于1.05m。构造如图10-29所示。

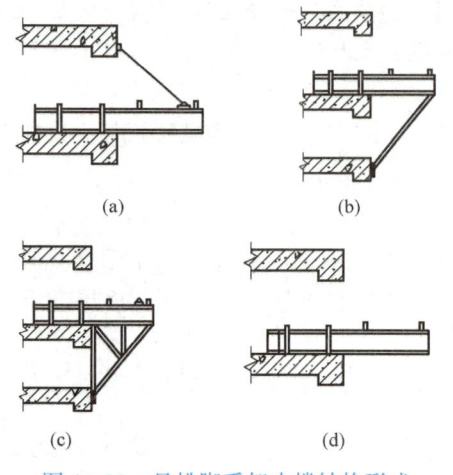

图10-28　悬挑脚手架支撑结构形式

（a）上拉式挑梁；（b）下撑式挑梁；

（c）桁架式挑梁；（d）独立式挑梁

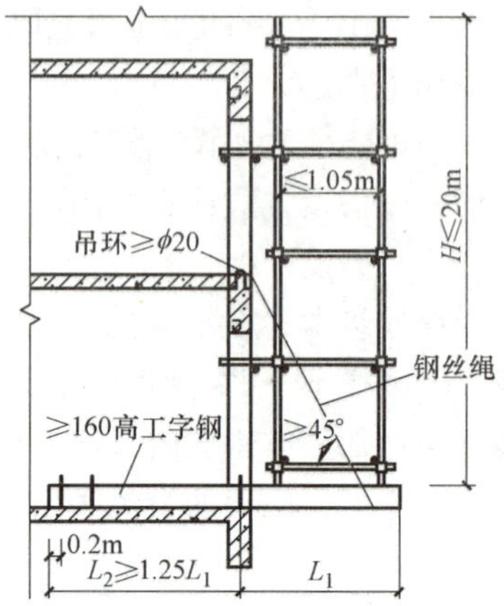

图10-29　型钢悬挑脚手架构造

（3）型钢挑梁宜采用工字钢等双轴截面对称的型钢，钢梁型号及锚固件应按设计确定。钢梁截面高度不应小于160mm，悬挑尾端至少两点固定在钢筋混凝土梁板结构上。

（4）锚固环或锚固螺栓应采用HPB300级钢筋，直径不小于16mm，采用冷弯成型；梁板混凝土强度不得低于C20，厚度不得小于120mm。固定构造如图10-30和图10-31所示。

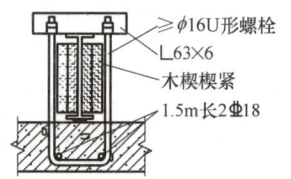

图10-30　悬挑钢梁U形螺栓固定构造

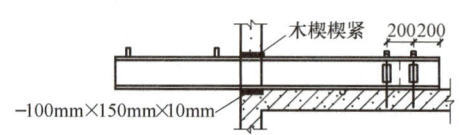

图10-31　悬挑钢梁穿墙构造

（5）悬挑架斜撑长度超过4m时应在斜撑中部加设约束杆件。

（6）纵梁宜采用在地面组装后吊装于悬挑架上，也可分件吊至悬挑架上组装，纵梁在悬挑架上的搁置长度应大于80mm。各纵梁接长处应用缀板或螺栓连接，形成一连续梁。

（7）脚手架立杆应插入钢管底座内。底座与纵梁应用焊接或螺栓连接固定。

（二）悬挑三角桁架式

（1）悬挑架采用在现浇混凝土主体结构内预埋钢挑梁连接方案时，预埋钢挑梁应放在结构外层主筋内侧，预埋钢挑梁时不得任意更改主筋位置，预埋长度不宜小于500mm，预埋端宜设受剪锚固筋，锚固筋销入挑梁端部孔内，并与主筋焊接连接。钢挑梁预埋定位后，严禁在钢挑梁上操作或撞击，以免标高和位置产生位移。

（2）悬挑架采用预埋件焊接连接方案时，受力锚筋与锚板应采用T形焊。锚筋直径不大于20mm时宜采用压力埋弧焊；锚筋直径大于20mm时宜采用穿孔塞焊。当采用手工焊时，焊缝高度不宜小于 6mm 及 0.6d（d 为锚筋直径）。

（3）悬挑架采用预埋锚固螺栓连接方案时，宜采用套板安装预埋锚固螺栓。同一悬挑架位置的螺栓位置偏差不得大于 5mm，拧紧力矩应大于 80N·m。

其他要求同型钢挑梁式。

二、悬吊式脚手架

悬吊式脚手架也称为吊篮脚手架，主要用于外墙装饰施工。吊篮脚手架是将吊篮悬挂在从建筑物中部或顶部悬挑出来的支架上，通过设置在吊篮上的提升机械和钢丝绳，使吊篮进行升降来满足施工作业要求。与其他脚手架相比，可节省材料和劳动力，操作方便，技术经济性较好。

吊篮脚手架构造组成如图 10-32 所示。安装与使用要点如下：

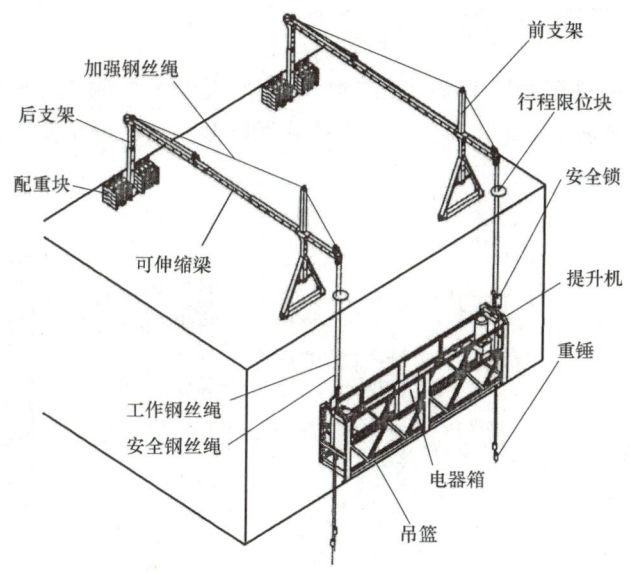

图 10-32　吊篮脚手架构造组成

（1）安装施工工艺流程：吊篮组拼→悬挂机构及配重块安装→安装起重钢丝绳及安全钢丝绳→挂配重锤→连接电源→吊篮平台就位→检查提升装置、电器控制箱及安全装置→调试及荷载试验→安装跟踪绳→投入使用→拆除。

（2）根据平面位置及悬挂高度选择和布置吊篮。吊篮的宽度为 0.7～0.8m，单个吊篮的最大长度为 7.5m。当悬挂高度在 60～100m 时，吊篮长度不宜超过 5.5m。吊篮与外墙的净距宜为 200～300mm，两个吊篮间的间距不得小于 300mm。

（3）安装时，支架应放置稳定，伸缩梁宜调节至最长，前端高出后端 50～100mm。配重量应使抵抗力矩比倾覆力矩大 3 倍以上，并设置支架侧向稳定拉索或支撑。

（4）设备安装、调试完成后，应进行试运行。每次使用前，应提离地面 200mm，进行全面检查。

（5）必须设置作业人员挂设安全带的安全绳及安全锁扣。安全绳应固定在建筑物可靠位置，且不得与吊篮上任何部位有联系。

（6）吊篮内作业人员不应超过 2 人。严禁超载运行，且保持荷载均衡。严禁用吊篮运输物料或构配件等。

（7）作业人员应从地面进入吊篮，严禁从建筑物顶部、窗口或其他孔洞处上下吊篮。

（8）吊篮人员必须经过培训、考试合格后上岗。应佩戴工具袋，系挂好安全带。

（9）在吊篮下方应设置安全隔离区和警告标志。遇到雨雪、大雾、风沙及5级以上大风等恶劣天气时，应停止作业，并将吊篮平台停放至地面。

第四节　升降式脚手架

升降式脚手架是附着于工程结构、依靠自身提升设备沿结构升降的悬空脚手架。亦可称为"爬升脚手架"或简称"爬架"。

一、附着升降脚手架的类别

1. 附着支承方式

附着支承即将脚手架附着于工程边侧结构（墙体、框架）之侧并支承和传递脚手架荷载的附着构造，如图10-33所示，由于悬挑式和吊拉式无防倾构造已停止使用，故按附着支承方式可划分成以下9种：

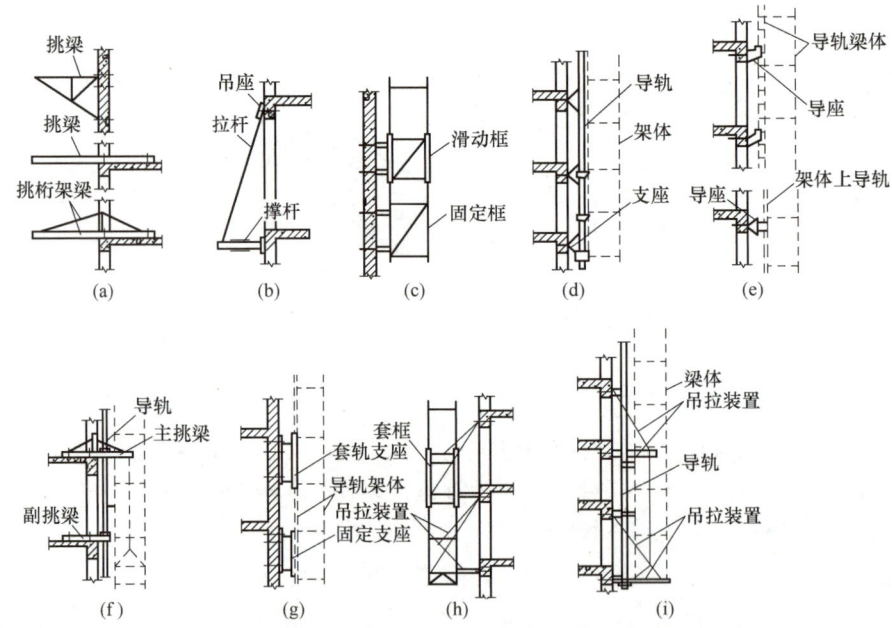

图10-33　附着支承结构的9种形式示意

（a）悬挑式；（b）吊拉式；（c）套框式；（d）导轨式；（e）导座式；（f）挑轨式；
（g）套轨式；（h）吊套式；（i）吊轨式

（1）套框（管）式。由交替附着于墙体结构的固定框架和滑动框架（可沿固定框架滑动）构成。

（2）导轨式。其架体沿附着于墙体结构的导轨升降。

（3）导座式。其带导轨架体沿附着于墙体结构的导座升降。

（4）挑轨式。其架体悬吊于带防倾导轨的挑梁带下并沿导轨升降。

320

（5）套轨式。其架体与固定支座相连并沿套轨支座升降、固定支座与套轨支座交替与工程结构附着。

（6）吊套式。采用吊拉式附着支承、架体可沿套框升降。

（7）吊轨式。采用设导轨的吊拉式附着支承、架体沿导轨升降。

2. 升降方式

附着升降脚手架都是由固定，或悬挂、吊挂于附着支承上的各节（跨）3～7 层（步）架体所构成，其升降方式主要有：

（1）单跨（片）升降。即每次单独升降一节（跨）架体。

（2）互爬升降。即相邻架体互为支托并交替提升（或落下）。

（3）整体升降。即每次升降 2 节（跨）以上架体乃至四周全部架体。导轨式整体爬架构造如图 10-34 所示。

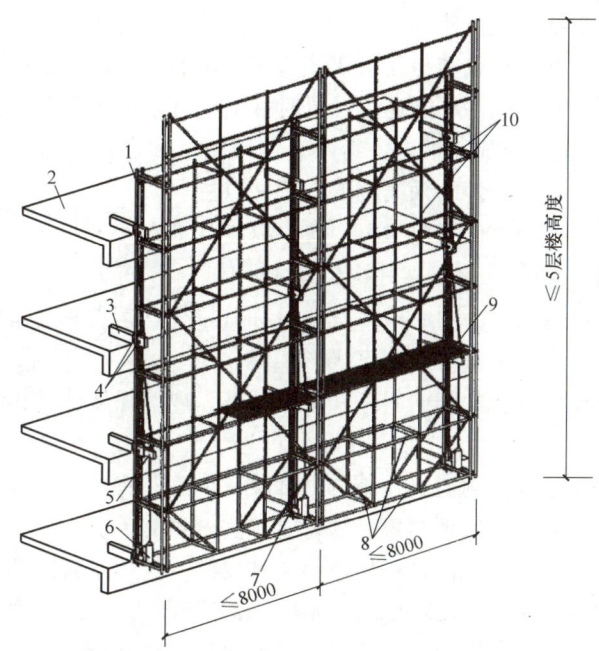

图 10-34　液压升降整体脚手架总装配示意图

1—竖向主框架；2—建筑结构混凝土楼面；3—附着支承结构；4—导向及防倾覆装置；5—悬臂（吊）梁；
6—液压升降装置；7—防坠落装置；8—水平支承结构；9—工作脚手架；10—架体结构

3. 提升设备

主要有手动葫芦、电动葫芦、卷扬机和液压设备。手动葫芦只能进行单片提升，电动葫芦可用于分段和整体提升；卷扬机提升方式用得较少，而液压提升方式则仍处在技术不断地发展之中。

二、附着升降脚手架的搭设要求

1. 架体尺寸规定

（1）整体式附着升降脚手架的架体高度不应大于 5 倍楼层高，架体每步步高宜取 1.8m；单片式附着升降脚手架的架体高度不应大于 4 倍建筑层高，架体每步步高宜取 1.8m。

（2）整体式附着升降脚手架和单片式附着升降脚手架的架体宽度不应大于1.2m。

（3）整体式附着升降脚手架直线布置的架体支撑跨度不应大于8m，折线或曲线布置的架体支撑跨度不应大于5m，单片式附着升降脚手架架体跨度不应大于6m。

（4）整体式附着升降脚手架架体的悬挑长度不得大于1/2水平支撑跨度和3m，单片式附着升降脚手架架体的悬挑长度不应大于1/4水平支撑跨度。

（5）升降和使用工况下，架体悬臂高度均不应大于6.0m和2/5架体高度。

（6）架体全高与支撑跨度的乘积不应大于110m^2。

2. 架体结构规定

（1）架体必须在附着支撑部位沿全高设置定型加强的竖向主框架，竖向主框架应采用焊接或螺栓连接的片式框架或格构式结构，并能与水平梁架和架体构架整体作用，且不得使用钢管扣件或碗扣架等脚手架杆件组装。竖向主框架与附着支承结构之间的导向构造不得采用钢管扣件、碗扣或其他普通脚手架连接方式。

（2）架体水平梁架应满足承载和与其余架体整体作用的要求，采用焊接或螺栓连接的定型桁架梁式结构。当用定型桁架构件不能连续设置时，局部可采用脚手架杆件进行连接，但其长度不应大于2m，并且必须采取加强措施，确保其连接刚度和强度不低于桁架梁式结构。主框架、水平梁架的各节点中，各杆件的轴线应汇交于一点。

（3）架体外立面必须沿全高设置剪刀撑，剪刀撑跨度不得大于6.0m，其水平夹角为45°～60°，并应将竖向主框架、架体水平梁架和构架连成一体。

（4）悬挑端应以竖向主框架为中心成对设置对称斜拉杆，其水平夹角应不小于45°。

（5）单片式附着升降脚手架必须采用直线形架体。

（6）架体板内部应设置必要的竖向斜杆和水平斜杆，以确保架体结构的整体稳定性。

3. 其他要求

液压升降整体脚手架架体及附着支撑结构的强度、刚度和稳定性必须符合设计要求，防坠落装置必须灵敏、制动可靠，防倾覆装置必须稳定、安全可靠。

一般结构施工至3层后，在地面进行架体组装和安装，架体结构内侧与工程结构之间的距离不宜超过0.4m，超过时应对支承结构予以加强。位于阳台等悬挑结构处的附着支承结构应进行特别设计。附着支承结构应采取腰形孔、可调节螺杆等构造措施，以适应工程结构在允许范围内的施工误差。

组装就位后，应按规定进行检验和升降调试，符合要求后方可使用。架体使用时严禁超载。

液压升降整体脚手架不得与物料平台相连接。

工 程 案 例

《某超高层商住楼悬挑脚手架施工方案》见二维码10-6。

10-6

1. 脚手架有哪些分类？
2. 试述对脚手架的基本要求和搭设的一般要求。
3. 扣件式钢管外脚手架的构造要求有哪些？
4. 连墙件有哪些作用？布置要求及连墙方法有哪些？
5. 碗扣式脚手架和盘扣式脚手架的搭设要求各有哪些？
6. 悬挑式脚手架的搭设要求有哪些？
7. 吊篮脚手架的搭设和使用有哪些要求？
8. 附着升降脚手架的搭设要求有哪些？

第十一章　施工组织概论

学习重点：土木工程产品及其生产的特点；施工程序步骤；施工准备的内容；施工组织设计的分类、主要内容。

学习要求：了解土木工程的特点，掌握工程施工的一般程序；熟悉组织项目施工的原则。掌握施工准备工作的内容。了解施工组织设计的编制与审批要求，掌握施工组织设计的类型、作用及主要内容。

土木工程施工组织是研究工程建设组织安排与系统管理的客观规律的一门学科。随着社会的不断进步和经济的发展，人类的建设规模越来越大，使用要求也越来越高，致使工程建设越来越复杂，做好施工组织对项目建设取得成功就越显重要。具体地说，施工组织的任务就是根据土木工程产品及生产的特点、国家基本建设方针、工程建设程序以及相关技术和方法，对整个施工过程做出计划与安排，使工程施工取得相对最佳的效果。

常用规范：《建筑施工组织设计规范》GB/T 50502—2009、《建设工程项目管理规范》GB/T 50326—2017 等。

第一节　概　　述

一、工程建设程序

建设程序，是指建设项目在整个建设过程中各项工作的顺序关系。一个建设项目从决策到实施，主要需经历 6 个阶段、15 个步骤，其先后顺序如图 11-1 所示。坚持建设程序，工程建设才能顺利地进行。

二、工程建设项目划分

工程建设项目的规模和复杂程度各不相同。按其大小可划分为建设项目、单位工程、分部工程、子分部工程和分项工程（图 11-2）。现分述如下：

1. 建设项目

建设项目是指具有独立计划和总体设计文件，并能按总体设计要求组织施工，完工后能形成独立生产能力或使用功能的工程项目。如一所学校、一个住宅区、一条道路等。

2. 单位工程

它是建设项目的组成部分。指具有独立施工条件并能形成独立使用功能的建筑物或构筑物。如一个车间、一栋教学楼、一个地铁站、一段公路、一座桥梁等。

3. 分部工程

它是单位工程的组成部分。可按单位工程的专业性质、建筑物部位而划分。例如，一栋教学楼，按其部位可以划分为基础、主体结构、屋面和装饰装修等分部工程，按其专业又分为给水排水及采暖、电气、通风与空调等分部工程。

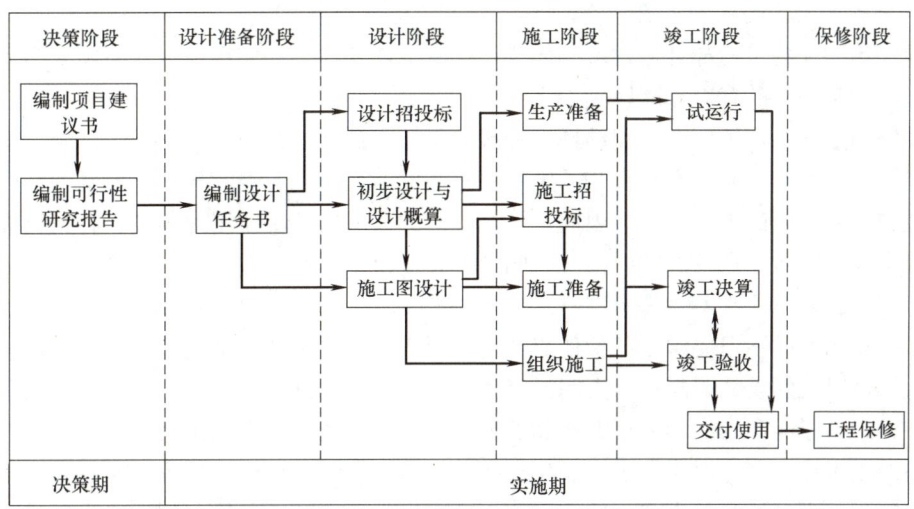

图 11-1　工程建设程序

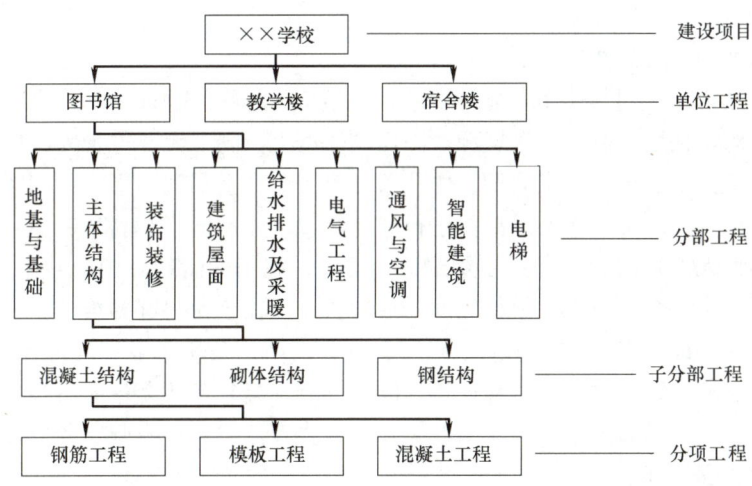

图 11-2　工程建设项目划分示例

4. 子分部工程

它是对较大或复杂的分部工程,按材料种类、施工特点、施工程序、专业系统及类别等进一步划分的工程。如地基与基础划分为土方、桩基、地下防水、混凝土基础等子分部工程;主体结构划分为混凝土结构、砌体结构、钢结构、木结构等子分部工程。

5. 分项工程

它是子分部工程的组成部分。它将子分部工程按主要工种、材料、施工工艺、设备类别等再细分的工程,是组织施工最基本的作业单位。如混凝土结构子分部工程可划分为钢筋、模板、混凝土、预应力混凝土等分项工程。

三、土木工程产品及生产的特点

土木工程产品在其体型、功能、构造组成、所处空间、投资特征等方面,较其他产品存在明显的差异。由于产品本身的特点,也决定了生产过程的特殊性。主要表现在以下几个方面:

1. 产品的固定性与生产的流动性

各种建筑物和构筑物都是通过基础固定于地基上，其建造和使用地点在空间上是固定不动的，这与一般工业产品有着显著区别。

产品的固定性决定了生产的流动性。一般的工业产品都是在固定的工厂、固定的车间或固定流水线上进行生产，而土木工程产品则是在不同的地区，或不同的现场、不同的部位组织工人、机械围绕同一产品进行生产。因而，参与生产的人员以及所使用的机具、材料只能在不同的地区、不同的建造地点及不同的高度空间流动，使得生产难以做到稳定、连续、均衡。

2. 产品的多样性与生产的单件性

土木工程的产品不但要满足各种使用功能的要求，还要达到某种艺术效果，体现出地区特点、民族风格以及物质文明与精神文明的特色，同时也受到材料、技术、经济、地区的自然条件等多种因素的影响和制约，使得其产品类型多样、姿色迥异、变化纷繁。

产品的固定性和多样性决定了产品生产的单件性。即每一个土木工程产品必须单独设计和单独组织施工，不可能批量生产。即使是选用标准设计、通用构配件，也往往由于施工条件的不同、材料供应方式及施工队伍构成的不同，而采取不同的组织方案和施工方法，也即生产过程不可能重复进行，只能单件生产。

3. 产品的庞大性与生产的综合性、协作性

土木工程产品为了达到其使用功能的要求，满足所用材料的物理力学性能要求，需要占据广阔的平面与空间，耗用大量的物质资源，因而其体型大、高度大、重量大。产品庞大这一特点，对材料运输、安全防护、施工周期、作业条件等方面产生不利的影响；同时，也为综合各个专业的人员、机具、设备，在不同部位进行立体交叉作业创造了有利条件。

由于产品体型庞大、构造复杂，需要建设、设计、施工、监理、构配件生产、材料供应、运输等各个方面以及各个专业施工单位之间的通力协作。在企业内部要组织多专业、多工种的综合作业。在企业外部，需要城市规划、勘察设计、消防、公用事业、环境保护、质量监督、科研试验、交通运输、银行财政、机具设备、能源供应、劳务等社会各部门和各领域的协作配合。可见，土木工程产品的生产具有复杂的综合性、协作性。只有协调好各方面关系，才能保质保量如期完成工程任务。

4. 产品的复杂性与生产的制约及干扰性

土木工程产品涉及范围广、类别杂，做法多样、形式多变；它需使用数千种不同规格的材料；要与电力照明、通风空调、给水排水、消防、电信等多种系统共同组成；要使技术与艺术融为一体……这都充分体现了产品的复杂性。

在工程的实施过程中，受政策法规、合同文件、设计图纸、人员素质、材料质量、能源供应、场地条件、周围环境、自然气候、安全隐患、基体特征与质量要求等多种因素的制约及干扰。必须在精神上、物质上、财力上做好充分准备，以提高执行和应变的能力。

5. 产品投资大，生产周期长

土木工程产品的生产属于基本建设的范畴，需要大量的资金投入。由于工程量大、工序繁多、工艺复杂，交叉作业及间歇等待多，再加上各种因素的干扰，使得生产周期较长，占用流动资金大。建设单位（业主）为了及早使投资发挥效益，往往压缩工期。施工单位为获得较好的效益，需寻求合理工期，并恰当安排资源投入。

以上特点对工程的组织实施影响很大，必须根据各个工程的具体情况，编制切实可行的施

工组织设计，采取先进可靠的施工组织与管理方法，以保证工程圆满完成。

四、工程施工的程序

施工是工程建设的一个主要阶段，必须加强科学管理，严格按照施工程序开展工作。施工程序是指在整个工程实施阶段所必须遵循的一般顺序。按其先后顺序分为：承接任务、施工规划、施工准备、组织施工、竣工验收、回访保修等六个步骤。分述如下：

（一）承接施工任务，签订施工合同

目前，承接施工任务的方式主要是招投标式，即参加投标，中标得到的。它已成为建筑企业承揽工程的主要渠道，也是建筑业市场成交工程的主要形式。承接工程项目后，施工单位必须与建设单位（业主）签订施工合同，以减少不必要的纠纷，确保工程的实施和结算。

（二）调查研究，做好施工规划

甲乙双方签订好施工合同后，施工总承包单位首先应对当地技术经济条件、气候条件、地质条件、施工环境、现场条件等方面做进一步调查分析，做好任务摸底。其次要部署施工力量，确定分包项目，寻求分包单位，签订分包合同。此外要派先遣人员进场，做好施工准备工作。

（三）落实施工准备，提出开工报告

施工准备工作是保证按计划完成施工任务的关键和前提，其基本任务是为施工创造必要的技术和物资条件。施工准备工作通常包括技术准备、物资准备、劳动组织准备、施工现场准备和施工场外准备等几个方面。当一个项目进行了图纸会审，批准了施工组织设计、施工图预算，搭设了必需的临时设施，建立了现场组织管理机构，人力、物力、资金到位，能够满足工程开工后连续施工的要求时，施工单位即可向主管部门申请开工。

（四）组织施工，加强管理

开工报告获批准后，即可进行工程的全面施工。此阶段是整个工程实施中最重要的一个阶段，它决定了施工工期、产品质量、成本和施工企业的经济效益。因此，要做好四控（质量、进度、安全、成本控制）、四管（现场、合同、生产要素、信息管理）和一协调（搞好协调配合）。具体要做好以下几个方面的工作：

（1）严格按照设计图和施工组织设计进行施工；

（2）注意协调配合，及时解决现场出现的矛盾，做好调度工作；

（3）把握施工进度，做好控制与调整，确保施工工期；

（4）采取有效的质量管理手段和保证质量措施，执行各项质检制度，确保工程质量；

（5）做好材料供应工作，执行材料进场检验、保管、限额领料制度；

（6）管理好技术档案，做好图纸及洽商变更、检验记录、材料合格证等技术资料管理；

（7）注重成品的保养和保护工作，防止成品的丢失、污染和损坏；

（8）加强施工现场平面图管理，及时清理场地，强化文明施工，保证道路畅通；

（9）控制工地安全，做好消防工作；

（10）加强合同、资金等管理工作，提高企业的经济效益与社会效益。

（五）竣工验收，交付使用

竣工验收是施工的最后一个阶段，也是对建设项目设计和施工质量全面考核的一个法定手续。根据国家有关规定，所有建设项目和单位工程建完后，必须进行工程检验与备案。凡是质量不合格的工程不准交工、不准报竣工面积，当然也不能交付使用。

在工程验收阶段，施工单位应首先自检合格，确认具备竣工验收的各项要求，并经监理单位认可后，向建设单位提交"工程竣工报告"；然后由建设单位组织设计、施工、监理等单位进行验收。验收合格后，施工单位与建设单位办理竣工结算和移交手续。

（六）保修回访，进行后评价

在法定及合同规定的保修期内，对出现质量缺陷的部位进行返修，以保证满足原有的设计质量和使用要求。国家规定，房屋建筑工程的基础工程、主体结构在设计合理使用年限内均为保修期，防水工程的保修期为 5 年，装饰装修及所安装的设备保修期为 2 年。通过定期回访、保修和后评价，不但方便用户、提高企业信誉，同时也为以后施工积累经验。

五、组织施工的原则

在进行工程项目施工组织时，应遵循以下几项基本原则：

（一）认真贯彻国家的建设法规和制度，严格执行建设程序

国家有关建设的法律法规是规范建筑活动的准绳，在改革与管理实践中逐步建立和完善的施工许可制度、从业资格管理制度、招标投标制度、总承包制度、发承包合同制度、工程监理制度、安全生产管理制度、工程质量责任制度、竣工验收制度等是规范建筑行业的重要保证，这对建立和完善建筑市场的运行机制，加强建筑活动的实施与管理，提供了重要的方法和依据。因此，在进行施工组织时，必须认真地学习、充分理解并严格贯彻执行。

建设程序，是指建设项目从决策、设计、施工到竣工验收整个建设过程中各个阶段的顺序关系。不同阶段具有不同的内容，各阶段之间又有着不可分割的联系，既不能相互替代，也不许颠倒或跳越。坚持建设程序，工程建设就能顺利地进行，就能充分发挥投资的经济效益；反之，违背了建设程序，就会造成混乱，影响质量、进度和成本，甚至对工程建设带来严重的危害。

（二）遵循施工工艺和技术规律，合理安排施工展开程序和顺序

施工展开程序和施工顺序，是指各分部工程或各分项工程之间先后进行的次序，它是土木工程产品生产过程中阶段性的基本规律。由于土木工程产品的生产活动是在同一场地上进行，一般情况下，前面的工作不完成，后面的工作就不能开始。但在空间上可组织立体交叉、搭接施工，这是组织管理者在遵循基本规律的基础上，争取时间、减少消耗的主要体现。

虽然，施工展开程序和施工顺序是随着工程项目的规模、施工条件与建设要求的不同而有所不同，除特殊的工程组织，一般都应遵循基本规律。例如在对建筑物施工时，常采用"先准备，后施工""先地下，后地上""先结构，后围护""先主体，后装饰""先土建，后设备"的展开程序。又如，在现浇混凝土柱这一分项工程中，施工顺序是扎筋→支模→浇筑混凝土。其中任何一道工序都不能颠倒或省略，这不仅是施工工艺的要求，也是保证质量的要求。

（三）采用流水作业法和网络计划技术组织施工

流水作业法是组织土木工程施工的有效方法，可使施工连续、均衡、有节奏地进行，以达到合理使用资源，充分利用空间和时间的目的。网络计划技术是计划管理的科学方法，具有逻辑严密、层次清晰、关键问题明确，可进行计划优化、控制和调整，有利于计算机在计划管理中应用等优点。因而，在组织施工时应尽量采用。

（四）科学地安排季节性施工项目，确保全年生产的连续性和均衡性

为了确保全年连续均衡地施工、并保证质量和安全、节约工程费用，在组织施工时，应充分了解当地的气象条件和水文地质条件。尽量避免把土方工程、地下工程、水下工程安排在雨季和洪水期施工，避免把防水工程、外装饰工程安排在冬期施工；高空作业、结构吊装则应避

免在雷暴季节、大风季节施工。对那些必须在不利季节施工的项目，则应采取相应的技术措施，以确保工程质量和施工安全。

（五）贯彻工厂预制和现场预制相结合的方针，提高建筑工业化程度

建筑工业化的一个重要前提条件是广泛采用装配式建造。在拟定构件预制方案时，应贯彻工厂预制和现场预制相结合的方针，把受运输和起重设备限制的大型、重型构件放在现场预制；将大量的中小型构件交由工厂预制。这样，既可发挥工厂批量生产的优势，又可解决受运输、起重设备限制的主要矛盾。

（六）充分发挥机械效能，提高机械化程度

机械化施工可加快工程进度，减轻劳动强度，提高劳动生产率。为此，在选择施工机械时，应考虑能充分发挥机械的效能，并使主导工程的大型机械（如土方机械、吊装机械）能连续作业，以减少机械费用；同时，还应采取大型机械与中小型机械相结合、机械化与半机械化相结合、扩大机械化施工范围、实现综合机械化等方法，以提高机械化施工程度。

（七）采用国内外先进的施工技术和科学管理方法

先进的施工技术和科学的管理方法相结合，是保证工程质量，加速工程进度，降低工程成本，促进技术进步，提高企业素质的重要途径。因此，在编制施工组织设计及组织工程实施中，应尽可能采用新技术、新工艺、新材料、新设备和科学的管理方法。

（八）合理地布置施工现场，尽量减少暂设工程

精心地规划、合理地布置施工现场，是提高施工效率、节约施工用地，实现文明施工，确保安全生产的重要环节。尽量利用原有建筑物、已有设施、正式工程、地方资源为施工服务，是减少暂设工程费用，降低工程成本的重要途径。

第二节　施工准备工作

施工准备是工程项目施工的重要阶段之一，其基本任务是为拟建工程的施工建立必要的技术和物质条件，统筹安排施工力量和施工现场。施工准备工作也是施工企业搞好目标管理、推行技术经济承包的重要依据，同时还是土建施工和设备安装顺利进行的根本保证。因此认真地做好施工准备工作，对于发挥企业优势、合理供应资源、加快施工速度、提高工程质量、降低工程成本、增加经济效益、赢得社会信誉、实现管理现代化等均具有重要意义。

施工准备工作的优劣，将直接影响建筑产品生产的全过程。实践证明，凡是重视施工准备工作，积极为拟建工程创造一切施工条件，其工程的施工就会顺利地进行；凡是不重视施工准备工作，就会给工程的施工带来麻烦和损失，甚至带来灾难，其后果不堪设想。

一、施工准备工作的分类

1. 按准备工作的范围分

按工程项目施工准备工作的范围不同，一般可分为全场性施工准备、单位工程施工条件准备和分部（分项）工程作业条件准备等三种。

（1）全场性施工准备。它是以一个建筑工地为对象而进行的各项施工准备。其特点是准备工作的目的、内容都是为全场性施工服务的。它不仅要为全场性的施工活动创造有利条件，而且要兼顾单位工程施工条件的准备。

（2）单位工程施工条件准备。它是以一个建筑物或构筑物为对象而进行的施工条件准备工

作。其特点是其准备工作的目的、内容都是为单位工程施工服务的。它不仅为该单位工程在开工前做好一切准备，而且要为分部（分项）工程或等季节性施工进行作业条件的准备。

（3）分部、分项工程作业条件准备。对某些施工难度大、技术复杂的分部、分项工程，如降低地下水位、基坑支护、大体积混凝土、防水工程、大跨度结构吊装等，还要单独编制工程作业设计，并对其所采用的材料、机具、设备及安全防护设施等分别进行准备。

2. 按所处的施工阶段分

按工程项目所处的施工阶段不同，一般可分为开工前的施工准备和各施工阶段开始前的施工准备。

（1）开工前的施工准备。它是在拟建工程正式开工之前所进行的一切施工准备工作。其目的是为拟建工程正式开工创造必要的条件。它既可能是全场性的施工准备，又可能是单位工程施工条件的准备。

（2）各施工阶段前的施工准备。它是在拟建工程开工之后，每个施工阶段正式开工之前所进行的一切施工准备工作。其目的是为该施工阶段正式开工创造必要的条件。如混合结构住宅的施工，一般可分为基础工程、主体结构工程、屋面工程和装饰装修工程等施工阶段，每个施工阶段的施工内容不同，所需要的技术条件、物质条件、组织要求和现场布置等方面也不同。因此，在每个施工阶段开工之前，都必须做好施工准备工作。

综上可见：施工准备工作不仅是在拟建工程开工之前，而且贯穿于整个建造过程始终。

二、施工准备工作计划

为落实各项施工准备工作，加强检查和监督，必须编制施工准备工作计划，见表 11-1。

施工准备工作计划表   表 11-1

序号	施工准备项目	简要内容	负责单位	负责人	起止时间				备注
					月	日	月	日	

为了加快施工准备工作的进度，必须加强建设单位、设计单位和施工单位之间的协调工作，密切配合，建立健全施工准备工作的责任制度和检查制度，使施工准备工作有领导、有组织、有计划和分期分批地进行。

三、施工准备工作的内容

不同范围或不同阶段的施工准备工作，在内容上有所差异。但主要内容一般包括：技术准备、物资准备、劳动组织准备、施工现场准备和施工场外准备工作。

（一）技术准备

技术准备是施工准备工作的核心，对工程的质量、安全、费用、工期控制具有重要意义，因此必须认真做好。其主要内容如下：

1. 熟悉与审查施工图

（1）熟悉与审查施工图的目的

为了使工程技术与管理人员充分了解和掌握施工图的设计意图、结构与构造特点和技术要求，以保证能够按照施工图的要求顺利地进行施工；同时发现施工图中存在的问题和错误，使其改正在施工开始之前。因此必须认真地熟悉与审查施工图。

（2）熟悉与审查施工图的内容

1）审查施工图是否完整、齐全，以及设计施工图和资料是否符合国家规划、方针和政策；

2）审查施工图与说明书在内容上是否一致，以及施工图与其各组成部分之间有无矛盾和错误；

3）审查建筑与结构施工图在几何尺寸、标高、说明等方面是否一致，技术要求是否正确；

4）审查工业项目的生产设备安装图及与其相配合的土建施工图在坐标、标高上是否一致，土建施工能否满足设备安装的要求；

5）审查地基处理与基础设计同拟建工程地点的工程地质、水文地质等条件是否一致，以及建筑物与地下构筑物、管线之间的关系；

6）明确拟建工程的结构形式和特点，摸清工程复杂、施工难度大和技术要求高的分部（分项）工程或新结构、新材料、新工艺，明确现有施工技术水平和管理水平能否满足工期和质量要求，找出施工的重点、难点；

7）明确建设期限，分期分批投产或交付使用的顺序和时间，明确建设单位可以提供的施工条件。

（3）熟悉与审查施工图的程序

熟悉与审查施工图的程序通常分为自审阶段、会审阶段和现场签证三个阶段。

1）自审阶段

施工单位收到拟建工程的施工图和有关设计资料后，应尽快地组织有关工程技术、管理人员熟悉和自审施工图，并记录对施工图的疑问和建议。

2）会审阶段

施工图会审一般由建设单位或监理单位主持，设计单位和施工单位参加，三方共同进行。会审时，首先由设计单位的工程主设计人向与会者说明拟建工程的设计依据、意图和功能要求，并对特殊结构、新材料、新工艺和新技术提出要求。然后施工单位根据自审记录以及对设计意图的了解，提出对施工图的疑问和建议。最后在统一认识的基础上，对所研讨的问题逐一地做好记录，形成"施工图会审纪要"，由建设单位正式行文，参加单位共同会签、盖章，作为与设计文件同等作用的技术文件和指导施工的依据，同时也是建设单位与施工单位进行工程结算的依据。

3）现场签证阶段

在拟建工程施工的过程中，如果发现施工的条件与施工图的条件不符，或者发现图中仍然有错误，或者因为材料的规格、质量不能满足设计要求，或者因为施工单位提出了合理化建议，需要对施工图进行修改时，应遵循技术核定和设计变更的签证制度，进行施工现场签证。如果设计变更的内容对拟建工程的规模、投资影响较大时，要报请项目的原批准单位批准。施工现场的施工图修改、技术核定和设计变更资料，都要有正式的文字记录，归入拟建工程施工档案，作为指导施工、竣工验收和工程结算的依据。

2. 原始资料调查分析

为了做好施工准备工作，拟定出先进合理、切合实际的施工组织设计，除了要掌握有关拟建工程方面的资料外，还应进行实地勘测和调查，以获得第一手资料。重点包括：

（1）自然条件调查分析

主要内容包括：建设地区水准点和绝对标高等情况；地质构造、土的性质和类别、地基土的承载力、地震级别和烈度等情况；河流流量和水质及水位变化等情况；地下水位、含水层厚度和水质等情况；气温、雨、雪、风和雷电等情况；土的冻结深度和冬雨期时间等。

（2）技术经济条件调查分析

主要内容包括：建设地区地方施工企业的状况；施工现场的状况；当地可利用的地方材料状况；主要材料供应状况；地方能源和交通运输状况；地方劳动力和技术水平状况；当地生活供应、教育和医疗卫生状况；当地消防、治安状况和施工参与单位的力量状况等。

3. 编制施工预算

施工预算是根据施工图纸、施工组织设计或施工方案、施工定额等文件进行编制的。它是施工企业内部控制各项费用支出、考核用工、签发施工任务单、限额领料、进行经济核算的依据，也是进行工程分包的依据。

4. 编制施工组织设计

工程项目施工生产活动是非常复杂的物质财富再创造的过程。为了正确处理人与物、主体与辅助、工艺与设备、专业与协作、供应与消耗、生产与储存、使用与维修以及它们在空间布置、时间安排之间的关系，必须根据拟建工程的规模、结构特点和建设单位的要求，在原始资料调查分析的基础上，编制出一份能切实指导该工程全部施工活动的科学方案，即施工组织设计。

施工组织设计是用以指导施工组织与管理、施工准备与实施、施工控制与协调、资源的配置与使用等全面性的技术、经济文件；通过编制施工组织设计，可以针对工程的特点，根据施工环境的各种具体条件，按照客观的施工规律，制订拟建工程的施工方案，确定施工顺序、施工方法、劳动组织和技术措施；可以确定施工进度，控制工期；可以有序地组织材料、机具、设备、劳动力需要量的供应和使用；可以合理地利用和安排为施工服务的各项临时设施；可以合理地部署施工现场，确保文明施工、安全施工；可以分析施工中可能产生的风险和矛盾，以便及时研究解决问题的对策、措施；可以将工程的设计与施工、技术与经济、施工组织与施工管理、施工全局规律与施工局部规律、土建施工与设备安装、各部门之间、各专业之间有机地结合，统一协调，相互配合。

5. 应用 BIM 等技术进行施工方案及工艺模拟、设备管线及节点布筋的碰撞检查和优化、进度计划及场地布置的模拟检查、可视化交底等。

（二）物资准备

物资准备是保证施工顺利进行的基础。其内容主要包括建筑材料的准备、构（配）件和制品的加工、建筑安装机具的准备和生产工艺设备的准备。在工程开工之前，要根据各种物资的需要量计划，分别落实货源，组织运输和安排储备，以保证工程开工和连续施工的需要。

物资准备工作程序如图 11-3 所示。

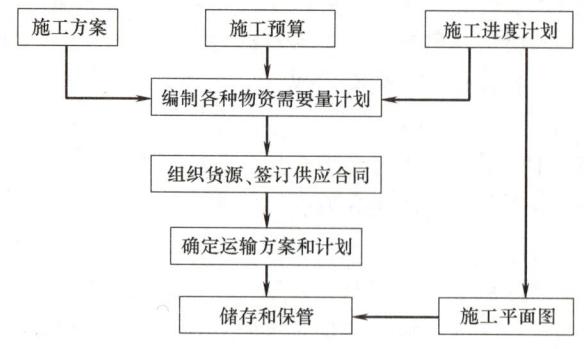

图 11-3　物资准备工作程序图

（三）劳动组织准备

劳动组织准备的范围，包括对大型综合建设项目的劳动组织准备、对单位工程的劳动组织准备。这里仅以一个单位工程为例，说明其劳动组织准备工作的内容。

1. 建立施工项目领导机构

根据工程的规模、结构特点和复杂程度，确定施工项目领导机构的形式、名额和人选；遵循合理分工与密切协作相结合的原则；把有施工经验、有开拓精神、工作效率高的人选入领导机构；认真执行因事设职、因职选人的原则。

2. 建立精干的施工队组

按施工组织方式的要求，确定建立混合施工队组或专业施工队组。认真考虑专业工种的合理配合，技工和普工的比例要满足合理的劳动组合要求。

3. 集结施工力量，组织劳动力进场

按照开工日期和劳动力需要量计划，组织工人进场，并安排好职工的生活。同时要进行安全、防火和文明施工等方面的教育。

4. 向施工队组、工人进行计划与技术交底

进行计划与技术交底的目的是把拟建工程的设计内容、施工计划和施工技术要求等，详尽地向施工队组和工人讲解说明。这是落实计划和技术责任制的必要措施。

交底应在单位工程或分部（项）工程开工前进行。交底的内容，通常包括：工程的施工进度计划、月（旬）作业计划；施工工艺、质量标准、安全技术措施、降低成本措施和施工验收规范的要求；新结构、新材料、新技术和新工艺的实施方案和保证措施；有关部位的设计变更和技术核定等事项。

交底工作应该按照管理系统逐级进行，由上而下直到队组工人。交底的方式有书面形式、口头形式和现场示范形式等。

在交底后，队组人员要认真进行分析研究，弄清工程关键部位、操作要领、质量标准和安全措施，必要时应该根据示范交底进行练习，并明确任务，做好分工协作安排，同时建立、健全岗位责任制和保证措施。

5. 建立、健全各项管理制度

工地的管理制度是各项施工活动顺利进行的保证。无章可循是危险的，有章不循也会带来严重后果。因此必须建立、健全各项管理制度。工地的管理制度通常包括：施工图纸学习与会审制度、技术责任制度、技术交底制度、工程技术档案管理制度、材料及主要构配件和制品的检查验收制度、材料出入库制度、机具使用保养制度、职工考勤和考核制度、安全操作制度、工程质量检查与验收制度、工地及班组经济核算制度等。

（四）施工现场准备

施工现场是施工的活动空间，其准备工作主要是为工程创造有利的施工条件和物资保证。其具体内容如下：

1. 做好施工场地的控制网测量

按照建筑总平面图及给定的永久性坐标控制网和水准控制基桩，进行场区施工测量，设置场区的永久性坐标桩、水准基桩，建立场区工程测量控制网。

2. 搞好"三通一平"

"三通一平"是指水通、电通、道路畅通和场地平整。

水通：水是施工现场生产、生活、消防不可或缺的资源。工程开工之前，必须落实水源，并按照施工平面图的要求接通管线，同时做好地面排水系统，为施工创造良好的环境。

电通：电是施工现场的主要动力和信息来源。工程开工前，要按照施工组织设计的要求，接通电力和电信设施，并做好蒸汽、压缩空气等其他能源的供应，确保施工现场动力设备和通信设备的正常运行。

道路畅通：现场的道路是组织物资运输的动脉。工程开工前，必须按照施工平面图的要求，修筑好施工现场的永久性道路（包括场区铁路、场区公路）以及必要的临时性道路，形成完整通畅的运输道路网，为物资进场和堆放创造有利条件。

场地平整：平实的场地是保证定位放线准确和开展施工的基本条件。首先应拆除妨碍施工的建筑物或构筑物，然后根据建筑总平面图规定的标高，确定平整场地的施工方案，进行场地平整工作。

3. 做好施工现场的补充勘探

为进一步明确地下状况或有特殊需要时，应及时做好现场的补充勘探。以便拟定相应施工方案或处理方案，保证施工的顺利进行和消除隐患。

4. 建造临时设施

按照施工平面图的布置和施工设施配置计划建造临时设施，为正式开工准备生产、办公、生活和仓库等临时用房，以及设置消防安保设施。

5. 组织施工机具进场

根据施工机具配置计划，组织施工机具进场。并根据施工平面图要求，将施工机具安置在规定的地点或仓库。对于固定的机具要进行就位、组装、保养和调试等工作，对所有施工机具都必须在开工之前进行检查和试运转。

6. 组织材料进场

根据材料、构（配）件和制品的配置计划组织进场，按照施工平面图规定的地点和方式进行储存或堆放。

7. 提出材料的试验、试制申请计划

材料进场后，及时提出建筑材料的试验申请计划。如钢材的机械性能试验；混凝土或砂浆的配合比试验等。

8. 做好新技术项目的试制、试验和人员培训

对施工中的新技术项目，应根据有关规定和相关资料，认真进行试制和试验。为正式施工积累经验，并做好人员培训工作。

9. 建立智能施工管理平台，安装数据传输设施

便于对施工进程、现场安全、设备运行、人员投入、施工环境等进行实时监测和提前预警。

10. 做好季节性施工准备

按照施工组织设计的要求，认真落实冬、雨期和高温季节施工项目的施工设施和技术组织措施。

（五）施工场外准备

在做好施工现场内部的准备工作外，还需做好施工现场外的协调工作。其具体内容如下：

1. 材料及设备的加工和订货

建筑材料、构（配）件和建筑制品大部分都必须外购，尤其工艺设备需要全部外购。必须根据配置计划与建材加工、设备制造部门或单位签订供货合同，保证及时供应。

2. 施工机具租赁或订购

对本单位缺少且需要的施工机具，应根据配置计划，与有关单位或部门签订订购合同或租赁合同。

3. 做好分包工作

由于施工单位本身的力量和施工经验所限，有些专业工程的施工，如大型土石方工程、结构安装工程以及特殊构筑物工程的施工分包给有关单位，效益可能更佳。这就必须在施工准备工作中，按原始资料调查中了解的有关情况，选定理想的协作单位。根据欲分包工程的工程量、完成日期、工程质量要求和工程造价等内容，与其签订分包合同，保证实施。

4. 向主管部门提交开工申请报告

在施工准备工作进行到一定程度，能够保证开工后连续施工时，应该及时地填写开工申请报告，并上报主管部门批准。

第三节　施工组织设计

施工组织设计是以施工项目为对象编制的，用以指导施工技术、经济和管理的综合性文件。由于每个土木工程产品及其施工特点、所处环境差异巨大，因此，开工前必须针对本工程编制施工组织设计。

一、施工组织设计的分类

（一）按编制的目的与阶段分

根据编制的目的与编制阶段的不同，施工组织设计可划分为两类：一类是投标前编制的施工组织纲要，另一类是中标且签订了工程承包合同后编制的施工组织设计。两类施工组织设计的区别见表11-2。

两类施工组织设计的区别　　　　　　　　　　　　　　　　表 11-2

种　类	服务范围	编制时间	编制者	主要特性	追求的主要目标
施工组织纲要	投标与签约	经济标书编制前	经营管理层	规划性	中标和经济效益
施工组织设计	施工准备至验收	签约后开工前	项目管理层	作业性	施工效率和效益

施工组织纲要是投标书的重要组成部分，是为取得工程承包权而编制的，它的主要作用是在技术上、组织上和管理手段上论证投标书中的投标报价、施工工期和施工质量三大目标的合理性和可行性，对招标文件提出的要求做出明确、具体的承诺，对工程承包中需要业主提供的条件提出要求。

施工组织设计是在中标、合同签订后，承包商根据合同文件的要求和具体的施工条件，对施工组织纲要进行修改、充实、完善，并经监理工程师审核同意而形成。

（二）按编制对象分

按照编制的对象与作用不同，施工组织设计可分为施工组织总设计、单位工程施工组织设计和施工方案等三类。

1. 施工组织总设计

它是以一个建设项目（如一个建筑群、一条公路或一个特大型项目）为编制对象，对整个建设工程的施工过程和施工活动进行全面规划，统筹安排，并对各单位工程的施工组织进行总体性指导、协调和阶段性目标控制与管理的综合性指导文件。它确定了工程建设总工期、各单位工程开展的顺序及工期、主要工程的施工方案、总体进度安排、各种资源的配置计划、全工地性暂设工程及准备工作、施工现场的总体布局等。由此可见，施工组织总设计是总的战略性部署，是指导全局性施工的技术、经济纲要，对整个项目的施工过程具有统筹规划、重点控制的作用。

2. 单位工程施工组织设计

它是以一个单位工程（如一幢住宅楼、一座工业厂房、一个构筑物或一段公路、一座桥梁）为编制对象，用以指导施工全过程中各项生产技术、经济活动，控制工程质量、安全等各项目标的综合性管理文件。它是对单位工程的施工过程和施工活动进行全面规划和安排，据以确定各分部分项工程开展的顺序及工期、主要分部分项工程的施工方法、施工进度计划、各种资源的配置计划、施工准备工作及施工现场的布置。对单位（子单位）工程的施工过程起指导和制约作用。

3. 分部（分项）工程施工方案

它是以某些重要的分部工程或较大较难的、技术复杂的、采用新技术新工艺施工的分项工程（如大型工业厂房或公共建筑物的基础、混凝土结构、钢结构安装、高级装饰装修等分部工程；深基坑支护、大型土石方开挖、垂直运输、脚手架、预应力混凝土、特大构件吊装等分项工程）以及专项工程（如深基坑开挖、土壁支护、地下水控制、模板工程、脚手架工程等）为编制对象编制的，是对施工组织设计的细化和补充，用以指导其施工活动的技术文件。其内容详细、具体，可操作性强，是直接指导施工作业的依据。

二、施工组织设计的作用

施工组织设计是进行施工准备，规划、协调、指导工程项目全部施工活动的全局性的技术经济文件。其主要作用，是指导施工准备工作和施工全过程的进行。主要体现在：可以统一规划和协调复杂的施工活动，保证施工有条不紊地进行；能够使施工人员心中有数，工作处于主动地位；能够对施工进度、质量、成本、技术与安全实施控制，实现对施工全过程进行科学管理的目的。实践证明，编制好施工组织设计是实现科学管理、提高工程质量、降低工程成本、加快工程进度、预防安全事故的可靠保证。

三、施工组织设计的内容

施工组织设计的种类不同，其编制的内容也有所差异。但都要根据编制的目的与实际需要，结合工程对象的特点、施工条件和技术水平进行综合考虑，做到切实可行、经济合理。各种施工组织设计中，其主要内容一般均要包含如下几个方面：

（一）编制依据

主要包括：与工程建设有关的法律、法规和文件；国家现行标准和技术经济指标；行政主管部门的批准文件，建设单位的要求；施工合同或招投标文件；设计文件；现场条件、地质及水文地质、气象等自然条件；资源供应情况；施工企业的生产能力、机具设备状况、技术水平等。

（二）工程概况

主要概括地说明工程的性质、规模，建设地点，结构特点，建筑面积，施工期限，合同的要求；本地区地形、地质、水文和气象情况；施工力量；劳动力、机具、材料、构件等供应情况；施工环境及施工条件等。

（三）施工部署

它是对项目实施过程做出的统筹规划和全面安排，包括项目施工主要目标、施工顺序及空间组织、施工组织安排等。它是施工组织设计的纲领性内容和核心，施工组织设计的其他内容都需围绕施工部署的原则编制。

（四）施工方案或主要方法

它是确定主要施工过程的施工方法、施工机械、工艺流程、组织措施等。它直接影响着施工进度、质量、安全以及工程成本，同时也为技术和资源的准备、各种计划制定及合理布置现场提供依据。因此，要遵循先进性、可行性、安全性和经济性兼顾的原则，结合工程实际，拟定可行的几种方案或方法，通过分析和评价择优选用。

（五）施工进度计划

它是为实现项目设定的工期目标，对各项施工过程的施工顺序、起止时间和相互衔接关系所作的统筹策划和安排。它对保证工程按期完成、保证施工的连续性和均衡性、节约施工费用有重要作用。需依据建筑工程施工的客观规律和施工条件，参考工期定额，综合考虑资金、材料、设备、劳动力等资源的投入来编制。

（六）施工准备与资源配置计划

施工准备计划包括在技术、现场、资金等方面准备的计划安排，资源配置计划主要是对劳动力和物资配置的计划安排。它们对工程开工和顺利实施具有重要作用。

（七）施工现场平面布置

它是在施工用地范围内，对各项生产、生活设施及其他辅助设施等进行规划和布置。对保证工程施工顺利进行具有重要意义。应遵循方便、经济、高效、安全、环保、节能的原则进行布置。

（八）施工管理计划

施工管理计划主要包括进度、质量、安全、环境及成本等管理计划。是实现既定目标的重要保障。各项管理计划的内容包括制定、实施所需的组织机构、职责、程序以及采取的措施和资源配置等。

四、施工组织设计的编制与审批

（一）施工组织设计的编制

1. 编制方法

施工组织设计应由施工项目负责人主持编制，可根据需要分阶段编制和审批。

（1）对实行总包和分包的工程，由总包单位负责编制施工组织设计，分包单位在总包单位的总体部署下，负责编制所分包工程的施工组织设计。

（2）施工组织设计编制前应确定编制人，并召开由建设单位、设计单位及施工分包单位参加的设计要求和施工条件交底会。根据合同工期要求、资源状况及有关的规定等问题进行广泛认真地讨论，拟定主要部署，形成初步方案。

（3）对构造复杂、施工难度大以及采用新工艺和新技术的工程项目，要进行专业性的研究，组织专门会议，邀请有经验的人员参加，集中群众智慧，为施工组织设计的编制和实施打下坚实的群众基础。

（4）要充分发挥各职能部门的作用，吸收他们参加施工组织设计的编制和审定，以发挥企业整体优势，合理地进行交叉配合的程序设计。

（5）较完整的施工组织设计方案提出之后，要组织参编人员及单位进行讨论，逐项逐条地研究、修改后确定，形成正式文件后，送主管部门审批。

2. 编制要求

编制施工组织设计必须在充分研究工程的客观情况和施工特点的基础上，根据合同文件的要求，并结合本企业的技术、管理水平和装备水平，从人力、财力、材料、机具和施工方法等五个环节入手，进行统筹规划、合理安排、科学组织，充分利用时间和空间，力争以最少的投入取得产品质量好、成本低、工期短、效益好、业主满意的最佳效果。在编制时应做到以下几点：

（1）方案先进、可靠、合理、针对性强，符合有关规定。如施工方法是否先进，工期上、技术上是否可靠，施工顺序是否合理，是否考虑了必要的技术间歇，施工方法与措施是否切合本工程的实际情况，是否符合技术规范要求等。

（2）内容繁简适度。施工组织设计的内容不可能面面俱到，要有侧重点。对简单、熟悉的施工工艺不必详细阐述，而对那些高、新、难的施工内容，则应较详细地阐述施工方法并制定有效措施，以做到详略并举，因需制宜。

（3）突出重点，抓住关键。对工程上的技术难点、协调及管理上的薄弱环节、质量及进度控制上的关键部位等应重点编写，做到有的放矢，注重实效。

（4）留有余地，利于调整。要考虑到各种干扰因素对施工组织设计实施的影响，编制时应适当留出更改和调整的余地，以达到能够继续指导施工的目的。

（二）施工组织设计的审批

施工组织设计编制后，应履行审核、审批手续。施工组织总设计应由总承包单位的技术负责人审批，经总监理工程师审查后实施；单位工程施工组织设计应由承包单位技术负责人审批，经总监理工程师审查后实施；分部、分项或专项工程施工方案应由项目技术负责人审批，经监理工程师审查后实施。

对基坑支护与降水、土方开挖、模板工程、起重吊装、脚手架拆除、爆破、建筑幕墙的安装、预应力结构张拉、隧道工程、桥梁工程施工等危险性较大的分部分项工程，所编制的安全专项施工方案，应由承包单位的专业技术人员及专业监理工程师进行审核、承包单位技术负责人和总监理工程师签字后实施。其中深基坑工程（深度 5m 及以上或地质条件和周围环境复杂）、地下暗挖工程、高大模板工程（水平构件模板支撑系统高度超过 8m，或跨度超过 18m，施工总荷载大于 $15kN/m^2$ 或集中线荷载大于 $20kN/m$）、50m 及以上建筑幕墙安装的工程、深水作业工程、采用爆破拆除工程等，承包单位还应在审签前组织不少于 5 人的专家组（非参建方人员），对施工方案进行论证审查。

五、施工组织设计的贯彻、检查与调整

施工组织设计的编制只是为实施拟建工程施工提供了一个可行的理想方案。要使这个方案得以实现，必须在施工实践中认真贯彻、执行施工组织设计。因此，要在开工前组织有关人员熟悉和掌握施工组织设计的内容，逐级进行交底，提出对策措施，保证其贯彻执行；要建立和完善各项管理制度，明确各部门的职责范围，保证施工组织设计的顺利实施；要加强动态管理，及时处理和解决施工中的突发事件和出现的主要矛盾；要经常地对施工组织设计执行情况进行检查，必要时进行调整和补充，以适应变化的、动态的施工活动的需要，保证控制目标的实现。

项目施工过程中，若发生工程设计有重大修改，有关法律、法规、规范和标准实施、修订和废止，主要施工方法或主要施工资源配置有重大调整，施工环境有重大改变等情况之一时，施工组织设计应及时进行修改或补充，并经重新审批后实施。

施工组织设计的贯彻、检查和调整，是一项经常性的工作，必须随着工程的进展不断地反复进行，并贯穿于拟建工程项目施工活动的始终。

习　　题

1. 土木工程产品及其生产的特点有哪些？
2. 施工程序分为哪几个步骤？
3. 试述组织工程项目施工应遵循的原则。
4. 施工准备工作包括哪些内容？
5. 施工组织设计分为哪些种类？各有何区别？
6. 哪些工程需编制施工组织总设计？
7. 施工组织设计的主要内容包括哪些？
8. 施工组织设计编制要求有哪些？
9. 哪些工程须编制安全专项方案并组织专家组论证？

第十二章　流水施工法

学习重点：流水施工参数的概念与确定方法；全等节拍流水、成倍节拍流水、分别流水的特点及其组织步骤与方法。

学习要求：了解流水施工的特点，掌握流水施工基本参数的概念，熟悉流水施工参数的确定方法，掌握组织流水施工的步骤与方法。能够组织一般工程的流水施工。

流水作业，是由固定组织的工人在若干个工作性质相同的环境中依次连续地工作的一种组织方法。它能使生产过程连续、均衡并有节奏地进行，是一种科学有效的生产组织方法，因而在国民经济各个生产领域得到广泛应用。在土木工程中组织流水施工，能合理地使用资源、充分利用时间和空间、减少不必要的消耗、实现专业化生产、提高作业效率，对缩短工期、降低造价、提高质量有着显著的作用。

土木工程中有大量的工作空间可以利用，为流水施工创造了有利的条件；但由于施工内容繁杂、各施工过程间的干扰较大，这就要求有较高的流水施工组织水平。本章主要讨论流水施工的基本概念、基本参数与组织方法，为在组织施工时灵活运用打下基础。

第一节　流水施工的基本概念

一、组织施工的三种方式

在土木工程施工中，根据工程的特点、工艺流程、工期要求、资源供应状况、平面及空间布置要求等，可采用依次施工、平行施工和流水施工等不同组织方式。举例如下：

某工程项目有甲、乙、丙三栋相同的房屋基础，主要施工工序包括开挖基槽、砌砖基础和回填土，其每栋的施工过程、工程量、劳动量及人员和时间的安排见表 12-1。

某工程一栋房屋基础施工的有关参数　　　　　　　　　　表 12-1

施工过程	工程量	产量定额	劳动量	班组人数	施工天数	工种
开挖基槽	240m³	6m³/工日	40 工日	8	5	普工
砌砖基础	60m³	1m³/工日	60 工日	12	5	瓦工
回填土	200m³	4m³/工日	50 工日	10	5	灰土工

当采用不同的施工组织方式时，其施工进度、总工期及表示资源需求状况的劳动力动态曲线见图 12-1。各种组织方式的形式、特点及适用范围如下。

1. 依次施工

依次施工也称顺序施工，是按照施工对象依次进行的组织方式。各施工队则按工艺顺序依次在施工对象上完成工作。如图 12-1 中依次施工栏。

依次施工是一种最基本的、最原始的施工组织方式，具有以下特点：

（1）由于未能充分利用工作面去争取时间，导致工期过长。

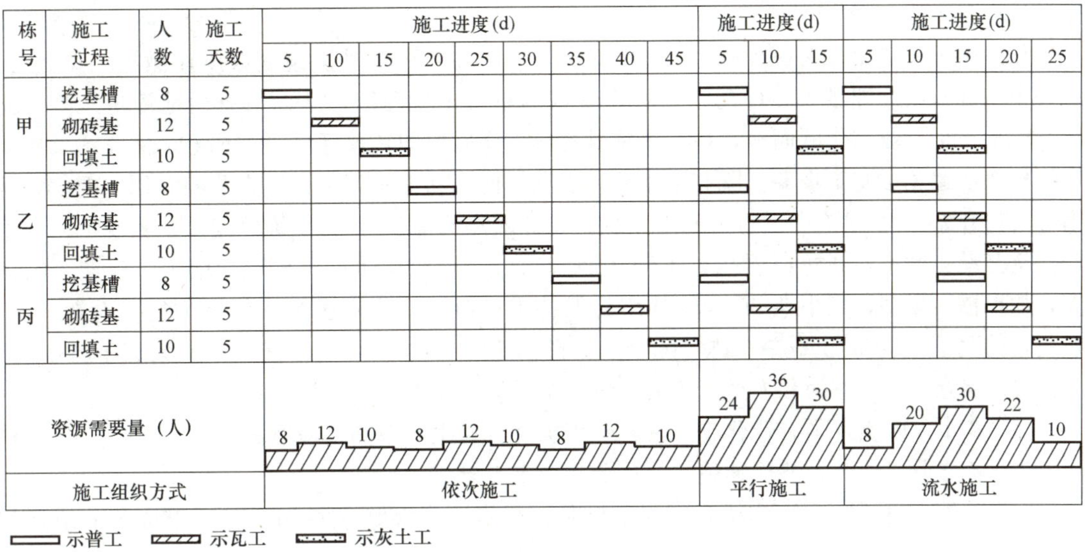

栋号	施工过程	人数	施工天数	施工进度(d) 5 10 15 20 25 30 35 40 45	施工进度(d) 5 10 15	施工进度(d) 5 10 15 20 25
甲	挖基槽	8	5			
	砌砖基	12	5			
	回填土	10	5			
乙	挖基槽	8	5			
	砌砖基	12	5			
	回填土	10	5			
丙	挖基槽	8	5			
	砌砖基	12	5			
	回填土	10	5			
资源需要量（人）				8 12 10 8 12 10 8 12 10	24 36 30	8 20 30 22 10
施工组织方式				依次施工	平行施工	流水施工

☐ 示普工　▨ 示瓦工　▤ 示灰土工

图 12-1　三种施工组织方式比较图

（2）采用专业工作队施工时，各专业队不能连续作业而造成窝工现象，使劳动力及施工机具等资源均不能充分利用。

（3）若采用一个工作队完成全部施工任务，则不能实现专业化施工，不利于提高劳动生产率和施工质量。

（4）单位时间内投入的劳动力、材料及施工机具等资源量较少，有利于资源供应的组织。

（5）施工现场的组织、管理比较简单。

因此，依次施工方式仅适用于在施工场地小、资源供应不足、工期要求不紧的情况下，组织由所需各个专业工种构成的混合工作队施工。

2. 平行施工

平行施工是全部施工对象同时开工，齐头并进，同时完工的组织方式。如图 12-1 中平行施工栏。其特点如下：

（1）充分利用了工作面，争取了时间，从而大大缩短了工期。

（2）若组织专业工作队施工时，劳动力的需求量极大，且无连续作业的可能，材料、机具等资源也无法均衡利用。

（3）若采用混合工作队施工，则不利于提高施工质量和劳动生产率。

（4）单位时间内投入的资源量成倍增长，不利于资源供应的组织工作，且造成现场临时设施大量增加、费用高、场地紧张。

（5）施工现场的组织、管理复杂。

这种组织方式只适用于工期十分紧迫、资源供应充足、工作面及工作场地较为宽裕、不过多计较代价时的抢工工程。

3. 流水施工

流水施工是施工对象按照一定的时间间隔依次开工，各工作队按照一定的时间间隔依次在各个施工对象上完成自己的工作，不同的工作队同时在不同的施工对象上进行平行作业的组织方式。如图 12-1 流水施工栏。

从图中可以看出，在一个栋号（施工对象）中，前一个工种队组完成工作撤离工作面后，后一个工种队组立即进入，使工作面不出现或尽量少出现间歇，从而可有效地缩短工期；此外，就某一个专业工作队而言，在一个栋号完成工作后立即转移到另一个栋号，保证了工作队连续作业，避免了窝工现象，既有利于缩短工期又使劳动力得到了合理充分的利用。图中，从第一天初开始，每 5d 有一个栋号开工，从第 15d 末开始每 5d 有一个栋号完工，实现了均衡生产。从劳动力动态曲线可以看出，工程初期劳动力（包括其他资源）逐渐增加，后期逐渐减少，如果栋号很多，则中期 30 人的状态将保持很长时间，即资源投入保持均衡。也就是说，在正常情况下，每 5d 供应一个栋号的全部材料、机具、劳动力等。流水施工具有以下特点：

（1）充分利用工作面和人员、机具，争取了时间，使得工期较短。

（2）各工作队实现了专业化施工，有利于提高劳动生产率和工程质量。

（3）各专业工作队能够连续施工，避免了窝工现象。

（4）单位时间内投入的劳动力、施工机具、材料等资源量较均衡，有利于资源的组织与供应。

（5）为现场文明施工和科学管理创造了有利条件。

由以上特点不难看出，流水施工能充分利用时间、空间和资源，实现连续、均衡地生产，因而得到了广泛的应用。

二、流水施工的技术经济效果

通过上述的比较可以看出，流水施工在工艺划分、时间安排和空间布置上都体现出了科学性、先进性和合理性。因此它具有显著的技术经济效果，主要体现在以下几点：

（1）工作队及工人实现了专业化生产，有利于提高技术水平、有利于技术革新，从而有利于保证施工质量，减少返工浪费和维修费用。

（2）工人实现了连续性单一作业，便于改善劳动组织、操作技术和施工机具，增加熟练技巧，有利于提高劳动生产率（一般可提高 20%～30%），加快施工进度。

（3）由于资源消耗均衡，避免了高峰现象，有利于资源的供应与充分利用，减少现场暂设工程，从而可有效地降低工程成本（一般可降低 6%～12%）。

（4）施工具有节奏性、均衡性和连续性，减少了施工间歇，从而可缩短工期（比依次施工可缩短 30%～50%），尽早发挥工程项目的投资效益。

（5）施工机械、设备和劳动力可以得到合理、充分地利用，减少了浪费，有利于提高经济效益。

（6）由于工期短、效率高、用人少、资源消耗均衡，可以降低现场管理费和物资消耗强度，实现合理储存与供应，从而可以提高综合经济效益。

三、组织流水施工的步骤

组织流水施工一般按以下步骤进行：

（1）将整个工程按施工阶段分解成若干个施工过程，并组织相应的专业队。使每个施工过程分别由固定的专业队完成。

（2）把建筑物在平面或空间上划分成若干个流水段（或称施工段），以形成"批量"的假定产品，而每一个段就是一个假定产品。

（3）确定各专业队在各段上的工作持续时间，即"流水节拍"。

（4）组织各专业队按一定的施工工艺，配备必要的机具，依次、连续地由一个流水段转移到另一个流水段，反复地完成同类工作。

（5）组织不同的专业队在完成各自施工过程的时间上适当地搭接起来，使得各个专业队在不同的流水段上进行平行作业。

四、流水施工的表达方式

流水施工的表达方式主要包括水平图表、垂直图表及网络图三种形式。

1. 水平图表

水平图表又称横道图，是表达流水施工最常用的方法。它的左半部分是按照施工的先后顺序排列的施工对象或施工过程；右半部分是施工进度，用水平线段表示工作的持续时间，线段上标注工作内容或施工对象。如某项目有甲、乙、丙、丁四栋房屋的抹灰工程，其流水施工的横道图表达如图 12-2 所示。

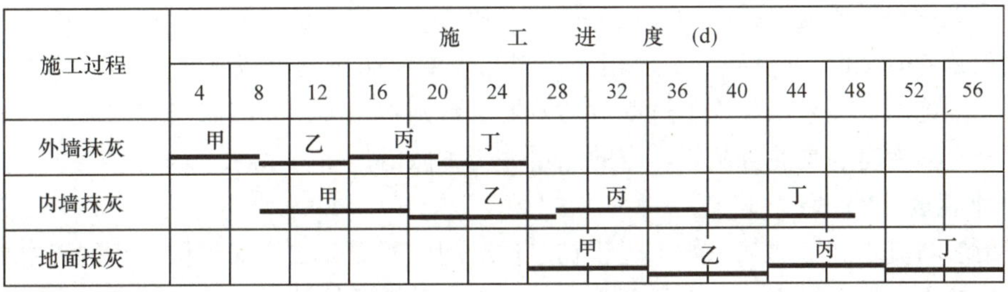

施工过程	施 工 进 度 (d)													
	4	8	12	16	20	24	28	32	36	40	44	48	52	56
外墙抹灰	甲		乙		丙		丁							
内墙抹灰			甲			乙		丙			丁			
地面抹灰							甲		乙		丙		丁	

图 12-2　横道图形式

2. 垂直图表

垂直图表也称垂直图，如图 12-3 所示。横坐标表示流水施工的持续时间，纵坐标表示施工对象或施工段的编号。每条斜线段表示一个施工过程或专业队的施工进度。其斜线的斜率不同表达了进展速度的差异。垂直图表一般只用于表达各项工作连续作业状况的施工进度计划。

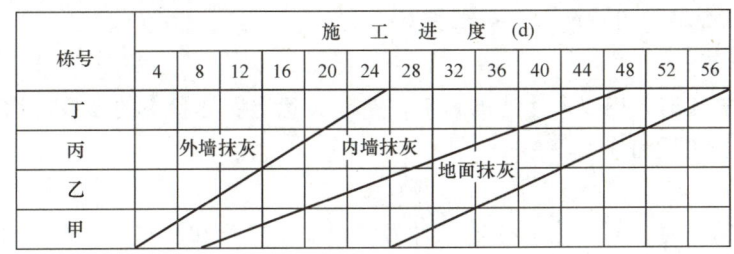

栋号	施 工 进 度 (d)													
	4	8	12	16	20	24	28	32	36	40	44	48	52	56
丁														
丙			外墙抹灰				内墙抹灰							
乙								地面抹灰						
甲														

图 12-3　垂直图形式

3. 网络图

流水施工的网络图表达形式详见第十三章。

第二节　流水施工的参数

在组织流水施工时，用以表达流水施工在施工工艺、空间布置和时间排列方面开展状态的参量，统称为流水参数。主要包括工艺参数、空间参数和时间参数三大类。流水参数是影响流水施工组织的节奏和效果的重要因素。

一、工艺参数

用以表达流水施工在施工工艺上的开展顺序及其特性的参量，均称为工艺参数。它主要包括施工过程数和流水强度。

1. 施工过程数（n）

它是指组织流水施工中的施工过程的数量。

任何一项工程的施工都包含有若干个施工过程。根据组织流水的范围，施工过程既可以是分项工程，又可以是分部工程，也可以是单位工程等。

一个流水组施工过程数的多少，应依据工程性质与复杂程度、进度计划的类型、施工方案、施工队的组织形式等确定，但其数量不宜过多，应以主导施工过程为主，力求简洁。对于占用时间很少的施工过程可以忽略；对于工作量较小且由一个专业队同时或连续施工的几个施工过程可合并为一项，以便于组织流水。

划分施工过程后要组织相应的专业工作队。通常一个施工过程由一个专业队独立完成，此时施工过程数（n）和专业队数（n'）相等；当几个专业队负责完成一个施工过程或由一个专业队完成几个施工过程时，其施工过程数与专业队数则不相等。如门窗安装的玻璃、油漆施工可合也可分，因为有的是混合队伍，有的是单一工种队伍。

2. 流水强度（V）

它是指参与流水施工的某一施工过程在单位时间内所需完成的工程量，又称流水能力或生产能力。如挖土方施工过程的流水强度是指每个工作班需开挖的土方量。计算公式如下：

$$V = \sum_{i=1}^{X} R_i \cdot S_i \tag{12-1}$$

式中　V——某施工过程的流水强度；

　　　R_i——投入某施工过程的第 i 种资源量（工人数或机械台数）；

　　　S_i——某施工过程的第 i 种资源的产量定额；

　　　X——投入某施工过程的资源种类数。

二、空间参数

在组织流水施工时，用以表达流水施工在空间布置上所处状态的参量，均称为空间参数。它包括工作面、施工层和施工段等。

1. 工作面（A）

在组织流水施工时，某专业工种施工时为保证安全生产和实施操作所必须具备的活动空间，称为该工种的工作面。它的大小，应根据该工种工程的计划产量定额、操作规程和安全施工技术规程的要求来确定。工作面确定的合理与否，将直接影响工人的劳动生产效率和施工安全。因此，应合理确定。常见工种工程的工作面见表12-2。

常见工种工程所需工作面参考数据　　　　　　　　　　表 12-2

工作项目	每个技工的工作面	工作项目	每个技工的工作面
砌砖基础	7.6m/人	砌空心砌块填充墙	12m/人
砌砖墙	8.5m/人	现浇钢筋混凝土柱	2.45m³/人（机拌、机捣）

工作项目	每个技工的工作面	工作项目	每个技工的工作面
现浇钢筋混凝土梁板	3.50m³/人（机拌、机捣）	墙面刮腻子、刷乳胶漆	40m²/人
铺屋面卷材	18.5m²/人	贴内外墙面砖	7m²/人
外墙抹灰	16m²/人	铺楼地面石材	16m²/人
内墙抹灰	18.5m²/人	铝合金、塑料门窗安装	12m²/人

利用工作面的概念可以计算各施工段上容纳的工人数，其计算公式为：

施工段上可容纳的工人数＝最小施工段上的工作面/每个工人所需的最小工作面

2. 施工层数（r）

在组织流水施工时，为了满足结构构造及专业工种对施工工艺和操作高度的要求，需将施工对象在竖向上划分为若干个操作层，这些操作层就称为施工层。施工层的划分，要按施工工艺的具体要求及建筑物、楼层和脚手架的高度情况来确定。如一般房屋的结构施工、室内抹灰等，可将每一楼层作为一个施工层；对单层厂房的围护墙砌筑、外墙抹灰、外墙面砖等，可将每步架或每个水平分格作为一个施工层；对高层建筑的室内外装饰施工，也可将几个楼层作为一个施工层。

3. 施工段数（m）

在组织流水施工时，通常把施工对象在平面上划分成劳动量大致相等的若干个区段，这些区段就叫施工段或流水段。施工段的个数是流水施工的基本参数之一。施工段可以是固定的，也可以对不同的阶段或不同的施工过程采用不同的分段位置和段数。但由于固定的施工段便于组织流水施工而应用较广。

（1）分段的目的

划分施工段是流水施工的基础。一般情况下，一个施工段内只安排一个施工过程的专业队进行施工。只有前一个施工过程的专业队完成了在该段的工作，后一个施工过程的专业队才能进入该段作业。由此可见，分段的目的就是要保证各个专业队有自己的工作空间，避免工作中的相互干扰，使得各队能够同时在不同的空间上进行平行作业，进而达到缩短工期的目的。流水段划分形式如图 12-4 所示。

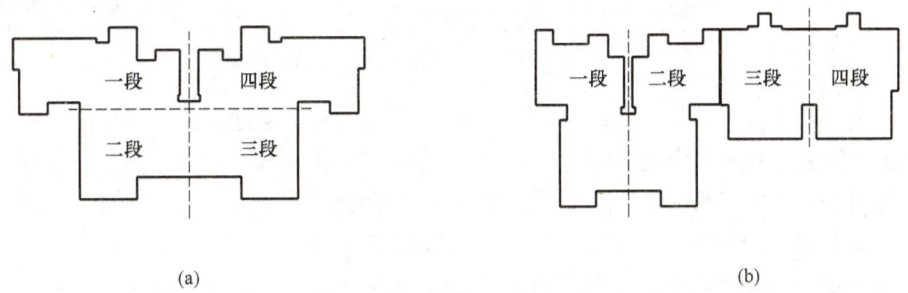

图 12-4　某住宅小区 A、B 栋住宅楼结构施工阶段流水段划分示意

（a）A 栋；（b）B 栋

对于竖向分层、平面分段的工程进行流水施工组织时，其总施工段数＝施工层数×每层分段数。例如，一幢 28 层全现浇剪力墙结构住宅楼，其结构层数就是施工层数，每层分为四个施工段，则总施工段数为 112 段。

（2）划分施工段的原则

施工段的数目要适当，太多则使每段的工作面过小、影响工作效率或不能充分利用人员和设备而影响工期；太少则专业队因无工作面而等待，难以形成流水，造成窝工。因此，为了使分段科学合理，应遵循以下原则：

1）同一专业队在各个施工段上的工作量应大致相等，相差不宜超过15%，以便于组织等节奏流水。

2）分段要以主导施工过程为主，段数不宜过多，以免使工期延长。

3）施工段的大小应满足主要施工过程专业队对工作面的要求。以保证施工效率和安全。

4）分段位置应有利于结构的整体性和外观效果。应尽量利用沉降缝、伸缩缝、防震缝作为分段界线；或者以混凝土施工缝、后浇带，砌体结构的门窗洞口以及装饰的分格、阴角等作为分段界线，以减少留槎，便于连接和修复。

5）当施工有层间关系，分段又分层时，若要保证各队连续施工，则每层段数（m）应大于或等于施工过程数（n）及施工队组数（n'）。以保证专业队能及时向另一层转移。

例如：某两层砖混结构房屋的主要施工过程为砌墙、楼板施工，拟组织一个瓦工队和一个楼板队（包括模板、钢筋、混凝土工）进行流水施工，即 $n = n' = 2$。在工作面及材料供应充足、人和机械数量不变的情况下，其三种不同分段流水的组织方案如图12-5所示。

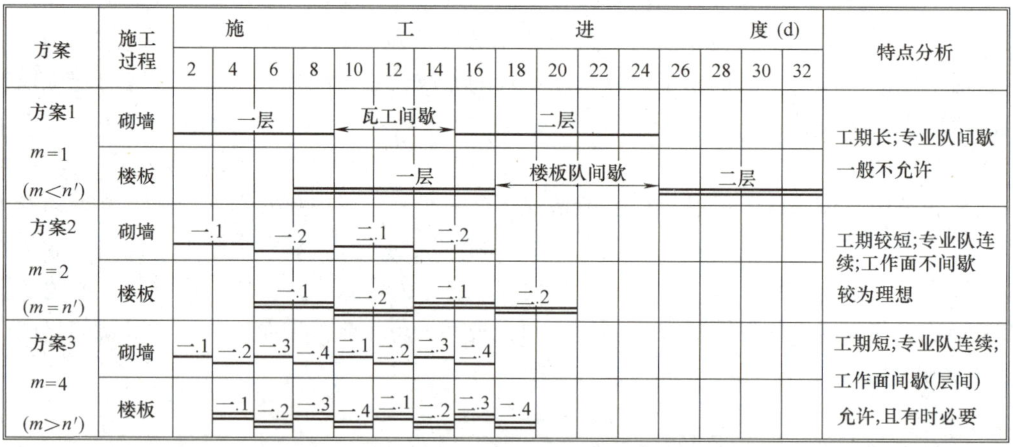

方案	施工过程	施	工					进				度 (d)					特点分析
		2	4	6	8	10	12	14	16	18	20	22	24	26	28	30	32	
方案1 $m=1$ ($m<n'$)	砌墙		一层			瓦工间歇			二层									工期长;专业队间歇一般不允许
	楼板					一层			楼板队间歇					二层				
方案2 $m=2$ ($m=n'$)	砌墙	一·1		一·2		二·1		二·2										工期较短;专业队连续;工作面不间歇较为理想
	楼板			一·1		一·2		二·1		二·2								
方案3 $m=4$ ($m>n'$)	砌墙	一·1	一·2	一·3	一·4	二·1	二·2	二·3	二·4									工期短;专业队连续;工作面间歇(层间)允许,且有时必要
	楼板		一·1	一·2	一·3	一·4	二·1	二·2	二·3	二·4								

图 12-5　不同分段方案的流水施工状况与特点

方案1由于不分段（即每个楼层为一段），在瓦工队完成一层砌墙后，楼板队进入该层施作楼板，瓦工队没有工作面只能停歇等待；当二层砌墙时，由于楼板队没有工作面而被迫停歇。两个队交替间歇，不但工期延长，而且出现大量的窝工现象。这在工程上一般是不允许的。

方案2是将每层分为两个流水段，使得流水段数与施工过程数（或工作队数）相等。在一层2段砌墙完成后，楼板队也已经完成一层1段的楼板施工，瓦工队可随即到二层1段砌墙。在工艺允许的情况下，既保证了每个专业队连续工作，又使得工作面不出现间歇，也大大缩短了工期。可见这是一个较为理想的方案。

方案3是将每个楼层分为四个施工段。既满足了工艺、技术的要求，又保证了每个专业队连续作业。但在第一层每段楼板完成后，都因为人员问题未能及时进行上一层相应施工段的墙体砌筑，即每段都出现了施工层之间的工作面间歇。这种工作面的间歇一般不会造成费用增加，而且在某些施工过程中可起到满足技术要求、保证施工质量、利于成品保护的作用。因此，这种间歇不但是允许的，而且有时是必要的。如温度较低时，楼板混凝土就必须有更多的强度增长时间。

显然，方案 3 更有利于工程质量和施工的顺利进行。但应注意，m 值也不能过大，否则会造成工作面过小或材料、人员、机具过于集中，影响效率和效益，且易发生事故。

三、时间参数

在组织流水施工时，用以表达流水施工在时间排列上所处状态的参数，称为时间参数。它包括流水节拍、流水步距、流水工期、搭接时间、技术间歇时间和组织间歇时间等。

1. 流水节拍（t）

在组织流水施工时，一个专业队在一个施工段上施工作业的持续时间，称为流水节拍。它是流水施工的基本参数之一。

流水节拍的大小，关系着施工人数、机械、材料等资源的投入强度，也决定了工程流水施工的速度、节奏感的强弱和工期的长短。节拍大时工期长，速度慢，资源供应强度小；节拍小则反之。同时流水节拍值的特征将决定流水组织方式。当节拍值相等或有倍数关系时，可以组织有节奏的流水；当节拍值不等也无倍数关系时，只能组织无节奏流水。

影响流水节拍数值大小的因素主要有：项目施工时所采取的施工方案、各施工段投入的劳动力人数或施工机械台数、工作班次，以及该施工段工程量的多少。其数值的确定，可按以下几种方法进行：

（1）定额计算法

这是根据各施工段的工程量、能够投入的资源（人、机械和材料等）量进行计算。计算公式如下：

$$t_i = \frac{p_i}{R_i \cdot N_i} \tag{12-2}$$

式中　t_i——某专业队在第 i 施工段的流水节拍；

　　　R_i——某专业队投入的工作人数或机械台数；

　　　N_i——某专业队的工作班次；

　　　p_i——某专业队在第 i 施工段的劳动量（单位：工日）或机械台班量（单位：台班），可

　　　　　用下式计算：$p_i = \dfrac{Q_i}{S_i}$ 或 $p_i = Q_i \cdot H_i$；

　　　Q_i——某专业队在第 i 施工段要完成的工程量；

　　　S_i——某专业队的计划产量定额；

　　　H_i——某专业队的计划时间定额。

（2）工期计算法

对已经确定了工期的工程项目，往往采用倒排进度法。其流水节拍的确定步骤如下：

1）根据工期要求，按经验或有关资料确定各施工过程的工作持续时间；

2）根据每一施工过程的工作持续时间及施工段数确定出流水节拍。当该施工过程在各段上的工程量大致相等时，其流水节拍可按下式计算：

$$t_i = \frac{T_i}{rm_i} \tag{12-3}$$

式中　t_i——流水节拍；

T_i——某施工过程的工作持续时间；

m_i——某施工过程划分的施工段数；

r——施工层数。

（3）经验估算法

它是根据以往的施工经验、结合现有的施工条件进行估算。为了提高其准确程度，往往先估算出该施工过程流水节拍的最长、最短和最可能三种时间，然后采用加权平均的方法，求出较为可行的流水节拍值。这种方法也称为三时估算法，计算公式如下：

$$t_i = \frac{a_i + 4c_i + b_i}{6} \tag{12-4}$$

式中　　t_i——某施工过程在某施工段上的流水节拍；

a_i、b_i、c_i——分别为某施工过程在某施工段上的最短、最长、最可能估计时间。

无论采用上述哪种方法，在确定流水节拍时均应注意以下问题：

1）确定专业队人数时，应尽可能不改变原有的劳动组织状况，以便领导；且应符合劳动组合要求，即满足进行正常施工所必需的最低限度的班组人数及其合理组合，如班组中技工和普工的合理比例及最少人数，使其具备集体协作的能力。此外还应考虑工作面的限制。

2）确定机械数量时，应考虑机械设备的供应情况和工作效率及其对场地的要求。

3）受技术操作或安全质量等方面限制的施工过程（如砌墙受每日施工高度的限制），在确定其流水节拍时，应当满足其作业时间长度、间歇性或连续性等限制的要求。

4）应考虑材料和构配件供应能力和储存条件对施工进度的影响和限制。

5）根据工期的要求，选取恰当的工作班制。当工期较为宽松，工艺上又无连续施工要求时，可采取一班制；否则，应适当加班。

6）为了便于组织施工、避免转移时浪费工时，流水节拍值尽量取整。

2. 流水步距（K）

在组织流水施工时，相邻两个专业队在符合施工顺序、满足连续施工、不发生工作面冲突的条件下，相继投入工作的最小时间间隔，称为流水步距。

在图 12-5 中，将方案 2 与方案 3 比较可以看出，流水步距的大小直接影响着工期，步距越大则工期越长，反之则工期越短。而步距的长短也与流水节拍有着一定关系。

流水步距的长度，要根据需要及流水方式经计算确定，一般应满足以下基本要求：

（1）始终保持前、后两个施工过程的合理工艺顺序。

（2）尽可能保持各施工过程的连续作业。

（3）使相邻两施工过程在满足连续施工的前提下，在时间上能最大限度地搭接。

3. 流水工期（T）

流水工期是指从第一个专业队投入流水施工开始，到最后一个专业队完成流水施工为止的整个持续时间。由于一项工程往往由许多流水组成，因此流水工期并非工程的总工期。

4. 搭接时间（C）

在组织流水施工时，有时为了缩短工期，在前一个施工过程的专业队还未撤出某一施工段时，就允许后一个施工过程的专业队提前进入该段施工，两者在同一施工段上同时施工的时间称为搭接时间。如主体结构施工阶段，梁板支模完成一部分后可以提前插入钢筋绑扎工作。

5. 间歇时间

组织流水施工时，除要考虑相邻专业队之间的流水步距外，有时还需根据技术要求或组织安排，相邻两个施工过程在时间上不能衔接施工而留出必要的等待时间，这个"等待时间"即称为间歇。按间歇的性质不同可分为工艺间歇和组织间歇，按位置不同又可分为施工过程间歇和层间间歇。

（1）工艺间歇时间（S）

由于材料性质或施工工艺的要求所需等待的时间称为工艺间歇。如楼板混凝土浇筑后，需养护一定时间才能进行后道工序作业；墙面抹灰后，需经一定干燥和消解时间才能进行涂饰或裱糊；屋面水泥砂浆找平层施工后，需经养护、干燥后方可进行防水层的施工等。

（2）组织间歇时间（G）

由于施工组织、管理方面的原因，要求的等待时间称为组织间歇。如施工人员及机械的转移、砌筑墙身前的弹线、钢筋隐检验收以及幕墙龙骨安装前进行锚栓拉拔试验等。

（3）施工过程间歇时间（Z_1）

在同一个施工层内，相邻两个施工过程之间的工艺间歇或组织间歇统称为施工过程间歇时间。

（4）层间间歇时间（Z_2）

在相邻两个施工层之间，前一施工层的最后一个施工过程与后一个施工层相应施工段上的第一个施工过程之间的工艺间歇或组织间歇统称为层间间歇。如现浇钢筋混凝土框架结构施工中，当第一层第一段的楼面混凝土浇筑完毕后，需养护一定时间后才能进行第二层第一段的柱钢筋绑扎施工。

需要注意的是，在组织流水施工时必须分清该工艺间歇或组织间歇是属于施工过程间歇还是属于层间间歇。在划分流水段时，施工过程间歇和层间间歇均需考虑；而在计算工期时，则只考虑施工过程间歇。

第三节　流水施工的组织方法

根据组织流水施工的工程对象，流水施工可分为分项工程流水、分部工程流水、单位工程流水和群体工程流水。按组织流水的空间特点，可分为流水段法和流水线法。流水段法常用于建筑、桥梁等体型宽大、构造较复杂的工程，而流水线法常用于管线、道路、隧道等体型狭长的工程。按流水节拍的特征，流水施工又可分为有节奏流水和无节奏流水。其中有节奏流水又分为等节奏流水和异节奏流水，如图 12-6 所示。不同节奏的流水其效果有较大差异，如图 12-7 所示。

流水施工的基本方式包括全等节拍流水、成倍节拍流水、分别流水法等三种，其中前两种属有节奏流水，而分别流水法属无节奏流水。下面分别阐述其组织方法。

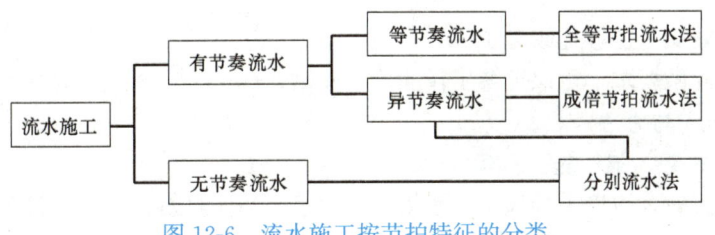

图 12-6　流水施工按节拍特征的分类

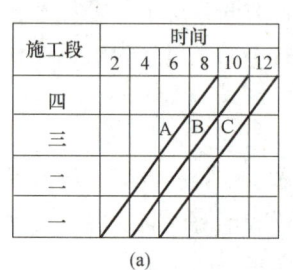 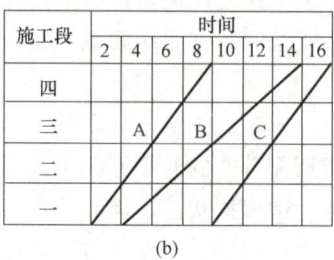 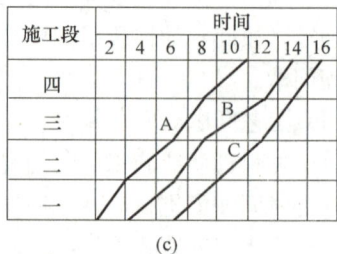

(a)　　　　　　　　　　(b)　　　　　　　　　　(c)

图 12-7　从垂直图表看不同节奏流水施工的效果差异（注：A、B、C 均为施工过程）

（a）等节奏流水；（b）异节奏流水；（c）无节奏流水

一、全等节拍流水

全等节拍流水也称固定节拍流水。它是在各个施工过程的流水节拍全部相等（为一固定值）的条件下，组织流水施工的一种方式。这种组织方式使施工活动具有较强的节奏感。

（一）形式与特点

1. 全等节拍流水的形式

如某现浇混凝土框架结构工程柱子的施工包含有绑钢筋、支模板、浇筑混凝土三个施工过程，分为①～④四个段施工，节拍均为 1d。要求模板支设完毕后，各段均需间隔 1d 验收（属施工过程间的组织间歇）后方允许浇筑混凝土。其施工进度表的形式如图 12-8 所示。

施工过程	施工进度（d）						
	1	2	3	4	5	6	7
绑钢筋	①	②	③	④			
支模板	$K_{甲乙}$	①	②	③	④		
浇筑混凝土		$K_{乙丙}$	$Z_{乙丙}$	①	②	③	④

$\Sigma K=(n-1)K$　　Z_1　　$T_N=rmt$

T

图 12-8　全等节拍流水形式

2. 全等节拍流水的特点

由上图可看出，全等节拍流水具有以下特点：

（1）流水节拍全部彼此相等，为一常数。

（2）流水步距彼此相等，而且等于流水节拍，即：

$$K_{1,2}=K_{2,3}=\cdots=K_{n-1,n}=K=t（常数）$$

（3）专业队总数（n'）等于施工过程数（n）。

（4）每个专业队都能够连续施工。

（5）若没有间歇要求，可保证各工作面均不停歇。

（二）组织步骤与方法

1. 划分施工过程，组织施工队组

划分施工过程时，应以主导施工过程为主，力求简洁。且对每个施工过程均应组织相应的专业施工队。

2. 确定施工段数（m）

分段应根据工程具体情况遵循分段原则进行。对于只有一个施工层或上下层的施工过程之间不存在相互干扰或依赖，即没有层间关系时，只要保证总的层段数等于或多于同时施工的工作队数即可。相反，当有层间关系时，则每层的施工段数应分下面两种情况确定：

（1）当无工艺与组织间歇要求时，可取 $m=n$，即可保证各队均能连续施工。

（2）当有工艺与组织间歇要求时，既要保证各专业队都有工作面而能连续施工，又要留出间歇的工作面，故应取 $m>n$，此时每层有 $m-n$ 个施工段空闲。由于流水节拍为 t，则每层的空闲时间为 $(m-n)t=(m-n)K$。令一个楼层（或施工层）内各施工过程的工艺、组织间歇时间之和为 $\sum Z_1$，楼层（或施工层）之间的工艺、组织间歇时间为 Z_2，且施工段上除 $\sum Z_1$ 和 Z_2 外无空闲，则：$(m-n)K=\sum Z_1+Z_2$。

（3）当专业队之间允许搭接时，可以减少工作面数量。如每层内各施工过程之间的搭接时间总和为 $\sum C$，则：$(m-n)K=-\sum C$。

所以，每层的施工段数 m 的最小值可按下式确定：

$$m=n+\frac{\sum Z_1}{K}+\frac{Z_2}{K}-\frac{\sum C}{K} \tag{12-5}$$

为了保证间歇时间满足要求，当计算结果有小数时，应只入不舍取整数；当每层的 $\sum Z_1$、Z_2 或 $\sum C$ 不完全相等时，应取各层中最大的 $\sum Z_1$、Z_2 和最小的 $\sum C$ 进行计算。

3. 确定流水节拍（t）

流水节拍可按前述方法与要求确定。但为了保证各施工过程的流水节拍全部相等，必须先确定出一个最主要施工过程（工程量大、劳动量大或资源供应紧张）的流水节拍 t_i，然后令其他施工过程的流水节拍与其相等并配备合理的资源，以符合固定节拍流水的条件。

4. 确定流水步距（K）

全等节拍流水常采用等节奏等步距施工，即：常取 $K=t$。

5. 计算流水工期（T）

由图 12-8 可以看出，全等节拍流水施工的工期为：

$T=\sum K+T_N+\sum Z_1-\sum C=(n-1)K+rmt+\sum Z_1-\sum C$，而 $K=t$，所以：

$$T=(rm+n-1)K+\sum Z_1-\sum C \tag{12-6}$$

式中　$\sum K$——流水步距的总和；

　　　　T_N——最后一个专业队的工作持续时间；

　　　　$\sum Z_1$——各相邻施工过程间的间歇时间之和；

　　　　$\sum C$——各相邻施工过程间的搭接时间之和；

　　　　r——施工层数。

6. 绘制流水施工进度表

（三）应用举例

【例 12-1】　某装饰装修工程为两层，采取由上至下的流向施工，整个工程的数据见表 12-3。若限定流水节拍不得少于 3d，油漆工最多只有 15 人，抹灰后需间歇 4d 方准许安门窗。试组织全等节拍流水。

施工过程	工程量	产量定额	劳动量
砌筑隔墙	300m³	1m³/工日	300 工日
室内抹灰	9000m²	15m²/工日	600 工日
安塑料门窗	2400m²	6m²/工日	400 工日
顶、墙涂饰	10000m²	20m²/工日	500 工日

【解】

（1）确定每层段数 m：

该工程虽非单层，但施工过程并无层间依赖或干扰关系，每层施工段数可大于、小于或等于施工过程数。故考虑工期要求、工作面情况及资源供应状况等因素，每层分为 5 个流水段，即 $m=5$。

砌筑隔墙每段劳动量为 $P_{砌}=300/(2\times5)=30$ 工日

其余各施工过程每段劳动量见表 12-4。

（2）确定流水节拍：

由于油漆工数量有限，最多只有 15 人，故"顶、墙涂饰"为主要施工过程。其流水节拍为：$t_{涂}=50/15=3.33$，取 $t_{涂}=4\mathrm{d}>3\mathrm{d}$，满足要求。

实际需要油漆工人数：$R_{涂}=50/4=12.5$，取 13 人。

令其他施工过程的流水节拍均为 4d，则配备人数见表 12-4。

施工过程	总劳动量	每段劳动量	节拍	人数
砌筑隔墙	300 工日	30 工日	4	8
室内抹灰	600 工日	60 工日	4	15
安塑料门窗	400 工日	40 工日	4	10
顶、墙涂饰	500 工日	50 工日	4	13

（3）确定流水步距：取 $K=t=4\mathrm{d}$

（4）计算流水工期 T：
$$T=(rm+n-1)K+\sum Z_1-\sum C$$
$$=(2\times5+4-1)\times4+4-0=56\mathrm{d}$$

（5）画施工进度表：见图 12-9。

【例 12-2】 某工程由 A、B、C 三个分项工程组成，该工程均划分为四个施工段，每个分项工程在各个施工段上的流水节拍均为 4d，要求 A 完成后，它的相应施工段至少要有组织间歇时间 1d，为缩短计划工期，允许 B 与 C 平行搭接时间为 1d。试组织其流水施工。

【解】

（1）确定流水步距 K：为全等节拍流水，故取 $K=t=4\mathrm{d}$；

（2）流水段数 m：已知 $m=4$ 段；

（3）计算流水工期 T：
$$T=(rm+n-1)K+\sum Z_1-\sum C$$
$$=(1\times4+3-1)\times4+1-1=24\mathrm{d}$$

12-1

施工过程	施 工 进 度 (d)													
	4	8	12	16	20	24	28	32	36	40	44	48	52	56
砌筑隔墙	2.①	2.②	2.③	2.④	2.⑤	1.①	1.②	1.③	1.④	1.⑤				
室内抹灰	$K=4$	2.①	2.②	2.③	2.④	2.⑤	1.①	1.②	1.③	1.④	1.⑤			
安塑料门窗		$K=4$	$Z_1=4$	2.①	2.②	2.③	2.④	2.⑤	1.①	1.②	1.③	1.④	1.⑤	
顶、墙涂饰				$K=4$	2.①	2.②	2.③	2.④	2.⑤	1.①	1.②	1.③	1.④	1.⑤

图 12-9　全等节拍流水施工进度表

（4）绘制流水施工横道图：如图 12-10 所示。

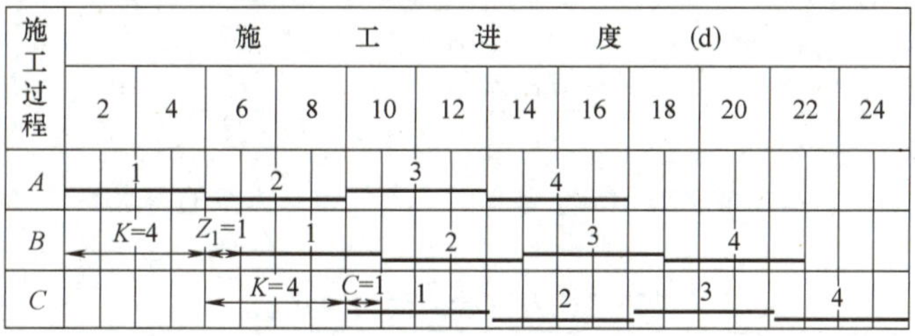

施工过程	施 工 进 度 (d)											
	2	4	6	8	10	12	14	16	18	20	22	24
A	1		2		3		4					
B	$K=4$	$Z_1=1$	1		2		3		4			
C		$K=4$	$C=1$	1		2		3		4		

图 12-10　流水施工横道图

二、成倍节拍流水

在进行全等节拍流水设计时，可能遇到下列问题：非主要施工过程所需要的人数或机械设备台数超出工作面允许容纳量；人数不符合最小劳动组合要求；施工过程的工艺对流水节拍有限制等。这时，只能按其要求和限制来调整这些施工过程的流水节拍。这就可能出现同一个施工过程的节拍全都相等，而各不同施工过程间的节拍虽然不等，但同为某一常数的倍数。从而构成了组织成倍节拍流水的条件。

（一）形式与特点

1. 成倍节拍流水的形式

【例 12-3】　某二层房屋的室内装修工程，划分为墙面抹灰、楼地面铺设地砖两个主要施工过程，每层分作两个流水段，拟组织抹灰工队和石工队自上而下进行流水施工。考虑技术要求，抹灰的流水节拍定为 4d，楼地面铺设地砖的流水节拍为 2d。在工作面足够、总的人员数不变的条件下，分段流水的组织方案及效果如图 12-11 所示。

由图 12-11 和表 12-5 可以看出，当施工过程间的节拍不等、但同为某一常数的倍数时，如果按照工作队或工作面连续去组织流水施工，不但工期较长，而且出现不必要的工作面或工作队间歇，均不够理想。如果采用等步距成倍节拍流水的组织方案，通过调整施工组织结构（将抹灰工由一个施工队增加为两个），在工作面足够、作业总人数不变或基本不变的情况下，可取得工期最短、步距相等、专业队和工作面都能连续的类似于全等节拍流水的较好效果。这里，我们主要讨论这种等步距的成倍节拍流水（也称加快成倍节拍流水）。

2. 成倍节拍流水的特点

（1）同一个施工过程的流水节拍均相等，而各施工过程之间的节拍不等，但同为某一常数的倍数。

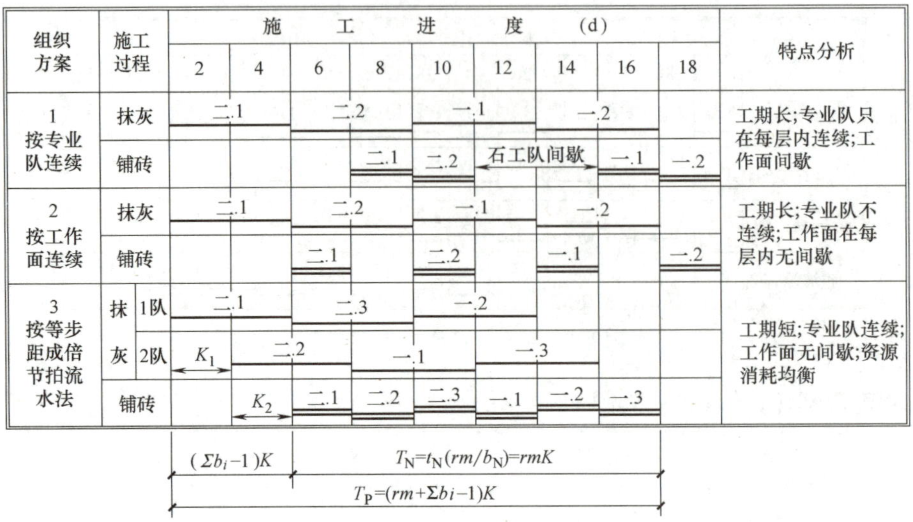

组织方案	施工过程	施工进度 (d)								特点分析
		2	4	6	8	10	12	14	16	18	

图 12-11　在满足成倍节拍流水条件时，不同组织方案的流水效果与特点

$(\Sigma b_i - 1)K$

$T_N = t_N(rm/b_N) = rmK$

$T_p = (rm + \Sigma b_i - 1)K$

三种组织方案的劳动力数量表　　　　表 12-5

方案	施工过程	劳动量(工日)	专业队	作业时间(d)	人数	人数合计
1	抹灰	480	抹灰	16	30	60
	铺砖	240	石工	8	30	
2	抹灰	480	抹灰	16	30	60
	铺砖	240	石工	8	30	
3	抹灰	480	抹灰1队	12	20	60
			抹灰2队	12	20	
	铺砖	240	石工	12	20	

（2）流水步距彼此相等，且等于各施工过程流水节拍的最大公约数。

（3）专业队总数（n'）大于施工过程数（n）。

（4）每个专业队都能够连续施工。

（5）若没有间歇要求，可保证各工作面均不停歇。

（二）组织步骤与方法

（1）使流水节拍满足前述条件。

（2）计算流水步距 K：

取 K 等于各施工过程流水节拍的最大公约数。

（3）计算各施工过程需配备的队组数 b_i：

用流水步距 K 去除各施工过程的节拍 t_i，即

$$b_i = t_i / K \tag{12-7}$$

式中　b_i——施工过程 i 所需的专业队组数；

　　　t_i——施工过程 i 的流水节拍。

（4）确定每层施工段数 m：

1）没有层间关系时，应根据工程具体情况遵循分段原则进行分段，并使总的层段数等于

或多于同时施工的专业队数。

2）有层间关系时，每层的最少施工段数应据下面两种情况分别确定：

① 无工艺与组织间歇要求或搭接要求时，可取 $m=n'(n'=\sum b_i)$，以保证各队组均有自己的工作面；

② 有工艺与组织间歇要求或搭接要求时，

$$m=n'+\frac{\sum Z_1}{K}+\frac{Z_2}{K}-\frac{\sum C}{K} \tag{12-8}$$

式中　n'——施工队组数总和（$n'=\sum b_i$）；

Z_1——相邻两施工过程间的间歇时间（包括技术性的、组织性的）；

Z_2——层间的间歇时间（包括技术性的、组织性的）；

C——相邻两施工过程间的搭接时间。

当计算出的流水段数有小数时，应只入不舍取整数，以保证足够的间歇时间；当各施工层间的 $\sum Z_1$ 或 Z_2 不完全相等时，应取各层中的最大值进行计算。

（5）计算计划工期 T_P：

由图 12-11 方案 3 可得出：

$$T_P=\sum K+T_N+\sum Z_1-\sum C=(rm+n'-1)K+\sum Z_1-\sum C \tag{12-9}$$

式中符号同前。

（6）绘制施工进度表：（见图 12-11 方案 3）

（三）应用举例

【例 12-4】 某构件预制工程有扎筋、支模、浇筑混凝土三个施工过程，分两层叠浇。各施工过程的流水节拍确定为 $t_筋=4d$，$t_模=4d$，$t_混=2d$。要求底层构件混凝土浇筑后，需养护 2d，才能进行第二层的施工。在保证各专业队连续施工的条件下，求每层施工段数，并编制流水施工方案。

【解】 由题知施工层数 $r=2$，无施工过程间歇（$\sum Z_1=0$），层间工艺间歇 $Z_2=2d$，层内各施工过程之间无搭接时间（$\sum C=0$）。

（1）确定流水步距 K

取各施工过程流水节拍的最大公约数，即 $K=2d$

（2）确定各施工队组数 b_i

扎筋：$b_钢=t_钢/K=4/2=2$ 个

支模：$b_模=t_模/K=4/2=2$ 个

浇混凝土：$b_混=t_混/K=2/2=1$ 个

（3）确定每层流水段数 m

$$m=n'+(\sum Z_1/K)+(Z_2/K)-(\sum C/K)$$

$$=(2+2+1)+0+2/2-0=6 \text{ 段}$$

（4）计算流水工期 T_P

$$T_P=(rm+n'-1)K+\sum Z_1-\sum C$$

$$=(2\times6+5-1)\times2+0-0=32d$$

（5）绘制流水施工进度表，如图 12-12 所示。

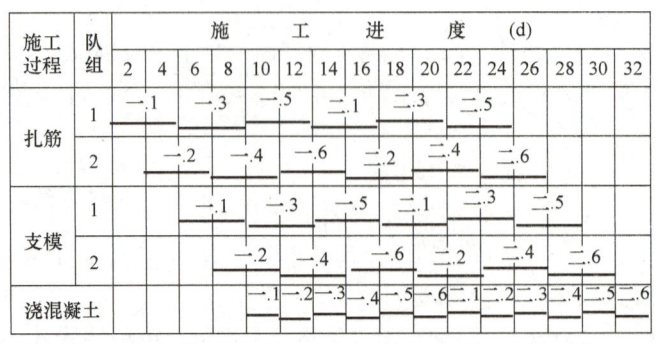

图 12-12　成倍节拍流水施工进度表　　12-2

（四）需注意的问题

理论上只要各施工过程的流水节拍能有最大公约数，均可采用这种成倍节拍流水组织方式。但如果其倍数差异较大，往往难以配备足够的专业队，或者难以满足各个队的工作面及资源要求，则这种组织方法就不可能实际应用。

三、分别流水

在工程项目实际施工中，通常同一个施工过程在各个施工段上的工程量彼此不等，或各个专业队的生产效率相差悬殊，导致大多数的流水节拍也彼此不等，因而不可能组织成全等节拍流水或等步距成倍节拍流水。在这种情况下，往往利用流水施工的基本概念，在满足施工工艺要求、符合施工顺序的前提下，使相邻的两个专业队既不互相干扰，又能在开工的时间上最大限度地搭接起来，形成每个专业队都能连续作业的无节奏流水施工。这种流水施工组织方式，称为分别流水。

（一）形式与特点

某工程分为①～④四个施工段，划分为 A、B、C 三个主要施工过程，组织相应的三个专业队进行施工，施工顺序为 A→B→C。他们在各段上的流水节拍分别为：A——6、4、4、8 周；B——2、6、4、4 周；C——6、4、6、4 周。其流水施工方案见图 12-13。

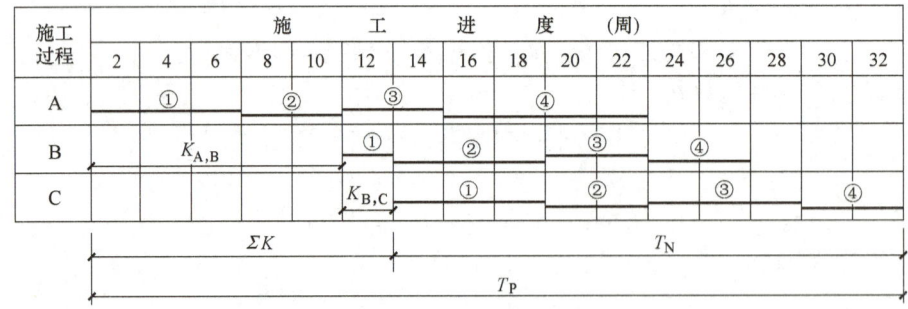

图 12-13　分别流水施工的形式

由图 12-13 可以看出，分别流水施工具有以下特点：

（1）各施工过程在各施工段上的流水节拍不全相等；

（2）流水步距不尽相等；

（3）专业队数等于施工过程数；

（4）在一个施工层内每个专业队都能够连续施工；

(5) 施工段可能有空闲时间。

（二）组织步骤

(1) 分解施工过程，组织相应的专业施工队。

(2) 划分施工段，确定施工段数。

(3) 计算每个施工过程在各个施工段上的流水节拍。

(4) 计算各相邻施工队间的流水步距：

常采用"节拍累加数列错位相减取其最大差"作为流水步距。其计算步骤如下：

1) 根据专业队在各施工段上的流水节拍，求累加数列；

2) 按照施工顺序，分别将相邻两个施工过程的节拍累加数列错位相减。即将后一施工过程的节拍累加数列向右移动一位，再上下相减；

3) 相减结果中的数值最大者，即作为该两施工过程专业队之间的流水步距。

(5) 计算流水工期：

$$T_P = \sum K + T_N + \sum Z_1 - \sum C \tag{12-10}$$

式中　$\sum K$——各相邻两个专业队之间的流水步距之和；

　　　T_N——最后一个专业队总的工作延续时间；

　　　$\sum Z_1$——各施工过程之间的间歇（包括工艺间歇与组织间歇）时间之和；

　　　$\sum C$——各相邻施工过程之间的搭接时间之和。

(6) 绘制流水施工进度表。

（三）应用举例

【例 12-5】 某基础工程分为 4 个施工段，有基槽开挖、基础施工、回填土三个施工过程。各施工过程在各段上的流水节拍分别为：开挖——3、4、2、3d；基础——2、3、3、2d；回填——2、2、3、2d。要求开挖施工后，须经 3d 验槽及地基处理才能进行基础施工，允许回填与基础施工之间搭接不多于 1d。试组织流水施工并绘制流水进度表，要求工期最短且各队连续作业。

基槽开挖的节拍累加数列	3	7	9	12	
基础施工的节拍累加数列		2	5	8	10
差值	3	5	4	4	−10

取最大差值，即 $K_{挖,基} = 5d$

基础施工的节拍累加数列	2	5	8	10	
肥槽回填的节拍累加数列		2	4	7	9
差值	2	3	4	3	−9

取最大差值，即 $K_{基,填} = 4d$

【解】 根据已有条件，该工程只能采用分别流水法组织无节奏流水。

(1) 确定流水步距：见右表及取值。

(2) 计算流水工期：

$$T_P = \sum K + T_N + \sum Z_1 - \sum C = (5+4) + 9 + 3 - 1 = 20d$$

(3) 绘制流水施工进度表：见图 12-14。

（四）需要注意的问题

(1) 分别流水法是流水施工中最基本的组织方法。它不仅在流水节拍不规则的条件下使用，对于在成倍节拍流水等流水节拍有规律的条件下，当施工段数、施工队组数以及工作面或资源状况不能满足相应要求时，也可按分别流水法组织施工。

12-3

(2) 若上述例题是指在一个施工层内的 4 个流水段，则在其他施工层应继续

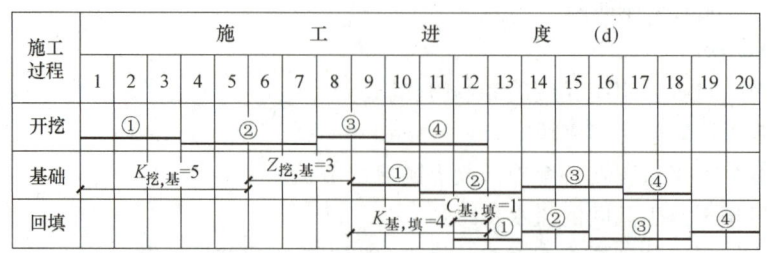

图 12-14　分别流水施工进度表（回填与基础仅第③段搭接了 1d）

保持各施工过程间的流水步距，这样才可避免相邻施工过程在工作面上发生冲突的现象。具体组织方法见下面内容。

（五）多施工层无节奏流水的组织方法

在组织多施工层流水时，为了保证每个施工队既要在每个施工层内连续作业，又要不出现工作面冲突和施工队的时间冲突，且实现有规律地作业，则需将其他施工层的施工进度线在保持流水步距不变的情况下整体移动调整。

在第一个施工层按照前述方法组织流水的前提下，以后各层何时开始，主要受到空间和时间两方面限制。所谓空间限制，是指前一个施工层任何一个施工段工作未完，则后一施工层的相应施工段就没有施工的空间；所谓时间限制，是指任何一个施工队未完成前一施工层的工作，则后一施工层就没有时间开始进行。这都将导致全部工作后移。

每项工程具体受到哪种限制，取决于其流水段数及流水节拍的特征。可用施工过程持续时间的最大值（T_{max}）与流水步距的总和（$K_总$）之关系进行判别，即：

（1）当 $T_{max} < K_总$ 时，除一层以外的各施工层施工只受空间限制，可按层间工作面连续来安排第一个施工过程施工，其他施工过程均按已定步距依次施工。各施工队都不能连续作业。

（2）当 $T_{max} = K_总$ 时，流水安排同上，但具有 T_{max} 值施工过程的施工队可以连续作业。

上述两种情况的流水工期为：

$$T_P = r\sum K + (r-1)K_{层间} + T_N \tag{12-11}$$

当有间歇和搭接要求时：

$$T_P = r\sum K + (r-1)K_{层间} + T_N + (r-1)Z_2 + \sum Z_1 - \sum C \tag{12-12}$$

（3）当 $T_{max} > K_总$ 时，具有 T_{max} 值施工过程的施工队可以全部连续作业，其他施工过程可依次按与该施工过程的步距关系安排作业。若 T_{max} 值同属几个施工过程，则其相应施工队均可以连续作业。该情况下的流水工期：

$$T_P = r\sum K + (r-1)K_{层间} + T_N + (r-1)(T_{max} - K_总)$$
$$= r\sum K + (r-1)(T_{max} - \sum K) + T_N \tag{12-13}$$

当有间歇和搭接要求时：

$$T_P = r\sum K + (r-1)(T_{max} - \sum K) + T_N + (r-1)Z_2 + \sum Z_1 - \sum C \tag{12-14}$$

式中　$K_总$——施工过程之间及相邻的施工层之间的流水步距总和（即 $K_总 = \sum K + K_{层间}$）；

　　　T_{max}——一个施工层内各施工过程中持续时间的最大值，即 $T_{max} = \max \{T_1, T_2, \cdots\cdots T_N\}$；

　　　r——施工层数；

　　　$\sum K$——施工过程之间的流水步距之和；

$K_{层间}$——施工层之间的流水步距；

　T_N——最后一个施工过程在一个施工层的施工持续时间；

　Z_2——施工层之间的间歇时间；

　$\sum Z_1$——在一个施工层中施工过程之间的间歇时间之和；

　$\sum C$——在一个施工层中施工过程之间的搭接时间之和。

【例12-6】 某工程为三个施工层，每层分为四段，有 A、B、C 三个施工过程，施工顺序为 $A \rightarrow B \rightarrow C$。各施工过程在各段上的流水节拍分别为：$A$——1、3、2、2；$B$——1、1、1、1；$C$——2、1、2、3。试编制流水施工计划。

【解】

（1）确定流水步距：仍按"节拍累加数列错位相减取其最大差"方法计算，见表12-6。

例 12-6 的流水步距计算　　　　　　　　　表12-6

A 的节拍累加数列	1	4	6	8			差值之大值	流水步距 K
B 的节拍累加数列		1	2	3	4			
C 的节拍累加数列			2	3	5	8		
A 的节拍累加数列				1	4	6	8	
A、B 数列差值	1	3	4	5	-4		5	$K_{A,B}=5$
B、C 数列差值		1	0	0	-1	-8	1	$K_{B,C}=1$
C、A 数列差值			2	2	1	2	-8	2	$K_{层间}=2$

（2）流水方式判别：$T_{max}=8$（见表12-6中的节拍累加值），属于施工过程 A 和 C。$K_{总}=5+1+2=8$，$T_{max}=K_{总}$，则 A 和 C 的施工队均可全部连续作业。

（3）计算流水工期：$T_P = r\sum K + (r-1)K_{层间} + T_N = 3\times(5+1) + (3-1)\times2 + 8 = 30$

（4）绘制施工进度表：二、三层需先绘出 A、C 的进度线，再依据步距关系绘出 B 的进度线。如图 12-15 所示。

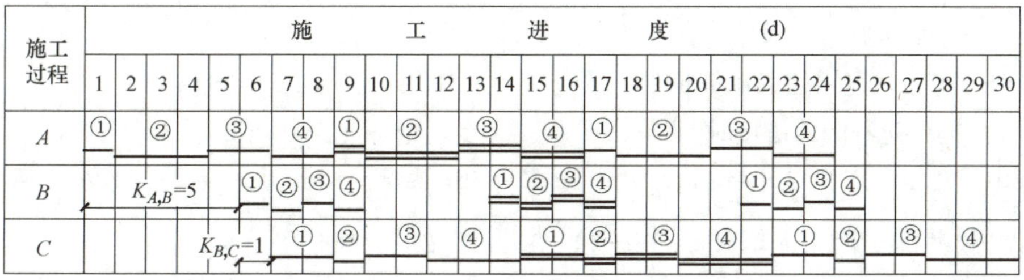

图 12-15　例 12-6 的流水施工进度表（双线为第二层的进度线，其后的单粗线为第三层的进度线）

无节奏流水施工形式对于单个施工层的工程而言没有节奏感。但对于有多个施工层的工程来说，它不但能够使每一个施工队在每一个施工层中都连续作业，而且能够在各个施工层之间有规律地施工和停歇，可以说存在着一定的规律和节奏。因此，组织好多施工层无节奏流水施工具有重要的理论和实践意义。

四、流水线法

对道路、管线、沟渠等延伸较长的线性工程所组织的流水施工称流水线法。其组织步骤如下：

（1）将工程对象划分成若干个施工过程，并组织相应的专业队；

（2）通过分析，找出主导施工过程；

（3）根据主导施工过程专业队的生产能力确定其移动速度；

（4）依据这一速度，确定其他施工过程工作队的移动速度并配备相应的资源；

（5）根据工程特点及施工工艺、施工组织要求，确定流水步距和间歇、搭接时间；

（6）组织各工作队按照工艺顺序相继投入施工，并以一定的速度沿着线性工程的长度方向不断向前移动。

如某管道工程长 1600m，包括挖沟、铺管、焊接和回填四个主要施工过程，拟组织四个相应的专业队流水施工。经分析，挖沟是主导施工过程，每天可完成 100m；其他施工过程经资源配备也按此速度向前推进；流水步距可取 2d，要求焊接后需经 2d 检查验收方可回填。其流水施工进度计划如图 12-16 所示。

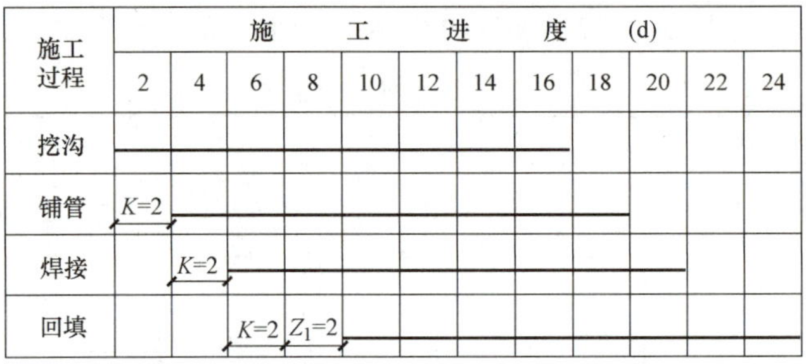

施工	施		工		进		度		(d)			
过程	2	4	6	8	10	12	14	16	18	20	22	24
挖沟												
铺管	$K=2$											
焊接		$K=2$										
回填			$K=2$ $Z_1=2$									

图 12-16　某管道工程流水线法施工进度计划

流水线法施工工期为：

$$T_P = \frac{L}{v} + (n'-1)K + \sum Z_1 - \sum C \tag{12-15}$$

式中　L——线性工程总长度；

　　　v——移动速度（每个步距时间移动的距离）；

　　　n'——工作队数；

　　　K——流水步距；

　　　Z_1——施工过程间的间歇时间；

　　　C——施工过程间的搭接时间。

本例中，$L/v=1600/100=16$d，$n'=4$，$K=2$d，$\sum Z_1=2$d，$\sum C=0$d，流水工期为：

$$T_P = 16 + (4-1) \times 2 + 2 - 0 = 24d$$

工 程 案 例

一、现浇剪力墙住宅结构的流水施工组织

某现浇钢筋混凝土剪力墙结构高层住宅，采用大模板施工。为节约费用，只配备一套工具式钢制大模板。流水施工组织要点如下：

（1）结构施工阶段包括绑扎安装墙体钢筋、安装墙体大模板、浇筑墙体混凝土、拆大模板、支楼板模板、绑扎楼板钢筋、浇筑楼板混凝土等七个主要施工过程。其中扎墙体钢筋、安装大模板、支楼板模板、扎楼板钢筋四项为主导施工过程。墙体大模板拆除及安装均由安装队完成，考虑周转要求，清晨拆除前一段后再进行本段的安装，而拆除墙模的施工段即可安装楼板模板。墙体及楼板混凝土浇筑均安排在晚上进行。

（2）组织扎墙体钢筋、拆装墙体大模板、楼板支模、楼板扎筋和浇筑墙及板混凝土五个工作队的流水施工。

（3）由于浇筑混凝土在晚上进行，最多有四个工作队同时作业；且施工期间气温较高，混凝土墙体拆模及楼板上人强度经一夜养护均能满足要求，认为无间歇要求，故每层划分为四个施工段。

（4）流水节拍及流水步距均为1d，组织全等节拍流水施工，如图12-17所示。

由图中可以看出，在正常情况下，各队都实现了连续、均衡作业，工作面也没有空闲。正常情况下每四天完成一个楼层。

施工过程	工作队	1 日	1 晚	2 日	2 晚	3 日	3 晚	4 日	4 晚	5 日	5 晚	6 日	6 晚	7 日	7 晚	8 日	8 晚	9 日	9 晚
扎墙筋	A	一.1		一.2		一.3		一.4		二.1		二.2		二.3		二.4		三.1	
拆、安墙模	B			一.1		一.2		一.3		一.4		二.1		二.2		二.3		二.4	
浇墙混凝土	C				一.1		一.2		一.3		一.4		二.1		二.2		二.3		二.4
支板模	D					一.1		一.2		一.3		一.4		二.1		二.2		二.3	
扎板筋	E							一.1		一.2		一.3		一.4		二.1		二.2	
浇板混凝土	F								一.1		一.2		一.3		一.4		二.1		二.2

图 12-17　某现浇剪力墙住宅结构标准层全等节拍流水施工进度计划

二、现浇框架办公楼结构的流水施工组织

某二层现浇钢筋混凝土框架结构办公楼，柱距 8.1m×8.1m，办公楼宽 3×8.1＝24.3m、长 10×8.1＝81m，中间有两道变形缝（间距27m），其剖面如图12-18所示。流水施工组织要点如下：

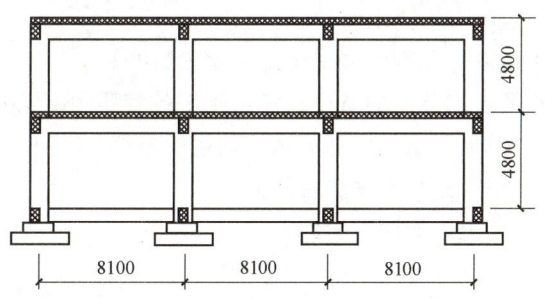

图 12-18　现浇框架办公楼结构剖面

（1）考虑既不影响结构的整体性，又要使每段工程量大致相等、劳动量均匀，且满足工作面要求。故以变形缝为界，每层划分为三个施工段。

（2）主要施工过程包括：扎柱子钢筋，支柱子、梁及楼板模板，绑扎梁、板钢筋，浇筑柱、梁、板混凝土四项。楼梯施工并入楼板。

（3）由于流水段数少于施工过程数，故按工种组织钢筋、木工、混凝土三个专业队流水施工。

（4）以支模板为主导施工过程，确保木工队在每层、每段上连续作业。其余施工过程的专业队通过适当配备，按施工顺序要求、保证工作面合理衔接进行施工。

（5）为保证各段混凝土浇筑不留施工缝，同一施工段内采取三班制连续作业。但由于工艺限制，混凝土工作队在每层、每段之间均不能连续作业。

流水施工进度计划见图12-19。由图中可看出，各施工过程均为等节奏施工；工作面搭接合理；保证了层间间歇要求；不但木工队实现了连续作业，钢筋队在中间较长时间内也实现了连续作业（图12-19中箭线所指即为钢筋队作业的流动情况），其巧妙之处在于钢筋队完成两项工作的流水节拍之和与木工队相等（1＋3＝4）。

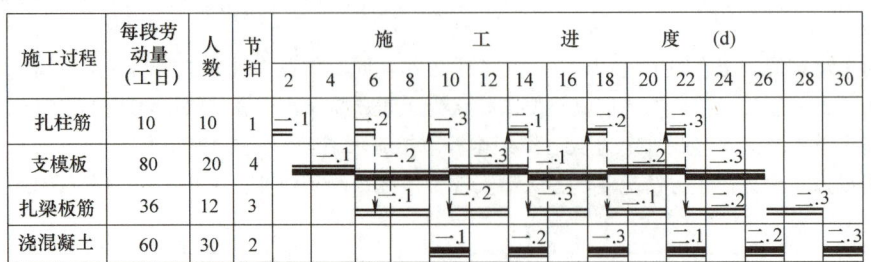

施工过程	每段劳动量(工日)	人数	节拍	施 工 进 度 (d)															
				2	4	6	8	10	12	14	16	18	20	22	24	26	28	30	
扎柱筋	10	10	1	一.1		一.2		一.3		二.1		二.2		二.3						
支模板	80	20	4	一.1		一.2		一.3		二.1		二.2		二.3						
扎梁板筋	36	12	3		一.1		一.2		一.3		二.1		二.2		二.3					
浇混凝土	60	30	2			一.1		一.2		一.3		二.1		二.2		二.3				

图 12-19　某现浇框架办公楼结构分别流水施工进度计划

习　题

一、问答题

1. 组织施工有哪三种方式，各有何特点？

2. 流水施工的实质是什么？有哪些优点？

3. 组织流水施工的步骤有哪些？

4. 流水施工参数有哪些？试述其基本概念。

5. 流水施工的分类有哪些？试述其基本概念。

6. 什么叫流水节拍？如何确定流水节拍？

7. 何为流水步距，确定时有何要求？

8. 流水段的划分应遵循哪些原则？如何确定流水段数？

9. 按流水节拍的特点及流水节奏的特征，流水施工各有哪些组织方法？

10. 试比较全等节拍、成倍节拍和分别流水法的组织条件与特点。

11. 全等节拍、成倍节拍和分别流水法各如何组织？

12. 线性工程流水有何特点，如何组织？

二、计算题

1. 某分部工程由甲、乙、丙三个分项工程组成，在竖向上划分为两个施工层组织流水施工。流水节拍均为 2d。为缩短计划工期，允许分项工程甲与乙搭接 1d，分项工程乙完成后，它的相应施工段至少有技术间歇 2d，层间组织间歇为 1d。要求各工作队连续作业。试确定每层施工段数、计算工期、并绘制流水施工横道图。

2. 某装饰工程为两层，采取自上而下的流向组织流水施工，每层划分 5 个施工段，施工过程为砌筑隔墙、室内抹灰、安装门窗和喷刷涂料（各施工过程的工程量及产量定额见表 12-7）。若限定流水节拍不得少于 2d，油工最多只有 11 人，抹灰后需间歇 3d 方准许安门窗。试组织全等节拍流水施工并绘制流水进度表。

各施工过程的工程量及产量定额细目　　　　　　　　　　表 12-7

序号	施工过程	工程量	产量定额
1	砌筑隔墙	200m³	1m³/工日
2	室内抹灰	7500m²	15m²/工日
3	安装门窗	1500m²	6m²/工日
4	喷刷涂料	6000m²	20m²/工日

3. 某构件预制工程分两层叠浇，其施工过程及流水节拍分别为绑钢筋 6d，支模板 6d，浇混凝土 3d，层间工艺间歇为 3d，试组织成倍节拍流水施工并绘制流水进度表。

4. 已知某三层建筑的分部工程有 A、B、C 三个施工过程，其流水节拍分别为 2、4、2d，要求 B、C 两个施工过程之间有 1d 的间歇时间，C 完成后需经 1d 的间歇方可进行上一层施工。试组织成倍节拍流水施工并绘制流水施工横道图。

5. 某工程分为 4 个施工段，有 A、B、C、D 四个施工过程。拟组织相应的四个专业队进行施工，施工顺序为 A→B→C→D。各施工过程在各段上的流水节拍分别为：A——3、2、2、3d；B——2、3、3、2d；C——3、2、3、1d；D——4、2、3、1d。根据技术要求，B 施工后须间歇 2d，C 才能施工，允许 C 与 D 之间搭接 1d。试按分别流水法组织施工并绘制流水施工横道图，要求保证各队连续作业。

6. 某工程有两层，每层分为 4 段，有三个专业队进行流水作业，它们在各段上的流水节拍分别为：甲队——3、3、2、2d；乙队——4、2、3、2d；丙队——2、2、2、3d。试按分别流水法组织施工，保证各队在每层内连续作业。

第十三章　网络计划技术

学习重点：网络计划的基本概念；双代号、单代号网络计划的绘图与计算；时标网络计划时间参数及关键线路的确定。

学习要求：了解网络计划的基本原理与基本概念；掌握双代号、单代号网络图的绘图规则与方法，掌握时间参数的意义与计算；了解时标网络计划的编制方法，掌握其参数确定方法；了解搭接网络计划的计算方法及网络计划的优化原理与步骤；能够编制和使用一般工程的网络计划。

13-1

网络计划技术是人们在管理实践中创造的、用于计划管理以保证实现预定目标的管理技术，也是一种科学有效的管理方法。其最大特点是能为项目管理提供多种计划信息，从而有助于管理人员合理地组织任务实施，做到统筹规划、明确重点、优化资源，实现项目目标。目前网络计划方法已广泛地应用于各个部门、各个领域。特别是工程建设部门，无论是在项目的招投标，还是在项目的规划、实施与控制等各个阶段，都发挥着重要作用，逐渐成为项目管理的核心技术及重要组成部分。

常用标准、规程：《网络计划技术——常用术语、网络图画法的一般规定、在项目管理中应用的一般程序》GB/T 13400—2012、《工程网络计划技术规程》JGJ/T 121—2015。

第一节　网络计划的一般概念

一、网络计划的基本原理
利用网络图的形式表达一项工程中具体工作组成以及相互间的逻辑关系，经过计算分析，找出关键工作和关键线路，并按照一定目标使网络计划不断完善调整，使其优化；在计划执行过程中进行有效的控制和调整，力求以较小的消耗取得最佳的效益。

二、网络图、网络计划与网络计划技术
网络图是由箭线和节点按照一定规则组成的、用来表示工作流程的有向、有序的网状图形。它有两种形式：由一条箭线与其前后两个节点来表示一项工作的网络图称为双代号网络图；而由一个节点表示一项工作，以箭线表示工作顺序的网络图称为单代号网络图，如图 13-1 所示。

网络计划是指在网络图中加注工作的时间参数等而形成的进度计划。目前土木工程中常用的网络计划有：双代号网络计划、单代号网络计划、时标网络计划、搭接网络计划等。

网络计划技术是指用网络计划对任务的工作进度进行安排和控制，以保证实现预定目标的计划管理技术。

三、网络计划的特点
目前常用的工程进度计划表达形式有横道计划和网络计划两种。它们虽具有同样的功能，

但特点却有较大的差异。横道计划是以横向线条结合时间坐标来表示各项工作的起止时间和先后顺序，整个计划由一系列的横道组成。而网络计划是以箭线和节点组成的网状图形来表示的施工进度计划。

例如，某构件制作工程分三段进行施工，有支模、扎筋、浇筑混凝土三个施工过程，各施工过程的流水节拍分别为 3d、2d、1d。该工程进度计划用网络图表达如图 13-1 所示，用横道图形式表达如图 13-2 所示。

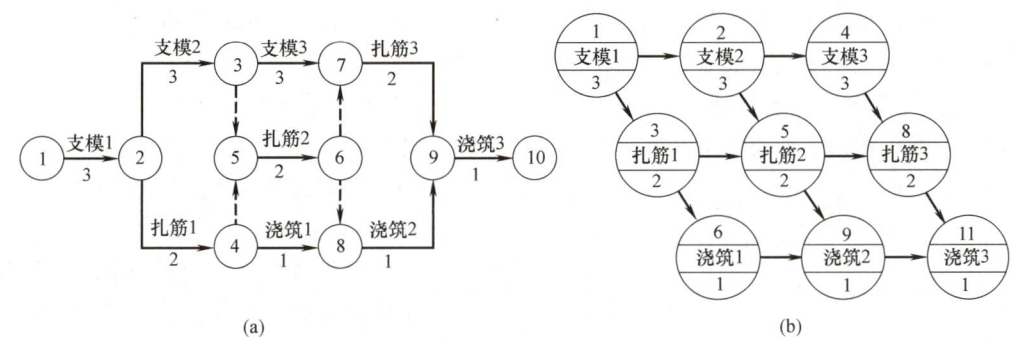

图 13-1　网络图形式

（a）双代号网络图；（b）单代号网络图

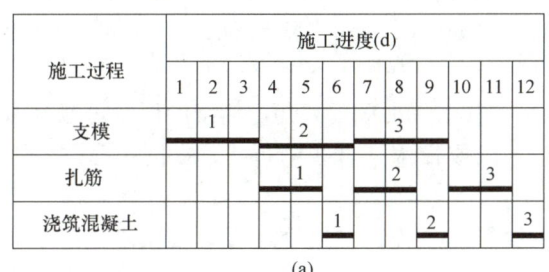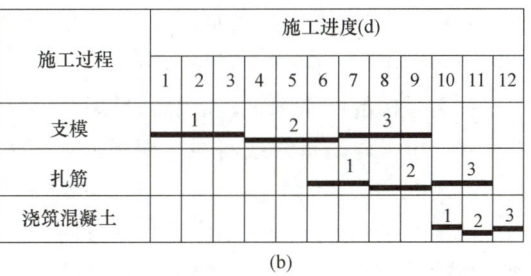

图 13-2　横道图形式

（a）工作面连续，工作队有间歇；（b）工作队连续，工作面有间歇

横道图计划的优点是易于编制，简单、直观；因为有时间坐标，各项工作的起止时间、作业持续时间、工作进度、总工期，以及流水作业状况都能一目了然；对人力和其他资源的计算也便于按图叠加。其缺点是不能全面地反映出各项工作之间的相互关系和影响，不便进行各种时间参数的计算，不能反映哪些是主要的、关键性的工作，看不出计划中的潜力所在，不能用计算机进行计算和优化。这些缺点，不利于对施工管理工作的改进和加强。

网络计划的优点，是把工程项目中的各有关工作组成了一个有机的整体，能全面而明确地反映出各项工作之间的相互制约和相互依赖关系；可以进行各种时间参数的计算，能在工作繁多、错综复杂的计划中找出影响工期的关键工作和关键线路，便于管理人员抓住主要矛盾，集中精力确保工期，避免盲目抢工；通过对各项工作存在机动时间的计算，可以更好地运用和调配人员与设备，节约人力、物力，达到降低成本的目的；在计划执行过程中，当某一项工作因故提前或拖后时，能从网络计划中预见到对其后续工作及总工期的影响程度，便于采取措施；可以利用计算机进行计划的编制、计算、优化和调整。它的缺点是，流水作业表达不清晰；对一般的网络计划，不能利用叠加法计算各种资源的需要量。

总之，网络计划技术可以为施工管理提供多种信息，有助于管理人员合理地组织生产，知道管理的重点应放在何处，怎样缩短工期，在哪里有潜力，如何降低成本等，从而有利于加强工程管理与控制。可见，它既是一种有效的计划表达方法，又是一种科学的工程管理方法。

第二节　双代号网络计划

双代号网络计划在国内应用较为普遍，它易于绘制成带有时间坐标的网络计划而便于优化和使用。但逻辑关系表达较复杂，常需使用较多的虚工作。

一、双代号网络图的构成

双代号网络图由箭线、节点、节点编号、虚箭线、线路等五个基本要素构成。对于每一项

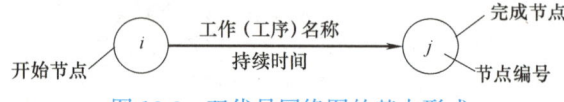

图 13-3　双代号网络图的基本形式

工作而言，其基本形式如图 13-3 所示。

1. 箭线

在双代号网络图中，一条箭线表示一项工作，如砌墙、抹灰等。而工作所包括的范围可大可小，既可以是一道工序，也可以是一个分项工程或一个分部工程，甚至是一个单位工程。

每项工作的进行必然要占用一定的时间，往往也要消耗一定的资源（如劳动力、材料、机械设备）。对于仅占用时间而不消耗资源的施工过程（如墙面刷涂料前抹灰层的"干燥"），也应视为一项工作，用一条箭线来表示。

在无时标的网络图中，箭线的长短并不反映该工作占用时间的长短。箭线的形状可以是水平直线，也可以是折线或斜线，但最好画成水平直线或带水平直线的折线。在同一张网络图上，箭线的画法要统一。

箭线所指的方向表示工作进行的方向，箭线的尾端表示该项工作的开始，箭头端则表示该项工作的结束。工作名称应标注在水平箭线的上方或竖向箭线的左侧，工作的持续时间则标注在水平箭线的下方或竖向箭线的右侧，如图 13-3 所示。

2. 节点

在双代号网络图中，节点代表一项工作的开始或结束，常用圆圈表示。箭线尾部的节点称为该箭线所示工作的开始节点，箭头端的节点称为该工作的完成节点。在一个完整的网络图中，除了最前的起点节点和最后的终点节点外，其余任何一个节点都具有双重含义——既是前面工作的完成点，又是后面工作的开始点。

节点仅为前后两项工作的交接点，只是一个"瞬间"概念，因此它既不消耗时间，也不消耗资源。

3. 节点编号

在双代号网络图中，一项工作可以用其箭线两端节点的编号来表示，以方便查找与使用。

对一个网络图中的所有节点应进行统一编号，且不得有重号现象。对于每一项工作而言，其箭头节点的号码应大于箭尾节点的号码，即顺箭线方向由小到大，如图 13-3 中 j 应大于 i。编号宜在绘图完成、检查无误后，顺着箭头方向依次进行。为了便于修改和调整，可不连续编号。

4. 虚工作

虚工作是为了正确表达工作之间的逻辑关系而设置的虚拟、假设的工作，用虚箭线表示，

如图 13-4 中的②→③。由于是虚拟的工作，故没有工作名称和工作持续时间。箭线过短时可用实箭线表示，但其工作持续时间必须用"0"标出。虚工作的特点是既不消耗时间，也不消耗资源。

虚工作可起到联系、区分和断路作用，是双代号网络图中表达一些工作之间的相互联系、相互制约关系，从而保证逻辑关系正确的必要手段。

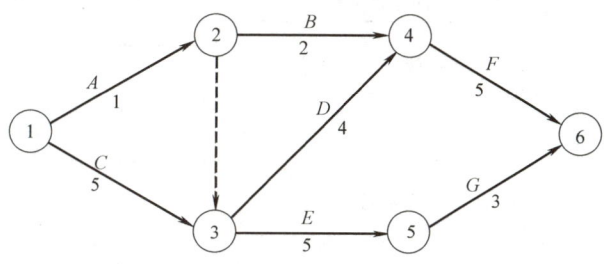

图 13-4　双代号网络图（工作持续时间的单位为"d"）

5. 线路

在网络图中，从起点节点开始，沿箭线方向顺序通过一系列箭线与节点，最后到达终点节点所经过的通路叫线路。线路可依次用该通路上的节点代号来记述，也可依次用该通路上的工作名称来记述。如图 13-4 所示网络图的线路有：①→②→④→⑥（8d）；①→②→③→④→⑥（10d）；①→②→③→⑤→⑥（9d）；①→③→④→⑥（14d）；①→③→⑤→⑥（13d），共5 条。

每条线路都有确定的完成时间（括号内数据），它等于该线路上各项工作持续时间的总和，也是完成这条线路上所有工作的计划工期。图 13-4 中，第四条线路耗时最长（14d），对整个工程的完工起着决定性的作用，称为关键线路；其余线路均称为非关键线路。处于关键线路上的各项工作称为关键工作。关键工作完成的快慢将直接影响整个计划工期的实现。关键线路常采用粗线、双线或其他颜色的箭线突出表示。

除关键工作外的工作都称为非关键工作，它们都有机动时间（即时差）。利用非关键工作的机动时间可以科学合理地调配资源和对网络计划进行优化。

二、双代号网络图的绘制

（一）绘图的基本规则

1. 必须正确表达已定的逻辑关系

在绘制网络图时，要根据工艺流程和施工组织的要求，正确地反映各项工作之间的先后顺序和相互制约、相互依赖的关系。常见几种逻辑关系的表示方法见表 13-1。

2. 只能有一个起点节点和一个终点节点（多目标网络计划除外）

否则，就不是完整的网络图。所谓起点节点是指只有外向箭线而无内向箭线的节点，如图 13-5（a）所示；终点节点则是只有内向箭线而无外向箭线的节点，如图 13-5（b）所示。

双代号网络图中各工作逻辑关系的表示方法　　　　　　　　　　　　　　表 13-1

序号	工作之间的逻辑关系	网络图中的表示方法	说　明
1	A 完成后进行 B	A → B →	A 制约着 B，B 依赖着 A
2	A 完成后进行 B、C	A → B、C	A 工作制约着 B，C 工作的开始，B，C 为平行工作
3	C 在 A、B 完成后才能开始	A、B → C	C 工作依赖着 A、B 工作，A、B 为平行工作

367

序号	工作之间的逻辑关系	网络图中的表示方法	说　明
4	A 完成后进行 C，A、B 均完成后进行 D		D 与 A 之间引入了虚工作，从而正确地表达了它们之间的制约关系
5	A、B 完成后进行 C，B、D 完成后进行 E		虚工作 i-j 反映出 C 工作受到 B 工作的制约；虚工作 i-k 反映出 E 工作受到 B 工作的制约
6	A 完成后进行 C、D，B 完成后进行 D、E		虚工作反映出 D 工作受到 A 和 B 工作的制约
7	A、B 两项工作均分为三个施工段，平行施工		每个工种工程建立专业工作队，在每个施工段上进行流水作业。虚工作表达了工作面关系

3. 严禁出现循环回路

在网络图中，如果从一个节点出发沿着某一条线路移动，又可回到原出发节点，则图中存在着循环回路。如图 13-6 中的②→③→④→②即为循环回路，它使得工程永远不能完结。若 B 和 D 是反复进行的工作，则每次部位不同，不可能在原地重复，应使用新的箭线表示。

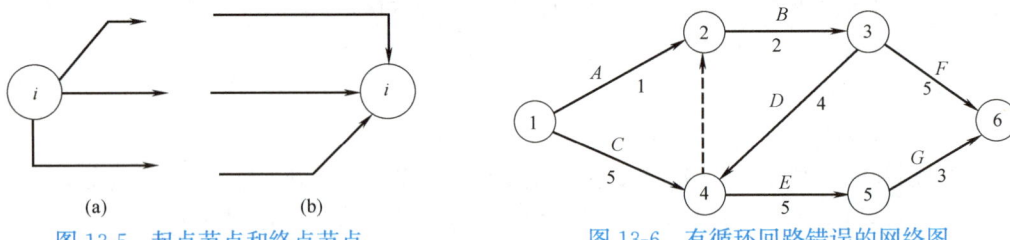

图 13-5　起点节点和终点节点　　　　　图 13-6　有循环回路错误的网络图

4. 不允许出现相同编号的工作

在网络图中，两个节点之间只能有一条箭线并只表示一项工作，用前后两个节点的编号即可代表这项工作。例如，扎墙筋与安设墙内的电线管同时开始、同时完成，在图 13-7 (a) 中，这两项工作的编号均为 3—4，出现了重名现象，容易造成混乱。遇到这种情况，应增加一个节点和一条虚箭线，从而既表达了这两项工作的平行关系，又区分了它们的代号，如图 13-7 (b)、图 13-7 (c) 所示。

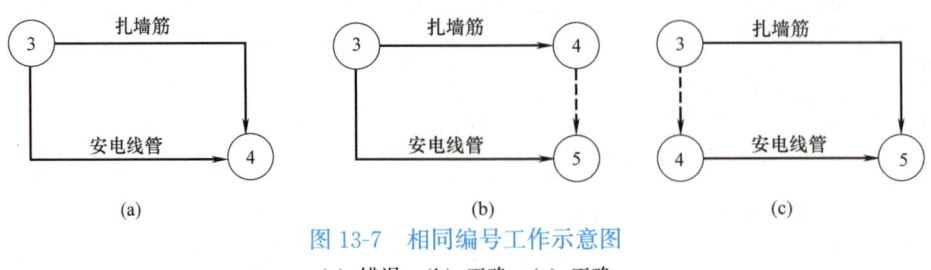

图 13-7　相同编号工作示意图

(a) 错误；(b) 正确；(c) 正确

5. 不允许出现无开始节点或无完成节点的工作

如图 13-8（a），"抹灰"为无开始节点的工作，其意图是表示"砌墙"进行到一定程度时开始抹灰。但反映不出"抹灰"的准确开始时刻，也无法用代号代表抹灰工作，这在网络图中是不允许的。正确的画法是：将"砌墙"划分为两个施工段，引入

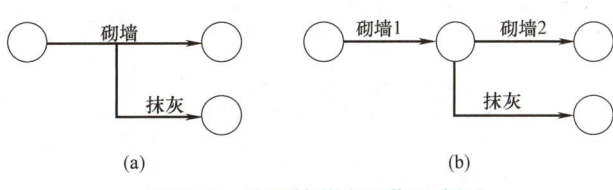

图 13-8　无开始节点工作示意图
（a）错误；（b）正确

一个节点，使抹灰工作就有了开始节点，如图 13-8（b）所示。同理，在无完成节点时，也可采取同样方法进行处理。

6. 严禁出现双向箭头的箭线或无箭头的连线

（二）绘制网络图的要求与方法

1. 网络图要布局规整、条理清晰、重点突出

绘制网络图时，应尽量采用水平箭线和竖向箭线而形成网格结构，尽量减少斜箭线，使网络图规整、清晰。其次，应尽量把关键工作和关键线路布置在中心位置，尽可能把密切相连的工作安排在一起，以突出重点，便于使用。

2. 交叉箭线的处理方法

绘制网络图时，应尽量避免箭线交叉，必要时可通过调整布局达到目的。当箭线交叉不可避免时，应采用"过桥法"或"指向法"表示，如图 13-9 所示。指向法还可用于绘图时的换行、换页。

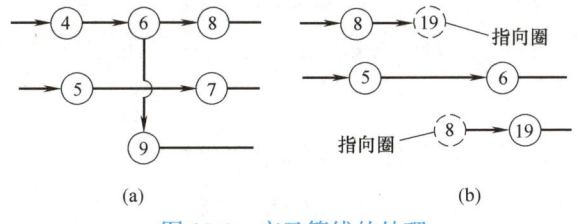

图 13-9　交叉箭线的处理
（a）过桥法；（b）指向法

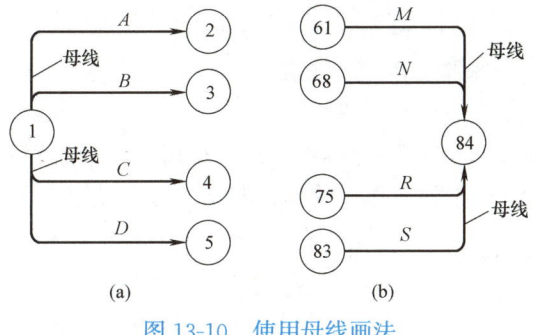

图 13-10　使用母线画法

3. 起点节点和终点节点的"母线法"

在网络图的起点节点有多条外向箭线、终点节点有多条内向箭线时，可以采用母线法绘图，如图 13-10 所示。对中间节点处有多条外向箭线或多条内向箭线者，在不至于造成混乱的前提下也可采用母线法绘制。

4. 网络图的排列方法

为了使网络计划更形象、更清楚地反映出工程施工的特点，绘图时宜采用适当的排列方法，并使网络图在水平方向较长。

（1）按组织关系排列（图 13-11a）。能够突出反映各施工层段之间的组织关系，明确地反映队组的连续作业状况。

（2）按工艺关系排列（图 13-11b）。能突出反映各施工过程之间的工艺和各工作队之间的关系。

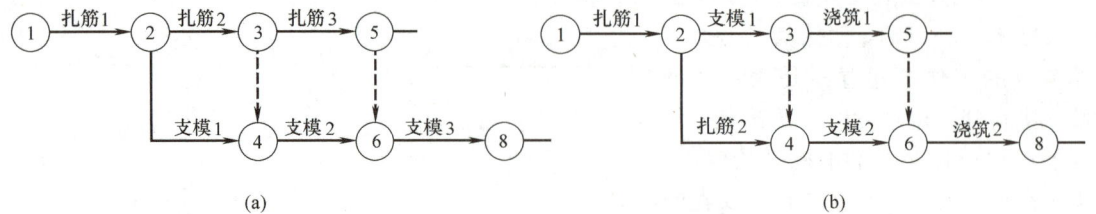

图 13-11　网络图的排列方法

（a）水平方向表示组织关系；（b）水平方向表示工艺关系

5. 尽量减少不必要的箭线和节点

如图 13-12（a）所示，该图逻辑关系正确，但过于繁琐，给绘图和计算带来不必要的麻烦。对于只有一进一出两条箭线且其中一条为虚箭线的节点（如③、⑥节点），在不会出现相同编号工作的情况下，可将这些不必要的虚箭线和节点去掉，使网络图既不改变其逻辑关系又简单明了，如图 13-12（b）所示。

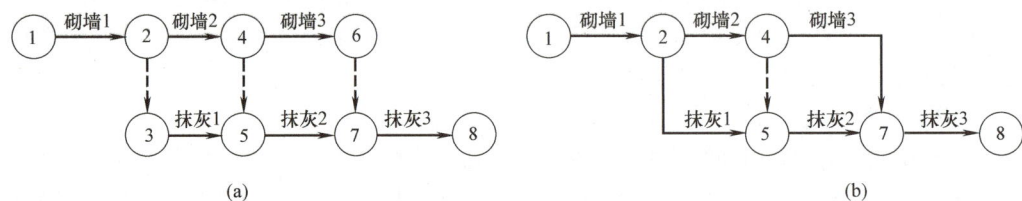

图 13-12　网络图的简化示意

（a）有多余节点和多余虚箭线的网络图；（b）简化后的网络图

（三）绘图示例

【例 13-1】　根据表 13-2 给出的条件，绘制双代号网络图。

某工程的基本情况　　　　　　　　　　　　　　　　　　　　　表 13-2

工作名称	A	B	C	D	E	F	G	H	I
持续时间	3	5	2	4	5	2	6	5	2
紧前工作	—	A	—	—	C	CD	AEF	F	GH

表中，给出了 9 项工作及其各自的持续时间和紧前工作。若知道了各项工作的紧后工作也可以绘制出网络图。

绘图时一定要按照给定的逻辑关系逐步绘制，绘出草图后再作整理，最后进行节点编号。网络图绘制如图 13-13 所示。由于 A、C、D 都没有紧前工作，故均为起始工作，从起点节点画出。B、I 未作为其他工作的紧前工作，故为终结工作，均收归终点节点。绘图时要正确使用虚箭线。绘图后，要认真检查紧前工作或紧后工作与所给定的逻辑关系是否相同，有无多余或缺少；检查起点节点和终点节点是否各只有一个；检

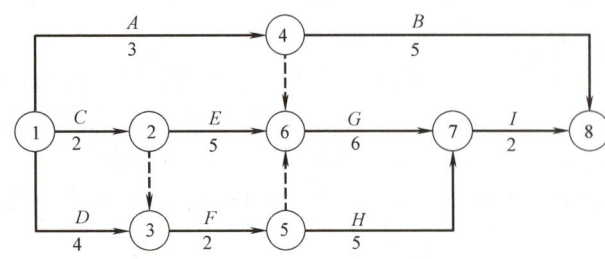

图 13-13　据表 13-2 所给条件绘制的网络图

查网络图是否达到最简化，有无多余的虚箭线；再检查工作名称、持续时间是否正确，节点编号是否从小到大，有无两项或多项工作使用了同一对编号的错误。

【例 13-2】 某工程分为三个施工段，施工过程及其延续时间为：砌围护墙及隔墙 12d，内外抹灰 15d，安塑料门窗 9d，喷刷涂料 18d。拟组织瓦工、抹灰工、木工和油工四个专业队进行施工。试绘制双代号网络图。

绘图时应按照施工的工艺顺序和流水施工的要求进行，要遵守绘图规则，特别是要符合逻辑关系。当第一段砌墙后，瓦工转移到第二段砌墙，为第一段抹灰提供了工作面，抹灰工可开始第一段抹灰；同理第一段抹灰完成后，可安装第一段塑料门窗……第二段砌墙后，瓦工转移到第三段，为第二段抹灰提供了工作面，但第二段抹灰并不能进行，还需待第一段抹灰完成后才有人员、机具等，因此，需要用虚箭线来表达这种资源转移的组织关系。如图 13-14 中③、④节点间的虚箭线就起到了这样的组织联系作用。同理，第二段安门窗不但要待第二段抹灰完成来提供工作面，还需第一段门窗安完来提供人员等资源，因此，必须在⑤、⑥节点间引虚箭线。图中，由于"涂 1"是第一段最后一项工作，将其箭线直接折向节点⑧，作为"涂 2"的资源条件。

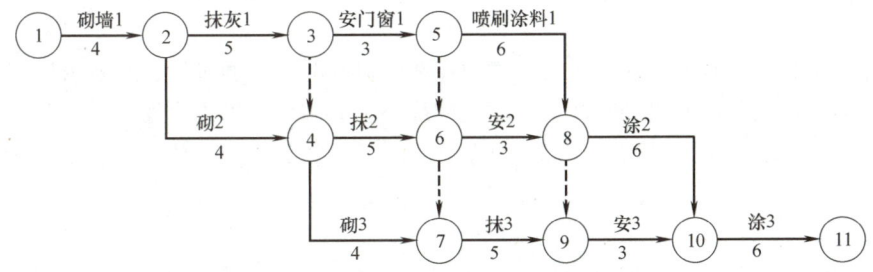

图 13-14　有逻辑关系错误的网络图

图 13-14 中，第三段各施工过程仍按第二段的画法画出了全部网络图。标注了工作名称、持续时间，并进行了节点编号。但该图中存在严重的逻辑关系错误。

图 13-14 中的错误在于，"砌墙 3"从节点④画出，由于③、④节点间虚箭线的联系，使得"抹灰 1"成了"砌墙 3"的紧前工作。而实际上第三段砌墙（即"砌墙 3"）与第一段抹灰（即抹灰 1）之间既无工艺关系也无工作面关系，更没有资源依赖关系。也就是说，无论第一段抹灰进行与否，第三段砌墙都可进行，两者之间根本没有逻辑关系。同理，第三段抹灰受到第一段安门窗的控制、第三段安门窗受到第一段涂料的控制，都是逻辑关系错误。

上述这种逻辑关系错误，主要是通过④、⑥、⑧这种"两进两出"节点引发的。因此，绘图中，当出现这种"两进两出"或"两进两出"以上的"多进多出"节点时，要认真检查有无逻辑关系错误。对于这种错误，应通过增加节点和虚箭线，来切断没有逻辑关系的工作之间的联系，这种方法称为"断路法"。如图 13-15 中，将引发错误的各节点前均增加了一个节点和一条虚箭线，使错误得到改正。

三、双代号网络计划时间参数的计算

（一）概述

网络图绘制，只是用网络的形式表达出了工作之间的逻辑关系。还必须通过计算求出工期，得到一定的时间参数，才能成为网络计划。

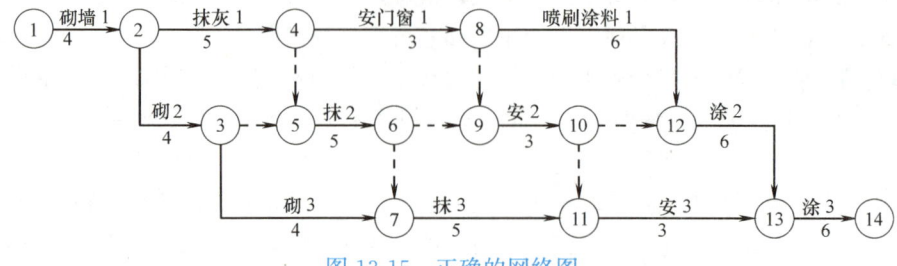

图 13-15　正确的网络图

1. 计算的目的

（1）求出工期。网络图绘制后，需通过计算求出按该计划执行所需的总时间，即计算工期。然后，要结合任务委托人的要求工期，综合考虑可能和需要，确定出工程的计划工期。因此，计算工期是拟定工程计划工期的基础，也是检查计划合理性的依据。

（2）找出关键线路。前面介绍关键线路时，是在列出网络图的各条线路后，找出其耗时最长的线路即为关键线路。而对于较大或较复杂的网络图，线路很多，难以一一理出，必须通过计算来找出关键线路和关键工作。以便对网络图进行调整优化，并在施工过程中抓住主要矛盾。

（3）计算出时差。时差是在工作或线路中存在的机动时间。通过计算时差可以看出每项非关键工作有多少可以利用的机动时间，在非关键线路上有多大的潜力可挖，以便向非关键线路去要劳动力、要资源，调整其工作开始及持续的时间，以达到优化网络计划和保证工期的目的。

2. 计算条件

本章只研究肯定型网络计划。因此，其计算必须是在工作、工作的持续时间以及工作之间的逻辑关系都已确定的情况下进行。

3. 计算内容

网络计划的时间参数主要包括：每项工作的最早可能开始和完成时间、最迟必须开始和完成时间、总时差、自由时差等六个参数及计算工期。

4. 计算手段与方法

对于较为简单的网络计划，可以采用人工计算，复杂者应采用计算机程序进行编制、绘图与计算。相应的工程项目计划管理软件都具备这种功能。但人工计算是基础，掌握计算原理与方法是理解时间参数的意义、使用计算机软件和调整、应用网络计划的必要条件。

常用的计算方法有图上计算法、表上计算法等。计算时，可以直接计算出工作的时间参数，也可以先计算出节点的时间参数，再推算出工作的时间参数。下面，主要介绍工作时间参数的图上计算法和利用节点标号快速计算工期与寻求关键线路的方法。

（二）图上计算法

首先，应明确几个名词，见图 13-16。对于正在计算的某项工作，称为"本工作"。紧排在本工作之前的工作，都叫本工作的紧前工作；紧排在本工作之后的各项工作，都叫本工作的紧后工作。

各工作的时间参数计算后，应标注在水平箭线的上方或垂直箭线的左侧。标注的形式及每个参数的位置如图 13-17 所示。

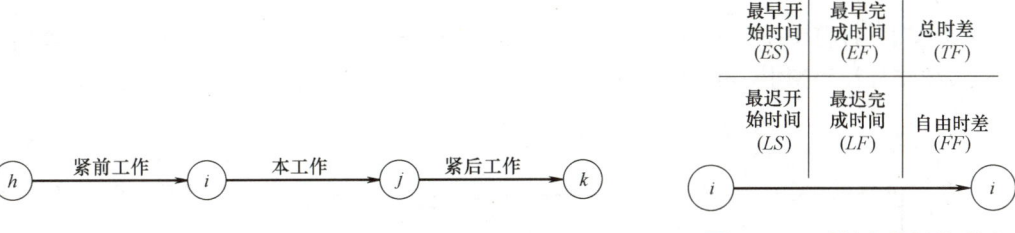

图 13-16　本工作的紧前、紧后工作　　　　图 13-17　时间参数标注形式

此外，网络计划的各种参数计算必须依据统一的时刻标准。因此，规定无论工作的开始时间或完成时间，都一律以时间单位的刻度线上所标时刻为准，即"某天以后开始"，"第某天末完成"。如图 13-18 所示，称工程的第一项工作 A 是从"0d 以后开始"（实际上是从第 1d 开始），"第 3d 末完成"。称它的紧后工作 B 在"3d 以后开始"（而实际上是从第 4d 开始），"第 5d 末完成"。

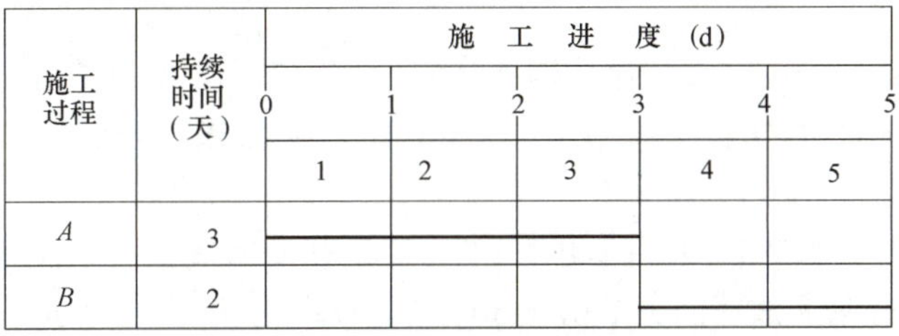

施工过程	持续时间（天）	施 工 进 度 (d)				
		0　　1　　2　　3　　4　　5				
		1	2	3	4	5
A	3					
B	2					

图 13-18　开始与完成时间示意图

1. 最早时间的计算

最早时间包括工作最早开始时间和工作最早完成时间。

（1）工作最早开始时间（ES）

工作最早开始时间亦称工作最早可能开始时间。它是指紧前工作全都完成，具备了本工作开始的必要条件的最早时刻。工作 $i-j$ 的最早开始时间用 ES_{i-j} 表示。

1）计算顺序

由于最早开始时间是以紧前工作的最早完成时间为依据，因此该种参数的计算，必须从起点节点开始，顺箭线方向逐项进行，直到终点节点为止。

2）计算方法

凡与起点节点相连的工作都是计划的起始工作，当未规定其最早开始时间 ES_{i-j} 时，其值都定为零。即：

$$ES_{i-j} = 0 \quad （其中 i=1） \tag{13-1}$$

所有其他工作的最早开始时间，均取其各紧前工作最早完成时间（EF_{h-i}）中的最大值。即：

$$ES_{i-j} = \max\{EF_{h-i}\} \tag{13-2}$$

（2）工作最早完成时间（EF）

它是指工作按最早开始时间开始时，可能完成的最早时刻。其值等于该工作最早开始时间与其持续时间（D_{i-j}）之和。计算公式为：

$$EF_{i-j} = ES_{i-j} + D_{i-j} \tag{13-3}$$

在某项工作的最早开始时间计算后，应立即将其最早完成时间计算出来，以便于其紧后工作的计算。

（3）计算示例

【例 13-3】 计算图 13-4 所示网络图各项工作的最早开始和最早完成时间。将计算出的工作参数按要求标注于图上，如图 13-19 所示。

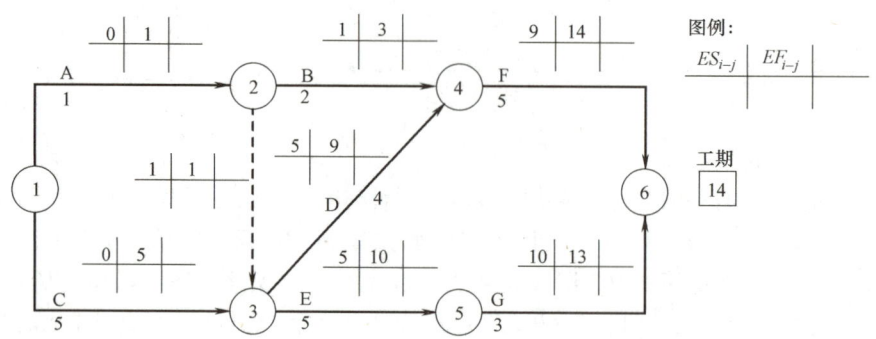

图 13-19　用图上计算法计算工作的最早时间

其中，工作 1-2、工作 1-3 均是该网络计划的起始工作，所以 $ES_{1-2}=0$，$ES_{1-3}=0$。工作 1-2 的最早完成时间为 $EF_{1-2}=ES_{1-2}+D_{1-2}=0+1=1$d 末。同理，工作 1-3 的最早完成时间为 $EF_{1-3}=0+5=5$d 末。

工作 2-4 的紧前工作是 1-2，因此 2-4 的最早开始时间就等于工作 1-2 的完成时间，为 1d 以后；工作 2-4 的完成时间为 $1+2=3$d 末。同理，工作 2-3 的最早开始时间也为 1d 以后，完成时间为 $1+0=1$d 末。在这里需要注意，虚工作也必须同样进行计算。

工作 3-4 有 1-3 和 2-3 两个紧前工作，应待其全都完成，3-4 才能开始，因此 3-4 的最早开始时间应取 1-3 和 2-3 最早完成时间的大值，即 $ES_{3-4}=\max\{5, 1\}=5$d 以后；工作 3-4 的最早完成时间 $EF_{3-4}=ES_{3-4}+D_{3-4}=5+4=9$d 末。同理，工作 3-5 的最早开始时间也为 5d 以后，最早完成时间为 $5+5=10$d 末。

13-2

其他工作的计算与此类似。计算结果见图 13-19。

（4）计算规则

通过以上的计算分析，可归纳出最早时间的计算规则，概括为："顺线累加，逢多取大"。

2. 确定网络计划的工期

当全部工作的最早开始与最早完成时间计算完后，若假设终点节点后面还有工作，则其最早开始时间即为该网络计划的"计算工期"。本例中，计算工期 $T_c=14$d。

有了计算工期，还须确定网络计划的"计划工期" T_P。当未对计划提出工期要求时，可取计划工期 $T_P=T_c$。当上级主管部门提出了"要求工期" T_r 时，则应取计划工期 $T_P \leqslant T_r$。本例中，由于没有规定要求工期，所以将计算工期就作为计划工期，即：$T_P=T_c=14$d。

3. 最迟时间的计算

工作最迟时间包括"最迟开始"和"最迟完成"两个时间参数。

（1）最迟完成时间（LF）

工作最迟完成时间也称工作最迟必须完成时间。它是指在不影响整个工程任务按期（计划工期）完成的条件下，一项工作必须完成的最迟时刻，工作 $i-j$ 的最迟完成时间用 LF_{i-j} 表示。

1）计算顺序。该计算需依据计划工期或紧后工作的要求进行。因此，应从网络图的终点节点开始，逆着箭线方向朝起点节点依次逐项计算，也即形成一个逆箭线方向的减法过程。

2）计算方法。网络计划中终结工作 $i-n$ 的最迟完成时间 LF_{i-n} 应按计划工期 T_P 确定，即

$$LF_{i-n}=T_P \tag{13-4}$$

其他工作 $i-j$ 的最迟完成时间，等于其各紧后工作最迟开始时间中的最小值。就是说，本工作的最迟完成时间不得影响任何紧后工作，进而不影响工期。计算公式如下：

$$LF_{i-j}=\min\{LS_{j-k}\} \tag{13-5}$$

（2）最迟开始时间（LS）

工作的最迟开始时间亦称最迟必须开始时间。它是在保证工作按最迟完成时间完成的条件下，该工作必须开始的最迟时刻。计算方法如下：

$$LS_{i-j}=LF_{i-j}-D_{i-j} \tag{13-6}$$

（3）计算示例

若图 13-20 所得到的计算工期被确认为计划工期时，该网络计划的最迟时间计算如下。

图中，4—6 和 5—6 均为终结工作，所以最迟完成时间就等于计划工期，即：

$$LF_{4-6}=LF_{5-6}=14d。$$

工作 4—6 需持续 5d，故其最迟开始时间为 14−5＝9d 以后（即第 10d）；工作 5—6 需持续 3d，故其最迟开始时间为 14−3＝11d 以后（即第 12d）。

工作 3—5 的紧后工作是 5—6，而 5—6 的最迟开始时间是 11d 以后，所以工作 3—5 最迟要在 11d 末完成；则 3—5 的最迟开始时间为 11−5＝6d 以后。

工作 3—4 的紧后工作是 4—6，而 4—6 的最迟开始时间是 9d 以后，所以 3—4 最迟要在 9d 末完成；则 3—4 的最迟开始时间为 9−4＝5d 以后。

工作 1—3 的紧后工作有 3—4 和 3—5 两项，其最迟开始时间分别为 5d 以后和 6d 以后，最小值为 5，所以 1—3 最迟要在 5d 末完成；则 1—3 的最迟开始时间为 5−5＝0d 以后。

其他工作的最迟时间计算与此类似。计算结果如图 13-20 所示。

13-3

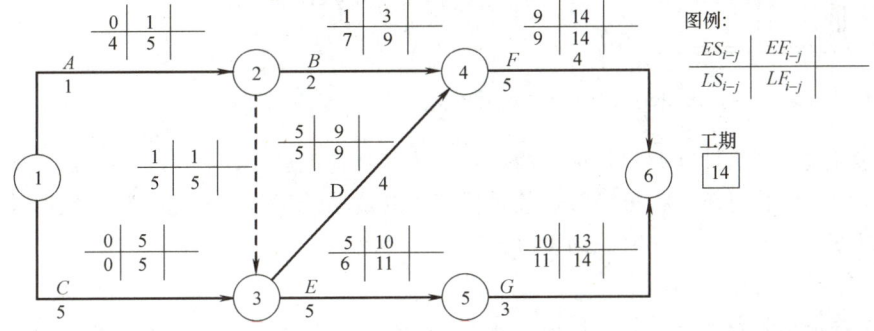

图 13-20　用图上计算法计算工作的最迟时间

（4）计算规则

通过以上计算分析，可归纳出工作最迟时间的计算规则，即为："逆线累减，逢多取小"。

4. 工作时差的计算

工作时差是指在网络图的非关键工作中存在的机动时间，或者说是最多允许推迟的时间。

时差越大，工作的时间潜力也越大。常用的时差有工作总时差和工作自由时差。

（1）工作总时差（TF）

工作总时差是指在不影响计划工期的前提下，一项工作可以利用的机动时间。

1）计算方法

工作总时差等于工作最早开始时间到最迟完成时间这段极限活动范围，再扣除工作本身必需的持续时间所剩余的差值。用公式表达如下：

$$TF_{i-j}=LF_{i-j}-ES_{i-j}-D_{i-j} \tag{13-7}$$

经稍加变换可得：

$$TF_{i-j}=LF_{i-j}-(ES_{i-j}+D_{i-j})=LF_{i-j}-EF_{i-j} \tag{13-8}$$

或 $$TF_{i-j}=(LF_{i-j}-D_{i-j})-ES_{i-j}=LS_{i-j}-ES_{i-j} \tag{13-9}$$

从式（13-8）和式（13-9）中可看出，利用已求出的本工作最迟与最早开始时间或最迟与最早完成时间相减，都可方便地算出本工作的总时差。如图 13-21 所示，工作 1—2 的总时差为 4—0＝4 或 5—1＝4，将其标注在图上双十字的右上角。其他计算结果见图 13-21。

13-4

2）计算目的

通过总时差的计算，可以方便地找出网络图中的关键工作和关键线路。总时差为"0"者，意味着该工作没有机动时间，即为关键工作（当计划工期与计算工期不相等时，总时差为最小值者是关键工作）。由关键工作所构成的线路，就是关键线路。在图 13-21 中，双箭线所表示的①→③→④→⑥即为关键线路。在一个网络计划中，关键线路至少有一条，但不见得只有一条。

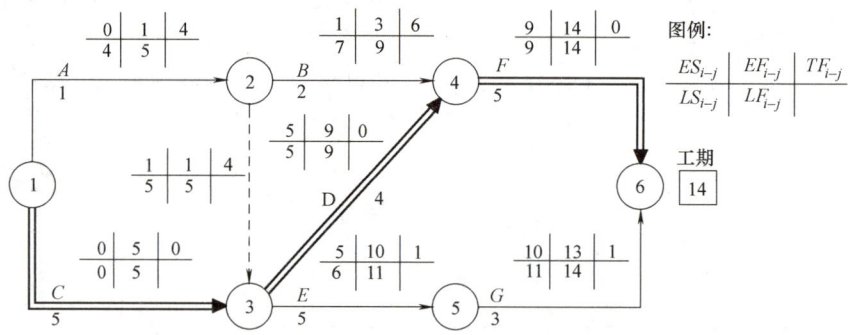

图 13-21 用图上计算法计算工作的总时差

工作总时差是网络计划调整与优化的基础，是控制施工进度、确保工期的重要依据。需要注意，若利用工作总时差，将可能影响其后续工作的最早开工时间（但不影响最迟开始时间），可能引起相关线路上各项工作时差的重分配。

（2）工作自由时差（FF）

自由时差是总时差的一部分，是指一项工作在不影响其紧后工作最早开始的前提下，可以利用的机动时间。工作 $i-j$ 的自由时差用符号 FF_{i-j} 表示。

1）计算方法

用紧后工作的最早开始时间减本工作的最早完成时间即可。用公式表达如下：

$$FF_{i-j}=ES_{j-k}-EF_{i-j} \tag{13-10}$$

对于网络计划的终结工作，应将计划工期看作紧后工作的最早开始时间进行计算。

如图 13-22 所示，工作 1—2 的最早完成时间为 1d 末，而其紧后工作 2—3 和 2—4 的最早开始时间为 1d 以后，所以工作 1—2 的自由时差为 1—1＝0。工作 2—4 的自由时差为 9—3＝6。工作 5—6 是终结工作，所以其自由时差应为 14—13＝1。其他工作的计算结果见图 13-22。

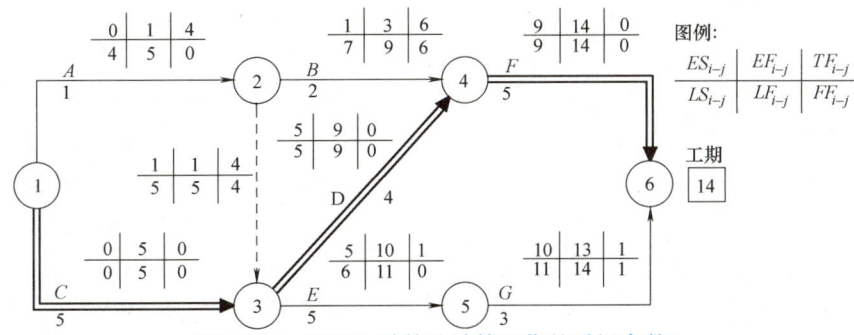

图 13-22　用图上计算法计算工作的时间参数

终结工作的自由时差均等于总时差。当计划工期等于计算工期时，总时差为零者，自由时差亦为零。当计划工期不等于计算工期时，终结关键工作的自由时差与其总时差相等，其他关键工作的自由时差均为零。

2）计算目的

自由时差的利用不会对其他工作产生影响，因此常利用它来变动工作的开始时间或增加持续时间，以达到工期调整和资源优化的目的。

13-5

（三）用节点标号法计算工期并确定关键线路

前面所述利用总时差确定关键线路的方法，是必须在最早、最迟时间及总时差计算完毕后才能找出关键线路。当只需求出工期和找出关键线路时，可采用节点标号法进行快速计算。其步骤如下：

（1）设网络计划起点节点的标号值为零，即 $b_1＝0$。

（2）顺箭线方向逐个计算节点的标号值。每个节点的标号值，等于以该节点为完成节点的各工作的开始节点标号值与相应工作持续时间之和的最大值，即：

$$b_j＝\max\{b_i＋D_{i-j}\} \tag{13-11}$$

将标号值的来源节点及得出的标号值标注在节点上方。

（3）节点标号完成后，终点节点的标号值即为计算工期。

（4）从网络计划终点节点开始，逆箭线方向按源节点寻求出关键线路。

【例 13-4】 某已知网络计划如图 13-23 所示，试用标号法求出工期并找出关键线路。

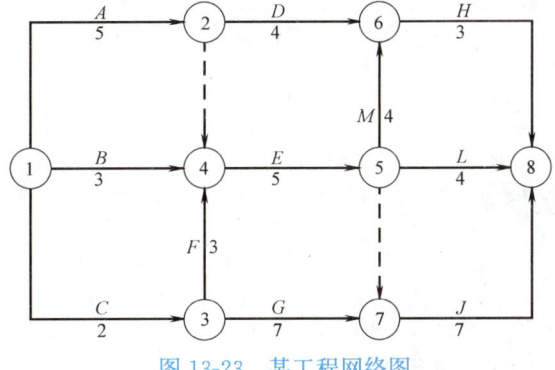

图 13-23　某工程网络图

【解】

(1) 设起点节点标号值 $b_1=0$。

(2) 对其他节点依次进行标号。各节点的标号值计算如下，并将源节点号和标号值标注在图 13-24 中。

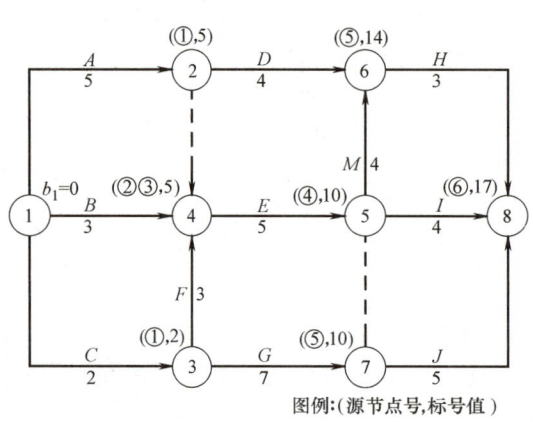

图 13-24　对节点进行标号

$$b_2=b_1+D_{1-2}=0+5=5$$
$$b_3=b_1+D_{1-3}=0+2=2$$
$$b_4=\max\{(b_1+D_{1-4}),(b_2+D_{2-4}),(b_3+D_{3-4})\}$$
$$=\max\{(0+3),(5+0),(2+3)\}=5$$
$$b_5=b_4+D_{4-5}=5+5=10$$
$$b_6=\max\{(b_2+D_{2-6}),(b_5+D_{5-6})\}$$
$$=\max\{(5+4),(10+4)\}=14$$
$$b_7=\max\{(b_3+D_{3-7}),(b_5+D_{5-7})\}$$
$$=\max\{(2+7),(10+0)\}=10$$
$$b_8=\max\{(b_5+D_{5-8}),(b_6+D_{6-8}),(b_7+D_{7-8})\}$$
$$=\max\{(10+4),(14+3),(10+5)\}=17$$

(3) 该网络计划的工期为 17。

(4) 根据源节点逆箭线寻求出关键线路。两条关键线路如图 13-25 中双线所示。

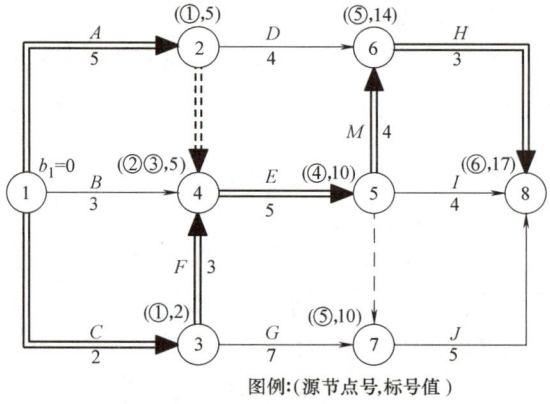

图 13-25　根据源节点逆线找出关键线路

第三节　单代号网络计划

单代号网络计划的逻辑关系容易表达，且不用虚箭线，便于检查和修改，易于编制搭接网络计划。但不易绘制成时标网络计划，使用不直观。

一、单代号网络图的绘制

(一) 构成与基本符号

1. 节点

节点是单代号网络图的主要符号，用圆圈或方框表示。一个节点代表一项工作或工序，因而它消耗时间和资源。节点的一般表达形式如图 13-26 所示。

 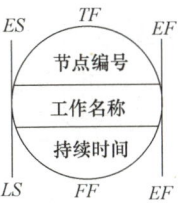

图 13-26　单代号网络图节点形式

2. 箭线

箭线在单代号网络图中，仅表示工作之间的逻辑关系。它既不占用时间，也不消耗资源。箭线的箭头表示工作的前进方向，箭尾节点表示的工作是箭头节点的紧前工作。

3. 编号

每个节点都必须编号，作为该节点工作的代号。一项工作只能有唯一的一个节点和唯一的一个代号，严禁出现重号。编号要由小到大，即箭头节点的号码要大于箭尾节点的号码。

(二) 单代号网络图绘制规则

绘制单代号网络图的规则与双代号网络图基本相同，主要包括以下几点：

(1) 正确表达逻辑关系，见表 13-3。

单代号网络图工作逻辑关系表示方法　　　　　　　　表 13-3

序　号	工作之间的逻辑关系	网络图中的表示方法
1	A 工作完成后进行 B 工作	A → B
2	B、C 工作都完成后进行 D 工作	B、C → D
3	A 工作完成后进行 C 工作，B 工作完成后进行 C、D 工作	A→C；B→C、D
4	A、B 工作均完成后进行 C、D 工作	A、B → C、D

(2) 严禁出现循环回路。

(3) 严禁出现无箭尾节点或无箭头节点的箭线。

(4) 只能有一个起点节点和一个终点节点。当起始的工作或终结的工作不止一项时，应设虚拟起始工作节点（S_t）或虚拟结束工作节点（F_{in}），以避免出现多个起点或多个终点。

如某工程有四个分项工程，逻辑关系为：A、B 两工作同时开始，A 工作完成后进行 C 工作，B 工作完成后可同时进行 C、D 工作。在此，最前面两项工作（A、B）同时开始，而最后两项工作（C、D）又可同时结束，则其单代号网络图就必须虚拟起点节点和终点节点，如

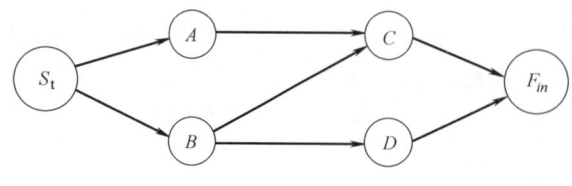

图 13-27 带虚拟节点的网络图

图 13-27 所示。

（三）单代号网络图绘制示例

【例 13-5】 某工程分为三个施工段，施工过程及其延续时间为：砌围护墙及隔墙 12d，内外抹灰 15d，安铝合金门窗 9d，喷刷涂料 12d。拟组织瓦工、抹灰工、木工和油工四个专业队进行施工。试绘制单代号网络图。

【解】 按照给定的逻辑关系绘制，然后进行节点编号，如图 13-28 所示。

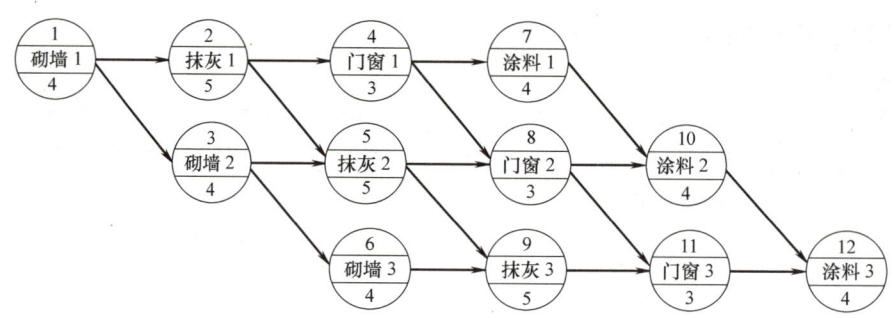

图 13-28 单代号网络图绘图示例

二、单代号网络计划时间参数的计算

单代号网络计划时间参数的概念与双代号网络计划相同。以图 13-29 所示网络图为例，说明其时间参数计算方法与过程，计算结果见图 13-29。

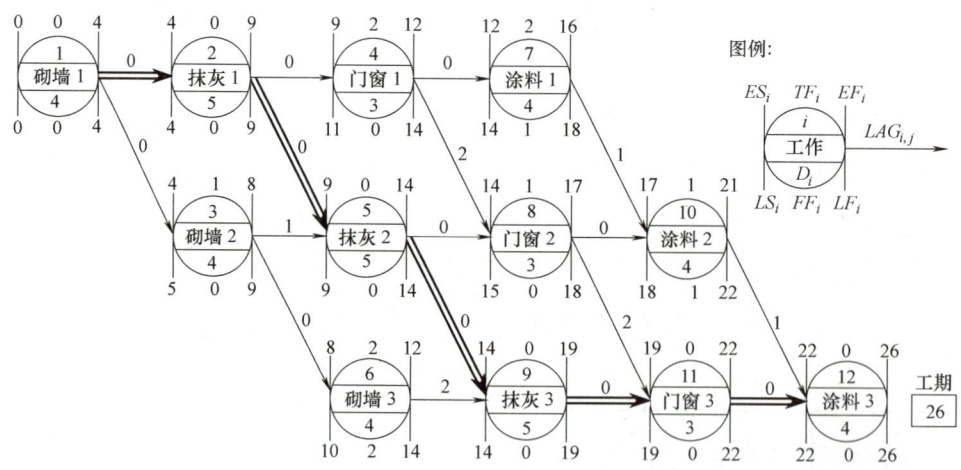

图 13-29 单代号网络计划时间参数计算示例

13-6

1. 工作最早时间的计算

从起点节点开始，顺箭头方向依次进行。"顺线累加，逢多取大"。

（1）最早开始时间（ES）

起点节点（起始工作）的最早开始时间如无规定，其值为零；其他工作的最早开始时间等于其紧前工作最早完成时间的最大值，即：

$$ES_i = \max\{EF_h\} \tag{13-12}$$

（2）最早完成时间（EF）

一项工作的最早完成时间就等于其最早开始时间与本工作持续时间之和，即：

$$EF_i = ES_i + D_i \tag{13-13}$$

图 13-28 的最早开始时间和最早完成时间计算如下：

$ES_1 = 0$；

$EF_1 = ES_1 + D_1 = 0 + 4 = 4$；

$ES_2 = EF_1 = 4$；

$EF_2 = ES_2 + D_2 = 4 + 5 = 9$；

……

$ES_5 = \max\{EF_2, EF_3\} = \max\{9, 8\} = 9$；

$EF_5 = ES_5 + D_5 = 9 + 5 = 14$；

……

计算结果标注于图 13-29 中。

终点节点的最早完成时间即为计算工期 T_C。无"要求工期"时，取计划工期等于计算工期，即 $T_P = T_C$。

2. 相邻两项工作时间间隔的计算

时间间隔（LAG）是指相邻两项工作之间可能存在的最大间歇时间。i 工作与 j 工作的时间间隔记为 $LAG_{i,j}$。其值为后项工作的最早开始时间与前项工作的最早完成时间之差。计算公式为：

$$LAG_{i,j} = ES_j - EF_i \tag{13-14}$$

按式（13-14）计算图 13-29 的时间间隔为：

$LAG_{11,12} = ES_{12} - EF_{11} = 22 - 22 = 0$；

$LAG_{10,12} = ES_{12} - EF_{10} = 22 - 21 = 1$；

……

13-7

将计算结果标注于两节点之间的箭线上，如图 13-29 所示。

3. 工作总时差的计算

工作总时差（TF）应从网络计划的终点节点开始，逆着箭线方向依次逐项计算。

（1）终点节点所代表工作 n 的总时差 TF_n 值应为：

$$TF_n = T_P - EF_n \tag{13-15}$$

（2）其他工作 i 的总时差 TF_i 应为：

$$TF_i = \min\{TF_j + LAG_{i,j}\} \tag{13-16}$$

图 13-28 的工作总时差计算如下：

$TF_{12} = T_P - EF_{12} = 26 - 26 = 0$；

$TF_{11} = TF_{12} + LAG_{11,12} = 0 + 0 = 0$；

$TF_{10} = TF_{12} + LAG_{10,12} = 0 + 1 = 1$；

$TF_9 = TF_{11} + LAG_{9,11} = 0 + 0 = 0$；

$TF_8 = \min\{(TF_{10} + LAG_{8,10}), (TF_{11} + LAG_{8,11})\}$

$\quad = \min\{(1 + 0), (0 + 2)\} = 1$；

……

依此类推，可计算出其他工作的总时差，标注于图13-29的节点上部。

4. 工作自由时差的计算

工作自由时差（FF）的计算没有顺序要求，按以下规定进行：

（1）终点节点所代表工作 n 的自由时差 FF_n 值应为：

$$FF_n = T_P - EF_n \tag{13-17}$$

（2）其他工作 i 的自由时差 TF_i 应为：

$$FF_i = \min\{LAG_{i,j}\} \tag{13-18}$$

图13-29的工作自由时差计算如下：

$FF_{12} = T_P - EF_{12} = 26 - 26 = 0$；

$FF_{11} = LAG_{11,12} = 0$；

$FF_{10} = LAG_{10,12} = 1$；

$FF_9 = LAG_{9,11} = 0$；

$FF_8 = \min\{LAG_{8,10}, LAG_{8,11}\} = \min\{0, 2\} = 0$；

······

依此类推，可计算出其他工作的自由时差，标注于图13-29的节点下部。

5. 工作最迟时间的计算

（1）最迟完成时间

1）终点节点的最迟完成时间等于计划工期。即：

$$LF_n = T_P \tag{13-19}$$

2）其他工作的最迟完成时间等于其各紧后工作最迟开始时间的最小值。即：

$$LF_i = \min\{LS_j\} \tag{13-20}$$

或等于本工作最早完成时间与总时差之和。即：

$$LF_i = EF_i + TF_i \tag{13-21}$$

根据式（13-19）和式（13-21）计算图13-29的最迟完成时间，如下：

$LF_{12} = T_P = 26$；

$LF_{11} = EF_{11} + TF_{11} = 22 + 0 = 22$；

$LF_{10} = EF_{10} + TF_{10} = 21 + 1 = 22$；

······

依此类推，计算结果标注于图13-29。

（2）最迟开始时间

工作的最迟开始时间等于其最迟完成时间减去本工作的持续时间，即：

$$LS_i = LF_i - D_i \tag{13-22}$$

或等于本工作最早开始时间与总时差之和。即：

$$LS_i = TF_i + ES_i \tag{13-23}$$

根据式（13-22）计算图13-29的最迟开始时间，如下：

$LS_{12} = LF_{12} - D_{12} = 26 - 4 = 22$；

$LS_{11} = LF_{11} - D_{11} = 22 - 3 = 19$；

$LS_{10} = LF_{10} - D_{10} = 22 - 4 = 18$；

······

依此类推，计算结果标注于图 13-29。

以上各项时间参数的计算顺序是：$ES_i \rightarrow EF_i \rightarrow T_C \rightarrow T_P \rightarrow LAG_{i,j} \rightarrow TF_i \rightarrow FF_i \rightarrow LF_i \rightarrow LS_i$。此外，也可以按双代号网络计划的计算方法进行计算，其计算顺序是：$ES_i \rightarrow EF_i \rightarrow T_C \rightarrow T_P \rightarrow LF_i \rightarrow LS_i \rightarrow TF_i \rightarrow FF_i \rightarrow LAG_{i,j}$。

6. 确定关键工作和关键线路

同双代号网络计划一样，总时差为最小值的工作是关键工作。当计划工期等于计算工期时，总时差最小值为零，则总时差为零的工作就是关键工作。自始至终全由关键工作组成，且总持续时间最长的线路为关键线路。

单代号网络计划的关键线路宜通过工作之间的时间间隔 $LAG_{i,j}$ 来判断，即自终点节点至起点节点的全部 $LAG_{i,j}=0$ 的线路为关键线路。图 13-29 的关键线路见图中双线。

第四节　双代号时标网络计划

一、时标网络计划的特点

时标网络计划是以时间坐标单位为尺度，表示箭线长度的双代号网络计划，是目前应用最广的网络计划形式。它综合了前述的时标网络计划和横道图计划的优点。具有以下特点：

（1）能够清楚地展现计划的时间进程，不但工作间的逻辑关系明确，而且时间关系也一目了然，大大方便了使用。

（2）直接显示各项工作的开始与完成时间、工作的自由时差和关键线路，可大大节省编制时的计算量，也便于使用中的调整及执行中的控制。

（3）可以通过叠加确定各个时段的材料、机具、设备及人力等资源的需要量。利于制定施工准备计划和资源配置计划，也为进行资源优化提供了便利。

（4）由于箭线的长度受到时间坐标的制约，故绘图比较麻烦；且修改其中一项就可能引起整个网络图的变动。因此，宜利用计算机程序软件进行该种计划的编制与管理。

二、时标网络计划的绘制

（一）绘制要求

（1）时标网络计划需绘制在带有时间坐标的表格上。其时间单位应在编制计划之前根据需要确定，可以小时、天、周、旬、月等为单位，构成工作时间坐标体系，也可同时加注日历，更能方便使用。时间坐标可以标注在图的顶部、底部或上下都标注。

（2）节点中心必须对准时间坐标的刻度线，以避免误会。

（3）以实箭线表示工作，以虚箭线表示虚工作，以水平波形线表示自由时差或与紧后工作之间的时间间隔。

（4）箭线宜采用水平箭线或水平段与垂直段组成的箭线形式，不宜用斜箭线。虚工作必须用垂直虚箭线表示，其时间间隔应用水平波形线表示。

（5）时标网络计划宜按最早时间编制，以保证实施的可靠性。

（二）绘制方法

时标网络计划的编制应在绘制草图后，直接进行绘制或经计算后按时间参数绘制。

1. 按时间参数绘制法

该法是先绘制出时标网络计划，计算出时间参数并找出关键线路后，再绘制成时标网络计划。具体步骤如下：

（1）绘制时标表。

（2）将每项工作的箭尾节点按最早开始时间定位在时标表上，其布局应与时标网络计划基本相当，然后编号。

（3）用实箭线形式绘制出工作箭线，当某些工作箭线的长度不足以达到该工作的完成节点时，用波形线补足，箭头画在波形线与节点连接处。

（4）用垂直虚箭线绘制虚工作，虚工作的自由时差（实为其前后两工作的间隔时间）也用水平波形线补足。

2. 直接绘制法

该法是不计算网络计划的时间参数，直接按草图或逻辑关系及各项工作的延续时间绘制时标网络计划。绘制步骤如下：

（1）绘制时标表。

（2）将起点节点定位于时标表的起始刻度线上。

（3）按工作的持续时间在时标表上绘制起点节点的外向箭线。

（4）工作的箭头节点必须在其所有的内向箭线绘出以后，定位在这些内向箭线中最晚完成的实箭线箭头处。

（5）某些内向实箭线长度不足以到达该箭头节点时，用波形线补足。虚箭线应垂直绘制，如果虚箭线的开始节点和结束节点之间有水平距离时，也以波形线补足。

（6）用上述方法自左至右依次确定其他节点的位置。

（三）绘制示例

【例 13-6】 某装修工程有三个楼层，有吊顶、顶墙涂料和铺木地板三个施工过程。其中每层吊顶确定为三周、顶墙涂料定为两周、铺木地板定为一周完成。试绘制时标网络计划。

先绘制其时标网络计划草图，如图 13-30 所示。再按上述要求绘制时标网络计划，如图 13-31 所示。绘图时，应使节点尽量向左靠（按最早时间开始），并避免箭线向左斜（时间不可能倒流）。当工作持续时间较长时，宜在箭线下标注（持续时间）。

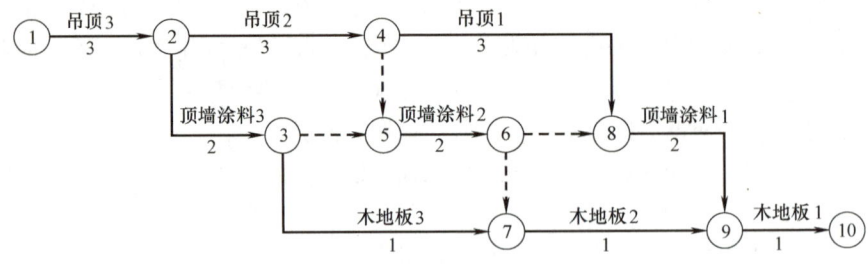

图 13-30　时标网络计划

三、关键线路和时间参数的判定

1. 关键线路的判定与表达

自时标网络计划图的终点节点至起点节点逆箭线方向寻找，自始至终无波形线的线路即为关键线路。在图 13-31 中，①→②→④→⑧→⑨→⑩为关键线路。关键线路要用粗线、双线、

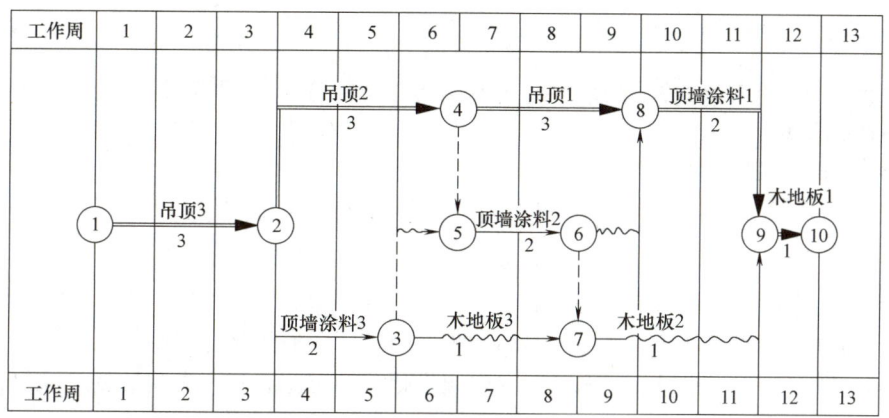

图 13-31　据图 13-30 绘制的时标网络计划

或彩色线明确表达。

2. 时间参数的判定与推算

（1）"计划工期"的判定

终点节点与起点节点所在位置的时标差值，即为"计划工期"。当起点节点处于时标表的零点时，终点节点所处的时标点即是计划工期。图 13-31 所示网络计划的工期为 12 周。

（2）最早时间的判定

工作箭线箭尾节点中心所对应的时标值，为该工作的最早开始时间。箭头节点中心或与波形线相连接的实箭线右端的时标值，为该工作的最早完成时间。如图 13-31 中，"顶墙涂料 3"的最早开始时间为 3 周以后（也就是第四周），最早完成时间为第五周末；"木地板 3"的最早开始时间为 5 周以后（也就是第六周），最早完成时间为第六周末。

（3）自由时差值的判定

在时标网络计划中，工作的自由时差值等于其波形线的水平投影长度。如图 13-31 中，"木地板 3"的自由时差为 2 周。

（4）总时差的推算

在时标网络计划中，工作的总时差应自右向左逐个推算。

1）以终点节点为完成节点的工作，其总时差为计划工期与本工作最早完成时间之差。即：

$$TF_{i-n} = T_P - EF_{i-n} \tag{13-24}$$

2）其他工作的总时差，等于诸紧后工作总时差的最小值与本工作自由时差之和。即：

$$TF_{i-j} = \min\{TF_{j-k}\} + FF_{i-j} \tag{13-25}$$

如图 13-31 中，"木地板 1"和"顶墙涂料 1"的总时差均为 0；"木地板 2"的总时差为 $0+2=2$；虚工作 6—8 的总时差为 $0+1=1$，6—7 的总时差为 $2+0=2$；"木地板 3"的总时差为 $2+2=4$；"顶墙涂料 2"有 6—7、6—8 两项紧后工作，其总时差为：

$$TF_{5-6} = \min\{TF_{6-8}, TF_{6-7}\} + FF_{5-6} = \min\{1,2\} + 0 = 1$$

必要时，可在计算后将总时差标注在波形线或实箭线之上。

（5）最迟时间的推算

由于已知最早开始时间和最早完成时间，又知道了总时差，故工作的最迟完成和最迟开始时间可分别用以下公式算出：

$$LF_{i-j}=TF_{i-j}+EF_{i-j} \tag{13-26}$$
$$LS_{i-j}=TF_{i-j}+ES_{i-j} \tag{13-27}$$

如图 13-31 中，"木地板 3"的最迟完成时间为 $4+6=10$ 周末，最迟开始时间为 $4+5=9$ 周以后（即第 10 周）。

第五节　网络计划的优化

网络计划的优化，就是在满足既定的约束条件下，按某一目标，对网络计划进行不断检查、评价、调整和完善，以寻求最优方案的过程。网络计划的优化有工期优化、费用优化和资源优化三种。费用优化又叫时间成本优化；资源优化分为资源有限—工期最短的优化和工期固定—资源均衡的优化。

一、工期优化

工期优化是在网络计划的工期不满足要求时，通过压缩计算工期以达到要求工期目标，或在一定约束条件下使工期最短的过程。

工期优化一般是通过压缩关键工作的持续时间来达到优化目标。而缩短工作持续时间的主要途径，就是增加人力和设备等施工力量、加大施工强度、缩短间歇时间。因此，在确定需缩短持续时间的关键工作时，应按以下几个方面进行选择：

（1）缩短持续时间对质量和安全无影响；

（2）有充足备用资源；

（3）缩短持续时间所需增加费用最少或风险影响最小。

可以根据以上要求直接选择需缩短时间的工作。也可按各方面因素对工程的影响程度，分别设置计分分值，将需缩短持续时间的工作分项进行评价打分，从而得到"优先选择系数"，对系数小者，应优先考虑压缩。

在优化过程中，要注意不能将关键工作压缩成非关键工作，但关键工作可以被动地（即未经压缩）变成非关键工作，关键线路也可以因此而变成非关键线路。当优化过程中出现多条关键线路时，必须将各条关键线路的持续时间压缩同一数值，否则不能有效地将工期缩短。

网络计划的工期优化步骤如下：

（1）求出计算工期并找出关键线路及关键工作。

（2）按要求工期计算出工期应缩短的时间目标 ΔT：
$$\Delta T=T_c-T_r \tag{13-28}$$

式中　T_c——计算工期；

　　　T_r——要求工期。

（3）确定各关键工作能缩短的持续时间。

（4）将应优先缩短的关键工作压缩至最短持续时间，并找出新关键线路。若此时被压缩的工作变成了非关键工作，则应将其持续时间回延，使之仍为关键工作。

（5）若计算工期仍超过要求工期，则重复以上步骤，直到满足工期要求或工期已不能再缩短为止。

需要注意：当所有关键工作的持续时间都已达到其能缩短的极限，或虽部分关键工作未达到最短持续时间但已找不到继续压缩工期的方案，而工期仍未满足要求时，应对计划的技术、

386

组织方案进行调整（如采取技术措施、改变施工顺序、采用分段流水或平行作业等），或对要求工期重新审定。

【例 13-7】 已知某网络计划如图 13-32 所示。图中箭线下方或右侧的括号外为正常持续时间，括号内为最短持续时间；箭线上方或左侧的括号内为优选系数（考虑各种因素评价所得，小者为优）。假定要求工期为 15d，试对其进行工期优化。

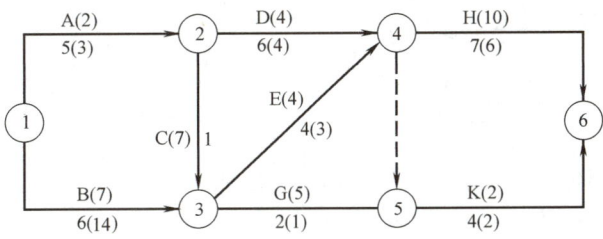

图 13-32 某工程的网络计划

【解】

（1）用标号法求出在正常持续时间下的关键线路及计算工期。如图 13-33 所示，关键线路为 ADH，计算工期为 18d。

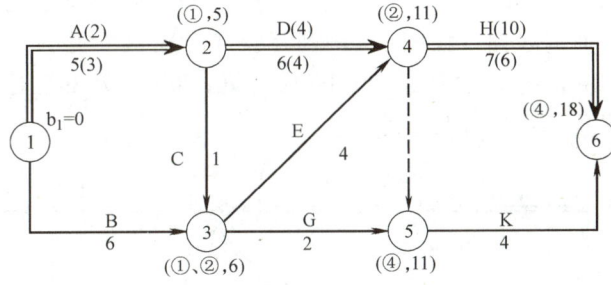

图 13-33 初始网络计划

（2）计算应缩短的时间：$\Delta T = T_c - T_r = 18 - 15 = 3d$

（3）选择应优先缩短的工作：各关键工作中 A 工作的优先选择系数最小。

（4）压缩工作的持续时间：将 A 工作压缩至最短持续时间 3d，用标号法找出新关键线路，如图 13-34 所示。此时关键工作 A 压缩后成了非关键工作，故须将其松弛，使之成为关键工作，现将其松弛至 4d，找出关键线路如图 13-35 所示，此时 A 又成了关键工作。图中有两条关键线路，即 ADH 和 BEH。其计算工期 $T_c = 17d$，应再缩短的时间为：$\Delta T_1 = 17 - 15 = 2d$。

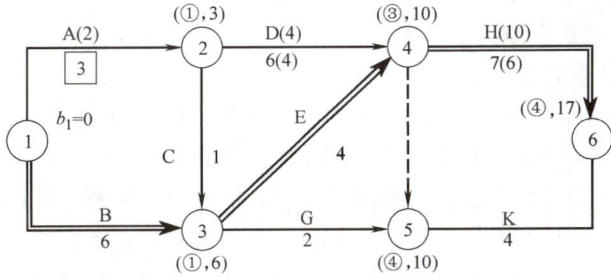

图 13-34 将 A 缩短至最短的网络计划

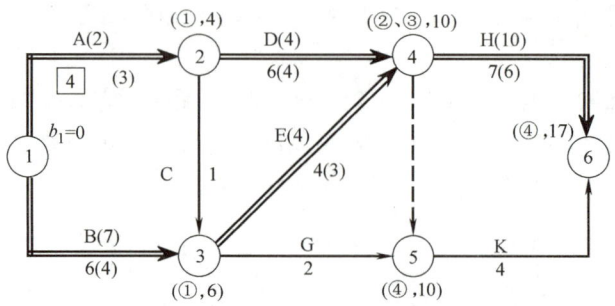

图 13-35　第一次压缩后的网络计划

（5）由于计算工期仍大于要求工期，故需继续压缩。图 13-35 中，有五个压缩方案：

1）压缩 A、B，组合优选系数为 2＋7＝9；

2）压缩 A、E，组合优选系数为 2＋4＝6；

3）压缩 D、E，组合优选系数为 4＋4＝8；

4）压缩 D、B，组合优选系数为 4＋7＝11；

5）压缩 H，优选系数为 10。

应压缩优选系数最小者，即压缩 A、E。将这两项工作都压缩至最短持续时间 3，即各压缩 1d。用标号法找出关键线路，如图 13-36 所示。此时关键线路只有两条，即：ADH 和 BEH；计算工期 $T_c＝16d$，还应缩短 $\Delta T_2＝16-15＝1d$。由于 A 和 E 已达最短持续时间，不能被压缩，可假定它们的优选系数为无穷大。

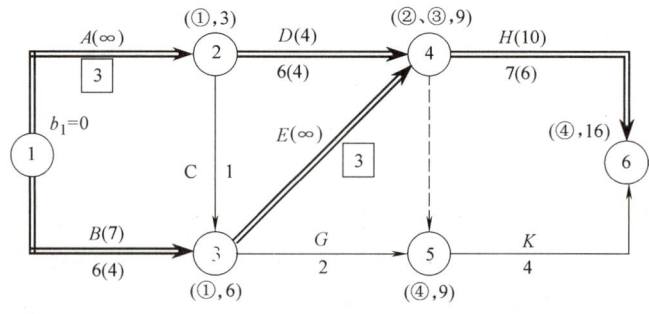

图 13-36　第二次压缩后的网络计划

（6）由于计算工期仍大于要求工期，故需继续压缩。前述的五个压缩方案中前三个方案的优选系数都已变为无穷大，现还有两个方案：

1）压缩 B、D，优选系数为 7＋4＝11；

2）压缩 H，优选系数为 10。

采取压缩 H 的方案，将 H 压缩 1d，持续时间变为 6d。得出计算工期 $T_c＝15d$，等于要求工期，已满足了优化目标要求。优化方案如图 13-37 所示。

上述网络计划的工期优化方法是一种技术手段，是在逻辑关系一定的情况下压缩工期的一种有效方法，但绝不是唯一的方法。事实上，在一些较大的工程项目中，调整好各专业之间及各工序之间的搭接关系、组织立体交叉作业和平行作业、适当调整网络计划中的逻辑关系，对缩短工期有着更重要的意义。

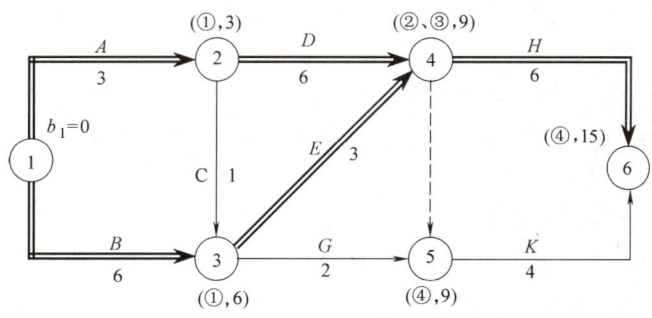

图 13-37　优化后的网络计划

二、费用优化

在一定范围内，工程的施工费用随着工期的变化而变化，在工期与费用之间存在着最优解的平衡点。费用优化就是寻求最低费用时的最优工期及其相应进度计划，或按要求工期寻求最低费用及其相应进度计划的过程。因此费用优化又叫工期—成本优化。

1. 工期与费用的关系

工程的费用包括工程直接费和间接费两部分。在一定时间范围内，工程直接费随着工期的增加而减少，而间接费则随着工期的增加而增大，它们与工期的关系曲线见图 13-38。工程的总费用曲线是将不同工期的直接费和间接费叠加而成，其最低点就是费用优化所寻求的目标。该点所对应的工期，就是费用最低时的最优工期。

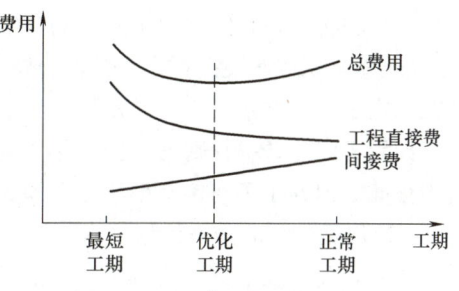

图 13-38　工期-费用关系曲线

就某一项工作而言，根据工作的性质不同，其直接费和持续时间之间的关系，通常有连续型变化和非连续型变化两种。

（1）当费用与持续时间关系曲线呈连续型变化时，可近似用直线代替（图 13-39），以方便地求出直接费费用增加率（简称直接费率）。如工作 $i-j$ 的直接费率 ΔC_{i-j}：

$$\Delta C_{i-j} = \frac{CC_{i-j} - CN_{i-j}}{DN_{i-j} - DC_{i-j}} \tag{13-29}$$

式中　CC_{i-j}——工作 $i-j$ 缩至最短持续时间时的直接费；

　　　CN_{i-j}——工作 $i-j$ 在正常持续时间时的直接费；

　　　DN_{i-j}——工作 $i-j$ 的正常持续时间；

　　　DC_{i-j}——工作 $i-j$ 的最短持续时间。

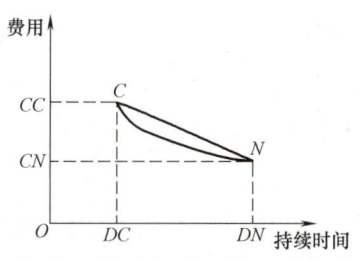

图 13-39　连续型的时间-直接费关系

【例 13-8】　某工作的正常持续时间为 6d，所需直接费为 2000 元，在增加人员、机具及进行加班的情况下，其最短时间 4d，而直接费为 2400 元，则直接费率为：

$$\Delta C_{i-j} = \frac{2400 - 2000}{6 - 4} = 200 \text{ 元/d}$$

（2）有些工作的直接费与持续时间是根据不同施工方

案分别估算的，找不到变化关系曲线，所以不能用数学公式计算，只能在几个方案中进行选择。

2. 费用优化的方法与步骤

工期-费用优化的基本方法是，从网络计划的各工作持续时间和费用关系中，依次找出既能使计划工期缩短、又能使得其费用增加最少的工作，不断地缩短其持续时间，同时考虑间接费叠加，即可求出工程费用最低时的相应最优工期或工期指定时相应的最低工程费用。优化步骤如下：

（1）计算初始网络计划的工程总直接费和总费用

网络计划的工程总直接费等于各工作的直接费之和，用 C_{i-j} 表示。

当工期为 t 时，网络计划的总费用：

$$C_i = \sum C_{i-j} + \Delta a \cdot t \tag{13-30}$$

式中　Δa——工程间接费率，即工期每缩短或延长一个单位时间所需减少或增加的费用。

（2）计算各项工作的直接费率

（3）找出网络计划中的关键线路并求出计算工期

（4）逐步压缩工期，寻求最优方案

当只有一条关键线路时，将直接费率最小的一项工作压缩至最短持续时间，并找出关键线路。当有多条关键线路时，就需压缩一项或多项直接费率或组合直接费率最小的工作，并将其中正常持续时间与最短持续时间的差值最小的为幅度进行压缩，并找出关键线路。若被压缩工作变成了非关键工作，则应减少对它的压缩时间，使之仍为关键工作。但关键工作可以被动地（即未经压缩）变成非关键工作，关键线路也可以因此而变成非关键线路。

在确定了压缩方案以后，必须将被压缩工作的直接费率或组合直接费率值与间接费率进行比较，如等于间接费率，则已得到优化方案；如小于间接费率，则需继续压缩；如大于间接费率，则在此之前的小于间接费率的方案即为优化方案。

（5）绘出优化后的网络计划

绘图后，在箭线上方注明直接费，箭线下方注明优化后的持续时间。

（6）计算优化后网络计划的总费用

【例 13-9】　已知网络计划如图 13-40 所示，图中箭线下方或右侧括号外数字为正常持续时间，括号内为最短持续时间；箭线上方或左侧括号外数字为正常直接费，括号内为最短时间直接费。间接费率为 0.7 万元/d，试对其进行费用优化。

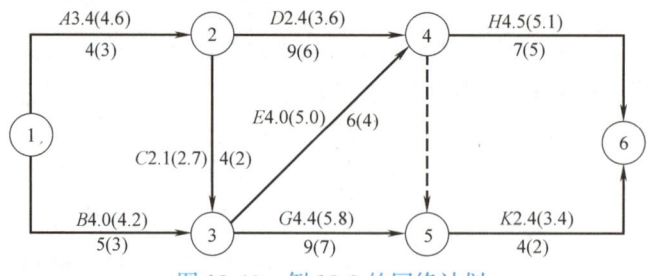

图 13-40　例 13-9 的网络计划

注：费用单位：万元；时间单位：d

【解】

（1）用标号法找出网络计划中的关键线路并求出计算工期，如图 13-41 所示，关键线路为 ACEH 和 ACGK，计算工期为 21d。

（2）计算工程总直接费和总费用

工程总直接费：$\sum C_{i-j}^{D} = 3.4 + 4.0 + 2.1 + 2.4 + 4.0 + 4.4 + 4.5 + 2.4 = 27.2$ 万元

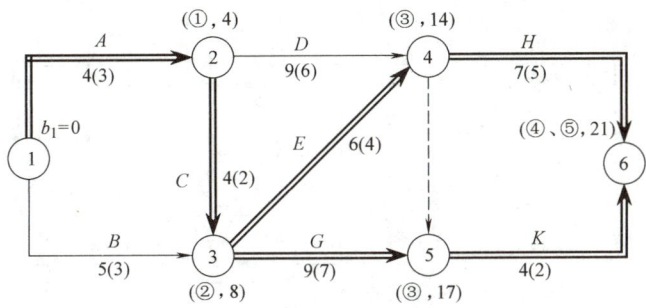

图 13-41　网络计划的工期和关键线路

工程总费用：

$$C_i = \sum C_{i-j} + \Delta a \cdot t = 27.2 + 0.7 \times 21 = 41.9 \text{ 万元}。$$

（3）计算各项工作的直接费率

$$\Delta C_{1-2} = \frac{CC_{1-2} - CN_{1-2}}{DN_{1-2} - DC_{1-2}} = \frac{4.6 - 3.4}{4 - 3} = 1.2 (\text{万元/d}); \Delta C_{1-3} = \frac{4.2 - 4.0}{5 - 3} = 0.1 (\text{万元/d}); \cdots \cdots ; \text{依此}$$

类推，将计算结果标于水平箭线上方或竖向箭线左侧括号内，如图 13-42 所示。

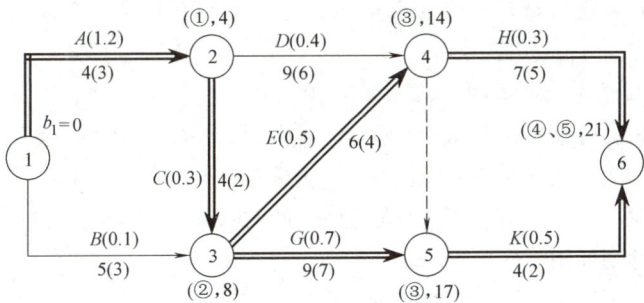

图 13-42　初始网络计划

（4）逐步压缩工期，寻求最优方案

1）进行第一次压缩

有两条关键线路 ACEH 和 ACGK，直接费率最低的关键工作为 C，其直接费率为 0.3 万元/d（以下简写为 0.3），小于间接费率 0.7 万元/d（以下简写为 0.7）。尚不能判断是否已出现优化点，故需将其压缩。现将 C 压至最短持续时间 2d，找出关键线路，如图 13-43 所示。

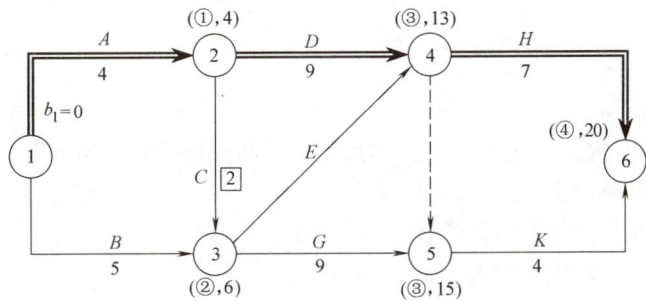

图 13-43　将 C 压至最短持续时间 2d 时的网络计划

由于 C 被压缩成了非关键工作，故需将其松弛，使之仍为关键工作，且不影响已形成的关键线路 $ACEH$ 和 $ACGK$。第一次压缩后的网络计划如图 13-44 所示。

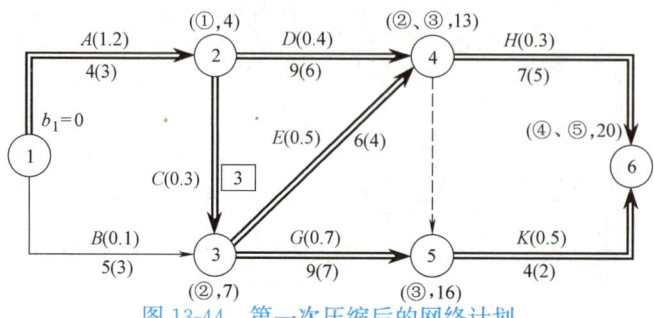

图 13-44　第一次压缩后的网络计划

2）进行第二次压缩

现已有 ADH、$ACEH$ 和 $ACGK$ 三条关键线路。共有 7 个压缩方案：

① 压 A，直接费率为 1.2；

② 压 C、D，组合直接费率为 $0.3+0.4=0.7$；

③ 压 C、H，组合直接费率为 $0.3+0.3=0.6$；

④ 压 D、E、G，组合直接费率为 $0.4+0.5+0.7=1.6$；

⑤ 压 D、E、K，组合直接费率为 $0.4+0.5+0.5=1.4$；

⑥ 压 G、H，组合直接费率为 $0.7+0.3=1.0$；

⑦ 压 H、K，组合直接费率为 $0.3+0.5=0.8$。

采用直接费率和组合直接费率最小的第 3 方案，即压 C、H，组合直接费率为 0.6，小于间接费率 0.7，尚不能判断是否已出现优化点，故应继续压缩。由于 C 只能压缩 1d，H 随之只可压缩 1d。压缩后，用标号法找出关键线路，此时关键线路只有 ADH 和 $ACGK$ 两条。第二次压缩后的网络计划如图 13-45 所示。

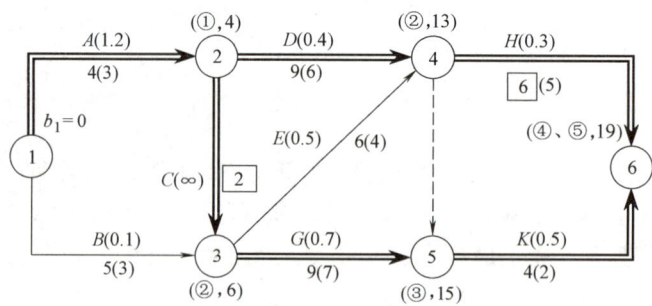

图 13-45　第二次压缩后的网络计划

3）进行第三次压缩

如图 13-45 所示，由于 C 的费率已变为无穷大，故只有 5 个压缩方案：

① 压 A，直接费率为 1.2；

② 压 D、G，组合直接费率为 $0.4+0.7=1.1$；

③ 压 D、K，组合直接费率为 $0.4+0.5=0.9$；

④ 压 G、H，组合直接费率为 $0.7+0.3=1.0$；

⑤ 压 H、K，组合直接费率为 $0.3+0.5=0.8$。

由于各压缩方案的直接费率均已大于间接费率 0.7，已出现优化点。故第二次压缩后的网络计划即为优化网络计划，如图 13-45 所示。

（5）绘出优化网络计划

如图 13-46 所示。图中被压缩工作压缩后的直接费确定如下：

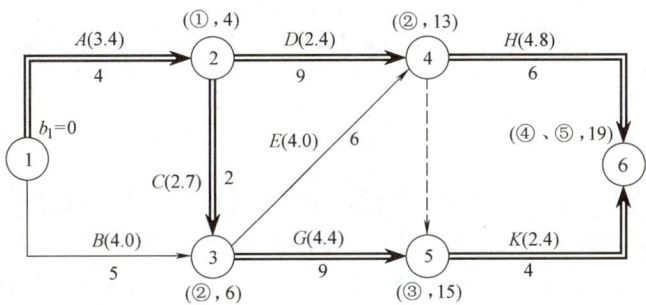

图 13-46　优化后的网络计划

1）工作 C 已压至最短持续时间，直接费为 2.7 万元；

2）工作 H 压缩 1d，直接费为：$4.5+0.3\times1=4.8$ 万元

（6）计算优化后的总费用

$$C_i=\sum C_{i-j}+\Delta a \cdot t=3.4+4.0+2.7+2.4+4.0+4.4+4.8+2.4+0.7\times19=28.1+13.3$$
$$=41.4 \text{ 万元}$$

总费用较优化前减少了 $41.9-41.4=0.5$ 万元。

三、资源优化

资源是为完成施工任务所需的人力、材料、机械设备和资金等的统称。完成一项工程任务所需的资源量基本上是不变的，不可能通过资源优化将其减少。资源优化是通过改变工作的开始时间，使资源按时间的分布符合优化目标。包括在资源有限时如何使工期最短，当工期一定时如何使资源均衡。

资源优化宜在时标网络计划上进行，本处只介绍各项工作均不切分的优化方法。

1. "资源有限，工期最短"的优化

该优化是通过调整计划安排，以满足资源限制条件，并使工期增加最少的过程。

（1）优化的方法

1）若所缺资源仅为某一项工作使用，则只需根据现有资源重新计算该工作持续时间，再重新计算网络计划的时间参数，即可得到调整后的工期。如果该项工作延长的时间在其时差范围内时，则总工期不会改变；如果该项工作为关键工作，则总工期将顺延。

2）若所缺资源为同时施工的多项工作使用，则必须后移某些工作，但应使工期延长最短。调整的方法是将该处的一些工作移到另一些工作之后，以减少该处的资源需用量。如该处有两个工作 $m-n$ 和 $i-j$，则有 $i-j$ 移到 $m-n$ 之后或 $m-n$ 移到 $i-j$ 之后两个调整方案，如图 13-47 所示。

将 $i-j$ 移至 $m-n$ 之后时，工期延长值：

$$\Delta T_{m-n,i-j}=EF_{m-n}+D_{i-j}-LF_{i-j}$$
$$=EF_{m-n}-(LF_{i-j}-D_{i-j})$$
$$=EF_{m-n}-LS_{i-j} \tag{13-31}$$

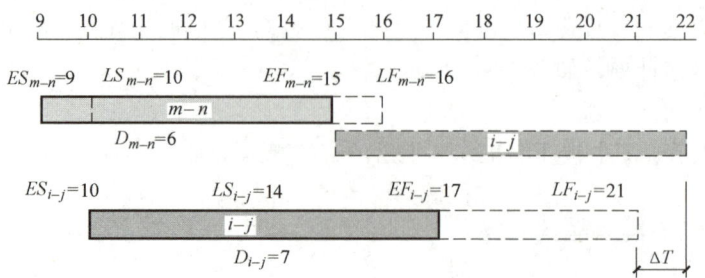

图 13-47　工作 $i-j$ 调整对工期的影响

当工期延长值 $\Delta T_{m-n, i-j}$ 为负值或 0 时，对工期无影响；为正值时，工期将延长。故应取 ΔT 最小的调整方案。即要将 LS 值最大的工作排在 EF 值最小的工作之后。如本例中：

方案 1：将 $i-j$ 排在 $m-n$ 之后，则 $\Delta T_{m-n, i-j} = EF_{m-n} - LS_{i-j} = 15 - 14 = 1$；

方案 2：将 $m-n$ 排在 $i-j$ 之后，则 $\Delta T_{i-j, m-n} = EF_{i-j} - LS_{m-n} = 17 - 10 = 7$。应选方案 1。

当 $\min\{EF\}$ 和 $\max\{LS\}$ 属于同一工作时，则应找出 EF_{m-n} 的次小值及 LS_{i-j} 的次大值代替，而组成两种方案，即：

$$\Delta T_{m-n, i-j} = (次小\ EF_{m-n}) - \max\{LS_{i-j}\} \tag{13-32}$$

$$\Delta T_{m-n, i-j} = \min\{EF_{m-n}\} - (次大\ LS_{i-j}) \tag{13-33}$$

取小者的调整顺序。

（2）优化步骤

1）检查资源需要量

从网络计划开始的第 1d 起，从左至右计算资源需用量 R_t，并检查其是否超过资源限量 R_a。如果整个网络计划都满足 $R_t < R_a$，则该网络计划就已经达到优化要求；如果发现 $R_t > R_a$，就应停止检查而进行调整。

2）计算和调整

先找出发生资源冲突时段的所有工作，再按式（13-31）或式（13-32）、式（13-33）计算 $\Delta T_{m-n, i-j}$，确定调整的方案并进行调整。

3）重复以上步骤，直至出现优化方案为止

【例 13-10】已知网络计划如图 13-48 所示。图中箭线上方为资源强度，箭线下方为持续时间，若资源限量 $R_a = 12$，试对其进行资源有限—工期最短的优化。

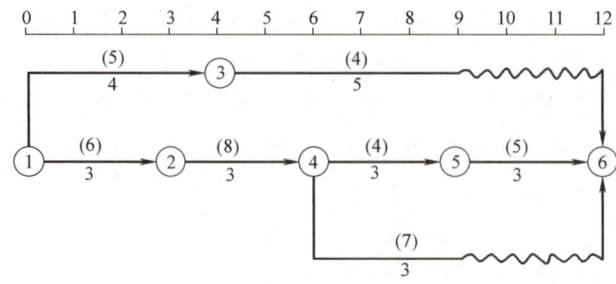

图 13-48　某工程网络计划

【解】

（1）计算资源需要量

如图 13-49 所示，计算至第 4d 时，$R_4=13>R_a=12$，故需进行调整。

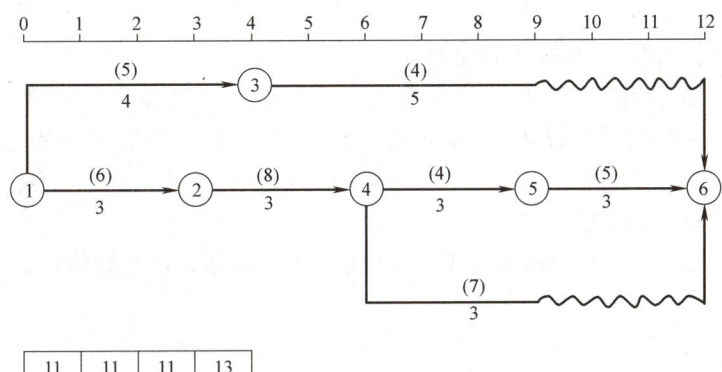

图 13-49　计算资源需要量，直至多于资源限量时停止

（2）选择方案与调整：冲突时段的工作有 1—3 和 2—4，调整方案为：

方案一：1—3 移至 2—4 之后。从图 13-49 中可知：

$$EF_{2-4}=6；由\ ES_{1-3}=0，TF_{1-3}=3，得\ LS_{1-3}=0+3=3，则：$$

$$\Delta T_{2-4,1-3}=EF_{2-4}-LS_{1-3}=6-3=3；$$

方案二：2—4 移至 1—3 之后。从图中可知：$EF_{1-3}=4$；由 $ES_{2-4}=3$，$TF_{2-4}=0$，得 $LS_{2-4}=3+0=3$，则：$\Delta T_{1-3,2-4}=EF_{1-3}-LS_{2-4}=4-3=1$。

决定采用工期增量较小的第二方案，绘出其网络计划如图 13-50 所示。

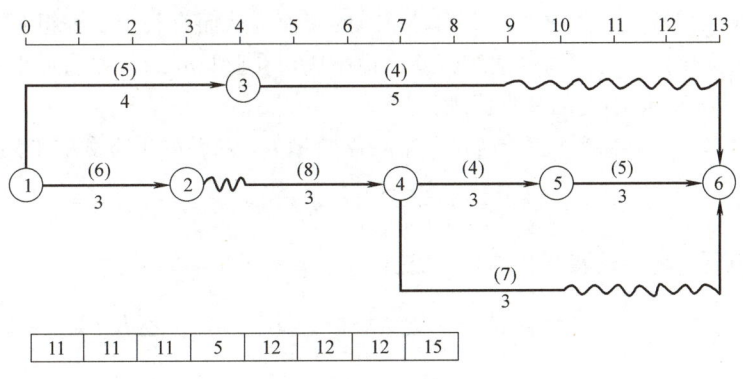

图 13-50　第一次调整，并继续检查资源需要量

（3）再计算资源需要量

如图 13-51 所示，计算至第 8d，$R_8=15>R_a=12$，故需进行第二次调整。

（4）进行第二次调整

发生资源冲突时段的工作有 3—6、4—5 和 4—6 三项。计算调整所需参数，见表 13-4。

工 作 代 号	最早完成时间 EF_{i-j}	最迟开始时间 $LS_{i-j}=ES_{i-j}+TF_{i-j}$
3—6	9	8
4—5	10	7
4—6	11	10

从表 13-4 中可看出，最早完成时间的最小值为 9，属 3—6 工作；最迟开始时间的最大值为 10，属 4—6 工作。因此，最佳方案是将 4—6 移至 3—6 之后，其工期增量将最小，即：$\Delta T_{3-6,4-6}=9-10=-1$。工期增量为负值，意味着工期不会增加。调整后的网络计划见图 13-51。

（5）再次计算资源需要量

如图 13-51 所示，自始至终资源的需要量均小于资源限量，已达到优化要求。

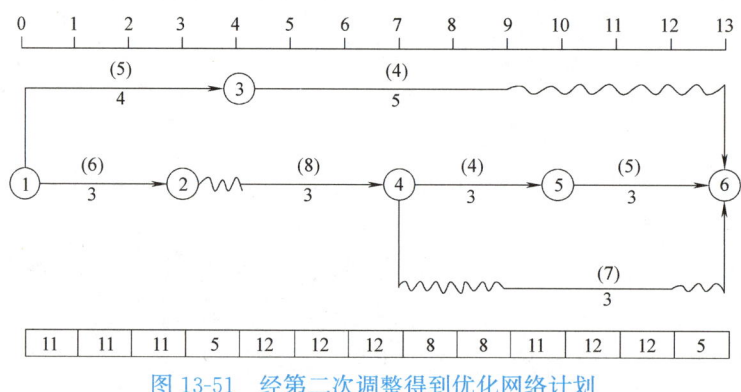

图 13-51　经第二次调整得到优化网络计划

2. "工期固定，资源均衡" 的优化

该优化是通过调整计划安排，在工期不变的条件下，使资源需要量尽可能均衡的过程。资源均衡可以有效地缓解供应矛盾、减少临时设施的规模，从而有利于工程组织管理，并可降低工程费用。常用优化方法有削高峰法和方差值最小法，在此只介绍方差值最小法。

（1）方差值（σ^2）最小法的基本原理：

方差值是指每天计划需要量 R_t 与每天平均需要量 R_m 之差的平方和的平均值，即

$$\sigma^2=\frac{1}{T}\sum_{t=1}^{T}(R_t-R_m)^2 \tag{13-34}$$

为使计算简便，将上式展开并作如下变换：

$$\sigma^2=\frac{1}{T}\sum_{t=1}^{T}(R_t^2-2R_tR_m+R_m^2)=\frac{1}{T}\sum_{t=1}^{T}R_t^2-2\frac{1}{T}\sum_{t=1}^{T}R_tR_m+R_m^2$$

而 $\frac{1}{T}\sum_{t=1}^{T}R_t=R_m$，代入上式，得：$\sigma^2=\frac{1}{T}\sum_{t=1}^{T}R_t^2-R_m^2$ $\tag{13-35}$

上式中 T 与 R_m 为常数，因此，只要 R_t^2 最小就可使得方差值 σ^2 最小。

（2）优化的步骤与方法

1）按最早时间绘出符合工期要求的时标网络计划，找出关键线路，求出各非关键工作的总时差，逐日计算出资源需要量或绘出资源需要量动态曲线。

2）优化调整的顺序

由于工期已定，只能调整非关键工作。其顺序为：自终点节点开始，逆箭线逐个进行。对完成节点为同一个节点的工作，须先调整开始时间较迟者。

在所有工作都按上述顺序进行了一次调整之后，再按该顺序逐次进行调整，直至所有工作既不能向右移也不能向左移为止。

3）工作可移性的判断

由于工期已定，故关键工作不能移动。非关键工作能否移动，主要看是否能削峰填谷或降低方差值。判断方法如下：

A. 若将工作 k 向右移动一天，则在移动后该工作完成的那一天的资源需要量应等于或小于右移前工作开始那一天的资源需要量。也就是说不得出现削了高峰后，又填出新的高峰。若用 r_k 表示 k 工作的资源强度，i、j 分别表示工作移动前开始和完成的那一天，则应满足下式要求：

$$R_{j+1}+r_k \leqslant R_i \tag{13-36}$$

B. 若将工作 k 向左移动一天，则在左移后该工作开始那一天的资源需要量应等于或小于左移前工作完成那一天的资源需要量，否则也会产生削峰又填谷成峰的问题。即应符合下式要求：

$$R_{i-1}+r_k \leqslant R_j \tag{13-37}$$

C. 若将工作 k 右移一天或左移一天不能满足上述要求时，则可考虑在其总时差范围内，右移或左移数天后能否使资源需要量更加均衡。

向右移动时，判别式为：

$$[(R_{j+1}+r_k)+(R_{j+2}+r_k)+(R_{j+3}+r_k)+\cdots] \leqslant [R_i+R_{i+1}+R_{i+2}+\cdots] \tag{13-38}$$

向左移动时，判别式为：

$$[(R_{i-1}+r_k)+(R_{i-2}+r_k)+(R_{i-3}+r_k)+\cdots] \leqslant [R_j+R_{j-1}+R_{j-2}+\cdots] \tag{13-39}$$

【例 13-11】 已知网络计划如图 13-52 所示。箭线上方数字为该工作每日资源需要量，箭线下数字为持续时间。试对其进行工期固定—资源均衡的优化。

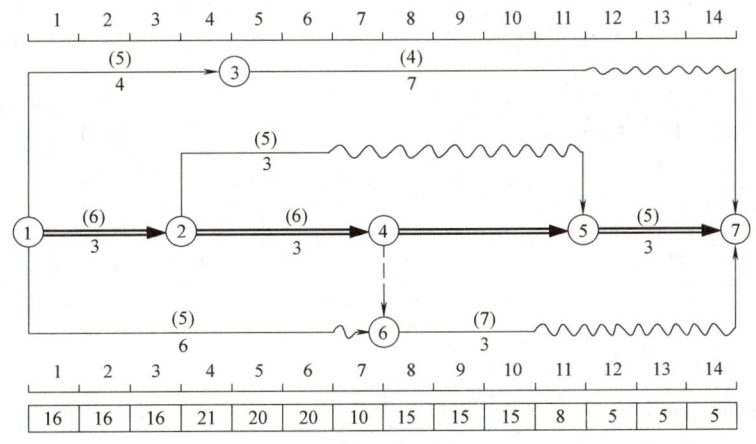

图 13-52 某工程初始网络计划

【解】

（1）未调整时的资源需要量方差值为：

$$\sigma^2 = \frac{1}{T}\sum_{t=1}^{T}R_t^2 - R_m^2 \quad ; \quad \text{式中：}$$

$R_m = (16\times3+21\times1+20\times2+10\times1+15\times3+8\times1+5\times3)/14 = 13.36$

$\sigma^2 = (16^2\times3+21^2\times1+20^2\times2+10^2\times1+15^2\times3+8^2\times1+5^2\times3)/14 - 13.36^2 = 30.3$

（2）向右移动工作6-7，按式（13-36）判断如下：

$$R_{11}+r_{6-7}=8+7=15 \quad = \quad R_8=15 \qquad \text{（可右移 1d）}$$
$$R_{12}+r_{6-7}=5+7=12 \quad < \quad R_9=15 \qquad \text{（可再右移 1d）}$$
$$R_{13}+r_{6-7}=5+7=12 \quad < \quad R_{10}=15 \qquad \text{（可再右移 1d）}$$

此时，已将工作6-7移至其原有位置之后，能否再移动需待列出调整表后进行判断，见表13-5。

移动工作6-7后的资源调整表（一）   表13-5

时 间	1	2	3	4	5	6	7	8	9	10	11	12	13	14
原资源量	16	16	16	21	20	20	10	15	15	15	8	5	5	5
调整量								−7	−7	−7	+7	+7	+7	
现资源量	16	16	16	21	20	20	10	8	8	8	15	12	12	5

从表13-5可看出，工作6-7还可向右移动，即

$$R_{14}+r_{6-7}=5+7=12 \quad < \quad R_{11}=15 \qquad \text{（可右移 1d）}$$

至此工作6-7已移到网络计划的最后，不能再移。移动后的资源需要量变化情况见表13-6。

移动工作6-7后的资源调整表（二）   表13-6

时 间	1	2	3	4	5	6	7	8	9	10	11	12	13	14
原资源量	16	16	16	21	20	20	10	8	8	8	15	12	12	5
调整量											−7			+7
现资源量	16	16	16	21	20	20	10	8	8	8	8	12	12	12

（3）向右移动工作3-7：

$$R_{12}+r_{3-7}=12+4=16 \quad < \quad R_5=20 \qquad \text{（可右移 1d）}$$
$$R_{13}+r_{3-7}=12+4=16 \quad < \quad R_6=20 \qquad \text{（可再右移 1d）}$$
$$R_{14}+r_{3-7}=12+4=16 \quad > \quad R_7=10 \qquad \text{（不能右移）}$$

此时资源需要量变化情况见表13-7。

移动工作3-7后的资源调整表   表13-7

时 间	1	2	3	4	5	6	7	8	9	10	11	12	13	14
原资源量	16	16	16	21	20	20	10	8	8	8	8	12	12	12
调整量					−4	−4						+4	+4	
现资源量	16	16	16	21	16	16	10	8	8	8	8	16	16	12

（4）向右移动工作2-5：

$$R_7+r_{2-5}=10+5=15 \quad < \quad R_4=21 \qquad \text{（可右移 1d）}$$
$$R_8+r_{2-5}=8+5=13 \quad < \quad R_5=16 \qquad \text{（可再右移 1d）}$$
$$R_9+r_{2-5}=8+5=13 \quad < \quad R_6=16 \qquad \text{（可再右移 1d）}$$

此时，已将2-5移至其原有位置之后，能否再移动需待列出调整表后进行判断。见表13-8。

移动工作 2－5 后的资源调整表　　　　　　　　　　表 13-8

时　间	1	2	3	4	5	6	7	8	9	10	11	12	13	14
原资源量	16	16	16	21	16	16	10	8	8	8	8	16	16	12
调整量				－5	－5	－5	＋5	＋5	＋5					
现资源量	16	16	16	16	11	11	15	13	13	8	8	16	16	12

从表 13-8 可看出，工作 2－5 还可向右移动，即

$$R_{10}+r_{2-5}=8+5=13 \quad < \quad R_7=15 \qquad （可右移 1d）$$
$$R_{11}+r_{2-5}=8+5=13 \quad = \quad R_8=13 \qquad （可再右移 1d）$$

从图 13-53 中可以看出，工作 2－5 已无时差，不能再向右移动。此时资源需要量变化情况见表 13-9。

再移动工作 2－5 后的资源调整表　　　　　　　　　　表 13-9

时　间	1	2	3	4	5	6	7	8	9	10	11	12	13	14
原资源量	16	16	16	16	11	11	15	13	13	8	8	16	16	12
调整量							－5	－5		＋5	＋5			
现资源量	16	16	16	16	11	11	10	8	13	13	13	16	16	12

为了明确看出其他工作能否右移，绘出经以上调整后的网络计划，如图 13-53 所示。

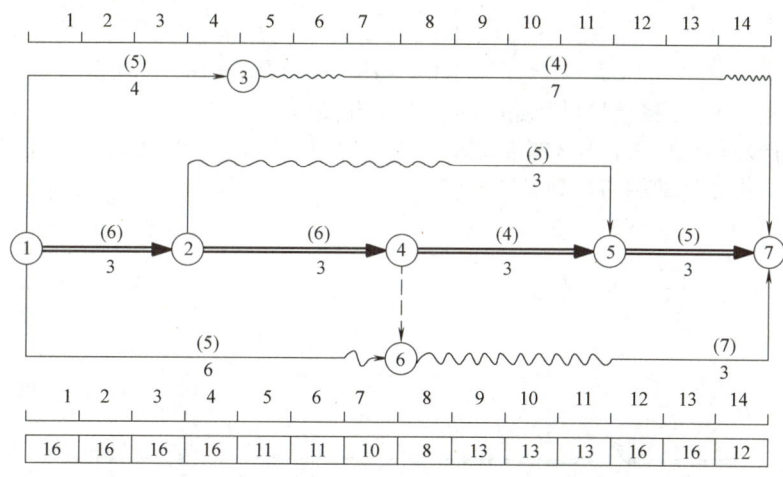

图 13-53　右移 6－7、3－7、2－5 后的网络计划

（5）向右移动工作 1－6：

$$R_7+r_{1-6}=10+5=15 \quad < \quad R_1=16 \qquad （可右移 1d）$$
$$R_8+r_{1-6}=8+5=13 \quad < \quad R_2=16 \qquad （可再右移 1d）$$
$$R_9+r_{1-6}=13+5=18 \quad > \quad R_3=16 \qquad （不能右移）$$

此时资源需要量变化情况见表 13-10。

移动工作 1－6 后的资源调整表　　　　　　　　　　表 13-10

时　间	1	2	3	4	5	6	7	8	9	10	11	12	13	14
原资源量	16	16	16	16	11	11	10	8	13	13	13	16	16	12
调整量	－5	－5					＋5	＋5						
现资源量	11	11	16	16	11	11	15	13	13	13	13	16	16	12

（6）可明显看出，工作 1—3 不能向右移动。

至此，第一次向右移动已经完成，其网络计划如图 13-54 所示。

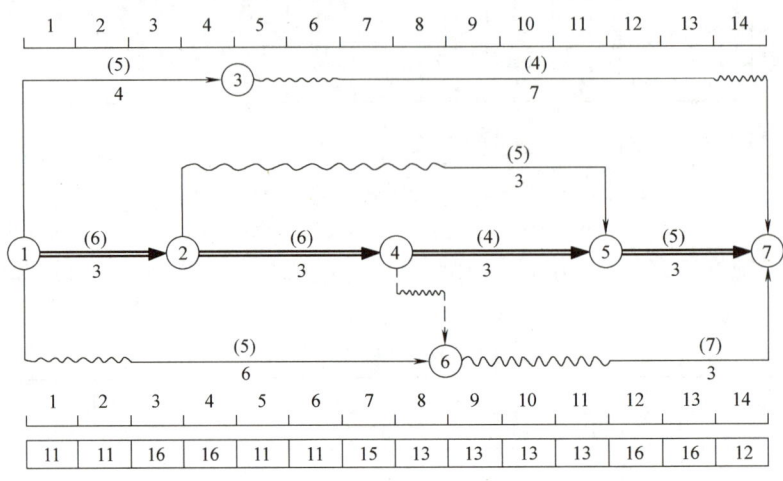

图 13-54　向右移动一遍后的网络计划

（7）由图 13-54 可看出，工作 3—7 可以向左移动，故进行第二次移动，按式（13-37）判断如下：

$$R_6 + r_{3-7} = 11 + 4 = 15 \quad < \quad R_{13} = 16 \qquad （可左移 1d）$$
$$R_5 + r_{3-7} = 11 + 4 = 15 \quad < \quad R_{12} = 16 \qquad （可再左移 1d）$$

至此，工作 3—7 已移至最早开始时间，不能再移动。

其他工作向左移或向右移均不能满足式（13-37）或式（13-36）的要求。至此已完成该网络计划的优化。优化后的网络计划见图 13-55。

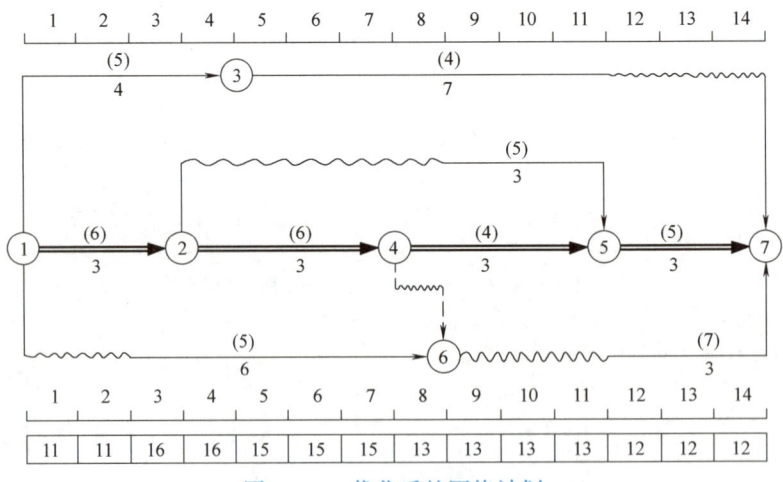

图 13-55　优化后的网络计划

（8）计算优化后方差值

$$\sigma^2 = \frac{1}{14}(11^2 \times 2 + 16^2 \times 2 + 15^2 \times 3 + 13^2 \times 4 + 12^2 \times 3) - 13.36^2 = 2.72$$

与初始网络计划比较，方差值降低了：$\dfrac{30.30 - 2.72}{30.30} \times 100\% = 91.02\%$。可见，经优化调

整后，资源均衡性有了较大幅度的好转。

<h1 style="text-align:center">工 程 案 例</h1>

1. 现浇剪力墙住宅结构标准层流水施工网络计划

某现浇钢筋混凝土剪力墙高层住宅楼，主体结构施工时，每层分为四个流水段，墙体采用大模板施工。其结构标准层主要包括绑扎墙体钢筋、安装墙体大模板、浇筑墙体混凝土、拆大模板、支楼板模板、绑扎楼板钢筋、浇筑楼板混凝土等七个主要施工过程。其中扎墙体钢筋、安装大模板、支楼板模板、绑扎楼板钢筋四项为主导施工过程。墙体大模板拆除及安装均由安装队完成，考虑周转要求，清晨拆除前一段后再进行本段的安装，而拆除墙模的施工段即可安装楼板模板。墙体及楼板混凝土浇筑均安排在晚上进行。

组织扎墙体钢筋、拆装墙体大模板、楼板支模、楼板扎筋、浇筑墙及板混凝土五个工作队的流水施工，流水节拍均定为1d。其时标网络计划如图13-56所示。

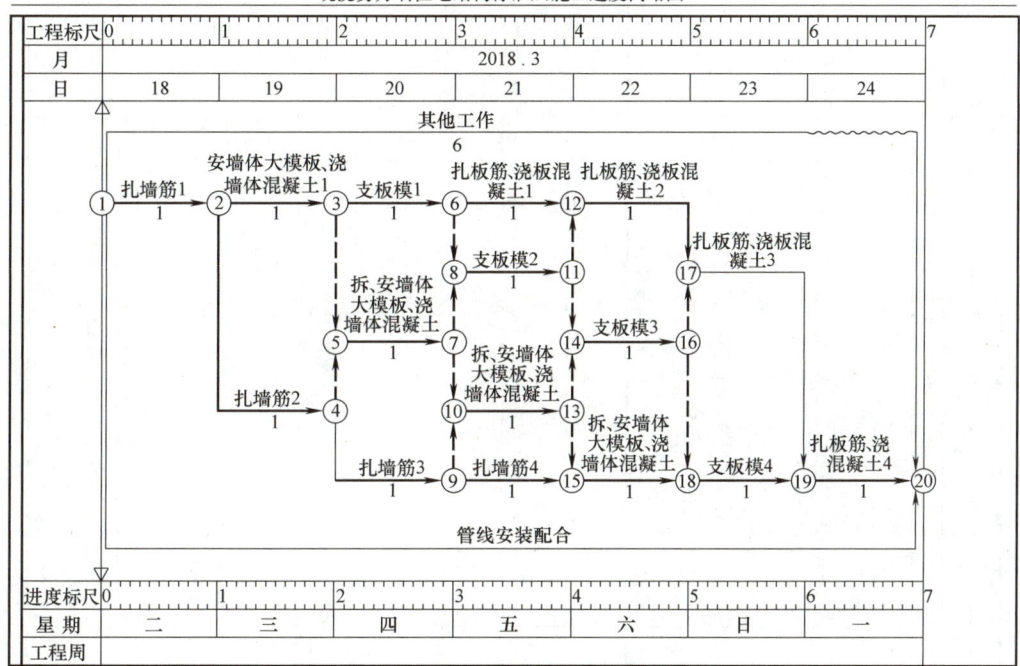

图 13-56 结构标准层施工时标网络计划

2. 某综合楼工程控制性网络计划

某工程位于××市××街南侧，占地面积 $1725m^2$，地下1层，地上8层，总建筑面积 $15600m^2$，是集办公、会议、教育培训为一体的综合性办公大楼。地下室为机房，停车场和人防设施，1层为大堂和餐厅，2~6层为办公用房，7层为教学培训用房，8层为多功能厅，建筑总高度33.50m。内设主楼梯1部，消防楼梯2部，电梯3部。

基础为钢筋混凝土阀板基础，地下室埋深-4.8m。结构为框架-剪力墙体系。按8度抗震设防。填充墙采用轻质陶粒混凝土空心砌块。屋面采用细石混凝土刚性防水和 SBS 改性沥青防水卷材防水，上铺防滑地砖。主楼外墙饰面砖为方块面砖，立面中心为玻璃幕墙，两侧为铝合金通窗。室内墙面主要采用环保乳胶漆，顶棚采用铝合金龙骨岩棉板吊顶。首层及多功能厅地面铺设大理石，其余楼地面采用玻化砖铺设。合同工期为360d。

其控制性网络计划如图13-57所示。

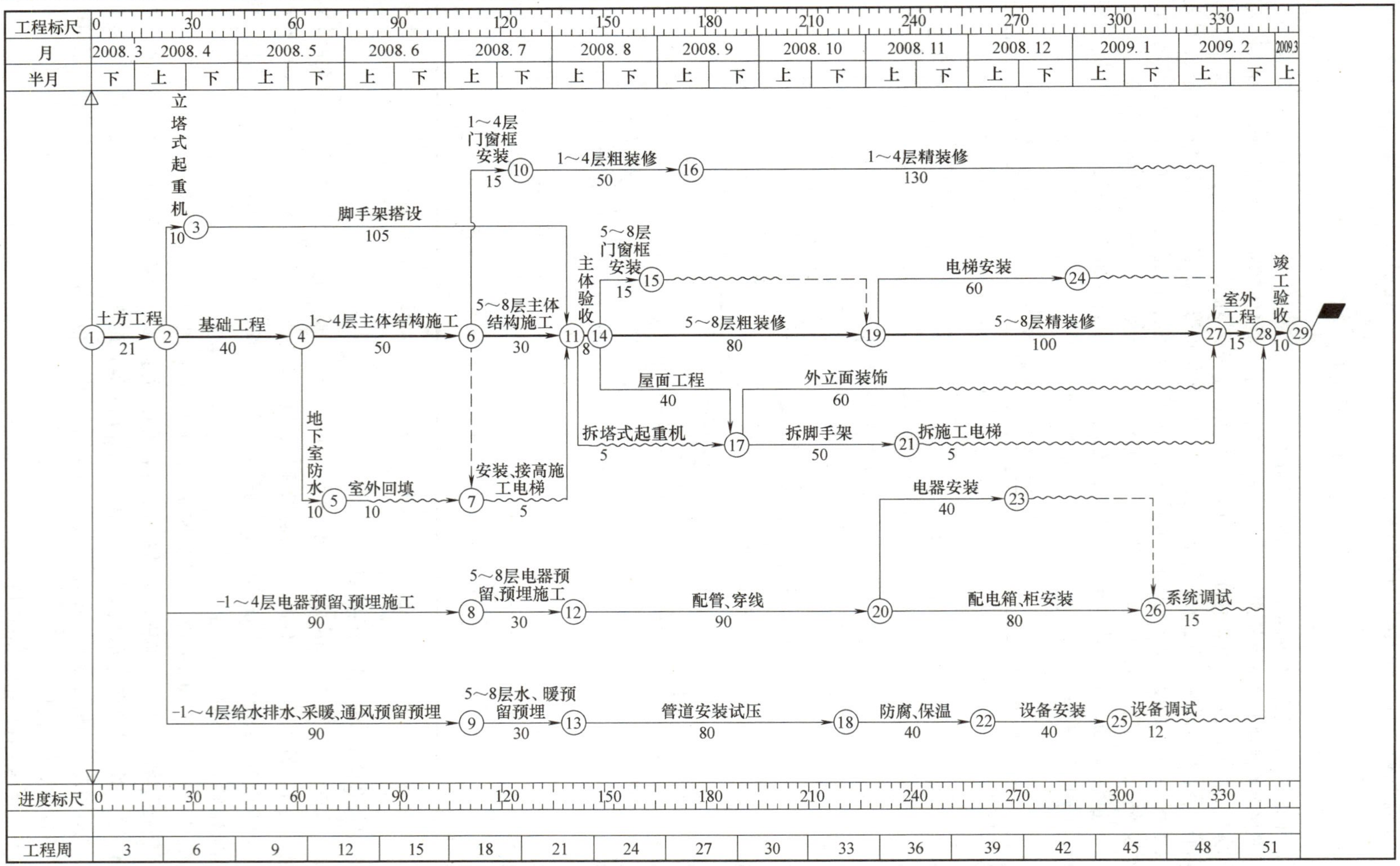

图13-57 某综合楼工程施工控制性网络计划

习 题

一、问答题

1. 什么是网络计划？试述它的优缺点。

2. 工作和虚工作有什么区别？在双代号网络图中，虚工作有何作用？

3. 什么是关键工作和关键线路？

4. 双代号网络图的绘制规则有哪些？

5. 网络计划的时间参数有哪些？各自意义如何？

6. 双代号与单代号网络计划的时间参数及计算顺序有何不同？

7. 如何判定双代号时标网络计划的关键线路、工期及工作的各时间参数？

8. 归纳各种网络计划寻找关键线路的方法。

9. 网络计划的优化包括哪几个方面？

10. 试述网络计划的工期优化包括哪几个步骤。

11. 当网络计划的计算工期超过规定工期时，应压缩哪些工作？

12. 在费用优化时，如何判断是否已经得到优化方案？

13. 怎样计算"资源有限—工期最短"优化中的工期增量？当工期增量小于"0"时，工期能否缩短，为什么？

二、计算绘图题

1. 找出如下网络图（图13-58）中的错误，并写出错误的部位及名称。

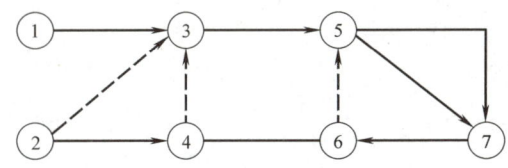

图 13-58　计算绘图题 1 图

2. 根据如下逻辑关系绘制网络图，并进行节点编号。

（1）A 和 B 同时开始，B 完做 C 和 F，D 和 E 在 A 完之后做，E 在 C 完之后做，F 完后做 G，H 在 E 和 G 均完之后做，H 和 D 同时结束。

（2）A 在 C 前完，B 在 D 前完，E 完才做 A 和 B，C 和 D 完才能做 F。

3. 用图上计算法计算图13-59中各工作的时间参数，并求出工期，找出关键线路。

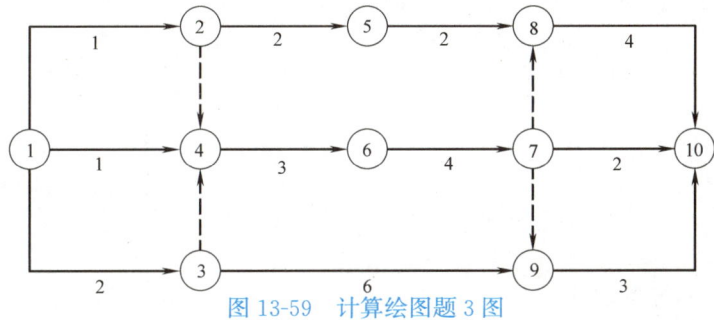

图 13-59　计算绘图题 3 图

4. 按表13-11给出的逻辑关系绘制双代号网络图，并用图上计算法计算各工作的时间参数，找出关键线路（用双箭线标出），说明计算工期。

计算绘图题 4 表 表 13-11

工作名称	A	B	C	D	E	F	G	H
持续时间	2	3	3	3	2	4	3	1
紧前工作	—	—	A、B	A	C、D	D	D	A、E、F

5. 根据表 13-12 给出的条件，绘制一个双代号网络图。并用标号法求出工期、找出关键线路。

计算绘图题 5 表 表 13-12

工作名称	A	B	C	D	E	F	G	H
持续时间	4	6	3	3	2	5	4	3
紧前工作	—	—	A	A、B	C	C、D	B	E、G

6. 根据表 13-12 中所给条件绘制单代号网络图。并计算时间参数，找出关键线路。

7. 某框架结构采用无梁楼盖，分两段流水施工，其施工过程及节拍为：扎柱筋－2d，支柱模－2d，浇柱子混凝土－1d，支楼板模板－2d，扎楼板筋－3d，浇板混凝土－1d。试编制其时标网络计划。

第十四章　单位工程施工组织设计

学习重点：单位工程施工组织设计的内容与编制程序；施工部署、进度计划的编制；现场平面图的设计方法。

学习要求：了解工程概况编制的要求和内容；熟悉单位工程施工组织设计的内容及施工部署的内容；掌握确定施工展开程序、施工顺序、流向的原则；掌握选择施工方法和机械的内容和要求；掌握施工进度计划编制及现场布置的步骤、原则和方法；了解资源计划编制的目的、方法及技术措施的内容；能编制简单工程的施工组织设计。

单位工程施工组织设计是以一个单位工程为编制对象，用来指导其实施全过程中的生产技术、经济活动，以及控制质量、安全等各项目标的综合性管理文件。它是在工程中标、签订承包合同后，由项目经理组织，在项目技术负责人领导下进行编制，是施工前的一项重要准备工作。在开工前，应将其呈报企业批准，并报送总监理工程师审查确认。

常用规范：《建筑施工组织设计规范》GB/T 50502—2009、《建设工程施工现场消防安全技术规范》GB 50720—2011、《建设工程施工现场供用电安全规范》GB 50194—2014、《建筑工程绿色施工规范》GB/T 50905—2014 等。

第一节　概　　述

一、作用与任务

单位工程施工组织设计是对施工过程和施工活动进行全面规划和安排，据以确定各分部分项工程开展的顺序及工期、主要分部分项工程的施工方法、施工进度计划、各种资源的供需计划、施工准备工作及施工现场的布置。因而，它对落实施工准备，保证施工有组织、有计划、有秩序地进行，实现质量好、工期短、成本低和安全、高效、绿色环保的良好效果有着重要作用。

单位工程施工组织设计的任务主要有以下几个方面：

（1）贯彻施工组织总设计对该工程的规划精神以及施工合同要求。

（2）拟定施工部署、选择确定合理的施工方法和机械，落实建设意图。

（3）编制施工进度计划，确定合理的搭接配合关系，保证工期目标的实现。

（4）确定各种物资、劳动力、机械的配置计划，为施工准备、调度安排及布置现场提供依据。

（5）合理布置施工场地，充分利用空间，减少运输和暂设费用，保证施工顺利、安全地进行。

（6）制定实现质量、进度、成本和安全目标的具体计划，为施工项目管理提出技术和组织方面的指导性意见。

二、内容

由于工程对象在工程性质、结构及规模，施工的地点、时间与条件，施工管理的形式与水平等方面存在较大差异，单位工程施工组织设计的内容及深度广度也有所不同，但一般应包括以下内容：

（1）编制依据。主要包括：施工合同，设计文件，相关的法律法规、规范规程及标准，当地技术经济条件等。

（2）工程概况。主要包括：工程基本情况，各专业设计简介，施工条件及工程特点分析等内容。

（3）施工部署。主要包括：确定管理目标，制定部署原则，确定项目组织机构及岗位职责，划分任务，明确各参建单位间的协调配合关系，确定施工展开程序，划分流水段，确定流向及施工顺序。

（4）主要施工方案。对主要的分部分项工程，选择确定其施工方法和施工机械等。

（5）施工进度计划。主要包括：划分施工项目，计算工程量、劳动量和机械台班量，确定各施工项目的持续时间和流水节拍，绘制进度计划图表等内容。

（6）施工准备与资源配置计划。施工准备主要包括：技术准备、现场准备等内容。资源配置计划主要包括劳动力、物资等的配置计划。

（7）施工现场平面布置。主要包括：确定起重运输机械的位置，布置运输道路，布置搅拌站、加工棚、仓库及材料、构件堆场，布置临时设施和水电管线等内容。

（8）主要管理计划。主要包括：保证工期、质量、安全及成本目标的措施与计划，保护环境、文明施工以及分包管理措施与计划等。

以上各项内容中，施工部署、施工方案、进度计划和施工平面图分别突出了施工中的组织、技术、时间和空间四大要素，是施工组织设计的最主要内容，应重点研究和筹划。

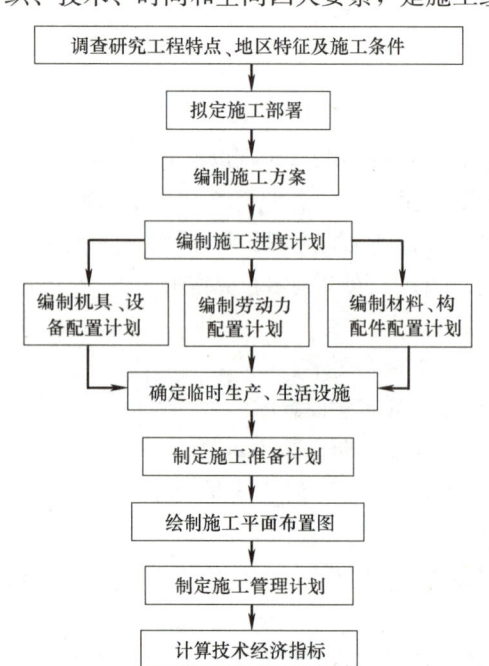

图 14-1　单位工程施工组织设计的编制程序

三、编制程序

单位工程施工组织设计应在调查研究，明确工程特点与环境特点的基础上，制定施工部署、编制施工方案、编制各种计划、布置施工现场、拟定管理措施、计算各项指标，经过反复讨论、修改后，报请上级部门和监理机构批准。具体编制程序如图 14-1 所示。

四、编制依据

在编制单位工程施工组织设计时，应依据以下内容：

（1）与工程建设有关的法律、法规和文件；

（2）国家现行有关标准和技术经济指标；

（3）工程所在地区行政主管部门的批准文件，建设单位对施工的要求；

（4）工程施工合同或招投标文件；

（5）工程设计文件；

（6）施工现场条件，工程地质及水文地质、气候等自然条件；

（7）与工程有关的资源供应情况；

（8）施工企业的生产能力、机械设备状况、技术水平；

（9）施工组织总设计等。

以上内容是单位施工组织设计编制过程中需依据的内容，而在单位施工组织设计文件中，必须明确的编制依据包括：

（1）本单位工程的施工合同、设计文件；

（2）与工程建设有关的国家、行业和地方的法律、法规、规范规程、标准、图集；

（3）施工组织总设计等。

五、工程概况的编写

工程概况是对拟建工程的基本情况、施工条件及工程特点做概要性介绍和分析。其编写目的，一是可使编制者进一步熟悉工程情况，做到心中有数，以便使设计切实可行、经济合理；二是为审批者判定施工方案、进度安排、平面布置及技术措施等是否合理可行提供条件。

工程概况的编写应力求简单明了，常以文字叙述或表格形式表现，并辅之以平、立、剖面简图。工程概况主要包括以下内容：

1. 工程主要情况

主要说明：拟建工程的名称、性质和地理位置；工程的建设、勘察、设计、监理和总承包等相关单位的情况；工程承包范围和分包工程范围；施工合同、招标文件或总承包单位对工程施工的重点要求等。

2. 各专业设计简介

应包括下列内容：建筑设计的建筑规模、功能、特点，耐火、防水及节能要求，主要装修做法；结构设计的结构形式、地基基础形式、结构安全等级、抗震设防类别、主要结构构件类型及要求等；机电及设备安装专业设计的给水排水及采暖系统、通风与空调系统、电气系统、智能化系统、电梯等的做法要求。

对新材料、新结构、新工艺及施工要求高、难度大的施工过程应着重说明。对主要的工作量、工程量应列出数量表，以明确施工的重点。

3. 施工条件

主要说明：建设地点气象状况（气温、主导风向、风力、雨雪量、雷电、冬雨期时间、土的冻结深度）；施工区域水文地质状况（地形变化和绝对标高，地质构造、土质、地基承载力，地下水位和水质等）；地上、地下管线及建（构）筑物情况；有关的道路、河流等状况；当地建筑材料、设备供应和交通运输等服务能力状况，供电、水、热和通信能力状况；周围环境及建设方可提供的条件等。

通过工程概况的编写，对工程施工的重点、难点和关键问题应进行分析（包括组织管理和施工技术两个方面），以便在选择施工方案、组织物资供应、配备技术力量及进行施工准备等方面采取有效措施。

第二节　施工部署与施工方案

一、施工部署

单位工程的施工部署，是对整个单位工程的施工进行总体的布置和安排，是施工组织设计的核心。主要包括：确定项目组织机构，明确岗位职责，划分施工任务，制定施工目标，进行进度安排和空间组织，对开发和使用新技术、新工艺做出部署，对重要分包工程施工单位的选择要求及管理方式进行简要说明等。

（一）确定项目组织机构及岗位职责

主要包括确定组织机构形式、确定组织管理层次、制定岗位职责，选定管理人员等。确定组织机构形式时，需考虑项目的性质、施工企业类型、人员素质、管理水平等因素。某工程建立的项目组织机构构成如图14-2所示。

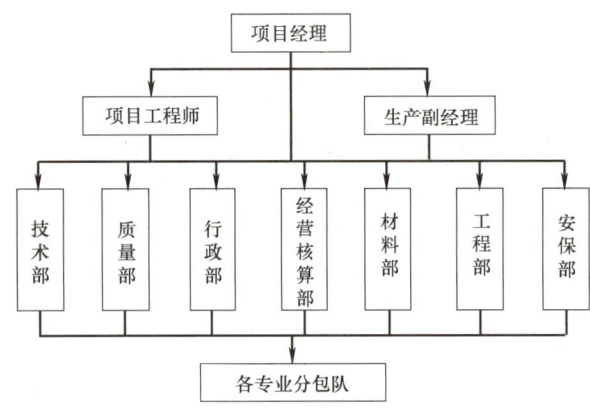

图14-2　某单位工程施工组织机构图

（二）制定施工管理目标

根据施工合同的约定和本单位的要求，制定工程实施的工期、质量、安全目标，制定文明施工、消防、环境保护等方面的管理目标。其中，工期目标应以施工合同或施工组织总设计要求为依据，制定出总工期目标和各主要施工阶段（如基础、主体、装饰装修）的工期控制目标。质量目标应按合同约定或投标承诺，制定出总目标和分解目标。质量总目标是指整个项目拟达到的质量等级（如市优、省优、国优）；分解目标指各分部工程拟达到的质量等级（优良、合格）。安全目标应按政府主管部门和企业要求以及合同约定，制定出事故等级、伤亡率、事故频率的限制目标。

施工管理目标必须满足或高于合同目标及施工组织总设计中确定的总体目标，作为编制各种计划、措施及进行工程管理和控制的依据。

（三）时间安排和空间组织

针对工程特点和合同工期要求，确定各分部工程之间的先后顺序及搭接关系、各分部工程时间控制及里程碑节点，划分流水段，确定各分部工程的施工顺序等，为制定施工进度计划和组织生产提供依据。

1. 施工展开程序

施工展开程序是指单位工程中各分部工程、各专业工程或各施工阶段的先后施工关系。

14-1

14-2

（1）展开程序确定的原则

一般工程的施工应遵循"先准备后开工"，"先地下后地上"，"先主体后围护"，"先结构后装饰"，"先土建后设备"的程序原则。但施工程序并非一成不变，其影响因素很多，特别是随着建筑工业化的发展和施工技术的进步，有些施工程序将发生变化。

1）"先准备后开工"是指正式施工前，应先做好各项准备工作，以保证开工后施工能顺利、连续地进行。

2）"先地下后地上"是指在地上工程开始前，尽量把地下管线和设施、土方及基础等做好或基本完成，以免对地上施工产生干扰或影响质量、造成浪费。地下工程施工还应本着先深后浅的程序，管线施工应本着先场外后场内、先主干后分支的程序。

3）"先主体后围护"主要指排架、框架或框架剪力墙结构的房屋，其围护结构应滞后于主

408

体结构，以避免相互干扰，利于提高质量、保护成品和施工安全。

4）"先结构后装饰"是指房屋的装饰装修工程应在结构全部完成或部分完成后进行。对多层建筑，结构与装饰以不搭接为宜；而高层应尽量搭接施工，以缩短工期。有些构件也可做好装饰层后再行安装（即"先装饰、后结构"），但应确实能保证装饰质量、缩短工期、降低成本。

5）"先土建后设备"是指土建施工先行，水电暖卫燃等管线及设备随后进行。施工中土建与设备管线常进行交叉作业，但前者需为后者创造施工条件。在装饰装修阶段，还要从保证质量和保护成品的角度处理好两者的关系。

对于有大型生产设备（如冶炼、冲压、核反应堆等）的重工业厂房，一般需先安装生产设备，然后再建造厂房（即"先设备后土建"），或设备安装与土建施工并行。

（2）展开程序确定的方法与要求

一般较大的房屋建筑工程可分为基坑工程、地下结构、主体结构、二次结构、屋面工程、外装修、内装修（粗装修、精装修）等几大阶段。其中基坑工程施工阶段应尽量避开冬、雨期，外装修湿作业应避开冬期，室内精装修应在屋面防水完成后进行。

在时间安排上应贯彻空间占满、时间连续、均衡协调有节奏、并适当留有余地的原则。为保证工程按计划完成，一般均需要采用主体和二次结构、主体和管线埋设、主体和装饰装修、设备安装和装饰装修的搭接作业和立体交叉施工。为了使二次结构、安装、装饰装修施工较早插入，工程应分批进行验收。如地下结构完成后及时验收、主体结构按楼层分几个批次验收等。

（3）示例

1）某高层住宅楼的施工展开程序如图14-3所示。

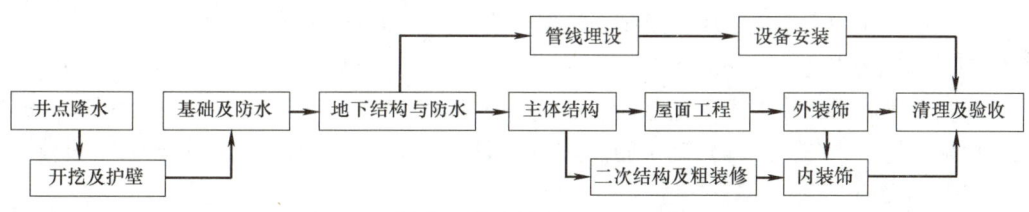

图14-3　某高层住宅楼施工展开程序安排

2）某合同段高速公路的施工展开程序如图14-4所示。

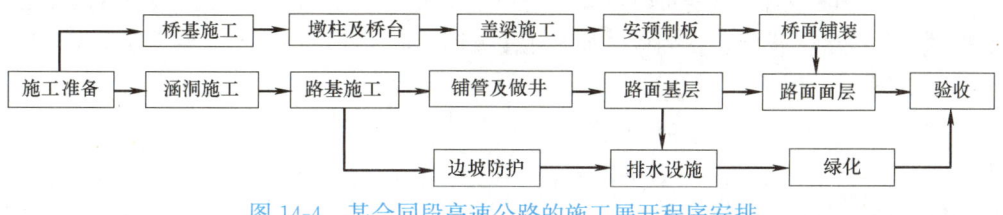

图14-4　某合同段高速公路的施工展开程序安排

2. 划分施工段

划分施工段是将施工对象在空间上划分成多个施工区域，以适应流水施工的要求，使多个专业队组能在不同的施工段上平行作业，并可减少机具、设备及周转材料（如模板）的配置量。从而缩短工期、降低成本，使生产连续、均衡地进行。

（1）分段应注意的问题

1）各段的工程量或同一工种的工作量应大致相等，以便组织节奏流水。

2）保证结构的整体性及建筑、装饰的外观效果。尽量利用结构变形缝、防震缝或混凝土施工缝、装饰装修的分格缝或墙体阴角等处作为分段界限。如某钢筋混凝土框架结构办公楼工程，结构施工阶段分为三个流水施工段，如图 14-5 所示。其二、三段的分段界限利用了结构变形缝；一、二段以梁板混凝土施工缝的位置作为分段位置，较为合理。

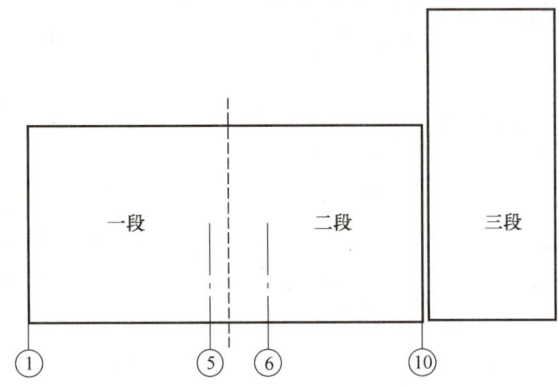

图 14-5　某办公楼结构施工分段示意

3）施工段个数应与主导施工过程数（或主要工种个数）相协调。要以主导施工过程为主形成工艺组合，在保证各主导施工过程（或主要工种）都有工作面的条件下，尽量减少施工段，以避免工作面狭窄或工期延长。

4）每段的大小要与劳动组织相协调，以保证工人有足够的工作面、机械能发挥其能力。

5）不同的施工阶段，其流水组织方法、主导施工过程数及机具配备均可能不同，可采用不同的分段。

（2）几种常见建筑物或道路的分段

1）多层砖混住宅

基础应少分段或不分段，以利于整体性。结构阶段应以 2～3 个单元为 1 段，每层分 2～3 段以上，面积小而不便于分段施工时，宜组织各栋号间流水。外装饰每层可按墙面分段。内装饰可将每个单元作为一个施工段，或每个楼层分为 2～3 个施工段。

2）现浇框架结构公共建筑

独立柱基础时常按模板配置量分段。结构阶段的施工工序较多，宜按施工工种的个数（如钢筋、模板、混凝土三大工种）确定施工段数，即每层宜分为三段以上，每段宜含有 10～15 根柱子以上的面积。

3）大模板施工高层住宅

该类建筑多为有地下室的筏板基础或箱形基础，往往有整体性和防水要求，因此地下部分最好不分段或少分段，当有后浇带时可按后浇带位置分段。主体结构阶段的最主要施工过程有四个：扎墙筋、安装大模板、支楼板模板、扎楼板钢筋，因此，每层不宜少于四个施工段，以便于流水。如图 14-6 所示。

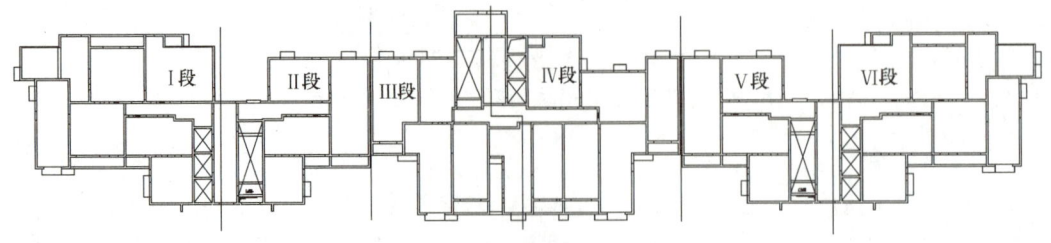

图 14-6　某高层住宅楼结构施工分段示意

4）路基路面

路面基层铺筑时，每段长度不得少于150m，以减少接槎，提高机械作业效率。当铺筑水泥稳定土基层时，每段长度取决于水泥的凝结时间、气候条件、施工机械及运输车辆的效率和数量、操作的熟练程度等，一般以200m为宜。

3. 确定施工起点流向

施工起点流向是指在平面空间及竖向空间上，施工开始的部位及其流动方向。它将确定各分部或分项工程在空间上的合理施工顺序。

对单层建筑物，要确定出各区、段或跨间在平面上的施工流向；对多高层建筑物，还应确定出各楼层间在竖向上的施工流向。特别是装饰装修工程阶段，不同的竖向流向可产生较大的质量、工期和成本差异。

确定施工起点流向时应考虑以下因素：

（1）建设单位的要求。建设单位对生产、使用要求在先的部位应先施工。

（2）车间的生产工艺过程。先试车投产的段、跨优先施工，按生产流程安排施工流向。

（3）施工的难易程度。技术复杂、进度慢、工期长的部位或层段应先施工。

（4）构造合理、施工方便。如基础施工应"先深后浅"，一般为由下向上（逆筑法除外）；屋面卷材防水层应由檐口铺向屋脊；使用模板相同的施工段连续进行以减少更换运输，有外运土的基坑开挖应从距大门的远端开始等。

（5）保证质量和工期。如室内装饰及室外装饰面层的施工一般宜自上至下进行（石材除外），有利于成品保护，但需结构完成后开始，使工期拉长；当工期极为紧张时，某些施工过程（如隔墙、抹灰等）也可自下至上，但应与结构施工保持足够的安全间隔；对高层建筑，也可采取沿竖向分区、在每区内自上至下的装饰施工流向，既可使装饰工程提早开始而缩短工期，又易于保证质量和安全。自上至下的流向还应根据建筑物的类型、垂直运输设备及脚手架的布置等，选择水平向下或垂直向下的流向，如图14-7所示。

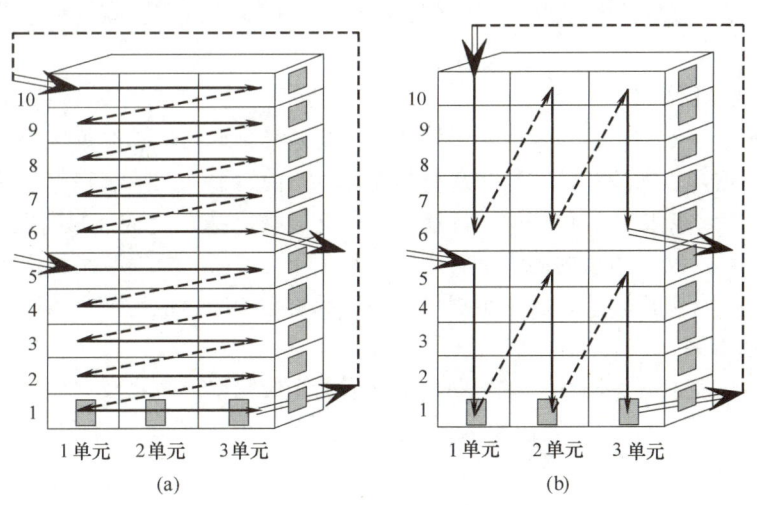

图 14-7　高层建筑装饰装修分区向下的流向

（a）水平向下；（b）垂直向下

4. 确定施工顺序

确定施工顺序就是在已定的施工展开程序和流向的基础上，按照施工的技术规律和合理的组织关系，确定出各分项工程之间在时间上的先后顺序和搭接关系，以期做到工艺合理、保证质量、安全施工、充分利用工作面、争取时间、缩短工期的目的。

（1）确定施工顺序的基本原则

1）符合施工工艺及构造要求

例如：支模板后方可浇筑混凝土；钢筋混凝土柱子需先扎筋后支模，而楼板则需先支模后扎筋；钢、木门窗框安装后，再做墙面、地面抹灰，以保证挤嵌牢固。

2）与施工方法及采用的机械协调

例如：采用预制楼板的砖混结构，在圈梁钢筋及模板安装后，一般施工方法为"浇筑圈梁混凝土"，而采用硬架支模施工方法则为"安装预制楼板"。地下防水"外贴法"与"内贴法"施工顺序不同。单厂结构吊装采用分件吊装法时，吊装的施工顺序为：全部承重柱→全部吊车梁、连系梁→全部屋盖系统；若采用综合吊装法，则为：第一个节间的全部构件→第二节间全部构件→……

3）考虑施工组织的要求

有些施工过程可能有多种可行的顺序安排，这时应考虑便于施工，有利于人员、机械安排，可缩短工期的组织方案来安排施工顺序。如：砖混住宅的地面下的灰土垫层，可安排在基础及房心回填后立即铺压，也可在装饰阶段的地面混凝土垫层施工前铺压。显然前者利于运输，便于人员和机械安排，而后者则可为水、暖管线施工提供较长的时间。又如：单厂柱基旁有深于柱基的大型设备基础时，先施工设备基础较厂房完工后再做设备基础更安全、节约，易于组织，但预制场地及吊装开行将受到设备基础的影响。都需组织者权衡利弊后做出决定。

4）保证施工质量

确定施工顺序应以有利于保证施工质量为前提。例如：在确定楼地面与顶棚、墙面抹灰的顺序时，先做水泥砂浆楼地面，可防止由于顶棚、墙面落地灰清理不净而造成的楼地面空鼓。又如白灰砂浆墙面与水泥砂浆墙裙或踢脚的连接处，先抹墙裙或踢脚就有利于其粘结牢固、防止空鼓剥落。

5）有利于成品保护

成品保护直接关系到产品质量，施工顺序是否合理又是成品保护的关键一环。特别是在装饰装修阶段更应重视。如：室外墙面抹灰材料需通过室内运输，则抹灰宜先室外后室内；室内楼地面抹灰先房间、后楼道、再楼梯，逐渐退出；上层楼面抹灰完成后做下层的顶棚和墙面，减少渗、滴水损坏。又如吊顶内的设备管线经检验试压合格后，再安装吊顶面板；铝合金及塑料门窗框须在墙面抹灰后安装，以减少损坏；油漆后再贴壁纸、地毯最后铺设，以避免污染。

6）考虑气候条件

例如：土方施工避开冬雨期；在雨期到来之前，先做完屋面防水及室外抹灰，再做室内装饰装修；在冬季到来前，先安装门窗及玻璃，以便在有保温或供暖条件下，进行室内施工操作。

7）符合安全施工的要求

例如：装饰装修施工与结构施工至少要隔一个楼层进行；脚手架、护身栏杆、安全网等应配合结构施工及时搭设；现浇楼盖模板的支撑拆除，不但要待混凝土达到拆模强度要求，还应保持连续支撑2~3个楼层以上，以分散和传递上部的施工超载。

14-3

（2）一般钢筋混凝土框架结构教学楼、办公楼的施工顺序这种建筑的施工，一般可分为五个分部工程，即基础工程、主体结构工程、屋面工程、内外装饰工程、水电暖卫等管线与设备安装工程。施工顺序及安排要求如下：

1）基础工程

一般施工顺序为：定位放线→挖土（柱基坑、槽或大开挖）→钎探、验槽→（地基处理）→浇混凝土垫层→扎基础及柱子插筋→支基础及基础梁模板→扎基础梁钢筋→浇基础及基础梁混凝土→养护、拆模板→砌墙基→（暖气沟施工）→肥槽及房心填土。

2）主体结构工程

现浇钢筋混凝土框架的主要构件为柱子、梁和楼板。其每层或每段的施工顺序一般为：

抄平、放线→扎柱筋→支柱模→浇柱混凝土→养护、拆柱模→支梁底模→扎梁筋→支梁侧模、板模→扎板底层筋→设备管线预埋敷设→扎板上层筋→隐检验收→浇梁、板混凝土→养护→拆梁、板模。

在结构施工之前，即应安装塔式起重机，保证首层柱子混凝土的浇筑进行。脚手架应随结构施工及时搭设，在梁板支模前，必须完成该楼层的脚手架搭设。楼梯应与梁板同时施工。梁板混凝土达到上人施工的强度（1.2MPa以上）以后方可进行上一层的施工作业，当养护到拆模强度且与结构施工层间隔2～3个楼层后，方可拆除梁、板的底模及其支撑。

3）装饰装修工程

装饰装修工程（含二次结构）应待该部位主体结构完成并经验收合格后进行。其主要工作包括砌筑围护墙及隔墙、墙面抹灰、楼地面砖铺贴、安装门窗、吊顶安装、油漆涂料等分项工程。其中砌墙、室内外抹灰是主导施工过程。安排装饰工程的施工顺序，关键在于确定其施工的空间顺序，以保证施工质量和安全、保护成品、缩短工期为主要目的，组织好立体交叉和平行流水作业。

室内与室外装饰装修施工的相互干扰较小，一般说来，先室外后室内有利于脚手架的及时拆除、周转，并避免脚手架连结构杆对室内装修的影响，也有利于室内成品的保护（室外抹灰等材料一般均由室内运输）。但室外装饰要注意气候条件，尽量避开不利季节。

室外装饰可自上而下先施工里层，再自上而下进行面层施工。面层施工应随脚手架逐步拆除进行，最后完成勒脚、台阶、散水。

室内抹灰工程在同一层内的顺序一般为：楼地面→墙面。由于楼地面使用的砂浆强度高，先楼地面可防止由于顶板及墙面抹灰落地砂浆清理不净而造成的空鼓。但楼地面做完后需养护7d以上，使墙面及其他后续工序推迟，工期拉长；也不利于楼地面的保护。当工期较紧时，也可按墙面→楼地面的顺序施工，但做楼地面前须注意做好基层的清理。楼梯间和踏步易在施工期间受到破坏，故常在其他部位抹灰完成后，自上而下统一进行，并封闭养护。

若室内墙面抹灰后做涂料，而楼地面为铺地砖时，则应先做墙面抹灰，后进行地砖铺贴，满足养护要求后，再进行腻子涂料施工。

某办公楼装饰施工顺序为：砌围护墙及隔墙→安钢门框、窗衬框→外墙抹灰→养护、干燥→拆脚手架及外墙涂料施工→室内墙面抹灰→安室内门框或包木门口→铺贴楼地面砖→养护→吊顶安装→安装塑料窗→木装饰→顶、墙腻子、涂料→安门扇→木制品油漆→检查整修。

4）屋面工程

屋面工程在主体结构完成后应及早进行，以避免屋面板的温度变形而影响结构，也为顺利进行室内装饰装修创造条件。

屋面工程可以和粗装修工程（砌墙及内外抹灰）平行施工。一般屋面按构造自下向上分层次进行，正置式屋面的常用施工顺序为：铺设找坡层→铺保温层→铺抹找平层→养护、干燥→铺防水层→检查验收→做保护层。

屋面工程开始前，需先做好水箱间、天窗、烟道、排气孔等设施；找平层充分干燥后方可进行防水层施工。

5）水电暖卫信等与土建的关系

水电暖卫信等工程需与土建工程交叉施工，且应紧密配合。以保证质量、便于施工操作、有利于成品保护作为确定配合关系的原则。一般配合关系如下：

① 在基础工程施工时，应将上下水管沟和暖气管沟的垫层、墙体做好后再回填土。

② 在主体结构施工时，应在砌墙和现浇钢筋混凝土楼板施工的同时，预留上下水、暖气立管的孔洞及配电箱等设备的孔洞，预埋电信线管、接线盒及其他预埋件。

③ 在装饰装修施工前，应完成各种管道、设备箱体的安装及电信线管内的穿线。各种设备的安装应与装饰装修工程穿插配合进行。

④ 室外上下水及暖气等管道工程，可安排在基础工程之前或主体结构完工之后进行。

（3）现浇剪力墙结构高层住宅的施工顺序

该类建筑的施工，一般也可分为基础工程、主体结构工程、屋面工程、内外装饰工程、水电暖卫气等管线与设备安装等五个分部工程。其基础、主体结构、内外装饰工程的施工顺序及安排如下，其他分部工程与上述框架结构办公楼基本相同，不再赘述。

1）基础工程

某工程有两层地下室、地下水位较高，其地下部分施工顺序安排如下：

测量放线→降低水位→挖土及做土钉墙支护→人工清底→打钎拍底、验槽→浇垫层→砌筑基础防水保护墙并抹找平层→底板防水及保护层→绑基础底板及部分墙体筋→浇底板混凝土→养护→绑墙柱钢筋→支墙柱模→浇墙柱混凝土→养护、拆模→支梁板模→绑梁板筋→浇梁板混凝土→进入上一层墙柱及梁板施工→地下室外墙防水→防水保护及土方回填→拆除降水井点。

土钉墙与土方开挖配合进行，每开挖一个土钉层距深的土层做一步土钉墙。卷材防水采用外贴法施工。楼梯与梁板同时施工，脚手架搭设应在梁板支模前完成。防水保护及土方回填应配合进行。拆除降水井点时，地上结构应施工至一定高度，防止地下水上升所产生的浮力对建筑物造成影响。

2）结构工程

墙体采用大模板施工时，结构标准层或段的施工顺序一般如下：

搭设或提升外脚手架→测量放线→绑扎墙体钢筋→管线预埋及洞口预留→支门窗洞口模→隐检验收→安装大模板→浇墙体混凝土→养护、拆墙模→支楼板模板→绑楼板钢筋及管线预埋→验收→浇筑楼板混凝土→养护→拆楼板模板。

3）内装修

某工程内装修的施工顺序安排如下：

测量放线→砌筑隔墙→室内抹灰→卫生间防水→贴厨、卫墙砖→铺贴厨、卫、阳台地砖→卧室、起居室顶、墙腻子涂料→厨、卫吊顶→厨、卫设备安装→包门窗口及安门扇→铺卧室及起居室木地板→安窗帘及活动家具、电器。

由于结构采用刚度、平整度较高的大块模板施工，混凝土构件表面不做抹灰层，仅在砌筑的隔墙及楼、电梯间的地面抹灰。水、电等管线配合装饰装修施工，及时预留、预埋和安装。

4）外装修

外墙基层质量缺陷处理→做外墙外保温→砂浆保护找平层→养护干燥→外墙喷涂→拆脚手架及施工电梯→安外门窗→防滑坡道、台阶、散水。

（4）一般高速公路工程的施工顺序

1）箱涵工程

测量放线→土方开挖→垫层→底板钢筋→支设底板模板→浇底板混凝土→支设内模→墙、顶钢筋绑扎→支设外模→浇筑混凝土→回填土→锥坡及洞口铺砌。

2）钢筋混凝土中桥工程

测量放线→钻孔灌注桩基础→墩柱→桥台、盖梁→支座安装→预制空心板吊装→湿接头绑筋→混凝土浇筑→桥面混凝土铺装层施工→护栏。

3）路基路面工程

测量放线→基底处理→路堑开挖及路基填筑→通信管道施工→石灰土底基层摊铺辗压→混合料基层摊铺辗压→养护 7d→透层、封层处理→铺压底面层→铺压上面层→边坡防护及排水设施。

以上阐述了部分常见工程的施工顺序，但土木工程施工是一个复杂的过程，由于结构和构造、使用材料、现场条件、施工环境、施工方案等的不同，对施工过程划分及施工方法的确定均会产生较大的影响，从而有不同的施工顺序安排。此外，随着建筑工业化的发展及新材料、新技术的出现，其施工内容及施工顺序也将随之变化。

二、主要施工方案

是对主要分部、分项工程制定施工方案，选择确定其施工方法和施工机械等。施工方案合理与否直接关系到工程的安全、质量、成本和工期。选定时，应结合工程的具体情况和施工工艺、工法等按照施工顺序进行描述，要遵循先进性、可行性和经济性兼顾的原则进行。对脚手架工程、起重吊装工程、临时用水用电工程、季节性施工等专项工程所采用的施工方案应进行必要的验算和说明。

1. 选择施工方法的基本要求

（1）要以主要的分部（分项）工程为主

选择施工方法和所采用的机械时，应着重考虑主要的分部（分项）工程。对于按照常规做法和较熟悉的一般分项工程则不必详细拟定，只要提出应该注意的一些特殊问题即可。主要的分部（分项）工程一般是指：

1）工程量大、施工工期长，在单位工程中占据重要地位的分部（分项）工程。如钢筋混凝土结构的模板、钢筋、混凝土工程。

2）施工技术复杂的或采用新技术、新工艺、新结构及对工程质量起关键作用的分部（分项）工程。如现浇预应力结构构件、地下室防水等。

3）不熟悉的特殊结构工程或由专业施工单位施工的特殊专业工程。如深基坑的支护与降水、网架结构安装、钢结构的整体提升等。

4）对工程安全影响较大的分部（分项）工程。如垂直运输、高大模板、脚手架工程等。

对重要的分部（分项）工程，施工方法拟定应详细而具体，必要时应按有关规定编制单独的分部（分项）专项方案或作业设计。

（2）要符合施工组织总设计的要求

若施工项目属于建设项目中的一项，则应遵循施工组织总设计对该工程的部署和规定。

（3）要满足施工工艺及技术要求

选择和确定的施工方法与机械必须满足施工工艺及其技术要求。如结构构件的安装方法、预应力结构的张拉方法及机具均应能够实施，并能满足质量、安全等诸方面要求。

（4）要提高工厂化、机械化程度

单位工程施工，应尽可能提高工厂化、机械化的施工程度，以利于建筑工业化的发展，同时也是降低造价、缩短工期、节省劳动力、提高工效及保护环境的有效手段。如钢筋混凝土构件、钢结构构件、门窗及幕墙、预制磨石、钢筋加工、砂浆及混凝土拌制等尽量采用专业工厂加工制作，减少现场加工。各主要施工过程尽量采用机械化施工，并充分发挥各种机械设备的效率。

（5）要符合可行、合理、经济、先进的要求

选择和确定施工方法与施工机械，首先要具有可行性，即能够满足本工程施工的需要并有实施的可能性；其次要考虑其经济合理性和技术先进性。必要时应做技术经济分析。

（6）要符合质量、安全和工期要求

采用的施工方法及所用机械的性能对工程质量、安全及施工速度起着至关重要的作用。如土方开挖的方法、基坑支护的形式、降低水位的方法和设备、垂直运输方法和机械、地下防水层的施工方法、脚手架的形式与构造、模板的种类与构造、钢筋的连接方法、混凝土的拌制运输与浇筑等，应重点考虑。

2. 选择施工方法的对象

一般情况下，对房屋建筑施工方法的选择应主要围绕以下项目和对象：

（1）测量放线

1）选择确定测量仪器的种类、型号与数量；

2）确定测量控制网的建立方法与要求；

3）平面定位、标高控制、轴线引测、沉降观测的方法与精度要求；

4）测量管理（如交验手续、复合、归档制度等）方法与要求。

（2）土石方与地基处理工程

1）确定土方开挖的方式、方法，机械型号及数量，开挖流向、层厚等；

2）放坡要求或基坑支护方法、排降水方法及所需设备；

3）确定石方的爆破方法及所需机具、材料；

4）制定土石方的调配、存放及处理方法；

5）确定土石方填筑的方法及所需机具、质量要求；

6）地基处理方法及相应的材料、机具设备等。

（3）基础工程

1）基础的垫层、基础砌筑或混凝土基础的施工方法与技术要求；

2）大体积混凝土基础的浇筑方案、设备选择及防裂措施；

3）桩基础的施工方法及施工机械选择；

4）地下防水的施工方法与技术要求等。

（4）混凝土结构工程

1）钢筋加工、连接、运输及安装的方法与要求；

2）模板种类、数量及构造，安装、拆除方法及要求，隔离剂的选用；

3）混凝土拌制和运输方法、施工缝设置、浇筑顺序和方法、分层高度、工作班次、振捣方法和养护制度等。

应特别注意大体积混凝土、防水混凝土等的施工，注意模板的工具化和钢筋、混凝土施工的机械化。

（5）结构安装工程

1）根据选用的机械设备确定吊装方法，安排吊装顺序、机械布置及开行路线；

2）构件的制作及拼装、运输、装卸、堆放方法及场地要求；

3）确定机具、设备型号及数量，提出对道路的要求；

4）确定构件绑扎、起吊就位、临时固定、校正、最后固定及节点处理的方法与要求等。

（6）现场垂直、水平运输

1）计算垂直运输量（有标准层的要确定标准层的运输量）；

2）确定不同施工阶段垂直运输及水平运输方式、设备的型号及数量、配套使用的专用工具设备（如砖车、砖笼、吊斗、混凝土布料杆、卸料平台等）；

3）确定地面和楼层上水平运输的行驶路线，合理地布置垂直运输设施的位置；

4）综合安排各种垂直运输设施的任务和服务范围。

（7）脚手架及安全防护

1）确定各阶段脚手架的类型，搭设方式，构造要求及搭设、使用要求；

2）确定安全网及防护棚等设置。

（8）屋面及装饰装修工程

1）屋面材料的运输方式，屋面各分项工程的施工操作及质量要求；

2）装饰装修材料的运输及储存方式；

3）装饰装修工艺流程和劳动组织、流水方法；

4）主要装饰装修分项工程的操作方法及质量要求等。

（9）特殊项目

对于采用新结构、新材料、新技术、新工艺及高耸或大跨结构、重型构件以及水下施工、深基础和软弱地基等项目，应按专项单独选择施工方案。包括阐明工艺流程，需要的平面、剖面示意图，施工方法、劳动组织，技术要求，质量、安全注意事项，施工进度，材料、构件和机械设备需要量等。

对深基坑支护、降水，以及爆破、高大或重要模板及支架、脚手架、大体积混凝土、起重吊装等危险性较大的项目，应进行相应的设计计算，以保证方案的安全性和可靠性。

3. 选择施工机械应注意的问题

施工机械化是现代化大生产的显著标志。施工机械对施工工艺、施工方法有直接的影响，对加快速度、提高质量、保证安全、节约成本等起着至关重要的作用。施工机械选择的内容主要包括机械的类型、型号和数量。选择时应遵循可行、经济、合理的原则，主要考虑下述问题：

（1）适用性

施工机械选择时，应首先选择适宜主导工程的施工机械，各种机械的性能应满足使用要求。如垂直运输，当建筑物高度不大而长度较大时，宜选择轨道式塔式起重机；当建筑物高度较大而长度、宽度不太大时，宜选择固定附着式；当建筑物高度及平面尺寸均较大时，则宜选择爬升式。再如，对桥梁安装工程，当工程量较大而集中时，可采用生产率较高的架桥机；但当工程量小或分散时，则采用吊车较为经济。在选择起重机型号时，应使起重机性能满足起重量、起重高度、起重半径和起重臂长等的要求，并对起重力矩进行验算。

（2）协调性

施工机械应相互配套，生产能力应协调，以充分发挥机械的效率。如挖土机确定后，运土汽车的数量应保证挖土机能够连续工作，以充分发挥其生产效率。又如，对于高层建筑或结构复杂的建（构）筑物，其主体结构施工的垂直运输需要多种机械的组合。当混凝土量不大时，采用塔式起重机和施工电梯组合方案；当混凝土量较大时，则宜采用塔式起重机、施工电梯和混凝土泵的组合方案等。

（3）通用性

在同一工地上，施工机械的种类和型号应尽可能少，并适当利用多功能机械，以利于维修和管理，减少转移。对于工程量大的工程应采用专用机械；对于工程量小而分散的工程，则应尽量采用多用途的施工机械，如挖土机既可用于挖土也可用于装卸、拆除等。

（4）经济性

应尽量选用施工单位现有机械，以减少资金的投入。若施工单位现有机械不能满足工程需要时，则通过技术经济分析，决定租赁或购买。

4. 施工方案的技术经济评价

任何一个分部分项工程，都有若干个可行的施工方案，如何找出工期短、质量高、安全可靠、成本低廉、劳动安排合理的较优方案，就需要通过技术经济评价来完成。

施工方案的技术经济评价涉及的因素多而复杂，一般只对一些主要分部（分项）工程的施工方案进行技术经济比较，有时也需对一些重大工程项目的总体施工方案进行全面技术经济评价。施工方案的技术经济评价，有定性评价和定量评价两种方法。

（1）定性分析评价

它是结合施工经验，选择定性指标对各个方案进行分析比较而选出较优方案。如以下指标：

施工操作难易程度和可靠性、安全性；技术上的可行性；质量的可靠性；工期是否适当；机械获得的可能性；成本是否合算；流水施工组织是否适当；能否为后续施工过程创造条件等。

（2）定量分析评价

它是通过计算各方案的几个主要技术经济指标，进行综合分析比较。评价的方法有：

1）多指标分析法。它是用工期指标、劳动量指标、质量指标、成本指标等一系列单个的技术经济指标，对各个方案进行分析对比，从中优选的方法。

2）综合指标分析法。它是以多指标分析方法为基础，将各指标按重要性程度定出数值，再对各方案定出相应每个指标的分值，然后计算得到综合指标值，以最大者为优。

第三节　施工进度、资源与准备计划

在单位工程施工组织设计中，需要编制的施工计划主要包括施工进度计划、资源配置计划和施工准备计划等。

一、施工进度计划

单位工程施工进度计划是以施工部署、方案为基础，根据规定的工期和资源供应条件，遵循各施工过程合理的工艺顺序，统筹安排各项施工活动而编制，以指导现场施工的安排，确保施工进度和工期。同时，它也是编制资源配置计划的依据。

根据工程规模大小、结构的复杂程度、工期长短及工程的实际需要，单位工程施工进度计划可分为控制性计划、指导性计划和实施性计划。控制性进度计划是以分部工程作为施工项目划分对象，用以控制各分部工程的施工时间及它们之间互相配合、搭接关系的一种进度计划，常用于工程结构较为复杂、规模较大、工期较长或资源供应不落实、工程设计可能变化的工程。指导性进度计划是以分项工程作为施工项目划分对象，具体确定各主要施工过程的施工时间及相互间搭接、配合的关系。对于任务具体而明确、施工条件基本落实、各种资源供应基本满足、施工工期不太长的工程均应编制指导性进度计划；对编制控制性进度计划的单位工程，当各分部工程或施工条件基本落实后，也应在施工前编制出指导性进度计划，不能以"控制"代替"指导"。在工程实施过程中，还应根据指导性进度计划编制实施性进度计划，即未来旬或周的滚动式计划，以具体指导工程施工。

单位工程施工进度计划通常用横道图或网络图形式表达。横道计划能较为形象直观地表达各施工过程的工程量、劳动量、使用工种、人（机）数、起始时间、持续时间及各施工过程间的搭接、配合关系。而网络计划能表示出各施工过程之间相互制约、相互依赖的逻辑关系，能找出关键工序和关键线路，能优化进度计划，更便于用计算机管理，体现了管理的现代化和先进性。

单位工程施工进度计划编制应依据以下资料：施工总进度计划、施工部署与方案、实物工程量及预算文件、施工定额、资源供应状况、开竣工日期及工期要求、气象资料及有关规范等。编制进度计划的步骤与要求如下：

（一）划分施工过程

划分施工过程也称为列项。施工过程是进度计划的基本组成单元。划分时应注意以下要求：

（1）划分的粗细程度取决于进度计划的类型及需要。对于控制性的施工进度计划，一般以一个分部工程作为一个项目，如基础工程、主体结构工程、屋面工程、装饰工程等。对于指导性的施工进度计划划分应细些，要将每个分部工程包括的各主要分项工程均一一列出，如基础工程中的挖土、验槽、地基处理、垫层施工……

（2）适当合并、简明清晰。施工过程划分过细、过多，会使进度图表庞杂、重点不突出。故在绘制图表前，应对所列项目分析整理、适当合并。如对工程量较小的同一构件的几个项目应合为一项（如地圈梁的扎筋、支模、浇筑混凝土、拆模可合并为"地圈梁施工"一项）；对同一工种同时或连续施工的几个项目可合并为一项（如砌内墙、砌外墙可合并为"砌内外墙"）；对工程量很小的项目可合并到邻近项目中（如木踢脚安装可合并到木地板安装中）。

（3）列项要结合施工部署和施工方法。即要与所确定的施工顺序及施工方法一致，不得违背。项目排列的顺序也应符合施工的先后顺序，并编排序号、列出表格。

（4）不占工期的间接施工过程不列项。如委托加工厂进行的构件预制及其运输过程等。

（5）列项要考虑施工组织的形式。对专业施工单位所承担的部分项目有时可合为一项。如住宅工程中的水暖电卫等设备安装，在土建施工进度计划中可列为一项。

（6）工程量及劳动量很小的项目可合并列为"其他工程"一项。如零星砌筑、零星混凝土、零星抹灰、局部油漆、测量放线、局部验收、少量清理等等。"其他工程"的劳动量可作适当估算，现场施工时，灵活掌握，适当安排。

（二）计算工程量

列项后，应计算出每项的工程量。计算应依据施工图纸及有关资料、工程量计算规则及已定的施工方法进行，计算时应注意以下几个问题：

（1）工程量的计量单位要与所用定额一致。

（2）要按照方案中确定的施工方法计算。如挖土是否放坡、坡度大小，是否留工作面，是挖单坑、还是挖槽或大开挖，不同方案其工程量相差甚大。

（3）分层分段流水者，若各层段工程量相等或出入很小时，可只计算出一层或一段的工程量，再乘以其层段数而得出该项目的总的工程量。

（4）利用预算文件时，要适当摘抄和汇总，对计量单位、计算规则和包含内容与施工定额不符的项目，应加以调整、更改、补充或重新计算。

（5）合并项目中各项应分别计算，以便套用定额，待计算出劳动量后再予以合并。

（6）"水暖电卫燃设备安装"等可不计算，或由其专业承包单位计算并安排详细计划。

（三）计算劳动量及机械台班量

计算出各施工过程的工程量并查找、确定出该项目定额后，可按式（14-1）计算出其劳动量或机械台班量。

$$P_i = Q_i / S_i = Q_i \cdot H_i \qquad (14-1)$$

式中　P_i——某施工过程所需的劳动量（工日）或机械台班量（台班）；

　　　Q_i——该施工过程的工程量（实物量单位）；

　　　S_i——该施工过程的产量定额（单位工日或台班完成的实物量）；

　　　H_i——该施工过程的时间定额（单位实物量所需工日或台班数）。

采用定额时应注意以下问题：

（1）应参照国家或本地区的劳动定额及机械台班定额，并结合本单位的实际情况（如工人技术等级构成、技术装备水平、施工现场条件等），研究确定应采用的定额水平。

（2）合并施工过程有如下两种处理方法：

1）将合并项中的各项分别计算劳动量（或台班量）后汇总，将总量列入进度表中；

2）合并项中的各项为同一工种施工（或同一性质的项目）时，可采用各项的平均定额作为合并项的定额。平均时间定额的计算方法见式（14-2）。

$$\overline{H} = \frac{\sum\limits_{i=1}^{n} P_i}{\sum\limits_{i=1}^{n} Q_i} = \frac{Q_1 H_1 + Q_2 H_2 + \cdots\cdots + Q_n H_n}{Q_1 + Q_2 + \cdots\cdots + Q_n} \qquad (14-2)$$

（四）确定施工过程的持续时间

施工过程的持续时间最好是按正常情况确定，以降低工程费用。待初始计划编制后，再结合实际情况进行调整，可有效地避免盲目抢工而造成浪费。具体确定方法有以下两种：

（1）根据可供使用的人员或机械数量和正常施工的班制安排，计算出施工过程的持续时间，见式（14-3）。

$$T_i = \frac{P_i}{R_i \cdot b_i} \tag{14-3}$$

式中　T_i——某施工过程的持续时间（d）；

　　　P_i——该施工过程的劳动量（工日）或机械台班量（台班）；

　　　R_i——为该施工过程每天提供或安排的班组人数（人）或机械台数（台）；

　　　b_i——该施工过程每天采用的工作班制数（1～3班工作制）。

在安排某一施工项目的施工人数或机械台数时，除了要考虑可能提供或配备情况外，还应考虑工作面大小、最小劳动组合要求、施工现场及后勤保障条件及机械的效率、维修和保养停歇时间等因素，以使其数量安排切实可行。

在确定工作班制时，一般当工期允许、劳动力和施工机械周转使用不紧迫、施工项目的施工方法和技术无连续施工要求的条件下，通常采用一班制。当某些项目有连续施工的技术要求（如基础底板浇筑、滑模施工等），或组织流水的要求以及经初排进度未能满足工期要求时，可适当组织二班制或三班制工作，但不宜过多，以便使进度计划留有充分的余地，并缓解现场供应紧张和避免费用增加。

（2）根据工期要求或流水节拍要求，确定出某个施工项目的施工持续时间，再按照采用的班制配备施工人数或机械台数。见式（14-4）。

$$R_i = \frac{P_i}{T_i \cdot b_i} \tag{14-4}$$

式中符号意义同前。所配备的人数或机械数应符合现有情况或供应情况，并符合现场条件、工作面条件、最小劳动组合及机械效率等诸方面要求，否则应进行调整或采取必要措施。

（3）对于无定额可查或受施工条件影响较大者，可采用"三时估算法"。参见第十二章中确定流水节拍的相关内容。

不管采用上述哪种方法确定持续时间，当施工项目是采用施工班组与机械配合施工时，都必须验算机械与人员的配合能力，否则其持续时间将无法实现或造成较大浪费。

（五）绘制施工进度计划图表

在做完以上各项工作后，即可绘制施工进度计划表（横道图）或网络图。

1. 横道图计划

指导性进度计划横道图表的表头形式见表 14-1，绘制的步骤、方法与要求如下：

施工进度计划表　　　　　　　　　　表 14-1

序号	工程名称		工程量		时间定额	劳动量		机械量		工作班制	每班人（机）数	持续时间	施工进度															
	分部	分项	数量	单位		工种	工日数	型号	台班数				××××年×月														×月	
													2	4	6	8	10	12	14	16	18	20	22	24	26	28	……	
1																												
2																												
3																												
……																												

（1）填写施工过程名称及计算数据

填写时应按照分部分项工程施工的先后顺序依次填写。垂直运输机械的安装、脚手架搭设及拆除等项目也应按照日期或与其他项目的配合关系顺序填写。填写后应检查有无遗漏、错误或顺序不当等。

(2) 初排施工进度

根据施工方案及其确定的施工顺序和流水方法以及计算出的工作持续时间，依次画出各施工过程的进度线（经检查调整后，以粗实线段表示）。初排时应注意以下要求：

1) 按分部分项工程的施工顺序依次进行，一般总体上采用搭接施工或分别流水法，力争在某些分部工程或某一分部工程的几个分项工程中组织节奏流水。

2) 分层分段施工的施工过程应分层分段地画进度线，并标注其层段名称，以明确其施工的流向。

3) 据工艺上、技术上及组织安排上的关系，确定各施工过程间是连接施工、搭接施工、还是间隔施工，如图 14-8a 所示。在有必要时，可将其逻辑关系一并表达（图 14-8b）。对简单的进度计划，也可附带时差（图 14-8c）。

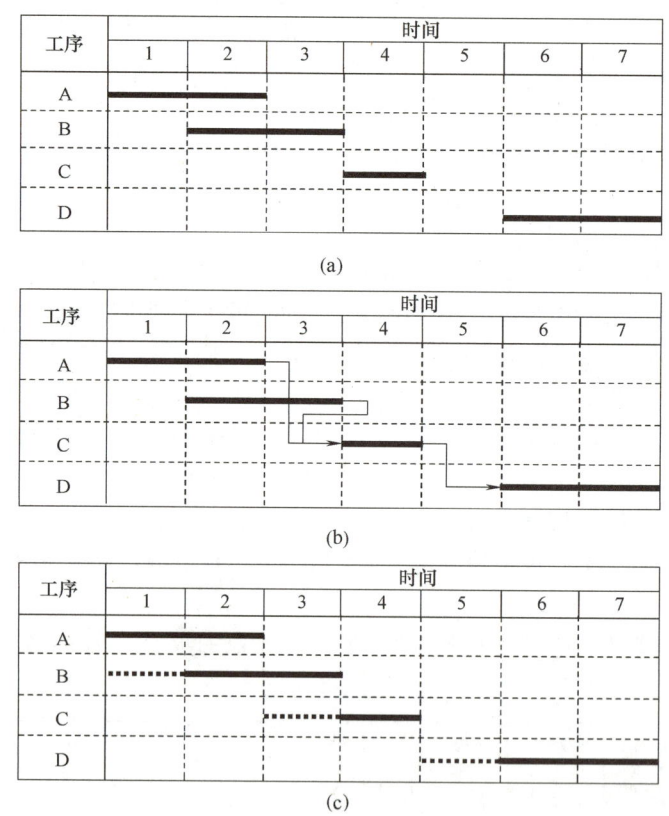

图 14-8 横道图的表达

(a) 一般表达方法；(b) 附带逻辑关系的表达方法；(c) 附带时差的表达方法

4) 尽量使主要工种连续作业，避免出现同一组劳动力（或同一台机械）在不同施工过程中同时使用的冲突现象，最好能通过带箭头的虚线明确主要专业班组人员的流动情况。

5) 注意某些施工过程所要求的技术间歇时间。如混凝土浇筑与拆模间的养护时间；屋面水泥砂浆找平层需经养护和干燥方可铺涂防水层等。

6) 尽量使每日的劳动力用量均衡。

（3）检查与调整

初排进度后难免出现较多的矛盾和错误，必须认真地检查、调整和修改。

1）注意检查以下内容：

A. 总工期。工期不得超出规定，但也不宜过短，否则将造成浪费且影响质量和安全。

B. 从全局出发，检查各施工过程在技术上、工艺上、组织上是否合理。

C. 检查各施工过程的持续时间及起止时间是否合理，特别应注意那些对工期起控制作用的施工过程。如果工期不符合要求，则需首先修改这些主导过程的持续时间或起止时间，即通过调整其施工人数（或机械台数）、班制或改变与其他施工过程的搭接配合关系，而达到调整工期之目的。

D. 有立体交叉或平行搭接施工的过程，在工艺上、质量上、安全上有无问题。

E. 技术上与组织上的间歇时间是否合理，有无遗漏。

F. 有无劳动力、材料、机械使用过分集中，或出现冲突的现象。施工机械是否能得到充分利用。

G. 冬雨期施工过程的质量、安全有无保证，其持续时间是否合理。

2）对不合要求的部分进行调整和修改

调整主要是针对工期和劳动力、材料等的均衡性及机械利用程度。调整的方法一般有：增加或缩短某些分项工程的施工持续时间；在施工顺序允许的情况下，将某些分项工程的施工时间向前或向后移动；必要时，还可以改变施工方法和施工组织。调整或修改时需注意以下问题：

A. 调整或修改某一项可能影响若干项，因此必须从全局性要求和安排出发进行调整。

B. 修改或调整后的进度计划，其工期要合理，施工顺序要符合工艺、技术要求。

C. 进度计划应积极可靠，并留有充分余地，以便在执行中能据情况变化进行调整。

通过调整的进度计划，其劳动力、材料等需要量应较为均衡，主要施工机械的利用应较为合理。劳动力消耗情况可用劳动力动态曲线图表示，其消耗的均衡性可用劳动力不均衡系数（高峰人数与平均人数的比值）判别。正常情况下，该系数不应大于 2，最好控制在 1.5以内。

2. 网络计划

为了提高进度计划的科学性，便于用计算机进行优化和管理，应使用网络计划形式。编制要求如下：

（1）根据列项及各项之间的关系，先绘制无时标的网络计划图，经调整修改后，最好绘制时标网络计划，以便于使用和检查。

（2）对较复杂的工程可先安排各分部工程的计划，然后再组合成单位工程的进度计划。

（3）安排分部工程进度计划时应先确定其主导施工过程，并以它为主导，尽量组织节奏流水。

（4）施工进度计划图编制后要找出关键线路，计算出工期，并判别其是否满足工期目标要求，如不满足，应进行调整（工期优化）。然后绘制资源（如劳动力）动态曲线，进行资源均衡程度的判别，如不满足要求，再进行资源优化，主要是"工期规定、资源均衡"的优化。

（5）优化完成后再绘制出正式的单位工程施工进度网络计划图。如图 13-57 所示。

值得注意的是，在编制施工进度计划图表时，最好使用计划管理应用程序软件，利用计算机进行编制。不但可大大加快编制速度、提高计划图表的表现效果，还能使计划的优化易于实现，更有利于在计划的执行过程中进行控制与调整，以实现计划的动态管理。

二、资源配置计划

资源配置计划是根据施工进度计划编制的，包括劳动力及材料、构配件、加工品、施工机具等物资的配置计划。它是组织物资供应与运输、调配劳动力和机械的依据，是组织有秩序、按计划顺利施工的保证，同时也是进行施工准备和确定现场临时设施的依据。

（一）劳动力配置计划

劳动力配置计划主要用于调配劳动力和安排生活福利设施。其编制方法，是将单位工程施工进度计划所列各施工过程，按每天（或每旬、每月）所需的人数分工种进行汇总，即可得出相应时间段所需各工种人数。表格形式见表 14-2。

单位工程劳动力配置计划   表 14-2

序号	工种名称	总需要量（工日）	需要工人人数及时间												······
			×月			×月			×月			×月			······
			上旬	中旬	下旬	上旬	中旬	下旬	上旬	中旬	下旬	上旬	中旬	下旬	······

（二）物资配置计划

1. 主要材料配置计划

材料配置计划，主要用以组织备料、确定仓库或堆场面积和组织运输。其编制方法是将进度表或施工预算中所计算出的各施工过程的工程量，按材料名称、规格、使用时间及其消耗定额和储备定额进行计算汇总，得出每天（或旬、月）材料需要量。其表格形式见表 14-3。

主要材料配置计划   表 14-3

序　号	材料名称	规格	需要量		供应时间	备注
			单位	数量		

2. 构、配件和半成品配置计划

构配件和加工半成品配置计划主要用于落实加工订货单位，组织加工、运输和确定堆场或仓库。应根据施工图纸及进度计划、储备要求及现场条件编制。其表格形式见表 14-4。

构、配件和半成品配置计划   表 14-4

序号	品名	规格	图号、型号	需要量		使用部位	加工单位	供应日期	备注
				单位	数量				

3. 施工机具、设备配置计划

施工机具、设备包括施工机械、主要工具、特殊和专用设备等。其配置计划主要用以确定机具、设备的供应日期，安排进场、工作和退场日期。可根据施工方案和进度计划进行编制。其表格形式见表 14-5。

			施工机具、设备配置计划					表 14-5
序号	机具、设备名称	类型、型号或规格	需要量		货源	进场日期	使用起止时间	备注
			单位	数量				

三、施工准备计划

施工准备是根据施工部署与施工方案、施工进度计划和资源配置计划编制的，是施工前进行各项准备工作和进行现场平面布置依据。主要包括技术准备和现场准备。

1. 技术准备

技术准备是指为完成单位工程施工任务，在技术方面所需进行的准备工作。主要有：

（1）技术资料的准备。如图纸等设计文件、施工规范及标准、检验用表格等。

（2）施工计量、测量器具配置计划。

（3）技术工作计划。如：分部分项工程施工方案编制计划、试验检验工作计划、样板项和样板间制作、技术培训计划等。

（4）新技术项目推广计划。即新技术、新工艺、新材料、新设备等"四新"项目在本工程中推广应用计划。

（5）测量方案。如高程引测、建筑物定位、变形观测等。

2. 现场准备

现场准备是指结合实际需要和现场条件，阐明开工前的现场安排及现场使用。主要有：

（1）施工水、电、热源的引入与设置。包括用量计算、管线设计和设施配置，确定线路及引入方法等。

其中，临时供水设计包括水源选择，取水设施、贮水设施、用水量计算（据生产用水、机械用水、生活用水、消防用水），配水布置，管径的计算等。

临时供电设计包括用电量计算、电源选择，电力系统选择和配置。用电量主要由施工用电（电动机、电焊机、电热器等）和照明用电构成。如果是扩建的单位工程，可计算出总用电数，由建设单位解决，不另设变压器；若为独立的单位工程，应根据计算出的用电量选择变压器、配置导线和配电箱等设施。

具体设计计算参见第十五章相关内容。

（2）生产、办公、生活临时设施的搭建。确定需要的数量，结构形式，搭建的时间、方法与要求等。

（3）材料、垃圾堆放场地的设置。

（4）临时道路、围墙修建及场地硬化的形式、做法与要求。

（5）设置雨污水管沟、沉淀池及排水设施等。

3. 资金准备应根据施工进度计划编制资金使用计划

4. 列出施工准备工作计划表

表格形式见表 14-6。

		施工准备工作计划表				表 14-6
序号	准备工作名称	准备工作内容	主办部门	协办部门	完成日期	负责人
1						
2						
……						

第四节 施工现场平面布置

单位工程施工平面布置是在施工用地范围内,对各项生产、生活设施及其他辅助设施等进行规划和设计,并绘制出平面布置图。它是施工组织设计的主要组成部分,是布置施工现场、进行施工准备工作的重要依据,也是实现文明施工、节约土地、降低施工费用的先决条件。其绘制比例一般为 1:(200~500)。

一、设计的内容

单位工程施工平面图应包含的内容有:

(1) 施工场地状况,相邻的地上、地下既有建(构)筑物及相关环境;

(2) 拟建建(构)筑物的位置、轮廓尺寸、层数等;

(3) 加工设施、存贮设施、办公和生活用房等的位置和面积;

(4) 垂直运输设施、供电供水供热设施、排水排污设施和临时施工道路等;

(5) 安全、消防、保卫和环境保护等设施;

(6) 必要的说明,图例、比例尺、方向标记。

二、设计的依据

设计单位工程施工平面图应依据:建筑总平面图、施工图、现场地形图;气象水文资料、现有水源电源、场地形状与尺寸、可利用的已有房屋和设施情况;施工组织总设计;本单位工程的施工方案、进度计划、施工准备及资源供应计划;各种临时设施及堆场设置的定额与技术要求;国家、地方的有关规定等。

设计时,应对材料堆场、临时房屋、加工场地及水电管线等进行适当计算,以保证其适用性和经济性。

三、设计原则

1. 布置紧凑、少占地

在确保能安全、顺利施工的条件下,现场布置与规划要尽量紧凑,少征施工用地。既能节省费用,也有利于管理。

2. 尽量缩短运距、减少二次搬运

各种材料、构件等要根据施工进度安排,有计划地组织分期分批进场;合理安排生产流程,将材料、构件尽可能布置在使用地点附近,需进行垂直运输者,应尽可能布置在垂直运输机械附近或有效控制范围内,以减少搬运费用和材料损耗。

3. 尽量少建临时设施,所建临时设施应方便使用

在能保证施工顺利进行的前提下,应尽量减少临时建筑物或有关设施的搭建,以降低临时设施费用;应尽量利用已有的或拟建的房屋、道路和各种管线为施工服务;对必需修建的房屋尽可能采用装拆式或临时固定式;布置时不得影响正式工程的施工,避免反复拆建;各种临时设施的布置,应便于生产使用或生活使用。

4. 要符合职业健康、安全防火、保护环境、文明施工等要求

现场布置时,应尽量将生产区与生活区分开;要保证道路畅通,机械设备的钢丝绳、缆风绳以及电缆、电线、管道等不得妨碍交通;易燃设施(如木工棚、易燃品仓库)和有碍人体健

426

康的设施，应布置在下风处并远离生活区；要依据有关要求设置各种安全、消防、环保等设施。

根据上述原则并结合施工现场的具体情况，可设计出多个不同的布置方案，应通过分析比较，取长补短，选择或综合出一个最合理、安全、经济、可行的平面布置方案。

进行布置方案的比较时，可依据以下指标：施工用地面积；场地利用率；场内运输量，临时设施及临时建筑物的面积及费用；施工道路的长度及面积；水电管线的敷设长度；安全、防火及职业健康、环境保护、文明施工等是否能满足要求；且应重点分析各布置方案满足施工要求的程度。

四、设计的步骤与要求

1. 场地的基本情况

根据建筑总平面图、场地的有关资料及实际状况，绘出场地的形状尺寸；已建和拟建的建筑物或构筑物；已有的水源、电源及水电管线、排水设施；已有的场内、场外道路；围墙；需保护的树木、房屋或其他设施等。

2. 起重及垂直运输机械的布置

起重及垂直运输机械的布置位置，是施工方案与现场安排的重要体现，是关系到现场全局的中心一环。它直接影响到现场施工道路的规划、构件及材料堆场的位置、加工机械的布置及水电管线的安排。因此应首先考虑。

（1）塔式起重机的布置

塔式起重机一般应布置在场地较宽的一侧，且行走式塔式起重机的轨道应平行于建筑物的长度方向，以利于堆放构件和布置道路，充分利用塔式起重机的有效服务范围。附着式塔式起重机还应考虑附着点的位置。此外还要考虑塔式起重机基础的形式和设置要求，保证其安全性及稳定性等。

当建筑物平面尺寸或运输量较大，需群塔作业时，应使相交塔式起重机的臂杆有不小于5m的安装高差，并规定各自转动方向和角度，以防止相互干扰和发生安全事故。

塔式起重机距离建筑物的尺寸，取决于最小回转半径和凸出建筑物墙面的雨篷、阳台、挑檐尺寸及外脚手架的宽度。对于轨道行走式塔式起重机，应保证塔式起重机行驶时与凸出物有不少于0.5m的安全距离；对于附着式塔式起重机还应符合附着臂杆长度的要求。

塔式起重机布置后，要绘出其服务范围。原则上建筑物的平面均应在塔式起重机服务范围以内，尽量避免出现"死角"。塔式起重机的服务范围及主要运输对象的布置示例如图14-9所示。

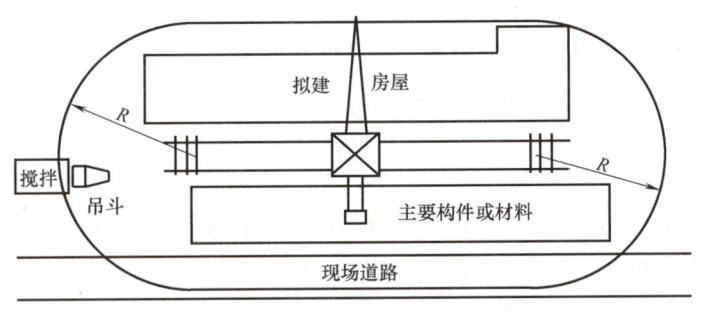

图 14-9　轨道式塔式起重机的服务范围

塔式起重机的布置位置不仅要满足使用要求，还要考虑安装和拆除的方便。

（2）自行式起重机

采用履带式、轮胎式或汽车式等起重机时，应绘制出吊装作业时的停位点、控制范围及其开行路线。

（3）固定式垂直运输设备

布置井架、门架或施工电梯等垂直运输设备，应根据机械性能、建筑平面的形状和尺寸、施工段划分情况、材料来向和运输道路情况而定。其目的是充分发挥机械的能力并使地面及楼面上的水平运距最小或运输方便。垂直运输设备应布置在阳台或窗洞口处，以减少施工留槎、留洞和拆除垂直运输设备后的修补工作。

垂直运输设备离开建筑物外墙的距离，应视屋面檐口挑出尺寸及外脚手架的搭设宽度而定，不得中断脚手架。卷扬机的位置应尽量使钢丝绳不穿越道路，距井架或门架的距离不宜小于15m的安全距离，也不得使司机的视仰角大于30°；同时要保证司机视线好，距拟建工程也不宜过近，以确保安全。

当垂直运输设备与塔式起重机同时使用时，应避开塔式起重机布置，以免设备本身及其缆风绳影响塔式起重机作业，保证施工安全。

（4）混凝土输送泵及管道

在混凝土结构中，混凝土的垂直运输量约占总运输量的75%以上，输送泵的布置至关重要。

混凝土输送泵应设置在供料方便、配管短、水电供应方便处。当采用搅拌运输车供料时，混凝土输送泵应布置在路边，其周围最好能停放两辆搅拌车，以保证供料方便和连续，避免停泵或吸入空气而产生气阻；当采用现场搅拌供应方式时，混凝土输送泵应靠近搅拌机，以便直接供料（需下沉输送泵或提高搅拌机）。

泵位直接影响配管长度、输送阻力和效率。布置时应尽量减少管道长度，少用弯管和软管。垂直向上的运输高度较大时，应使地面水平管的长度不小于垂直管长度的1/4，且≥15m，否则应在距泵3~5m处设截止阀，以防止停泵时反流。倾斜向下输送时，地面水平管应转90°弯，并在斜管上端设排气阀；高差大于20m时，斜管下端应有不少于5倍高差的水平管，或设弯管、环形管，以防止停泵时混凝土坠流而使泵管进气。

3. 布置运输道路

现场主要道路应尽可能利用已有道路，或先建好永久性道路的路基（待施工结束时再铺路面），不具备以上条件时应铺设临时道路。

现场道路应按材料、构件运输的需要，沿仓库和堆场进行布置。为使其畅行无阻，宜采用环形或"U"形布置，否则应在尽端处留有车辆回转场地。路面宽度应符合规定，单车道应为3~4m，双车道不小于5.5m；消防车道净宽和净空高度均不小于4m，距拟建工程、临时用房、可燃材料堆场及加工点不少于5m，也不大于40m。道路的转弯半径应满足运输车辆转弯要求，一般单车道不少于9m，双车道不少于7m。路基应经过设计，路面要高出施工场地10~15cm，雨季还应起拱。道路两侧设排水沟。

4. 搅拌站、加工棚、仓库和材料、构件的布置

现场搅拌站、仓库和材料、构件堆场的位置应尽量靠近使用地点且在垂直运输设备有效控制范围内，并考虑到运输和装卸料的方便。布置时，应根据用量大小分出主次。

（1）搅拌站

现场搅拌站包括混凝土（或砂浆）搅拌机房、粗细骨料堆场、水泥及掺合料库（罐）、称量设施等。砂、石、水泥、掺合料等应围绕搅拌机布置，并根据上料及称量方式，确定其与搅拌机的关系。同时这些材料的堆场或库房应布置在道路附近，以方便材料进场。

有大体积混凝土基础时，搅拌站可布置在基坑边缘附近，待混凝土浇筑后再转移。搅拌站应搭建搅拌机房，并设置排水沟和污水沉淀池。

为了减少拌合物的运距，搅拌站应尽可能布置在垂直运输机械附近。当用塔式起重机运输时，搅拌机的出料口宜在塔式起重机的服务范围之内，以便就地吊运；当采用泵送运输时，搅拌机的出料口在高度及距离上应能与输送泵良好配合，使拌合物能直接卸入输送泵的料斗内。

（2）加工棚、场

钢筋加工棚及加工场、木加工棚、水电及通风加工棚均可离建筑物稍远些，尽量避开塔式起重机，否则应搭设防护棚。各种加工棚附近应设有原材料及成品堆放场（库），原料堆放场地应考虑来料方便而靠近道路，成品堆放应便于向使用地点运输。如钢筋成品及组装好的模板等，应分门别类地存放在塔式起重机控制范围内。对产生较大噪声的加工棚（如搅拌房、电锯房等），应采取隔声封闭措施。

（3）预制构件

根据起重机类型和吊装方法确定构件的布置。采用塔式起重机安装的多层结构，应将构件布置在塔式起重机服务范围内，且应按规格、型号分别存放，保证运输和使用方便。成垛堆放构件时，其高度应符合强度及稳定性要求，各垛间应保留检查、加工及起吊所需间距。

各种构件应根据施工进度安排及供应状况，分期分批配套进场，但现场存放量不宜少于两个流水段或一个楼层的用量。

（4）材料和仓库

仓库和材料堆场的面积应经计算确定，以适应各个施工阶段的需要。布置时，可按照材料使用的阶段性，在同一场地先后可堆放不同的材料。根据材料的性质、运输要求及用量大小，布置时应注意以下几点：

1）对大宗的、重量大的和先期使用的材料，应尽可能靠近使用地点和起重机及道路，少量的、轻的和后期使用的可布置在稍远的地点。

2）对模板、脚手架等需周转使用的材料，应布置在装卸、吊运、整理方便且靠近拟建工程的地方。

3）对受潮、污染、阳光辐射后易变质或失效的材料和贵重、易丢失、易损坏、有毒的材料及工具、小型机械等必须入库保管，或采取有效堆放措施，其位置应利于保管、保护和取用。

4）对易燃、易爆和污染环境的材料（如防水卷材库、涂料库、木材场、石灰库等）应设置在下风向处，且易燃易爆材料库还应远离火源、距离拟建工程不少于15m。

5. 布置行政管理及文化、生活、福利用临时设施

这类临时设施包括：各种生产管理办公用房、会议室、警卫传达室、宿舍、食堂、开水房、医务、浴室、文化文娱室、福利性用房等。在能满足生产和生活的基本需求下，尽可能少建。如有可能，尽量利用已有设施或正式工程，以节约费用和场地。必须修建时，应根据需要确定面积，并进行必要的设计。

布置临时房屋时，应保证使用方便、不妨碍拟建工程及待建管线工程施工，应避开塔式起重机作业范围和高压线路，距离运输道路1m以上，距易燃物库房或用火生产区不小于10m，且各栋之间距离不少于4m，距拟建工程不少于6m。锅炉房、厨房等用明火的设施应设在下风向处。临时房屋应采用不燃材料搭建。层数不应超过3层，每层建筑面积不大于300m²，当层数为3层或每层面积大于200m²时，应设置不少于2部疏散楼梯，保证房间门至疏散楼梯的最大距离不大于25m；房屋的开间、进深尺寸应依据结构形式，不宜过大，宿舍房间不应大于30m²，其他房间不宜大于100m²。

6. 布置临时水电管网及设施

（1）供水设施

临时供水要经过计算、设计，然后进行布置。单位工程的供水干管直径不应小于100mm，支管径为40mm或25mm。管线布置应使线路长度最短，常采用枝状布置或环状布置。消防水管和生产、生活用水管可合并设置。管线宜暗埋，在使用点引出，并设置水龙头及阀门。管线宜沿路边布置，且不得妨碍在建或拟建工程施工。

消防用水一般利用城市或建设单位的永久性消防设施。如自行安排，应符合以下要求：消防水管线直径不小于100mm；宜布置成环状。消火栓间距不应大于120m，应沿拟建工程、临时用房、可燃材料堆场及加工场均匀布置，并距其边缘不少于5m。应便于寻找且周围无障碍物，并设置明显标志。

高层建筑施工需设有效容积不应少于10m³的蓄水池、不少于两台高压水泵以及施工输水立管和不少于2根直径100mm以上的管径的消防竖管。每个楼层均应设临时消防接口、消防水枪、水带及软管，消防接口的间距不应大于30m。

（2）排水设施

为了便于排除地面水和地下水，要及时修通永久性下水道，并结合现场地形和排水需要，设置明或暗排水沟。

（3）供电设施

临时用电包括施工用电（电动机、电焊机、电热器等）和照明用电。变压器或变配电室应布置在现场边缘高压线接入处，离地应大于50cm，在四周1m以外设置高度大于1.7m的围栏，并悬挂警告牌。配电线路宜布置在围墙边或路边，架空设置时电杆间距不宜大于40m；架空高度不小于4m（橡皮电缆不小于2.5m），跨车道处不小于6m；距建筑物或脚手架不小于7m，距塔式起重机所吊物体的边缘不得小于2m。不能满足上述距离要求或在塔式起重机控制范围内时，宜埋设电缆，距路边不少于1m，深度不小于0.7m，电缆上下均铺设不少于100mm厚的软土或砂土，并覆盖砖、石等硬质保护层后再覆土，穿越道路或引出处应加设防护套管。

配电系统应设置配电柜或总配电箱、分配电箱、末级配电箱，实行三级配电。总配电箱下可设若干个分配电箱（分配电箱可设置多级）；分配电箱应设在用电设备相对集中的区域；末级配电箱距分配电箱不超过30m。固定式配电箱的中心距地面宜为1.4～1.6m，上部应设置防护棚，周围设保护围栏。对消防泵、升降机、塔式起重机、混凝土泵等大型设备应设专用配电箱。

五、需注意的问题

土木工程施工是一个复杂多变的生产过程，随着工程的进展，各种机械、材料、构件等陆续进场又逐渐消耗、变动。因此，施工平面图应分阶段进行设计，但各阶段的布置应彼此兼顾。施工道路、水电管线及各种临时房屋不要轻易变动，也不应影响室外工程、地下管线及后续工程的进行。

第五节　施工管理计划与技术经济指标

一、主要施工管理计划的制订

施工管理计划包括进度管理计划、质量管理计划、安全管理计划、环境管理计划、成本管理计划以及其他管理计划等内容。在编制施工组织设计时，各项管理计划可单独成章，也可穿插在相应章节中。各项管理计划的制订，应根据项目的特点有所侧重。编制时，必须符合国家和地方政府主管部门有关要求，正确处理成本、进度、质量、安全和环境等之间的关系。

（一）进度管理计划

施工进度管理应按照项目施工的技术规律和合理的施工顺序，保证各工序在时间上和空间上顺利衔接。主要内容包括：

（1）对施工进度计划进行逐级分解，通过阶段性目标的实现保证最终工期目标；

（2）建立施工进度管理的组织机构并明确职责，制定相应管理制度；

（3）针对不同施工阶段的特点，制定进度管理的相应措施，包括施工组织措施、技术措施和合同措施等；

（4）建立施工进度动态管理机制，及时纠正施工过程中的进度偏差，并制定特殊情况下的赶工措施；

（5）根据项目周边环境特点，制定相应的协调措施，减少外部因素对施工进度的影响。

（二）质量管理计划

质量管理计划应按照《质量管理体系 要求》GB/T 19001—2016，在施工单位质量管理体系的框架内编制。主要内容包括：

（1）按照工程项目要求，确定质量目标并进行目标分解；

（2）建立项目质量管理的组织机构并明确职责；

（3）制定符合项目特点的技术和资源保障措施、防控措施（如原材料、构配件、机具的要求和检验，主要的施工工艺、主要的质量标准和检验方法，夏期、冬期和雨期施工的技术措施，关键过程、特殊过程、重点工序的质量保证措施，成品、半成品的保护措施，工作场所环境以及劳动力和资金保障措施等）；

（4）建立质量过程检查制度，并对质量事故的处理做出相应规定。

（三）安全管理计划

建筑施工安全事故（危害）通常分为七大类：高处坠落、机械伤害、物体打击、坍塌倒塌、火灾爆炸、触电、窒息中毒。安全管理计划应针对项目具体情况，建立安全管理组织，制定相应的管理目标、管理制度、管理控制措施和应急预案等。安全管理计划可参照《职业健康安全管理体系 要求及使用指南》GB/T 45001—2020，在施工单位安全管理体系的框架内编制。主要内容包括：

（1）确定项目重要危险源，制定项目职业健康安全管理目标；

（2）建立有管理层次的项目安全管理组织机构并明确职责；

（3）根据项目特点，进行职业健康安全方面的资源配置；

（4）建立具有针对性的安全生产管理制度和职工安全教育培训制度；

（5）针对项目重要危险源，制定相应的安全技术措施；对达到一定规模的危险性较大的分部（分项）工程和特殊工种的作业，应制定专项安全技术措施的编制计划；

（6）根据季节、气候的变化，制定相应的季节性安全施工措施；

（7）建立现场安全检查制度，并对安全事故的处理做出相应规定。

（四）环境管理计划

施工中常见的环境因素包括大气污染、垃圾污染、施工机械的噪声和振动、光污染、放射性污染、生产及生活污水排放等。环境管理计划可参照《环境管理体系 要求及使用指南》GB/T 24001—2016，在施工单位环境管理体系的框架内编制。主要内容包括：

（1）确定项目重要环境因素，制定项目环境管理目标；

（2）建立项目环境管理的组织机构并明确职责；

（3）根据项目特点，进行环境保护方面的资源配置；

（4）制定现场环境保护的控制措施；

（5）建立现场环境检查制度，并对环境事故的处理做出相应规定。

（五）成本管理计划

成本管理计划应以项目施工预算和施工进度计划为依据进行编制。主要内容包括：

（1）根据项目施工预算，制定项目施工成本目标；

（2）根据施工进度计划，对项目施工成本目标进行阶段分解；

（3）建立施工成本管理的组织机构并明确职责，制定相应管理制度；

（4）采取合理的技术、组织和合同等措施，控制施工成本；

（5）确定科学的成本分析方法，制定必要的纠偏措施和风险控制措施。

（六）其他管理计划

其他管理计划宜包括绿色施工管理计划、防火安保管理计划、合同管理计划、组织协调管理计划、创优质工程管理计划、质量保修管理计划以及对施工现场人力资源、施工机具、材料设备等生产要素的管理计划等。

其他管理计划可根据项目的特点和复杂程度加以取舍。各项管理计划的内容应有目标，有组织机构，有资源配置，有管理制度和技术、组织措施等。

二、技术经济指标

在单位工程施工组织设计的编制基本完成后，通过计算各项技术经济指标，并反映在施工组织设计文件中，作为对施工组织设计评价和决策的依据。主要指标及计算方法如下：

（1）总工期

总工期是从破土动工至竣工的全部日历天数，它反映了施工组织能力与生产力水平。可与定额规定工期或同类工程工期相比较。

（2）单位面积用工

单位面积用工指完成单位合格产品所消耗的主要工种、辅助工种及准备工作的全部用工。它反映了施工企业的生产效率及管理水平，也可反映出不同施工方案对劳动量的需求。

$$单位面积用工 = \frac{总用工数（工日）}{建筑面积（m^2）}$$

（3）质量优良品率

这是施工组织设计中确定的重要控制目标。主要通过保证质量措施实现，可分别对单位工程、分部分项工程进行确定。

（4）主要材料（如钢材、木材、水泥三大材）节约指标亦为施工组织设计中确定的控制目标，靠材料节约措施实现。包括：

$$主要材料节约量＝预算用量－施工组织设计计划用量$$

$$主要材料节约率＝\frac{主要材料计划节约额（元）}{主要材料预算金额（元）}×100\%$$

（5）大型机械耗用台班数及费用

反映机械化程度和机械利用率，通过以下两式计算：

$$单方耗用大型机械台班数＝\frac{耗用总台班（台班）}{建筑面积（m^2）}$$

$$单方大型机械费用＝\frac{计划大型机械台班费（元）}{建筑面积（m^2）}$$

（6）降低成本指标

$$降低成本额＝预算成本－计划成本$$

$$降低成本率＝\frac{降低成本额（元）}{预算成本（元）}×100\%$$

预算成本是根据施工图按预算价格计算的成本，计划成本是按施工组织设计所确定的施工成本。降低成本率的高低，可反映出不同施工组织设计所产生的不同经济效果。

工 程 案 例

某综合楼工程施工组织设计及某大桥工程施工方案等见二维码 14-8～14-10。

| 14-4 | 14-5 | 14-6 | 14-7 |

| 14-8 | 14-9 | 14-10 |

习　题

1. 单位工程施工组织设计的内容有哪些？施工部署和施工方案各包括哪些方面的内容？

2. 试述确定一般房屋建筑工程的施工展开程序应遵循的原则。

3. 确定施工顺序应考虑哪些原则？

4. 试述现浇框架结构办公楼、剪力墙结构住宅楼在结构阶段的施工顺序。

5. 对不同高度房屋内外装饰的施工流向应如何安排？

6. 施工机械选择的内容及原则包括哪些？

7. 房屋建筑工程的施工方法选择应着重哪些内容？

8. 施工进度计划的类型及形式各有哪些？

9. 编制施工进度计划的步骤有哪些？如何调整工期？

10. 劳动力不均衡系数如何计算？一般宜在哪个范围内？

11. 在单位工程施工组织设计中，施工准备编制的内容有哪些？

12. 资源配置计划包括哪些，各自编制的依据和用途是什么？

13. 施工平面图设计的原则有哪些？设计的内容、步骤有哪些？

14. 试述塔式起重机布置的要求。

15. 对现场道路的形状、路面宽度、转弯半径各有何要求？

16. 对现场消防设施有何要求，如何布置？

17. 现场临时水电管线应如何布置？

18. 在单位工程施工组织设计中，应制订的管理计划主要有哪些？

19. 施工组织设计中需计算的主要技术经济指标有哪些？

第十五章 施工组织总设计

学习重点：施工组织总设计的内容；施工部署和施工方案的主要内容；总进度计划编制的步骤；总平面图的设计原则。

学习要求：了解施工组织总设计的作用、编制程序和依据；熟悉施工组织总设计的内容；掌握施工部署和施工方案编制的主要内容；掌握临时用水、用电的计算方法；了解总进度计划及总平面图编制的内容与方法。

施工组织总设计是以特大型项目或群体工程为编制对象，根据初步设计或扩大初步设计图纸及其他资料和现场施工条件而编制，对整个建设项目进行全面规划和统筹安排，是指导全场性施工准备工作和施工全局的纲要性技术经济文件。一般是由总承包单位或大型项目经理主持、项目总工程师负责编制。

常用规范：《建筑施工组织设计规范》GB/T 50502—2009、《建设工程项目管理规范》GB/T 50326—2017、《建设工程施工现场消防安全技术规范》GB 50720—2011、《建设工程施工现场供用电安全规范》GB 50194—2014 等。

第一节 概 述

一、任务与作用

施工组织总设计的任务，是对整个建设工程的施工过程和施工活动进行总的战略性部署，并对各单位工程的施工进行指导、协调及阶段性目标控制。其主要作用包括：为组织全工地性施工业务提供科学方案；为做好施工准备工作、保证资源供应提供依据；为施工单位编制生产计划和单位工程施工组织设计提供依据；为建设单位编制工程建设计划提供依据；为确定设计方案的施工可行性和经济合理性提供依据。

二、内容

施工组织总设计一般包括如下内容：

（1）编制依据；

（2）工程项目概况；

（3）施工部署及主要项目的施工方案；

（4）施工总进度计划；

（5）总体施工准备；

（6）主要资源配置计划；

（7）施工总平面布置；

（8）目标管理计划及技术经济指标。

三、编制程序

施工组织总设计的编制程序如图 15-1 所示。

该编制程序是根据施工组织总设计中各项内容的内在联系而确定的。其中，调查研究是编

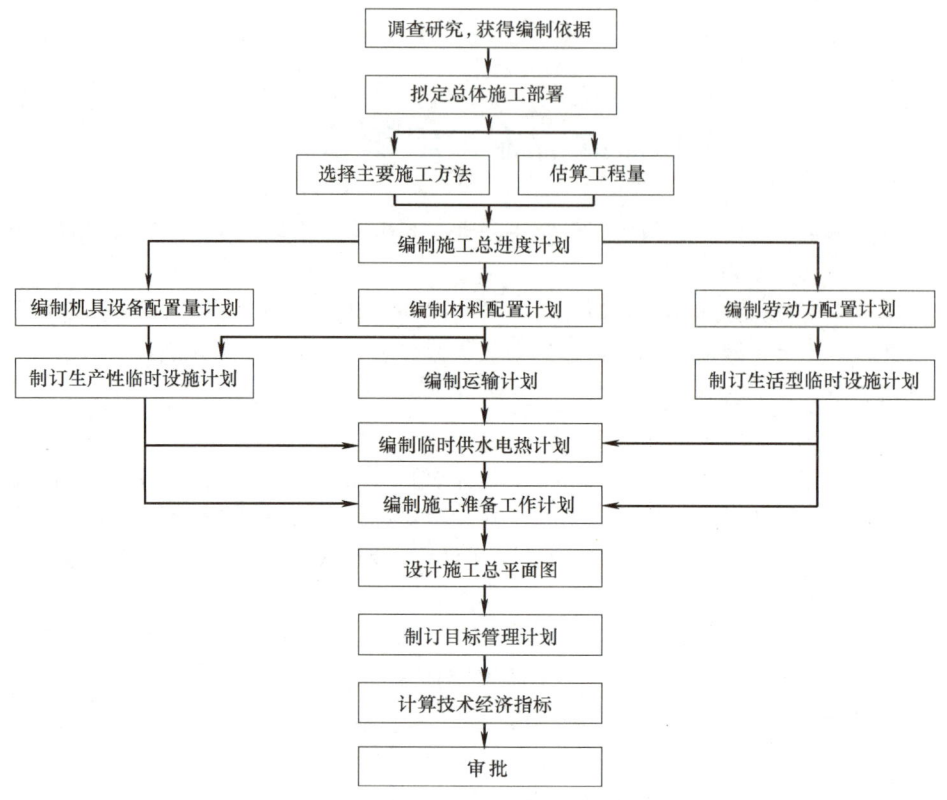

图 15-1 施工组织总设计的编制程序

制施工组织总设计的准备工作，目的是获取足够的信息，为编制施工组织总设计提供依据。施工部署和施工方案是第一项重点内容，是编制施工进度计划和进行施工总平面图设计的依据。施工总进度计划是第二项重点内容，必须在编制了施工部署和施工方案之后进行，且只有编制了施工总进度计划，才具备编制其他计划的条件。施工总平面图是第三项重点内容，需依据施工方案和各种计划需求进行设计。

四、编制依据

为了保证施工组织总设计的编制工作顺利进行，且能在实施中切实发挥指导作用，编制时必须密切地结合工程实际情况。主要编制依据如下：

1. 计划文件及有关合同

主要包括：国家批准的基本建设计划、可行性研究报告、工程项目一览表、分期分批施工项目和投资计划；地区主管部门的批件、建设单位对施工的要求；施工单位上级主管部门下达的施工任务计划；招投标文件及签订的工程承包合同；工程材料和设备的订货指标；引进材料和设备供货合同等。

2. 设计文件及有关资料

主要包括：建设项目的初步设计、扩大初步设计或技术设计的有关图纸、设计说明书、建筑区域平面图、建筑总平面图、建筑竖向设计、总概算或修正概算等。

3. 施工组织纲要

施工组织纲要也称投标（或标前）施工组织设计。它提出了施工目标和初步的施工部署，

436

在施工组织总设计中要深化部署，履行所承诺的目标。

4. 现行法规、标准

包括与本工程建设有关的国家、行业和地方现行的法律、法规、规范、规程、标准、图集等。

5. 工程勘察和技术经济资料

工程勘察资料包括建设地区的地形、地貌、工程地质及水文地质、气象等自然条件。

技术经济资料包括：建设地区可能为建设项目服务的建筑安装企业、预制加工企业的人力、设备、技术和管理水平；工程材料的来源和供应情况；交通运输情况；水、电供应情况；商业和文化教育水平和设施情况等。

6. 类似建设项目的施工组织总设计和有关总结资料

五、工程概况的编制

工程概况是对整个工程项目的总说明，一般应包括以下内容：

(一) 项目主要情况

该项内容是要描述工程的主要特征和工程的全貌，为施工组织总设计的编制及审核提供前提条件。因此，应写明以下内容：

（1）项目名称、性质（工业或民用）、地理位置，建设规模（占地总面积、总投资或产量、分期分批建设范围等），项目的构成等。应列出工程构成表和工程量汇总表，见表15-1。

主要建筑物和构筑物一览表　　　　　　　　　　　　表 15-1

序号	单位工程名称	建筑结构特征	建筑面积（m²）	占地面积（m²）	层数	构筑物体积（m³）	备　注
1							
2							
……							

（2）建设、勘察、设计和监理等相关单位的情况。

（3）设计概况。包括建筑面积、建筑高度、建筑层数、结构形式、建筑结构及装饰用料、建筑抗震设防烈度、安装工程和机电设备的配置等。

（4）承包范围及主要分包工程范围。

（5）施工合同或招标文件对项目施工的重点要求等。

(二) 主要施工条件

（1）建设地点气象状况。包括气温、雨、雪、风和雷电等气象变化情况以及冬、雨期时间和冻结深度等。

（2）项目施工区域地形和工程水文地质状况。包括地形变化和绝对标高，地质构造、土的性质和类别、地基承载力，河流流量和水质、最高洪水和枯水期的水位，地下水位的高低变化、含水层的厚度、流向和水质等。

（3）项目施工区域地上、地下管线及相邻的地上、地下建（构）筑物情况。

（4）与项目施工有关的道路、河流等状况。

（5）当地建筑材料、设备供应和交通运输等服务能力状况。包括主要材料、特殊材料和生产工艺设备供应条件及交通运输条件。

（6）当地供电、供水、供热和通信能力状况。按照施工需求，描述相关资源提供能力及解决方案。

（三）其他内容

如有关本建设项目的决议、合同或协议；土地征用范围、数量和居民搬迁时间；需拆迁与平整场地的要求等。

第二节　总体施工部署和主要施工方法

总体施工部署和主要施工方法是对整个建设项目通盘考虑、统筹规划后，做出宏观部署，并确定影响全局的关键建（构）筑物及主要分部（分项）工程的施工方法。它是施工组织总设计的核心，直接影响建设项目的质量、进度、安全、成本四大目标的实现。

一、总体施工部署

总体施工部署主要内容包括：明确项目组织机构、任务划分、控制目标、展开程序及分期交付计划，并分析施工的重点和难点，对分包施工单位的资质和能力提出明确要求，对开发和使用新技术、新工艺做出部署，对绿色施工制定实施对策与评价方法等。

（一）项目组织体系

项目组织体系应包含建设单位、承包和分包单位及其他参建单位，应以框图表示，明确各单位在本项目的地位及负责人。如图 15-2 所示。

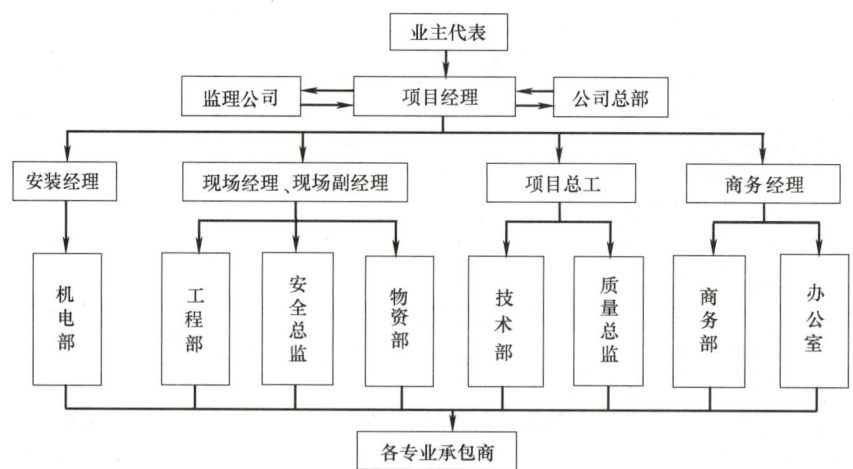

图 15-2　某建设工程项目的管理组织机构

注：人员姓名及部门负责人姓名已略去。

（二）施工区域（或任务）的划分与组织安排

在明确施工项目管理体制、组织机构和管理模式的条件下，划分各参与施工单位的任务，明确总包与分包的关系，建立施工现场统一的组织领导机构及职能部门，确定综合的和专业化的施工组织，明确各单位之间分工与协作关系，确定各分包单位分期分批的主攻项目和穿插项目。

（三）施工控制目标

在合同文件中规定或施工组织纲要中承诺的建设项目的施工总目标，单项工程的工期、成本、质量、安全、环境等目标。其中工期、成本、质量的量化目标见表 15-2。

（四）确定项目展开程序及空间组织

根据建设项目施工总目标及总程序的要求，确定分期分批施工的合理展开程序，并合理确

438

定每个独立交工系统及单位工程的开竣工时间。在确定展开程序时，应主要考虑以下几点：

施工控制目标　　　　　　　　　　　　　　　　　　表 15-2

序号	单项工程名称	建筑面积（m²）	控制工期			控制成本（万元）	控制质量（合格或优良等）
			工期（月）	开工日期	竣工日期		
1							
2							
……							

（1）在满足合同工期要求的前提下，分期分批施工。既有利于保证项目的总工期，又可在全局上实现施工的连续性和均衡性，减少暂设工程数量，降低工程成本。至于分几批施工，还应根据其使用功能、业主要求、工程规模、资金情况等，由甲、乙双方共同研究确定。

（2）统筹安排各类施工项目，保证重点，兼顾其他，确保按期交付使用。按照各工程项目的重要程度和复杂程度，优先安排的项目包括：

1）建设方要求先期交付使用的项目；

2）工程量大、构造复杂、施工难度大、所需工期长的项目；

3）运输系统、动力系统。如道路、变电站等；

4）可提前投入使用的项目。

（3）一般应按先地下后地上、先深后浅、先干线后支线、先管线后筑路的原则进行安排。

（4）注意工程交工的配套，使建成的项目能迅速投入生产或交付使用，尽早发挥该部分的投资效益。

（5）避免投入使用的项目与在建工程的施工相互妨碍和干扰，保证使用和施工两方便。

（6）注意资源供应与技术条件之间的平衡，以便合理地利用资源，促进均衡施工。

（7）必须注意季节的影响，应把不利于某季节施工的工程，提前或推后施工，但应保证不影响质量、不拖延进度，不延长工期。如大规模土方和深基坑工程要避开雨季；寒冷地区的房屋工程尽量在入冬前封闭等。

5. 主要施工准备及绿色施工规划

主要施工准备是指全现场的准备，包括思想、组织、技术、物资等准备。首先，应安排好场内外运输主干道、水电源及其引入文案；其次，要安排好场地平整方案、全场性排水、防洪；还应安排好生产、生活基地，做出

15-1

构件的现场预制、工厂预制或采购规划。对开发和使用的新技术、新工艺做出部署，对绿色施工制订实施对策与评价方法。

二、主要项目施工方法的确定

对于主要的单位或子单位工程及特殊的分项工程，应在施工组织总设计中确定其施工方法，其目的是进行技术和资源的准备工作，也为工程施工的顺利开展和工程现场的合理布局提供依据。

所谓主要单位或子单位工程，是指工程量大、工期长、施工难度大、对整个建设项目的完成起关键作用的建筑物或构筑物，如生产车间、高层建筑、桥梁等；特殊的分项工程指桩基、深基础、现浇或预制量大的结构工程、大跨工程、重型构件吊装工程、脚手架工程、高级装饰装修工程和特殊外墙饰面工程等。

选择大型机械应注意其可能性、适用性、经济合理性及技术先进性。可能性是指利用自有机械或通过租赁、购置等途径可以获得的机械；适用性是指机械的技术性能满足使用要求；经济合理性是指能充分发挥效率、所需费

15-2

用较低；先进性是指性能好、功能多、能力强、安全可靠、便于保养和维修。大型机械应能进行综合流水作业，在同一个项目中应减少其装、拆、运的次数。辅机的选择应与主机配套。

15-3

选择施工方法时，应尽量扩大工业化施工范围，努力提高机械化施工程度，减轻劳动强度，提高劳动生产率，保证工程质量，降低工程成本，确保按期交工，实现安全、绿色施工。

第三节　施工总进度计划

施工总进度计划是对施工现场各项施工活动在时间上所做的安排，它是施工部署在时间上的具体体现。其编制是根据施工部署等要求，合理确定每个独立交工系统及其单项工程的控制工期，合理安排它们之间的施工顺序和搭接关系而成。其作用在于能够确定各个单项工程的施工期限以及开竣工日期；同时也为制订资源配置计划、临时设施的建设和进行现场规划布置提供依据。

一、编制原则

（1）合理安排各单项工程或单位工程之间的施工顺序，优化配置劳动力、物资、施工机械等资源，保证建设工程项目在规定的工期内完工。

（2）合理组织施工，保证施工的连续、均衡、有节奏，以加快施工速度，降低成本。

（3）科学地安排全年各季度的施工任务，充分利用有利季节，尽量避免停工和赶工，从而在保证质量的同时节约费用。

二、编制步骤

（一）划分项目并计算工程量

根据批准的总承建任务一览表，列出工程项目一览表并分别计算各项目的工程量。由于施工总进度计划主要起控制作用，因此项目划分不宜过细，可按确定的工程项目的开展程序进行排列，应突出主要项目，一些附属的，辅助的及小型项目可以合并。

计算各工程项目工程量的目的，是为了正确选择施工方案和主要的施工、运输机械，初步规划各主要项目的流水施工，计算各项资源的需要量。因此，工程量只需粗略计算。可依据设计图纸及相关定额手册，分单位工程计算主要实物量。将计算所得的各项工程量填入工程量总表及总进度计划表头中（表 15-3）。

（二）确定各单项或单位工程的施工期限

工程施工期限的确定，要考虑工程类型、结构特征、装修装饰的等级、工程复杂程度、施工管理水平、施工方法、机械化程度、施工现场条件与环境等因素。但工期应控制在合同工期以内，无合同工期的工程，应按工期定额或类似工程的经验确定。

（三）确定各单项或单位工程的开竣工时间和相互搭接关系

根据建设项目总工期、总的展开程序和各单位工程的施工期限，即可进一步安排各施工项目的开竣工时间和相互搭接关系。安排时应注意以下要求：

1. 保证重点，兼顾一般

在安排进度时，同一时期施工的项目不宜过多，以避免人力、物力过于分散。因此要分清主次，抓住重点。对工程量大、工期长、质量要求高、施工难度大的单位工程，或对其他工程施工影响大、对整个建设项目的顺利完成起关键性作用的工程应优先安排。

440

2. 尽量组织连续、均衡地施工

安排施工进度时，应尽量使各工种施工人员，施工机具在全工地内连续施工，尽量实现劳动力、材料和施工机具的消耗量均衡，以利于劳动力的调度、原材料供应和临时设施的充分利用。为此，应尽可能在工程项目之间组织"群体工程流水"，即在具有相同特征的建筑物或主要工种工程之间组织流水施工，从而实现人力、材料和施工机具的综合平衡。此外，还应留出一些附属项目或零星项目作为调节项目，穿插在主要项目的流水施工中，以增强施工的连续性和均衡性。

3. 满足生产工艺要求

对工业项目要以配套投产为目标，区分各项目的轻重缓急。把工艺调试在前的、占用工期较长的、工程难度较大的排在前面。

4. 考虑经济效益，减少贷款利息

从货币时间价值观念出发，尽可能将投资额少的工程安排在最初年度内施工，而将投资额大的安排在最后，以减少投资贷款的利息。

5. 考虑个体施工对总体配套设施施工的影响

安排施工进度时，要保证工程项目的室外管线、道路、绿化等其他配套设施能连续、及时地进行。因此，必须恰当安排各个建筑物、构筑物单位工程的起止时间，以便及时拆除施工机械设备、清理室外场地、清除临时设施，为配套设施的施工创造条件。

6. 全面考虑各种条件的限制

安排施工进度时，还应考虑各种客观条件的限制。如施工企业的施工力量、各种原材料及机具设备的供应情况、设计单位提供图纸的时间、建设单位的资金投入与保证情况、季节环境情况等。

（四）编制初步施工总进度计划

施工总进度计划可以用横道图或网络图形式表达。由于在工程实施过程中情况复杂多变，施工总进度计划只能起到控制性作用，因此不必搞得过细，否则将给计划的优化带来不便。施工总进度计划应尽量安排全工地性的流水作业。安排时应以工程量大、工期长的单项工程或单位工程为主导，组织若干条流水线，并以此带动其他工程。

编制时应绘制出总进度计划表或网络计划图。施工总进度计划表形式见表 15-3。

施工总进度计划　　　　　　　　　　　　　　　表 15-3

序号	单项工程名称	土建工程指标		设备安装指标		造价(万元)			进度计划								
		单位	数量	单位	数量	合计	建设工程	设备安装	××年				××年				
									Ⅰ	Ⅱ	Ⅲ	Ⅳ	Ⅰ	Ⅱ	Ⅲ	Ⅳ
1																	
2																	
……																	
资源动态图	施工总进度计划的技术经济指标分析：																

注：进度线应将土建工程、设备安装工程等以不同线条表示。

（五）编制正式施工总进度计划

初步施工总进度计划绘制完成后，应对其进行检查。主要检查是否满足总工期及起止时间的要求、各施工项目的搭接是否合理、资源需要量动态曲线是否较为均衡。

如果发现问题应进行优化。优化的主要方法是改变某些工程的起止时间或调整主导工程的工期。如果是利用计算机程序编制计划，还可分别进行工期优化、费用优化及资源优化。经调整符合要求后，编制正式的总进度计划。某研究院工程施工总进度网络计划如图 15-3 所示。

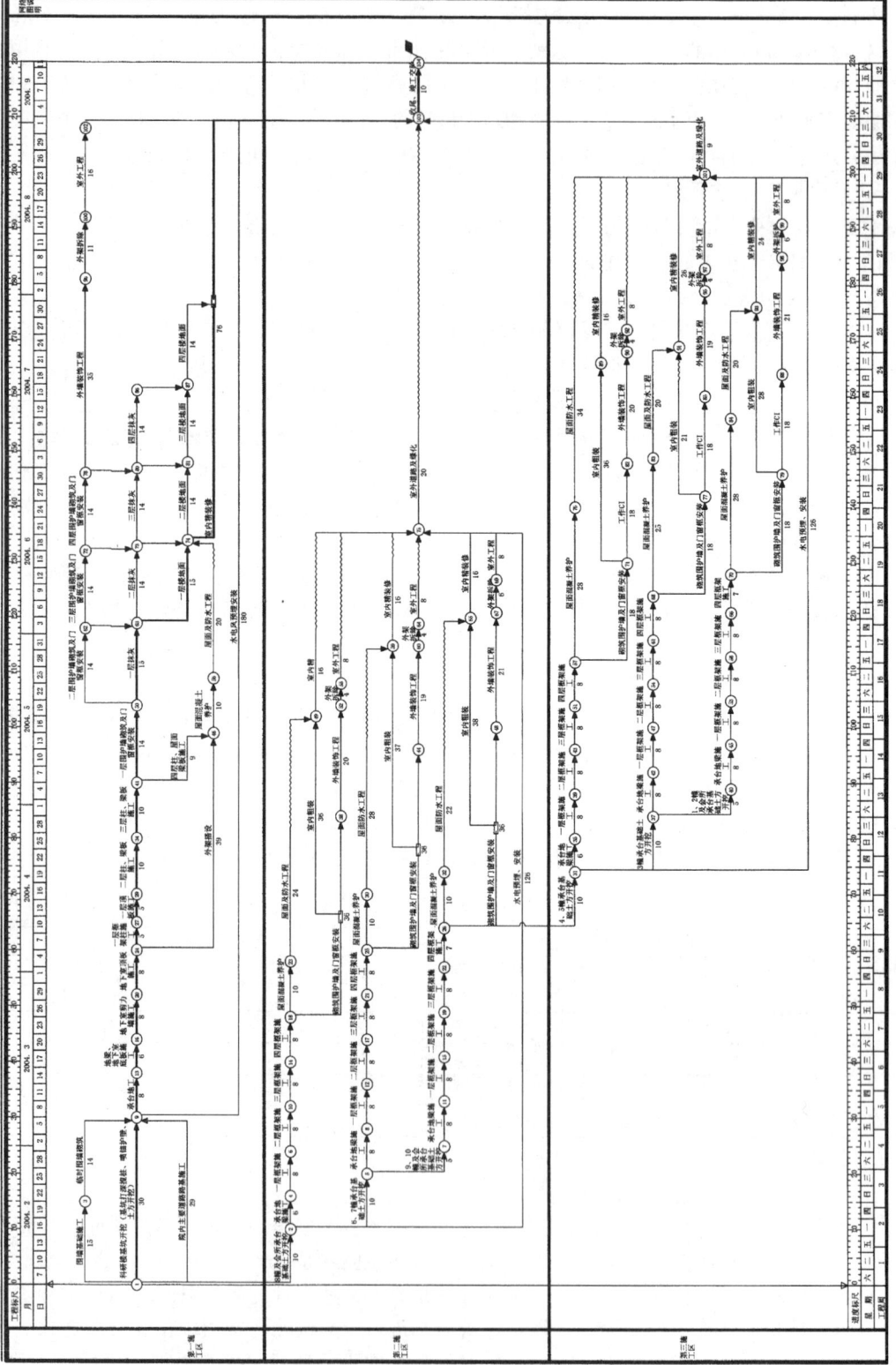

图 15-3 某科研楼及配套工程施工进度计划网络图

442

第四节　资源配置计划与总体施工准备

资源配置计划的编制需依据施工部署和施工总进度计划，重点确定劳动力及材料、构配件、加工品、施工机具等主要资源的需要量和时间，以便组织供应，保证施工总进度计划的实现；同时也为场地布置及临时设施的规划准备提供依据。

一、劳动力配置计划

劳动力配置计划是确定暂设工程规模和组织劳动力进场的依据。它是根据工程量汇总表、施工准备工作计划、施工总进度计划、概（预）算定额和有关经验资料，分别确定出每个单项工程专业工种的劳动量工日数、工人数和进场时间，然后逐项按月或季度汇总，最后确定出整个建设项目劳动力配置计划（表15-4），并将总量在表下绘制出劳动力动态曲线柱状图。

劳动力配置计划　　　　　　　　　　　　　　　　　　　　　　表 15-4

序号	单项工程名称	工种名称	劳动量（工日）	配置（人）														
				20××年										20××年				
				3	4	5	6	7	8	9	10	11	12	1	2	3	4	…
1																		
……																		
	合计																	

注：工种名称除生产工人外，还应包括附属、辅助用工（如运输、构件加工、材料保管等）以及服务和管理用工。

二、物资配置计划

（一）主要材料和预制品配置计划

主要材料和预制品配置计划是组织材料和预制品加工、订货、运输、确定堆场和仓库的依据。它是根据施工图纸、工程量、消耗定额和施工总进度计划而编制的。

根据各工种工程量汇总表所列各建筑物主要施工项目的工程量，查相关定额或指标，便可得出所需的材料、构配件和半成品的配置。然后根据总进度计划表，大致估算出某些主要材料在某季度某月的配置，从而编制出材料、构配件和半成品的配置计划。

根据拟建的不同结构类型的工程项目和工程量汇总表，参照本地区概算定额或已建类似工程资料，计算出各项目的各种材料和预制品需要量，并依据总进度计划，估算出某些建筑材料和预制品在某月或某季度的需要量，从而编制出主要材料和预制品需要量计划，见表15-5。

主要材料和预制品配置计划　　　　　　　　　　　　　　　　表 15-5

序号	单项工程名称	材料和预制品					配　　置											
		编号	品名	规格	单位	总量	20××年							20××年				
							6	7	8	9	10	11	12	1	2	3	4	……
1	1号教学楼																	
……	……																	
	合计																	

注：1. 主要材料可按型钢、钢板、钢筋、管材、水泥、木材、砖、砌块、砂、石、防水卷材等分别列表。
　　2. 配置按月或季度编制。

443

(二) 主要施工机具和设备配置计划

该计划是组织机具供应、计算配电线路及选择变压器、进行场地布置的依据。主要施工机具可根据施工总进度计划及主要项目的施工方案和工程量，套定额或按经验确定。根据施工部署、施工方案、施工总进度计划、主要工种工程量和机械台班产量定额而确定；运输机具的配置根据运输量计算。上述汇总结果可参照表 15-6。

施工机具和设备配置计划　　　　　　　　　　　　　　　表 15-6

序号	单项工程名称	施工机具和设备					配置									
							20××年					20××年			
		编码	名称	型号	单位	电功率	8	9	10	11	12	1	2	3	……
1															
……															
合计															

注：机具、设备名称可按土方、钢筋混凝土、起重、金属加工、运输、木加工、动力、测试、脚手架等分类填写；配置按月或季度编制。

(三) 大型临时设施计划

大型临时设施计划应本着尽量利用已有或拟建工程的原则，按照施工部署、施工方案、各种配置计划，并根据业务量和临时设施计算结果进行编制。计划表形式见表 15-7。

大型临时设施计划　　　　　　　　　　　　　　　　表 15-7

序号	项目	名称	需用量		利用现有建筑	利用拟建永久工程	新建	单价(元/m²)	造价(万元)	占地(m²)	修建时间
			单位	数量							
1											
……											
合计											

注：项目名称包括一切属于大型临时设施的生产、生活用房、临时道路、临时用水、用电和供热系统等。

三、总体施工准备

总体施工准备包括技术准备、现场准备和资金准备。其主要内容包括：

（1）土地征用、居民拆迁和现场障碍拆除工作；

（2）确定场内外运输及施工用干道，水、电来源及其引入方案；

（3）制定场地平整及全场性排水、防洪方案；

（4）安排好生产和生活基地建设。包括混凝土集中搅拌站，预制构件厂，钢筋、木材加工厂，机修厂及职工生活福利设施等；

（5）落实材料、加工品、构配件的货源和运输储存方式；

（6）按照建筑总平面图要求，做好现场控制网测量工作；

（7）组织新结构、新材料、新技术、新工艺试制、试验和人员培训；

（8）技术资料的准备、各单位工程施工组织设计编制计划、试验检验及设备调试工作计划；

（9）根据施工总进度计划编制资金使用计划等。

应根据施工部署与施工方案、资源计划及临时设施计划编制施工准备工作计划表。其表格形式见表15-8。

主要施工准备工作计划表　　　　　　　　　　　　表 15-8

序　号	准备工作名称	准备工作内容	主办单位	协办单位	完成日期	负责人
1						
2						
……						

第五节　全场性暂设工程

在工程项目正式开工之前，要按照施工准备工作计划的要求，建造相应的暂设工程，以满足施工需要，为工程项目创造良好的施工环境。暂设工程的类型及规模因工程而异，主要有：工地加工厂组织，工地仓库组织，工地运输组织，办公及福利设施组织，工地供水和供电组织。

一、临时加工厂及作业棚

加工厂及作业棚属生产性临时设施。包括：混凝土及砂浆搅拌站、临时混凝土预制场、半永久性混凝土预制厂、木材加工厂、钢筋加工厂、金属结构加工厂等；木工作业棚、电锯房、钢筋作业棚、立式锅炉房、发电机房、水泵房、空压机房等现场作业棚房；各种机械存放场所。所有这些设施的建筑面积主要取决于设备尺寸、工艺过程、设计和安全防火等要求，通常可参考有关经验指标等资料确定。

对于钢筋混凝土构件预制厂、锯木车间、模板、细木加工车间、钢筋加工棚等，其建筑面积可按下式计算：

$$F = \frac{K \times Q}{T \times S \times \alpha} \tag{15-1}$$

式中　F——所需建筑面积（m²）；

K——不均衡系数，取 1.3～1.5；

Q——加工总量；

T——加工总时间（月）；

S——每平方米场地月平均加工量定额；

α——场地或建筑面积利用系数，取 0.6～0.7。

常用各种临时加工厂的面积可参考建筑施工手册相应指标。

二、临时仓库与堆场

仓库有各种类型。其中"转运仓库"是设置在火车站、码头和专用线卸货场的仓库；"中心仓库"（或称总仓库）是储存整个工地（或区域型建筑企业）所需物资的仓库，通常设在现场附近或区域中心；"现场仓库"就近设置；"加工厂仓库"是专供本厂储存物资的仓库。以下主要介绍中心仓库和现场仓库。

1. 确定储备量

材料储备既要确保施工的正常需要，又要避免过多积压，减少仓库面积和投资，减少管理费用和占压资金。通常的储备量是以合理储备天数来确定，同时考虑现场条件、供应与运输条件以及材料本身的特点。材料的总储备量一般不少于该种材料总用量的 20％～30％。

（1）建筑群的材料储备量按下式计算：

$$q_1 = K_1 Q_1 \qquad (15\text{-}2)$$

式中　q_1——总储备量；

K_1——储备系数，型钢、木材、用量小或不常使用的材料取 $0.3 \sim 0.4$，用量多的材料取 $0.2 \sim 0.3$；

Q_1——该项材料的最高年、季需要量。

（2）单位工程材料储存量按下式计算：

$$q_2 = \frac{n \cdot Q}{T} \qquad (15\text{-}3)$$

式中　q_2——现场材料储备量；

n——储备天数；

Q——计划期内材料、半成品和制品的总需要量；

T——需要该项材料的施工天数，大于 n。

2. 确定仓库或堆场面积

按材料储备期可用下式计算：

$$F = \frac{q}{P} \qquad (15\text{-}4)$$

式中　F——仓库或堆场面积（m^2），包括通道面积；

q——材料储备量（q_1 或 q_2）；

P——每平方米能存放的材料、半成品和制品的数量，见表 15-9。

部分材料储存参考数据表　　　　　　　　　　　　　　　表 15-9

序号	材料名称	单位	储备天数（n）	每平方米储存量（P）	堆置高度（m）	仓库类型
1	工字钢、槽钢	t	40～50	0.8～0.9	0.5	露天
2	电线电缆	t	40～50	0.3	2.0	库或棚
3	木材	m^3	40～50	0.8	2.0	露天
4	原木	m^3	40～50	0.9	2.0	露天
5	成材	m^3	30～40	0.7	3.0	露天
6	水泥	t	30～40	1.4	1.5	库
7	生石灰（袋装）	t	10～20	1～1.3	1.5	棚
8	砂、石子（人工堆置）	m^3	10～30	1.2	1.5	棚
9	砂、石子（机械堆置）	m^3	10～30	2.4	3.0	露天
10	混凝土砌块	m^3	10～30	1.4	1.5	露天
11	砖	m^3	10～30	1.4	1.5	露天
12	水泥瓦	千块	10～30	0.25	1.5	棚
13	水泥混凝土管	t	20～30	0.5	1.5	露天
14	防水卷材	卷	20～30	15～24	2.0	库
15	钢筋骨架	t	3～7	0.12～0.18	—	露天
16	金属结构	t	3～7	0.16～0.24	—	露天
17	钢门窗	t	10～20	0.65	2	棚
18	模板	m^3	3～7	0.7	—	露天
19	轻质混凝土制品	m^3	3～7	1.1	2	露天
20	水、电及卫生设备	t	20～30	0.35	1	棚、库各约占1/4

注：储备天数根据材料特点及来源、供应季节、运输条件等确定。一般现场加工的成品、半成品或就地供应的材料取表中之低值，外地供应及铁路运输或水运者取高值。

三、运输道路

工地运输道路应尽量利用永久性道路，或先修筑永久性道路路基并铺设简易路面。主要道路应布置成环形、"U"形，次要道路可布置成单行线，但端头应有回车场。应尽量避免与铁路交叉。现场临时道路的技术要求及路面的种类和厚度见表15-10、表15-11。

简易道路的技术要求   表 15-10

指标名称	单位	技术标准
设计车速	km/h	≤20
路基宽度	m	双车道6.5～7,单车道4～5;困难地段3.5
路面宽度	m	双车道5.5～6.5;单车道3～4
平面曲线最小半径	m	平原、丘陵地区20;山区15;回头弯道12
最大纵坡	%	平原地区6;丘陵地区8;山区11
纵坡最短长度	m	平原地区100;山区50
桥面宽度	m	4～4.5
桥涵载重等级	t	1.3倍车载总重

临时道路的路面种类和厚度   表 15-11

序号	路面种类	特点及其适用条件	路基土壤	路面厚度(cm)	材料配合比
1	混凝土路面	雨天照常通车,可通行较多车辆,强度高,不扬尘,造价高	一般土	15～20	强度等级:不低于C20
2	级配砾石路面	雨天照常通车,可通行较多车辆,但材料级配要求严格	砂质土	10～15	黏土:砂:石子＝1:0.7:3.5
			黏质土或粉土	14～18	
3	碎（砾）石路面	雨天照常通车,碎(砾)石本身含土较多,不加砂	砂质土	10～18	碎（砾）石＞65％,当地土＜35％
			砂质土或粉土	15～20	
4	炉渣或矿渣路面	可维持雨天通车,通行车辆较少,当附近有此项材料可利用时	一般土	10～15	炉渣或矿渣75％,当地土25％
			较松软时	15～30	
5	风化石屑路面	雨天不通车,通行车辆较少,附近有石屑可利用时	一般土	10～15	石屑90％,黏土10％

四、办公及福利设施组织

（一）办公及福利设施类型

（1）行政管理和生产用房。包括：工地办公室、传达室、消防、车库及各类行政管理用房和辅助性修理车间等。

（2）居住生活用房。必要时包括家属宿舍，职工单身宿舍、食堂、医务室、招待所、小卖部、浴室、理发室、开水房、厕所等。

（3）文化生活用房。包括：俱乐部、图书室、邮亭、广播室等。

（二）办公、生活及福利临时设施的规划

1. 确定工地人数

（1）直接参加施工生产的工人。也包括机械维修、运输、仓库及动力设施管理人员等。

（2）行政及技术管理人员。

（3）为工地上居民生活服务的人员。

（4）以上各项人员的家属。

上述人员的比例，可按国家有关规定或工程实际情况计算。

2. 确定办公、生活及福利设施建筑面积

工地人数确定后，就可按实际经验或面积指标计算出所需建筑面积。计算公式如下：

$$S = N \times P \tag{15-5}$$

式中　S——建筑面积（m²）；

　　　N——人数；

　　　P——建筑面积参考指标，详见表15-12。

行政、生活福利临时设施建筑面积参考指标　　　　表 15-12

序号	临时房屋名称		单　位	参考指标	指标使用方法
1	办公室		m²/人	3~4	按使用人数
2	宿舍	双层床	m²/人	2.0~2.5	（扣除不在工地住人数）
		单层床	m²/人	3.5~4.0	（扣除不在工地住人数）
		家属宿舍	m²/人	16~25	视工期长短，距基地远近，取0~30%
3	食堂		m²/人	0.5~0.8	按高峰就餐人数
4	食堂兼礼堂		m²/人	0.6~0.9	按高峰年平均人数
5	其他	其他合计	m²/人	0.5~0.6	按高峰年平均人数
		医务所	m²/人	0.05~0.07	按高峰年平均人数，不小于30m²
		浴室	m²/人	0.07~0.1	按高峰年平均人数
		理发室	m²/人	0.01~0.03	按高峰年平均人数
		俱乐部	m²/人	0.1	按高峰年平均人数
		小卖部	m²/人	0.03	按高峰年平均人数，不小于40m²
		招待所	m²/人	0.06	按高峰年平均人数
		托儿所	m²/人	0.03~0.06	按高峰年平均人数
		其他公用	m²/人	0.05~0.10	按高峰年平均人数
6	小型设施	开水房	m²	10~40	
		厕所	m²/人	0.02~0.07	按工地平均人数
		工人休息室	m²/人	0.15	按工地平均人数
		自行车棚	m²/人	0.8~1.0	按骑车上班人数

所需要的各种生活、办公房屋，应尽量利用施工现场及其附近的永久性建筑物。不足的部分修建临时建筑物。

3. 临时房屋的形式及尺寸

临时建筑物修建时，应遵循经济、适用、装拆方便的原则，按照当地的气候条件、工期长短、本单位的现有条件以及现场暂设的有关规定确定结构类型和形式。

临时房屋的形式主要分为活动式和固定式。活动式房屋搭设快捷，移动运输方便，可重复利用。其中彩钢夹心板活动房屋使用更为广泛，它外观整洁，有较好的保温、防火性能，可建1~3层，能节约场地。一般房屋净高2.6m以上，进深3.3~5.7m，开间3.3~3.6m，可多开间连通使用。固定式临时房屋常采用砖木、砖混结构，常用尺寸及布置要求见表15-13。

五、工地供水组织

工地临时供水的类型主要包括生产用水、生活用水和消防用水三种。生产用水又包括工程施工用水、施工机械用水；生活用水又包括施工现场生活用水和生活区生活用水。

序号	房屋用途	跨度 (m)	开间 (m)	檐 高 (m)	布 置 说 明
1	办公室	4～5	3～4	2.5～3.0	窗口面积，约为地面的 1/8
2	宿舍	5～6	3～4	2.5～3.0	床板距地 0.4～0.5m，过道 1.2～1.5m
3	工作间、机械房、材料库	6～8	3～4	按具体情况定	
4	食堂兼礼堂	10～15	4	4.0～4.5	剧台进深，约 10m，须设足够的出入口
5	工作棚、停机棚	8～10	4	按具体情况定	
6	工地医务室	4～6	3～4	2.5～3.0	

1. 确定用水量

（1）工程施工用水量

$$q_1 = K_0 \sum \frac{Q_1 \cdot N_1}{T_1 \cdot b} \times \frac{K_1}{8 \times 3600} \tag{15-6}$$

式中　q_1——施工工程用水量（L/s）；

　　　K_0——未预见的施工用水系数（1.05～1.15）；

　　　Q_1——年（季）度工程量（以实物计量单位表示）；

　　　N_1——施工用水定额；见表 15-14；

　　　T_1——年（季）度有效工作日（d）；

　　　b——每天工作班次；

　　　K_1——用水不均衡系数，见表 15-15。

（2）施工机械用水量

$$q_2 = K_0 \sum Q_2 \cdot N_2 \cdot \frac{K_2}{8 \times 3600} \tag{15-7}$$

式中　q_2——施工机械用水量（L/s）；

　　　Q_2——同种机械台数（台）；

　　　N_2——施工机械用水定额；

　　　K_2——施工机械用水不均衡系数，见表 15-15。

（3）施工现场生活用水量

$$q_3 = \frac{P_1 N_3 K_3}{b \times 8 \times 3600} \tag{15-8}$$

式中　q_3——施工现场生活用水量（L/s）；

　　　P_1——施工现场高峰期生活人数；

　　　N_3——施工现场生活用水定额，视当地气候、工程而定，参见表 15-16；

　　　K_3——施工现场生活用水不均衡系数，见表 15-15；

　　　b——每天工作班次。

（4）生活区生活用水量

$$q_4 = \frac{P_2 N_4 K_4}{24 \times 3600} \tag{15-9}$$

式中　q_4——生活区生活用水量（L/s）；

　　　P_2——生活区居民人数（人）；

N_4——生活区昼夜全部用水定额，见表 15-16；

K_4——生活区用水不均衡系数，见表 15-15。

（5）消防用水量

消防用水量 q_5 见表 15-17。

施工用水（N_1）参考定额　　　　　　　　　　表 15-14

序号	用水对象	单位	耗水量	序号	用水对象	单位	耗水量
1	浇混凝土全部用水	L/m³	1700～2400	11	浇砖湿润	L/m³	130～170
2	搅拌普通混凝土	L/m³	250	12	搅拌砂浆	L/m³	300
3	搅拌轻质混凝土	L/m³	300～350	13	浇硅酸盐砌块	L/m³	300～350
4	搅拌热混凝土	L/m³	300～350	14	砌筑石材全部用水	L/m³	50～80
5	混凝土自然养护	L/m³	200～400	15	墙面抹灰全部用水	L/m²	30
6	冲洗模板	L/m²	5	16	楼地面垫层及抹灰	L/m²	190
7	搅拌机清洗	L/台班	600	17	现制水磨石	L/m²	300
8	冲洗石子	L/m³	800	18	墙面石材（灌浆法）	L/m²	15
9	洗砂	L/m³	1000	19	墙面瓷砖	L/m²	20
10	砌砖工程全部用水	L/m³	150～250	20	素土路面、路基	L/m²	0.2～0.3

用水不均衡系数　　　　　　　　　　表 15-15

符号	用水类型	不均衡系数
K_2	施工工程用水 生产企业用水	1.5 1.25
K_3	施工机械、运输机械用水	2.0
K_4	施工现场生活用水	1.3～1.5
K_5	生活区生活用水	2.0～2.5

生活用水量（N_3、N_4）参考定额　　　　　　　　　　表 15-16

序号	用水对象	单位	耗水量
1	工地全部生活用水	L/人·日	100～120
2	生活用水（盥洗、饮用）	L/人·日	25～30
3	食堂	L/人·日	15～20
4	浴室（淋浴）	L/人·次	50
5	洗衣	L/人·日	30～35
6	理发室	L/人·次	15
7	医院	L/病床·日	100～150

消防用水量　　　　　　　　　　表 15-17

序号	用水部位	用水项目	按火灾同时发生次数计	耗水流量（L/s）
1	居住区	5000 人以内	一次	10
		10000 人以内	二次	10～15
		25000 人以内	二次	15～20
2	施工现场	25hm² 以内	二次	10～15
		每增加 25hm² 递增		5

450

（6）总用水量 Q

1）当 $(q_1+q_2+q_3+q_4)<q_5$ 时，则 $Q=q_5+(q_1+q_2+q_3+q_4)/2$；

2）当 $(q_1+q_2+q_3+q_4)>q_5$ 时，则 $Q=q_1+q_2+q_3+q_4$；

3）当 $(q_1+q_2+q_3+q_4)<q_5$，且工地面积小于 $5hm^2$ 时，则 $Q=q_5$。

最后计算的总用水量，还应增加 10%，以补偿不可避免的水管渗漏损失。

2. 选择水源

工地临时供水的水源，有供水管道和天然水源两种。应尽可能利用现有永久性供水设施或现场附近已有供水管道，若无供水管道或其供水量难以满足使用要求时，方考虑使用江、河、水库、泉水、井水等天然水源。选择水源时应注意下列因素：

（1）水量充足可靠；

（2）生活饮用水、生产用水的水质，应符合要求；

（3）尽量与农业、水资源综合利用；

（4）取水、输水、净水设施要安全、可靠、经济；

（5）施工、运转、管理和维护方便。

3. 确定供水系统

在没有市政管网供水的情况下，需设置临时供水系统。临时供水系统由取水设施、贮水构筑物（水塔及蓄水池）、输水管和配水管线综合而成。

（1）确定取水设施

取水设施一般由进水装置、进水管和水泵组成。取水口距河底（或井底）一般不小于 0.5m。给水工程所用水泵有离心泵、潜水泵等。所选用的水泵应具有足够的抽水能力和扬程。

（2）确定贮水构筑物

一般有水池、水塔或水箱。在临时供水时，如水泵房不能连续抽水，则需设置贮水构筑物。其容量以每小时消防用水决定，但不得少于 $10\sim20m^3$。贮水构筑物（水塔）的高度应按供水范围、供水对象位置及水塔本身的位置来确定。

（3）确定供水管径

在计算出工地的总需水量后，可按下式计算供水管径：

$$D=\sqrt{\frac{4Q\times1000}{\pi\cdot v}} \qquad (15\text{-}10)$$

式中　D——配水管内径（mm）；

　　　Q——用水量（L/s）；

　　　v——管网中水的流速（m/s），见表 15-18。

临时水管经济流速表　　　　　　　　　　　　　　表 15-18

项　次	管　径	流速（m/s）	
		正常时间	消防时间
1	支管 $D<100mm$	2	
2	生产消防管道 $D=100\sim300mm$	1.3	>3.0
3	生产消防管道 $D>300mm$	$1.5\sim1.7$	2.5
4	生产用水管道 $D>300mm$	$1.5\sim2.5$	3.0

（4）选择管材

临时给水管道材料应根据管道尺寸和压力进行选择，一般干管为钢管，支管为钢管或塑料管。

六、工地供电组织

工地临时供电组织包括：计算用电总量，选择电源，确定变压器，确定导线截面面积，布置配电线路和配电箱。

1. 工地总用电量计算

施工现场用电量大体上可分为动力用电和照明用电两类。在计算用电量时，应考虑全工地使用的电力机械设备、工具和照明的用电功率；施工总进度计划中，施工高峰期同时用电数量；各种电力机械的情况。总用电量可按下式计算：

$$P=(1.05\sim1.1)\times\left(K_1\frac{\sum P_1}{\cos\phi}+K_2\sum P_2+K_3\sum P_3+K_4\sum P_4\right) \tag{15-11}$$

式中
- P——供电设备总需要容量（kVA）；
- P_1——电动机额定功率（kW）；
- P_2——电焊机额定容量（kVA）；
- P_3——室内照明容量（kW）；
- P_4——室外照明容量（kW）；
- $\cos\phi$——电动机的平均功率因数（施工现场最高为 $0.75\sim0.78$，一般为 $0.65\sim0.75$）；
- K_1、K_2、K_3、K_4——需要系数，见表 15-19。

需要系数 K 值　　　　　　　　　　　　　　　表 15-19

用电名称	数量	需要系数	
		K	数值
电动机	3～10 台 11～30 台 30 台以上	K_1	0.7 0.6 0.5
加工厂动力设备	—		0.5
电焊机	3～10 台 10 台以上	K_2	0.6 0.5
室内照明	—	K_3	0.8
室外照明	—	K_4	1.0

如施工中需用电热时，应将其用电量计入总量。单班施工时，最大用电负荷量以动力用电量为准，不考虑照明用电。

各种机械设备以及室外照明用电可参考有关定额。

2. 选择电源

选择临时供电电源，通常有如下几种方案：

（1）完全由工地附近的电力系统供电，包括在全面开工之前将永久性供电外线工程完成，设置临时变电站。

（2）先将工程项目的永久性变配电室建成，直接为施工供应电能。

（3）工地附近的电力系统能供应一部分，工地需增设临时电站以补充不足。

（4）利用附近的高压电网，申请临时加设配电变压器。

（5）工地处于新开发地区，还没有电力系统时，完全由自备临时电站供给。

在制定方案时，应根据工程实际情况，经过分析比较后确定。

3. 确定变压器

现场所需变压器的功率可由下式计算：

$$P = K \left(\frac{\sum P_{max}}{\cos\phi} \right) \tag{15-12}$$

式中　P——变压器输出功率（kVA）；

　　　K——功率损失系数，取 1.05；

　　$\sum P_{max}$——各施工区最大计算负荷（kW）；

　　$\cos\phi$——功率因数。

根据计算所得容量，选用足够功率的变压器。

4. 确定配电导线截面积

配电导线要正常工作，必须具有足够的机械强度、能够耐受电流通过所产生的温升、电压损失在允许范围内。因此，选择配电导线有以下三种方法：

（1）按机械强度确定

导线必须具有足够的机械强度，以防止受拉或机械损伤而折断。在不同敷设方式下，按机械强度要求的导线最小截面可参考有关资料。

（2）按允许电流选择

导线必须能承受负荷电流长时间通过所引起的温升。

1）三相五线制线路上的电流可按下式计算：

$$I = \frac{P}{\sqrt{3} \cdot V \cdot \cos\phi} \tag{15-13}$$

2）二线制线路可按下式计算：

$$I = \frac{P}{V \cdot \cos\phi} \tag{15-14}$$

式中　I——电流值（A）；

　　　P——功率（W）；

　　　V——电压（V）；

　　$\cos\phi$——功率因数，临时电网取 0.7～0.75。

考虑导线的容许温升，各类导线在不同的敷设条件下具有不同的持续容许电流值。在选择导线时，电流不能超过该值。

（3）按容许电压降确定

为了使导线引起的电压降控制在一定限度内，配电导线的截面可用下式确定：

$$S = \frac{\sum P \cdot L}{C \cdot \varepsilon} \tag{15-15}$$

式中　S——导线断面积（mm^2）；

　　　P——负荷电功率或线路输送的电功率（kW）；

　　　L——送电距离（m）；

　　　C——系数，视导线材料，送电电压及配电方式而定，如铜线 380V 时取 77，220V 时取 12.8；

ε——容许的相对电压降（即线路的电压损失％），一般为 2.5％～5％。

选择导线截面时应同时满足上述三项要求，即以求得的三个截面面积中最大者为准，从导线的产品目录中选用线芯。通常先根据负荷电流的大小选择导线截面，然后再以机械强度和允许电压降进行复核。

第六节　施工总平面图布置

施工总平面布置是按照施工部署、施工方案和施工总进度计划及资源需用量计划的要求，将施工现场作出合理的规划与布置，以总平面图表示。其作用是正确处理全工地施工期间所需各项设施和永久建筑与拟建工程之间的空间关系，以指导现场实现有组织、有秩序和文明施工。

一、设计的内容

1. 永久性设施

包括整个建设项目已有的建筑物和构筑物、其他设施及拟建工程的位置和尺寸。

15-4

2. 临时性设施

已有和拟建为全工地施工服务的临时设施的布置，包括：

(1) 场地临时围墙，施工用的各种道路；

(2) 加工厂、制备站及主要机械的位置；

(3) 各种材料、半成品、构配件的仓库和主要堆场；

(4) 行政管理用房、宿舍、食堂、文化生活福利等用房；

(5) 水源、电源、动力设施、临时给水排水管线、供电线路及设施；

(6) 机械站、车库位置；

(7) 一切安全、消防设施。

3. 其他

包括：永久性测量放线标桩的位置；必要的图例、方向标志、比例尺等。

二、设计的依据

(1) 建筑总平面图、地形图、区域规划图和建设项目区域内已有的各种设施位置；

(2) 建设地区的自然条件和技术经济条件；

(3) 建设项目的工程概况、施工部署与主要施工方法、施工总进度计划及各种资源配置计划；

(4) 各种现场加工、材料堆放、仓库及其他临时设施的数量及面积尺寸；

(5) 现场管理及安全用电等方面有关文件和规范、规程等。

三、设计的原则

(1) 执行各种有关法律、法规、标准、规范与政策；

(2) 尽量减少施工占地，使整体布局紧凑、合理；

(3) 合理组织运输，保证运输方便、道路畅通，减少运输费用；

(4) 合理划分施工区域和存放场地，减少各工程之间和各专业工种之间的相互干扰；

（5）充分利用各种永久性建筑物、构筑物和已有设施为施工服务，降低临时设施的费用；

（6）生产区与生活区适当分开，各种生产生活设施应便于使用；

（7）应满足环境保护、劳动保护、安全防火及绿色施工等要求。

四、设计的步骤和要求

（一）绘出整个施工场地范围及基本条件

包括场地的围墙和已有的建筑物、道路、构筑物以及其他设施的位置和尺寸。

（二）布置新的临时设施及堆场

1. 场外交通的引入

设计施工总平面图时，首先应研究确定大宗材料、成品、半成品、设备等进入工地的运输方式。

（1）铁路运输

一般大型工业企业，厂区内都设有永久性铁路专用线，通常可将其提前修建，以便为工程施工服务。但由于铁路的引入将严重影响场内施工的运输和安全，因此，引入点应靠近工地一侧或两侧。

（2）水路运输

当大量物资由水路运入时，应首先考虑原有码头的运用和是否增设专用码头问题。要充分利用原有码头的吞吐能力；当需增设码头时，卸货码头不应少于两个，且宽度应大于 2.5m，一般用石或钢筋混凝土结构建造。

（3）公路运输

当大量物资由公路运入时，一般先将仓库、加工厂等生产性临时设施布置在最经济合理的地方，然后再布置通向场外的公路线。

2. 仓库与材料堆场的布置

通常考虑设置在运输方便、位置适中、运距较短并且安全防火的地方，并应区别不同材料、设备和运输方式来设置。

（1）当采用铁路运输时，仓库通常沿铁路线布置，并且要留有足够的装卸前线。

（2）当采用水路运输时，一般应在码头附近设置转运仓库，以缩短船只在码头上的停留时间。

（3）当采用公路运输时，仓库的布置较灵活。一般中心仓库布置在工地中央或靠近使用地点，也可以布置在工地入口处。大宗材料的堆场和仓库，可布置在相应的搅拌站、加工厂或预制场地附近。如砂、石、水泥、石灰等的仓库或堆场宜布置在搅拌站、预制场附近；木材、钢材等宜布置在加工厂附近；砖、瓦、砌块和预制构件等直接使用的材料应该布置在施工对象附近，以免二次搬运。

3. 加工厂布置

各种加工厂布置，应以方便使用、安全防火、运输费用最少、不影响建筑安装工程施工的正常进行为原则。一般应将加工厂集中布置在同一个地区，且多处于工地边缘。各种加工厂应与相应的仓库或材料堆场靠近。

（1）混凝土搅拌站。当现浇混凝土量大时，宜在工地设置集中搅拌站；当运输条件较差时，以分散搅拌为宜。

（2）预制加工厂。一般设置在建设单位的空闲地带上，如材料堆场专用线转弯的扇形地带或场外临近处。

（3）钢筋加工厂。区别不同情况，采用分散或集中布置。对于需进行大量的机械加工时，宜设置中心加工厂，其位置应靠近预件构件加工厂；对于小型加工件和利用简单机具进行的钢筋加工，可在靠近使用地点布置钢筋加工棚。

（4）木材加工厂。要视加工量、加工性质和种类，决定是设置集中加工厂还是分散的加工棚。一般原木、锯材堆场布置在铁路、公路或水路沿线附近，木材加工厂亦应设置在这些地段附近；锯木、成材、细木加工和成品堆放，应按工艺流程布置，并应设置在施工区的下风向边缘。

（5）金属结构、锻工、电焊和机修等车间。由于它们在生产上联系密切，应尽可能布置在一起。

4. 布置内部运输道路

根据各加工厂、仓库及各施工对象的相对位置，研究货物转运图，区分主要道路和次要道路，进行道路的规划。规划场内道路时，应考虑以下几点：

（1）合理规划，节约费用。在规划临时道路时，应充分利用拟建的永久性道路，提前建成或者先修路基和简易路面，作为施工所需的道路，以达到节约投资的目的。若地下管网的图纸尚未出全，则应在无管网地区先修筑临时道路，以免开挖管沟时破坏路面。

（2）保证运输通畅。道路应有两个以上进出口，末端应设置回车场地。且尽量避免与铁路交叉，若有交叉，交角应大于30°，最好为直角相交。场内道路干线应采用环形布置，主要道路宜采用双车道，宽度不小于6m；次要道路宜采用单车道，宽度不小于3.5m。消防车道宽度不少于4m，且与在建工程、临时用房、可燃材料堆场及其加工场的距离不宜小于5m，也不宜大于40m。

（3）选择合理的路面结构。道路的路面结构，应当根据运输情况和运输工具的类型而定。对永久性道路应先建成混凝土路面基层；场区内的干线和施工机械行驶路线，最好采用碎石级配路面，以利修补。场内支线一般为土路或砂石路。

5. 行政与生活临时设施的布置

行政与生活临时设施包括：办公室、汽车库、职工休息室、开水房、小卖部、食堂、俱乐部和浴室等。要根据工地施工人数计算其建筑面积。应尽量利用建设单位的生活基地或其他永久性建筑，不足部分另行建造。

一般全工地性行政管理用房宜设在工地入口处，以便对外联系；也可设在工地中间，便于全工地管理。工人用的福利设施应设置在工人较集中的地方，或工人必经之处。生活基地应设在场外，距工地500~1000m为宜。食堂可布置在工地内部或工地与生活区之间。

6. 临时水电管网的布置

当有可以利用的水源、电源时，可将其先接入工地，再沿主要干道布置干管、主线，然后与各用户接通。临时总变电站应设置在高压电引入处，不应放在工地中心；临时水池应放在地势较高处。

（1）供水管网的布置

供水管网应尽量短，布置时应避开拟建工程的位置。水管宜采用暗埋铺设，有冬期施工要求时，应埋设至冰冻线以下。有重型机械或需从路下穿过时，应采取保护措施。高层建筑施工时，应设置水塔或加压泵，以满足水压要求。

根据工程防火要求，应设置足够的消火栓。消火栓一般设置在易燃建筑物、木材、仓库等附近，与建筑物或使用地点的距离不得大于 25m，也不得小于 5m。消火栓管径宜为 100mm，沿路边布置，间距不得大于 120m，每 5000m² 现场不少于一个，距路边的距离不得大于 2m。

（2）供电线路布置

供电线路宜沿路边布置，但距路基边缘不得小于 1m。一般用钢筋混凝土杆或梢径不小于 140mm 的木杆架设，杆距不大于 35m；电杆埋深不小于杆长的 1/10 加 0.6m，回填土应分层夯实。架空线最大弧垂处距地面不小于 4m，跨路时不小于 6m，跨铁路时不小于 7.5m；架空电线距建筑物不小于 6m。在塔式起重机控制范围内应采用暗埋电缆等方式。

应该指出，上述各设计步骤是互相联系、互相制约的，在进行平面布置设计时应综合考虑、反复修正。当有几种方案时，尚应进行方案比较、优选。

图 15-4 为某大学教学、科研、办公楼工程结构阶段施工总平面图。该工程项目的上部结构由多栋高层建筑形成庭院形式，中心设置单层会议中心，工程量大、复杂，场地狭小。

五、施工总平面图的绘制要求

施工总平面图的比例一般为 1：1000 或 1：2000，绘制时应使用规定的图例或以文字标明。在进行各项布置后，经综合分析比较，调整修改，形成施工总平面图，并作必要的文字说明，标上图例、比例、指北针等。完成的施工总平面图要比例正确，图例规范，字迹端正，线条粗细分明，图面整洁美观。

许多大型建设项目的建设工期很长，随着工程的进展，施工现场的面貌及需求将不断改变。因此，应按不同施工阶段分别绘制施工总平面图。

第七节　施工管理计划及技术经济指标

一、施工管理计划

施工管理计划主要阐述质量、进度、成本、安全、环保等各项目标的要求、建立保证体系、制定所采取的主要措施。

1. 质量管理计划

建立施工质量管理体系。按照施工部署中确定的施工质量目标要求，以及国家质量评定与验收标准、施工规范和规程有关要求，找出影响工程质量的关键部位或环节，设置施工质量控制点，制订施工质量保证措施（包括：组织、技术、经济、合同等方面的措施）。

2. 进度保证计划

根据合同工期及工期总体控制计划，分析影响工期的主要因素，建立控制体系、制定保证工期的措施。

3. 施工总成本计划

根据建设项目的计划成本总指标，制订节约费用，控制成本的措施。

4. 安全管理计划

确定安全组织机构，明确安全管理人员及其职责和权限，建立健全安全管理规章制度（含安全检查、评价和奖励），制订安全技术措施。

5. 文明施工及环境保护管理计划

确定建设项目施工总环保目标和独立交工系统施工环保目标，确定环保组织机构和环保管理人员，明确施工环保事项内容和措施。如现场泥浆、污水和排水，防烟尘和防噪声，防爆破危害、打桩震害，地下旧有管线或文物保护，卫生防疫和绿化工作，现场及周边交通环境保护等。

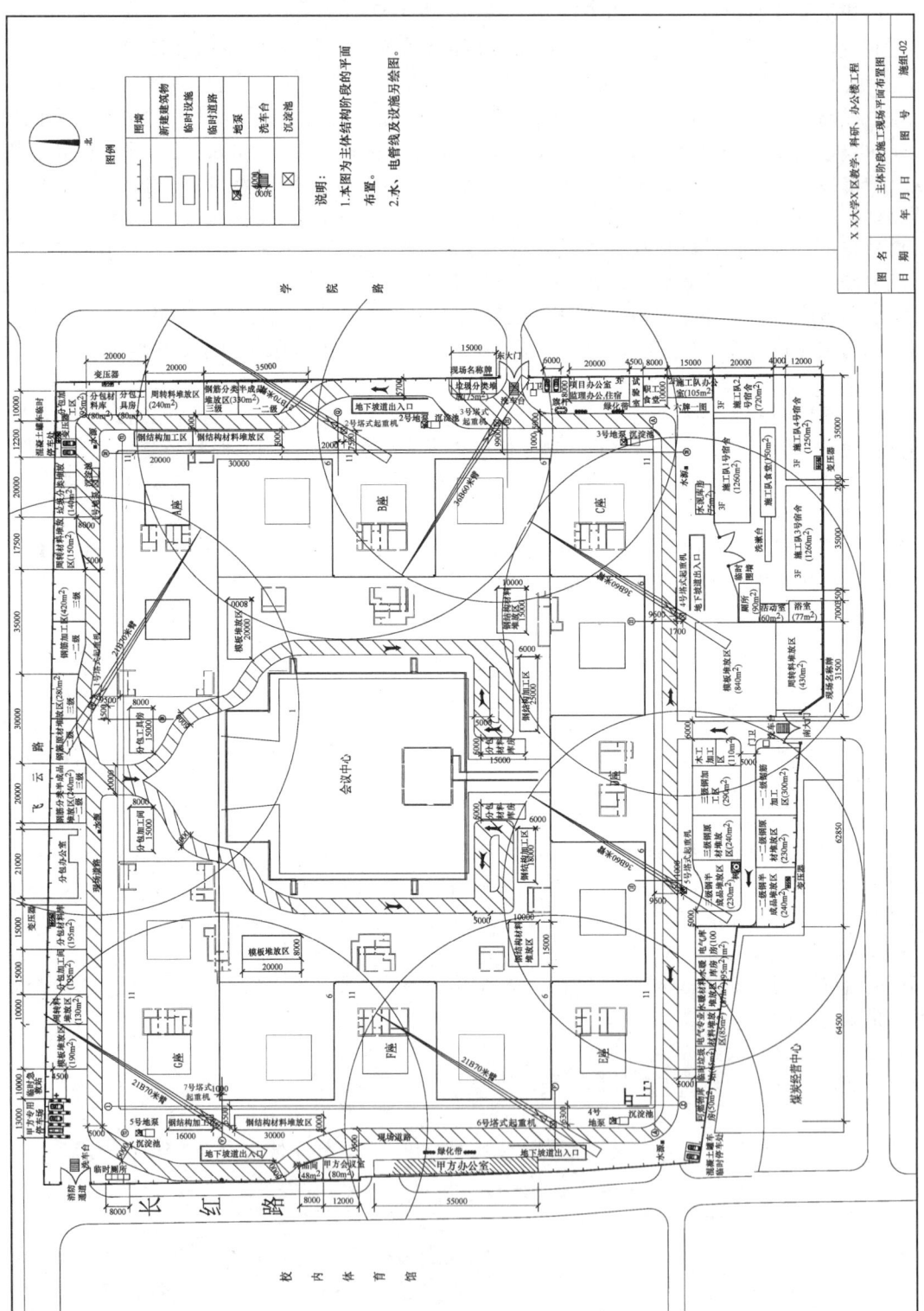

图 15-4 某大学教学、科研、办公楼工程主体结构阶段施工现场段施工现场平面布置图

458

二、技术经济指标

为了考核施工组织总设计的编制质量以及将产生的效果，应计算下列技术经济指标：

1. 施工工期

施工工期是指建设项目从施工准备到竣工投产或使用的持续时间。应计算的相关指标有：

1）施工准备期。从施工准备开始到主要项目开工为止的全部时间；

2）部分投产期。从主要项目开工到第一批项目投产使用的全部时间；

3）单位工程工期。指建设项目中各单位工程从开工到竣工的全部时间。

2. 劳动生产率

1）全员劳动生产率（元/人·年）；

2）单位用工（工日/m² 竣工面积）；

3）劳动力不均衡系数：

$$劳动力不均衡系数 = \frac{施工期高峰人数}{施工期平均人数}$$

3. 工程质量

说明合同要求的质量等级和施工组织设计预期达到的质量等级。

4. 降低成本

1）降低成本额：

$$降低成本额 = 承包成本额 - 计划成本额$$

2）降低成本率：

$$降低成本率 = \frac{降低成本额}{承包成本额}$$

5. 安全指标

以发生的安全事故频率控制数表示。

6. 机械指标

1）机械化程度：

$$机械化程度 = \frac{机械化施工完成的工作量}{工作量}$$

2）施工机械完好率；

3）施工机械利用率。

7. 预制化施工水平

$$预制化施工程度 = \frac{在工厂及现场预制的工作量}{总工作量}$$

8. 临时工程

1）临时工程投资比例：$临时工程投资比例 = \dfrac{全部临时工程投资}{建安工程总值}$

2）临时工程费用比例：$临时工程费用比例 = \dfrac{临时工程投资 - 回收费 + 租用费}{建安工程总值}$

9. 节约成效

分别计算节约钢材、木材、水泥三大材节约的百分比，节水情况，节电情况。

工 程 案 例

某大型建筑施工部署与方法见二维码 15-5、15-6。

15-5

15-6

某高速公路施工组织总设计实例见二维码 15-7～15-9。

15-7

15-8

15-9

习　题

1. 试述施工组织总设计的内容一般包括哪些。

2. 施工组织总设计中，施工部署、总进度计划、总平面图三者的编制顺序如何？

3. 试述在确定项目展开程序时应优先安排哪些项目，以确保按期交付使用。

4. 施工部署的内容有哪些？

5. 在确定各项目展开程序时，一般应遵循的原则有哪些？

6. 施工组织总设计中，主要项目施工方案的内容包括哪些？

7. 施工总进度计划的编制步骤有哪些？

8. 确定各单位工程的开竣工时间和相互搭接关系时，应考虑的主要因素包括哪些？

9. 在施工组织总设计中的资源配置计划，主要包括哪些方面？

10. 在计算施工现场临时用水量时，可将消防用水量作为总用水量的条件是什么？

11. 试述施工总平面图设计的原则与步骤。

12. 在规划临时道路时，如何节约费用？

13. 为了满足防火要求，现场平面布置注意哪些问题？

14. 施工组织总设计中，应制订哪些方面的目标管理计划？

综合练习题

一、填空题（每小题2分，共20分）

1. 按编制对象，施工组织设计可分为_____、_____和_____三种。

2. 若填土所用土料的渗透性不同，则填筑时不得掺杂，应将渗透系数大的土料填在_____部，以防止出现_____。

3. 某基槽底面积为100m×3m，拟用轻型井点法降水，其平面布置宜采用_____方式。

4. 直径为500mm的管桩，当桩距大于或等于_____mm时，可不考虑在打桩时被挤密的土对桩的入土深度和垂直度的影响。

5. 打摩擦桩时，为保证沉桩的质量，应以控制_____为主，以_____为参考。

6. 砌筑砖墙时的每日砌筑高度，常温下不得超过_____，冬期施工不得超过_____。

7. 采用旋转法吊装柱子时，柱子的布置应使_____靠近基础杯口，且使_____、_____和_____三点共弧。

8. 冬期施工使用P.O42.5水泥拌制C40混凝土时，水温不得超过_____℃；当混凝土强度至少达到_____后方准受冻。

9. 墙面抹灰浆前，对不同材料的墙体交接处应_____。

10. 工地临时供水主要包括生产用水、_____用水和_____用水三种。

二、单项选择题（每小题1分，共10分）

1. 对于深度大、土质差、地下水位高的基坑，土壁支护宜采用（　　）。

A. 土钉墙　　　　B. 重力式水泥土墙　　　　C. 混凝土护坡桩　　　　D. 地下连续墙

2. 工作总时差是指在（　　）的前提下，本工作可利用的机动时间。

A. 不影响总工期　　　　　　　　　　B. 不影响紧前工作最早完成

C. 不影响紧后工作最早开始　　　　　D. 不影响紧后工作最迟开始

3. 跨度为6m、混凝土为C30的现浇板，当试件混凝土强度至少达到（　　）后方可拆除其底模。

A. 15N/mm² 　　　　B. 21N/mm² 　　　　C. 22.5N/mm² 　　　　D. 30N/mm²

4. 某梁的跨度为6m，采用钢模板、钢支柱支模时，其跨中起拱高度可为（　　）。

A. 1mm　　　　B. 2mm　　　　C. 4mm　　　　D. 8mm

5. 采用后张法施工时，构件混凝土至少应达到设计强度的（　　）以上方准张拉预应力筋。

A. 25%　　　　B. 50%　　　　C. 75%　　　　D. 100%

6. 吊装七层高、长×宽＝120m×27m房屋的钢筋混凝土柱、梁、板等构件构成的框架结构，宜使用（　　）。

A. 人字拔杆式起重机　　　　　　　B. 履带式起重机

C. 轨行式塔式起重机　　　　　　　D. 固定式塔式起重机

7. 在砌筑施工中，皮数杆的作用是（　　）。

A. 保证墙体垂直　　　　　　　　　B. 使组砌合理

C. 控制砌体竖向尺寸　　　　　　　D. 提高砂浆饱满度

8. 组织流水施工时，流水步距是指（　　）。

A. 相邻的两个专业队先后开始施工的合理时间间隔

B. 相邻的两个专业队先后结束施工的合理时间间隔

C. 第一个专业队与最后一个专业队开始施工的合理间隔时间

D. 第一个专业队与其他专业队开始施工的合理间隔时间

9. 石材饰面的直接干挂法可以用于（　　　）。

A. 表面较平整的钢筋混凝土墙体　　　　B. 表面较平整的砖墙砌体

C. 轻质砌块墙体　　　　D. 用饰面板造型的墙体

10. 编制施工组织设计时，以下内容的正确编制顺序是（　　　）。

A. 施工方案→施工进度计划→施工平面图

B. 资源配置计划→施工进度计划→施工方案

C. 施工进度计划→施工平面布置→施工方案

D. 施工进度计划→施工方案→施工平面布置

三、多项选择题（每小题 2 分，共 10 分。错选不得分，少选者每个正确选项得 0.5 分）

1. 混凝土搅拌时的投料顺序有（　　　）。

A. 一次投料法　　B. 二次投料法　　　C. 三次投料法

D. 一次加水法　　E. 两次加水法

2. 预应力后张法施工工艺中的孔道留设方法有（　　　）。

A. 钻孔法　　　　B. 水冲法　　　　C. 胶管抽芯法

D. 预埋波纹管法　　E. 钢管抽芯法

3. 为提高承载能力，沉管灌注桩的施工方法可采用（　　　）。

A. 跳打法　　　　B. 连续法　　　　C. 单打法

D. 反插法　　　　E. 复打法

4. 结构安装中，分件吊装法较综合吊装法的优点在于（　　　）。

A. 吊装效率高　　B. 起重机开行路线短　　C. 校正时间充裕

D. 围护结构及装饰工程可较早插入　　　　E. 现场布置简单

5. 施工准备工作通常包括（　　　）等方面。

A. 技术准备　　　B. 物资准备　　　C. 管理准备

D. 施工场外准备　　E. 劳动组织准备

四、问答题（每小题 5 分，共 20 分）

1. 试述桥梁上部构造施工的常用方法及适用范围。

2. 试述确定混凝土施工缝留设位置的原则，接缝的时间与施工各有什么要求。

3. 对砖墙砌体的质量要求及保证措施有哪些？

4. 施工现场平面布置图设计的原则有哪些？

五、计算绘图题（每小题 10 分，共 40 分）

1. 某混凝土设备基础：长×宽×厚＝15m×4m×3m，要求整体连续浇筑，拟采取全面水平分层浇筑方案。现有三台搅拌机，每台生产率为 6m³/h，若混凝土的初凝时间为 3h，运输时间为 0.5h，每层浇筑厚度为 0.5m，试确定：

（1）此方案是否可行；

（2）确定搅拌机最少应设几台；

（3）该设备基础浇筑的可能最短时间与允许的最长时间。

2. 根据表 1 给出的条件，绘制一个双代号网络图。

表 1

工作名称	A	B	C	D	E	F	G	H	I
延续时间	1	4	3	6	2	3	5	7	2
紧后工作	BDE	FC	G	HK	K	K	K	—	—

3. 某工程按施工顺序分为甲、乙、丙三个施工过程。据工艺要求，各施工过程的流水节拍确定为：甲——3d，乙——9d，丙——6d。若该工程为两层，层间间歇为 3d，试组织成倍节拍流水。

4. 用图上计算法计算图 1 中各工作的时间参数，求出总工期并找出关键线路。

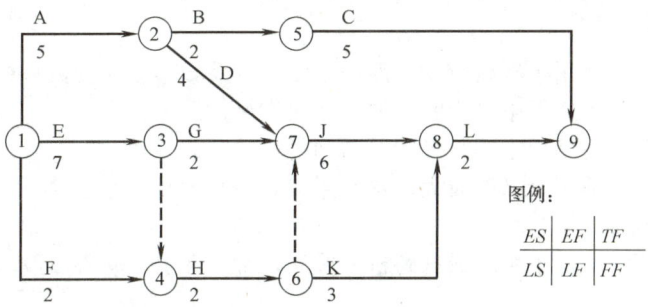

图 1　某工程双代号网络图

参 考 答 案

一、填空题

1. 施工组织总设计；单位工程施工组织设计；施工方案　　　2. 下；水囊现象

3. 单排　　4. 2000　　5. 桩尖标高；最后贯入度　　6. 1.5m；1.2m

7. 柱脚；吊点；柱脚中心；杯口中心　　8. 60；12N/mm²　　9. 铺钉金属网

10. 生活；消防

二、单项选择题

1. D　2. A　3. C　4. D　5. C　6. C　7. C　8. A　9. A　10. A

三、多项选择题

1. ABE　　2. CDE　　3. DE　　4. ACE　　5. ABDE

四、问答题

1. 答：

(1) 支架法施工。适用于桥高较低、河中水流小以及城市立交和大桥的引桥施工。

(2) 架梁法施工。适用于中、小跨径的多跨简支梁桥。

(3) 顶推法施工。适用于中等跨径的等截面桥梁。

(4) 悬臂法施工。适用于高度较大、水流急或有通航要求的预应力混凝土悬臂梁桥、连续梁桥、斜拉桥或拱桥施工。

(5) 转体法施工。适用于单跨或三跨桥梁施工，常在深水、峡谷以及城市跨线桥中使用。

2. 答：

留设位置的原则：结构承受剪力较小且施工方便的部位；

接缝的时间：先浇的混凝土强度不小于 1.2N/mm²；

接缝前表面应清理、冲洗，保持湿润不积水；

先铺水泥砂浆 10～15mm 厚；

浇混凝土时细致振捣，令新旧混凝土紧密结合。

3. 答：

(1) 灰缝横平竖直、砂浆饱满；

立好皮数杆，挂线砌筑；浇水，砂浆和易性好，采用三一砌法，揉砖用力。

(2) 墙体垂直、墙面平整；

勤吊勤靠，挂线砌筑。

(3) 上下错缝、内外搭砌；

排砖合理，组砌得当（一顺一丁或梅花丁）。

(4) 留槎合理、接槎可靠；

外墙转角处及墙体交接处不留槎；承重墙上留斜槎；非承重墙可留凸直槎，必须加拉结筋。

4. 答：

(1) 布置紧凑，少占地；

(2) 缩短运距，避免二次搬运；

(3) 尽量少建临时设施，减少费用；

(4) 临时设施的布置要方便生产和生活；

(5) 要符合职业健康、安全、防火、保护环境、文明施工等要求。

五、计算绘图题

1. 解：

(1) 全面分层浇筑方案所需浇筑强度：

$$Q=\frac{F\cdot H}{T}=\frac{15\times4\times0.5}{3-0.5}=\frac{30}{2.5}=12\ (\mathrm{m^3/h})<\text{供应强度}\ (3\times6=18\mathrm{m^3/h})\text{，可行。}$$

(2) 确定搅拌机最少数量：12÷6=2 台

(3) 浇筑的时间：

1) 可能的最短时间：$T_1=15\times4\times3/(6\times3)=10\mathrm{h}$

2) 允许的最长时间：$T_2=15\times4\times3/12=15\mathrm{h}$

2. 解：

绘制双代号网络图如图 2 所示。

E
2
F
3
A
1
B
4
C
3
G
5
I
2
D
6
H
7
1
2
3
4
5
6
7

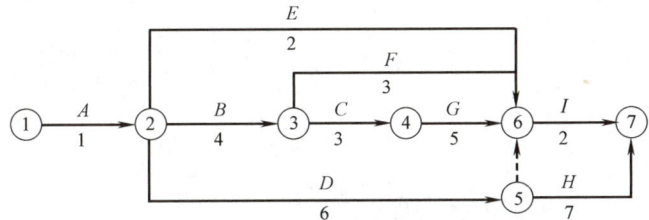

图 2 按表 1 绘制的双代号网络图

3. 解：

(1) 确定流水步距 K：

取 $K=3\mathrm{d}$。

(2) 计算各施工过程需配备的队组数 b_i：

$$b_{甲}=3/3=1\ (\text{个})；b_{乙}=9/3=3\ (\text{个})；b_{丙}=6/3=2\ (\text{个})$$

(3) 确定每个施工层的流水段数 m：

$$m=\sum b_i+(\sum Z_1/K)+(Z_2/K)-(\sum C/K)=(1+3+2)+0+(3/3)-0=7\text{ 段}$$

(4) 计算流水工期 T：

$$T=(rm+\sum b_i-1)k+\sum Z_1-\sum C=(2\times7+6-1)\times3+0-0=57\mathrm{d}$$

(5) 绘制流水施工横道图：见图 3。

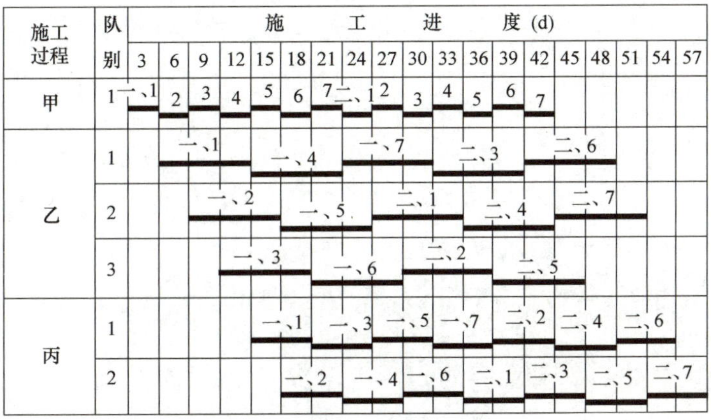

施工过程
队别
施 工 进 度 (d)
3 6 9 12 15 18 21 24 27 30 33 36 39 42 45 48 51 54 57
甲
1
一、1 2 3 4 5 6 7 二、1 2 3 4 5 6 7
乙
1
一、1 一、4 一、7 二、3 二、6
2
一、2 一、5 二、1 二、4 二、7
3
一、3 一、6 二、2 二、5
丙
1
一、1 一、3 一、5 一、7 二、2 二、4 二、6
2
一、2 一、4 一、6 二、1 二、3 二、5 二、7

图 3 流水施工横道图

4. 解：

计算结果见图 4。

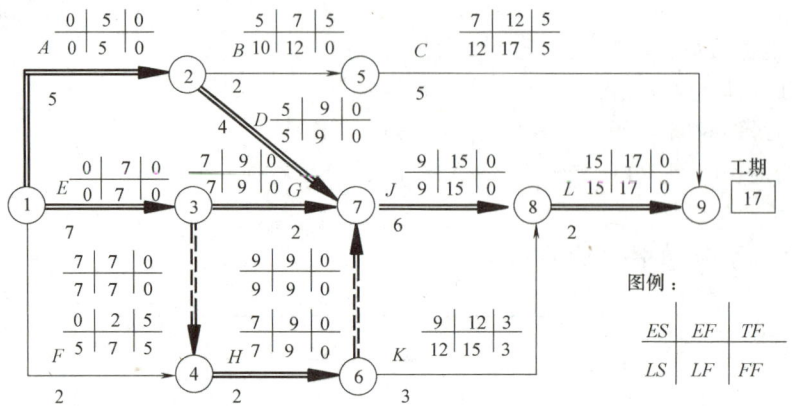

图 4　某工程双代号网络图计算结果

答：工期为 17；关键线路三条，见图中双线。

参 考 文 献

[1]　《建筑施工手册》编写组. 建筑施工手册. 5 版. 北京：中国建筑工业出版社，2012.

[2]　郭正兴，朱张峰，管东芝. 装配整体式混凝土结构工程研究与应用. 南京：东南大学出版社，2018.

[3]　应惠清. 土木工程施工. 3 版. 北京：高等教育出版社，2016.

[4]　穆静波，王亮. 建筑施工-多媒体辅助教材. 2 版. 北京：中国建筑工业出版社，2012.

[5]　何亚伯. 建筑装饰装修施工工艺标准手册. 2 版. 北京：中国建筑工业出版社，2010.

[6]　穆静波. 土木工程施工. 2 版. 北京：机械工业出版社，2023.

[7]　中国建筑第八工程局. 建筑工程施工技术标准. 北京：中国建筑工业出版社，2005.

[8]　彭圣浩. 建筑工程施工组织设计实例应用手册. 3 版. 北京：中国建筑工业出版社，2008.

[9]　章国社. 建筑施工管理手册. 4 版. 北京：中国建筑工业出版社，2008.

[10]　张新天，吴金荣，王毅娟. 道路与桥梁工程概论. 北京：人民交通出版社，2016.

[11]　穆静波. 土木工程施工习题集. 3 版. 北京：中国建筑工业出版社，2019.

[12]　李建峰. 桩基工程. 北京：中国建设教育协会，2000.

[13]　刘津明. 土木工程施工动画演示. 重庆：全国高校建筑施工学科研究会，2010.